浙江省德育教材研究基地资助

微 积 分

主　编　龚淑华　赵丹君　邓　燕

副主编　尹云辉　柴惠文

本书资源使用说明

内 容 简 介

本书根据教育部高等学校大学数学课程教学指导委员会制定的《经济和管理类本科数学基础课程教学基本要求》,以及全国硕士研究生招生考试大纲编写而成.编者在内容编排、概念表述、定理证明、习题设置等多方面做了精心安排,力求全书结构清晰,内容深入浅出、通俗易懂.

全书共 10 章,包括集合与函数、极限与连续、导数与微分、微分中值定理与导数的应用、不定积分、定积分、多元函数微分学、二重积分、无穷级数、常微分方程与差分方程.本书配备有完整的微课视频、清晰的思维导图、开放的思考题、丰富的课后习题和广泛的拓展阅读,在夯实基础、理清脉络的同时开拓读者视野.

本书可作为普通高等学校经济和管理类各专业及相关专业的教材或教学参考书.

前　言

党的二十大报告在"实施科教兴国战略,强化现代化建设人才支撑"的专章部署中,明确提出教育、科技、人才是全面建设社会主义现代化国家的基础性、战略性支撑.数学是自然科学的基础,也是重大技术创新发展的基础,数学实力影响着国家实力.微积分作为高等学校众多专业的重要基础课,对培养新时代高素质人才具有重要作用.

本书为适应"新文科"背景下经济和管理类各专业对微积分课程的教学要求而编写,主要具有以下特点.

1. 把握内容难度,增强实用性

本书突出微积分的基本思想和方法,适度弱化抽象的数学理论与证明,兼顾内容的严谨性和通俗性,并精选微积分在经济学中的应用实例,力求实现教材内容深入浅出、难易适中,增强实用性.

2. 更新教材形态,提升交互性

本书以浙江省一流课程建设项目为依托,整合课程配套的慕课资源和在线题库等数字资源,并以二维码的形式与教材内容有机衔接,实现传统教材到新形态教材的转型,拓宽学生的学习渠道,提升交互性.

3. 落实课程思政,发挥引领性

本书每章增设拓展阅读专栏,介绍课程相关的数学成就及数学家故事,以数学家的爱国情怀、科学精神、学术贡献和人格魅力,实现对学生的价值引导.

4. 绘制思维导图,彰显系统性

本书通过思维导图的形式呈现每章的知识脉络,使知识的结构体系更清晰、直观,有助于学生理解和掌握课程内容.

5. 鼓励批判思考,培养创新性

本书每章设置有开放性思考题,引导学生深入探索重要概念、定理及数学思想方法的内涵,厘清一些易于混淆或犯错误的问题,在解决问题的过程中不断提出新问题,以问题驱动,激发创新思维.

6. 课后习题丰富,注重层次性

本书课后习题类型丰富,每节末的习题与该节知识点相呼应,循序渐进地帮助学生理解和巩固基础知识.每章末设置的综合性总习题,按难度系数分为两类,以满足不同学生的学习需求.

全书共10章,第1,2章由邓燕编写;第3,4章由尹云辉编写;第5,6章由龚淑华编写;第7,8章由赵丹君编写;第9,10章由柴惠文编写.全书由龚淑华统稿.

本书受到浙江省德育教材研究基地资助(项目号:2023-DYJC-B009),在编写过程中得到了许多专家、同行的指导和帮助,曾政杰、袁晓辉、汤烽、周承芳提供了版式和装帧设计方案,在此一并表示衷心感谢.

本书虽几经认真修改及校对,但仍可能存在一些错误或不足之处,我们衷心地希望能得到各位专家、同行和其他读者的批评、指正,使本书在使用过程中不断得到完善.

编　者

2023 年 9 月

目 录

第1章 集合与函数 ... 1
1.1 集合 ... 1
1.1.1 集合的概念 /1 1.1.2 集合的运算 /2 1.1.3 区间和邻域 /2
习题1.1 /3
1.2 函数 ... 3
1.2.1 函数的概念 /3 1.2.2 反函数 /5 习题1.2 /6
1.3 函数的基本性质 ... 7
1.3.1 函数的奇偶性 /7 1.3.2 函数的周期性 /7 1.3.3 函数的单调性 /8
1.3.4 函数的有界性 /8 习题1.3 /8
1.4 初等函数介绍 ... 9
1.4.1 基本初等函数 /9 1.4.2 复合函数 /13 1.4.3 初等函数 /14
习题1.4 /14
1.5 经济学中常用的函数 ... 14
1.5.1 需求函数与供给函数 /15 1.5.2 成本函数与收益函数 /16
习题1.5 /18

第1章思考题 ... 19
总习题一 ... 19

第2章 极限与连续 ... 22
2.1 数列的极限 ... 22
2.1.1 数列的概念与性质 /22 2.1.2 数列极限的定义 /23
2.1.3 数列极限的性质 /26 习题2.1 /26
2.2 函数的极限 ... 27
2.2.1 函数极限的定义 /27 2.2.2 函数极限的性质 /31 习题2.2 /31
2.3 无穷小与无穷大 ... 32
2.3.1 无穷小 /32 2.3.2 无穷大 /34 习题2.3 /35
2.4 极限的运算法则 ... 36
2.4.1 极限的四则运算法则 /36 2.4.2 复合函数的极限运算法则 /38
习题2.4 /39
2.5 极限存在准则与两个重要极限 ... 40
2.5.1 夹逼准则 /40 2.5.2 重要极限 I：$\lim\limits_{x \to 0} \dfrac{\sin x}{x} = 1$ /41

2.5.3 单调有界准则 /42　　2.5.4 重要极限 Ⅱ：$\lim_{x\to\infty}\left(1+\dfrac{1}{x}\right)^{x}=e$ /43

　　2.5.5 连续复利 /45　习题 2.5 /45

2.6 无穷小的比较 46
　习题 2.6 /48

2.7 函数的连续性 49
　　2.7.1 函数连续性的概念 /49　2.7.2 函数的间断点 /51
　　2.7.3 连续函数的运算与初等函数的连续性 /53　习题 2.7 /56

2.8 闭区间上连续函数的性质 57
　　2.8.1 最大值和最小值定理与有界性定理 /57
　　2.8.2 零点定理与介值定理 /58　习题 2.8 /60

第 2 章思考题 60
总习题二 60

第 3 章　导数与微分 64

3.1 导数的概念 64
　　3.1.1 两个引例 /64　3.1.2 导数的定义 /65
　　3.1.3 函数可导性与连续性的关系 /69
　　3.1.4 导数的几何意义 /70　习题 3.1 /71

3.2 函数的求导法则 72
　　3.2.1 函数的四则运算的求导法则 /72　3.2.2 反函数的求导法则 /74
　　3.2.3 复合函数的求导法则 /75　3.2.4 基本求导法则和导数公式 /77
　习题 3.2 /79

3.3 高阶导数 80
　习题 3.3 /83

3.4 隐函数及由参数方程所确定的函数的导数 84
　　3.4.1 隐函数的导数 /84　3.4.2 由参数方程所确定的函数的导数 /86
　习题 3.4 /88

3.5 函数的微分 89
　　3.5.1 微分的定义 /90　3.5.2 微分的几何意义 /92
　　3.5.3 基本初等函数的微分公式和运算法则 /92
　　3.5.4 微分在近似计算中的应用 /94　习题 3.5 /96

3.6 边际与弹性 97
　　3.6.1 边际分析 /97　3.6.2 弹性分析 /100　习题 3.6 /104

第 3 章思考题 105
总习题三 105

第4章 微分中值定理与导数的应用 …………………………………………………………… 109
4.1 微分中值定理 …………………………………………………………………………… 109
4.1.1 罗尔中值定理 /109 4.1.2 拉格朗日中值定理 /111

4.1.3 柯西中值定理 /113 习题 4.1 /114

4.2 洛必达法则 ……………………………………………………………………………… 115
4.2.1 $\dfrac{0}{0}$ 与 $\dfrac{\infty}{\infty}$ 型未定式的极限 /115

4.2.2 其他类型未定式的极限 /118 习题 4.2 /120

4.3 函数的单调性与极值 …………………………………………………………………… 120
4.3.1 函数单调性的判别法 /120 4.3.2 函数的极值 /123 习题 4.3 /127

4.4 函数的最大值与最小值及其在经济学中的应用 …………………………………… 127
4.4.1 函数的最大值与最小值 /127

4.4.2 函数的最值在经济问题中的应用举例 /129 习题 4.4 /131

4.5 曲线的凹凸性与函数图形的描绘 ……………………………………………………… 132
4.5.1 曲线的凹凸性 /132 4.5.2 曲线的渐近线 /135

4.5.3 函数图形的描绘 /136 习题 4.5 /138

4.6 泰勒公式 ………………………………………………………………………………… 139
习题 4.6 /143

第4章思考题 ……………………………………………………………………………………… 143

总习题四 …………………………………………………………………………………………… 144

第5章 不定积分 …………………………………………………………………………………… 147
5.1 不定积分的概念和性质 ………………………………………………………………… 147
5.1.1 原函数与不定积分的概念 /147 5.1.2 不定积分的几何意义 /148

5.1.3 基本积分公式 /149 5.1.4 不定积分的性质 /150 习题 5.1 /151

5.2 换元积分法 ……………………………………………………………………………… 151
5.2.1 第一换元积分法(凑微分法) /152 5.2.2 第二换元积分法 /155

习题 5.2 /159

5.3 分部积分法 ……………………………………………………………………………… 160
习题 5.3 /163

5.4 有理函数的不定积分 …………………………………………………………………… 163
5.4.1 有理函数与有理函数的不定积分 /163

5.4.2 三角函数有理式的不定积分 /166 习题 5.4 /167

第5章思考题 ……………………………………………………………………………………… 167

总习题五 …………………………………………………………………………………………… 168

第6章 定积分 … 171
6.1 定积分的概念与性质 … 171
6.1.1 定积分概念产生的背景 /171 6.1.2 定积分的定义 /173
6.1.3 定积分的几何意义 /174 6.1.4 定积分的性质 /175 习题6.1 /177
6.2 微积分基本公式及其应用 … 178
6.2.1 积分上限的函数及其导数 /178 6.2.2 微积分基本公式 /179
习题6.2 /181
6.3 定积分的换元积分法与分部积分法 … 182
6.3.1 定积分的换元积分法 /182 6.3.2 定积分的分部积分法 /185
习题6.3 /187
6.4 广义积分与 Γ 函数 … 188
6.4.1 无穷限的广义积分 /188 6.4.2 无界函数的广义积分 /189
6.4.3 Γ函数 /191 习题6.4 /192
6.5 定积分的应用 … 192
6.5.1 定积分的元素法 /192 6.5.2 平面图形的面积 /193
6.5.3 立体的体积 /196 6.5.4 简单的经济问题 /198 习题6.5 /199
第6章思考题 … 200
总习题六 … 201

第7章 多元函数微分学 … 204
7.1 空间解析几何简介 … 204
7.1.1 空间直角坐标系 /204 7.1.2 空间中两点间的距离 /205
7.1.3 n 维空间 /206 7.1.4 曲面及其方程 /206 习题7.1 /209
7.2 多元函数的基本概念 … 210
7.2.1 平面点集 /210 7.2.2 二元函数的概念 /211
7.2.3 二元函数的极限与连续 /212 7.2.4 n 元函数的概念 /214
习题7.2 /215
7.3 偏导数 … 215
7.3.1 偏导数的定义 /215
7.3.2 偏导数的几何意义及函数的连续性与可偏导性的关系 /217
7.3.3 高阶偏导数 /218 7.3.4 偏导数在经济分析中的应用 /219
习题7.3 /221
7.4 全微分 … 222
7.4.1 全微分的定义 /222 7.4.2 函数可微分的条件 /222
7.4.3 全微分在近似计算中的应用 /225 习题7.4 /225
7.5 复合函数与隐函数的微分法 … 226
7.5.1 复合函数的微分法 /226 7.5.2 隐函数的微分法 /229 习题7.5 /231

7.6 多元函数的极值问题 ·· 232
    7.6.1 多元函数的极值 /232   7.6.2 条件极值与拉格朗日乘数法 /235
    习题 7.6 /239
第 7 章思考题 ·· 240
总习题七 ·· 240

第 8 章　二重积分 ·· 244
8.1 二重积分的概念与性质 ·· 244
    8.1.1 二重积分的概念 /244   8.1.2 二重积分的性质 /246   习题 8.1 /248
8.2 二重积分的计算 ·· 248
    8.2.1 在直角坐标系下计算二重积分 /248
    8.2.2 在极坐标系下计算二重积分 /254   8.2.3 广义二重积分 /259
    习题 8.2 /260
第 8 章思考题 ·· 261
总习题八 ·· 262

第 9 章　无穷级数 ·· 266
9.1 常数项级数的概念与性质 ·· 266
    9.1.1 常数项级数的概念 /266   9.1.2 无穷级数的基本性质 /269
    习题 9.1 /272
9.2 正项级数的审敛法 ·· 273
    习题 9.2 /280
9.3 任意项级数及其审敛法 ·· 281
    9.3.1 交错级数的敛散性 /281
    9.3.2 任意项级数的绝对收敛与条件收敛 /282   习题 9.3 /284
9.4 幂级数 ·· 285
    9.4.1 函数项级数的概念 /285   9.4.2 幂级数及其收敛域 /286
    9.4.3 幂级数的性质 /291   习题 9.4 /293
9.5 函数展开成幂级数 ·· 294
    9.5.1 泰勒级数 /294   9.5.2 函数展开成幂级数的方法 /296   习题 9.5 /301
9.6 函数的幂级数展开式的应用 ·· 302
    9.6.1 函数值的近似计算 /302   9.6.2 欧拉公式 /305   习题 9.6 /306
第 9 章思考题 ·· 306
总习题九 ·· 307

第 10 章　常微分方程与差分方程 ·· 310
10.1 常微分方程的基本概念 ·· 310
    习题 10.1 /312

10.2 一阶微分方程 ………………………………………………………… 313
　　10.2.1 可分离变量的微分方程 /313　10.2.2 齐次方程 /315
　　10.2.3 一阶线性微分方程 /316　*10.2.4 伯努利方程 /319
　　10.2.5 一阶微分方程在经济学中的应用实例 /319　习题 10.2 /321
10.3 可降阶的二阶微分方程 ……………………………………………… 322
　　10.3.1 $y''=f(x)$ 型微分方程 /322　10.3.2 $y''=f(x,y')$ 型微分方程 /323
　　10.3.3 $y''=f(y,y')$ 型微分方程 /324　习题 10.3 /324
10.4 二阶线性微分方程解的结构 ………………………………………… 325
　　习题 10.4 /328
10.5 二阶常系数线性微分方程 …………………………………………… 328
　　10.5.1 二阶常系数齐次线性微分方程 /328
　　10.5.2 二阶常系数非齐次线性微分方程 /331　习题 10.5 /336
10.6 差分方程 ……………………………………………………………… 336
　　10.6.1 差分的概念与性质 /337　10.6.2 差分方程的基本概念 /339
　　10.6.3 线性差分方程的解的基本定理 /339
　　10.6.4 一阶常系数线性差分方程 /340
　　10.6.5 差分方程在经济学中的应用 /345　习题 10.6 /345
第 10 章思考题 ………………………………………………………………… 346
总习题十 ……………………………………………………………………… 347

习题参考答案与提示 ………………………………………………………… 350

参考文献 ……………………………………………………………………… 373

第1章

集合与函数

函数是对现实世界中各种变量之间相互依存关系的一种抽象,是微积分学研究的基本对象. 中学时,我们对函数的概念和性质已经有了初步的了解. 在本章中,我们将进一步阐明函数的一般定义,介绍函数的基本性质,以及反函数、复合函数、基本初等函数和初等函数等概念,这些都是学习微积分的基础.

1.1 集 合

1.1.1 集合的概念

集合是数学中的一个基本概念,在此基础上建立起来的集合论,几乎渗透到数学的每一个分支. 一般地,把具有某种特定性质的对象组成的总体称为**集合**. 例如,某校全体学生组成一个集合,全体实数组成一个集合. 把组成某一集合的各个对象称为该集合的**元素**.

通常用大写字母 $A,B,C,X,Y,\cdots$ 表示集合,用小写字母 $a,b,c,x,y,\cdots$ 表示集合的元素. 对于给定的集合,它的元素是确定的. 如果 a 是集合 A 中的元素,则用 $a \in A$ 来表示;如果 a 不是集合 A 中的元素,则用 $a \notin A$ 来表示.

含有有限个元素的集合称为**有限集**;含有无限个元素的集合称为**无限集**;不含任何元素的集合称为**空集**,记作 $\varnothing$.

集合的表示方法主要有两种. 一种是**列举法**,就是把集合中的元素一一列举出来,写在花括号内. 例如,方程 $x^2-9=0$ 的解组成的集合(解集)可以表示为 $A=\{-3,3\}$. 另一种是**描述法**,就是把集合中的元素所具有的性质描述出来. 一般地,将具有某种性质的对象 x 所组成的集合表示为

$$A=\{x \mid x \text{ 具有某种性质}\}.$$

例如,方程 $x^2-9=0$ 的解集也可以表示为 $A=\{x \mid x^2-9=0\}$.

元素为数的集合称为**数集**. 通常用 **N** 表示自然数集,**Z** 表示整数集,**Q** 表示有理数集,**R** 表示实数集. 有时在表示数集字母的右下角添加"+""-"等下标来表示该数集的几个特定子集. 以实数为例,$\mathbf{R}_+$ 表示全体正实数集,$\mathbf{R}_-$ 表示全体负实数集. 其他数集的情况类似,不再赘述.

若集合 A 的元素都是集合 B 的元素,则称 A 是 B 的**子集**,又称 A 包含于 B 或 B 包含 A,记作 $A \subset B$ 或 $B \supset A$.

若集合 A 与 B 互为子集,即 $A \subset B$ 且 $B \subset A$,则称 A 与 B **相等**,记作 $A = B$.

1.1.2 集合的运算

集合的基本运算有三种,即并、交和差.

设有集合 A 与 B,它们的**并集**记作 $A \cup B$,定义为
$$A \cup B = \{x \mid x \in A \text{ 或 } x \in B\}.$$

集合 A 与 B 的**交集**记作 $A \cap B$,定义为
$$A \cap B = \{x \mid x \in A \text{ 且 } x \in B\}.$$

集合 A 与 B 的**差集**记作 $A \backslash B$,定义为
$$A \backslash B = \{x \mid x \in A \text{ 但 } x \notin B\}.$$

将研究某一问题时所考虑对象的全体称为**全集**,并用 I 表示. 称差集 $I \backslash A$ 为 A 的**余集**或**补集**,记作 $\complement_I A$. 例如,在实数集 $\mathbf{R}$ 中,集合 $A = \{x \mid |x| < 1\}$ 的余集为
$$\complement_{\mathbf{R}} A = \{x \mid x \leqslant -1 \text{ 或 } x \geqslant 1\}.$$

集合的并、交、余集运算具有下列性质.

交换律:$A \cup B = B \cup A, A \cap B = B \cap A$.

结合律:$(A \cup B) \cup C = A \cup (B \cup C), (A \cap B) \cap C = A \cap (B \cap C)$.

分配律:$A \cap (B \cup C) = (A \cap B) \cup (A \cap C), A \cup (B \cap C) = (A \cup B) \cap (A \cup C)$.

对偶律:$\complement_I (A \cup B) = (\complement_I A) \cap (\complement_I B), \complement_I (A \cap B) = (\complement_I A) \cup (\complement_I B)$.

以上运算性质根据集合相等的定义容易验证.

1.1.3 区间和邻域

区间是一类常用的实数集. 设 $a, b \in \mathbf{R}$,且 $a < b$. 常用的区间有以下几种.

(1) 闭区间 $[a, b] = \{x \mid a \leqslant x \leqslant b\}$[见图 1.1.1(a)].

(2) 开区间 $(a, b) = \{x \mid a < x < b\}$[见图 1.1.1(b)].

(3) 半开半闭区间 $[a, b) = \{x \mid a \leqslant x < b\}, (a, b] = \{x \mid a < x \leqslant b\}$.

(4) 无穷区间 $[a, +\infty) = \{x \mid x \geqslant a\}$[见图 1.1.1(c)],$(a, +\infty) = \{x \mid x > a\}, (-\infty, b] = \{x \mid x \leqslant b\}, (-\infty, b) = \{x \mid x < b\}$[见图 1.1.1(d)],$(-\infty, +\infty) = \mathbf{R}$.

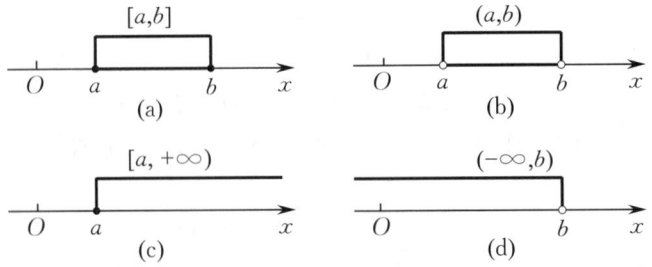

图 1.1.1

邻域是另一类常用的实数集. 当要考虑某点 x_0 附近的性质时,用邻域是非常方便的.

设实数 $\delta > 0$. 称开区间 $(x_0 - \delta, x_0 + \delta)$ 为点 x_0 的 δ 邻域,简称点 x_0 的**邻域**,记作 $U(x_0, \delta)$,即 $U(x_0, \delta) = \{x \mid |x - x_0| < \delta\}$,其中点 x_0 称为该邻域的**中心**,δ 称为该邻域的**半径**,如图 1.1.2 所示. 称实数集 $\{x \mid 0 < |x - x_0| < \delta\}$ 为点 x_0 的**去心邻域**,记作 $\mathring{U}(x_0, \delta)$,即

$\mathring{U}(x_0,\delta)=\{x \mid 0<|x-x_0|<\delta\}$,其中开区间$(x_0-\delta,x_0)$称为点$x_0$的**左邻域**,$(x_0,x_0+\delta)$称为点$x_0$的**右邻域**.

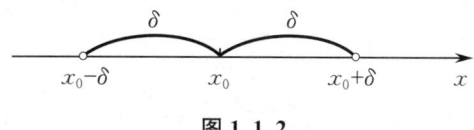

图 1.1.2

习 题 1.1

1. 设集合 $A=\{0,1,2\}$,$B=\{1,2\}$.下列写法中正确的是(   ).
   A. $\{1\}\in A$ B. $\{0\}\subset B$ C. $A=B$ D. $A\supset B$
2. 设集合 $A=\{1,2,3\}$,$B=\{1,3,5\}$,$C=\{2,4,6\}$.下列结论中不正确的是(   ).
   A. $A\backslash B=\{2\}$ B. $A\cap B\cap C=\varnothing$
   C. $B\backslash A=\{2,5\}$ D. $A\cup B=\{1,2,3,5\}$
3. 用区间表示满足下列不等式的所有 x 的集合:
   (1) $|x|\leqslant 3$;   (2) $|x-2|\leqslant 1$;   (3) $|x-a|<\varepsilon$(a 为常数,$\varepsilon>0$);
   (4) $|x|\geqslant 5$;   (5) $|x+1|>2$;   (6) $1<|x-2|<3$.

1.2 函　数

1.2.1 函数的概念

定义 1.2.1　设有两个变量 x 与 y,D 为一个非空实数集.如果存在一个确定的法则(或称对应法则)f,使得对于每个 $x\in D$,都有唯一的一个实数 y 与之对应,则称这个对应法则 f 为定义在实数集 D 上的一个**一元函数**,简称**函数**,记作 $y=f(x)$,其中 x 称为**自变量**,y 称为**因变量**,D 称为函数 $f(x)$ 的**定义域**.

函数 $f(x)$ 的定义域 D 通常记作 $D(f)$.对于 $x_0\in D(f)$,由对应法则 f 所对应的实数值 y 称为函数 $f(x)$ 在点 x_0 处的**函数值**,通常记作 $f(x_0)$,有时也记作 $y\big|_{x=x_0}$,此时也称 $f(x)$ 在点 x_0 处**有定义**.全体函数值组成的集合称为函数 $f(x)$ 的**值域**,通常记作 $R(f)$,即
$$R(f)=\{y \mid y=f(x),x\in D(f)\}.$$

从函数的定义来看,当定义域与对应法则确定后,函数就完全确定了.由此可见,定义域与对应法则是确定函数的两个要素.因此,对于两个函数 $f(x)$,$g(x)$,如果它们有相同的定义域和对应法则,那么它们就是同一个函数.

表示函数的主要方法有三种:表格法、图形法、解析法(公式法).其中,图形法表示函数是基于函数图形的概念,即坐标平面上的点集
$$\{(x,y) \mid y=f(x),x\in D(f)\}$$
称为函数 $y=f(x)$,$x\in D(f)$ 的**图形**,如图 1.2.1 所示.

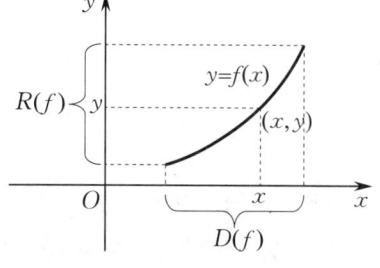

图 1.2.1

对于由解析法表示的函数,其定义域一般是指使得函数表达式有意义的自变量取值的全体,这种定义域也称为函数的**自然定义域**.

例 1.2.1 求函数 $y = \dfrac{1}{x} - \lg(1-x^2)$ 的定义域.

解 当 $x \neq 0$ 时,$\dfrac{1}{x}$ 才有意义.当 $1-x^2 > 0$,即 $-1 < x < 1$ 时,$\lg(1-x^2)$ 才有意义.因此,函数 $y = \dfrac{1}{x} - \lg(1-x^2)$ 的定义域为 $(-1,0) \cup (0,1)$.

例 1.2.2 求函数 $y = \dfrac{2}{|x|-x} + \sqrt{\ln(3+x)}$ 的定义域.

解 当 $|x|-x \neq 0$,即 $x < 0$ 时,$\dfrac{2}{|x|-x}$ 有意义.当 $3+x > 0$ 且 $\ln(3+x) \geqslant 0$,即 $x \geqslant -2$ 时,$\sqrt{\ln(3+x)}$ 才有意义.因此,函数 $y = \dfrac{2}{|x|-x} + \sqrt{\ln(3+x)}$ 的定义域为 $[-2,0)$.

例 1.2.3 判别下列各组函数是否相同:

(1) $f(x) = 3\lg x, g(x) = \lg x^3$;

(2) $f(x) = x, g(x) = \sqrt{x^2}$.

解 (1) 函数 $f(x) = 3\lg x$ 的定义域为 $x > 0$,函数 $g(x) = \lg x^3$ 的定义域也为 $x > 0$,即两个函数的定义域相同,且对应法则也一致,所以 $f(x)$ 和 $g(x)$ 相同.

(2) 函数 $f(x) = x$,而函数 $g(x) = \sqrt{x^2} = |x|$,两个函数的对应法则不一致,所以 $f(x)$ 和 $g(x)$ 不相同.

在实际应用中,常会遇到在定义域的不同部分具有不同表达式的函数,称为**分段函数**.下面介绍几个常用且重要的分段函数.

例 1.2.4 绝对值函数 $y = |x| = \begin{cases} x, & x \geqslant 0 \\ -x, & x < 0 \end{cases}$ 的定义域为 $(-\infty, +\infty)$,值域为 $[0, +\infty)$(见图 1.2.2).

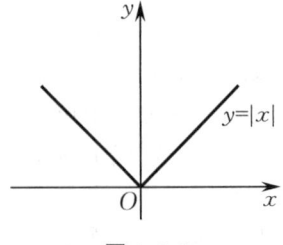

图 1.2.2

例 1.2.5 取整函数 $y = [x]$,其中 $[x]$ 表示不超过 x 的最大整数.该函数的定义域为 **R**,值域为 **Z**(见图 1.2.3).例如,$[4.1] = 4, [-0.7] = -1, [0.2] = 0, [-1.333] = -2$.

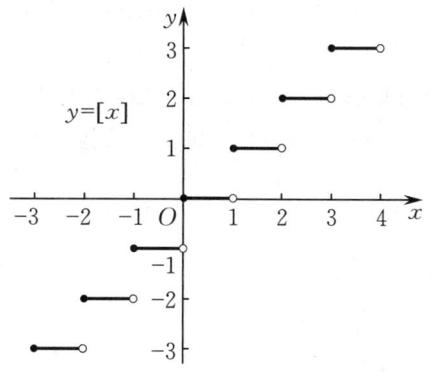

图 1.2.3

例 1.2.6 符号函数 $y = \text{sgn}\, x = \begin{cases} -1, & x < 0, \\ 0, & x = 0, \\ 1, & x > 0 \end{cases}$ 的定义域为 **R**，值域为 $\{-1, 0, 1\}$（见图 1.2.4）．

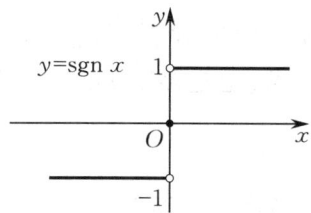

图 1.2.4

变量之间的关系除了一般的函数关系外，还有函数的自变量 x 的一个值通过对应法则 f 有多个 y 值与之对应的关系，称为**多值函数**．例如，函数 $y = \pm\sqrt{x^2 - 9}$ 就是一个多值函数．以后如没有特别说明，所讨论的函数都是指单值函数．

1.2.2 反函数

设函数 $y = f(x)$ 的定义域为 $D(f)$，值域为 $R(f)$．如果对于每个 $y \in R(f)$，都有唯一确定的 $x \in D(f)$ 与之对应，且满足 $f(x) = y$，则 x 是定义在 $R(f)$ 上以 y 为自变量的函数，记此函数为

$$x = f^{-1}(y), \quad y \in R(f),$$

并称其为函数 $y = f(x)$ 的**反函数**．

由反函数的定义可知：

(1) $x = f^{-1}(y)$ 与 $y = f(x)$ 互为反函数，且 $x = f^{-1}(y)$ 的定义域和值域分别是 $y = f(x)$ 的值域和定义域．

(2) f^{-1} 的对应法则由 f 的对应法则所确定．由于函数表达式中的自变量和因变量的表示与字母无关，习惯上用 x 表示自变量，y 表示因变量，因此函数 $y = f(x)$ 的反函数 $x = f^{-1}(y)$ 常记作 $y = f^{-1}(x)$．例如，函数 $y = 2(x - 1)$ 有反函数 $x = \dfrac{y}{2} + 1, y \in \mathbf{R}$，通常将这个反函数

写作 $y = \dfrac{x}{2} + 1, x \in \mathbf{R}$.

(3) 函数 $y = f(x)$ 的图形与函数 $y = f^{-1}(x)$ 的图形关于直线 $y = x$ 对称(见图 1.2.5).

例如,指数函数 $y = e^x, x \in (-\infty, +\infty)$ 与其反函数 $y = \ln x, x \in (0, +\infty)$ 的图形如图 1.2.6 所示.

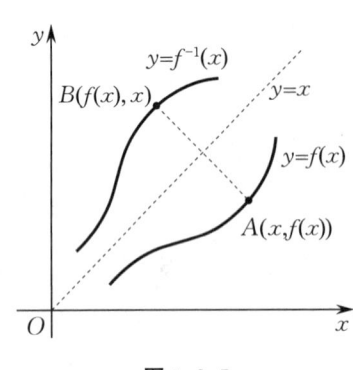

图 1.2.5

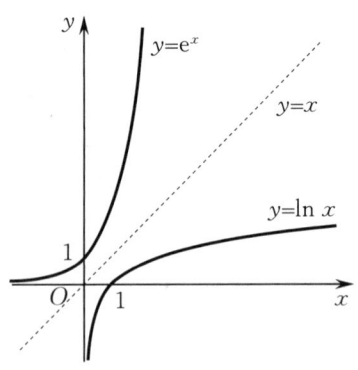

图 1.2.6

(4) 并非所有的函数都有反函数. 例如,函数 $y = x^2$ 在其定义域 $\mathbf{R}$ 上没有反函数.

(5) 单调函数(具体介绍见 1.3 节)必定存在反函数,并且函数 $y = f(x)$ 与其反函数 $y = f^{-1}(x)$ 有相同的单调性.

习 题 1.2

1. 下列选项中函数 $f(x)$ 和 $g(x)$ 相同的是( ).

A. $f(x) = \lg x^2, g(x) = 2\lg x$ 　　B. $f(x) = 1, g(x) = \sin^2 x + \cos^2 x$

C. $f(x) = \dfrac{x^2 - 1}{x - 1}, g(x) = x + 1$ 　　D. $f(x) = |x|, g(x) = \sqrt[3]{x^3}$

2. 分段函数 $f(x) = \begin{cases} \sqrt{4 - x^2}, & |x| < 2, \\ x^2 - 1, & 2 \leqslant |x| < 4 \end{cases}$ 的定义域是( ).

A. $(-2, 2)$ 　　B. $(-4, 4)$ 　　C. $[2, 4)$ 　　D. $(-\infty, +\infty)$

3. 求下列函数的定义域:

(1) $y = \sqrt{4 - x^2}$;

(2) $y = \sqrt{x + 2} - \dfrac{1}{1 - x^2}$;

(3) $y = \lg(x + 3)$;

(4) $y = \begin{cases} x^3, & -2 < x \leqslant 0, \\ 3^x, & 0 < x \leqslant 3 \end{cases}$;

(5) $y = f(x^2 + 1)$,其中函数 $y = f(x)$ 的定义域是 $[1, 2]$;

(6) $y = f(\sin x) + f(\ln x)$,其中函数 $y = f(x)$ 的定义域是 $[0, 1]$.

4. 求下列函数的反函数:

(1) $y = 2x + 1$;

(2) $y = \dfrac{1 - x}{1 + x}$;

(3) $y = \ln(x + 2)$;

(4) $y = \begin{cases} x, & x < 1, \\ x^2, & 1 \leqslant x \leqslant 4, \\ 2^x, & x > 4. \end{cases}$

1.3 函数的基本性质

1.3.1 函数的奇偶性

设函数 $y=f(x)$ 的定义域 $D(f)$ 关于原点对称. 如果对于任意的 $x\in D(f)$, 都有 $f(-x)=f(x)$, 则称 $y=f(x)$ 为**偶函数**; 如果对于任意的 $x\in D(f)$, 都有 $f(-x)=-f(x)$, 则称 $y=f(x)$ 为**奇函数**. 不是偶函数也不是奇函数的函数, 称为**非奇非偶函数**. 例如, 函数 $y=\cos x$ 在 $(-\infty,+\infty)$ 内是偶函数; 函数 $y=x^3$ 在 $(-\infty,+\infty)$ 内是奇函数; 而函数 $y=x^2+\sin x$ 在 $(-\infty,+\infty)$ 内是非奇非偶函数.

偶函数的图形关于 y 轴对称, 奇函数的图形关于原点对称, 分别如图 1.3.1(a) 和图 1.3.1(b) 所示.

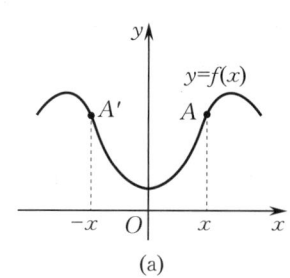
(a)

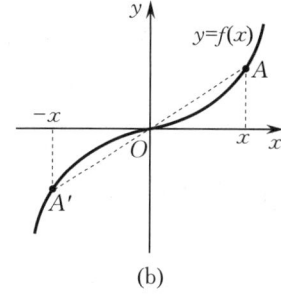
(b)

图 1.3.1

例 1.3.1 讨论函数 $f(x)=\ln(x+\sqrt{1+x^2})$ 的奇偶性.

解 函数 $f(x)$ 的定义域为 $(-\infty,+\infty)$. 对于任意实数 x, 因为
$$f(-x)=\ln[-x+\sqrt{1+(-x)^2}]=\ln(\sqrt{1+x^2}-x)$$
$$=\ln\frac{1}{\sqrt{1+x^2}+x}=-\ln(x+\sqrt{1+x^2})=-f(x),$$
所以 $f(x)=\ln(x+\sqrt{1+x^2})$ 是奇函数.

由偶函数和奇函数的定义不难得到: 两个奇函数的和或差是奇函数, 两个奇函数的积是偶函数, 两个偶函数的和或积是偶函数, 奇函数与偶函数的积是奇函数, 奇函数的倒数 (如果存在的话) 是奇函数, 偶函数的倒数 (如果存在的话) 是偶函数.

例如, 函数 $y=\cos x$ 和 $y=x^2$ 在 $(-\infty,+\infty)$ 内都是偶函数, 函数 $y=\sin x$ 和 $y=x^3$ 在 $(-\infty,+\infty)$ 内都是奇函数, 而函数 $y=\sin x\cos x$ 在 $(-\infty,+\infty)$ 内是奇函数, 函数 $y=x^3\sin x$ 在 $(-\infty,+\infty)$ 内是偶函数.

1.3.2 函数的周期性

设函数 $y=f(x)$ 的定义域为 $D(f)$. 若存在一个不为 0 的常数 T, 使得对于任意 $x\in D(f)$, 都有 $x+T\in D(f)$, 且 $f(x+T)=f(x)$, 则称 $y=f(x)$ 为**周期函数**, 称 T 为 $y=f(x)$ 的**周期**. 例如, 函数 $y=\sin x$ 和 $y=\cos x$ 都是周期为 2π 的周期函数.

若函数 $y=f(x)$ 的所有正周期中存在一个最小的正数,则称这个正数为 $y=f(x)$ 的**最小正周期**. 通常说的周期是指最小正周期. 需要注意的是,周期函数并不一定存在最小正周期. 例如,常数函数 $f(x)=C$(C 为常数)对于任意的实数 T,都有 $f(x+T)=f(x)$,即任意实数都是它的周期,因此它没有最小正周期.

1.3.3 函数的单调性

设函数 $y=f(x)$ 在区间 I 上有定义. 如果对于区间 I 上任意两点 x_1,x_2,当 $x_1<x_2$ 时,都有 $f(x_1)<f(x_2)$,则称函数 $y=f(x)$ 在 I 上**单调增加**;如果对于区间 I 上任意两点 x_1,x_2,当 $x_1<x_2$ 时,都有 $f(x_1)>f(x_2)$,则称函数 $y=f(x)$ 在 I 上**单调减少**. 单调增加和单调减少的函数统称为**单调函数**(见图 1.3.2).

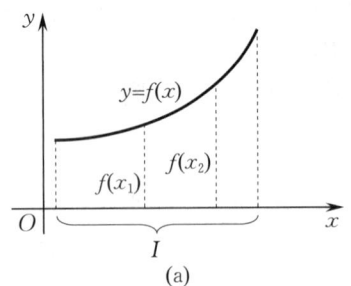
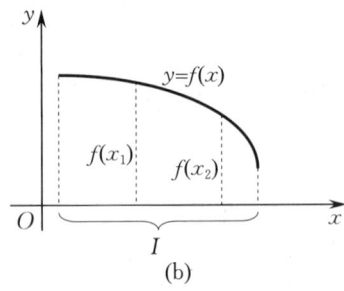

图 1.3.2

例如,函数 $f(x)=x^2$ 在区间 $(-4,4)$ 内不是单调函数,但在 $(-4,0]$ 内单调减少,在 $[0,4)$ 内单调增加.

1.3.4 函数的有界性

设函数 $y=f(x)$ 在区间 I 上有定义. 如果存在一个正数 M,使得对于每个 $x\in I$,都有 $|f(x)|\leqslant M$,则称 $y=f(x)$ 为 I 上的**有界函数**;否则,称 $y=f(x)$ 为 I 上的**无界函数**.

例如,当 $x\in(-\infty,+\infty)$ 时,$|\cos x|\leqslant 1$,所以 $y=\cos x$ 在 $(-\infty,+\infty)$ 内是有界函数(见图 1.3.3);$y=x\mathrm{e}^{-x}$ 在 $(-\infty,+\infty)$ 内是无界函数,但在 $(0,+\infty)$ 内是有界函数(见图 1.3.4). 因此,我们说一个函数是有界函数或无界函数,应同时指出自变量的取值范围(未指出则默认为定义域).

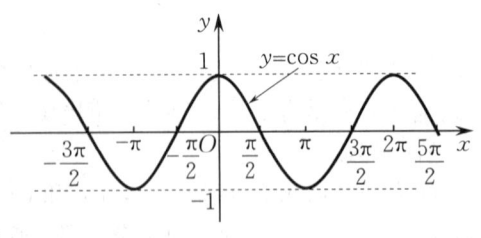

图 1.3.3

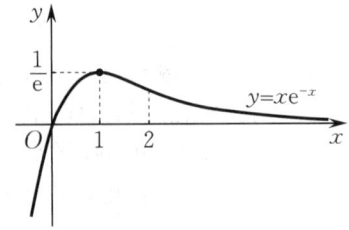

图 1.3.4

习题 1.3

1. 下列函数中为偶函数的是( ).

A. $y=\ln\dfrac{1-x}{1+x}$ B. $y=\dfrac{\mathrm{e}^x+\mathrm{e}^{-x}}{\mathrm{e}^x-\mathrm{e}^{-x}}$ C. $y=\cos\ln x$ D. $y=\begin{cases}1-x,&x<0\\1+x,&x\geqslant 0\end{cases}$

2. 下列函数中为无界函数的是( ).

A. $y=\cos x$ B. $y=x\cos x$ C. $y=\sin\dfrac{1}{x}$ D. $y=\dfrac{x}{1+x^2}$

3. 判别下列函数是否为周期函数,如果是周期函数,求其周期:

(1) $y=\sin(2x+3)$；   (2) $y=x\cos x$；   (3) $y=1+|\sin 2x|$.

4. 讨论下列函数的单调性(指出其单调增加区间和单调减少区间):

(1) $y=\mathrm{e}^{ax}(a\neq 0)$；   (2) $y=\sqrt{4x-x^2}$；   (3) $y=x+\dfrac{1}{x}$.

1.4 初等函数介绍

1.4.1 基本初等函数

我们将常数函数、幂函数、指数函数、对数函数、三角函数、反三角函数这六类函数统称为**基本初等函数**.下面分别介绍这些函数的表达式、定义域及图形.

1. 常数函数

函数 $y=C$(C 为常数)称为**常数函数**,它的定义域为 $(-\infty,+\infty)$,其图形是一条平行于 x 轴的直线(见图 1.4.1).

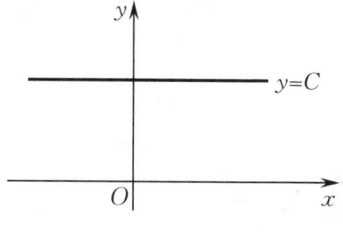

图 1.4.1

2. 幂函数

函数 $y=x^\mu$(μ 为常数)称为**幂函数**,其定义域随 μ 的不同而不同,但无论 μ 取何值,$y=x^\mu$ 在 $(0,+\infty)$ 内总有定义,而且其图形都经过点 $(1,1)$. 图 1.4.2(a) 和图 1.4.2(b) 所示为几个不同的幂函数在 $(0,+\infty)$ 内的图形,图 1.4.2(c) 所示为幂函数 $y=x^{-1}$ 的图形.

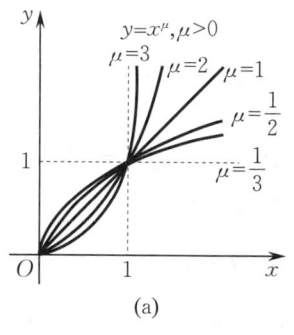
(a)

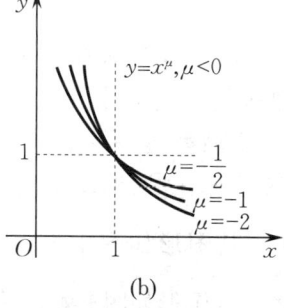
(b)

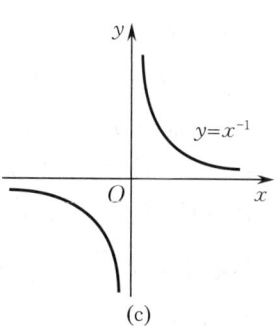
(c)

图 1.4.2

3. 指数函数

函数 $y=a^x$ (a 是常数,$a>0$ 且 $a\neq 1$) 称为**指数函数**,其定义域为 $(-\infty,+\infty)$. 当 $0<a<1$ 时,$y=a^x$ 单调减少;当 $a>1$ 时,$y=a^x$ 单调增加.指数函数的图形都过点 $(0,1)$,图 1.4.3 所示为几个不同的指数函数的图形.

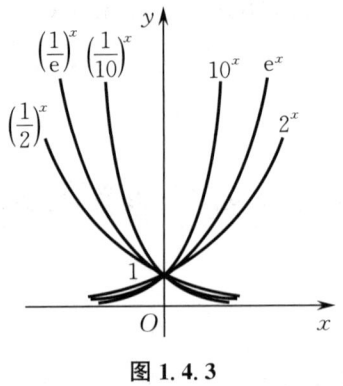

图 1.4.3

4. 对数函数

函数 $y=\log_a x$ (a 是常数,$a>0$ 且 $a\neq 1$) 称为**对数函数**.它是指数函数 $y=a^x$ 的反函数,其定义域为 $(0,+\infty)$.当 $0<a<1$ 时,$y=\log_a x$ 单调减少;当 $a>1$ 时,$y=\log_a x$ 单调增加.对数函数的图形都过点 $(1,0)$.通常以 10 为底的对数函数记作 $y=\lg x$,称为**常用对数**;而以 e 为底的对数函数记作 $y=\ln x$,称为**自然对数**.图 1.4.4 所示为几个不同的对数函数的图形.

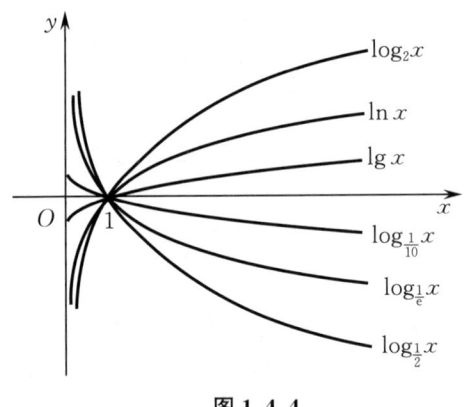

图 1.4.4

5. 三角函数

常用的三角函数有正弦函数 $y=\sin x$,余弦函数 $y=\cos x$,正切函数 $y=\tan x$,余切函数 $y=\cot x$,正割函数 $y=\sec x$,余割函数 $y=\csc x$.

函数 $y=\sin x$ 与 $y=\cos x$ 的定义域都为 $(-\infty,+\infty)$,都是以 2π 为周期的周期函数,并且都是有界函数,其图形分别如图 1.4.5 和图 1.4.6 所示.函数 $y=\tan x$ 的定义域为 $\left\{x \mid x \in \mathbf{R} \text{ 且 } x \neq \frac{\pi}{2}+k\pi, k \in \mathbf{Z}\right\}$,其图形如图 1.4.7 所示.函数 $y=\cot x$ 的定义域为 $\{x \mid x \in \mathbf{R} \text{ 且 } x \neq \pi+k\pi, k \in \mathbf{Z}\}$,其图形如图 1.4.8 所示.函数 $y=\tan x$ 与 $y=\cot x$ 都是以 π 为周期的周期函数,并且在其定义域上是无界函数.

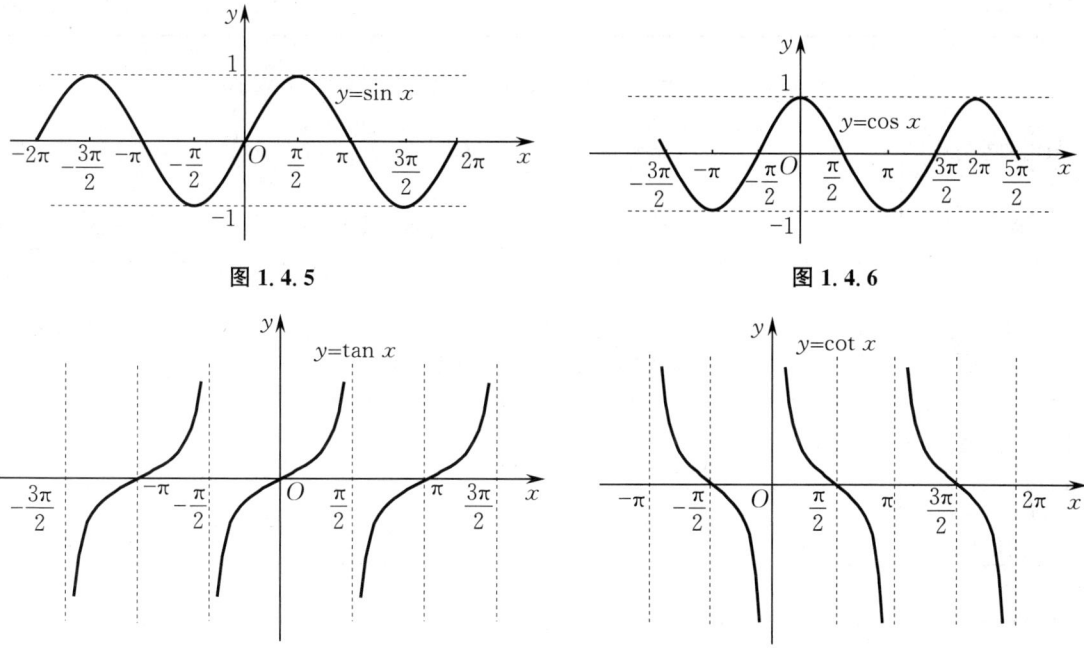

图 1.4.5　　　　　　　　　　　　　图 1.4.6

图 1.4.7　　　　　　　　　　　　　图 1.4.8

函数 $y=\sec x=\dfrac{1}{\cos x},y=\csc x=\dfrac{1}{\sin x}$ 都是以 2π 为周期的周期函数,并且在开区间 $\left(0,\dfrac{\pi}{2}\right)$ 内都是无界函数.在学习微积分的过程中经常会用到一些三角函数公式,为了便于查阅,现列表如下(见表 1.4.1).

表 1.4.1

同角三角函数基本公式	平方关系	$\sin^2 x+\cos^2 x=1,1+\tan^2 x=\sec^2 x,1+\cot^2 x=\csc^2 x$
	倒数关系	$\sec x=\dfrac{1}{\cos x},\csc x=\dfrac{1}{\sin x},\cot x=\dfrac{1}{\tan x}$
两角和差公式		$\sin(x\pm y)=\sin x\cos y\pm\cos x\sin y,$ $\cos(x\pm y)=\cos x\cos y\mp\sin x\sin y,$ $\tan(x\pm y)=\dfrac{\tan x\pm\tan y}{1\mp\tan x\tan y}$
和差化积公式		$\sin x+\sin y=2\sin\dfrac{x+y}{2}\cos\dfrac{x-y}{2},$ $\sin x-\sin y=2\sin\dfrac{x-y}{2}\cos\dfrac{x+y}{2},$ $\cos x+\cos y=2\cos\dfrac{x+y}{2}\cos\dfrac{x-y}{2},$ $\cos x-\cos y=-2\sin\dfrac{x+y}{2}\sin\dfrac{x-y}{2}$

积化和差公式	$\sin x \sin y = \frac{1}{2}[\cos(x-y) - \cos(x+y)],$ $\cos x \cos y = \frac{1}{2}[\cos(x-y) + \cos(x+y)],$ $\sin x \cos y = \frac{1}{2}[\sin(x-y) + \sin(x+y)]$
万能公式	$\sin x = \dfrac{2\tan \frac{x}{2}}{1+\tan^2 \frac{x}{2}}, \cos x = \dfrac{1-\tan^2 \frac{x}{2}}{1+\tan^2 \frac{x}{2}}, \tan x = \dfrac{2\tan \frac{x}{2}}{1-\tan^2 \frac{x}{2}}$
倍角公式	$\sin 2x = 2\sin x \cos x,$ $\cos 2x = \cos^2 x - \sin^2 x = 1 - 2\sin^2 x = 2\cos^2 x - 1$
降幂公式与半角公式	$\sin^2 x = \dfrac{1-\cos 2x}{2}, \cos^2 x = \dfrac{1+\cos 2x}{2}, \tan \dfrac{x}{2} = \dfrac{\sin x}{1+\cos x} = \dfrac{1-\cos x}{\sin x}$

6. 反三角函数

由于三角函数都具有周期性,因此对应于一个函数值 y 的自变量 x 有无穷多个值,这表明三角函数的定义域与值域之间不是一一对应的,则在整个定义域上,三角函数不存在反函数. 但我们可以考虑三角函数在其某一区间上的反函数,即反三角函数. 常讨论的反三角函数有四种,即三角函数 $y = \sin x$, $y = \cos x$, $y = \tan x$ 和 $y = \cot x$ 的反函数,它们分别为反正弦函数 $y = \arcsin x$,反余弦函数 $y = \arccos x$,反正切函数 $y = \arctan x$ 和反余切函数 $y = \text{arccot}\, x$. 这些反三角函数的基本性质如表 1.4.2 所示.

表 1.4.2

函数	$y = \arcsin x$	
定义域	$[-1, 1]$	
值域	$\left[-\dfrac{\pi}{2}, \dfrac{\pi}{2}\right]$	
奇偶性	奇函数	
单调性	在 $[-1,1]$ 上单调增加	
周期性	无	
函数	$y = \arccos x$	
定义域	$[-1, 1]$	
值域	$[0, \pi]$	
奇偶性	非奇非偶函数	
单调性	在 $[-1,1]$ 上单调减少	
周期性	无	

续表

函数	$y = \arctan x$	
定义域	$(-\infty, +\infty)$	
值域	$\left(-\dfrac{\pi}{2}, \dfrac{\pi}{2}\right)$	
奇偶性	奇函数	
单调性	在$(-\infty, +\infty)$内单调增加	
周期性	无	
函数	$y = \operatorname{arccot} x$	
定义域	$(-\infty, +\infty)$	
值域	$(0, \pi)$	
奇偶性	非奇非偶函数	
单调性	在$(-\infty, +\infty)$内单调减少	
周期性	无	

1.4.2 复合函数

设函数 $y = f(u)$ 的定义域为 $D(f)$,函数 $u = g(x)$ 的定义域为 $D(g)$,且其值域 $R(g) \subset D(f)$. 称

$$y = f[g(x)], \quad x \in D(g)$$

为由函数 $y = f(u)$ 和函数 $u = g(x)$ 构成的**复合函数**,记作 $f[g(x)]$,其中 u 称为**中间变量**.

要注意的是,只有当函数 $g(x)$ 的值域包含在函数 $f(u)$ 的定义域内,即满足 $R(g) \subset D(f)$ 时,它们才能构成复合函数. 例如,函数 $y = \ln u, u \in (0, +\infty)$ 与函数 $u = 1 - x^2, x \in \mathbf{R}$ 虽然形式上可以构成复合函数 $y = \ln(1 - x^2)$,但是 $u = 1 - x^2$ 的值域为 $(-\infty, 1] \not\subset (0, +\infty)$,因此 $y = \ln(1 - x^2)$ 是没有意义的. 但若将 x 限制在 $(-1, 1)$ 内,则 $u = 1 - x^2$ 的值域$(0, 1] \subset (0, +\infty)$,此时复合函数 $y = \ln(1 - x^2)$ 是有意义的. 但为了方便讨论,仍称函数 $y = \ln(1 - x^2)$ 由 $y = \ln u$ 与 $u = 1 - x^2$ 复合而成. 又如,函数 $y = \sqrt{\sin x}$ 由 $y = \sqrt{u}$ 与 $u = \sin x$ 复合而成,但这个复合函数的定义域不是 $u = \sin x$ 的自然定义域 $D(u)$,而是能使复合函数有意义的 $D(u)$ 的一个子集.

复合函数可以由多个函数复合而成,也可以由复合与其他运算混合而成. 例如,函数 $y = \mathrm{e}^{\arctan x^2}$ 由函数 $y = \mathrm{e}^u, u = \arctan v, v = x^2$ 复合而成;函数 $y = (\sqrt{x^2 + 1} + x)^5$ 由 $y = u^5$, $u = \sqrt{x^2 + 1} + x$ 复合而成,其中 $u = \sqrt{v} + x, v = x^2 + 1$ 由复合及和运算混合而成.

例1.4.1 指出下列复合函数是由哪些简单函数(基本初等函数及多项式函数合称**简单函数**)复合而成的:

(1) $y = \sin^2(2x + 3)$; (2) $y = \ln \sin \dfrac{1}{x}$; (3) $y = \mathrm{e}^{\sqrt{\arcsin(x+1)}}$.

解 (1) $y=\sin^2(2x+3)$ 由函数 $y=u^2, u=\sin v, v=2x+3$ 复合而成.

(2) $y=\ln\sin\dfrac{1}{x}$ 由函数 $y=\ln u, u=\sin v, v=\dfrac{1}{x}$ 复合而成.

(3) $y=e^{\sqrt{\arcsin(x+1)}}$ 由函数 $y=e^u, u=\sqrt{v}, v=\arcsin w, w=x+1$ 复合而成.

1.4.3 初等函数

由基本初等函数经过有限次四则运算及有限次复合运算所构成的并能用一个式子表示的函数称为**初等函数**. 例如,函数 $y=\sqrt{1-x^3}, y=\dfrac{\sqrt{1+e^x}}{1+\sin^2 x}, y=\dfrac{\ln(x+\sqrt{1+x^2})}{\cot^2 x}$ 都是初等函数.

初等函数是我们研究的主要对象. 不是初等函数的函数一般称为**非初等函数**. 例如,分段函数 $y=\begin{cases} x^2, & x\leqslant 0, \\ x-1, & x>0 \end{cases}$ 在其定义域内不能用一个式子表示,因此它是非初等函数. 但若某个分段函数转化形式后能统一为一个表达式,则它是初等函数. 例如,分段函数 $y=\begin{cases} x, & x\leqslant 0, \\ -x, & x>0 \end{cases}$ 可以用一个式子表示为 $y=-\sqrt{x^2}$,所以它是初等函数.

习 题 1.4

1. 下列叙述中不正确的是(　　).
   A. 函数 $y=3^x+4$ 的图形由函数 $y=3^x$ 的图形沿 y 轴向上平移 4 个单位得到
   B. 函数 $y=-3^x$ 的图形与函数 $y=3^x$ 的图形关于 x 轴对称
   C. 函数 $y=3^{-x}$ 的图形与函数 $y=3^x$ 的图形关于 y 轴对称
   D. 函数 $y=3^{x+4}$ 的图形由函数 $y=3^x$ 的图形沿 x 轴向右平移 4 个单位得到

2. 下列函数中为非初等函数的是(　　).
   A. $y=\begin{cases} x^2, & x<1 \\ 0, & x\geqslant 1 \end{cases}$
   B. $y=\begin{cases} x, & x\geqslant 0 \\ -x, & x<0 \end{cases}$
   C. $y=\dfrac{e^{\sqrt{1-x^2}}+x^2}{1+x+\sin\sqrt{x}}$
   D. $y=\sqrt{x}+\ln\left(2-\dfrac{1}{2}\cos x\right)$

3. 指出下列复合函数是由哪些简单函数复合而成的:
   (1) $y=\sqrt{2-x^2}$;　　(2) $y=\ln\sqrt{1+x}$;　　(3) $y=\sin^2(1+2x)$;
   (4) $y=[\arcsin(1-x^2)]^3$;　(5) $y=e^{\cos^3 x}$;　　(6) $y=\ln\tan\dfrac{x}{2}$.

4. 设函数 $f(x)=x^3-x, \varphi(x)=\sin 2x$,求 $f[\varphi(x)], \varphi[f(x)]$.

1.5　经济学中常用的函数

在经济分析中,对成本、价格、收益等经济量的关系研究,越来越受到人们的关注. 对于实际问题,往往有多个变量同时出现,其间的相关性十分复杂.作为讨论的第一步,我们先研究经济学中几个只含一个自变量的常用函数.

1.5.1 需求函数与供给函数

1. 需求函数

对某种商品的"需求",是指在一定价格条件下,消费者愿意购买并且有支付能力购买的商品数量.消费者对某种商品的需求是由多种因素决定的,商品的价格是影响需求的一个重要因素,但还有许多其他因素,如消费者的收入、其他代用品的价格等.现在不考虑价格以外的其他因素(把其他因素对需求的影响看作不变),只研究需求与价格的关系,则需求量 Q 便是价格 P 的函数,即

$$Q = Q(P).$$

此函数称为**需求函数**.

一般来说,商品价格低,需求量就大;商品价格高,需求量就小.因此,需求函数 $Q = Q(P)$ 通常是单调减少函数,则存在反函数,称为**价格函数**,记作 $P = P(Q)$,它反映需求量 Q 对价格 P 的影响.

根据统计数据,我们常用下面这些简单的初等函数来近似表示需求函数.

(1) 线性函数 $Q = -aP + b$,其中 $a > 0, b > 0$;

(2) 幂函数 $Q = kP^{-a}$,其中 $k > 0, a > 0$;

(3) 指数函数 $Q = ae^{-bP}$,其中 $a > 0, b > 0$.

例 1.5.1 已知某种产品每台售价 580 元时,每月可销售 800 台;每台售价涨为 680 元时,每月可销售 600 台.试求该产品的线性需求函数,并求销量为 0 时的价格.

解 设该产品的线性需求函数为 $Q = -aP + b$,由题设有

$$\begin{cases} 800 = -580a + b, \\ 600 = -680a + b, \end{cases}$$

解得 $a = 2, b = 1\,960$,从而所求的线性需求函数为 $Q = -2P + 1\,960$.

令 $Q = 0$(台),得 $-2P + 1\,960 = 0$,解得 $P = 980$(元/台),所以销量为 0 时的价格为每台售价 980 元.它表示价格增加到每台售价 980 元时,没有人再愿意购买这种产品.

2. 供给函数

对某种商品的"供给",是指在一定价格条件下,生产者愿意出售且有可能出售的商品数量.供给也是由多种因素决定的,这里略去价格以外的其他因素,只讨论供给与价格的关系,则供给量 S 便是价格 P 的函数,记作 $S = S(P)$.此函数称为**供给函数**.一般来说,商品价格高,生产者愿意且能够向市场提供的商品数量就多.因此,供给函数 $S = S(P)$ 通常是单调增加函数.

根据统计数据,我们常用下面这些简单的初等函数来近似表示供给函数.

(1) 线性函数 $S = aP + b$,其中 $a > 0, b > 0$;

(2) 幂函数 $S = kP^a$,其中 $k > 0, a > 0$;

(3) 指数函数 $S = ae^{bP}$,其中 $a > 0, b > 0$.

例 1.5.2 已知某种产品每台售价 580 元时,每月可提供 800 台;每台售价涨为 680 元时,每月可提供 900 台.试求该产品的线性供给函数.

解 设该产品的线性供给函数为 $S=aP+b$,由题设有
$$\begin{cases} 800=580a+b, \\ 900=680a+b, \end{cases}$$
解得 $a=1,b=220$,从而所求的线性供给函数为 $S=P+220$.

3. 均衡价格

均衡价格是市场上需求量与供给量相等时商品的价格.在同一坐标系中作出需求曲线 $Q=Q(P)$ 和供给曲线 $S=S(P)$,得到的交点 $E(P_0,Q_0)$ 就是供需平衡点,P_0 就是**均衡价格**,此时需求量与供给量 Q_0 称为**均衡商品量**,如图 1.5.1 所示.

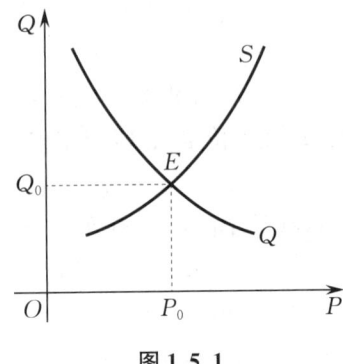

图 1.5.1

例 1.5.3 设某种商品的需求函数为 $Q=-2P+1\,960$,供给函数为 $S=P+220$,求该商品的均衡价格.

解 由供需平衡条件 $S=Q$,可得
$$P+220=-2P+1\,960,$$
解得 $P=580$,即该商品的均衡价格为 580 单位.

1.5.2 成本函数与收益函数

1. 成本函数

从事生产就需要有投入,如场地(厂房)、机器设备、原材料、能源、工人的工资等.这些从事生产所需要的投入就是成本.在成本投入中大体可分为两部分,其一是在短时间内不发生变化或不明显地随产量增加而变化的部分,如厂房、机器设备等,称为**固定成本**,常用 C_1 表示;其二是随产量的变化而直接变化的部分,如原材料、能源、工人的工资等,称为**可变成本**,常用 C_2 表示. C_2 是产量 Q 的函数,即
$$C_2=C_2(Q).$$
生产 Q 单位产品时某种产品的可变成本 C_2 与固定成本 C_1 之和称为**总成本**,记作 C,即
$$C=C(Q)=C_1+C_2(Q).$$
此函数称为**成本函数**.

常见的成本函数有以下几种.
(1) 线性成本函数 $C(Q)=a+bQ$,其中 $a>0,b>0$;
(2) 二次成本函数 $C(Q)=a+bQ+cQ^2$,其中 $a>0$;
(3) 三次成本函数 $C(Q)=a+bQ+cQ^2+dQ^3$,其中 $a>0$.

只给出总成本不足以说明企业生产情况的好坏,通常用**平均成本**,即生产 Q 单位产品时,单位产品的成本

$$\overline{C}(Q)=\frac{C(Q)}{Q}=\frac{C_1+C_2(Q)}{Q}$$

来评价企业生产情况的好坏.

在生产技术水平和原材料、劳动力等生产要素的价格固定不变的条件下,总成本、平均成本都是产量的函数.

例 1.5.4 已知某种产品的成本函数为 $C(Q)=1\,000+\dfrac{Q^2}{8}$,求生产 100 单位该产品时的总成本和平均成本.

解 由题意,产量为 100 单位时的总成本为

$$C(100)=1\,000+\frac{100^2}{8}=2\,250,$$

平均成本为

$$\overline{C}(100)=\frac{C(100)}{100}=\frac{2\,250}{100}=22.5.$$

2. 收益函数

收益是指产品售出后销售者获得的收入,常用的有总收益与平均收益.

总收益是指销售者出售一定数量产品所得的全部收入,常用 R 表示. **平均收益**是指出售一定数量的产品时,平均每出售一单位产品的收入,也就是销售一定数量产品时单位产品的销售价格,常用 $\overline{R}$ 表示.

已知产品的价格函数 $P(Q)$,总收益 R、平均收益 $\overline{R}$ 都是销量 Q 的函数,分别记作 $R(Q)$,$\overline{R}(Q)$,且有

$$R=R(Q)=QP(Q),\quad \overline{R}=\overline{R}(Q)=\frac{R(Q)}{Q},$$

分别称为**收益函数**和**平均收益函数**.

例 1.5.5 设某种商品的需求函数为 $Q=-\dfrac{4}{3}P+\dfrac{100}{3}$,求销售 5 单位该商品时的总收益和平均收益.

解 由已知条件得商品的价格函数为

$$P=P(Q)=\frac{100-3Q}{4},$$

则收益函数为

$$R(Q)=QP(Q)=\frac{100Q-3Q^2}{4}.$$

因此,销售 5 单位该商品时的总收益和平均收益分别为

$$R(5)=\frac{100\times 5-3\times 5^2}{4}=106.25, \quad \overline{R}(5)=\frac{106.25}{5}=21.25.$$

3. 利润函数

生产一定数量产品的总收益与总成本之差称为**总利润**,记作 L. 总利润是产量 Q 的函数,且有

$$L=L(Q)=R(Q)-C(Q),$$

称为**利润函数**. 平均利润记作 $\overline{L}$,即

$$\overline{L}=\frac{L(Q)}{Q},$$

称为**平均利润函数**.

生产产品的总成本 $C(Q)$ 往往是产量 Q 的单调增加函数,但产品的需求量不会总随着产量 Q 的增加而增加. 因此,对某种产品而言,利润函数 $L(Q)$ 会出现以下三种情况.

(1) $L(Q)=R(Q)-C(Q)>0$,此时生产处于有利润状态;

(2) $L(Q)=R(Q)-C(Q)<0$,此时生产处于负利润状态;

(3) $L(Q)=0$,此时生产处于零利润状态,记零利润状态的产量为 Q_0,称为**无盈亏点**.

无盈亏分析常用于企业(经营)管理和经济分析中各种产品的定价和生产决策等方面.

例 1.5.6 已知某种产品的价格为 P,需求函数为 $Q=-4P+48$,成本函数为 $C=60+2Q$. 问产量为多少时总利润 L 最大?最大利润是多少?

解 由需求函数 $Q=-4P+48$ 得产品的价格函数为 $P=P(Q)=12-\frac{Q}{4}$,于是收益函数为

$$R(Q)=QP(Q)=12Q-\frac{Q^2}{4},$$

利润函数为

$$L(Q)=R(Q)-C(Q)=\left(12Q-\frac{Q^2}{4}\right)-(60+2Q)$$

$$=10Q-\frac{Q^2}{4}-60=-\frac{1}{4}(Q-20)^2+40.$$

因此,当 $Q=20$ 时总利润最大,最大利润为 40 单位.

习 题 1.5

1. 当某种商品的价格为 P 时,消费者对该商品的月需求量 $Q=-200P+12\,000$,则将月销售额 R(即消费者购买该商品的支出)表示成价格 P 的函数为( ).

A. $R(P)=\frac{12\,000}{P}-200$ B. $R(P)=\frac{12\,000}{P}+200$

C. $R(P)=12\,000P-200P^2$ D. $R(P)=12\,000P+200P^2$

2. 某种商品的供给量 S 对价格 P 的函数关系为 $S=a+bc^{-P}$,且当 $P=2$ 时,$S=30$;当 $P=3$ 时,$S=50$;当 $P=4$ 时,$S=90$. 于是下列结论中正确的是( ).

A. $a=5, b=10$ B. $a=10, b=5$ C. $b=5, c=2$ D. $a=10, c=2$

3. 设某种商品的需求函数与供给函数分别为 $Q(P)=\dfrac{5\,600}{P}$ 和 $S(P)=P-10$，其中 P 为该商品的价格. 求均衡价格 P_0，并求此时的供给量和需求量.

4. 某工厂生产积木玩具. 每生产一套积木玩具的可变成本为 15 元，每天的固定成本为 2 000 元. 已知每套积木玩具的出厂价为 20 元，为了不亏本，问该工厂每天至少要生产多少套积木玩具？

5. 某厂家生产的收音机每台可卖 110 元. 已知生产收音机的固定成本为 7 500 元，可变成本为每台 60 元. 问：

(1) 要卖掉多少台收音机，该厂家才可保本（无盈亏）？

(2) 卖掉 100 台收音机，该厂家赢利或亏损多少？

(3) 要获得 1 250 元的总利润，需要卖掉多少台收音机？

第1章思考题

1. 函数的两大要素是什么？怎样判断函数是否相同？
2. 什么样的函数有反函数？
3. 如何确定复合函数的定义域？构成复合函数需要满足什么条件？
4. 基本初等函数主要有哪几类？什么是简单函数？
5. 怎样构成复合函数？怎样将复合函数拆分为简单函数？
6. 什么是初等函数？分段函数是初等函数吗？
*7. 什么是均衡商品量？如何计算总收益和总利润？

总习题一

(A)

1. 填空题.

(1) 选择恰当的集合表示法表示下列集合.

方程 $x^2-5x+6=0$ 的所有根所组成的集合：_____；

椭圆 $\dfrac{x^2}{4}+\dfrac{y^2}{9}=1$ 内部的所有点所组成的集合：_____.

(2) 用区间表示下列点集.

$\{x\mid 0<|x-1|<4\}$ 所对应的区间为_____；

$\{x\mid x^2-x-2\geqslant 0\}$ 所对应的区间为_____.

(3) 已知函数 $f(x)=\begin{cases}1+x, & x\leqslant 0,\\ 2^x, & x>0,\end{cases}$ 则有 $f(-2)=$_____，$f(0)=$_____，$f(2)=$_____.

(4) 判断下列各组中的函数是否为同一个函数，并把结论填在对应的横线上.

$y=x$，$y=\sin(\arcsin x)$：_____；

$y=\dfrac{\sqrt{x-1}}{x-2}, y=\sqrt{\dfrac{x-1}{x-2}}$：_____．

(5) 指出下列函数的奇偶性，并把结论填在对应的横线上．

$y=\dfrac{1}{2}(e^x-e^{-x})\sin x$：_____；

$y=x^3+|\sin x|$：_____．

(6) 判断下列函数是否为周期函数，若是，指出其周期．

$y=|\sin x|$：_____；

$y=x\sin\dfrac{1}{x}$：_____．

(7) 函数 $y=\sin[\ln(x^2+1)]$ 由简单函数 _____ 复合而成；函数 $y=2^{\tan^2\frac{1}{x}}$ 由简单函数 _____ 复合而成．

2．求下列函数的定义域：

(1) $y=(x-2)\sqrt{\dfrac{1+x}{1-x}}$；   (2) $y=\arccos\dfrac{2x}{1+x}$；

(3) $y=\lg(1-\lg x)$；   (4) $y=\arcsin\dfrac{2x-1}{7}+\dfrac{\sqrt{2x-x^2}}{\lg(2x-1)}$．

3．求下列函数的反函数：

(1) $y=2+10^{x-1}$；   (2) $y=\begin{cases} x, & x<1,\\ x^3, & 1\leqslant x\leqslant 2,\\ 3^x-1, & x>2.\end{cases}$

4．设函数 $f(x+2)=2^{x^2+4x}-x$，求 $f(x-2)$．

5．设函数 $f(x)=\begin{cases}1, & |x|\leqslant 1,\\ 0, & |x|>1,\end{cases}$ 求 $f[f(x)]$．

6．设函数 $f(x)=\begin{cases}-x^2, & x\geqslant 0,\\ -e^x, & x<0,\end{cases}$ $\varphi(x)=\ln x$，求 $f[\varphi(x)]$ 及其定义域．

(B)

7．设函数 $f(x)=e^x$，$g(x)=\begin{cases}-1, & |x|>1,\\ 0, & |x|=1,\\ 1, & |x|<1,\end{cases}$ 求 $g[f(x)]$ 和 $f[g(x)]$，并画出这两个函数的图形．

8．设函数 $f_n(x)=\underbrace{f\{f[\cdots f(x)]\}}_{n个}$，若 $f(x)=\dfrac{x}{\sqrt{1+x^2}}$，求 $f_n(x)$．

9．设函数 $f(x)$ 的定义域为 $[0,1]$，试求下列函数的定义域：

(1) $f(x^2)$；

(2) $f(x-a)+f(x+a)$　$(a>0)$．

10. 设函数 $f(x)$ 满足关系式 $af(x)+bf\left(\dfrac{1}{x}\right)=\mathrm{e}^x(|a|\neq|b|)$,试求 $f(x)$ 的表达式.

11. 已知某机器的出厂价为 45 000 元,使用后它的价值按每年降价 $\dfrac{1}{3}$ 的标准贬值,试求此机器的价值 y(单位:元)与使用时间 t(单位:年)的函数关系.

12. 已知每台收音机的售价为 90 元,成本为 60 元,厂家为鼓励销售商大量采购,决定凡是订购量超过 100 台以上的,每多订购一台售价就降低 0.01 元,但最低价为每台 75 元.
(1) 将每台收音机的实际售价 P(单位:元)表示为订购量 x(单位:台)的函数;
(2) 将厂家所获利润 L(单位:元)表示成订购量 x 的函数;
(3) 已知某一销售商订购了 1 000 台收音机,问厂家可获利润多少元?

13. 某宾馆有客房 50 间,若每间每天的租金为 120 元,则可全部租出,租出的客房每天需交税金 10 元;若每天的租金每提高 5 元,则将空出一间客房.
(1) 求宾馆所获利润 L(单位:元)与闲置房间数 x(单位:间)的函数关系;
(2) 问每间租金如何定价,才能获得最大利润? 最大利润是多少?

14. 已知每印刷一本杂志的成本为 1.22 元,每出售一本杂志仅能得 1.20 元的收入,但销量超过 15 000 本时,还能获得超过部分收入的 10% 作为广告费收入.试问至少销售多少本杂志才能保本? 销量达到多少时才能获利 1 000 元?

第2章

极限与连续

函数是微积分研究的主要对象,而极限方法是研究函数的一种基本分析方法.因此,深入且准确地理解极限的概念,掌握极限的运算方法是学好微积分的基础.本章将讨论数列与函数的极限的定义、性质及基本运算方法.在极限的基础上,我们还将讨论函数的另一类重要性质——连续性.

2.1 数列的极限

2.1.1 数列的概念与性质

按一定次序排列的无穷多个数
$$x_1, \quad x_2, \quad \cdots, \quad x_n, \quad \cdots$$
称为**无穷数列**,简称**数列**,记作$\{x_n\}$,其中每一个数称为数列的**项**,第n个数x_n称为数列的**通项**或**一般项**.

实际上,数列是定义在正整数集$\mathbf{Z}_+$上的函数(整标函数),即
$$x_n = f(n) \quad (n=1,2,\cdots).$$

例如:

(1) $2,4,8,\cdots,2^n,\cdots$ 可记作$\{2^n\}$;

(2) $\dfrac{1}{2},\dfrac{1}{4},\dfrac{1}{6},\cdots,\dfrac{1}{2n},\cdots$ 可记作$\left\{\dfrac{1}{2n}\right\}$;

(3) $1,-1,1,\cdots,(-1)^{n+1},\cdots$ 可记作$\{(-1)^{n+1}\}$;

(4) $2,\dfrac{1}{2},\dfrac{4}{3},\cdots,\dfrac{n+(-1)^{n+1}}{n},\cdots$ 可记作$\left\{\dfrac{n+(-1)^{n+1}}{n}\right\}$.

数列作为一个特殊的函数,也有类似于函数的性质,如单调性与有界性等.

对于数列$\{x_n\}$,若有
$$x_1 \leqslant x_2 \leqslant \cdots \leqslant x_n \leqslant x_{n+1} \leqslant \cdots,$$
则称数列$\{x_n\}$**单调增加**;若有
$$x_1 \geqslant x_2 \geqslant \cdots \geqslant x_n \geqslant x_{n+1} \geqslant \cdots,$$
则称数列$\{x_n\}$**单调减少**.单调增加和单调减少数列统称为**单调数列**.

对于数列$\{x_n\}$,如果存在正数M,使得对于一切正整数n,都有
$$|x_n| \leqslant M,$$
则称数列$\{x_n\}$**有界**;如果上述正数M不存在,即无论M多么大,都有这样的正整数n_0存在,使得
$$|x_{n_0}| > M,$$
则称数列$\{x_n\}$**无界**.

例如,$\{2^n\}$为单调增加且无界的数列,$\left\{\dfrac{1}{2n}\right\}$为单调减少且有界的数列,$\{(-1)^{n+1}\}$及$\left\{\dfrac{n+(-1)^{n+1}}{n}\right\}$不是单调数列但是有界.

对于数列$\{x_n\}$,若存在常数A(或B),使得对于一切正整数n,都有
$$x_n \leqslant A \quad (\text{或 } x_n \geqslant B),$$
则称数列$\{x_n\}$**有上界**(或**有下界**),常数A(或B)称为数列$\{x_n\}$的**上界**(或**下界**). 显然,数列$\{x_n\}$有界的充要条件是数列既有上界又有下界.

2.1.2 数列极限的定义

对于数列$\{x_n\}$,研究当n无限增大(记作$n \to \infty$)时,对应的项x_n能否无限趋于某个常数,这就是数列的极限问题.

早在中国古代,人们在生产生活的实际应用中就产生了朴素的极限思想. 例如,魏晋时期的数学家刘徽利用圆内接正多边形来推算圆面积的割圆术. 又如,战国时期的哲学家庄子在《庄子·天下》中记录了"一尺之棰,日取其半,万世不竭"的截丈问题,意思是说:一尺长的木棒,每天取它的一半,总有一半剩下,永远取不尽. 庄子用生动的例子描述了一个趋于0而总不为0的无穷变化过程. 在这个无限分割问题中,如果将每天取后剩下部分的长度记录如下:第一天剩下$\dfrac{1}{2}$尺,第二天剩下$\dfrac{1}{4}$尺,第三天剩下$\dfrac{1}{8}$尺,$\cdots$,第n天剩下$\dfrac{1}{2^n}$尺,$\cdots$,可得到数列
$$\dfrac{1}{2},\ \dfrac{1}{4},\ \dfrac{1}{8},\ \cdots,\ \dfrac{1}{2^n},\ \cdots.$$

不难发现,随着数列项数n无限增大,数列的通项$\dfrac{1}{2^n}$无限趋于常数0. 数学上把这个确定的常数0称为数列$\left\{\dfrac{1}{2^n}\right\}$当$n \to \infty$时的极限.

例 2.1.1 写出下列数列的通项,并观察数列的变化趋势,判定哪些数列有极限,如有极限,写出它们的极限:

(1) $3, 9, 27, \cdots$; (2) $1, \dfrac{1}{2}, \dfrac{1}{3}, \cdots$;

(3) $0, 2, 0, 2, \cdots$; (4) $\dfrac{1}{2}, -\dfrac{1}{4}, \dfrac{1}{8}, \cdots$.

解 观察数列的变化规律易知,

(1) 数列$3, 9, 27, \cdots$的通项为$x_n = 3^n$. 当n无限增大时,3^n无限增大,故数列$\{3^n\}$无极限.

(2) 数列$1, \dfrac{1}{2}, \dfrac{1}{3}, \cdots$的通项为$x_n = \dfrac{1}{n}$. 当$n$无限增大时,$\dfrac{1}{n}$无限趋于常数0,故数列

$\left\{\dfrac{1}{n}\right\}$ 的极限为 0.

(3) 数列 $0,2,0,2,\cdots$ 的通项为 $x_n=(-1)^n+1$. 当 n 无限增大时,数列 $\{(-1)^n+1\}$ 在 0 与 2 之间来回摆动,不趋于任何一个常数,故此数列无极限.

(4) 数列 $\dfrac{1}{2},-\dfrac{1}{4},\dfrac{1}{8},\cdots$ 的通项为 $(-1)^{n+1}\dfrac{1}{2^n}$. 当 n 无限增大时,数列 $\left\{(-1)^{n+1}\dfrac{1}{2^n}\right\}$ 在正数与负数之间来回摆动,但总的趋势是无限趋于常数 0,故此数列的极限为 0.

由例 2.1.1 可见,当数列的项数 n 无限增大时,数列通项的变化趋势并不相同,常见的有无限趋于某个确定的常数、在不同的数之间来回摆动、无限增大.

如果在数列 $\{x_n\}$ 的项数 n 无限增大的过程中,它的通项 x_n 无限趋于某个确定的常数 A,则称 A 是**数列 $\{x_n\}$ 的极限**.

如何来刻画"n 无限增大"和"x_n 无限趋于某个确定的常数 A"呢?可以利用 x_n 到 A 的距离 $|x_n-A|$ 来反映 x_n 无限趋于 A 的事实.所谓 x_n 无限趋于 A,就是指当 n 充分大时,$|x_n-A|$ 可以任意小.例如,数列 $\left\{(-1)^n\dfrac{1}{n}\right\}$ 无限趋于 0,即指当 n 充分大时,$\left|(-1)^n\dfrac{1}{n}-0\right|$ 可以任意小.通过研究距离 $\left|(-1)^n\dfrac{1}{n}-0\right|$ 就会发现,要使 $\left|(-1)^n\dfrac{1}{n}-0\right|=\dfrac{1}{n}<\dfrac{1}{100}$,只要 $n>100$(从第 101 项开始)即可;要使 $\left|(-1)^n\dfrac{1}{n}-0\right|=\dfrac{1}{n}<\dfrac{1}{1\,000}$,只要 $n>1\,000$(从第 1 001 项开始)即可;要使 $\left|(-1)^n\dfrac{1}{n}-0\right|=\dfrac{1}{n}<\dfrac{1}{10\,000}$,只要 $n>10\,000$(从第 10 001 项开始)即可……

下面给出数列极限严格的分析定义,习惯称为"$\varepsilon\text{-}N$ 语言".

定义 2.1.1 设有数列 $\{x_n\}$. 若存在常数 A,对于任意给定的正数 ε(无论它多么小),总存在正整数 N,使得当 $n>N$ 时,恒有 $|x_n-A|<\varepsilon$ 成立,则称 A 为**数列 $\{x_n\}$ 当 $n\to\infty$ 时的极限**,或称**数列 $\{x_n\}$ 收敛于 A**,记作
$$\lim_{n\to\infty}x_n=A \quad \text{或} \quad x_n\to A \quad (n\to\infty).$$

如果这样的常数 A 不存在,就说数列 $\{x_n\}$ 当 $n\to\infty$ 时**没有极限**,或者说数列 $\{x_n\}$ 是**发散**的,习惯上也说 $\lim\limits_{n\to\infty}x_n$ 不存在.

例如,当 $n\to\infty$ 时,数列 $\left\{(-1)^{n+1}\dfrac{1}{n}\right\}$ 的极限为 0,即数列 $\left\{(-1)^{n+1}\dfrac{1}{n}\right\}$ 收敛于 0,而数列 $\{(-1)^{n+1}\}$ 和数列 $\{3^n\}$ 都是发散的.

数列极限 $\lim\limits_{n\to\infty}x_n=A$ 的几何意义是:对于任意给定的正数 ε,总存在正整数 N,使得数列 $\{x_n\}$ 的第 $N+1$ 项及以后的所有项都落在开区间 $(A-\varepsilon,A+\varepsilon)$ 内,而在开区间 $(A-\varepsilon,A+\varepsilon)$ 外最多只有有限项,如图 2.1.1 所示.

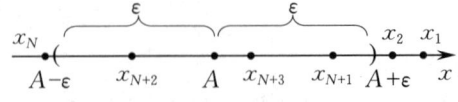

图 2.1.1

理解数列极限的定义需要注意以下几点.

(1) 正数 ε 是任意给定的,这样 $|x_n - A| < \varepsilon$ 才能表达 x_n 无限趋于常数 A 的含义;

(2) 正整数 N 与任意给定的正数 ε 有关,因此 N 又常记作 $N(\varepsilon)$,且 N 不唯一;

(3) 数列的极限与数列 $\{x_n\}$ 的前有限项无关,只与 x_N 后面的无限项 $x_n(n > N)$ 有关.

例 2.1.2 用数列极限的定义证明:$\lim\limits_{n \to \infty} \dfrac{n+3}{n} = 1$.

证 对于任意给定的正数 ε,要使

$$|x_n - 1| = \left|\dfrac{n+3}{n} - 1\right| = \dfrac{3}{n} < \varepsilon,$$

只要 $n > \dfrac{3}{\varepsilon}$ 即可. 故只需取正整数 $N = \left[\dfrac{3}{\varepsilon}\right] + 1$,则当 $n > N$ 时,就有 $\left|\dfrac{n+3}{n} - 1\right| < \varepsilon$,即

$$\lim_{n \to \infty} \dfrac{n+3}{n} = 1.$$

这里当 $\varepsilon > 3$ 时,$\left[\dfrac{3}{\varepsilon}\right] = 0$,为了保证 N 为正整数,我们取 $N = \left[\dfrac{3}{\varepsilon}\right] + 1$.

从例 2.1.2 可知,正整数 N 是依给定的 ε 确定的,且对于给定的 ε,只要找到合适的 N 即可,不是必须找到最小的 N,如例 2.1.2 中取 $N = \left[\dfrac{3}{\varepsilon}\right] + 4$ 也是可以的.

由数列极限的定义不能给出极限的求法,而是给出了证明数列 $\{x_n\}$ 的极限为 A 的逻辑方法,其证明步骤一般如下.

(1) 对于任意给定的正数 ε,由 $|x_n - A| < \varepsilon$ 开始,利用分析法倒推,直至推出使不等式 $|x_n - A| < \varepsilon$ 成立的充分条件 $n > \varphi(\varepsilon)$;

(2) 取 $N \geqslant [\varphi(\varepsilon)]$(一般取等号,但实际应用中要根据 ε 的取值范围来决定 N 的取法),再用 $\varepsilon - N$ 语言叙述结论.

例 2.1.3 用数列极限的定义证明:$\lim\limits_{n \to \infty} \left(\dfrac{1}{2}\right)^n = 0$.

证 对于任意给定的正数 ε,要使

$$|x_n - 0| = \left|\left(\dfrac{1}{2}\right)^n - 0\right| = \dfrac{1}{2^n} < \varepsilon,$$

只要 $n > \dfrac{-\ln \varepsilon}{\ln 2}$ 即可.

当 $\varepsilon > 1$ 时,$\dfrac{-\ln \varepsilon}{\ln 2}$ 为负数,可取正整数 $N = 1$;当 $\varepsilon \leqslant 1$ 时,可取正整数 $N = \left[\dfrac{-\ln \varepsilon}{\ln 2}\right] + 1$. 因此,当 $n > N$ 时,有 $\left|\left(\dfrac{1}{2}\right)^n - 0\right| < \varepsilon$,即

$$\lim_{n \to \infty} \left(\dfrac{1}{2}\right)^n = 0.$$

因为对于由较小的 ε 找到的 N,一定也适用于较大的 ε,所以今后为方便起见,在证明此类问题时,常开始就假定 $\varepsilon < 1$.

将例 2.1.3 推广可得常用结论

$$\lim_{n \to \infty} q^n = 0 \quad (|q| < 1).$$

2.1.3 数列极限的性质

性质1(唯一性) 收敛数列的极限是唯一的.

证明从略.

性质2(有界性) 收敛数列必有界.

证 设数列$\{x_n\}$收敛于A.根据数列极限的定义,取正数$\varepsilon=1$,存在正整数N,使得当$n>N$时,有

$$|x_n-A|<1$$

成立.于是,当$n>N$时,有

$$|x_n|=|(x_n-A)+A|\leqslant|x_n-A|+|A|<1+|A|.$$

取$M=\max\{1+|A|,|x_1|,|x_2|,\cdots,|x_N|\}$,则对于一切正整数$n$,都有

$$|x_n|\leqslant M,$$

所以数列$\{x_n\}$有界.

注意 数列有界仅是数列收敛的必要条件,而非充分条件.例如,数列$\{(-1)^{n+1}\}$是有界的,但不收敛.由此可见,有界数列不一定收敛,但无界数列一定不收敛.

性质3(保号性) 若$\lim\limits_{n\to\infty}x_n=A$,且$A>0$(或$A<0$),则存在正整数$N$,使得当$n>N$时,恒有$x_n>0$(或$x_n<0$).

证 只证$A>0$的情形.由$\lim\limits_{n\to\infty}x_n=A$的定义知,对于$\varepsilon=\dfrac{A}{2}>0$,必存在正整数$N$,使得当$n>N$时,恒有

$$|x_n-A|<\varepsilon=\dfrac{A}{2},$$

从而有

$$x_n>A-\dfrac{A}{2}=\dfrac{A}{2}>0.$$

性质3的逆命题不成立,即当数列收敛且它的项$x_n>0$(或$x_n<0$)($n=1,2,\cdots$)时,其极限却不一定大于0(或小于0).例如,数列$\left\{\dfrac{1}{2^n}\right\}$的项均大于0,但是该数列的极限等于0.

根据性质3,可得如下推论.

推论1 若$\lim\limits_{n\to\infty}x_n=A$,且存在正整数$N$,使得当$n>N$时,有$x_n\geqslant 0$(或$x_n\leqslant 0$),则$A\geqslant 0$(或$A\leqslant 0$).

习题 2.1

1. 下列说法中正确的是(   ).

A. 若$\lim\limits_{n\to\infty}x_n=A$,且$x_n>0$,则$A>0$ B. 有界数列$\{x_n\}$必收敛

C. 发散数列$\{x_n\}$必无界   D. 无界数列$\{x_n\}$必发散

2. 数列$\left\{\dfrac{2n+3}{n}\right\}$的极限为2,即对于任意给定的正数$\varepsilon$,存在正整数$N$,使得当$n>N$时,有

$\left|\dfrac{2n+3}{n}-2\right|<\varepsilon$. 若取 $\varepsilon=0.01$，则可取 $N=(\quad)$.

A. 301　　　　　　B. 299　　　　　　C. 200　　　　　　D. 100

3. 观察下列数列的变化趋势，判别哪些数列有极限，如有极限，写出它们的极限：

(1) $\left\{(-1)^{n-1}\dfrac{1}{n}\right\}$;　　(2) $\left\{\dfrac{n+1}{2n-1}\right\}$;　　(3) $\left\{\dfrac{1}{2^n}+1\right\}$;

(4) $\{(-1)^n n\}$;　　(5) $\left\{\cos\dfrac{1}{n}\right\}$;　　(6) $\left\{\dfrac{n^2+1}{n^2-n}\right\}$.

*4. 用极限的定义证明：

(1) $\lim\limits_{n\to\infty}\dfrac{1}{n^2}=0$;　　　　　　　　(2) $\lim\limits_{n\to\infty}\dfrac{2n+1}{3n}=\dfrac{2}{3}$;

(3) $\lim\limits_{n\to\infty}\left(-\dfrac{1}{2}\right)^n=0$;　　　　　(4) $\lim\limits_{n\to\infty}\dfrac{\sin n}{n}=0$.

*5. 设 $\lim\limits_{n\to\infty}x_n=A$，证明：$\lim\limits_{n\to\infty}|x_n|=|A|$.

*6. 设数列 $\{x_n\}$ 有界，且 $\lim\limits_{n\to\infty}y_n=0$，用极限的定义证明：$\lim\limits_{n\to\infty}x_n y_n=0$.

2.2　函数的极限

2.2.1　函数极限的定义

数列 $x_n=f(n)$ 是定义在正整数集上的一类特殊函数（整标函数），它的自变量 n 的变化是不连续的. 对一般的函数 $y=f(x)$（自变量连续变化），在自变量 x 的某个变化过程中，研究函数的极限与研究数列的极限类似.

依自变量变化过程不同，可分两种情形研究函数的极限：

(1) 自变量 x 的绝对值 $|x|$ 无限增大（记作 $x\to\infty$）时函数的极限；

(2) 自变量 x 无限趋于定值 x_0（记作 $x\to x_0$）时函数的极限.

1. 当 $x\to\infty$ 时函数 $f(x)$ 的极限

例如，函数 $f(x)=3+\dfrac{1}{x}$ 当 $x\to\infty$ 时无限趋于 3；函数 $f(x)=3+x^2$ 当 $x\to\infty$ 时无限增大. 一般地，若当 $x\to\infty$ 时，函数 $f(x)$ 无限趋于某个常数 A，则称常数 A 为函数 $f(x)$ 当 $x\to\infty$ 时的极限. 其具体定义如下.

定义 2.2.1　设函数 $f(x)$ 在 $|x|$ 充分大时有定义，A 为一个常数. 若对于任意给定的正数 ε（无论它多么小），总存在正数 X，使得对于满足不等式 $|x|>X$ 的一切 x，总有 $|f(x)-A|<\varepsilon$ 成立，则称常数 A 为**函数 $f(x)$ 当 $x\to\infty$ 时的极限**，也称**函数 $f(x)$ 当 $x\to\infty$ 时收敛于 A**，记作

$$\lim_{x\to\infty}f(x)=A\quad\text{或}\quad f(x)\to A\quad(x\to\infty).$$

函数极限 $\lim\limits_{x\to\infty}f(x)=A$ 的几何意义是：对于任意给定的 $\varepsilon>0$，作直线 $y=A-\varepsilon$ 和 $y=A+\varepsilon$，则对于函数 $y=f(x)$，总能找到正数 X，使得当 $|x|>X$ 时，曲线 $y=f(x)$ 介于直线 $y=A+\varepsilon$

和 $y = A - \varepsilon$ 之间(见图 2.2.1). 此时,直线 $y = A$ 称为曲线 $y = f(x)$ 的**水平渐近线**.

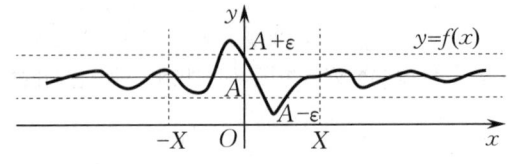

图 2.2.1

若 $x \to +\infty$,则只需将定义 2.2.1 中的 $|x| > X$ 换成 $x > X$,就可得 $\lim\limits_{x \to +\infty} f(x) = A$ 的定义. 若 $x \to -\infty$,则只需将定义 2.2.1 中的 $|x| > X$ 换成 $x < -X$,就可得 $\lim\limits_{x \to -\infty} f(x) = A$ 的定义. 例如, $\lim\limits_{x \to +\infty} \arctan x = \dfrac{\pi}{2}$, $\lim\limits_{x \to -\infty} \arctan x = -\dfrac{\pi}{2}$.

由上面的分析不难得到: $\lim\limits_{x \to \infty} f(x) = A$ 的充要条件是 $\lim\limits_{x \to +\infty} f(x) = \lim\limits_{x \to -\infty} f(x) = A$.

例 2.2.1 用函数极限的定义证明: $\lim\limits_{x \to \infty} \dfrac{\sin x}{x} = 0$.

证 对于任意给定的正数 ε,要使

$$|f(x) - 0| = \left| \dfrac{\sin x}{x} - 0 \right| = \dfrac{|\sin x|}{|x|} \leqslant \dfrac{1}{|x|} < \varepsilon,$$

只要 $|x| > \dfrac{1}{\varepsilon}$ 即可. 因此,取 $X = \dfrac{1}{\varepsilon}$,则当 $|x| > X$ 时,总有 $\left| \dfrac{\sin x}{x} - 0 \right| < \varepsilon$ 成立,从而由定义 2.2.1 知 $\lim\limits_{x \to \infty} \dfrac{\sin x}{x} = 0$.

由例 2.2.1 的结论可知,直线 $y = 0$ 是曲线 $y = \dfrac{\sin x}{x}$ 的水平渐近线.

例 2.2.2 用函数极限的定义证明: $\lim\limits_{x \to +\infty} e^{-x} = 0$.

证 对于任意给定的正数 ε(不妨设 $\varepsilon < 1$),要使

$$|f(x) - 0| = |e^{-x} - 0| = e^{-x} < \varepsilon,$$

只要 $-x < \ln \varepsilon$,即 $x > -\ln \varepsilon = \ln \dfrac{1}{\varepsilon}$ 即可. 因此,取正数 $X = \ln \dfrac{1}{\varepsilon}$,则当 $x > X$ 时,总有 $|e^{-x} - 0| < \varepsilon$ 成立,即 $\lim\limits_{x \to +\infty} e^{-x} = 0$.

由例 2.2.2 的结论可知,直线 $y = 0$ 是曲线 $y = e^{-x}$ 的水平渐近线.

2. 当 $x \to x_0$ 时函数 $f(x)$ 的极限

考察下面的例子.

函数 $f(x) = \dfrac{x^2 - 4}{x - 2}$ 当 $x \to 1$ 时无限趋于 3,且 $f(x)$ 趋于 3 的程度取决于 x 趋于 1 的程度;函数 $f(x) = \dfrac{2}{(x-1)^2}$ 当 $x \to 1$($x \neq 1$) 时无限增大.

一般地,如果当 $x \to x_0$ 时,函数 $f(x)$ 无限趋于某个常数 A,则称常数 A 为函数 $f(x)$ 当 $x \to x_0$ 时的极限. 其具体定义如下.

定义 2.2.2 设函数 $f(x)$ 在点 x_0 的某个去心邻域内有定义,A 为常数. 若对于任意给

定的正数 ε(无论它多么小),总存在正数 δ,使得当 x 满足 $0<|x-x_0|<\delta$ 时,对应的函数值 $f(x)$ 满足不等式

$$|f(x)-A|<\varepsilon,$$

则称常数 A 为函数 $f(x)$ 当 $x\to x_0$ **时的极限**,也称函数 $f(x)$ 当 $x\to x_0$ 时**收敛于** A,记作

$$\lim_{x\to x_0}f(x)=A \quad 或 \quad f(x)\to A \quad (x\to x_0).$$

函数极限 $\lim\limits_{x\to x_0}f(x)=A$ 的几何意义是:对于任意给定的 $\varepsilon>0$,作直线 $y=A-\varepsilon$ 和 $y=A+\varepsilon$,则对于函数 $y=f(x)$,总存在点 x_0 的一个去心邻域 $\{x\mid 0<|x-x_0|<\delta\}$,使得函数 $y=f(x)$ 在这个去心邻域内的图形介于这两条直线之间,如图 2.2.2 所示.

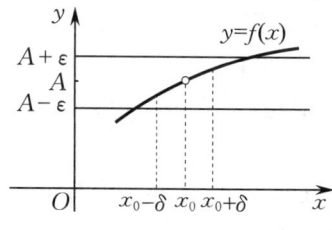

图 2.2.2

例 2.2.3 用函数极限的定义证明:$\lim\limits_{x\to 1}(2x-1)=1$.

证 对于任意给定的正数 ε,要使

$$|f(x)-1|=|(2x-1)-1|=2|x-1|<\varepsilon,$$

只要 $|x-1|<\dfrac{\varepsilon}{2}$ 即可. 因此,取 $\delta=\dfrac{\varepsilon}{2}$,则当 $0<|x-1|<\delta$ 时,总有 $|(2x-1)-1|<\varepsilon$ 成立,即 $\lim\limits_{x\to 1}(2x-1)=1$.

例 2.2.4 用函数极限的定义证明:$\lim\limits_{x\to 1}\dfrac{2x^2-2}{x-1}=4$.

证 当 $x\ne 1$ 时,对于任意给定的正数 ε,要使

$$\left|\dfrac{2x^2-2}{x-1}-4\right|=2|x-1|<\varepsilon,$$

只要 $|x-1|<\dfrac{\varepsilon}{2}$ 即可. 因此,取 $\delta=\dfrac{\varepsilon}{2}$,则当 $0<|x-1|<\delta$ 时,总有

$$\left|\dfrac{2x^2-2}{x-1}-4\right|<\varepsilon$$

成立,即 $\lim\limits_{x\to 1}\dfrac{2x^2-2}{x-1}=4$.

在理解函数极限的定义时,需要注意以下两点.

(1) 定义 2.2.2 中的正数 ε 刻画了 $f(x)$ 与常数 A 的接近程度,正数 δ 刻画了 x 与 x_0 的接近程度,ε 是任意给定的,δ 是根据 ε 确定的;

(2) 定义 2.2.2 中的 $0<|x-x_0|<\delta$ 表示 $x\in(x_0-\delta,x_0)\cup(x_0,x_0+\delta)$,所以当 $x\to x_0$ 时,$f(x)$ 有没有极限,极限是什么,仅与 $f(x)$ 在点 x_0 的某个去心邻域内的情况有关,而与 $f(x)$ 在点 x_0 是否有定义并无关系.

由定义 2.2.2 不难得到：

(1) 若 $f(x)=C$（C 为常数），则 $\lim\limits_{x \to x_0} f(x)=C$；

(2) 若 $f(x)=x$，则 $\lim\limits_{x \to x_0} f(x)=x_0$.

上述 $\lim\limits_{x \to x_0} f(x)=A$ 的定义中 $x \to x_0$ 是指 x 从 x_0 的左、右两侧趋于 x_0，但有时只需或只能考虑 x 仅从 x_0 的一侧趋于 x_0 时函数 $f(x)$ 的变化趋势. 若从 $x>x_0$ 的一侧趋于 x_0[或从 $x<x_0$ 的一侧趋于 x_0]时函数 $f(x)$ 的极限存在，则称此极限为函数 $f(x)$ 在点 x_0 处的右极限(或左极限).

定义 2.2.3 设函数 $f(x)$ 在点 x_0 的右邻域内有定义，A 为常数. 若对于任意给定的正数 ε（无论它多么小），总存在正数 δ，使得当 $0<x-x_0<\delta$ 时，总有 $|f(x)-A|<\varepsilon$ 成立，则称函数 $f(x)$ 在点 x_0 处有**右极限** A，记作

$$\lim_{x \to x_0^+} f(x)=A \quad \text{或} \quad f(x_0+0)=A.$$

定义 2.2.4 设函数 $f(x)$ 在点 x_0 的左邻域内有定义，A 为常数. 若对于任意给定的正数 ε（无论它多么小），总存在正数 δ，使得当 $0<x_0-x<\delta$ 时，总有 $|f(x)-A|<\varepsilon$ 成立，则称函数 $f(x)$ 在点 x_0 处有**左极限** A，记作

$$\lim_{x \to x_0^-} f(x)=A \quad \text{或} \quad f(x_0-0)=A.$$

左极限和右极限统称为**单侧极限**.

由上述三个定义，不难得到：极限 $\lim\limits_{x \to x_0} f(x)=A$ 的充要条件是

$$\lim_{x \to x_0^+} f(x)=\lim_{x \to x_0^-} f(x)=A.$$

例 2.2.5 设函数 $f(x)=\begin{cases} 5, & x<0, \\ x, & x \geqslant 0, \end{cases}$ 讨论当 $x \to 0$ 时 $f(x)$ 的极限是否存在.

解 当 $x<0$ 时，有

$$\lim_{x \to 0^-} f(x)=\lim_{x \to 0^-} 5=5;$$

当 $x>0$ 时，有

$$\lim_{x \to 0^+} f(x)=\lim_{x \to 0^+} x=0.$$

因为 $\lim\limits_{x \to 0^-} f(x)$ 与 $\lim\limits_{x \to 0^+} f(x)$ 不相等，所以当 $x \to 0$ 时，函数 $f(x)$ 的极限不存在.

例 2.2.6 设函数 $f(x)=\sin\dfrac{1}{x}$，讨论当 $x \to 0$ 时 $f(x)$ 的极限是否存在.

解 无论在 0 的左侧还是右侧，当 $x \to 0$ 时，函数 $f(x)=\sin\dfrac{1}{x}$ 的值都在 -1 和 1 之间循环重复(见图 2.2.3)，因此不存在常数 A，使得当 $x \to 0$ 时 $f(x) \to A$，即函数 $f(x)=\sin\dfrac{1}{x}$ 在点 $x=0$ 处既没有左极限也没有右极限，从而函数 $f(x)=\sin\dfrac{1}{x}$ 当 $x \to 0$ 时的极限不存在.

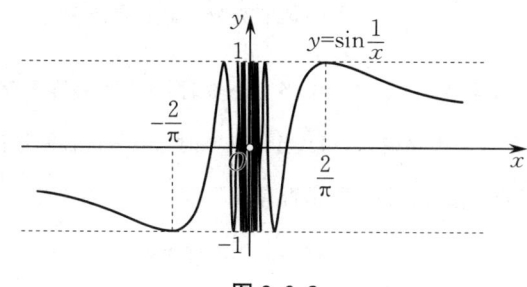

图 2.2.3

2.2.2 函数极限的性质

函数的极限有与数列极限类似的性质,下面仅就 $x \to x_0$ 这种情形给出相关结论.

性质 1(唯一性) 若函数 $f(x)$ 当 $x \to x_0$ 时极限存在,则其极限唯一.

性质 2(局部有界性) 若 $\lim\limits_{x \to x_0} f(x) = A$,则存在正数 M 和 $\delta > 0$,使得当 $0 < |x - x_0| < \delta$ 时,有 $|f(x)| \leqslant M$.

证 因为 $\lim\limits_{x \to x_0} f(x) = A$,所以取 $\varepsilon = 1$,存在 $\delta > 0$,使得当 $0 < |x - x_0| < \delta$ 时,有 $|f(x) - A| < 1$,由此得
$$|f(x)| \leqslant |f(x) - A| + |A| < 1 + |A|.$$
记 $M = 1 + |A|$,从而函数 $f(x)$ 局部有界.

性质 3(局部保号性) 若 $\lim\limits_{x \to x_0} f(x) = A$,且 $A > 0$(或 $A < 0$),则存在 $\delta > 0$,使得当 $0 < |x - x_0| < \delta$ 时,有 $f(x) > 0$[或 $f(x) < 0$].

证 设 $A > 0$. 因为 $\lim\limits_{x \to x_0} f(x) = A > 0$,所以取正数 $\varepsilon = \dfrac{A}{2}$,存在 $\delta > 0$,使得当 $0 < |x - x_0| < \delta$ 时,有 $|f(x) - A| < \varepsilon = \dfrac{A}{2}$,由此得 $f(x) > \dfrac{A}{2} > 0$.

类似可以证明 $A < 0$ 的情形.

推论 1 若 $\lim\limits_{x \to x_0} f(x) = A$,且存在 $\delta > 0$,使得当 $0 < |x - x_0| < \delta$ 时,有 $f(x) \geqslant 0$[或 $f(x) \leqslant 0$],则 $A \geqslant 0$(或 $A \leqslant 0$).

习题 2.2

1. 下列说法中不正确的是( ).

A. 若 $\lim\limits_{x \to x_0} f(x) = A$,且 $A > 0$,则 $f(x) > 0$

B. 若 $\lim\limits_{x \to x_0} f(x) = A$,则极限值 A 唯一

C. $\lim\limits_{x \to x_0} f(x) = A$ 的充要条件是 $\lim\limits_{x \to x_0^-} f(x) = \lim\limits_{x \to x_0^+} f(x) = A$

D. 若 $\lim\limits_{x \to x_0} f(x) = A$,且 $f(x) > 0$,则 $A \geqslant 0$

2. 函数 $f(x)$ 在点 x_0 的某个去心邻域内有界是 $\lim\limits_{x \to x_0} f(x)$ 存在的( ).

A. 充分条件 B. 充要条件

C. 必要条件 D. 既非充分也非必要条件

3. 下列说法中正确的是(　　).
A. 当 $x \to +\infty$ 时 $\sin x$ 的极限为 1
B. 当 $x \to 0$ 时 $\sin x$ 的极限不存在
C. 当 $x \to +\infty$ 时 $\sin \dfrac{1}{x}$ 的极限不存在
D. 当 $x \to 0$ 时 $\sin \dfrac{1}{x}$ 的极限不存在

4. 判别下列函数在给定的自变量变化趋势下是否有极限,如果有极限,写出它们的极限:

(1) $\dfrac{x}{x+2}(x \to 0)$; (2) $\cos \dfrac{1}{x}(x \to 0)$;

(3) $\arctan x(x \to -\infty)$; (4) $2^{-x}(x \to +\infty)$.

*5. 用函数极限的定义证明:

(1) $\lim\limits_{x \to 2}(2x-1)=3$; (2) $\lim\limits_{x \to 5}\dfrac{x^2-6x+5}{x-5}=4$;

(3) $\lim\limits_{x \to \infty}\dfrac{2x+3}{x}=2$; (4) $\lim\limits_{x \to +\infty}3^{-x}=0$.

6. 设函数 $f(x)=\begin{cases}\sin x, & x<0, \\ 2, & x \geqslant 0,\end{cases}$ 作函数 $f(x)$ 的图形,并求 $f(x)$ 在点 $x=0$ 处的左、右极限,再说明 $f(x)$ 在该点的极限是否存在.

7. 证明:$\lim\limits_{x \to 0}\dfrac{|x|}{x}$ 不存在.

8. 设函数 $f(x)=\begin{cases}\dfrac{1}{1-x}, & x<0, \\ x, & 0 \leqslant x<1, \\ 1, & x \geqslant 1,\end{cases}$ 试分别讨论当 $x \to 0, x \to 1$ 时函数 $f(x)$ 的极限.

2.3 无穷小与无穷大

在 $x \to x_0$(或 $x \to \infty$)的过程中,函数 $f(x)$ 有两种变化趋势特别值得注意,一种是 $|f(x)|$ 无限变小,另一种是 $|f(x)|$ 无限增大,下面分别对这两种变化趋势加以讨论.

2.3.1　无穷小

定义 2.3.1　如果当 $x \to x_0$(或 $x \to \infty$)时,函数 $f(x)$ 的极限为 0,那么称函数 $f(x)$ 当 $x \to x_0$(或 $x \to \infty$)时为**无穷小量**,简称**无穷小**.

例如,因 $\lim\limits_{x \to 0}\sin x=0$,故函数 $y=\sin x$ 是当 $x \to 0$ 时的无穷小;因 $\lim\limits_{x \to \infty}\dfrac{1}{x^2-1}=0$,故函数 $y=\dfrac{1}{x^2-1}$ 是当 $x \to \infty$ 时的无穷小;因 $\lim\limits_{n \to \infty}\dfrac{(-1)^n}{\sqrt{n+1}}=0$,故数列 $\left\{\dfrac{(-1)^n}{\sqrt{n+1}}\right\}$ 是当 $n \to \infty$ 时的无穷小.

理解无穷小需要注意以下几点.

(1) 无穷小是一个以 0 为极限的函数(变量),而很小的数是常数(常量);常数 0 是一个特别的无穷小.

(2) 无穷小是以自变量的变化为前提的,同一个函数对不同的自变量变化过程的结果往往是不同的. 例如,函数 $y=e^{-x}$ 当 $x\to+\infty$ 时是无穷小,但当 $x\to 0$ 时不是无穷小. 又如,函数 $y=x^3$ 当 $x\to 0$ 时是无穷小,但当 $x\to 2$ 时不是无穷小.

下面的定理说明了无穷小与函数极限的重要关系.

定理 2.3.1 $\lim\limits_{\substack{x\to x_0 \\ (\text{或}x\to\infty)}} f(x)=A$ 的充要条件是函数 $f(x)=A+\alpha(x)$,其中 $\alpha(x)$ 是当 $x\to x_0$(或 $x\to\infty$) 时的无穷小.

证 下面就 $x\to x_0$ 的情形给予证明.

必要性. 因为 $\lim\limits_{x\to x_0}f(x)=A$,所以对于任意给定的 $\varepsilon>0$,存在 $\delta>0$,使得当 $0<|x-x_0|<\delta$ 时,有 $|f(x)-A|<\varepsilon$ 成立. 记 $\alpha(x)=f(x)-A$,则 $\alpha(x)$ 是当 $x\to x_0$ 时的无穷小,且 $f(x)=A+\alpha(x)$.

充分性. 已知 $f(x)=A+\alpha(x)$,其中 A 为常数,$\alpha(x)$ 是当 $x\to x_0$ 时的无穷小. 由无穷小的定义,对于任意给定的 $\varepsilon>0$,存在 $\delta>0$,使得当 $0<|x-x_0|<\delta$ 时,恒有不等式 $|\alpha(x)|<\varepsilon$,即 $|f(x)-A|<\varepsilon$ 成立,从而 $\lim\limits_{x\to x_0}f(x)=A$.

无穷小具有如下性质.

性质 1 有限个无穷小的代数和仍为无穷小.

证 就 $x\to\infty$ 时两个无穷小的情形给出证明. 设 $\alpha(x)$ 和 $\beta(x)$ 是当 $x\to\infty$ 时的两个无穷小,则对于任意给定的 $\varepsilon>0$,存在 $X_1>0,X_2>0$,使得当 $|x|>X_1$ 时,有 $|\alpha(x)|<\dfrac{\varepsilon}{2}$;当 $|x|>X_2$ 时,有 $|\beta(x)|<\dfrac{\varepsilon}{2}$. 取 $X=\max\{X_1,X_2\}$,则当 $|x|>X$ 时,有

$$|\alpha(x)\pm\beta(x)|\leqslant|\alpha(x)|+|\beta(x)|<\dfrac{\varepsilon}{2}+\dfrac{\varepsilon}{2}=\varepsilon.$$

因此,当 $x\to\infty$ 时,$\alpha(x)\pm\beta(x)$ 仍为无穷小.

要注意的是,无穷多个无穷小的代数和不一定是无穷小. 例如,当 $n\to\infty$ 时,$\dfrac{1}{n}$ 是无穷小,而 $\lim\limits_{n\to\infty}\bigg(\overbrace{\dfrac{1}{n}+\dfrac{1}{n}+\cdots+\dfrac{1}{n}}^{n\uparrow}\bigg)=1$,此时无穷多个无穷小的代数和为 1.

性质 2 有界函数与无穷小的乘积仍为无穷小.

证 就 $x\to x_0$ 时无穷小的情形给出证明. 设 $f(x)$ 是有界函数,即存在 $M>0,\delta_1>0$,使得当 $0<|x-x_0|<\delta_1$ 时,有 $|f(x)|\leqslant M$. 又设 $\alpha(x)$ 是当 $x\to x_0$ 时的无穷小,则对于任意给定的 $\varepsilon>0$,存在 $\delta_2>0$,使得当 $0<|x-x_0|<\delta_2$ 时,有 $|\alpha(x)|<\dfrac{\varepsilon}{M}$. 取 $\delta=\min\{\delta_1,\delta_2\}$,则当 $0<|x-x_0|<\delta$ 时,有

$$|\alpha(x)f(x)|=|\alpha(x)|\cdot|f(x)|<\dfrac{\varepsilon}{M}\cdot M=\varepsilon.$$

因此,当 $x\to x_0$ 时,$\alpha(x)f(x)$ 仍为无穷小.

例 2.3.1 求极限 $\lim\limits_{x \to \infty} \dfrac{\sin x}{x}$.

解 由于 $|\sin x| \leqslant 1$,即 $\sin x$ 是有界函数,而 $\lim\limits_{x \to \infty} \dfrac{1}{x} = 0$,因此由性质 2 得 $\lim\limits_{x \to \infty} \dfrac{\sin x}{x} = 0$.

由性质 2 可得下面的推论.

推论 1 常数与无穷小的乘积为无穷小.

推论 2 有限个无穷小的乘积为无穷小.

要注意的是,两个无穷小的商不一定是无穷小. 例如,当 $x \to 0$ 时,x 和 $|x|$ 都是无穷小,但它们的商的极限 $\lim\limits_{x \to 0} \dfrac{|x|}{x}$ 不存在.

2.3.2 无穷大

定义 2.3.2 如果当 $x \to x_0$ (或 $x \to \infty$) 时,函数 $f(x)$ 的绝对值无限增大,那么称函数 $f(x)$ 当 $x \to x_0$ (或 $x \to \infty$) 时为**无穷大量**,简称**无穷大**.

例如,对于函数 $f(x) = \dfrac{1}{x-3}$,当 $x \to 3$ 时 $\left|\dfrac{1}{x-3}\right|$ 无限增大,所以函数 $f(x) = \dfrac{1}{x-3}$ 是当 $x \to 3$ 时的无穷大;对于函数 $f(x) = x^2$,当 $x \to \infty$ 时 $|x^2|$ 无限增大,所以函数 $f(x) = x^2$ 是当 $x \to \infty$ 时的无穷大.

无穷大的分析定义如下.

定义 2.3.3 设函数 $f(x)$ 在点 x_0 的某个去心邻域内有定义(或 $|x|$ 大于某个正数时有定义). 若对于任意给定的正数 M(无论它多么大),总存在正数 δ(或正数 X),使得当 $0 < |x - x_0| < \delta$(或 $|x| > X$)时,恒有
$$|f(x)| > M$$
成立,则称函数 $f(x)$ 是当 $x \to x_0$ (或 $x \to \infty$) 时的**无穷大**,记作
$$\lim_{x \to x_0} f(x) = \infty \quad [\text{或} \lim_{x \to \infty} f(x) = \infty].$$

在几何上,若 $\lim\limits_{x \to x_0} f(x) = \infty$,则称直线 $x = x_0$ 为曲线 $y = f(x)$ 的**铅直渐近线**.

例 2.3.2 用无穷大的定义证明: $\lim\limits_{x \to 1} \dfrac{1}{x-1} = \infty$.

证 对于任意给定的正数 M,要使 $\left|\dfrac{1}{x-1}\right| > M$,只要 $|x-1| < \dfrac{1}{M}$ 即可. 所以,取 $\delta = \dfrac{1}{M}$,则当 $0 < |x-1| < \delta$ 时,总有 $\left|\dfrac{1}{x-1}\right| > M$ 成立,即 $\lim\limits_{x \to 1} \dfrac{1}{x-1} = \infty$.

由例 2.3.2 可见,直线 $x = 1$ 是曲线 $y = \dfrac{1}{x-1}$ 的铅直渐近线.

关于无穷大,需要特别说明以下几点.

(1) 表达式 $\lim\limits_{\substack{x \to x_0 \\ (\text{或} x \to \infty)}} f(x) = \infty$ 是为了方便叙述引入的记号,事实上此时函数 $f(x)$ 的极限是不存在的.

(2) 将定义 2.3.3 中的 $|f(x)|>M$ 替换为 $f(x)>M$ 或 $f(x)<-M$,则可得当 $x\to x_0$(或 $x\to\infty$)时,函数 $f(x)$ 为正无穷大或负无穷大,并记作

$$\lim_{\substack{x\to x_0\\(\text{或}x\to\infty)}}f(x)=+\infty \quad \text{或} \quad \lim_{\substack{x\to x_0\\(\text{或}x\to\infty)}}f(x)=-\infty.$$

(3) 无穷大也是一个变量,而不是一个绝对值很大的数.

(4) 无穷大同样也是以自变量的变化为前提的. 例如,函数 $y=e^x$ 是当 $x\to+\infty$ 时的无穷大,但不是当 $x\to-\infty$ 时的无穷大,因为当 $x\to-\infty$ 时,$e^x\to 0$.

(5) 无穷大是一种特殊的无界变量,但是无界变量不一定是无穷大. 例如,函数 $y=x\sin x$ 是当 $x\to+\infty$ 时的无界变量,但不是当 $x\to+\infty$ 时的无穷大.

无穷大与无穷小有如下关系.

定理 2.3.2 在自变量的同一变化过程中,无穷大的倒数是无穷小,非零的无穷小的倒数是无穷大.

* **证** 设 $\lim\limits_{x\to x_0}f(x)=+\infty$. 下面证 $\lim\limits_{x\to x_0}\dfrac{1}{f(x)}=0$.

对于任意给定的 $\varepsilon>0$,要使 $\left|\dfrac{1}{f(x)}\right|<\varepsilon$,只要 $|f(x)|>\dfrac{1}{\varepsilon}$ 即可. 取 $M=\dfrac{1}{\varepsilon}$,则存在 $\delta>0$,使得当 $0<|x-x_0|<\delta$ 时,有 $|f(x)|>M=\dfrac{1}{\varepsilon}$,即 $\left|\dfrac{1}{f(x)}\right|<\varepsilon$. 因此,当 $x\to x_0$ 时,函数 $\dfrac{1}{f(x)}$ 是无穷小.

反之,若 $\lim\limits_{x\to x_0}f(x)=0$,且 $f(x)\neq 0$,则对于任意给定的正数 M,取 $\varepsilon=\dfrac{1}{M}$,总存在正数 δ,使得当 $0<|x-x_0|<\delta$ 时,有 $|f(x)|<\dfrac{1}{M}$,即 $\left|\dfrac{1}{f(x)}\right|>M$. 因此,当 $x\to x_0$ 时,函数 $\dfrac{1}{f(x)}$ 是无穷大.

类似地可证当 $x\to\infty$ 时的情形.

定理 2.3.2 表明,关于无穷大的问题可以转化为关于无穷小的问题. 请读者自己考虑两个无穷大的和、差、积、商是否为无穷大.

习 题 2.3

1. 下列说法中正确的是( ).

A. 无穷小是 0　　　　　　　　B. 0 是无穷小

C. 无穷小是一个非常小的数　　D. 无穷大是一个非常大的数

2. 下列说法中正确的是( ).

A. 两个无穷小的商是无穷小　　B. 两个非无穷小之和必定不是无穷小

C. 无穷多个无穷小的和必是无穷小　　D. 两个无穷大的和不一定是无穷大

3. 观察下列函数,指出在自变量的指定变化过程中哪些是无穷小,哪些是无穷大:

(1) $\ln x\ (x\to+\infty)$;

(2) $\dfrac{\arctan x}{x}\ (x\to\infty)$;

(3) $x\left(3-\sin\dfrac{1}{x}\right)\ (x\to 0)$;

(4) $\dfrac{4-x^2}{2-x}\ (x\to\infty)$;

(5) $e^{\frac{1}{x}}$ $(x \to 0^-)$; (6) $e^{\frac{1}{x}}$ $(x \to 0^+)$.

*4. 用定义证明：

(1) 当 $x \to 0$ 时，$\dfrac{x-2}{x}$ 为无穷大； (2) 当 $x \to 2$ 时，$\dfrac{x-2}{x}$ 为无穷小.

5. 求下列函数的极限：

(1) $\lim\limits_{x \to 0} x^2 \cos \dfrac{1}{x}$； (2) $\lim\limits_{x \to \infty} \dfrac{\arctan x}{x}$；

(3) $\lim\limits_{x \to 0} x \sin \dfrac{1}{x}$； (4) $\lim\limits_{x \to \infty} \dfrac{2}{1+x^2}$.

6. 设函数 $f(x) = \begin{cases} x, & x \text{ 为有理数,} \\ 0, & x \text{ 为无理数,} \end{cases}$ 问 $f(x)$ 在 $(-\infty, +\infty)$ 内是否有界？它是否为 $x \to +\infty$ 时的无穷大？为什么？

7. 函数 $y = x \sin x$ 在区间 $(0, +\infty)$ 内是否有界？它是否为 $x \to +\infty$ 时的无穷大？为什么？

2.4 极限的运算法则

本节讨论极限的计算方法，主要是建立极限的四则运算法则和复合函数的极限运算法则，利用这些运算法则，可以求某些函数的极限. 以后我们还将介绍求极限的其他方法.

2.4.1 极限的四则运算法则

为方便表述，下面的结论中用 "lim" 表示自变量在各种不同变化过程中函数的极限，并设在同一问题中，各函数的自变量的变化趋势一致.

定理 2.4.1 设 $\lim f(x) = A$，$\lim g(x) = B$，其中 A, B 为常数，则

(1) $\lim [f(x) \pm g(x)] = \lim f(x) \pm \lim g(x) = A \pm B$；

(2) $\lim [f(x) g(x)] = \lim f(x) \cdot \lim g(x) = AB$；

(3) 当 $B \neq 0$ 时，$\lim \dfrac{f(x)}{g(x)} = \dfrac{\lim f(x)}{\lim g(x)} = \dfrac{A}{B}$.

下面仅就 $x \to x_0$ 的情形对定理 2.4.1 中的结论 (2) 加以证明.

证 因为 $\lim\limits_{x \to x_0} f(x) = A$，$\lim\limits_{x \to x_0} g(x) = B$，所以由定理 2.3.1 得

$$f(x) = A + \alpha, \quad g(x) = B + \beta,$$

其中 $\alpha = \alpha(x)$，$\beta = \beta(x)$ 为当 $x \to x_0$ 时的无穷小. 故

$$f(x) g(x) = AB + (A\beta + B\alpha + \alpha\beta).$$

由无穷小的性质可知 $A\beta + B\alpha + \alpha\beta$ 为当 $x \to x_0$ 时的无穷小，因此

$$\lim\limits_{x \to x_0} [f(x) g(x)] = AB = \lim\limits_{x \to x_0} f(x) \cdot \lim\limits_{x \to x_0} g(x).$$

定理 2.4.1 中的结论 (1), (2) 可推广到有限多个函数的情形，且易得下面的推论.

推论 1 设 $\lim f(x)$ 存在，则 $\lim [k f(x)] = k \lim f(x)$，其中 k 为常数.

推论 2 设 $\lim f(x)$ 存在，则 $\lim [f(x)]^n = [\lim f(x)]^n$，其中 n 为正整数.

使用这些运算法则的前提是:各个函数的极限必须存在,且在除法运算中,分母的极限不为 0.

例 2.4.1 求极限 $\lim\limits_{x \to 2}(x^2 - 3x + 1)$.

解 根据极限的四则运算法则,有
$$\lim_{x \to 2}(x^2 - 3x + 1) = \lim_{x \to 2} x^2 - \lim_{x \to 2} 3x + \lim_{x \to 2} 1 = (\lim_{x \to 2} x)^2 - 3\lim_{x \to 2} x + 1$$
$$= 2^2 - 3 \times 2 + 1 = -1.$$

例 2.4.2 求极限 $\lim\limits_{x \to 2} \dfrac{2x^2 + x - 5}{3x - 1}$.

解 因为 $\lim\limits_{x \to 2}(3x - 1) = 3 \times 2 - 1 = 5 \neq 0$,所以
$$\lim_{x \to 2} \frac{2x^2 + x - 5}{3x - 1} = \frac{\lim\limits_{x \to 2}(2x^2 + x - 5)}{\lim\limits_{x \to 2}(3x - 1)} = 1.$$

由上两例可见,若 $f(x)$ 是多项式函数,或者是当 $x \to x_0$ 时分母的极限不为 0 的**有理分式函数**(两个多项式函数的商),则有 $\lim\limits_{x \to x_0} f(x) = f(x_0)$.

例 2.4.3 求极限 $\lim\limits_{x \to 1} \dfrac{3x - 1}{x^2 + 2x - 3}$.

解 因为当 $x \to 1$ 时,分子的极限不为 0,但分母的极限为 0,所以不能直接用极限的商的运算法则. 先求函数倒数的极限,即
$$\lim_{x \to 1} \frac{x^2 + 2x - 3}{3x - 1} = \frac{0}{2} = 0,$$
再由无穷大与无穷小的关系,得
$$\lim_{x \to 1} \frac{3x - 1}{x^2 + 2x - 3} = \infty.$$

例 2.4.4 求极限 $\lim\limits_{x \to 4} \dfrac{x^2 - 7x + 12}{x^2 - 5x + 4}$.

解 因为当 $x \to 4$ 时,分子、分母的极限都为 0,所以不能直接用极限的商的运算法则,但分子、分母可约去公因式 $x - 4$,从而有
$$\lim_{x \to 4} \frac{x^2 - 7x + 12}{x^2 - 5x + 4} = \lim_{x \to 4} \frac{(x-3)(x-4)}{(x-1)(x-4)} = \lim_{x \to 4} \frac{x-3}{x-1} = \frac{1}{3}.$$

例 2.4.5 求极限 $\lim\limits_{x \to 1}\left(\dfrac{1}{x-1} - \dfrac{3}{x^3 - 1}\right)$.

解 因为当 $x \to 1$ 时,上式两项均为 ∞,不是常数,所以不能直接用极限的运算法则. 先通分变形表达式,再求极限,有
$$\lim_{x \to 1}\left(\frac{1}{x-1} - \frac{3}{x^3 - 1}\right) = \lim_{x \to 1} \frac{x^2 + x + 1 - 3}{x^3 - 1} = \lim_{x \to 1} \frac{(x-1)(x+2)}{(x-1)(x^2 + x + 1)}$$
$$= \lim_{x \to 1} \frac{x+2}{x^2 + x + 1} = 1.$$

例 2.4.6 求极限 $\lim\limits_{x \to \infty} \dfrac{x^2 + 2x - 2}{2x^3 - 3x + 6}$.

解 因为当 $x \to \infty$ 时,分子、分母的极限都为 ∞,所以不能直接用极限的运算法则. 先将

分子、分母同时除以 x^3，进行恒等变形，再求极限，有

$$\lim_{x\to\infty}\frac{x^2+2x-2}{2x^3-3x+6}=\lim_{x\to\infty}\frac{\dfrac{1}{x}+\dfrac{2}{x^2}-\dfrac{2}{x^3}}{2-\dfrac{3}{x^2}+\dfrac{6}{x^3}}=\frac{0}{2}=0.$$

一般地，对于有理分式函数，当 $a_0\neq 0, b_0\neq 0$ 时，有

$$\lim_{x\to\infty}\frac{a_0 x^m+a_1 x^{m-1}+a_2 x^{m-2}+\cdots+a_m}{b_0 x^n+b_1 x^{n-1}+b_2 x^{n-2}+\cdots+b_n}=\begin{cases}\dfrac{a_0}{b_0}, & n=m, \\ 0, & n>m, \\ \infty, & n<m.\end{cases}$$

例 2.4.7 求极限 $\lim\limits_{n\to\infty}\left(\dfrac{1}{n^2}+\dfrac{2}{n^2}+\cdots+\dfrac{n}{n^2}\right)$.

解 无穷多项的和不能直接用极限的和的运算法则，但可以先利用恒等变形，再求极限，有

$$\lim_{n\to\infty}\left(\frac{1}{n^2}+\frac{2}{n^2}+\cdots+\frac{n}{n^2}\right)=\lim_{n\to\infty}\frac{\frac{1}{2}n(n+1)}{n^2}=\frac{1}{2}.$$

2.4.2 复合函数的极限运算法则

定理 2.4.2 设函数 $y=f[\varphi(x)]$ 由函数 $y=f(u)$ 与函数 $u=\varphi(x)$ 复合而成. 若 $\lim\limits_{x\to x_0}\varphi(x)=u_0$，$\lim\limits_{u\to u_0}f(u)=A$，且存在 $\delta_0>0$，使得当 $x\in\overset{\circ}{U}(x_0,\delta_0)$ 时，$\varphi(x)\neq u_0$，则

$$\lim_{x\to x_0}f[\varphi(x)]=\lim_{u\to u_0}f(u)=A.$$

证明从略.

由定理 2.4.2 可知，求复合函数 $f[\varphi(x)]$ 的极限时，可以做变量代换 $u=\varphi(x)$，如果 $\lim\limits_{x\to x_0}\varphi(x)=u_0$，则

$$\lim_{x\to x_0}f[\varphi(x)]=\lim_{u\to u_0}f(u).$$

例 2.4.8 求极限 $\lim\limits_{x\to 1}\ln\dfrac{x^2-1}{x-1}$.

解 函数 $y=\ln\dfrac{x^2-1}{x-1}$ 由函数 $y=\ln u$ 与函数 $u=\dfrac{x^2-1}{x-1}$ 复合而成，且当 $x\to 1$ 时，$u\to 2$，因此

$$\lim_{x\to 1}\ln\frac{x^2-1}{x-1}=\lim_{u\to 2}\ln u=\ln 2.$$

在实际求极限的过程中，往往利用复合函数的极限运算法则直接得到结果，而不做变量代换.

例 2.4.9 求极限 $\lim\limits_{x\to 1}\dfrac{\sqrt{3-x}-\sqrt{1+x}}{x^2-1}$.

解 因为当 $x\to 1$ 时，分子、分母的极限均为 0，所以不能直接用极限的商的运算法则. 对表达式变形，即分子根式有理化，有

$$\lim_{x \to 1} \frac{\sqrt{3-x} - \sqrt{1+x}}{x^2 - 1} = \lim_{x \to 1} \frac{(3-x) - (1+x)}{(x^2 - 1)(\sqrt{3-x} + \sqrt{1+x})}$$

$$= \lim_{x \to 1} \frac{-2}{(x+1)(\sqrt{3-x} + \sqrt{1+x})}$$

$$= -\frac{\sqrt{2}}{4}.$$

习 题 2.4

1. 设 $\lim f(x)$ 和 $\lim g(x)$ 都存在，则下列说法中不正确的是(   ).

A. $\lim[f(x) + g(x)] = \lim f(x) + \lim g(x)$

B. $\lim[f(x) - g(x)] = \lim f(x) - \lim g(x)$

C. $\lim[f(x)g(x)] = \lim f(x) \cdot \lim g(x)$

D. $\lim \dfrac{f(x)}{g(x)} = \dfrac{\lim f(x)}{\lim g(x)}$

2. 下列计算过程完全正确的是(   ).

A. $\lim\limits_{x \to 1} \dfrac{x}{1-x} = \dfrac{\lim\limits_{x \to 1} x}{\lim\limits_{x \to 1}(1-x)} = \dfrac{1}{0} = \infty$

B. $\lim\limits_{x \to 0} \dfrac{x^2 \sin \dfrac{1}{x}}{\sin x} = \lim\limits_{x \to 0} x^2 \cdot \lim\limits_{x \to 0} \sin \dfrac{1}{x} \cdot \lim\limits_{x \to 0} \dfrac{1}{\sin x} = 0$

C. $\lim\limits_{x \to 4} \dfrac{\sqrt{x} - 2}{x - 4} = \lim\limits_{x \to 4} \dfrac{1}{\sqrt{x} + 2} = \dfrac{1}{\lim\limits_{x \to 4}\sqrt{x} + 2} = \dfrac{1}{4}$

D. $\lim\limits_{n \to \infty}\left(\dfrac{1}{n^2} + \dfrac{2}{n^2} + \cdots + \dfrac{n}{n^2}\right) = \lim\limits_{n \to \infty}\dfrac{1}{n^2} + \lim\limits_{n \to \infty}\dfrac{2}{n^2} + \cdots + \lim\limits_{n \to \infty}\dfrac{n}{n^2} = 0 + 0 + \cdots + 0 = 0$

3. 求下列函数的极限：

(1) $\lim\limits_{x \to \infty} \dfrac{6x^3 - 2x + 1}{3x^3 - x^2 + 4}$;

(2) $\lim\limits_{x \to +\infty}(\sqrt{x^2 + x} - x)$;

(3) $\lim\limits_{x \to 0} \dfrac{\sqrt{1+x} - \sqrt{1-x}}{x}$;

(4) $\lim\limits_{x \to \infty} \dfrac{7 + 9x^2}{2 + x^2 + x^7}$;

(5) $\lim\limits_{x \to \infty} \dfrac{10x^3 - 4}{x^2 - 1}$;

(6) $\lim\limits_{x \to \infty} \dfrac{(2x+3)^{10}(3x-4)^{20}}{(5x-1)^{30}}$;

(7) $\lim\limits_{x \to 5} \dfrac{x^2 + x}{(x-5)^2}$;

(8) $\lim\limits_{x \to 3} \dfrac{x^2 - 8x + 15}{x^2 - 5x + 6}$;

(9) $\lim\limits_{x \to +\infty} \dfrac{\cos x}{e^x + e^{-x}}$;

(10) $\lim\limits_{h \to 0} \dfrac{(x+h)^3 - x^3}{h}$.

4. 求下列数列的极限：

(1) $\lim\limits_{n \to \infty} \dfrac{4^n + 7^n}{4^{n+1} + 7^{n+1}}$;

(2) $\lim\limits_{n \to \infty}\left(1 + \dfrac{1}{3} + \dfrac{1}{9} + \cdots + \dfrac{1}{3^n}\right)$;

(3) $\lim\limits_{n \to \infty}\left[\dfrac{1}{1 \cdot 2} + \dfrac{1}{2 \cdot 3} + \cdots + \dfrac{1}{n(n+1)}\right]$;

(4) $\lim\limits_{n \to \infty} \sqrt{n}(\sqrt{n+1} - \sqrt{n-1})$.

5. 求下列函数的极限：

(1) $\lim\limits_{x \to 1} \cos(3x - 2)$;

(2) $\lim\limits_{x \to 1} \ln(x^2 + 2x)$;

(3) $\lim\limits_{x \to +\infty} \tan(\sqrt{x^2 + x} - x)$;

(4) $\lim\limits_{x \to 3} \sqrt{\dfrac{x-3}{x^2 - 9}}$.

6. 设函数 $f(x)=\begin{cases}\dfrac{\cos x}{x-2}, & x<0, \\ x^2+1, & 0\leqslant x\leqslant 1, \\ \dfrac{2}{x}, & x>1,\end{cases}$ 试分别讨论当 $x\to 0, x\to 1$ 时函数 $f(x)$ 的极限.

7. 若函数 $f(x)=\begin{cases}x+a, & x<0, \\ x^3+3x\sin x+2, & x\geqslant 0,\end{cases}$ 在点 $x=0$ 处的极限存在,求常数 a 的值.

2.5 极限存在准则与两个重要极限

本节给出判定极限存在的两个准则,并利用这两个准则得出两个重要极限.

2.5.1 夹逼准则

准则 1(数列夹逼准则) 如果三个数列 $\{x_n\},\{y_n\},\{z_n\}$ 满足条件:

(1) $y_n\leqslant x_n\leqslant z_n (n=n_0, n_0+1, n_0+2,\cdots; n_0$ 为某一正整数$)$,

(2) $\lim\limits_{n\to\infty}y_n=\lim\limits_{n\to\infty}z_n=A$,

那么数列 $\{x_n\}$ 的极限存在,且 $\lim\limits_{n\to\infty}x_n=A$.

证 因为 $\lim\limits_{n\to\infty}y_n=\lim\limits_{n\to\infty}z_n=A$,所以对于任意给定的正数 ε,存在正整数 N_1,N_2,使得当 $n>N_1$ 时,有 $|y_n-A|<\varepsilon$;当 $n>N_2$ 时,有 $|z_n-A|<\varepsilon$. 取 $N=\max\{n_0,N_1,N_2\}$,则当 $n>N$ 时,有

$$A-\varepsilon<y_n<A+\varepsilon \quad \text{及} \quad A-\varepsilon<z_n<A+\varepsilon$$

同时成立. 结合条件(1),有

$$A-\varepsilon<y_n\leqslant x_n\leqslant z_n<A+\varepsilon, \quad \text{即} \quad |x_n-A|<\varepsilon,$$

所以 $\lim\limits_{n\to\infty}x_n=A$.

准则 1 还可推广到函数极限的情形.

准则 1′(函数夹逼准则) 若函数 $f(x),g(x),h(x)$ 满足条件:

(1) 当 $x\in\mathring{U}(x_0,\delta)$(或 $|x|>M$)时,有 $g(x)\leqslant f(x)\leqslant h(x)$,

(2) $\lim\limits_{\substack{x\to x_0 \\ (\text{或}x\to\infty)}}g(x)=\lim\limits_{\substack{x\to x_0 \\ (\text{或}x\to\infty)}}h(x)=A$,

则极限 $\lim\limits_{\substack{x\to x_0 \\ (\text{或}x\to\infty)}}f(x)$ 存在且等于 A.

例 2.5.1 求极限 $\lim\limits_{n\to\infty}\left(\dfrac{1}{\sqrt{n^2+1}}+\dfrac{1}{\sqrt{n^2+2}}+\cdots+\dfrac{1}{\sqrt{n^2+n}}\right)$.

解 因为

$$\dfrac{n}{\sqrt{n^2+n}}\leqslant\dfrac{1}{\sqrt{n^2+1}}+\dfrac{1}{\sqrt{n^2+2}}+\cdots+\dfrac{1}{\sqrt{n^2+n}}\leqslant\dfrac{n}{\sqrt{n^2+1}},$$

而 $\lim\limits_{n\to\infty}\dfrac{n}{\sqrt{n^2+n}}=1, \lim\limits_{n\to\infty}\dfrac{n}{\sqrt{n^2+1}}=1$,所以由夹逼准则得

$$\lim_{n\to\infty}\left(\frac{1}{\sqrt{n^2+1}}+\frac{1}{\sqrt{n^2+2}}+\cdots+\frac{1}{\sqrt{n^2+n}}\right)=1.$$

例 2.5.2 证明：$\lim\limits_{n\to\infty}\dfrac{n!}{n^n}=0$.

证 因为
$$0<\frac{n!}{n^n}=\frac{1\cdot 2\cdot 3\cdots n}{n\cdot n\cdot n\cdots n}\leqslant\frac{1\cdot n\cdot n\cdots n}{n\cdot n\cdot n\cdots n}=\frac{1}{n},$$
而 $\lim\limits_{n\to\infty}\dfrac{1}{n}=0$，所以由夹逼准则得 $\lim\limits_{n\to\infty}\dfrac{n!}{n^n}=0$.

2.5.2 重要极限 I：$\lim\limits_{x\to 0}\dfrac{\sin x}{x}=1$

因为 $\dfrac{\sin x}{x}$ 是偶函数，所以只需讨论 $x\to 0^+$ 的情形.

不妨设 $0<x<\dfrac{\pi}{2}$. 在图 2.5.1 所示的单位圆内，令 $\angle AOB=x$，过点 A 作圆的切线与 OB 的延长线交于点 D，又作 $BC\perp OA$ 且与 OA 交于点 C，则
$$CB=\sin x,\quad \overset{\frown}{AB}=x,\quad AD=\tan x.$$
显然，$\triangle OAB$ 的面积 $<$ 扇形 OAB 的面积 $<$ $\triangle OAD$ 的面积，则有
$$\frac{1}{2}\sin x<\frac{1}{2}x<\frac{1}{2}\tan x.$$
注意到 $\sin x>0$，不等式两边同时乘以 $\dfrac{2}{\sin x}$，有
$$1<\frac{x}{\sin x}<\frac{1}{\cos x},\quad 即\quad \cos x<\frac{\sin x}{x}<1.$$

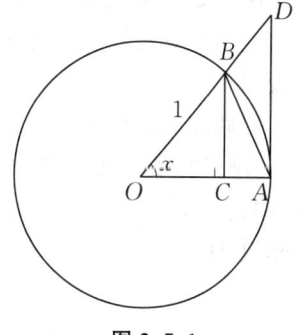

图 2.5.1

因为 $\lim\limits_{x\to 0^+}1=1$，$\lim\limits_{x\to 0^+}\cos x=1$，所以由夹逼准则得 $\lim\limits_{x\to 0^+}\dfrac{\sin x}{x}=1$.

综合可得
$$\lim_{x\to 0}\frac{\sin x}{x}=1.$$

例 2.5.3 求极限 $\lim\limits_{x\to 0}\dfrac{\tan x}{x}$.

解 由极限的四则运算法则和重要极限 I，有
$$\lim_{x\to 0}\frac{\tan x}{x}=\lim_{x\to 0}\left(\frac{\sin x}{x}\cdot\frac{1}{\cos x}\right)=\lim_{x\to 0}\frac{\sin x}{x}\cdot\lim_{x\to 0}\frac{1}{\cos x}=1.$$

一般地，由复合函数的极限运算法则和重要极限 $\lim\limits_{x\to 0}\dfrac{\sin x}{x}=1$，有下面的结论：当 $x\in \mathring{U}(x_0,\delta)$（或 $|x|>M$）时，$\varphi(x)$ 有定义且不为 0，如果 $\lim\limits_{\substack{x\to x_0\\(\text{或}x\to\infty)}}\varphi(x)=0$，那么
$$\lim_{\substack{x\to x_0\\(\text{或}x\to\infty)}}\frac{\sin\varphi(x)}{\varphi(x)}=1.$$

例 2.5.4 求极限 $\lim\limits_{x\to 1}\dfrac{\sin(x^2-1)}{x-1}$.

解 $\lim\limits_{x\to 1}\dfrac{\sin(x^2-1)}{x-1}=\lim\limits_{x\to 1}\dfrac{\sin(x^2-1)}{x^2-1}(x+1)=\lim\limits_{x\to 1}\dfrac{\sin(x^2-1)}{x^2-1}\cdot\lim\limits_{x\to 1}(x+1)=2.$

例 2.5.5 求极限 $\lim\limits_{x\to 0}\dfrac{1-\cos x}{x^2}$.

解 $\lim\limits_{x\to 0}\dfrac{1-\cos x}{x^2}=\lim\limits_{x\to 0}\dfrac{2\sin^2\dfrac{x}{2}}{x^2}=\lim\limits_{x\to 0}\dfrac{2\sin^2\dfrac{x}{2}}{4\left(\dfrac{x}{2}\right)^2}=\dfrac{1}{2}\lim\limits_{x\to 0}\left(\dfrac{\sin\dfrac{x}{2}}{\dfrac{x}{2}}\right)^2=\dfrac{1}{2}\times 1^2=\dfrac{1}{2}.$

例 2.5.6 求极限 $\lim\limits_{x\to 0}\dfrac{\arcsin x}{x}$.

解 令 $\arcsin x=t$,则 $x=\sin t$,且当 $x\to 0$ 时,$t\to 0$.于是
$$\lim_{x\to 0}\dfrac{\arcsin x}{x}=\lim_{t\to 0}\dfrac{t}{\sin t}=1.$$

2.5.3 单调有界准则

由收敛数列的性质可知,收敛数列一定有界,但有界数列却不一定收敛.有界数列若再加上数列单调这一条件,就有下面的重要结论.

准则 2（单调有界准则） 单调有界数列必有极限.

准则 2 更具体的表述为:单调增加且有上界的数列必有极限;单调减少且有下界的数列必有极限.

对此准则只给出几何上的直观解释.如图 2.5.2 所示,用数轴上的点 x_n 表示数列.若数列 $\{x_n\}$ 是单调增加的,则数轴上表示数列的点 x_n 一定从左向右移动.又因为数列 $\{x_n\}$ 有上界 M,即 $x_1\leqslant x_2\leqslant\cdots\leqslant x_n\leqslant x_{n+1}\leqslant\cdots\leqslant M$,所以这些点只能无限趋于某一定点 A,并且 A 不超过 M.

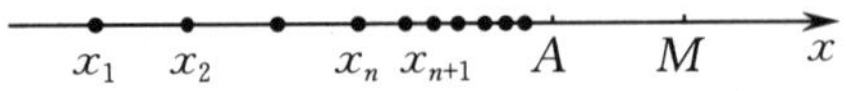

图 2.5.2

例 2.5.7 若数列 $\{x_n\}$ 满足 $x_{n+1}=\dfrac{1}{2}\left(x_n+\dfrac{a}{x_n}\right)(n=1,2,\cdots)$ 且 $x_1>\sqrt{a}$（a 为正常数）,证明:数列 $\{x_n\}$ 的极限存在,并求此极限值.

证 因为 $x_1>\sqrt{a}>0$,且由递推公式可知 $x_n>0(n=1,2,\cdots)$,所以
$$x_n=\dfrac{1}{2}\left(x_{n-1}+\dfrac{a}{x_{n-1}}\right)\geqslant\dfrac{1}{2}\cdot 2\sqrt{x_{n-1}\dfrac{a}{x_{n-1}}}=\sqrt{a},$$
即数列 $\{x_n\}$ 有下界.又
$$x_n-x_{n+1}=x_n-\dfrac{1}{2}\left(x_n+\dfrac{a}{x_n}\right)=\dfrac{x_n^2-a}{2x_n}\geqslant 0\quad(x_n\geqslant\sqrt{a}),$$
所以 $\{x_n\}$ 单调减少.由单调有界准则可知 $\lim\limits_{n\to\infty}x_{n+1}$ 存在.

令 $\lim\limits_{n\to\infty}x_{n+1}=A$,有

$$\lim_{n\to\infty}x_{n+1}=\lim_{n\to\infty}\frac{1}{2}\left(x_n+\frac{a}{x_n}\right),\quad 即\quad A=\frac{1}{2}\left(A+\frac{a}{A}\right),$$

解得 $A=\sqrt{a}\,(A>0)$，从而

$$\lim_{n\to\infty}x_n=\sqrt{a}.$$

2.5.4 重要极限 Ⅱ：$\lim\limits_{x\to\infty}\left(1+\dfrac{1}{x}\right)^x=\mathrm{e}$

下面先讨论 $\lim\limits_{n\to\infty}\left(1+\dfrac{1}{n}\right)^n$ 的存在性.

令 $x_n=\left(1+\dfrac{1}{n}\right)^n$. 由均值不等式，有

$$x_n=\left(1+\frac{1}{n}\right)^n=\overbrace{\left(1+\frac{1}{n}\right)\left(1+\frac{1}{n}\right)\cdots\left(1+\frac{1}{n}\right)}^{n\uparrow}\times 1$$

$$<\left[\frac{\overbrace{\left(1+\frac{1}{n}\right)+\left(1+\frac{1}{n}\right)+\cdots+\left(1+\frac{1}{n}\right)}^{n\uparrow}+1}{n+1}\right]^{n+1}$$

$$=\left(\frac{n+2}{n+1}\right)^{n+1}=\left(1+\frac{1}{n+1}\right)^{n+1}=x_{n+1},$$

则数列 $\{x_n\}$ 单调增加.

又因为对于任意的正整数 n，有

$$\frac{1}{2}\times\frac{1}{2}x_n=\frac{1}{2}\times\frac{1}{2}\left(1+\frac{1}{n}\right)^n$$

$$<\left[\frac{\frac{1}{2}+\frac{1}{2}+\overbrace{\left(1+\frac{1}{n}\right)+\left(1+\frac{1}{n}\right)+\cdots+\left(1+\frac{1}{n}\right)}^{n\uparrow}}{n+2}\right]^{n+2}$$

$$=\left[\frac{1+n\left(1+\frac{1}{n}\right)}{n+2}\right]^{n+2}=1,$$

所以 $x_n=\left(1+\dfrac{1}{n}\right)^n<4$，即数列 $\{x_n\}$ 有上界.

根据准则 2 可知，极限 $\lim\limits_{n\to\infty}\left(1+\dfrac{1}{n}\right)^n$ 存在. 我们可以从表 2.5.1 中观察 n 增大过程中数列 $\left\{\left(1+\dfrac{1}{n}\right)^n\right\}$ 的变化趋势.

表 2.5.1

n	1	3	5	10	100	1 000	10 000	100 000	…
$\left(1+\dfrac{1}{n}\right)^n$	2	2.37	2.488	2.594	2.705	2.716 9	2.718 146	2.718 268	…

数列 $\left\{\left(1+\dfrac{1}{n}\right)^n\right\}$ 的极限值用 e 表示,即

$$\lim_{n\to\infty}\left(1+\dfrac{1}{n}\right)^n=\mathrm{e}.$$

e 是无理数,它的值为 2.718 281 828 459 045…. 指数函数 $y=\mathrm{e}^x$ 及自然对数 $y=\ln x$ 中的 e 就是这个常数.

可以证明,当 x 取实数而趋于 $+\infty$ 或 $-\infty$ 时,函数 $\left(1+\dfrac{1}{x}\right)^x$ 的极限也存在,且都等于 e,即

$$\lim_{x\to\infty}\left(1+\dfrac{1}{x}\right)^x=\mathrm{e}.$$

若做代换 $z=\dfrac{1}{x}$,则可得重要极限 Ⅱ 的另一种表示:

$$\lim_{z\to 0}(1+z)^{\frac{1}{z}}=\mathrm{e}.$$

一般地,由复合函数的极限运算法则和重要极限 $\lim\limits_{x\to 0}(1+x)^{\frac{1}{x}}=\mathrm{e}$,我们有下面的结论:当 $x\in\overset{\circ}{U}(x_0,\delta)$(或 $|x|>M$)时,$\varphi(x)$ 有定义且不为 0,如果 $\lim\limits_{\substack{x\to x_0\\(\text{或}x\to\infty)}}\varphi(x)=0$,那么

$$\lim_{\substack{x\to x_0\\(\text{或}x\to\infty)}}[1+\varphi(x)]^{\frac{1}{\varphi(x)}}=\mathrm{e}.$$

例 2.5.8 求极限 $\lim\limits_{x\to\infty}\left(1+\dfrac{2}{x}\right)^{3x}$.

解 $\lim\limits_{x\to\infty}\left(1+\dfrac{2}{x}\right)^{3x}=\lim\limits_{x\to\infty}\left[\left(1+\dfrac{2}{x}\right)^{\frac{x}{2}}\right]^6=\mathrm{e}^6.$

例 2.5.8 也可这样求,令 $\dfrac{2}{x}=t$,则当 $x\to\infty$ 时,$t\to 0$. 于是

$$\lim_{x\to\infty}\left(1+\dfrac{2}{x}\right)^{3x}=\lim_{t\to 0}(1+t)^{\frac{6}{t}}=[\lim_{t\to 0}(1+t)^{\frac{1}{t}}]^6=\mathrm{e}^6.$$

例 2.5.9 求极限 $\lim\limits_{n\to\infty}\left(\dfrac{n+2}{n+1}\right)^{3n+1}$.

解 $\lim\limits_{n\to\infty}\left(\dfrac{n+2}{n+1}\right)^{3n+1}=\lim\limits_{n\to\infty}\left(1+\dfrac{1}{n+1}\right)^{3n+1}$

$=\lim\limits_{n\to\infty}\left(1+\dfrac{1}{n+1}\right)^{3(n+1)-2}=\lim\limits_{n\to\infty}\left(1+\dfrac{1}{n+1}\right)^{3(n+1)}\left(1+\dfrac{1}{n+1}\right)^{-2}$

$=\lim\limits_{n\to\infty}\left[\left(1+\dfrac{1}{n+1}\right)^{n+1}\right]^3\cdot\lim\limits_{n\to\infty}\left(1+\dfrac{1}{n+1}\right)^{-2}=\mathrm{e}^3\cdot 1^{-2}=\mathrm{e}^3.$

例 2.5.10 求极限 $\lim\limits_{x\to\infty}\left(1-\dfrac{1}{x^2}\right)^x$.

解 $\lim\limits_{x\to\infty}\left(1-\dfrac{1}{x^2}\right)^x=\lim\limits_{x\to\infty}\left(1+\dfrac{1}{x}\right)^x\left(1-\dfrac{1}{x}\right)^x=\lim\limits_{x\to\infty}\left(1+\dfrac{1}{x}\right)^x\cdot\lim\limits_{x\to\infty}\left(1-\dfrac{1}{x}\right)^x$

$=\lim\limits_{x\to\infty}\left(1+\dfrac{1}{x}\right)^x\cdot\lim\limits_{x\to\infty}\left[\left(1+\dfrac{1}{-x}\right)^{-x}\right]^{-1}=\mathrm{e}\cdot\mathrm{e}^{-1}$

$=1.$

2.5.5 连续复利

设一笔贷款 A_0（称为本金）的年利率为 r，一年分 n 期计息. 如果每期结算利息一次，则一期后的本利和为

$$A_1 = A_0\left(1 + \frac{r}{n}\right),$$

n 期（1 年）后的本利和为

$$A_n = A_0\left(1 + \frac{r}{n}\right)^n.$$

k 年共 nk 期后的本利和记作 R_k，则有

$$R_k = A_0\left(1 + \frac{r}{n}\right)^{nk}.$$

如果计息期数 $n \to \infty$，即每时每刻计算复利（称为**连续复利**），则 k 年后的本利和为

$$R_k = \lim_{n \to \infty} A_0\left(1 + \frac{r}{n}\right)^{nk} = \lim_{n \to \infty} A_0\left[\left(1 + \frac{r}{n}\right)^{\frac{n}{r}}\right]^{rk} = A_0 \mathrm{e}^{rk}.$$

习 题 2.5

1. 若函数 $f(x) = \begin{cases} \dfrac{\tan ax}{x}, & x < 0, \\ x^2 + 2, & x \geqslant 0 \end{cases}$ 且 $\lim\limits_{x \to 0} f(x)$ 存在，则常数 a 的值为（　　）.

A. 2　　　　　　　B. 3　　　　　　　C. 4　　　　　　　D. 5

2. 设 $\lim\limits_{x \to \infty}\left(\dfrac{x+c}{x-c}\right)^{\frac{x}{2}} = 5$，则常数 c 的值为（　　）.

A. $\ln 2$　　　　　B. $-\ln 2$　　　　C. $\ln 5$　　　　　D. $-\ln 5$

3. 求下列极限：

(1) $\lim\limits_{x \to 0} \dfrac{\sin 4x}{\tan 7x}$；　　(2) $\lim\limits_{x \to 0} x \cot x$；　　(3) $\lim\limits_{x \to 0} \dfrac{1 - \cos 2x}{x \sin x}$；

(4) $\lim\limits_{x \to 0} \dfrac{\arctan x}{x}$；　　(5) $\lim\limits_{x \to 0} \dfrac{\tan 7x}{x}$；　　(6) $\lim\limits_{n \to \infty} 3^n \sin \dfrac{x}{3^n}$；

(7) $\lim\limits_{h \to 0} \dfrac{\cos(x+h) - \cos x}{h}$.

4. 求下列极限：

(1) $\lim\limits_{x \to \infty}\left(1 - \dfrac{2}{x}\right)^{\frac{x}{2} - 1}$；　　(2) $\lim\limits_{x \to \infty}\left(\dfrac{x}{x+2}\right)^{\frac{x}{2}}$；　　(3) $\lim\limits_{x \to \infty}\left(\dfrac{2x-1}{2x+1}\right)^x$；

(4) $\lim\limits_{x \to 0}(1 - 2x)^{\frac{1}{x}}$；　　(5) $\lim\limits_{x \to \infty}\left(\dfrac{x^2}{x^2 - 1}\right)^x$.

5. 利用夹逼准则求下列极限：

(1) $\lim\limits_{n \to \infty} n\left(\dfrac{1}{n^2 + \pi} + \dfrac{1}{n^2 + 2\pi} + \cdots + \dfrac{1}{n^2 + n\pi}\right)$；

(2) $\lim\limits_{n \to \infty} \dfrac{2^n}{n!}$.

*6. 设 $x_1 = \sqrt{6}$，$x_2 = \sqrt{6 + x_1}$，$\cdots$，$x_n = \sqrt{6 + x_{n-1}}$，$\cdots$，利用单调有界准则证明：数列 $\{x_n\}$ 收敛，并求出

其极限值.

*7. 某企业计划发行公司债券,规定以年利率6.5%的连续复利计息,10年后每份债券一次偿还本息1 000元,问发行时每份债券的价格应定为多少元?

2.6 无穷小的比较

在2.3节中我们已经知道,两个无穷小的和、差与积仍为无穷小.但是,两个无穷小的商却会出现不同的情形.例如,当 $x \to 0$ 时,x^2, x, x^3 及 $2x\sin x$ 都是无穷小,但

$$\lim_{x \to 0} \frac{x^2}{x} = 0, \quad \lim_{x \to 0} \frac{x^2}{x^3} = \infty, \quad \lim_{x \to 0} \frac{2x\sin x}{x^2} = 2.$$

两个无穷小之比的极限出现多种不同情况,反映了不同的无穷小趋于0的速度有快有慢.就上面三个例子来说,当 $x \to 0$ 时,$x^2 \to 0$ 比 $x \to 0$ 快些,而 $x^2 \to 0$ 比 $x^3 \to 0$ 慢些,$x^2 \to 0$ 与 $2x\sin x \to 0$ 的快慢差不多.为了清晰地刻画无穷小趋于0的速度的差异,引入无穷小的阶的概念,用无穷小之比的极限来说明两个无穷小之间的比较.

定义 2.6.1 设 α 及 β 都是在自变量同一变化过程中的无穷小,且 $\alpha \neq 0$,$\lim \frac{\beta}{\alpha}$ 是在这一变化过程中的极限.

(1) 如果 $\lim \frac{\beta}{\alpha} = 0$,则称 β 是比 α **高阶的无穷小**,记作 $\beta = o(\alpha)$.

(2) 如果 $\lim \frac{\beta}{\alpha} = \infty$,则称 β 是比 α **低阶的无穷小**.

(3) 如果 $\lim \frac{\beta}{\alpha} = c \neq 0$,则称 β 与 α 是**同阶无穷小**.

(4) 如果 $\lim \frac{\beta}{\alpha^k} = c \neq 0 (k > 0)$,则称 β 是关于 α 的 k **阶无穷小**.

特别地,如果 $\lim \frac{\beta}{\alpha} = 1$,则称 β 与 α 是**等价无穷小**,记作 $\beta \sim \alpha$.

例如,因 $\lim_{x \to 0} \frac{x^2}{x} = 0$,故当 $x \to 0$ 时,x^2 是比 x 高阶的无穷小,即 $x^2 = o(x)(x \to 0)$,也可说 x 是比 x^2 低阶的无穷小;因 $\lim_{x \to 0} \frac{2x\sin x}{x^2} = 2$,故当 $x \to 0$ 时,$2x\sin x$ 与 x^2 是同阶无穷小,也可说 $2x\sin x$ 是关于 x 的2阶无穷小;因 $\lim_{x \to 0} \frac{\sin x}{x} = 1$,故当 $x \to 0$ 时,$\sin x$ 与 x 是等价无穷小,即 $\sin x \sim x (x \to 0)$.

要注意的是,若两个无穷小之比的极限 $\lim \frac{\beta}{\alpha}$ 不存在且不为无穷大,则它们无法比较.例如,$\lim_{x \to 0} \frac{x\sin \frac{1}{x}}{x} = \lim_{x \to 0} \sin \frac{1}{x}$ 不存在,故当 $x \to 0$ 时,$x\sin \frac{1}{x}$ 与 x 不能比较.

等价无穷小可用于简化某些极限的计算.

定理 2.6.1（无穷小的等价代换定理） 若在自变量的同一变化过程中，$\alpha \sim \alpha'$，$\beta \sim \beta'$，且 $\lim \dfrac{\beta'}{\alpha'}$ 存在，则

$$\lim \frac{\beta}{\alpha} = \lim \frac{\beta'}{\alpha'}.$$

证 由 $\alpha \sim \alpha'$，$\beta \sim \beta'$，得 $\lim \dfrac{\alpha}{\alpha'} = \lim \dfrac{\beta}{\beta'} = 1$，从而

$$\lim \frac{\beta}{\alpha} = \lim \left(\frac{\beta}{\beta'} \cdot \frac{\beta'}{\alpha'} \cdot \frac{\alpha'}{\alpha} \right) = \lim \frac{\beta}{\beta'} \cdot \lim \frac{\beta'}{\alpha'} \cdot \lim \frac{\alpha'}{\alpha} = \lim \frac{\beta'}{\alpha'}.$$

定理 2.6.1 表明，求两个无穷小之比的极限可转化为求两个无穷小的等价无穷小之比的极限. 如果用于代换的无穷小选择恰当，就可以极大地简化计算过程.

当 $x \to 0$ 时，常用的等价无穷小有

$$\sin x \sim x, \quad \tan x \sim x, \quad 1 - \cos x \sim \frac{1}{2}x^2, \quad \arcsin x \sim x,$$

$$\arctan x \sim x, \quad e^x - 1 \sim x, \quad \ln(1+x) \sim x, \quad \sqrt[n]{1+x} - 1 \sim \frac{1}{n}x.$$

不难证明，无穷小的等价关系具有下列性质.
(1) $\alpha \sim \alpha$（反身性）；
(2) 若 $\alpha \sim \beta$，则 $\beta \sim \alpha$（对称性）；
(3) 若 $\alpha \sim \beta$，$\beta \sim \gamma$，则 $\alpha \sim \gamma$（传递性）.

例 2.6.1 求极限 $\lim\limits_{x \to 0} \dfrac{(\sec x - 1)\tan x}{x^3}$.

解 当 $x \to 0$ 时，$\tan x \sim x$，$1 - \cos x \sim \dfrac{1}{2}x^2$，从而有

$$\lim_{x \to 0} \frac{(\sec x - 1)\tan x}{x^3} = \lim_{x \to 0} \frac{(1 - \cos x)\tan x}{x^3 \cos x}$$

$$= \lim_{x \to 0} \frac{1 - \cos x}{x^2} \cdot \lim_{x \to 0} \frac{\tan x}{x} \cdot \lim_{x \to 0} \frac{1}{\cos x} = \frac{1}{2}.$$

例 2.6.2 求极限 $\lim\limits_{x \to 0} \dfrac{\arcsin \dfrac{x^3}{\sqrt{1+x^2}}}{(\sqrt{1+x} - 1)\tan^2 2x}$.

解 当 $x \to 0$ 时，$\arcsin \dfrac{x^3}{\sqrt{1+x^2}} \sim \dfrac{x^3}{\sqrt{1+x^2}}$，$\sqrt{1+x} - 1 \sim \dfrac{1}{2}x$，$\tan^2 2x \sim 4x^2$，从而有

$$\lim_{x \to 0} \frac{\arcsin \dfrac{x^3}{\sqrt{1+x^2}}}{(\sqrt{1+x} - 1)\tan^2 2x} = \lim_{x \to 0} \frac{\dfrac{x^3}{\sqrt{1+x^2}}}{2x^3} = \lim_{x \to 0} \frac{1}{2\sqrt{1+x^2}} = \frac{1}{2}.$$

例 2.6.3 求极限 $\lim\limits_{x \to 0} \dfrac{\sqrt{1 + x\sin x} - 1}{e^{x^2} - 1}$.

解 当 $x \to 0$ 时，$\sqrt{1 + x\sin x} - 1 \sim \dfrac{1}{2}x\sin x$，$e^{x^2} - 1 \sim x^2$，$\sin x \sim x$，从而有

$$\lim_{x\to 0}\frac{\sqrt{1+x\sin x}-1}{e^{x^2}-1}=\lim_{x\to 0}\frac{\frac{1}{2}x\sin x}{x^2}=\lim_{x\to 0}\frac{\frac{1}{2}x^2}{x^2}=\frac{1}{2}.$$

例 2.6.4 求极限 $\lim\limits_{x\to 0}\dfrac{\tan x-\sin x}{2x^3}$.

解 $\lim\limits_{x\to 0}\dfrac{\tan x-\sin x}{2x^3}=\lim\limits_{x\to 0}\dfrac{\tan x(1-\cos x)}{2x^3}=\lim\limits_{x\to 0}\dfrac{x\cdot\frac{1}{2}x^2}{2x^3}=\dfrac{1}{4}.$

要注意的是,不能随意使用无穷小的等价代换.当无穷小因式间是乘或除的关系时可以进行代换,但对无穷小因式的加或减就不能随意代换,否则容易出错.例如在例 2.6.4 中,若将分子中的无穷小直接进行等价代换,即 $\lim\limits_{x\to 0}\dfrac{\tan x-\sin x}{2x^3}=\lim\limits_{x\to 0}\dfrac{x-x}{2x^3}$,就是错误的代换过程.

习 题 2.6

1.同一变化过程中的两个无穷小比较的结果是(　　).

A. 同阶关系　　　　B. 高阶关系　　　　C. 低阶关系　　　　D. 不确定的

2.设函数 $f(x)=x^2-2x,g(x)=x\sin x$,则当 $x\to 0$ 时,(　　).

A. $f(x)$ 与 $g(x)$ 是等价无穷小　　　　B. $f(x)$ 是比 $g(x)$ 低阶的无穷小

C. $f(x)$ 是比 $g(x)$ 高阶的无穷小　　　　D. $f(x)$ 与 $g(x)$ 是同阶无穷小但不等价

3.下列计算过程完全正确的是(　　).

A. 当 $x\to 0$ 时,$\tan x\sim x,\sin x\sim x$,从而有 $\lim\limits_{x\to 0}\dfrac{\tan x-\sin x}{x^3}=\lim\limits_{x\to 0}\dfrac{x-x}{x^3}=0$

B. 当 $x\to 0$ 时,$\tan x\sim x,\sin x\sim x$,从而有 $\lim\limits_{x\to 0}\dfrac{\sin 2x}{\tan 5x}=\lim\limits_{x\to 0}\dfrac{2x}{5x}=\dfrac{2}{5}$

C. 当 $x\to 1$ 时,$\sin(1-x)\sim 1-x$,从而有 $\lim\limits_{x\to 1}\dfrac{x}{\sin(1-x)}=\dfrac{\lim\limits_{x\to 1}x}{\lim\limits_{x\to 1}(1-x)}=\dfrac{1}{0}=\infty$

D. $\lim\limits_{n\to\infty}\left(\dfrac{1}{n}+\dfrac{1}{n+1}+\cdots+\dfrac{1}{n+n}\right)=\lim\limits_{n\to\infty}\dfrac{1}{n}+\lim\limits_{n\to\infty}\dfrac{1}{n+1}+\cdots+\lim\limits_{n\to\infty}\dfrac{1}{n+n}=0+0+\cdots+0=0$

4.证明:当 $x\to 0$ 时,

(1) $\sec x-1\sim\dfrac{1}{2}x^2$;　　(2) $\tan x-\sin x\sim\dfrac{1}{2}x^3$;　　(3) $\sqrt{1+x\sin x}-1\sim\dfrac{1}{2}x^2$.

5.利用无穷小的等价代换,求下列极限:

(1) $\lim\limits_{x\to 0}\dfrac{\tan x}{\sin 2x}$;　　　　　　　　　(2) $\lim\limits_{x\to 0}\dfrac{\sin 6x}{3x+x^2}$;

(3) $\lim\limits_{x\to 0}\dfrac{\sin x^3}{\sin^3 2x}$;　　　　　　　　　(4) $\lim\limits_{x\to 0}\dfrac{\arctan x^2}{1-\cos 2x}$;

(5) $\lim\limits_{x\to 0}\dfrac{\tan 2x-\sin 2x}{\arcsin 3x^3}$;　　　　(6) $\lim\limits_{x\to\infty}x\ln\left(1+\dfrac{2}{x}\right)$;

(7) $\lim\limits_{x\to 0}\dfrac{\sqrt{1+x}-1}{\sqrt[3]{1+x}-1}$;　　　　　　　(8) $\lim\limits_{x\to 0}\dfrac{\sqrt{1+x\ln(1+x)}-1}{(e^{2x}-1)\arcsin x}$.

2.7 函数的连续性

自然界中许多变量都是连续变化的,如气温的变化、动植物的生长、物体的热胀冷缩等,其特点是当时间变化很微小时,变量的变化也很微小,反映在数学上就是函数的连续性.

2.7.1 函数连续性的概念

设函数 $y=f(x)$ 在点 x_0 的某个邻域内有定义. 当自变量从 x_0 变到 x 时,相应的函数值从 $f(x_0)$ 变到 $f(x)$,则称 $x-x_0$ 为自变量的**改变量**(或**增量**),记作 Δx,即 $\Delta x = x - x_0$(它可正可负),称 $f(x)-f(x_0)$ 为函数的**改变量**(或**增量**),记作 Δy,即

$$\Delta y = f(x) - f(x_0) \quad \text{或} \quad \Delta y = f(x_0 + \Delta x) - f(x_0).$$

在几何上,函数的增量表示自变量从 x_0 变到 $x_0 + \Delta x$ 时,函数的图形上相应点的纵坐标的增量,如图 2.7.1 所示.

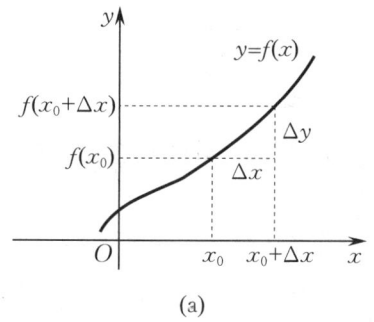
(a)

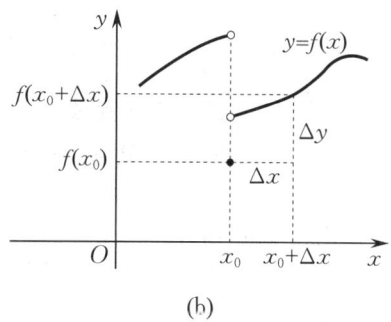
(b)

图 2.7.1

1. 函数在点 x_0 处的连续性

定义 2.7.1 设函数 $y=f(x)$ 在点 x_0 的某个邻域内有定义. 若当自变量的增量 Δx 趋于 0 时,函数 $y=f(x)$ 对应的增量 $\Delta y = f(x_0 + \Delta x) - f(x_0)$ 也趋于 0,即

$$\lim_{\Delta x \to 0} \Delta y = \lim_{\Delta x \to 0} [f(x_0 + \Delta x) - f(x_0)] = 0, \qquad (2.7.1)$$

则称函数 $y=f(x)$ 在点 x_0 处**连续**,x_0 称为 $y=f(x)$ 的**连续点**.

在式(2.7.1)中,若令 $x = x_0 + \Delta x$,则 $\Delta x \to 0$ 等价于 $x \to x_0$,且

$$\Delta y = f(x_0 + \Delta x) - f(x_0) = f(x) - f(x_0).$$

于是,式(2.7.1)可以表示为 $\lim\limits_{x \to x_0}[f(x) - f(x_0)] = 0$,即

$$\lim_{x \to x_0} f(x) = f(x_0).$$

因此,函数 $y=f(x)$ 在点 x_0 处连续的定义又可叙述如下.

定义 2.7.2 设函数 $y=f(x)$ 在点 x_0 的某个邻域内有定义. 若

$$\lim_{x \to x_0} f(x) = f(x_0),$$

则称函数 $y=f(x)$ 在点 x_0 处**连续**，x_0 称为 $y=f(x)$ 的**连续点**.

函数 $y=f(x)$ 在点 x_0 处连续，需要同时满足以下几个条件.

(1) 当 $x \to x_0$ 时，函数 $f(x)$ 的极限存在；

(2) 函数值 $f(x_0)$ 存在；

(3) 极限值 $\lim\limits_{x \to x_0} f(x)$ 等于函数 $f(x)$ 在点 x_0 处的函数值 $f(x_0)$.

例 2.7.1 确定常数 a 的值，使得函数 $f(x) = \begin{cases} \arctan \dfrac{1}{x^2}, & x \neq 0, \\ a, & x = 0 \end{cases}$ 在点 $x=0$ 处连续.

解 因

$$\lim_{x \to 0} f(x) = \lim_{x \to 0} \arctan \frac{1}{x^2} = \frac{\pi}{2}, \quad f(0) = a,$$

故当 $a = \dfrac{\pi}{2}$ 时，函数 $f(x)$ 在点 $x=0$ 处连续.

下面给出左连续及右连续的概念.

如果函数 $f(x)$ 满足

$$\lim_{x \to x_0^-} f(x) = f(x_0) \quad [\text{或} \lim_{x \to x_0^+} f(x) = f(x_0)],$$

则称 $f(x)$ 在点 x_0 处**左**（或**右**）**连续**.

显然，函数 $f(x)$ 在点 x_0 处连续的充要条件是 $f(x)$ 在点 x_0 处既左连续又右连续.

例 2.7.2 讨论函数 $f(x) = \begin{cases} x, & x \leqslant 0, \\ x \sin \dfrac{1}{x}, & x > 0 \end{cases}$ 在点 $x=0$ 处的连续性.

解 考虑函数 $f(x)$ 在分段点 $x=0$ 处的左、右连续性. 因

$$\lim_{x \to 0^-} f(x) = \lim_{x \to 0^-} x = 0, \quad \lim_{x \to 0^+} f(x) = \lim_{x \to 0^+} x \sin \frac{1}{x} = 0,$$

而 $f(0)=0$，即有

$$\lim_{x \to 0^-} f(x) = \lim_{x \to 0^+} f(x) = f(0) = 0,$$

故函数 $f(x)$ 在点 $x=0$ 处既左连续又右连续，即 $f(x)$ 在点 $x=0$ 处连续.

例 2.7.3 讨论函数 $f(x) = \begin{cases} x^2, & x \leqslant 1, \\ x+1, & x > 1 \end{cases}$ 在点 $x=1$ 处的连续性.

解 因为

$$f(1) = 1, \quad \lim_{x \to 1^-} f(x) = \lim_{x \to 1^-} x^2 = 1,$$

所以函数 $f(x)$ 在点 $x=1$ 处左连续. 又

$$\lim_{x \to 1^+} f(x) = \lim_{x \to 1^+} (x+1) = 2 \neq f(1),$$

所以函数 $f(x)$ 在点 $x=1$ 处不右连续.

综合可得，函数 $f(x)$ 在点 $x=1$ 处不连续，其图形如图 2.7.2 所示.

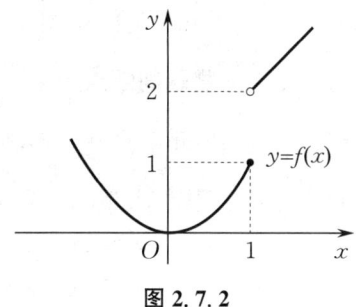

图 2.7.2

2. 函数在区间上的连续性

如果函数 $f(x)$ 在开区间 (a,b) 内的每一点处都连续,则称 $f(x)$ **在开区间 (a,b) 内连续**,或称 $f(x)$ 为**开区间 (a,b) 内的连续函数**. 如果函数 $f(x)$ 在开区间 (a,b) 内连续,且在点 $x=a$ 处右连续,在点 $x=b$ 处左连续,则称 $f(x)$ **在闭区间 $[a,b]$ 上连续**,或称 $f(x)$ 为**闭区间 $[a,b]$ 上的连续函数**.

对于某个区间上的连续函数,它的图形在该区间上是一条连续不间断的曲线.

例 2.7.4 证明:函数 $y=\sin x$ 在 $(-\infty,+\infty)$ 内连续.

证 设 x_0 是 $(-\infty,+\infty)$ 内的任意一点. 当 x 在点 x_0 处取得增量 Δx 时,函数取得相应的增量

$$\Delta y = \sin(x_0+\Delta x) - \sin x_0 = 2\sin\frac{\Delta x}{2}\cos\left(x_0+\frac{\Delta x}{2}\right).$$

由于 $\lim\limits_{\Delta x \to 0}\sin\frac{\Delta x}{2}=0$,而 $\left|2\cos\left(x_0+\frac{\Delta x}{2}\right)\right|\leqslant 2$,因此

$$\lim\limits_{\Delta x \to 0}\Delta y = 0,$$

从而 $\sin x$ 在点 x_0 处连续. 又因为 x_0 是 $(-\infty,+\infty)$ 内的任意一点,所以 $\sin x$ 在 $(-\infty,+\infty)$ 内连续.

同理可证明函数 $y=\cos x$ 在 $(-\infty,+\infty)$ 内连续.

2.7.2 函数的间断点

设函数 $f(x)$ 在点 x_0 的某个去心邻域内有定义. 如果 x_0 不是函数 $f(x)$ 的连续点,就称 $f(x)$ 在点 x_0 处**间断**,x_0 称为 $f(x)$ 的**间断点**或**不连续点**.

若 x_0 是函数 $f(x)$ 的间断点,则必为下列某种情形所致:

(1) $f(x)$ 在点 x_0 处没有定义;

(2) 虽然 $f(x)$ 在点 x_0 处有定义,但极限 $\lim\limits_{x \to x_0}f(x)$ 不存在;

(3) 虽然 $f(x)$ 在点 x_0 处有定义,且极限 $\lim\limits_{x \to x_0}f(x)$ 存在,但 $\lim\limits_{x \to x_0}f(x) \neq f(x_0)$.

设 x_0 是函数 $f(x)$ 的间断点. 若 $f(x)$ 在点 x_0 处的左极限 $\lim\limits_{x \to x_0^-}f(x)$ 与右极限 $\lim\limits_{x \to x_0^+}f(x)$ 都存在,则称 x_0 为 $f(x)$ 的**第一类间断点**,否则称 x_0 为 $f(x)$ 的**第二类间断点**.

对第一类间断点 x_0，若 $\lim\limits_{x \to x_0^-} f(x) = \lim\limits_{x \to x_0^+} f(x)$，则称 x_0 为 $f(x)$ 的**可去间断点**；若 $\lim\limits_{x \to x_0^-} f(x) \neq \lim\limits_{x \to x_0^+} f(x)$，则称 x_0 为 $f(x)$ 的**跳跃间断点**．

对第二类间断点 x_0，若 $\lim\limits_{x \to x_0^-} f(x) = \infty$ 或 $\lim\limits_{x \to x_0^+} f(x) = \infty$，则称 x_0 为 $f(x)$ 的**无穷间断点**；若当 $x \to x_0$ 时，$f(x)$ 在某个区间上变动无限次，则称 x_0 为 $f(x)$ 的**振荡间断点**．

例 2.7.5 讨论函数 $f(x) = \begin{cases} -x+1, & x \leqslant 0, \\ 2+x, & x > 0 \end{cases}$ 在点 $x = 0$ 处的连续性，若该点为间断点，分析它是何种类型的间断点．

解 因为
$$f(0^-) = \lim_{x \to 0^-} f(x) = \lim_{x \to 0^-} (-x+1) = 1,$$
$$f(0^+) = \lim_{x \to 0^+} f(x) = \lim_{x \to 0^+} (2+x) = 2,$$
所以函数 $f(x)$ 在点 $x = 0$ 处的左、右极限都存在，但不相等．因此，函数 $f(x)$ 在点 $x = 0$ 处不连续，且 $x = 0$ 是 $f(x)$ 的跳跃间断点．

例 2.7.6 讨论函数 $f(x) = \begin{cases} 3\sqrt{x}, & x < 1, \\ 1, & x = 1, \\ 2+x, & x > 1 \end{cases}$ 在点 $x = 1$ 处的连续性，若该点为间断点，分析它是何种类型的间断点．

解 因为
$$\lim_{x \to 1^-} f(x) = \lim_{x \to 1^-} 3\sqrt{x} = 3, \quad \lim_{x \to 1^+} f(x) = \lim_{x \to 1^+} (2+x) = 3, \quad f(1) = 1,$$
所以 $\lim\limits_{x \to 1} f(x) = 3 \neq f(1) = 1$．因此，函数 $f(x)$ 在点 $x = 1$ 处不连续，且 $x = 1$ 是 $f(x)$ 的可去间断点．若改变函数 $f(x)$ 在点 $x = 1$ 处的定义，即令 $f(1) = 3$，则 $f(x)$ 就可以在点 $x = 1$ 处连续．

一般地，若 x_0 是函数 $f(x)$ 的可去间断点，则可以改变或补充 $f(x)$ 在点 x_0 处的定义，使得 $f(x_0) = \lim\limits_{x \to x_0} f(x)$，从而使 $f(x)$ 在点 x_0 处连续．

例如，函数 $f(x) = \dfrac{\sin 4x}{x}$ 在点 $x = 0$ 处没有定义，故 $x = 0$ 是 $f(x)$ 的间断点．又 $\lim\limits_{x \to 0} f(x) = \lim\limits_{x \to 0} \dfrac{\sin 4x}{x} = 4$，所以 $x = 0$ 是 $f(x)$ 的可去间断点．若补充定义 $f(0) = 4$，则 $f(x)$ 在点 $x = 0$ 处是连续的．

例 2.7.7 讨论函数 $y = \tan x$ 在点 $x = \dfrac{\pi}{2}$ 处的间断点类型．

解 因为函数 $y = \tan x$ 在点 $x = \dfrac{\pi}{2}$ 处没有定义，所以 $x = \dfrac{\pi}{2}$ 是 $y = \tan x$ 的间断点．又因为 $\lim\limits_{x \to \frac{\pi}{2}} \tan x = \infty$，所以 $x = \dfrac{\pi}{2}$ 是函数 $y = \tan x$ 的无穷间断点．

例 2.7.8 讨论函数 $f(x) = \begin{cases} \sin \dfrac{1}{x}, & x \neq 0, \\ 0, & x = 0 \end{cases}$ （见图 2.7.3）在点 $x = 0$ 处的间断点

类型.

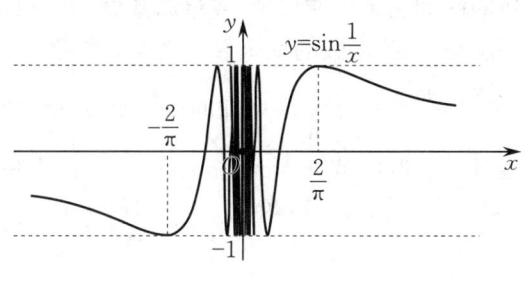

图 2.7.3

解 函数 $f(x)=\begin{cases}\sin\dfrac{1}{x}, & x\neq 0,\\ 0, & x=0\end{cases}$ 在点 $x=0$ 处有定义,但 $\lim\limits_{x\to 0}\sin\dfrac{1}{x}$ 不存在,故 $x=0$ 是 $f(x)$ 的间断点. 又当 $x\to 0$ 时,$\sin\dfrac{1}{x}$ 在 -1 与 1 之间无限次地振荡,所以 $x=0$ 是 $f(x)$ 的振荡间断点.

例 2.7.9 求函数 $f(x)=\dfrac{\cos\dfrac{\pi}{2}x}{x^2(1-x)}$ 的间断点,并指出间断点的类型.

解 因为在点 $x=0$ 和 $x=1$ 处函数都没有定义,所以 $x=0$ 和 $x=1$ 都是函数的间断点. 又因为

$$\lim_{x\to 0}f(x)=\lim_{x\to 0}\frac{\cos\dfrac{\pi}{2}x}{x^2(1-x)}=\infty,$$

$$\lim_{x\to 1}f(x)=\lim_{x\to 1}\frac{\cos\dfrac{\pi}{2}x}{x^2(1-x)}=\lim_{x\to 1}\frac{\sin\dfrac{\pi}{2}(1-x)}{x^2(1-x)}=\frac{\pi}{2},$$

所以 $x=0$ 是 $f(x)$ 的无穷间断点,$x=1$ 是 $f(x)$ 的可去间断点.

2.7.3 连续函数的运算与初等函数的连续性

1. 连续函数的和、差、积、商的连续性

由函数在某点连续的定义和极限的四则运算法则,易得出下面的定理.

定理 2.7.1 设函数 $f(x),g(x)$ 在点 x_0 处连续,则 $f(x)\pm g(x),f(x)g(x),\dfrac{f(x)}{g(x)}[g(x_0)\neq 0]$ 都在点 x_0 处连续.

定理 2.7.1 说明,连续函数的和、差、积、商(若分母不为 0)都是连续函数.

例如,因为函数 $y=\sin x$ 与 $y=\cos x$ 在 $(-\infty,+\infty)$ 内连续,所以 $\tan x=\dfrac{\sin x}{\cos x},\cot x=\dfrac{\cos x}{\sin x},\sec x=\dfrac{1}{\cos x},\csc x=\dfrac{1}{\sin x}$ 在它们的定义域内都连续.

2. 反函数的连续性

定理 2.7.2 如果函数 $y=f(x)$ 在某个区间上单调增加(或单调减少)且连续,则它的

反函数 $x = f^{-1}(y)$ 在相应的区间上也单调增加(或单调减少)且连续.

证明从略. 定理 2.7.2 说明, 连续函数的反函数仍是连续函数.

例如, 函数 $y = \sin x$ 是 $\left[-\dfrac{\pi}{2}, \dfrac{\pi}{2}\right]$ 上单调增加的连续函数, 所以它的反函数 $y = \arcsin x$ 在 $[-1,1]$ 上单调增加且连续. 同理, 函数 $y = \arccos x$ 在 $[-1,1]$ 上单调减少且连续; 函数 $y = \arctan x$ 在 $(-\infty, +\infty)$ 内单调增加且连续; 函数 $y = \text{arccot}\, x$ 在 $(-\infty, +\infty)$ 内单调减少且连续.

总之, 反三角函数 $y = \arcsin x$, $y = \arccos x$, $y = \arctan x$, $y = \text{arccot}\, x$ 在它们的定义域内都是连续的.

3. 复合函数的连续性

定理 2.7.3（复合函数的连续性） 设函数 $u = \varphi(x)$ 在点 x_0 处连续且 $\varphi(x_0) = u_0$, 函数 $y = f(u)$ 在点 u_0 处连续, 则复合函数 $y = f[\varphi(x)]$ 在点 x_0 处连续.

证明从略. 定理 2.7.3 说明, 连续函数的复合函数仍是连续函数.

例 2.7.10 讨论函数 $y = \sin \dfrac{1}{x}$ 的连续性.

解 函数 $y = \sin \dfrac{1}{x}$ 由函数 $y = \sin u$ 和 $u = \dfrac{1}{x}$ 复合而成. 因为 $u = \dfrac{1}{x}$ 在 $(-\infty, 0)$ 和 $(0, +\infty)$ 内连续, $y = \sin u$ 在 $(-\infty, +\infty)$ 内连续, 所以 $y = \sin \dfrac{1}{x}$ 在 $(-\infty, 0)$ 和 $(0, +\infty)$ 内连续.

由定理 2.7.3, 可得到下面的结论.

如果 $\lim\limits_{x \to x_0} \varphi(x) = \varphi(x_0)$, $\lim\limits_{u \to u_0} f(u) = f(u_0)$, 且 $u_0 = \varphi(x_0)$, 则

$$\lim_{x \to x_0} f[\varphi(x)] = f[\varphi(x_0)],$$

即

$$\lim_{x \to x_0} f[\varphi(x)] = f[\lim_{x \to x_0} \varphi(x)].$$

该结论表明在所给条件下, 求复合函数的极限时, 复合函数的符号与极限符号可交换次序. 这个结论对函数 $u = \varphi(x)$ 在点 x_0 处有极限, 而函数 $y = f(u)$ 在对应的极限值处连续的情况也成立.

例 2.7.11 求极限 $\lim\limits_{x \to 2} \sqrt{\dfrac{x-2}{x^2-x-2}}$.

解 函数 $y = \sqrt{\dfrac{x-2}{x^2-x-2}}$ 由函数 $y = \sqrt{u}$ 和 $u = \dfrac{x-2}{x^2-x-2}$ 复合而成, 且

$$\lim_{x \to 2} \dfrac{x-2}{x^2-x-2} = \lim_{x \to 2} \dfrac{1}{x+1} = \dfrac{1}{3}.$$

又 $y = \sqrt{u}$ 在点 $u = \dfrac{1}{3}$ 处连续, 所以

$$\lim_{x \to 2} \sqrt{\dfrac{x-2}{x^2-x-2}} = \sqrt{\lim_{x \to 2} \dfrac{x-2}{x^2-x-2}} = \sqrt{\dfrac{1}{3}} = \dfrac{\sqrt{3}}{3}.$$

4. 初等函数的连续性

前面证明了三角函数及反三角函数在它们的定义域内连续. 同样可以证明(这里不详细讨论) 指数函数 $y=a^x$ (a 是常数, $a>0$ 且 $a\neq 1$)、对数函数 $y=\log_a x$ (a 是常数, $a>0$ 且 $a\neq 1$)、幂函数 $y=x^\mu$ (μ 为常数) 在它们的定义域内也是连续的. 综合起来可得: **基本初等函数在它们的定义域内都是连续的**.

根据初等函数的定义, 由基本初等函数的连续性, 以及定理 2.7.1 和定理 2.7.3 可得重要结论: **一切初等函数在其定义区间内都是连续的**. 所谓定义区间, 就是指包含在定义域内的区间.

根据函数 $f(x)$ 在点 x_0 处连续的定义, 如果 $f(x)$ 在点 x_0 处连续, 那么求 $f(x)$ 当 $x\to x_0$ 的极限时, 只要求 $f(x)$ 在点 x_0 处的函数值就行了. 因此, 上述关于初等函数连续性的结论也提供了一种求极限的方法 —— 如果 $f(x)$ 是初等函数, 且 x_0 是 $f(x)$ 的定义区间内的点, 则

$$\lim_{x\to x_0} f(x) = f(x_0).$$

例 2.7.12 求极限 $\lim\limits_{x\to\frac{\pi}{2}} \ln\sin x$.

解 因为 $x_0 = \dfrac{\pi}{2}$ 是初等函数 $f(x)=\ln\sin x$ 的一个定义区间 $(0,\pi)$ 内的点, 所以

$$\lim_{x\to\frac{\pi}{2}} \ln\sin x = \ln\sin\frac{\pi}{2} = 0.$$

例 2.7.13 求极限 $\lim\limits_{x\to 0} \dfrac{\sqrt{x^2+16}-4}{x^2}$.

解 $\lim\limits_{x\to 0}\dfrac{\sqrt{x^2+16}-4}{x^2} = \lim\limits_{x\to 0}\dfrac{x^2}{x^2(\sqrt{x^2+16}+4)} = \lim\limits_{x\to 0}\dfrac{1}{\sqrt{x^2+16}+4} = \dfrac{1}{8}.$

例 2.7.14 求极限 $\lim\limits_{x\to 0}\dfrac{\ln(1+x)}{x}$.

解 $\lim\limits_{x\to 0}\dfrac{\ln(1+x)}{x} = \lim\limits_{x\to 0}\dfrac{1}{x}\ln(1+x) = \lim\limits_{x\to 0}\ln(1+x)^{\frac{1}{x}} = \ln\left[\lim\limits_{x\to 0}(1+x)^{\frac{1}{x}}\right] = \ln e = 1.$

例 2.7.15 求极限 $\lim\limits_{x\to 0}\dfrac{e^x-1}{x}$.

解 令 $e^x - 1 = t$, 则 $x = \ln(1+t)$, 且当 $x\to 0$ 时, $t\to 0$. 于是

$$\lim_{x\to 0}\frac{e^x-1}{x} = \lim_{t\to 0}\frac{t}{\ln(1+t)} = \frac{1}{\lim\limits_{t\to 0}\dfrac{\ln(1+t)}{t}} = 1.$$

例 2.7.14 及例 2.7.15 说明, 当 $x\to 0$ 时, $\ln(1+x)\sim x$, $e^x-1\sim x$.

形如 $f(x)^{g(x)}$ $[f(x)>0, f(x)\neq 1]$ 的函数, 称为**幂指函数**. 由于求复合函数的极限时, 复合函数的符号与极限符号可交换次序, 因此计算这类函数的极限, 可用 $\lim f(x)^{g(x)} = e^{\lim[g(x)\ln f(x)]}$ 的变形转换法.

特别地, 对于形如 $[1+u(x)]^{v(x)}$ 的函数的极限问题, 若满足 $\lim u(x)=0$, $\lim v(x)=\infty$, 结合无穷小的等价代换, 则有

$$\lim[1+u(x)]^{v(x)} = e^{\lim v(x)\ln[1+u(x)]} = e^{\lim v(x)u(x)}.$$

例 2.7.16 求极限 $\lim\limits_{x\to 0}(1+2x)^{\frac{3}{\sin x}}$.

解 由 $\lim\limits_{x\to 0}2x=0,\lim\limits_{x\to 0}\dfrac{3}{\sin x}=\infty$,有

$$\lim_{x\to 0}(1+2x)^{\frac{3}{\sin x}}=e^{\lim\limits_{x\to 0}2x\cdot\frac{3}{\sin x}}=e^{6\lim\limits_{x\to 0}\frac{x}{\sin x}}=e^6.$$

例 2.7.17 求极限 $\lim\limits_{x\to 0}(\cos x)^{\frac{4}{x^2}}$.

解 由 $\lim\limits_{x\to 0}(\cos x-1)=0,\lim\limits_{x\to 0}\dfrac{4}{x^2}=\infty$,有

$$\lim_{x\to 0}(\cos x)^{\frac{4}{x^2}}=\lim_{x\to 0}[1+(\cos x-1)]^{\frac{4}{x^2}}=e^{\lim\limits_{x\to 0}\frac{4(\cos x-1)}{x^2}}=e^{\lim\limits_{x\to 0}\frac{-2x^2}{x^2}}=e^{-2}.$$

习 题 2.7

1. 下列说法中正确的是( ).

A. 若函数 $f(x)$ 在点 x_0 处连续,则必有 $\lim\limits_{x\to x_0}f(x)=f(\lim\limits_{x\to x_0}x)$

B. 若函数 $f(x)$ 在点 x_0 处有定义,且 $\lim\limits_{x\to x_0}f(x)$ 存在,则 $f(x)$ 在点 x_0 处连续

C. 若点 x_0 是函数 $f(x)$ 的间断点,则 $f(x)$ 在点 x_0 处一定没有定义

D. 若函数 $f(x)$ 在点 x_0 处的左、右极限相等,则 $f(x)$ 在点 x_0 处连续

2. 设函数 $f(x)=\begin{cases}\dfrac{\tan ax}{x},&x\neq 0,\\ 2,&x=0.\end{cases}$ 若 $f(x)$ 在点 $x=0$ 处连续,则 $a=$ (   ).

A. 1 　　　　　　B. 2 　　　　　　C. 3 　　　　　　D. 4

3. 设函数 $f(x)=\begin{cases}e^{-\frac{1}{x^2}},&x\neq 0,\\ a,&x=0.\end{cases}$ 若 $f(x)$ 在点 $x=0$ 处连续,则 $a=$ (   ).

A. 3 　　　　　　B. 2 　　　　　　C. 1 　　　　　　D. 0

4. 讨论下列函数的连续性,并画出函数的图形:

(1) $f(x)=\begin{cases}x^2,&0\leqslant x\leqslant 1,\\ 2-x,&1<x\leqslant 2;\end{cases}$ (2) $f(x)=\begin{cases}x^3,&-1\leqslant x\leqslant 1,\\ 3,&x<-1\text{ 或 }x>1.\end{cases}$

5. 已知函数 $f(x)=\begin{cases}\dfrac{\ln(1-6x)}{bx},&x<0,\\ 2,&x=0,\\ \dfrac{\sin ax}{x},&x>0\end{cases}$ 在点 $x=0$ 处连续,求 a 和 b 的值.

6. 考察下列函数在指定点处的连续性(如果是间断点,指出间断点类型;如果是可去间断点,则补充或修改函数的定义使它成为函数的连续点):

(1) $f(x)=\dfrac{x^2-1}{x^2-5x-6},x=-1,x=6$;

(2) $f(x)=\dfrac{x}{\sin x},x=k\pi(k=0,\pm 1,\pm 2,\cdots)$;

(3) $f(x)=\cos\dfrac{1}{x},x=0$.

7. 求下列极限:

(1) $\lim\limits_{x\to 0}\sqrt{5x^2+3x+1}$;

(2) $\lim\limits_{x\to\frac{\pi}{8}}\tan^5 2x$;

(3) $\lim\limits_{x\to 0}\ln\frac{\sin 2x}{2x}$;

(4) $\lim\limits_{x\to\infty}e^{\frac{1}{3x}}$;

(5) $\lim\limits_{x\to 0^+}\sin\arctan\frac{1}{x}$;

(6) $\lim\limits_{x\to+\infty}(\sqrt{x^2+x}-\sqrt{x^2-x})$;

(7) $\lim\limits_{x\to\infty}\left(1+\dfrac{6}{x}\right)^{\frac{x}{3}}$;

(8) $\lim\limits_{x\to 0}(1+5\sin x)^{\frac{1}{x}}$;

(9) $\lim\limits_{x\to\infty}\left(\dfrac{x+3}{x+2}\right)^{3x}$;

(10) $\lim\limits_{x\to 0}(x+e^x)^{\frac{1}{x}}$.

2.8 闭区间上连续函数的性质

闭区间上的连续函数有很多重要性质,这里只介绍最大值和最小值定理、零点定理与介值定理. 从几何直观上来看,这些定理是很明显的,但证明却不容易. 本书仅证明介值定理,关于其他定理的证明,感兴趣的读者可查阅相关书籍.

2.8.1 最大值和最小值定理与有界性定理

先说明最大值和最小值的概念. 对于在区间 I 上有定义的函数 $f(x)$,如果有 $x_0 \in I$,使得对于任意 $x \in I$,都有

$$f(x) \leqslant f(x_0) \quad [\text{或 } f(x) \geqslant f(x_0)],$$

则称 $f(x_0)$ 是函数 $f(x)$ 在区间 I 上的**最大值**(或**最小值**).

定理 2.8.1 (最大值和最小值定理) 闭区间上的连续函数一定有最大值和最小值.

定理 2.8.1 表明,如果函数 $f(x)$ 在闭区间 $[a,b]$ 上连续,那么至少有一点 $\xi_1 \in [a,b]$,使得 $f(\xi_1)$ 是 $f(x)$ 在 $[a,b]$ 上的最大值;又至少有一点 $\xi_2 \in [a,b]$,使得 $f(\xi_2)$ 是 $f(x)$ 在 $[a,b]$ 上的最小值,如图 2.8.1 所示.

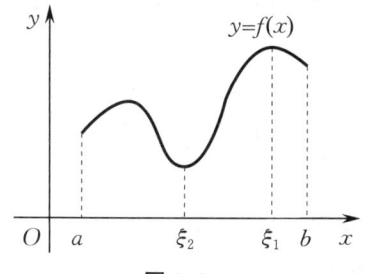

图 2.8.1

需要注意的是,定理 2.8.1 中的"闭区间"和"连续"这两个条件缺一不可. 例如,函数 $y=x$ 虽然在开区间 $(0,1)$ 内连续,但是没有最大值和最小值(见图 2.8.2). 又如,函数

$$y=f(x)=\begin{cases} 1-x, & 0 \leqslant x < 1, \\ 1, & x=1, \\ 3-x, & 1 < x \leqslant 2 \end{cases}$$

在闭区间 $[0,2]$ 上不连续,也不存在最大值和最小值(见图 2.8.3).

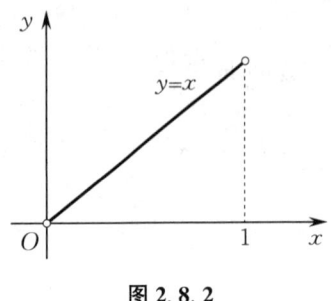
图 2.8.2

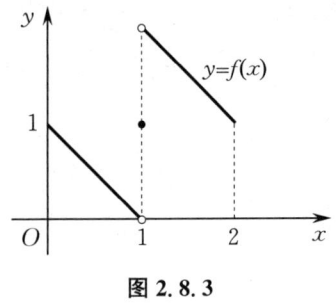
图 2.8.3

推论 1（有界性定理） 闭区间上的连续函数在该区间上一定有界.

2.8.2 零点定理与介值定理

定理 2.8.2（零点定理） 若函数 $f(x)$ 在闭区间 $[a,b]$ 上连续，且 $f(a)$ 与 $f(b)$ 异号 [即 $f(a)f(b)<0$]，则在开区间 (a,b) 内至少存在一点 ξ，使得 $f(\xi)=0$（见图 2.8.4）.

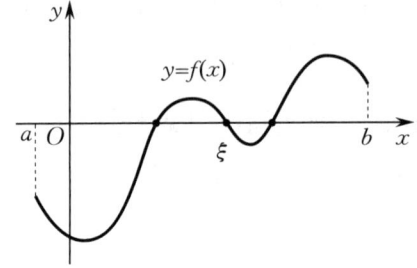

图 2.8.4

定理 2.8.2 表明，若闭区间上的连续曲线 $y=f(x)$ 的两个端点分别位于 x 轴两侧，则这段曲线至少与 x 轴有一个交点. 使函数值为 0 的点，称为函数的**零点**. 函数 $f(x)$ 的零点也是方程 $f(x)=0$ 的根. 因此，零点定理也称为**根的存在定理**，常用来讨论方程根的存在性及确定根的范围.

例 2.8.1 证明：方程 $x^3-4x^2+1=0$ 在开区间 $(0,1)$ 内至少有一个实根.

证 设函数 $f(x)=x^3-4x^2+1$，则 $f(x)$ 在闭区间 $[0,1]$ 上连续，且
$$f(0)=1>0, \quad f(1)=-2<0.$$
由零点定理可知，至少存在一点 $\xi \in (0,1)$，使得 $f(\xi)=0$，即方程 $x^3-4x^2+1=0$ 在开区间 $(0,1)$ 内至少有一个实根 ξ.

例 2.8.2 设函数 $f(x)$ 在闭区间 $[a,b]$ 上连续，且 $f(a)<a$，$f(b)>b$. 证明：在开区间 (a,b) 内至少存在一点 ξ，使得 $f(\xi)=\xi$.

证 令函数 $\varphi(x)=f(x)-x$，则 $\varphi(x)$ 在闭区间 $[a,b]$ 上连续，且
$$\varphi(a)=f(a)-a<0, \quad \varphi(b)=f(b)-b>0.$$
由零点定理可知，在开区间 (a,b) 内至少存在一点 ξ，使得 $\varphi(\xi)=f(\xi)-\xi=0$，即 $f(\xi)=\xi$.

由零点定理可得下面更一般的定理.

定理 2.8.3（介值定理） 设函数 $f(x)$ 在闭区间 $[a,b]$ 上连续，且 $f(a) \neq f(b)$，μ 为介于 $f(a)$ 与 $f(b)$ 之间的任意一个实数，则至少存在一点 $\xi \in (a,b)$，使得 $f(\xi)=\mu$.

证 令函数 $\varphi(x)=f(x)-\mu$，则 $\varphi(x)$ 在闭区间 $[a,b]$ 上连续，且 $\varphi(a)=f(a)-\mu$ 与 $\varphi(b)=f(b)-\mu$ 异号。根据零点定理，在开区间 (a,b) 内至少存在一点 ξ，使得
$$\varphi(\xi)=f(\xi)-\mu=0 \quad (a<\xi<b),$$
故
$$f(\xi)=\mu \quad (a<\xi<b).$$

介值定理反映了函数在闭区间上连续变化的特征，其几何意义是：闭区间 $[a,b]$ 上的连续曲线 $y=f(x)$ 与水平直线 $y=\mu$ 至少有一个交点，如图 2.8.5(a) 所示。

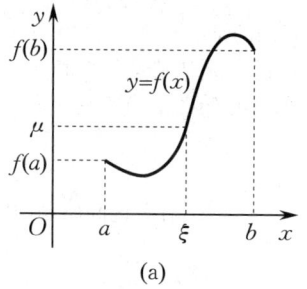
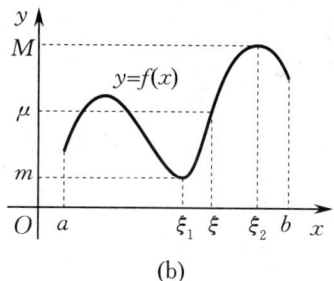

图 2.8.5

推论 2 闭区间上的连续函数一定可以取到介于其最大值 M 和最小值 $m(M\neq m)$ 之间的任何值。

证 设 $m=f(\xi_1),M=f(\xi_2)$，而 $m\neq M$，在闭区间 $[\xi_1,\xi_2]$ 或 $[\xi_2,\xi_1]$ 上应用定理 2.8.3，即得上述推论。

推论 2 表明，闭区间 $[a,b]$ 上的连续函数 $f(x)$ 一定可以取遍最小值和最大值之间的一切值，如图 2.8.5(b) 所示。

例 2.8.3 设函数 $f(x)$ 在闭区间 $[a,b]$ 上连续，x_1,x_2,x_3 为 $[a,b]$ 上的三点。证明：在 $[a,b]$ 上至少存在一点 ξ，使得
$$f(\xi)=\frac{f(x_1)+f(x_2)+f(x_3)}{3}.$$

证 因为函数 $f(x)$ 在闭区间 $[a,b]$ 上连续，所以由最大值和最小值定理可知，$f(x)$ 在 $[a,b]$ 上必有最大值 M 与最小值 m。令 $f(s)=M,f(t)=m(s,t\in[a,b])$，则有
$$m\leqslant f(x_1)\leqslant M,\quad m\leqslant f(x_2)\leqslant M,\quad m\leqslant f(x_3)\leqslant M,$$
于是有
$$3m\leqslant f(x_1)+f(x_2)+f(x_3)\leqslant 3M,$$
即
$$m\leqslant \frac{f(x_1)+f(x_2)+f(x_3)}{3}\leqslant M.$$

若 $\dfrac{f(x_1)+f(x_2)+f(x_3)}{3}=m$，取 $\xi=t$，则有 $f(\xi)=\dfrac{f(x_1)+f(x_2)+f(x_3)}{3}$。

若 $\dfrac{f(x_1)+f(x_2)+f(x_3)}{3}=M$，取 $\xi=s$，则有 $f(\xi)=\dfrac{f(x_1)+f(x_2)+f(x_3)}{3}$。

若 $m<\dfrac{f(x_1)+f(x_2)+f(x_3)}{3}<M$，在 $[a,b]$ 上应用推论 2 可知，至少存在一点 $\xi\in$

(a,b),使得 $f(\xi)=\dfrac{f(x_1)+f(x_2)+f(x_3)}{3}$.

综上,结论得证.

习题 2.8

1. 若函数 $f(x)$ 在开区间 (a,b) 内连续,则 $f(x)$ 在 (a,b) 内( ).
   A. 必定无界　　　　B. 必有最大值　　　　C. 必有零点　　　　D. 不一定有界

2. 若函数 $f(x)$ 在闭区间 $[a,b]$ 上连续,则下列说法中不正确的是( ).
   A. 函数 $f(x)$ 在 $[a,b]$ 上必有界　　　　B. 函数 $f(x)$ 在 $[a,b]$ 上必有最小值
   C. 函数 $f(x)$ 在 $[a,b]$ 上必有最大值　　　D. 函数 $f(x)$ 在 $[a,b]$ 上必有零点

3. 证明:方程 $x^5-3x=1$ 在区间 $(1,2)$ 内至少有一个根.

4. 证明:方程 $x^3-10x=5$ 至少有一个根介于 -1 和 2 之间.

5. 设函数 $f(x)$ 在闭区间 $[a,b]$ 上连续,且 $0<a<c<d<b$.证明:在开区间 (a,b) 内至少有一点 ξ,使得 $(a+b)f(\xi)=af(c)+bf(d)$.

6. 设函数 $f(x)$ 在闭区间 $[0,2a]$ 上连续,且 $f(0)=f(2a)$.证明:方程 $f(x)=f(x+a)$ 在 $[0,a]$ 上至少有一个实根.

第 2 章思考题

1. 函数的极限有哪几类?数列的极限与函数的极限的关系是怎样的?
2. 数列的极限与函数的极限有哪些性质?
3. 无穷小、无穷大的定义是什么?两者有什么关系?如何比较无穷小?
4. 两个重要的极限存在准则分别是什么?两个重要极限分别是什么?极限的运算法则有哪些?各有什么条件?
5. 如何判别函数在一点处是否连续?如何判别函数在开区间内、闭区间上是否连续?
6. 连续函数的和、差、积、商连续吗?连续函数的复合函数连续吗?如何求连续函数在某点处的极限?
7. 幂指函数与幂函数、指数函数有什么区别?
8. 函数的间断点有哪些类型?如何判别?
9. 闭区间上的连续函数具有哪些性质?
10. 本章中极限的计算方法主要有哪些?

总习题二

(A)

1. 填空题.

   (1) 描述极限 $\lim\limits_{x\to 1}f(x)=3$ 的定义:对于任意给定的＿＿＿＿＿＿,存在＿＿＿＿＿＿,使得当＿＿＿＿＿＿时,有＿＿＿＿＿＿.

(2) 若 $\lim\limits_{x\to 0}\dfrac{f(x)}{x}=2$,则 $\lim\limits_{x\to 0}\dfrac{\sin 4x}{f(3x)}=$ _____.

(3) 若 $\lim\limits_{x\to 4}\dfrac{x^2-3x+c}{x-4}=5$,则 $c=$ _____.

(4) 若函数 $f(x)=\begin{cases}e^x+1, & x>0, \\ x+b, & x\leqslant 0,\end{cases}$ 在点 $x=0$ 处连续,则 $b=$ _____.

(5) 已知当 $x\to 0$ 时,$1-\cos 2x$ 与 $2x^k$ 是等价无穷小,则 $k=$ _____.

(6) 若 $\lim\limits_{x\to\infty}\left(\dfrac{x+2a}{x-a}\right)^x=8$,则 $a=$ _____.

2. 选择题.

(1) 设 $\{x_n\},\{y_n\},\{z_n\}$ 均为非负数列,且 $\lim\limits_{n\to\infty}x_n=0,\lim\limits_{n\to\infty}y_n=1,\lim\limits_{n\to\infty}z_n=+\infty$,则必有( ).

A. $x_n<y_n$ 对任意的 n 均成立 B. $y_n<z_n$ 对任意的 n 均成立
C. 极限 $\lim\limits_{n\to\infty}y_nz_n$ 不存在 D. 极限 $\lim\limits_{n\to\infty}x_nz_n$ 不存在

(2) 函数极限 $\lim\limits_{x\to 0}\dfrac{\sin x}{|x|}$( ).

A. 等于 1   B. 等于 -1 C. 等于 0   D. 不存在

(3) 下列极限式中正确的是( ).

A. $\lim\limits_{x\to\infty}x\sin\dfrac{1}{x}=0$ B. $\lim\limits_{x\to\infty}\dfrac{1}{x}\sin x=1$
C. $\lim\limits_{x\to 0}x\sin\dfrac{1}{x}=1$ D. $\lim\limits_{x\to 0}\dfrac{1}{x}\sin x=1$

(4) 下列极限式中正确的是( ).

A. $\lim\limits_{x\to 0^+}e^{\frac{1}{x}}=+\infty$ B. $\lim\limits_{x\to 0^-}e^{\frac{1}{x}}=0$
C. $\lim\limits_{x\to 0}e^{\frac{1}{x}}=\infty$ D. $\lim\limits_{x\to\infty}e^{\frac{1}{x}}=0$

(5) 当 $x\to 1$ 时,函数 $\dfrac{x^2-1}{x-1}2^{\frac{1}{x-1}}$ 的极限( ).

A. 等于 2   B. 等于 0   C. 不存在且为 ∞ D. 不存在但不为 ∞

(6) 函数 $f(x)$ 在点 x_0 处有极限是 $f(x)$ 在点 x_0 处连续的( ).

A. 充分条件   B. 必要条件
C. 充要条件   D. 既非充分也非必要条件

(7) 设函数 $f(x)=\dfrac{1}{x(x-3)(x+5)}$,则 $f(x)$ 在下列区间中连续的是( ).

A. $(-4,3)$ B. $(-8,-4)$ C. $(-4,-1)$ D. $(1,4)$

(8) 若 $\lim\limits_{x\to\infty}\left(\dfrac{x^2}{x+1}+ax+b\right)=1$,其中 a,b 是常数,则有( ).

A. $a=-1,b=1$ B. $a=-1,b=2$ C. $a=1,b=1$ D. $a=1,b=2$

(9) 当 $x \to 0$ 时,下列四个无穷小中,比其他三个更高阶的无穷小是(   ).

A. $\tan x - \sin x$ B. $1 - \cos x$ C. $\sqrt{1-x^2} - 1$ D. x^2

(10) 设函数 $f(x) = \dfrac{1}{2 - 2^{\frac{1}{x-1}}}$,则 $x = 2$ 是 $f(x)$ 的(   ).

A. 可去间断点   B. 跳跃间断点   C. 无穷间断点   D. 振荡间断点

3. 求下列极限:

(1) $\lim\limits_{n \to \infty} n(\sqrt{n^2+1} - n)$;

(2) $\lim\limits_{x \to 0} \dfrac{\sqrt{4+x} - 2}{\sin 2x}$;

(3) $\lim\limits_{x \to 0} x \arctan \dfrac{1}{x}$;

(4) $\lim\limits_{x \to 1} \dfrac{x^4 + 2x^2 - 3}{x^2 - 3x + 2}$;

(5) $\lim\limits_{x \to 1} \dfrac{2x - 3}{x^2 - 5x + 4}$;

(6) $\lim\limits_{x \to \infty} \left(\dfrac{2x+3}{2x+1} \right)^{3x+1}$;

(7) $\lim\limits_{x \to 0} \dfrac{x^2 \tan^2 x}{(1 - \cos x)^2}$;

(8) $\lim\limits_{x \to +\infty} \dfrac{x(3 + \cos x)}{\sqrt{x + x^3}}$;

(9) $\lim\limits_{x \to 0} \dfrac{3\sin x + x^2 \cos \dfrac{1}{x}}{e^x - 1}$;

(10) $\lim\limits_{x \to 1} \dfrac{x + x^2 + \cdots + x^n - n}{x - 1}$.

4. 已知函数 $f(x) = \dfrac{px^2 - 2}{x^2 + 1} + 3qx + 5$,当 $x \to \infty$ 时,p, q 取何值可使 $f(x)$ 为无穷小?

5. 设函数 $f(x) = \begin{cases} \dfrac{\cos x}{x + 2}, & x \geqslant 0, \\ \dfrac{\sqrt{a} - \sqrt{a-x}}{x}, & x < 0 \, (a > 0). \end{cases}$

(1) 当 a 为何值时,$x = 0$ 是 $f(x)$ 的连续点?

(2) 当 a 为何值时,$x = 0$ 是 $f(x)$ 的间断点?是哪类间断点?

(B)

6. 设函数 $f(x) = \lim\limits_{n \to \infty} \dfrac{1 - x^{2n}}{1 + x^{2n}} x^2$. 画出 $f(x)$ 的草图,若有间断点,指出其类型.

7. 求下列极限:

(1) $\lim\limits_{n \to \infty} \left(1 - \dfrac{1}{2^2}\right)\left(1 - \dfrac{1}{3^2}\right) \cdots \left(1 - \dfrac{1}{n^2}\right)$;

(2) $\lim\limits_{n \to \infty} (1 + 2^n + 3^n)^{\frac{1}{n}}$;

(3) $\lim\limits_{n \to \infty} \dfrac{1 + \dfrac{1}{2} + \dfrac{1}{3} + \cdots + \dfrac{1}{n} + \dfrac{1}{n+1}}{1 + \dfrac{1}{2} + \dfrac{1}{3} + \cdots + \dfrac{1}{n}}$.

8. 设 $x_1 > a > 0$，且 $x_{n+1} = \sqrt{ax_n}$ $(n=1,2,\cdots)$，证明：$\lim\limits_{n\to\infty} x_n$ 存在，并求此极限值.

9. 设函数 $f(x)$ 在闭区间 $[a,b]$ 上连续，且 $a < f(x) < b$，证明：在开区间 (a,b) 内至少有一点 ξ，使得 $f(\xi) = \xi$.

10. 证明：方程 $x\tan x + 2x^2 = \dfrac{\pi}{4}$ 在 $\left(-\dfrac{\pi}{2}, \dfrac{\pi}{2}\right)$ 内至少有一个实根.

11. 证明：方程 $x \cdot 2^x = 1$ 至少有一个小于 1 的根.

12. 设函数 $f(x)$ 在闭区间 $[0,1]$ 上连续，且 $f(0) = f(1)$，证明：必有 $x_0 \in [0,1]$，使得 $f\left(x_0 + \dfrac{1}{3}\right) = f(x_0)$.

第3章

导数与微分

微分学是微积分的主要组成部分,它的基本概念是导数与微分. 在这一章中,我们主要讨论导数与微分,以及它们的计算方法. 同时,以导数的概念为基础,介绍经济学中十分有用的两个概念:边际和弹性,并以实例说明它们的一些简单应用.

3.1 导数的概念

3.1.1 两个引例

1. 直线运动的瞬时速度

设某质点做变速直线运动. 在直线上引入原点、正方向和单位长度,使直线成为数轴. 此外,再取定一点作为质点在 $t=0$ 时刻的位置. 设 t 时刻,质点在直线上的位置的坐标为 s(简称位置 s). 这样,质点的位置 s 是时间 t 的函数,记作 $s=s(t)$,称为位置函数. 现在求质点在 t_0 时刻的瞬时速度.

如图 3.1.1 所示,考虑从 t_0 时刻到 $t_0+\Delta t$ 时刻这一时间间隔,质点在这一时间间隔内经过的路程为

$$\Delta s = s(t_0+\Delta t) - s(t_0),$$

于是比值 $\dfrac{\Delta s}{\Delta t}$ 就是质点在 t_0 时刻到 $t_0+\Delta t$ 时刻这一时间间隔内的平均速度,记作 $\bar{v}$,即

$$\bar{v} = \frac{\Delta s}{\Delta t} = \frac{s(t_0+\Delta t)-s(t_0)}{\Delta t}.$$

图 3.1.1

$\bar{v}$ 可作为质点在 t_0 时刻的瞬时速度的近似值. 显然,$|\Delta t|$ 越小,近似程度越好. 令 $\Delta t \to 0$,若 $\bar{v}$ 的极限存在,则此极限值就是质点在 t_0 时刻的瞬时速度 $v(t_0)$,即

$$v(t_0) = \lim_{\Delta t \to 0} \bar{v} = \lim_{\Delta t \to 0} \frac{\Delta s}{\Delta t} = \lim_{\Delta t \to 0} \frac{s(t_0+\Delta t)-s(t_0)}{\Delta t}.$$

2. 曲线的切线的斜率

如图 3.1.2 所示，设有曲线 C 及 C 上的一点 M，在曲线 C 上另取一点 P，作割线 MP. 当点 P 沿曲线 C 趋于点 M 时，如果割线 MP 绕点 M 旋转而趋于极限位置 MT，直线 MT 就称为曲线 C 在点 M 处的**切线**.

现在设曲线 C 为函数 $y=f(x)$ 的图形，以此来讨论切线的斜率问题. 设点 M 的坐标为 $M(x_0,y_0)$，点 P 的坐标为 $P(x_0+\Delta x, y_0+\Delta y)$，如图 3.1.3 所示，则割线 MP 的斜率为

$$\tan\varphi = \frac{\Delta y}{\Delta x} = \frac{f(x_0+\Delta x)-f(x_0)}{\Delta x},$$

其中 φ 是割线 MP 对 x 轴的倾角.

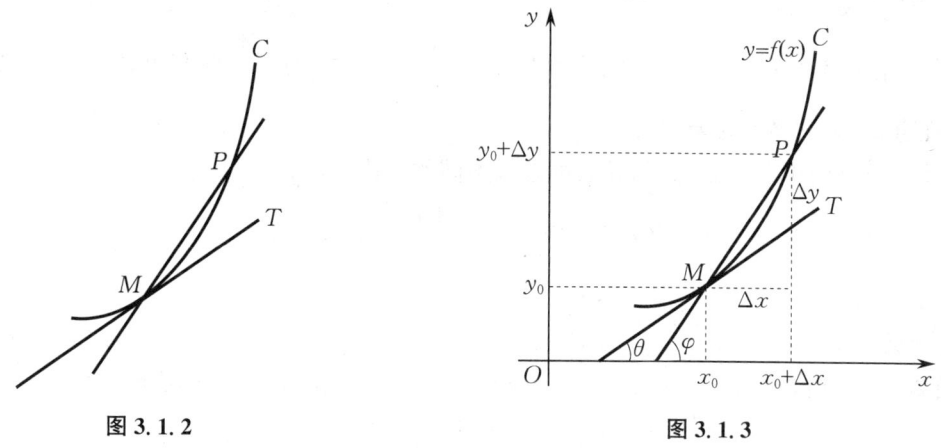

图 3.1.2　　　　　　　　　　图 3.1.3

当 $\Delta x \to 0$ 时，点 P 就沿着曲线 C 无限趋于点 M，割线 MP 也随之变动而无限趋于它的极限位置 MT（如果极限位置存在）. 直线 MT 就是曲线 $y=f(x)$ 在点 M 处的切线，这时割线 MP 对 x 轴的倾角 φ 的极限就是切线 MT 对 x 轴的倾角 θ，因此割线的斜率 $\dfrac{\Delta y}{\Delta x}=\tan\varphi$ 的极限就是切线的斜率 $k=\tan\theta$，即

$$k = \tan\theta = \lim_{\varphi\to\theta}\tan\varphi = \lim_{\Delta x\to 0}\frac{f(x_0+\Delta x)-f(x_0)}{\Delta x}.$$

以上虽然是两个不同的具体问题，但是用来解决问题的数学方法是相同的，都是求函数的增量与自变量的增量之比的极限. 类似这样的问题还有很多，如细杆的线密度、电流强度、人口增长率及经济学中的边际成本、边际利润等. 现在撇开这些量的具体意义，抓住它们数量关系上的共性，由此给出函数的导数的概念.

3.1.2　导数的定义

1. 函数在一点处的导数与导函数

定义 3.1.1　设函数 $y=f(x)$ 在点 x_0 的某个邻域内有定义. 当自变量 x 在点 x_0 处取得增量 Δx（点 $x_0+\Delta x$ 仍在该邻域内）时，函数取得相应的增量 $\Delta y = f(x_0+\Delta x)-f(x_0)$. 如果极限

$$\lim_{\Delta x\to 0}\frac{\Delta y}{\Delta x} = \lim_{\Delta x\to 0}\frac{f(x_0+\Delta x)-f(x_0)}{\Delta x}$$

存在,则称函数 $y=f(x)$ 在点 x_0 处**可导**,并称该极限值为函数 $y=f(x)$ 在点 x_0 处的**导数**,记作 $f'(x_0), y'\big|_{x=x_0}, \dfrac{\mathrm{d}y}{\mathrm{d}x}\big|_{x=x_0}$ 或 $\dfrac{\mathrm{d}f(x)}{\mathrm{d}x}\big|_{x=x_0}$,即

$$f'(x_0) = \lim_{\Delta x \to 0} \frac{f(x_0 + \Delta x) - f(x_0)}{\Delta x}.$$

函数 $y=f(x)$ 在点 x_0 处可导也可以说成函数 $y=f(x)$ 在点 x_0 处具有导数或导数存在.

函数 $y=f(x)$ 在点 x_0 处的导数也称为函数 $y=f(x)$ 在点 x_0 处对自变量 x 的变化率,它反映了因变量随自变量变化的快慢程度.

如果极限 $\lim\limits_{\Delta x \to 0} \dfrac{\Delta y}{\Delta x}$ 不存在,就称函数 $y=f(x)$ 在点 x_0 处**不可导**,或者称函数 $y=f(x)$ 在点 x_0 处的导数不存在. 当不可导的原因是 $\lim\limits_{\Delta x \to 0} \dfrac{\Delta y}{\Delta x} = \infty$ 时,为了方便起见,往往称函数 $y=f(x)$ 在点 x_0 处的**导数为无穷大**.

函数 $y=f(x)$ 在点 x_0 处的导数可以取不同的表达式,如

$$f'(x_0) = \lim_{h \to 0} \frac{f(x_0 + h) - f(x_0)}{h},$$

其中 h 表示自变量 x 在点 x_0 处的增量.

在定义 3.1.1 中,令 $x = x_0 + \Delta x$,则 $\Delta x = x - x_0, f(x_0 + \Delta x) - f(x_0) = f(x) - f(x_0)$. 而且当 $\Delta x \to 0$ 时,$x \to x_0$,所以函数 $y=f(x)$ 在点 x_0 处的导数也可用下式表示:

$$f'(x_0) = \lim_{x \to x_0} \frac{f(x) - f(x_0)}{x - x_0}.$$

由函数在一点处的导数的定义,3.1.1 小节中所举的两个引例可叙述如下.

(1) 做变速直线运动的质点在 t_0 时刻的瞬时速度,就是位置函数 $s=s(t)$ 在点 t_0 处的导数,即

$$v(t_0) = \frac{\mathrm{d}s}{\mathrm{d}t}\bigg|_{t=t_0}.$$

(2) 曲线 $y=f(x)$ 在点 $M(x_0, y_0)$ 处的切线的斜率,就是函数 $y=f(x)$ 在点 x_0 处的导数,即

$$k = \frac{\mathrm{d}y}{\mathrm{d}x}\bigg|_{x=x_0}.$$

例 3.1.1 求函数 $y=x^3$ 在点 $x=2$ 处的导数.

解 当自变量 x 在点 $x=2$ 处取得增量 Δx 时,函数 $y=x^3$ 的相应增量为

$$\Delta y = (2 + \Delta x)^3 - 2^3 = 12\Delta x + 6(\Delta x)^2 + (\Delta x)^3,$$

所以

$$\frac{\mathrm{d}y}{\mathrm{d}x}\bigg|_{x=2} = \lim_{\Delta x \to 0} \frac{\Delta y}{\Delta x} = \lim_{\Delta x \to 0} \frac{12\Delta x + 6(\Delta x)^2 + (\Delta x)^3}{\Delta x} = 12.$$

如果函数 $y=f(x)$ 在开区间 I 内的每一点处都可导,那么称函数 $y=f(x)$ 在区间 I 内可导. 这时,对于 I 内的每一个确定的 x 值,都对应一个确定的导数值 $f'(x)$,于是就确定了一个以 x 为自变量,$f'(x)$ 为因变量的新的函数. 这个函数称为函数 $y=f(x)$ 在区间 I 内的**导**

函数,记作 $f'(x), y', \dfrac{\mathrm{d}y}{\mathrm{d}x}$ 或 $\dfrac{\mathrm{d}f(x)}{\mathrm{d}x}$.

由函数在一点处的导数的定义可得导函数的定义式为
$$f'(x) = \lim_{\Delta x \to 0} \frac{f(x+\Delta x)-f(x)}{\Delta x}.$$

虽然在上式中 x 可以取区间 I 内的任意值,但在取极限的过程中,x 看作常量,Δx 看作变量.

为了方便起见,导函数 $f'(x)$ 也常称为函数 $f(x)$ 的导数. 显然,函数 $f(x)$ 在点 x_0 处的导数值 $f'(x_0)$ 就是导函数 $f'(x)$ 在点 x_0 处的函数值,即
$$f'(x_0) = f'(x)\Big|_{x=x_0}.$$

2. 求导举例

利用导数的定义求函数 $y=f(x)$ 的导数 $f'(x)$ 的一般步骤如下:

(1) 求函数的增量 $\Delta y = f(x+\Delta x) - f(x)$;

(2) 做函数的增量与自变量的增量之比
$$\frac{\Delta y}{\Delta x} = \frac{f(x+\Delta x)-f(x)}{\Delta x};$$

(3) 求当 $\Delta x \to 0$ 时 $\dfrac{\Delta y}{\Delta x}$ 的极限,即
$$f'(x) = \lim_{\Delta x \to 0} \frac{\Delta y}{\Delta x} = \lim_{\Delta x \to 0} \frac{f(x+\Delta x)-f(x)}{\Delta x}.$$

例 3.1.2 求常数函数 $y = C$(C 为常数)的导数.

解 因为
$$\Delta y = C - C = 0,$$
所以
$$\lim_{\Delta x \to 0} \frac{\Delta y}{\Delta x} = \lim_{\Delta x \to 0} \frac{0}{\Delta x} = 0,$$
从而
$$(C)' = 0.$$

例 3.1.3 求函数 $y = x^n$(n 为正整数)的导数.

解 因为
$$\Delta y = (x+\Delta x)^n - x^n = C_n^1 x^{n-1}\Delta x + C_n^2 x^{n-2}(\Delta x)^2 + \cdots + C_n^n (\Delta x)^n,$$
所以
$$\lim_{\Delta x \to 0} \frac{\Delta y}{\Delta x} = \lim_{\Delta x \to 0}[C_n^1 x^{n-1} + C_n^2 x^{n-2}\Delta x + \cdots + C_n^n (\Delta x)^{n-1}] = nx^{n-1},$$
从而
$$(x^n)' = nx^{n-1}.$$

例 3.1.3 的结果对一般的幂函数 $y = x^\mu$(μ 为常数)均成立(证明在以后给出),即
$$(x^\mu)' = \mu x^{\mu-1} \quad (\mu \text{ 为常数}).$$

例如,函数 $y = \sqrt{x}$ 的导数为

$$(\sqrt{x})' = (x^{\frac{1}{2}})' = \frac{1}{2}x^{\frac{1}{2}-1} = \frac{1}{2\sqrt{x}}.$$

又如，函数 $y = \frac{1}{x}$ 的导数为

$$\left(\frac{1}{x}\right)' = (x^{-1})' = -x^{-2} = -\frac{1}{x^2}.$$

例 3.1.4 求正弦函数 $y = \sin x$ 的导数．

解 因为

$$\Delta y = \sin(x + \Delta x) - \sin x = 2\cos\left(x + \frac{\Delta x}{2}\right)\sin\frac{\Delta x}{2},$$

所以

$$\lim_{\Delta x \to 0}\frac{\Delta y}{\Delta x} = \lim_{\Delta x \to 0}\frac{2\cos\left(x + \frac{\Delta x}{2}\right)\sin\frac{\Delta x}{2}}{\Delta x} = \lim_{\Delta x \to 0}\cos\left(x + \frac{\Delta x}{2}\right)\frac{\sin\frac{\Delta x}{2}}{\frac{\Delta x}{2}} = \cos x,$$

从而

$$(\sin x)' = \cos x.$$

类似地，可得余弦函数 $y = \cos x$ 的导数为

$$(\cos x)' = -\sin x.$$

例 3.1.5 求指数函数 $y = a^x$（a 是常数，$a > 0$ 且 $a \neq 1$）的导数．

解 $\Delta y = a^{x+\Delta x} - a^x = a^x(a^{\Delta x} - 1),$

$$\lim_{\Delta x \to 0}\frac{\Delta y}{\Delta x} = \lim_{\Delta x \to 0}a^x\frac{a^{\Delta x}-1}{\Delta x} = a^x\lim_{\Delta x \to 0}\frac{a^{\Delta x}-1}{\Delta x} = a^x\ln a.$$

上式最后一个等号利用了当 $\Delta x \to 0$ 时，$a^{\Delta x} - 1 = e^{\Delta x \ln a} - 1 \sim \Delta x \ln a$，所以

$$(a^x)' = a^x \ln a.$$

特别地，当 $a = e$ 时，有

$$(e^x)' = e^x.$$

例 3.1.6 求对数函数 $y = \log_a x$（a 是常数，$a > 0$ 且 $a \neq 1$）的导数．

解 因为

$$\Delta y = \log_a(x + \Delta x) - \log_a x = \log_a\left(1 + \frac{\Delta x}{x}\right),$$

所以

$$\lim_{\Delta x \to 0}\frac{\Delta y}{\Delta x} = \lim_{\Delta x \to 0}\frac{\log_a\left(1+\frac{\Delta x}{x}\right)}{\Delta x} = \lim_{\Delta x \to 0}\frac{1}{x} \cdot \frac{\log_a\left(1+\frac{\Delta x}{x}\right)}{\frac{\Delta x}{x}} = \frac{1}{x}\lim_{\Delta x \to 0}\log_a\left(1+\frac{\Delta x}{x}\right)^{\frac{x}{\Delta x}}$$

$$= \frac{1}{x}\log_a e = \frac{1}{x\ln a},$$

从而

$$(\log_a x)' = \frac{1}{x\ln a}.$$

特别地,当 $a=\mathrm{e}$ 时,有

$$(\ln x)' = \frac{1}{x}.$$

3. 左导数和右导数

定义 3.1.2 设函数 $y=f(x)$ 当 $x \in (x_0-\delta, x_0]$ $(\delta>0)$ 时有定义. 如果极限

$$\lim_{\Delta x \to 0^-} \frac{f(x_0+\Delta x)-f(x_0)}{\Delta x}$$

存在,那么称此极限值为函数 $y=f(x)$ 在点 x_0 处的**左导数**,记作 $f'_-(x_0)$,即

$$f'_-(x_0) = \lim_{\Delta x \to 0^-} \frac{f(x_0+\Delta x)-f(x_0)}{\Delta x}.$$

设函数 $y=f(x)$ 当 $x \in [x_0, x_0+\delta)$ $(\delta>0)$ 时有定义. 如果极限

$$\lim_{\Delta x \to 0^+} \frac{f(x_0+\Delta x)-f(x_0)}{\Delta x}$$

存在,那么称此极限值为函数 $y=f(x)$ 在点 x_0 处的**右导数**,记作 $f'_+(x_0)$,即

$$f'_+(x_0) = \lim_{\Delta x \to 0^+} \frac{f(x_0+\Delta x)-f(x_0)}{\Delta x}.$$

函数 $y=f(x)$ 在点 x_0 处的左、右导数也可以分别表示为

$$f'_-(x_0) = \lim_{x \to x_0^-} \frac{f(x)-f(x_0)}{x-x_0}, \quad f'_+(x_0) = \lim_{x \to x_0^+} \frac{f(x)-f(x_0)}{x-x_0}.$$

显然,函数 $y=f(x)$ 在点 x_0 处可导的充要条件是 $y=f(x)$ 在点 x_0 处的左、右导数都存在且相等.

例 3.1.7 讨论函数 $f(x)=|x|$ 在点 $x=0$ 处是否可导.

解 因为 $\Delta y = |\Delta x|$,$\lim\limits_{\Delta x \to 0} \dfrac{\Delta y}{\Delta x} = \lim\limits_{\Delta x \to 0} \dfrac{|\Delta x|}{\Delta x}$,所以

$$\lim_{\Delta x \to 0^-} \frac{\Delta y}{\Delta x} = \lim_{\Delta x \to 0^-} \frac{-\Delta x}{\Delta x} = -1, \quad \lim_{\Delta x \to 0^+} \frac{\Delta y}{\Delta x} = \lim_{\Delta x \to 0^+} \frac{\Delta x}{\Delta x} = 1.$$

由于 $\lim\limits_{\Delta x \to 0^-} \dfrac{\Delta y}{\Delta x} \neq \lim\limits_{\Delta x \to 0^+} \dfrac{\Delta y}{\Delta x}$,因此函数 $f(x)=|x|$ 在点 $x=0$ 处不可导.

如果函数 $y=f(x)$ 在开区间 (a,b) 内可导,且在左端点 a 处的右导数 $f'_+(a)$ 及右端点 b 处的左导数 $f'_-(b)$ 都存在,则称函数 $y=f(x)$ 在闭区间 $[a,b]$ 上可导.

3.1.3 函数可导性与连续性的关系

函数的连续与可导是两个重要的概念,两者之间有如下的关系.

定理 3.1.1 如果函数 $y=f(x)$ **在点** x_0 **处可导**,那么 $y=f(x)$ **在点** x_0 **处连续**.

证 设自变量 x 在点 x_0 处的增量为 Δx,函数 $f(x)$ 相应的增量为 Δy. 因为函数 $y=f(x)$ 在点 x_0 处可导,所以

$$\lim_{\Delta x \to 0} \frac{\Delta y}{\Delta x} = f'(x_0),$$

从而可得

$$\lim_{\Delta x \to 0} \Delta y = \lim_{\Delta x \to 0} \frac{\Delta y}{\Delta x} \cdot \Delta x = \lim_{\Delta x \to 0} \frac{\Delta y}{\Delta x} \cdot \lim_{\Delta x \to 0} \Delta x = f'(x_0) \cdot 0 = 0.$$

因此,函数 $y = f(x)$ 在点 x_0 处连续.

注意 定理 3.1.1 的逆命题不成立,也就是说,函数在某点处连续,却不一定在该点处可导. 例如,函数 $y = |x|$ 在点 $x = 0$ 处是连续的,但在点 $x = 0$ 处不可导(见例 3.1.7). 因此,函数在某点处连续是函数在该点处可导的必要条件.

例 3.1.8 讨论函数 $f(x) = \begin{cases} x \arctan \dfrac{1}{x}, & x \neq 0, \\ 0, & x = 0 \end{cases}$ 在点 $x = 0$ 处的连续性与可导性.

解 因为 $\lim\limits_{x \to 0} x = 0$,当 $x \neq 0$ 时,$\left| \arctan \dfrac{1}{x} \right| < \dfrac{\pi}{2}$,所以 $\lim\limits_{x \to 0} x \arctan \dfrac{1}{x} = 0$,从而有

$$\lim_{x \to 0} x \arctan \frac{1}{x} = 0 = f(0),$$

即函数 $f(x)$ 在点 $x = 0$ 处连续.

但是

$$f'_-(0) = \lim_{x \to 0^-} \frac{f(x) - f(0)}{x - 0} = \lim_{x \to 0^-} \frac{x \arctan \dfrac{1}{x}}{x} = \lim_{x \to 0^-} \arctan \frac{1}{x} = -\frac{\pi}{2},$$

$$f'_+(0) = \lim_{x \to 0^+} \frac{f(x) - f(0)}{x - 0} = \lim_{x \to 0^+} \frac{x \arctan \dfrac{1}{x}}{x} = \lim_{x \to 0^+} \arctan \frac{1}{x} = \frac{\pi}{2},$$

所以 $f'_-(0) \neq f'_+(0)$,从而函数 $f(x)$ 在点 $x = 0$ 处不可导.

3.1.4 导数的几何意义

在前面的讨论中我们已经知道,函数 $y = f(x)$ 在点 x_0 处的导数 $f'(x_0)$ 在几何上表示曲线 $y = f(x)$ 在点 $M(x_0, f(x_0))$ 处的切线的斜率,即 $f'(x_0) = \tan \alpha$,其中 α 是切线的倾角,如图 3.1.4 所示. 这就是导数的几何意义. 由此可得曲线 $y = f(x)$ 在点 $M(x_0, f(x_0))$ 处的切线方程为

$$y - f(x_0) = f'(x_0)(x - x_0).$$

过切点 $M(x_0, f(x_0))$ 且与切线垂直的直线称为曲线 $y = f(x)$ 在点 $M(x_0, f(x_0))$ 处的法线. 当 $f'(x_0) \neq 0$ 时,法线方程为

$$y - f(x_0) = -\frac{1}{f'(x_0)}(x - x_0).$$

如果函数 $y = f(x)$ 在点 x_0 处连续,且 $\lim\limits_{\Delta x \to 0} \dfrac{\Delta y}{\Delta x} = \infty$,此时 $f(x)$ 在点 x_0 处不可导,但是曲线 $y = f(x)$ 在点

图 3.1.4

$(x_0, f(x_0))$ 处有垂直于 x 轴的切线 $x = x_0$.

例 3.1.9 讨论曲线 $y = 2x^2$ 在点 $(2, 8)$ 处的切线方程和法线方程.

解 因为
$$\left.\frac{dy}{dx}\right|_{x=2} = 4x\bigg|_{x=2} = 8,$$

所以曲线在点 $(2, 8)$ 处的切线方程为
$$y - 8 = 8(x - 2),$$
即
$$8x - y - 8 = 0,$$
法线方程为
$$y - 8 = -\frac{1}{8}(x - 2),$$
即
$$x + 8y - 66 = 0.$$

例 3.1.10 讨论曲线 $y = \sqrt[3]{x}$ 在点 $(0, 0)$ 处的切线方程和法线方程.

解 函数 $y = \sqrt[3]{x}$ 在点 $x = 0$ 处连续,而在点 $x = 0$ 处有
$$\lim_{\Delta x \to 0} \frac{\Delta y}{\Delta x} = \lim_{\Delta x \to 0} \frac{\sqrt[3]{\Delta x}}{\Delta x} = \lim_{\Delta x \to 0} \frac{1}{\sqrt[3]{(\Delta x)^2}} = \infty,$$

即函数 $y = \sqrt[3]{x}$ 在点 $x = 0$ 处的导数为无穷大. 于是,曲线 $y = \sqrt[3]{x}$ 在点 $(0, 0)$ 处有垂直于 x 轴的切线 $x = 0$,法线为 $y = 0$,如图 3.1.5 所示.

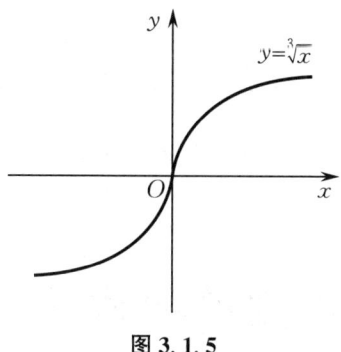

图 3.1.5

习 题 3.1

1. 函数 $y = \sqrt{x}$ 在点 $x = 0$ 和 $x = 1$ 处( ).
   A. 可导、可导   B. 不可导、不可导   C. 可导、不可导   D. 不可导、可导

2. 函数在一点处可导是函数在该点处连续的( ).
   A. 充分条件   B. 必要条件   C. 充要条件   D. 既非充分也非必要条件

3. 一物体的运动方程(位置函数)为 $s = \frac{1}{3}t^3 + t$,求该物体在 $t = 3$ 时的瞬时速度.

4. 设函数 $f(x) = 1 - x^2$，按定义求 $f'(1)$。

5. 设 $f'(x_0)$ 存在，求：

(1) $\lim\limits_{\Delta x \to 0} \dfrac{f(x_0) - f(x_0 - \Delta x)}{\Delta x}$；

(2) $\lim\limits_{h \to 0} \dfrac{f(x_0 + h) - f(x_0 - h)}{h}$；

(3) $\lim\limits_{t \to 0} \dfrac{f(x_0 + 3t) - f(x_0)}{t}$。

6. 设 $f(0) = 0$，且 $f'(0)$ 存在，求 $\lim\limits_{x \to 0} \dfrac{f(x)}{x}$。

7. 已知 $\lim\limits_{x \to a} \dfrac{f(x) - f(a)}{x - a} = A$（$A$ 为常数），判别下列命题的正确性：

(1) $f(x)$ 在点 a 处可导；

(2) $f(x) - f(a) = A(x - a) + o(x - a)$；

(3) $\lim\limits_{x \to a} f(x)$ 存在；

(4) $\lim\limits_{x \to a} f(x) = f(a)$。

8. 求下列函数的导数：

(1) $y = x^5$；

(2) $y = \sqrt[3]{x^2}$；

(3) $y = \dfrac{1}{x^2}$；

(4) $y = \dfrac{1}{\sqrt{x}}$；

(5) $y = 2^x \mathrm{e}^x$；

(6) $y = \dfrac{\sqrt{x\sqrt{x}}}{\sqrt[5]{x^2}}$。

9. 已知函数 $f(x)$ 为偶函数，且 $f'(0)$ 存在，证明：$f'(0) = 0$。

10. 求曲线 $y = \ln x$ 在点 $(\mathrm{e}, 1)$ 处的切线方程。

11. 当 x 取何值时，曲线 $y = x^2$ 和 $y = x^3$ 的切线相互平行？

12. 讨论下列函数在点 $x = 0$ 处的连续性与可导性：

(1) $f(x) = \begin{cases} 1 + x, & x < 0, \\ 1 - x, & x \geq 0; \end{cases}$

(2) $f(x) = \begin{cases} -x, & x \geq 0, \\ \ln(1 - x), & x < 0; \end{cases}$

(3) $f(x) = \begin{cases} \dfrac{\sin x}{x}, & x \neq 0, \\ 0, & x = 0; \end{cases}$

(4) $f(x) = \begin{cases} x^2 \cos \dfrac{1}{x}, & x \neq 0, \\ 0, & x = 0. \end{cases}$

13. 已知函数 $f(x)$ 在点 $x = 1$ 处连续，且 $\lim\limits_{x \to 1} \dfrac{f(x)}{x - 1} = 2$，求 $f'(1)$。

14. 设函数 $f(x) = \begin{cases} 2x^2, & x \leq 1, \\ ax + b, & x > 1, \end{cases}$ 为使函数 $f(x)$ 在点 $x = 1$ 处连续且可导，a, b 应取何值？

3.2 函数的求导法则

前面我们利用导数的定义求出了几个基本初等函数的导数，但是对于比较复杂的函数，用定义求它们的导数是十分困难的。本节将介绍一些求导数的基本法则，并利用这些法则给出其他的基本初等函数的求导公式。利用这些法则和公式能方便地求出常见初等函数的导数。

3.2.1 函数的四则运算的求导法则

定理 3.2.1 如果函数 $u(x), v(x)$ 在点 x 处都可导，那么 $u(x) \pm v(x)$，$u(x)v(x)$，$\dfrac{u(x)}{v(x)} [v(x) \neq 0]$ 在点 x 处也可导，并且有

(1) $[u(x) \pm v(x)]' = u'(x) \pm v'(x)$;

(2) $[u(x)v(x)]' = u'(x)v(x) + u(x)v'(x)$;

(3) $\left[\dfrac{u(x)}{v(x)}\right]' = \dfrac{u'(x)v(x) - u(x)v'(x)}{v^2(x)} \ [v(x) \neq 0]$.

定理 3.2.1 中的三个求导法则都可以用导数的定义和极限的运算法则来证明. 下面以法则(2)为例,给出证明.

证 $[u(x)v(x)]' = \lim\limits_{\Delta x \to 0} \dfrac{u(x+\Delta x)v(x+\Delta x) - u(x)v(x)}{\Delta x}$

$= \lim\limits_{\Delta x \to 0} \left[\dfrac{u(x+\Delta x) - u(x)}{\Delta x} v(x+\Delta x) \right.$

$\left. + u(x) \dfrac{v(x+\Delta x) - v(x)}{\Delta x} \right]$

$= \lim\limits_{\Delta x \to 0} \dfrac{u(x+\Delta x) - u(x)}{\Delta x} \cdot \lim\limits_{\Delta x \to 0} v(x+\Delta x)$

$+ u(x) \lim\limits_{\Delta x \to 0} \dfrac{v(x+\Delta x) - v(x)}{\Delta x}$

$= u'(x)v(x) + u(x)v'(x),$

其中 $\lim\limits_{\Delta x \to 0} v(x+\Delta x) = v(x)$ 是利用了 $v(x)$ 在点 x 处可导,$v(x)$ 在点 x 处一定连续这一性质,于是法则(2)得证.

定理 3.2.1 中的法则(1)和(2)可以推广到任意有限个可导函数的情况. 例如,如果函数 $u(x)$,$v(x)$ 和 $w(x)$ 在点 x 处都可导,那么函数 $u(x) \pm v(x) \pm w(x)$,$u(x)v(x)w(x)$ 在点 x 处也都可导,且有

$[u(x) \pm v(x) \pm w(x)]' = u'(x) \pm v'(x) \pm w'(x),$

$[u(x)v(x)w(x)]' = u'(x)v(x)w(x) + u(x)v'(x)w(x) + u(x)v(x)w'(x).$

由法则(2)还可得

$[Cu(x)]' = Cu'(x) \quad (C \text{ 为常数}).$

例 3.2.1 求函数 $y = 2\sin x + \sqrt{x} + 3^x - \log_4 x + \mathrm{e}^2$ 的导数.

解 $y' = (2\sin x + \sqrt{x} + 3^x - \log_4 x + \mathrm{e}^2)'$

$= (2\sin x)' + (\sqrt{x})' + (3^x)' - (\log_4 x)' + (\mathrm{e}^2)'$

$= 2\cos x + \dfrac{1}{2} x^{-\frac{1}{2}} + 3^x \ln 3 - \dfrac{1}{x \ln 4} + 0$

$= 2\cos x + \dfrac{1}{2\sqrt{x}} + 3^x \ln 3 - \dfrac{1}{x \ln 4}.$

例 3.2.2 求函数 $y = x^5 \cos x \ln x$ 的导数.

解 $y' = (x^5)' \cos x \ln x + x^5 (\cos x)' \ln x + x^5 \cos x (\ln x)'$

$= 5x^4 \cos x \ln x - x^5 \sin x \ln x + x^5 \cos x \cdot \dfrac{1}{x}$

$= 5x^4 \cos x \ln x - x^5 \sin x \ln x + x^4 \cos x.$

例 3.2.3 设函数 $y = \dfrac{\sin x}{1+\cos x}$，求 $\dfrac{\mathrm{d}y}{\mathrm{d}x}$，$\dfrac{\mathrm{d}y}{\mathrm{d}x}\bigg|_{x=\frac{\pi}{3}}$．

解 $\dfrac{\mathrm{d}y}{\mathrm{d}x} = \dfrac{(\sin x)'(1+\cos x) - \sin x(1+\cos x)'}{(1+\cos x)^2}$

$= \dfrac{\cos x(1+\cos x) - \sin x(-\sin x)}{(1+\cos x)^2} = \dfrac{1}{1+\cos x}$,

$\dfrac{\mathrm{d}y}{\mathrm{d}x}\bigg|_{x=\frac{\pi}{3}} = \dfrac{1}{1+\cos x}\bigg|_{x=\frac{\pi}{3}} = \dfrac{1}{1+\dfrac{1}{2}} = \dfrac{2}{3}$．

例 3.2.4 求函数 $y = \tan x$ 的导数．

解 $y' = (\tan x)' = \left(\dfrac{\sin x}{\cos x}\right)' = \dfrac{(\sin x)'\cos x - \sin x(\cos x)'}{\cos^2 x}$

$= \dfrac{\cos^2 x + \sin^2 x}{\cos^2 x} = \dfrac{1}{\cos^2 x} = \sec^2 x$,

即
$$(\tan x)' = \sec^2 x.$$

类似地，可得
$$(\cot x)' = -\csc^2 x.$$

例 3.2.5 求函数 $y = \sec x$ 的导数．

解 $y' = (\sec x)' = \left(\dfrac{1}{\cos x}\right)' = \dfrac{-(\cos x)'}{\cos^2 x} = \dfrac{\sin x}{\cos^2 x} = \sec x \tan x$,

即
$$(\sec x)' = \sec x \tan x.$$

类似地，可得
$$(\csc x)' = -\csc x \cot x.$$

3.2.2 反函数的求导法则

定理 3.2.2 如果函数 $x = g(y)$ 在区间 I_y 内单调、可导且 $g'(y) \neq 0$，值域为 I_x，那么它的反函数 $y = f(x)$ 在区间 I_x 内也可导，并且有

$$f'(x) = \dfrac{1}{g'(y)} \quad \text{或} \quad \dfrac{\mathrm{d}y}{\mathrm{d}x} = \dfrac{1}{\dfrac{\mathrm{d}x}{\mathrm{d}y}}.$$

证 由于函数 $x = g(y)$ 在区间 I_y 内单调且可导，因此它在区间 I_x 内的反函数 $y = f(x)$ 是单调连续函数．对于任意的点 $x \in I_x$，设增量 $\Delta x \neq 0$，且点 $x + \Delta x \in I_x$，则有

$$\Delta y = f(x + \Delta x) - f(x) \neq 0,$$

于是

$$\dfrac{\Delta y}{\Delta x} = \dfrac{1}{\dfrac{\Delta x}{\Delta y}}.$$

因为 $y=f(x)$ 是连续的,所以当 $\Delta x \to 0$ 时,$\Delta y \to 0$. 由于 $g'(y) \neq 0$,因此

$$\lim_{\Delta x \to 0} \frac{\Delta y}{\Delta x} = \lim_{\Delta x \to 0} \frac{1}{\frac{\Delta x}{\Delta y}} = \frac{1}{\lim_{\Delta y \to 0} \frac{\Delta x}{\Delta y}} = \frac{1}{g'(y)},$$

即

$$f'(x) = \frac{1}{g'(y)}.$$

定理 3.2.2 表明,反函数的导数等于直接函数的导数的倒数.

下面利用反函数的求导法则来求反三角函数的导数.

例 3.2.6 求函数 $y = \arcsin x (-1 < x < 1)$ 的导数.

解 因为函数 $y = \arcsin x (-1 < x < 1)$ 是 $x = \sin y \left(-\frac{\pi}{2} < y < \frac{\pi}{2}\right)$ 的反函数,而 $x = \sin y$ 在区间 $\left(-\frac{\pi}{2}, \frac{\pi}{2}\right)$ 内单调、可导,且 $(\sin y)' = \cos y \neq 0$,所以在对应区间 $(-1, 1)$ 内,$y = \arcsin x$ 可导,且

$$(\arcsin x)' = \frac{1}{(\sin y)'} = \frac{1}{\cos y} = \frac{1}{\sqrt{1 - \sin^2 y}} = \frac{1}{\sqrt{1 - x^2}},$$

即

$$(\arcsin x)' = \frac{1}{\sqrt{1 - x^2}}.$$

类似地,可得

$$(\arccos x)' = -\frac{1}{\sqrt{1 - x^2}}.$$

例 3.2.7 求函数 $y = \arctan x (-\infty < x < +\infty)$ 的导数.

解 因为函数 $y = \arctan x (-\infty < x < +\infty)$ 是 $x = \tan y \left(-\frac{\pi}{2} < y < \frac{\pi}{2}\right)$ 的反函数,而 $x = \tan y$ 在区间 $\left(-\frac{\pi}{2}, \frac{\pi}{2}\right)$ 内单调、可导,且 $(\tan y)' = \sec^2 y \neq 0$,所以在对应区间 $(-\infty, +\infty)$ 内,$y = \arctan x$ 可导,且

$$(\arctan x)' = \frac{1}{(\tan y)'} = \frac{1}{\sec^2 y} = \frac{1}{1 + \tan^2 y} = \frac{1}{1 + x^2},$$

即

$$(\arctan x)' = \frac{1}{1 + x^2}.$$

类似地,可得

$$(\text{arccot } x)' = -\frac{1}{1 + x^2}.$$

3.2.3 复合函数的求导法则

前面讨论了函数的四则运算的求导法则和反函数的求导法则,求出了基本初等函数的导

数. 由于初等函数是由基本初等函数经过有限次的四则运算及有限次的复合运算得到的,因此下面介绍复合函数的求导法则.

定理 3.2.3 如果函数 $u=\varphi(x)$ 在点 x 处可导,函数 $y=f(u)$ 在点 $u=\varphi(x)$ 处可导,那么复合函数 $y=f[\varphi(x)]$ 在点 x 处可导,且有

$$\frac{dy}{dx}=f'(u)\varphi'(x) \quad 或 \quad \frac{dy}{dx}=\frac{dy}{du}\cdot\frac{du}{dx}.$$

证 设函数 $u=\varphi(x)$ 的自变量在点 x 处的增量为 $\Delta x(\Delta x\neq 0)$,则函数 $u=\varphi(x)$ 的增量为 Δu,函数 $y=f(u)$ 在相应点 u 处的增量为 Δy. 由于函数 $y=f(u)$ 在点 u 处可导,因此当 $\Delta u\neq 0$ 时,有

$$\lim_{\Delta u\to 0}\frac{\Delta y}{\Delta u}=f'(u).$$

根据函数极限与无穷小的关系,得

$$\frac{\Delta y}{\Delta u}=f'(u)+\alpha,$$

其中 α 为当 $\Delta u\to 0$ 时的无穷小,从而

$$\Delta y=f'(u)\Delta u+\alpha\Delta u.$$

当 $\Delta u=0$ 时,α 无定义. 由于这时 $\Delta y=f(u+\Delta u)-f(u)=0$,因此可规定当 $\Delta u=0$ 时,$\alpha=0$,这样上式也成立. 用 Δx 除上式两边,得

$$\frac{\Delta y}{\Delta x}=f'(u)\frac{\Delta u}{\Delta x}+\alpha\frac{\Delta u}{\Delta x}.$$

因为函数 $u=\varphi(x)$ 在点 x 处可导,所以 $\lim\limits_{\Delta x\to 0}\frac{\Delta u}{\Delta x}=\varphi'(x)$. 由可导必连续可知 $\varphi(x)$ 在点 x 处连续,故当 $\Delta x\to 0$ 时,$\Delta u\to 0$,从而得 $\lim\limits_{\Delta x\to 0}\alpha=\lim\limits_{\Delta u\to 0}\alpha=0$. 于是

$$\lim_{\Delta x\to 0}\frac{\Delta y}{\Delta x}=\lim_{\Delta x\to 0}\left[f'(u)\frac{\Delta u}{\Delta x}+\alpha\frac{\Delta u}{\Delta x}\right]=f'(u)\lim_{\Delta x\to 0}\frac{\Delta u}{\Delta x}+\lim_{\Delta x\to 0}\alpha\cdot\lim_{\Delta x\to 0}\frac{\Delta u}{\Delta x}=f'(u)\varphi'(x),$$

即

$$\frac{dy}{dx}=f'(u)\varphi'(x) \quad 或 \quad \frac{dy}{dx}=\frac{dy}{du}\cdot\frac{du}{dx}.$$

定理 3.2.3 表明,复合函数的因变量 y 对自变量 x 的导数等于因变量 y 对中间变量 u 的导数乘以中间变量 u 对自变量 x 的导数. 习惯上称此法则为**链式法则**.

例 3.2.8 求函数 $y=(3+5x)^{10}$ 的导数.

解 因为函数 $y=(3+5x)^{10}$ 是由 $y=u^{10}$,$u=3+5x$ 复合而成的,所以

$$\frac{dy}{dx}=\frac{dy}{du}\cdot\frac{du}{dx}=10u^9\times 5=50(3+5x)^9.$$

例 3.2.9 求函数 $y=\ln(e^x+\cos x)$ 的导数.

解 因为函数 $y=\ln(e^x+\cos x)$ 是由 $y=\ln u$,$u=e^x+\cos x$ 复合而成的,所以

$$\frac{dy}{dx}=\frac{dy}{du}\cdot\frac{du}{dx}=\frac{1}{u}\cdot(e^x-\sin x)=\frac{e^x-\sin x}{e^x+\cos x}.$$

正确掌握复合函数的复合过程后,可以不必再写出中间变量,只要根据复合过程,就可以

进行复合函数的求导计算.

例 3.2.10 求函数 $y = \ln\cos x$ 的导数.

解 $y' = \dfrac{1}{\cos x}(\cos x)' = \dfrac{-\sin x}{\cos x} = -\tan x.$

复合函数的求导法则可以推广到多个中间变量的情况. 我们以两个中间变量为例,给出相应的求导法则. 设函数 $y = f(u), u = \varphi(v), v = \psi(x)$ 都可导,则

$$\frac{\mathrm{d}y}{\mathrm{d}x} = \frac{\mathrm{d}y}{\mathrm{d}u} \cdot \frac{\mathrm{d}u}{\mathrm{d}v} \cdot \frac{\mathrm{d}v}{\mathrm{d}x}.$$

例 3.2.11 求函数 $y = \mathrm{e}^{\arcsin x^2}$ 的导数.

解 因为函数 $y = \mathrm{e}^{\arcsin x^2}$ 是由 $y = \mathrm{e}^u, u = \arcsin v, v = x^2$ 复合而成的,所以

$$\frac{\mathrm{d}y}{\mathrm{d}x} = \frac{\mathrm{d}y}{\mathrm{d}u} \cdot \frac{\mathrm{d}u}{\mathrm{d}v} \cdot \frac{\mathrm{d}v}{\mathrm{d}x} = \mathrm{e}^u \cdot \frac{1}{\sqrt{1-v^2}} \cdot 2x = \frac{2x}{\sqrt{1-x^4}} \mathrm{e}^{\arcsin x^2}.$$

例 3.2.12 求函数 $y = \tan^3(1+2x^2)$ 的导数.

解 $y' = 3\tan^2(1+2x^2)[\tan(1+2x^2)]' = 3\tan^2(1+2x^2)\sec^2(1+2x^2)(1+2x^2)'$
$= 3\tan^2(1+2x^2)\sec^2(1+2x^2) \cdot 4x = 12x\tan^2(1+2x^2)\sec^2(1+2x^2).$

例 3.2.13 求函数 $y = \ln(x+\sqrt{1+x^2})$ 的导数.

解 $y' = \dfrac{1}{x+\sqrt{1+x^2}}(x+\sqrt{1+x^2})' = \dfrac{1}{x+\sqrt{1+x^2}}\left[1 + \dfrac{1}{2\sqrt{1+x^2}}(1+x^2)'\right]$
$= \dfrac{1}{x+\sqrt{1+x^2}}\left(1+\dfrac{2x}{2\sqrt{1+x^2}}\right) = \dfrac{1}{\sqrt{1+x^2}}.$

例 3.2.14 设 $x > 0$,且 $x \neq 1$,证明:幂函数的导数公式
$$(x^\mu)' = \mu x^{\mu-1}.$$

证 因为 $x^\mu = \mathrm{e}^{\ln x^\mu} = \mathrm{e}^{\mu\ln x}$,所以
$$(x^\mu)' = (\mathrm{e}^{\mu\ln x})' = \mathrm{e}^{\mu\ln x}(\mu\ln x)' = \mu x^{\mu-1}.$$

3.2.4 基本求导法则和导数公式

基本初等函数的导数公式与本节所讨论的求导法则,在初等函数的求导运算中起着重要的作用,必须熟练掌握. 为了便于查阅,现在把这些导数公式和求导法则归纳如下.

1. 基本初等函数的导数公式

(1) $(C)' = 0$;
(2) $(x^\mu)' = \mu x^{\mu-1}$;
(3) $(\sin x)' = \cos x$;
(4) $(\cos x)' = -\sin x$;
(5) $(\tan x)' = \sec^2 x$;
(6) $(\cot x)' = -\csc^2 x$;
(7) $(\sec x)' = \sec x \tan x$;
(8) $(\csc x)' = -\csc x \cot x$;
(9) $(a^x)' = a^x \ln a$ (a 是常数, $a > 0$ 且 $a \neq 1$);
(10) $(\mathrm{e}^x)' = \mathrm{e}^x$;
(11) $(\log_a x)' = \dfrac{1}{x\ln a}$ (a 是常数, $a > 0$ 且 $a \neq 1$);
(12) $(\ln x)' = \dfrac{1}{x}$;

(13) $(\arcsin x)' = \dfrac{1}{\sqrt{1-x^2}}$;   (14) $(\arccos x)' = -\dfrac{1}{\sqrt{1-x^2}}$;

(15) $(\arctan x)' = \dfrac{1}{1+x^2}$;   (16) $(\text{arccot}\, x)' = -\dfrac{1}{1+x^2}$.

2. 函数的四则运算的求导法则

设函数 $u(x), v(x)$ 都可导,则

(1) $[u(x) \pm v(x)]' = u'(x) \pm v'(x)$;

(2) $[Cu(x)]' = Cu'(x)$ (C 为常数);

(3) $[u(x)v(x)]' = u'(x)v(x) + u(x)v'(x)$;

(4) $\left[\dfrac{u(x)}{v(x)}\right]' = \dfrac{u'(x)v(x) - u(x)v'(x)}{v^2(x)}$ $[v(x) \neq 0]$.

3. 反函数的求导法则

设函数 $x = g(y)$ 在区间 I_y 内单调、可导且 $g'(y) \neq 0$,值域为 I_x,那么它的反函数 $y = f(x)$ 在区间 I_x 内也可导,并且有

$$f'(x) = \dfrac{1}{g'(y)} \quad \text{或} \quad \dfrac{\mathrm{d}y}{\mathrm{d}x} = \dfrac{1}{\dfrac{\mathrm{d}x}{\mathrm{d}y}}.$$

4. 复合函数的求导法则

设函数 $y = f(u)$ 和 $u = \varphi(x)$ 都可导,则复合函数 $y = f[\varphi(x)]$ 的导数为

$$\dfrac{\mathrm{d}y}{\mathrm{d}x} = f'(u)\varphi'(x) \quad \text{或} \quad \dfrac{\mathrm{d}y}{\mathrm{d}x} = \dfrac{\mathrm{d}y}{\mathrm{d}u} \cdot \dfrac{\mathrm{d}u}{\mathrm{d}x}.$$

下面再举几个求函数的导数的例子.

例 3.2.15 求函数 $y = \sin nx \sin^n x$ (n 为常数) 的导数.

解 $y' = (\sin nx)' \sin^n x + \sin nx (\sin^n x)'$
$= n\cos nx \sin^n x + \sin nx \cdot n \sin^{n-1} x \cos x$
$= n \sin^{n-1} x (\cos nx \sin x + \sin nx \cos x)$
$= n \sin^{n-1} x \sin(n+1)x$.

例 3.2.16 求函数 $y = (1+x^2)\arctan^2 x - 2x \arctan x + \ln(1+x^2)$ 的导数.

解 $y' = [(1+x^2)\arctan^2 x]' - (2x \arctan x)' + [\ln(1+x^2)]'$
$= 2x \arctan^2 x + (1+x^2) \cdot 2\arctan x \cdot \dfrac{1}{1+x^2}$
$\quad - 2\left(\arctan x + x \cdot \dfrac{1}{1+x^2}\right) + \dfrac{2x}{1+x^2}$
$= 2x \arctan^2 x$.

例 3.2.17 设函数 $y = f(u)$ 可导,求 $y = f(\mathrm{e}^x)\mathrm{e}^{f(x)}$ 的导数.

解 $y' = [f(\mathrm{e}^x)]' \mathrm{e}^{f(x)} + f(\mathrm{e}^x)[\mathrm{e}^{f(x)}]' = f'(\mathrm{e}^x)\mathrm{e}^x \mathrm{e}^{f(x)} + f(\mathrm{e}^x)\mathrm{e}^{f(x)} f'(x)$
$= \mathrm{e}^{f(x)}[\mathrm{e}^x f'(\mathrm{e}^x) + f(\mathrm{e}^x) f'(x)]$.

例 3.2.18 设函数 $f(x)=\begin{cases}e^{-x}-1, & x\leqslant 0,\\ \ln(1+x), & x>0,\end{cases}$ 求 $f'(x)$.

解 当 $x<0$ 时,$f'(x)=(e^{-x}-1)'=-e^{-x}$;

当 $x>0$ 时,$f'(x)=[\ln(1+x)]'=\dfrac{1}{1+x}$;

当 $x=0$ 时,由左、右导数的定义知

$$f'_-(0)=\lim_{x\to 0^-}\frac{f(x)-f(0)}{x-0}=\lim_{x\to 0^-}\frac{e^{-x}-1}{x}=\lim_{x\to 0^-}\frac{-x}{x}=-1,$$

$$f'_+(0)=\lim_{x\to 0^+}\frac{f(x)-f(0)}{x-0}=\lim_{x\to 0^+}\frac{\ln(1+x)}{x}=\lim_{x\to 0^+}\frac{x}{x}=1.$$

因为 $f'_-(0)\neq f'_+(0)$,所以函数 $f(x)$ 在点 $x=0$ 处不可导.

综上可得

$$f'(x)=\begin{cases}-e^{-x}, & x<0,\\ \dfrac{1}{1+x}, & x>0.\end{cases}$$

例 3.2.19 设函数 $y=\ln|x|$,求 y'.

解 因为 $y=\ln|x|=\begin{cases}\ln(-x), & x<0,\\ \ln x, & x>0,\end{cases}$ 所以当 $x<0$ 时,

$$(\ln|x|)'=[\ln(-x)]'=\frac{1}{-x}\cdot(-1)=\frac{1}{x};$$

当 $x>0$ 时,

$$(\ln|x|)'=(\ln x)'=\frac{1}{x}.$$

综上可得

$$y'=(\ln|x|)'=\frac{1}{x}.$$

习 题 3.2

1. 下列函数的导数中不正确的是（   ）.

A. $\left(\dfrac{1}{x}\right)'=\dfrac{1}{x^2}$ 　　　　　　　　B. $(\tan x)'=\sec^2 x$

C. $(\arcsin x)'=\dfrac{1}{\sqrt{1-x^2}}$ 　　　　　D. $(\arctan x)'=\dfrac{1}{1+x^2}$

2. 下列求导公式中正确的是（   ）.

A. $[u(x)v(x)]'=u'(x)v'(x)$ 　　　　B. $\left[\dfrac{u(x)}{v(x)}\right]'=\dfrac{u'(x)v(x)+u(x)v'(x)}{v^2(x)}$

C. $\{f[g(x)]\}'=f'(x)g'(x)$ 　　　　D. $\left(\dfrac{dy}{dx}\right)'=\dfrac{1}{\dfrac{dx}{dy}}$

3. 求下列函数的导数：

(1) $y = 4\sqrt{x} + \dfrac{1}{x} - 2x^3$；

(2) $y = \left(x + \dfrac{1}{x}\right)\ln x$；

(3) $y = x^3 \ln x$；

(4) $y = e^x \sin x - 7\cos 1 + 5x^2$；

(5) $y = x\tan x - \sec x$；

(6) $y = 3x^4 - 5e^x + 2^x$；

(7) $y = \dfrac{1+x^2}{1-x^2}$；

(8) $y = \dfrac{x}{(1-x)(2-x)}$；

(9) $y = \dfrac{1}{1+\sqrt{x}} - \dfrac{1}{1-\sqrt{x}}$.

4. 求下列函数在给定点处的导数：

(1) $y = 3\sin x - 4\tan x$，求 $y'\big|_{x=\frac{\pi}{3}}$；

(2) $f(x) = \dfrac{1}{2-x} + \dfrac{x^3}{5}$，求 $f'(0)$ 和 $f'(1)$.

5. 求下列函数的导数：

(1) $y = (x^3 - 4)^3$；

(2) $y = \cos(2-3x)$；

(3) $y = \sqrt{a^2 - x^2}$；

(4) $y = e^{-2x^3}$；

(5) $y = \ln(2+x^2)$；

(6) $y = \sin x^2$；

(7) $y = \tan^2(3x-5)$；

(8) $y = \ln\tan\dfrac{x}{2}$；

(9) $y = \sin\sqrt{1+x^2}$；

(10) $y = \sin^2\cos 3x$；

(11) $y = a^{\sin(x^2+x)}$；

(12) $y = \sqrt{1+\cos^2 x}$.

6. 求下列函数的导数：

(1) $y = \left(\arctan\dfrac{x}{2}\right)^2$；

(2) $y = \arcsin(1-x) + \sqrt{2x - x^2}$；

(3) $y = \dfrac{\arcsin x}{\arccos x}$；

(4) $y = \arctan\sqrt{x^2 - 1} - \dfrac{\ln x}{\sqrt{x^2 - 1}}$；

(5) $y = \arctan\dfrac{x+1}{x-1}$；

(6) $y = \arcsin\sqrt{\dfrac{1-x}{1+x}}$.

7. 在曲线 $y = \dfrac{1}{1+x^2}$ 上求一点，使曲线在该点处的切线平行于 x 轴.

8. 求下列函数的导数：

(1) $y = x\arcsin\dfrac{x}{3} + \sqrt{9-x^2}$；

(2) $y = e^{-x^2 + 2x}$；

(3) $y = \sqrt{1+x^2}\ln(x + \sqrt{1+x^2})$；

(4) $y = \sin^n x \cos nx$；

(5) $y = x\sqrt{a^2 - x^2} + \dfrac{x}{\sqrt{a^2 - x^2}}$；

(6) $y = \dfrac{1}{2}\ln(1+e^x) - x + e^{-x}\arctan e^x$；

(7) $y = 3x^3 \arcsin x + (x^2 + 2)\sqrt{1-x^2}$；

(8) $y = (1+x)\ln(1+x+\sqrt{2x+x^2}) - \sqrt{2x+x^2}$.

9. 设 $f(x)$ 是可导函数，求下列复合函数的导数：

(1) $y = f(x^2)$；

(2) $y = f\left(\sin\dfrac{1}{x}\right)$；

(3) $y = f\{f[f(x)]\}$.

10. 设 $\varphi(x)$ 和 $\psi(x)$ 都是可导函数，求下列函数的导数：

(1) $y = \sqrt{\varphi^2(x) + \psi^2(x)}$；

(2) $y = \arctan\dfrac{\varphi(x)}{\psi(x)}\ [\psi(x) \neq 0]$.

3.3 高阶导数

我们知道，变速直线运动的速度 $v(t)$ 是位置函数 $s(t)$ 对时间 t 的导数，即

$$v(t) = \frac{ds}{dt} \quad \text{或} \quad v(t) = s'(t),$$

而加速度 $a(t)$ 又是速度 $v(t)$ 对时间 t 的变化率,即速度函数 $v(t)$ 对时间 t 的导数,所以

$$a(t) = \frac{dv}{dt} = \frac{d}{dt}\left(\frac{ds}{dt}\right) \quad \text{或} \quad a(t) = [s'(t)]'.$$

这种导数的导数 $\frac{d}{dt}\left(\frac{ds}{dt}\right)$ 或 $[s'(t)]'$ 称为 $s(t)$ 对 t 的二阶导数,记作

$$\frac{d^2 s}{dt^2} \quad \text{或} \quad s''(t).$$

因此,变速直线运动的加速度就是位置函数 $s(t)$ 对时间 t 的二阶导数.

一般地,如果函数 $y = f(x)$ 的导数 $f'(x)$ 仍是 x 的可导函数,则称 $f'(x)$ 的导数为函数 $y = f(x)$ 的**二阶导数**,记作 $f''(x), y''$ 或 $\frac{d^2 y}{dx^2}$,即

$$f''(x) = [f'(x)]', \quad y'' = (y')' \quad \text{或} \quad \frac{d^2 y}{dx^2} = \frac{d}{dx}\left(\frac{dy}{dx}\right).$$

相应地,称 $f'(x)$ 为函数 $y = f(x)$ 的**一阶导数**.

类似地,二阶导数的导数称为**三阶导数**,三阶导数的导数称为**四阶导数** …… $n-1$ 阶导数的导数称为 n 阶导数,分别记作

$$y''', y^{(4)}, \cdots, y^{(n)} \quad \text{或} \quad \frac{d^3 y}{dx^3}, \frac{d^4 y}{dx^4}, \cdots, \frac{d^n y}{dx^n}.$$

函数 $y = f(x)$ 具有 n 阶导数,也常称为函数 $y = f(x)$ n 阶可导.二阶及二阶以上的导数统称为**高阶导数**.函数 $y = f(x)$ 在点 x_0 处的二阶及二阶以上的导数值分别记作

$$y''\big|_{x=x_0}, y'''\big|_{x=x_0}, y^{(4)}\big|_{x=x_0}, \cdots, y^{(n)}\big|_{x=x_0} \quad \text{或} \quad f''(x_0), f'''(x_0), f^{(4)}(x_0), \cdots, f^{(n)}(x_0).$$

求高阶导数就是对函数逐次求导,所以仍可应用前面学过的求导法则与导数公式来求函数的高阶导数.

例 3.3.1 求函数 $y = x \ln x$ 的二阶导数.

解 $y' = \ln x + x \cdot \frac{1}{x} = \ln x + 1, \quad y'' = (\ln x + 1)' = \frac{1}{x}.$

例 3.3.2 设函数 $f(x) = \tan x$,求 $f''(0)$ 和 $f'''(0)$.

解 因为
$$f'(x) = \sec^2 x, \quad f''(x) = (\sec^2 x)' = 2 \sec x \sec x \tan x = 2 \sec^2 x \tan x,$$
$$f'''(x) = (2 \sec^2 x \tan x)' = 4 \sec^2 x \tan^2 x + 2 \sec^4 x,$$

所以
$$f''(0) = 2 \sec^2 x \tan x \big|_{x=0} = 0,$$
$$f'''(0) = (4 \sec^2 x \tan^2 x + 2 \sec^4 x) \big|_{x=0} = 2.$$

下面介绍几个初等函数的 n 阶导数.

例 3.3.3 求指数函数 $y = a^x$(a 是常数,$a > 0$ 且 $a \neq 1$)的 n 阶导数.

解 $y'=a^x\ln a, y''=a^x(\ln a)^2, y'''=a^x(\ln a)^3, y^{(4)}=a^x(\ln a)^4.$ 归纳可得
$$y^{(n)}=a^x(\ln a)^n,$$
即
$$(a^x)^{(n)}=a^x(\ln a)^n.$$
特别地,有
$$(e^x)^{(n)}=e^x.$$

例 3.3.4 求幂函数 $y=x^\mu$ (μ 为常数) 的 n 阶导数.

解 $y'=\mu x^{\mu-1},$
$y''=\mu(\mu-1)x^{\mu-2},$
$y'''=\mu(\mu-1)(\mu-2)x^{\mu-3},$
$y^{(4)}=\mu(\mu-1)(\mu-2)(\mu-3)x^{\mu-4}.$

归纳可得
$$y^{(n)}=\mu(\mu-1)(\mu-2)(\mu-3)\cdots(\mu-n+1)x^{\mu-n},$$
即
$$(x^\mu)^{(n)}=\mu(\mu-1)(\mu-2)(\mu-3)\cdots(\mu-n+1)x^{\mu-n}.$$
特别地,当 $\mu=n$ 时,可得
$$(x^n)^{(n)}=n(n-1)(n-2)(n-3)\cdots3\times2\times1=n!,\quad (x^n)^{(n+1)}=0.$$

例 3.3.5 求正弦函数 $y=\sin x$ 的 n 阶导数.

解 $y'=(\sin x)'=\cos x=\sin\left(x+\dfrac{\pi}{2}\right),$

$y''=\cos\left(x+\dfrac{\pi}{2}\right)=\sin\left(x+\dfrac{\pi}{2}+\dfrac{\pi}{2}\right)=\sin\left(x+2\times\dfrac{\pi}{2}\right),$

$y'''=\cos\left(x+2\times\dfrac{\pi}{2}\right)=\sin\left(x+3\times\dfrac{\pi}{2}\right),$

$y^{(4)}=\cos\left(x+3\times\dfrac{\pi}{2}\right)=\sin\left(x+4\times\dfrac{\pi}{2}\right).$

归纳可得
$$y^{(n)}=\sin\left(x+n\cdot\dfrac{\pi}{2}\right),$$
即
$$(\sin x)^{(n)}=\sin\left(x+n\cdot\dfrac{\pi}{2}\right).$$
类似地,可得
$$(\cos x)^{(n)}=\cos\left(x+n\cdot\dfrac{\pi}{2}\right).$$

例 3.3.6 求函数 $y=\ln(a+x)$ (a 为常数) 的 n 阶导数.

解 $y'=\dfrac{1}{a+x}, y''=-\dfrac{1}{(a+x)^2}, y'''=\dfrac{1\times2}{(a+x)^3}, y^{(4)}=-\dfrac{1\times2\times3}{(a+x)^4}.$ 归纳可得
$$y^{(n)}=(-1)^{n-1}\dfrac{(n-1)!}{(a+x)^n},$$

即
$$[\ln(a+x)]^{(n)} = (-1)^{n-1}\frac{(n-1)!}{(a+x)^n}.$$

由例 3.3.6 还可得
$$\left(\frac{1}{a+x}\right)^{(n)} = (-1)^n\frac{n!}{(a+x)^{n+1}}.$$

此外,下面的公式对求函数的高阶导数也是很有用的.

设函数 $u(x), v(x)$ 具有 n 阶导数,则有

(1) $[u(x) \pm v(x)]^{(n)} = u^{(n)}(x) \pm v^{(n)}(x)$;

(2) $[u(x)v(x)]^{(n)} = C_n^0 u^{(n)}(x)v(x) + C_n^1 u^{(n-1)}(x)v'(x) + C_n^2 u^{(n-2)}(x)v''(x) + \cdots + C_n^{n-1} u'(x)v^{(n-1)}(x) + C_n^n u(x)v^{(n)}(x).$

公式(2) 称为**莱布尼茨**(Leibniz) **公式**,它的形式与二项式定理相似(证明从略).

例 3.3.7 求函数 $y = \dfrac{1}{x^2 - 5x + 6}$ 的 n 阶导数.

解 因为 $y = \dfrac{1}{x^2 - 5x + 6} = \dfrac{1}{x-3} - \dfrac{1}{x-2}$,所以利用上面的公式(1)及例 3.3.6 中的结论,得

$$y^{(n)} = \left(\frac{1}{x-3} - \frac{1}{x-2}\right)^{(n)} = \left(\frac{1}{x-3}\right)^{(n)} - \left(\frac{1}{x-2}\right)^{(n)}$$
$$= (-1)^n\frac{n!}{(x-3)^{n+1}} - (-1)^n\frac{n!}{(x-2)^{n+1}}$$
$$= (-1)^n n!\left[\frac{1}{(x-3)^{n+1}} - \frac{1}{(x-2)^{n+1}}\right].$$

例 3.3.8 设函数 $y = x^2 e^{2x}$,求 $y^{(20)}$.

解 设 $u(x) = e^{2x}, v(x) = x^2$,则
$$u^{(k)}(x) = 2^k e^{2x} \quad (k = 1, 2, \cdots, 20),$$
$$v'(x) = 2x, \quad v''(x) = 2, \quad v^{(k)} = 0 \quad (k = 3, 4, \cdots, 20),$$

代入莱布尼茨公式,得
$$y^{(20)} = (x^2 e^{2x})^{(20)} = 2^{20} e^{2x} x^2 + 20 \cdot 2^{19} e^{2x} \cdot 2x + \frac{20 \cdot 19}{2 \cdot 1} \cdot 2^{18} e^{2x} \cdot 2$$
$$= 2^{20} e^{2x}(x^2 + 20x + 95).$$

习题 3.3

1. 函数 $y = \sin 2x$ 的 n 阶导数为( ).

A. $\sin\left(2x + n \cdot \dfrac{\pi}{2}\right)$
B. $\sin\left[2\left(x + n \cdot \dfrac{\pi}{2}\right)\right]$
C. $2^n \sin\left(2x + n \cdot \dfrac{\pi}{2}\right)$
D. $2^n \sin\left[2\left(x + n \cdot \dfrac{\pi}{2}\right)\right]$

2. 函数 $y = 2x^{10} + 9x^2$ 的十阶导数为( ).

A. $2 \times 10!$ B. 20 C. 0 D. 10!

3. 求下列函数的二阶导数:

(1) $y = \dfrac{x}{(x+1)^2}$;　　　　(2) $y = \dfrac{\ln x}{x^2}$;　　　　(3) $y = (1+x^2)\arctan x$;

(4) $y = x(\sin\ln x + \cos\ln x)$;　(5) $y = \ln(x+\sqrt{x^2+1})$;　(6) $y = \ln\sqrt{3-x^2}$;

(7) $y = \mathrm{e}^x \cos x$;　　　　(8) $y = \sin^2 x \ln x$;　　　(9) $y = \dfrac{\mathrm{e}^x}{x}$.

4. 求下列函数在给定点处的高阶导数:

(1) $f(x) = 3x^3 + 4x^2 - 6x - 19$, 求 $f''(1), f'''(1), f^{(4)}(1)$;

(2) $f(x) = \dfrac{x}{\sqrt{1+x^2}}$, 求 $f''(0), f''(1), f''(-1)$.

5. 求下列函数的 n 阶导数:

(1) $y = (1+x)^m$ (m 为常数);　(2) $y = x\ln x$;　　　(3) $y = x\mathrm{e}^x$;

(4) $y = \dfrac{1}{x^2 - 3x + 2}$;　　(5) $y = \sin^2 x$;　　　(6) $y = \ln(x-1)$.

6. 设函数 $f(x)$ 的二阶导数存在, 求下列复合函数的二阶导数:

(1) $y = f\left(\dfrac{1}{x}\right)$;　　　　(2) $y = \mathrm{e}^{-f(x)}$;　　　(3) $y = \ln f(x) \,[f(x) > 0]$.

7. 证明: 函数 $y = \mathrm{e}^x \cos x$ 满足关系式 $y'' - 2y' + 2y = 0$.

8. 设函数 $y = x^2 \mathrm{e}^{3x}$, 求 $y^{(20)}$.

9. 设函数 $y = \mathrm{e}^x \sin x$, 求 $y^{(4)}$.

3.4　隐函数及由参数方程所确定的函数的导数

3.4.1　隐函数的导数

前面提到的函数都可以表示为 $y = f(x)$ 的形式, 其中 $f(x)$ 是 x 的解析式, 如 $y = x^2 + \sin x, y = \ln(x+\sqrt{1+x^2})$ 等, 用这种方式表示的函数称为**显函数**. 但有时因变量 y 和自变量 x 之间的函数关系是用一个关于 y 和 x 的方程来表示的, 如方程

$$x + y^3 - 1 = 0$$

表示一个函数, 因为当变量 x 在 $(-\infty, +\infty)$ 内取值时, 变量 y 有唯一确定的值与之对应. 例如, 当 $x = 0$ 时, $y = 1$; 当 $x = 2$ 时, $y = -1$; 等等. 用这种方式表示的函数称为**隐函数**.

一般地, 如果变量 x 和 y 满足一个方程 $F(x,y) = 0$, 且在一定的条件下, 当 x 取某个区间内的任一值时, 相应地总有满足这个方程的唯一的 y 值存在, 那么就说方程 $F(x,y) = 0$ 在该区间内确定了一个隐函数.

把一个隐函数化为显函数, 称为**隐函数的显化**. 例如, 把方程 $x + y^3 - 1 = 0$ 化为 $y = \sqrt[3]{1-x}$ 就是隐函数的显化. 隐函数的显化有时是有困难的, 甚至是不可能的, 例如, 由方程 $xy - \mathrm{e}^x + \mathrm{e}^y = 0$ 所确定的隐函数就无法显化.

隐函数求导法就是不管隐函数能否显化, 直接在方程 $F(x,y) = 0$ 的两边对 x 求导数, 由此得到隐函数的导数. 下面通过举例介绍这种方法.

例 3.4.1 求由方程 $xy - e^{x+y} = 0$ 所确定的隐函数 $y = f(x)$ 的导数 $\dfrac{dy}{dx}$.

解 方程两边对 x 求导数[要注意的是在求导过程中应把 y 看成 x 的函数 $y = f(x)$],有

$$y + x\frac{dy}{dx} - e^{x+y}\left(1 + \frac{dy}{dx}\right) = 0,$$

从而解得

$$\frac{dy}{dx} = \frac{e^{x+y} - y}{x - e^{x+y}}.$$

例 3.4.2 求椭圆 $\dfrac{x^2}{16} + \dfrac{y^2}{9} = 1$ 在点 $\left(2, \dfrac{3}{2}\sqrt{3}\right)$ 处的切线方程(见图 3.4.1).

解 椭圆方程两边对 x 求导数,有

$$\frac{x}{8} + \frac{2y}{9} \cdot \frac{dy}{dx} = 0,$$

所以

$$\frac{dy}{dx} = -\frac{9x}{16y}.$$

由导数的几何意义可知,所求切线的斜率为

$$\frac{dy}{dx}\bigg|_{\substack{x=2 \\ y=\frac{3}{2}\sqrt{3}}} = -\frac{9x}{16y}\bigg|_{\substack{x=2 \\ y=\frac{3}{2}\sqrt{3}}} = -\frac{\sqrt{3}}{4},$$

于是所求的切线方程为

$$y - \frac{3}{2}\sqrt{3} = -\frac{\sqrt{3}}{4}(x - 2),$$

即

$$\sqrt{3}x + 4y - 8\sqrt{3} = 0.$$

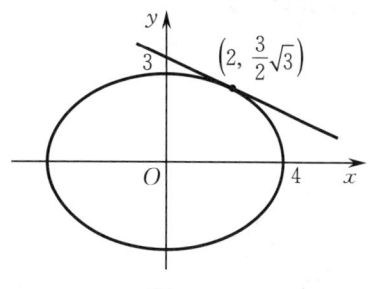

图 3.4.1

例 3.4.3 求由方程 $x - y + \sin y = 0$ 所确定的隐函数 $y = f(x)$ 的二阶导数 $\dfrac{d^2 y}{dx^2}$.

解 **方法一** 方程两边对 x 求导数,有

$$1 - \frac{dy}{dx} + \cos y \frac{dy}{dx} = 0,$$

于是解得

$$\frac{dy}{dx} = \frac{1}{1 - \cos y}.$$

上式两边再对 x 求导数,有

$$\frac{d^2 y}{dx^2} = \frac{-\sin y \dfrac{dy}{dx}}{(1 - \cos y)^2} = -\frac{\sin y}{(1 - \cos y)^3}.$$

方法二 方程两边对 x 求导数,有

$$1 - \frac{dy}{dx} + \cos y \frac{dy}{dx} = 0.$$

上式两边再对 x 求导数,有

$$-\frac{d^2y}{dx^2} - \sin y \left(\frac{dy}{dx}\right)^2 + \cos y \frac{d^2y}{dx^2} = 0,$$

从而解得

$$\frac{d^2y}{dx^2} = \frac{-\sin y \left(\frac{dy}{dx}\right)^2}{1-\cos y} = \frac{-\sin y \left(\frac{1}{1-\cos y}\right)^2}{1-\cos y} = -\frac{\sin y}{(1-\cos y)^3}.$$

下面介绍对数求导法,用这种方法可以方便地求出以下两种类型的函数的导数.

(1) 由多个因子乘、除、乘方、开方而成的函数.

例 3.4.4 求函数 $y = \dfrac{\sqrt{x-1}(x^2-2)^3}{(2x+5)^2}$ 的导数 $\dfrac{dy}{dx}$.

解 函数两边取对数,得

$$\ln y = \frac{1}{2}\ln(x-1) + 3\ln(x^2-2) - 2\ln(2x+5).$$

上式两边对 x 求导数,有

$$\frac{1}{y} \cdot \frac{dy}{dx} = \frac{1}{2} \cdot \frac{1}{x-1} + 3 \frac{2x}{x^2-2} - 2 \frac{2}{2x+5},$$

所以

$$\frac{dy}{dx} = \frac{\sqrt{x-1}(x^2-2)^3}{(2x+5)^2}\left(\frac{1}{2x-2} + \frac{6x}{x^2-2} - \frac{4}{2x+5}\right).$$

(2) 形如 $y = u(x)^{v(x)}$ [$u(x) > 0$ 且 $u(x) \neq 1$] 的函数(幂指函数).

例 3.4.5 求函数 $y = x^{\sin x}$ ($x > 0$) 的导数 $\dfrac{dy}{dx}$.

解 方法一 函数两边取对数,得

$$\ln y = \sin x \ln x.$$

上式两边对 x 求导数,有

$$\frac{1}{y} \cdot \frac{dy}{dx} = \cos x \ln x + \sin x \cdot \frac{1}{x},$$

所以

$$\frac{dy}{dx} = y\left(\cos x \ln x + \frac{\sin x}{x}\right) = x^{\sin x}\left(\cos x \ln x + \frac{\sin x}{x}\right).$$

方法二 利用复合函数的求导法则来计算. 因为

$$y = x^{\sin x} = e^{\ln x^{\sin x}} = e^{\sin x \ln x},$$

所以

$$y' = (e^{\sin x \ln x})' = e^{\sin x \ln x}\left(\cos x \ln x + \frac{\sin x}{x}\right) = x^{\sin x}\left(\cos x \ln x + \frac{\sin x}{x}\right).$$

3.4.2 由参数方程所确定的函数的导数

在平面解析几何中我们知道,圆心在原点、半径为 R 的上半圆(见图 3.4.2)可以由参数方程

$$\begin{cases} x = R\cos t, \\ y = R\sin t \end{cases} (0 \leqslant t \leqslant \pi)$$

表示,其中 t 为参数.当参数 t 取定一个值时,就得到半圆上的一个点 $P(x,y)$.当 t 取遍 $[0,\pi]$ 上的所有实数时,就得到半圆上的所有点.

如果把对应于同一个参数 t 所确定的 x,y(即曲线上同一个点的横坐标和纵坐标)看成一个对应,那么上述参数方程就确定了变量 x 与 y 之间的一个对应关系,也就是函数关系.从上述参数方程中消去参数 t,可得

$$y = \sqrt{R^2 - x^2},$$

这就是变量 y 与 x 之间函数关系的显式表示.

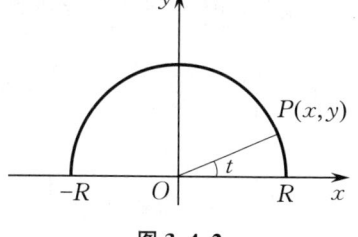

图 3.4.2

一般地,如果参数方程

$$\begin{cases} x = \varphi(t), \\ y = \psi(t) \end{cases} \tag{3.4.1}$$

确定了 y 与 x 之间的函数关系,那么称此函数为**由参数方程(3.4.1)所确定的函数**.

下面讨论由参数方程所确定的函数的求导问题.

可以考虑在参数方程中消去参数 t,得到隐函数或显函数后再求导数.但是,对于某些参数方程,消去参数 t 可能会有困难,因此这种方法并不总是可行.下面介绍一种方法,可直接由参数方程求它所确定的函数的导数.

假定参数方程 $\begin{cases} x = \varphi(t), \\ y = \psi(t) \end{cases}$ 可以确定 y 是 x 的函数,并设函数 $\varphi(t), \psi(t)$ 都可导,且 $\varphi'(t) \neq 0, x = \varphi(t)$ 有单调、连续的反函数 $t = \varphi^{-1}(x)$,这个反函数能与函数 $y = \psi(t)$ 构成复合函数,那么由参数方程所确定的函数就可以看成由函数 $y = \psi(t)$ 与 $t = \varphi^{-1}(x)$ 复合而成的复合函数

$$y = \psi[\varphi^{-1}(x)].$$

由复合函数的求导法则和反函数的求导法则,得

$$\frac{dy}{dx} = \frac{dy}{dt} \cdot \frac{dt}{dx} = \frac{dy}{dt} \cdot \frac{1}{\frac{dx}{dt}} = \frac{\psi'(t)}{\varphi'(t)},$$

即

$$\frac{dy}{dx} = \frac{\psi'(t)}{\varphi'(t)}. \tag{3.4.2}$$

这就是由参数方程(3.4.1)所确定的函数的导数公式.

如果函数 $\varphi(t), \psi(t)$ 都二阶可导,那么还可以得到相应的二阶导数公式:

$$\frac{d^2 y}{dx^2} = \frac{d}{dx}\left(\frac{dy}{dx}\right) = \frac{d}{dx}\left[\frac{\psi'(t)}{\varphi'(t)}\right] = \frac{d}{dt}\left[\frac{\psi'(t)}{\varphi'(t)}\right] \cdot \frac{dt}{dx}$$

$$= \frac{\psi''(t)\varphi'(t) - \psi'(t)\varphi''(t)}{[\varphi'(t)]^2} \cdot \frac{1}{\varphi'(t)} = \frac{\psi''(t)\varphi'(t) - \psi'(t)\varphi''(t)}{[\varphi'(t)]^3},$$

即

$$\frac{d^2 y}{dx^2} = \frac{\psi''(t)\varphi'(t) - \psi'(t)\varphi''(t)}{[\varphi'(t)]^3}. \tag{3.4.3}$$

求由参数方程(3.4.1)所确定的函数的二阶导数 $\dfrac{d^2 y}{dx^2}$ 时,一般是将导数 $\dfrac{dy}{dx} = \dfrac{\psi'(t)}{\varphi'(t)}$ 对 t 求导数,再乘以 $\dfrac{1}{\varphi'(t)}$,而不直接利用公式(3.4.3).

例 3.4.6 求由参数方程 $\begin{cases} x = \ln t, \\ y = e^{2t} \end{cases}$ 所确定的函数 $y = f(x)$ 的一阶、二阶导数.

解 $\dfrac{dy}{dx} = \dfrac{(e^{2t})'}{(\ln t)'} = \dfrac{2e^{2t}}{\dfrac{1}{t}} = 2t e^{2t}$,

$$\dfrac{d^2 y}{dx^2} = (2t e^{2t})' \dfrac{1}{(\ln t)'} = (2e^{2t} + 4t e^{2t}) \dfrac{1}{\dfrac{1}{t}} = 2t e^{2t} + 4t^2 e^{2t}.$$

例 3.4.7 求曲线 $\begin{cases} x = 2\sin t, \\ y = \cos 2t \end{cases}$ 在 $t = \dfrac{\pi}{4}$ 对应点处的切线方程和法线方程.

解 当 $t = \dfrac{\pi}{4}$ 时,曲线上对应点 M 的坐标为 $(\sqrt{2}, 0)$,曲线在该点处的切线的斜率为

$$\left. \dfrac{dy}{dx} \right|_{t=\frac{\pi}{4}} = \left. \dfrac{(\cos 2t)'}{(2\sin t)'} \right|_{t=\frac{\pi}{4}} = \left. \dfrac{-2\sin 2t}{2\cos t} \right|_{t=\frac{\pi}{4}} = -\sqrt{2}.$$

所以,所求的切线方程为

$$y = -\sqrt{2}(x - \sqrt{2}),$$

即

$$\sqrt{2} x + y - 2 = 0,$$

所求的法线方程为

$$y = \dfrac{1}{\sqrt{2}}(x - \sqrt{2}),$$

即

$$x - \sqrt{2} y - \sqrt{2} = 0.$$

习题 3.4

1. 下列隐函数中不能显化的是( ).

A. $y = \sin(x + y)$ B. $y^5 + 3x - 1 = 0$
C. $e^y - x + 5 = 0$ D. $\ln(xy) = x^2 + 1$

2. 求下列函数的导数时,用对数求导法比较简便的是( ).

A. $y = \sqrt{x + \sqrt{x}}$ B. $y = \dfrac{x\sqrt{x-1}}{x+2}$
C. $y = x + \sin x$ D. $y = x \ln x$

3. 求由下列方程所确定的隐函数 $y = f(x)$ 的导数 $\dfrac{dy}{dx}$:

(1) $x^2 + xy + y^2 = 4$; (2) $y = x + \dfrac{1}{2} \sin y$; (3) $x^2 y = \cos(x + y)$;

(4) $y = x + \arctan y$;   (5) $y - e^y = \ln(x+y)$;   (6) $\arctan \dfrac{y}{x} = \ln\sqrt{x^2+y^2}$.

4. 求由下列参数方程所确定的函数 $y = f(x)$ 的导数 $\dfrac{dy}{dx}$：

(1) $\begin{cases} x = 1 - t^2, \\ y = t - t^3; \end{cases}$ (2) $\begin{cases} x = \sin t, \\ y = \cos 2t; \end{cases}$ (3) $\begin{cases} x = e^t \cos t, \\ y = e^t \sin t; \end{cases}$

(4) $\begin{cases} x = \dfrac{t}{1+t^2}, \\ y = \dfrac{t^2}{1+t^2}; \end{cases}$ (5) $\begin{cases} x = \dfrac{t}{1+t}, \\ y = \dfrac{1-t}{1+t}; \end{cases}$ (6) $\begin{cases} x = \ln\tan\dfrac{t}{2} + \cos t, \\ y = \sin t. \end{cases}$

5. 求由下列方程所确定的隐函数 $y = f(x)$ 的二阶导数 $\dfrac{d^2 y}{dx^2}$：

(1) $x^2 - y^2 = 1$;   (2) $y = \sin(x + y)$;   (3) $e^y + xy = 1$.

6. 利用对数求导法求下列函数的导数 $\dfrac{dy}{dx}$：

(1) $y = x\sqrt{\dfrac{1-x}{1+x}}$;   (2) $y = \dfrac{x^2}{1-x^2}\sqrt{\dfrac{1+x}{1+x+x^2}}$;   (3) $y = (x + \sqrt{1+x^2})^n$;

(4) $y = x^x \ (x > 0)$;   (5) $y = x^{\ln x} \ (x > 0)$;   (6) $y = x^{\tan x} \ (x > 0)$.

7. 求下列函数 $y = f(x)$ 在给定点处的导数：

(1) $y = \cos x + \dfrac{1}{2}\sin y, \left(\dfrac{\pi}{2}, 0\right)$;   (2) $ye^x + \ln y = 1, (0, 1)$;

(3) $\begin{cases} x = t - \sin t, \\ y = 1 - \cos t, \end{cases} t = \dfrac{\pi}{2}, \pi$;   (4) $\begin{cases} x = 1 - t^2, \\ y = t - t^3, \end{cases} t = \dfrac{\sqrt{2}}{2}, \dfrac{\sqrt{3}}{3}$.

8. 设曲线的参数方程为 $\begin{cases} x = a\cos^3 t, \\ y = a\sin^3 t. \end{cases}$

(1) 求 $\dfrac{dy}{dx}$；

(2) 证明：曲线在任一点处的切线被坐标轴所截的线段长度为一个常数.

9. 求由下列参数方程所确定的函数 $y = y(x)$ 的二阶导数 $\dfrac{d^2 y}{dx^2}$：

(1) $\begin{cases} x = \ln(1+t^2), \\ y = t - \arctan t; \end{cases}$ (2) $\begin{cases} x = f'(t), \\ y = tf'(t) - f(t) \end{cases} [f''(t) \text{ 存在且不为 } 0]$.

3.5 函数的微分

函数 $y = f(x)$ 在点 x_0 处连续,实质上就是当自变量在点 x_0 处的增量 Δx 趋于 0 时,函数的增量 Δy 也趋于 0;函数 $y = f(x)$ 在点 x_0 处可导,实质上就是当自变量在点 x_0 处的增量 Δx 趋于 0 时,函数的增量 Δy 是自变量的增量 Δx 的同阶(或高阶)无穷小. 下面再从另一个角度讨论函数 $y = f(x)$ 在点 x_0 处的函数的增量 Δy 与自变量的增量 Δx 之间的关系,并由此给出函数微分的定义.

3.5.1 微分的定义

引例 1 一块正方形金属薄片受温度变化的影响,其边长由 x_0 变到 $x_0+\Delta x$,如图 3.5.1 所示.问此薄片的面积约改变了多少?

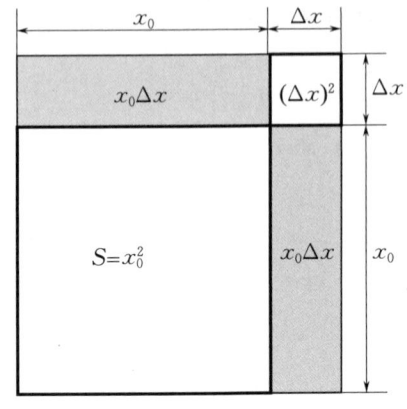

图 3.5.1

解 设正方形的边长为 x,面积为 S,则 $S=x^2$. 薄片受温度变化的影响时面积的增量可以看成当自变量 x 在点 x_0 处取得增量 Δx 时,函数 $S=x^2$ 相应的增量 ΔS,即
$$\Delta S=(x_0+\Delta x)^2-x_0^2=2x_0\Delta x+(\Delta x)^2.$$
从上式可以看出,ΔS 分为两部分:第一部分 $2x_0\Delta x$ 是 Δx 的线性函数,第二部分 $(\Delta x)^2$ 是当 $\Delta x \to 0$ 时,比 Δx 高阶的无穷小,即 $(\Delta x)^2=o(\Delta x)$. 由此可见,当 $|\Delta x|$ 很小时,面积的增量 ΔS 可近似地用第一部分来代替,即
$$\Delta S \approx 2x_0\Delta x.$$

一般地,如果函数 $y=f(x)$ 满足一定的条件,则函数的增量 Δy 可表示为
$$\Delta y=A\Delta x+o(\Delta x),$$
其中 A 是与 Δx 无关的常数.因此,$A\Delta x$ 是 Δx 的线性函数,且 Δy 与它的差是比 Δx 高阶的无穷小,于是当 $A\neq 0$,且 $|\Delta x|$ 很小时,我们可以用 $A\Delta x$ 来近似代替 Δy. 那么,函数 $y=f(x)$ 应满足什么条件?与 Δx 无关的常数 A 又应如何计算?为此先给出函数在一点处的微分的定义.

定义 3.5.1 设函数 $y=f(x)$ 在点 x_0 的某个邻域内有定义.如果函数 $y=f(x)$ 在点 x_0 处的增量 $\Delta y=f(x_0+\Delta x)-f(x_0)$ 可以表示为
$$\Delta y=A\Delta x+o(\Delta x),$$
其中 A 是与 Δx 无关的常数,$o(\Delta x)$ 是当 $\Delta x \to 0$ 时,比 Δx 高阶的无穷小,那么称函数 $y=f(x)$ 在点 x_0 处**可微**,$A\Delta x$ 称为函数 $y=f(x)$ 在点 x_0 处相应于自变量的增量 Δx 的**微分**,简称函数 $y=f(x)$ 在点 x_0 处的微分,记作 $\mathrm{d}y\big|_{x=x_0}$,即
$$\mathrm{d}y\big|_{x=x_0}=A\Delta x.$$

由定义 3.5.1 可知,函数 $y=f(x)$ 的微分 $\mathrm{d}y\big|_{x=x_0}=A\Delta x$ 是自变量的增量 Δx 的线性函数,且当 $\Delta x \to 0$ 时,函数的增量 Δy 与它的差是一个比 Δx 高阶的无穷小 $o(\Delta x)$. 当 $A\neq 0$ 时,函数 $y=f(x)$ 的微分 $\mathrm{d}y\big|_{x=x_0}$ 是 Δy 的主要部分,所以函数 $y=f(x)$ 的微分 $\mathrm{d}y\big|_{x=x_0}$ 通常称为函数 $y=f(x)$ 的增量 Δy 的**线性主部**.当 $|\Delta x|$ 很小时,就可以用 $\mathrm{d}y\big|_{x=x_0}$ 作为函数 $y=f(x)$ 的增量 Δy 的近似值.

下面讨论函数 $y=f(x)$ 在点 x_0 处可导与可微的关系.

如果函数 $y=f(x)$ 在点 x_0 处可微,则按定义有

$$\Delta y = A\Delta x + o(\Delta x).$$

上式两边除以 Δx，再取 $\Delta x \to 0$ 时的极限，得

$$\lim_{\Delta x \to 0} \frac{\Delta y}{\Delta x} = \lim_{\Delta x \to 0} \left[A + \frac{o(\Delta x)}{\Delta x} \right] = A,$$

所以函数 $y=f(x)$ 在点 x_0 处可导，且 $f'(x_0)=A$.

反之，如果函数 $y=f(x)$ 在点 x_0 处可导，那么有

$$\lim_{\Delta x \to 0} \frac{\Delta y}{\Delta x} = f'(x_0).$$

根据极限与无穷小的关系，由上式可得

$$\frac{\Delta y}{\Delta x} = f'(x_0) + \alpha,$$

其中 α 是当 $\Delta x \to 0$ 时的无穷小，从而有

$$\Delta y = f'(x_0)\Delta x + \alpha \Delta x,$$

这里 $f'(x_0)$ 是与 Δx 无关的常数，$\alpha\Delta x$ 是当 $\Delta x \to 0$ 时，比 Δx 高阶的无穷小. 所以，按微分的定义，函数 $y=f(x)$ 在点 x_0 处可微.

由此可见，函数 $y=f(x)$ 在点 x_0 处可导与可微是等价的，且函数 $y=f(x)$ 在点 x_0 处的微分可表示为

$$\left. \mathrm{d}y \right|_{x=x_0} = f'(x_0)\Delta x. \tag{3.5.1}$$

因此，可以将函数在一点处可导说成可微，也可将可微说成可导，不加以区分. 求函数的导数与求函数的微分的方法都称为**微分法**. 研究函数的导数或微分的问题称为**微分学**. 但是，导数与微分是两个不同的概念，不能混为一谈. 导数 $f'(x_0)$ 是函数 $y=f(x)$ 在点 x_0 处的变化率，而微分 $\left.\mathrm{d}y\right|_{x=x_0}=f'(x_0)\Delta x$ 是函数 $y=f(x)$ 在点 x_0 处的增量 Δy 的线性主部. 导数的值只与 x_0 有关，微分的值既与 x_0 有关，也与 Δx 有关.

如果函数 $y=f(x)$ 在区间 I 内的每一点处都可微，那么称函数 $y=f(x)$ 在区间 I 内**可微**. 函数 $y=f(x)$ 在区间 I 内任一点 x 处的微分记作

$$\mathrm{d}y = f'(x)\Delta x.$$

通常把自变量 x 的增量 Δx 称为自变量的微分，记作 $\mathrm{d}x$，即 $\mathrm{d}x = \Delta x$. 于是，函数 $y=f(x)$ 的微分又可记作

$$\mathrm{d}y = f'(x)\mathrm{d}x. \tag{3.5.2}$$

式(3.5.2)表明，函数的微分就是函数的导数与自变量的微分的乘积. 由 $\mathrm{d}y=f'(x)\mathrm{d}x$ 可得 $f'(x)=\dfrac{\mathrm{d}y}{\mathrm{d}x}$，因此导数 $\dfrac{\mathrm{d}y}{\mathrm{d}x}$ 可以看作函数的微分 $\mathrm{d}y$ 与自变量的微分 $\mathrm{d}x$ 的商，从而导数也称为**微商**.

例 3.5.1 求函数 $y=x^2$ 在点 $x=2$ 处，当 $\Delta x=0.01$ 时，函数的增量 Δy 与微分 $\mathrm{d}y$.

解 $\Delta y = (2+0.01)^2 - 2^2 = 0.0401.$

因为

$$\left. y' \right|_{x=2} = 2x \left|_{x=2} \right. = 4,$$

所以
$$dy\big|_{x=2} = y'\big|_{x=2}\Delta x = 4\times 0.01 = 0.04.$$

例 3.5.2 设函数 $y=\sin(1-2x)$，求 $dy, dy\big|_{x=\frac{1}{2}}$．

解 因为
$$y' = \cos(1-2x)\cdot(-2) = -2\cos(1-2x),$$
所以
$$dy = y'dx = -2\cos(1-2x)dx,$$
$$dy\big|_{x=\frac{1}{2}} = y'\big|_{x=\frac{1}{2}}dx = -2\cos(1-2x)\big|_{x=\frac{1}{2}}dx = -2dx.$$

3.5.2 微分的几何意义

在直角坐标系中，函数 $y=f(x)$ 的图形是一条曲线．如图 3.5.2 所示，当自变量 x 由 x_0 变到 $x_0+\Delta x$ 时，曲线上的对应点由 $M(x_0,y_0)$ 变到 $P(x_0+\Delta x,y_0+\Delta y)$，即
$$MN = \Delta x, \quad NP = \Delta y.$$
过点 M 作曲线的切线 MT，它的倾角为 θ，则
$$NT = MN\tan\theta = f'(x_0)\Delta x,$$
即 $dy = NT$．

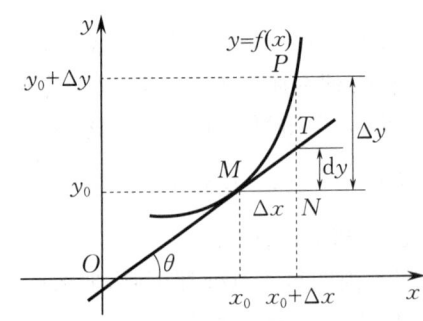

图 3.5.2

所以，函数 $y=f(x)$ 在点 x_0 处的微分就是曲线 $y=f(x)$ 在点 $M(x_0,y_0)$ 处的切线 MT 当横坐标由 x_0 变到 $x_0+\Delta x$ 时，其对应的纵坐标的增量．因此，用函数的微分 dy 近似代替函数的增量 Δy，就是用点 M 处切线上纵坐标的增量 NT 近似代替曲线上纵坐标的增量 NP，并且有 $\Delta y - dy = TP$，TP 是比 Δx 高阶的无穷小（$\Delta x\to 0$）．

3.5.3 基本初等函数的微分公式和运算法则

根据函数的微分与导数的关系 $dy = f'(x)dx$，要计算函数的微分，只要计算函数的导数，再乘以自变量的微分即可．因此，可得到如下的基本初等函数的微分公式和运算法则．

1. 基本初等函数的微分公式

由基本初等函数的导数公式，可直接得到基本初等函数的微分公式．为了便于对照，列出表 3.5.1．

表 3.5.1

导数公式	微分公式
$(C)' = 0$	$d(C) = 0$
$(x^\mu)' = \mu x^{\mu-1}$	$d(x^\mu) = \mu x^{\mu-1} dx$
$(\sin x)' = \cos x$	$d(\sin x) = \cos x\, dx$
$(\cos x)' = -\sin x$	$d(\cos x) = -\sin x\, dx$
$(\tan x)' = \sec^2 x$	$d(\tan x) = \sec^2 x\, dx$
$(\cot x)' = -\csc^2 x$	$d(\cot x) = -\csc^2 x\, dx$
$(\sec x)' = \sec x \tan x$	$d(\sec x) = \sec x \tan x\, dx$
$(\csc x)' = -\csc x \cot x$	$d(\csc x) = -\csc x \cot x\, dx$
$(a^x)' = a^x \ln a$ (a 是常数,$a>0$ 且 $a \neq 1$)	$d(a^x) = a^x \ln a\, dx$ (a 是常数,$a>0$ 且 $a \neq 1$)
$(e^x)' = e^x$	$d(e^x) = e^x\, dx$
$(\log_a x)' = \dfrac{1}{x \ln a}$ (a 是常数,$a>0$ 且 $a \neq 1$)	$d(\log_a x) = \dfrac{1}{x \ln a} dx$ (a 是常数,$a>0$ 且 $a \neq 1$)
$(\ln x)' = \dfrac{1}{x}$	$d(\ln x) = \dfrac{1}{x} dx$
$(\arcsin x)' = \dfrac{1}{\sqrt{1-x^2}}$	$d(\arcsin x) = \dfrac{1}{\sqrt{1-x^2}} dx$
$(\arccos x)' = -\dfrac{1}{\sqrt{1-x^2}}$	$d(\arccos x) = -\dfrac{1}{\sqrt{1-x^2}} dx$
$(\arctan x)' = \dfrac{1}{1+x^2}$	$d(\arctan x) = \dfrac{1}{1+x^2} dx$
$(\operatorname{arccot} x)' = -\dfrac{1}{1+x^2}$	$d(\operatorname{arccot} x) = -\dfrac{1}{1+x^2} dx$

2. 函数的四则运算的微分法则

由函数的四则运算的求导法则,可得出相应的微分法则. 为了便于对照,列出表 3.5.2[表中 $u = u(x), v = v(x)$ 都可导].

表 3.5.2

函数的四则运算的求导法则	函数的四则运算的微分法则
$(u \pm v)' = u' \pm v'$	$d(u \pm v) = du \pm dv$
$(Cu)' = Cu'$(C 为常数)	$d(Cu) = C du$(C 为常数)
$(uv)' = u'v + uv'$	$d(uv) = v du + u dv$
$\left(\dfrac{u}{v}\right)' = \dfrac{u'v - uv'}{v^2}$ ($v \neq 0$)	$d\left(\dfrac{u}{v}\right) = \dfrac{v du - u dv}{v^2}$ ($v \neq 0$)

3. 复合函数的微分法则

设函数 $y = f(u)$ 及 $u = \varphi(x)$ 都可微,则复合函数 $y = f[\varphi(x)]$ 的微分为

$$dy = y' dx = f'[\varphi(x)] \varphi'(x) dx.$$

由于 $\varphi'(x) dx = d\varphi(x) = du$，因此复合函数 $y = f[\varphi(x)]$ 的微分也可以写成

$$dy = f'(u) du.$$

注意到上式中的 u 是中间变量 $[u = \varphi(x)]$，即使 u 是自变量，函数 $y = f(u)$ 的微分也是上述形式. 由此可见，不管 u 是自变量还是中间变量，函数 $y = f(u)$ 的微分形式

$$dy = f'(u) du$$

总是不变的. 这一性质称为**一阶微分形式不变性**. 有时，利用一阶微分形式不变性求复合函数的微分比较方便.

例 3.5.3 设函数 $y = e^{\cos x}$，求 dy.

解 $dy = d(e^{\cos x}) = e^{\cos x} d(\cos x) = -\sin x\, e^{\cos x} dx.$

例 3.5.4 设函数 $y = \arctan \sqrt{x}$，求 dy.

解 $dy = d(\arctan \sqrt{x}) = \dfrac{1}{1+x} d(\sqrt{x})$

$= \dfrac{1}{2(1+x)\sqrt{x}} dx.$

例 3.5.5 设函数 $y = e^{-2x} \sin 3x$，求 dy.

解 $dy = d(e^{-2x} \sin 3x) = \sin 3x\, d(e^{-2x}) + e^{-2x} d(\sin 3x)$

$= \sin 3x\, e^{-2x} d(-2x) + e^{-2x} \cos 3x\, d(3x)$

$= -2 e^{-2x} \sin 3x\, dx + 3 e^{-2x} \cos 3x\, dx$

$= e^{-2x} (3\cos 3x - 2\sin 3x) dx.$

例 3.5.6 设函数 $y = f(x)$ 由方程 $x^2 + 2xy - y^2 = 4$ 所确定，求 dy 及 $\dfrac{dy}{dx}$.

解 方程两边分别求微分，得

$$2x\, dx + 2(y\, dx + x\, dy) - 2y\, dy = 0,$$

整理得

$$(x+y) dx = (y-x) dy,$$

于是有

$$dy = \dfrac{x+y}{y-x} dx,$$

从而

$$\dfrac{dy}{dx} = \dfrac{x+y}{y-x}.$$

3.5.4 微分在近似计算中的应用

由前面的讨论可知，当 $f'(x_0) \neq 0$ 时，函数 $y = f(x)$ 在点 x_0 处的微分 $dy\Big|_{x=x_0} = f'(x_0) \Delta x$ 是函数的增量 Δy 的线性主部. 所以，当 $|\Delta x|$ 很小时，有

$$\Delta y \approx dy\Big|_{x=x_0} = f'(x_0) \Delta x,$$

这个式子也可以写为
$$\Delta y = f(x_0 + \Delta x) - f(x_0) \approx f'(x_0) \Delta x \tag{3.5.3}$$
或
$$f(x_0 + \Delta x) \approx f(x_0) + f'(x_0) \Delta x. \tag{3.5.4}$$
令 $x = x_0 + \Delta x$,即 $\Delta x = x - x_0$,那么式(3.5.4)可改写为
$$f(x) \approx f(x_0) + f'(x_0)(x - x_0). \tag{3.5.5}$$
如果 $f(x_0)$ 与 $f'(x_0)$ 都容易计算,那么可利用式(3.5.3)来近似计算 Δy,利用式(3.5.4)来近似计算 $f(x_0 + \Delta x)$,或者利用式(3.5.5)来近似计算 $f(x)$.

例 3.5.7 有一个半径 $R = 10$ cm 的金属球,加热后半径增大了 0.001 cm. 问球的体积约增加了多少?

解 球的体积 $V = \frac{4}{3}\pi R^3$. 现在要求函数 $V = \frac{4}{3}\pi R^3$ 在 $R = 10$ cm 处,当自变量 R 的增量 $\Delta R = 0.001$ cm 时,函数的增量 ΔV 的近似值. 由于 $|\Delta R| = 0.001$ cm 比较小,由式(3.5.3)可得
$$\Delta V \approx \left(\frac{4}{3}\pi R^3\right)' \Delta R = 4\pi R^2 \Delta R.$$
将 $R = 10$ cm,$\Delta R = 0.001$ cm 代入上式,得
$$\Delta V \approx 4\pi \times 10^2 \times 0.001 \text{ cm}^3 = 0.4\pi \text{ cm}^3 \approx 1.256\ 6 \text{ cm}^3,$$
即球的体积约增加了 $1.256\ 6$ cm³.

例 3.5.8 求 $\cos 31°$ 的近似值.

解 设函数 $f(x) = \cos x$. 取 $x_0 = 30° = \frac{\pi}{6}$,$\Delta x = 1° = \frac{\pi}{180}$. 因为
$$f'(x) = -\sin x, \quad f\left(\frac{\pi}{6}\right) = \frac{\sqrt{3}}{2}, \quad f'\left(\frac{\pi}{6}\right) = -\frac{1}{2},$$
所以由式(3.5.4)得
$$\cos 31° = f\left(\frac{\pi}{6} + \frac{\pi}{180}\right) \approx f\left(\frac{\pi}{6}\right) + f'\left(\frac{\pi}{6}\right) \Delta x$$
$$= \frac{\sqrt{3}}{2} - \frac{1}{2} \times \frac{\pi}{180} \approx 0.857\ 3.$$

下面来推导几个常用的近似公式. 为此,在式(3.5.5)中取 $x_0 = 0$,得
$$f(x) \approx f(0) + f'(0)x. \tag{3.5.6}$$
应用式(3.5.6)可以得出以下几个常用的近似公式(当 $|x|$ 很小时):
(1) $e^x \approx 1 + x$;   (2) $\sin x \approx x$;   (3) $\tan x \approx x$;
(4) $\sqrt[n]{1+x} \approx 1 + \frac{1}{n}x$;   (5) $\ln(1+x) \approx x$.

例 3.5.9 求 $e^{-0.005}$ 的近似值.

解 由 $e^x \approx 1 + x$,得
$$e^{-0.005} \approx 1 + (-0.005) = 0.995.$$

例 3.5.10 求 $\sqrt[3]{998.5}$ 的近似值.

解 因为 $\sqrt[3]{998.5} = 10 \times \sqrt[3]{1 - 0.001\ 5}$,所以由 $\sqrt[n]{1+x} \approx 1 + \frac{1}{n}x$,得

$$\sqrt[3]{998.5} = 10 \times \sqrt[3]{1-0.0015} \approx 10 \times \left[1+\frac{1}{3}\times(-0.0015)\right] = 9.995.$$

习 题 3.5

1. 函数 $y=f(x)$ 在点 x_0 处可导是在该点处可微的（　　）．
  A. 充分条件　　　B. 必要条件　　　C. 充要条件　　　D. 无关条件

2. 函数 $y=f(x)$ 在点 x_0 处的微分 $\mathrm{d}y$ 是函数 $y=f(x)$ 在点 x_0 处的增量 Δy 的（　　）．
  A. 线性主部　　　B. 高阶无穷小　　　C. 小数部分　　　D. 整数部分

3. 求函数 $y=x^3-x$ 在点 $x=2$ 处，当 Δx 分别等于 $0.1,0.01$ 时的增量 Δy 及微分 $\mathrm{d}y$．

4. 设函数 $y=f(x)$ 的图形如图 3.5.3 所示，试在图 3.5.3(a),(b),(c),(d) 中分别标出在点 x_0 处的 $\mathrm{d}y$, Δy 及 $\Delta y-\mathrm{d}y$，并说明其正负．

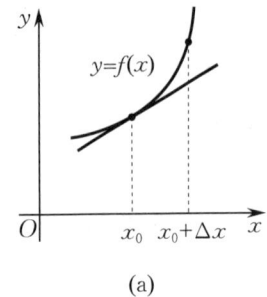

(a)

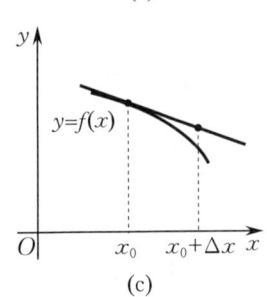

(c)

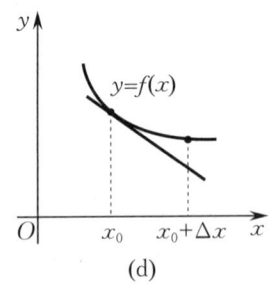

(d)

图 3.5.3

5. 求下列函数在给定点处的微分：

(1) $y=3x^3+2x^2+x$，求 $\mathrm{d}y\big|_{x=0}$, $\mathrm{d}y\big|_{x=1}$；　　(2) $y=\sec x+\tan x$，求 $\mathrm{d}y\big|_{x=0}$, $\mathrm{d}y\big|_{x=\pi}$；

(3) $y=\dfrac{1}{a}\arctan\dfrac{x}{a}$，求 $\mathrm{d}y\big|_{x=0}$, $\mathrm{d}y\big|_{x=a}$；　　(4) $y=\dfrac{1}{x}+\dfrac{1}{x^2}$，求 $\mathrm{d}y\big|_{x=0.1}$, $\mathrm{d}y\big|_{x=0.01}$．

6. 求下列函数的微分：

(1) $y=\dfrac{x}{1-x^2}$；　　(2) $y=\sqrt{x}+\ln x-\dfrac{1}{\sqrt{x}}$；　　(3) $y=\mathrm{e}^{\sin x^2}$；

(4) $y=\arcsin\sqrt{1-x^2}$；　　(5) $y=x\ln x-x$；　　(6) $y=\cos(xy)-x$．

7. 求下列函数的微分：

(1) $y=\sin^2 t, t=\ln(3x+1)$；　　　　(2) $y=\ln(3t+1), t=\sin^2 x$；

(3) $y=\mathrm{e}^{3u}, u=\dfrac{1}{2}\ln t, t=x^3-2x+5$．

8. 利用一阶微分形式不变性求函数 $y=\ln(x+\sqrt{x^2+a^2})$ 的微分与导数．

9. 用微分求由参数方程 $x=t+\mathrm{arccot}\, t, y=\ln(1+t^2)$ 所确定的函数 $y=f(x)$ 的一阶导数和二阶导数．

10. 设函数 $y=\dfrac{x-a}{1-ax}$, $a^2\neq 1$, 证明: $\dfrac{\mathrm{d}y}{1+ay}=\dfrac{\mathrm{d}x}{1-ax}$.

11. 利用微分求下列值的近似值:
(1) $\cot 46°$;　(2) $\mathrm{e}^{0.05}$;　(3) $\sqrt[3]{8.02}$;　(4) $\ln 1.01$;　(5) $\arctan 1.02$.

12. 证明: 当 $|x|$ 很小时, 有下列近似公式成立.
(1) $\dfrac{1}{1+x}\approx 1-x$;　(2) $\sqrt[n]{1+x}\approx 1+\dfrac{x}{n}$.

13. 一个平面圆环的内半径为 10 cm, 宽为 0.1 cm, 求其面积的精确值与近似值.

3.6　边际与弹性

本节介绍导数概念在经济学中的两个应用 —— 边际分析和弹性分析.

3.6.1　边际分析

在经济分析中, 经常需要使用变化率的概念来描述一个变量 y 关于另一个变量 x 的变化情况, 而变化率又分为平均变化率和瞬时变化率. 平均变化率表示变量 x 在某一范围内取值时 y 的变化情况, 如年产量的平均变化率、利润的平均变化率、成本的平均变化率等. 瞬时变化率表示变量 x 在某一个值的"边缘上"变化时 y 的变化情况, 即当 x 在某一个值的附近发生微小变化时 y 的变化情况, 对这种情况的分析在经济学中称为边际分析.

1. 边际的概念

如果函数 $y=f(x)$ 在点 x_0 处可导, 那么 $y=f(x)$ 在 x_0 与 $x_0+\Delta x$ 两点间的平均变化率为 $\dfrac{\Delta y}{\Delta x}=\dfrac{f(x_0+\Delta x)-f(x_0)}{\Delta x}$, $y=f(x)$ 在点 x_0 处的瞬时变化率为

$$\lim_{\Delta x\to 0}\dfrac{f(x_0+\Delta x)-f(x_0)}{\Delta x}=f'(x_0).$$

在经济学中, 称 $f'(x_0)$ 为函数 $y=f(x)$ 在点 x_0 处的边际函数值.

一般地, 我们有下述定义.

定义 3.6.1　如果函数 $y=f(x)$ 可导, 那么它的导数 $f'(x)$ 称为函数 $y=f(x)$ 的**边际函数**, 导数值 $f'(x_0)$ 称为函数 $y=f(x)$ 在点 x_0 处的**边际函数值**.

在点 x_0 处, 当 x 增加一单位时, 函数 $f(x)$ 的增量为 $\Delta y=f(x_0+1)-f(x_0)$ 单位. 由式 (3.5.3) 可得 Δy 的近似值为

$$\Delta y\approx f'(x)\Delta x\Big|_{\substack{x=x_0\\ \Delta x=1}}=f'(x_0).$$

这说明函数 $f(x)$ 在点 x_0 处当自变量增加一单位时, 函数 $f(x)$ 近似改变 $f'(x_0)$ 单位(经济应用中可略去"近似"两字). 这就是边际函数值 $f'(x_0)$ 的含义, 它反映了函数 $f(x)$ 在点 x_0 附近的变化情况.

例 3.6.1　求函数 $f(x)=\mathrm{e}^{3x}\cos x$ 在点 $x=0$ 处的边际函数值.

解　因为 $f'(x)=3\mathrm{e}^{3x}\cos x-\mathrm{e}^{3x}\sin x$, 所以

$$f'(0) = (3e^{3x}\cos x - e^{3x}\sin x)\Big|_{x=0} = 3.$$

这表明,函数 $f(x) = e^{3x}\cos x$ 在点 $x=0$ 处当 x 改变一单位时,函数改变 3 单位.

2. 边际成本

如果某种产品的成本函数为 $C = C(Q)$,且 $C(Q)$ 可导,那么成本函数的导数 $C'(Q)$ 称为该产品的**边际成本函数**.

成本函数 $C(Q)$ 在产量 $Q = Q_0$ 时的导数值 $C'(Q_0)$ 称为该产品在产量 $Q = Q_0$ 时的**边际成本**. 其经济意义是:当已生产了 Q_0 单位该产品时,再生产一单位该产品总成本将增加 $C'(Q_0)$ 单位.

一般情况下,成本函数 $C(Q)$ 等于固定成本 C_1 与可变成本 $C_2(Q)$ 之和,即
$$C(Q) = C_1 + C_2(Q),$$
从而边际成本为
$$C'(Q) = [C_1 + C_2(Q)]' = C_2'(Q).$$
因此,边际成本与固定成本无关,只与可变成本有关.

平均成本 $\overline{C}(Q)$ 的导数
$$\overline{C}'(Q) = \left[\frac{C(Q)}{Q}\right]' = \frac{QC'(Q) - C(Q)}{Q^2}$$
称为**边际平均成本**.

例 3.6.2 设某工厂生产某种产品的成本函数为 $C(Q) = 1\,000 + 10Q + 0.01Q^2$.

(1) 求生产 100 单位该产品时的总成本和平均成本;

(2) 求生产 100 单位该产品时的边际成本,并解释其经济意义.

解 (1) 生产 100 单位该产品时的总成本为
$$C(100) = 1\,000 + 10 \times 100 + 0.01 \times 100^2 = 2\,100,$$
平均成本为
$$\overline{C}(100) = \frac{C(100)}{100} = \frac{2\,100}{100} = 21.$$

(2) 边际成本函数为 $C'(Q) = 10 + 0.02Q$,所以生产 100 单位该产品时的边际成本为
$$C'(100) = 10 + 0.02 \times 100 = 12.$$
其经济意义是:当已生产 100 单位该产品时,再生产一单位该产品总成本将增加 12 单位.

3. 边际收益

如果某种产品的收益函数为 $R = R(Q)$,且 $R(Q)$ 可导,那么收益函数的导数 $R'(Q)$ 称为该产品的**边际收益函数**.

收益函数 $R(Q)$ 在销量 $Q = Q_0$ 时的导数值 $R'(Q_0)$ 称为该产品在销量 $Q = Q_0$ 时的**边际收益**. 其经济意义是:当已销售了 Q_0 单位该产品时,再销售一单位该产品总收益将增加 $R'(Q_0)$ 单位.

如果该产品的价格函数为 $P = P(Q)$,则收益函数为 $R(Q) = PQ = QP(Q)$,这时边际收益函数为
$$R'(Q) = P(Q) + QP'(Q).$$

例 3.6.3 设某种产品的价格函数为 $P=20-\dfrac{Q}{5}$,求销量为 15 单位时的总收益、平均收益与边际收益.

解 收益函数为

$$R(Q)=PQ=20Q-\dfrac{Q^2}{5}.$$

因此,当销量为 15 单位时的总收益为

$$R(15)=20\times 15-\dfrac{15^2}{5}=255,$$

平均收益为

$$\overline{R}(15)=\dfrac{R(15)}{15}=\dfrac{255}{15}=17,$$

边际收益为

$$R'(15)=\left(20Q-\dfrac{Q^2}{5}\right)'\bigg|_{Q=15}=\left(20-\dfrac{2Q}{5}\right)\bigg|_{Q=15}=14.$$

4. 边际利润

如果某种产品的利润函数为 $L=L(Q)$,且 $L(Q)$ 可导,那么利润函数的导数 $L'(Q)$ 称为该产品的**边际利润函数**.

利润函数 $L(Q)$ 在产量 $Q=Q_0$(产量与销量相等)时的导数值 $L'(Q_0)$ 称为该产品在产量 $Q=Q_0$ 时的**边际利润**. 其经济意义是:当已生产了 Q_0 单位该产品时,再生产一单位该产品总利润将增加 $L'(Q_0)$ 单位.

一般情况下,利润函数 $L(Q)$ 等于收益函数 $R(Q)$ 与成本函数 $C(Q)$ 之差,即 $L(Q)=R(Q)-C(Q)$,因此

$$L'(Q)=R'(Q)-C'(Q).$$

也就是说,边际利润函数等于边际收益函数与边际成本函数之差.

例 3.6.4 一工厂生产某种产品,每月的总利润 L(单位:万元)与产量 Q(单位:t)的函数关系为

$$L(Q)=250Q-5Q^2.$$

试求该工厂每月生产 20 t,25 t,35 t 该产品时的边际利润,并解释其经济意义.

解 因为边际利润函数为

$$L'(Q)=250-10Q,$$

所以该工厂每月生产 20 t,25 t,35 t 该产品时的边际利润分别为

$$L'(20)=250-10\times 20=50(万元),$$
$$L'(25)=250-10\times 25=0(万元),$$
$$L'(35)=250-10\times 35=-100(万元).$$

上述结果的经济意义是:当该工厂每月生产 20 t 该产品时,再生产 1 t 该产品总利润将增加 50 万元;每月生产 25 t 该产品时,再生产 1 t 该产品总利润保持不变;每月生产 35 t 该产品时,再生产 1 t 该产品总利润将减少 100 万元. 由此说明,对该工厂来说,并非生产的产品数量越多,总利润就越高.

5. 边际需求

如果某种产品的需求函数为 $Q=f(P)$，且 $f(P)$ 可导，那么需求函数的导数 $f'(P)$ 称为该产品的**边际需求函数**.

需求函数 $f(P)$ 在价格 $P=P_0$ 时的导数值 $f'(P_0)$ 称为该产品在价格 $P=P_0$ 时的**边际需求**. 其经济意义是：当该产品的价格为 P_0 时，价格改变一单位，需求量将改变 $f'(P_0)$ 单位.

例 3.6.5 设某种产品的需求函数为 $Q=f(P)=\dfrac{1\,000}{(2P+1)^2}$，求 $P=10$ 时的边际需求，并说明其经济意义.

解 因为 $f'(P)=-\dfrac{1\,000\times 2\times 2}{(2P+1)^3}=-\dfrac{4\,000}{(2P+1)^3}$，所以
$$f'(10)\approx -0.432.$$

其经济意义是：当该产品的价格为 10 单位时，价格上涨（下跌）一单位，需求量将减少（增加）0.432 单位.

3.6.2 弹性分析

在边际分析中，讨论的自变量的增量与函数的增量都是绝对增量，函数对自变量的变化率是绝对变化率. 但在处理某些实际问题时，仅讨论这些是不够的. 例如，甲商品原价 10 元，涨价 1 元，乙商品原价 200 元，涨价 1 元，两种商品的价格的绝对增量都是 1 元，但相对增量却相差很多，与各自的原价相比，它们涨价的比例分别是 10% 和 0.5%. 也就是说，两种商品的涨价幅度相差很大. 因此，有必要讨论相对增量与相对变化率.

1. 弹性的概念

如果函数 $y=f(x)$ 在点 x_0 处可导，自变量 x 由 x_0 变到 $x_0+\Delta x$，函数 y 由 $f(x_0)$ 变到 $f(x_0+\Delta x)$，那么称 $\dfrac{\Delta x}{x_0}$ 为自变量 x 在点 x_0 处的**相对增量**，称 $\dfrac{\Delta y}{y_0}=\dfrac{f(x_0+\Delta x)-f(x_0)}{f(x_0)}$ 为函数 $y=f(x)$ 的**相对增量**. 称 $\dfrac{\Delta y/y_0}{\Delta x/x_0}$ 为函数 $y=f(x)$ 在 x_0 与 $x_0+\Delta x$ 两点间的**平均相对变化率**，或者称为**两点间的弹性**，它反映了在 x_0 与 $x_0+\Delta x$ 两点间函数的相对增量与自变量的相对增量之间的关系.

例如，对于函数 $y=x^2$，当 x 由 8 变到 10 时，自变量的相对增量与函数的相对增量分别为
$$\dfrac{\Delta x}{x_0}=\dfrac{2}{8}=25\%,\quad \dfrac{\Delta y}{y_0}=\dfrac{36}{64}=56.25\%,$$
函数在 8 与 10 两点间的平均相对变化率为
$$\dfrac{\Delta y/y_0}{\Delta x/x_0}=\dfrac{56.25\%}{25\%}=2.25,$$
这表示在区间 $(8,10)$ 内，从 $x=8$ 起，x 每改变 1%，y 平均改变 2.25%.

定义 3.6.2 如果函数 $y=f(x)$ 在点 x_0 处可导，那么当 $\Delta x \to 0$ 时，函数 $y=f(x)$ 在点 x_0 处的相对增量 $\dfrac{\Delta y}{y_0}$ 与自变量的相对增量 $\dfrac{\Delta x}{x_0}$ 之比 $\dfrac{\Delta y/y_0}{\Delta x/x_0}$ 的极限，即

$$\lim_{\Delta x \to 0} \frac{\Delta y/y_0}{\Delta x/x_0} = \lim_{\Delta x \to 0}\left(\frac{\Delta y}{\Delta x} \cdot \frac{x_0}{y_0}\right) = f'(x_0)\frac{x_0}{f(x_0)}$$

称为函数 $y=f(x)$ 在点 x_0 处的**相对变化率**,或者称为函数 $y=f(x)$ 在点 x_0 处的**弹性**,记作 $\left.\dfrac{Ey}{Ex}\right|_{x=x_0}$ 或 $\dfrac{Ef(x_0)}{Ex}$,即

$$\left.\frac{Ey}{Ex}\right|_{x=x_0} = f'(x_0)\frac{x_0}{f(x_0)}. \tag{3.6.1}$$

函数 $y=f(x)$ 在点 x_0 处的弹性反映了在点 x_0 处随 x 的变化,函数 $f(x)$ 的变化幅度的大小,也就是 $f(x)$ 随 x 变化的强烈程度或灵敏度. 具体地说,在点 x_0 处,当自变量 x 改变 1% 时,函数 $f(x)$ 近似改变 $\dfrac{Ef(x_0)}{Ex}\%$(经济应用中可略去"近似"两字).

如果函数 $y=f(x)$ 在区间 I 内可导,且 $f(x) \neq 0$,则对于任意的 $x \in I$,有

$$\frac{Ey}{Ex} = \lim_{\Delta x \to 0}\frac{\Delta y/y}{\Delta x/x} = \lim_{\Delta x \to 0}\left(\frac{\Delta y}{\Delta x} \cdot \frac{x}{y}\right) = f'(x)\frac{x}{f(x)},$$

上式称为函数 $y=f(x)$ 的**弹性函数**.

例 3.6.6 设函数 $y=x^2 e^{-2x}$,求 $\dfrac{Ey}{Ex}$ 及 $\left.\dfrac{Ey}{Ex}\right|_{x=2}$.

解 $\dfrac{Ey}{Ex} = (x^2 e^{-2x})'\dfrac{x}{x^2 e^{-2x}} = (2x e^{-2x} - 2x^2 e^{-2x})\dfrac{1}{x e^{-2x}} = 2-2x$,

$\left.\dfrac{Ey}{Ex}\right|_{x=2} = (2-2x)\Big|_{x=2} = -2.$

这表明,函数 $y=x^2 e^{-2x}$ 在点 $x=2$ 处当自变量增加 1% 时,函数值将减少 2%.

2. 需求弹性

需求弹性是描述当产品价格变动时需求变动的幅度强弱的一个量. 由于需求函数 $Q=f(P)$ 一般为单调减少函数,因此 $f'(P) < 0$. 为了用正数表示需求弹性,对需求弹性有下述定义.

定义 3.6.3 如果某种产品的需求函数为 $Q=f(P)$,且 $f(P)$ 可导,那么 $-f'(P)\dfrac{P}{f(P)}$

称为该产品的**需求量对价格的弹性函数**,简称**需求弹性函数**,通常记作 $\eta(P)$,即

$$\eta(P) = -f'(P)\frac{P}{f(P)}. \tag{3.6.2}$$

$\eta(P_0) = -f'(P_0)\dfrac{P_0}{f(P_0)}$ 称为该产品在价格 $P=P_0$ 时的**需求弹性**. 其经济意义是:当该产品的价格 $P=P_0$ 时,价格上涨 1%,需求量将减少 $\eta(P_0)\% = -f'(P_0)\dfrac{P_0}{f(P_0)}\%$.

例 3.6.7 设某种产品的需求函数为 $Q=75-P^2$.

(1) 求需求弹性函数;

(2) 求 $P=4$ 时的需求弹性,并解释其经济意义.

解 (1) 因为 $\dfrac{dQ}{dP} = -2P$,所以

$$\eta(P) = -\frac{\mathrm{d}Q}{\mathrm{d}P} \cdot \frac{P}{Q} = -(-2P)\frac{P}{75-P^2} = \frac{2P^2}{75-P^2}.$$

(2) $\eta(4) = \left.\frac{2P^2}{75-P^2}\right|_{P=4} = \frac{32}{59} \approx 0.54$. 其经济意义是：当该产品的价格 $P=4$ 时，价格上涨 1%，需求量将减少 0.54%.

设产品的需求函数为 $Q = f(P)$，则收益函数为
$$R(P) = PQ = Pf(P),$$
边际收益函数为
$$R'(P) = f(P) + Pf'(P) = f(P)\left[1 + f'(P)\frac{P}{f(P)}\right] = f(P)(1-\eta).$$

根据上式，产品的需求弹性与总收益有以下关系：

(1) 若产品的需求弹性 $\eta < 1$，则称该产品的需求量对价格缺乏弹性，即需求量的变动幅度小于价格的变动幅度. 此时，边际收益大于 0，即价格上涨，总收益增加；价格下跌，总收益减少.

(2) 若产品的需求弹性 $\eta > 1$，则称该产品的需求量对价格富有弹性，即需求量的变动幅度大于价格的变动幅度. 此时，边际收益小于 0，即价格上涨，总收益减少；价格下跌，总收益增加.

(3) 若产品的需求弹性 $\eta = 1$，则称该产品具有单位弹性，即需求量的变动幅度等于价格的变动幅度. 此时，边际收益等于 0，即价格上涨或下跌，总收益均保持不变.

3. 供给弹性

供给弹性通常指的是产品的供给量对价格的弹性，有以下定义.

定义 3.6.4 如果某种产品的供给函数为 $S = \psi(P)$，且 $\psi(P)$ 可导，那么 $\psi'(P)\frac{P}{\psi(P)}$ 称为该产品的**供给弹性函数**，记作 E_P 或 $\varepsilon(P)$，即
$$\varepsilon(P) = \psi'(P)\frac{P}{\psi(P)}. \tag{3.6.3}$$

$\left.\varepsilon(P)\right|_{P=P_0} = \psi'(P_0)\frac{P_0}{\psi(P_0)}$ 称为该产品在价格 $P=P_0$ 时的**供给弹性**. 其经济意义是：当该产品的价格 $P=P_0$ 时，价格上涨 1%，供给量将增加 $\varepsilon(P)\% = \psi'(P_0)\frac{P_0}{\psi(P_0)}\%$.

例 3.6.8 设某种产品的供给函数为 $S = 10 + 5 \times 2^P$，求该产品的供给弹性函数及 $P=2$ 时的供给弹性.

解 因为 $\frac{\mathrm{d}S}{\mathrm{d}P} = 5\ln 2 \times 2^P$，所以供给弹性函数为
$$\varepsilon(P) = 5\ln 2 \times 2^P \frac{P}{10 + 5 \times 2^P} = \frac{5\ln 2 \cdot P 2^P}{10 + 5 \times 2^P},$$
$P=2$ 时的供给弹性为
$$\varepsilon(2) = \frac{5\ln 2 \times 2 \times 2^2}{10 + 5 \times 2^2} = \frac{4}{3}\ln 2 \approx 0.92.$$

4. 收益弹性

在经济分析中，产品的总收益 R 既可表示为产品的价格 P 的函数 $R = R(P)$，也可表示为

销量 Q 的函数 $R=R(Q)$. 所以, 收益弹性可讨论收益对价格的弹性和收益对销量的弹性.

如果某种产品的收益函数为 $R=R(P)$, 且 $R(P)$ 可导, 那么 $R'(P)\dfrac{P}{R(P)}$ 称为**收益对价格的弹性函数**, 简称**收益弹性函数**, 记作 $\dfrac{ER}{EP}$, 即

$$\dfrac{ER}{EP}=R'(P)\dfrac{P}{R(P)}.$$

$\dfrac{ER}{EP}\bigg|_{P=P_0}=R'(P_0)\dfrac{P_0}{R(P_0)}$ 称为该产品在价格 $P=P_0$ 时的**收益弹性**. 其经济意义是: 当该产品的价格 $P=P_0$ 时, 价格改变 1%, 总收益将改变 $R'(P_0)\dfrac{P_0}{R(P_0)}\%$.

如果某种产品的收益函数为 $R=R(Q)$, 且 $R(Q)$ 可导, 那么 $R'(Q)\dfrac{Q}{R(Q)}$ 称为**收益对销量的弹性函数**, 简称**收益弹性函数**, 记作 $\dfrac{ER}{EQ}$, 即

$$\dfrac{ER}{EQ}=R'(Q)\dfrac{Q}{R(Q)}.$$

$\dfrac{ER}{EQ}\bigg|_{Q=Q_0}=R'(Q_0)\dfrac{Q_0}{R(Q_0)}$ 称为该产品在销量 $Q=Q_0$ 时的**收益弹性**. 其经济意义是: 当该产品的销量 $Q=Q_0$ 时, 销量改变 1%, 总收益将改变 $R'(Q_0)\dfrac{Q_0}{R(Q_0)}\%$.

例 3.6.9 设某种产品的需求函数为 $Q=100-5P$, 求:
(1) 价格 $P=5$ 时的收益弹性;
(2) 销量 $Q=80$ 时的收益弹性.

解 (1) 因为
$$R(P)=PQ=P(100-5P)=100P-5P^2,$$
$$\dfrac{ER}{EP}=R'(P)\dfrac{P}{R(P)}=(100-10P)\dfrac{P}{100P-5P^2}=\dfrac{20-2P}{20-P},$$

所以
$$\dfrac{ER}{EP}\bigg|_{P=5}=\dfrac{20-2\times 5}{20-5}=\dfrac{2}{3}\approx 0.67.$$

(2) 因为
$$R(Q)=PQ=Q\left(20-\dfrac{Q}{5}\right)=20Q-\dfrac{Q^2}{5},$$
$$\dfrac{ER}{EQ}=R'(Q)\dfrac{Q}{R(Q)}=\left(20-\dfrac{2Q}{5}\right)\dfrac{Q}{20Q-\dfrac{Q^2}{5}}=\dfrac{100-2Q}{100-Q},$$

所以
$$\dfrac{ER}{EQ}\bigg|_{Q=80}=\dfrac{100-2\times 80}{100-80}=-3.$$

例 3.6.10 设 R,P,Q 分别为某种产品的总收益、价格、销量,分别求出两种收益弹性 $\left(\dfrac{ER}{EP},\dfrac{ER}{EQ}\right)$ 与需求弹性 $\eta(P)$ 的关系.

解 因为 $R=PQ$,所以

$$\frac{ER}{EP}=\frac{dR}{dP}\cdot\frac{P}{R}=\frac{d(PQ)}{dP}\cdot\frac{P}{PQ}=\left(Q+P\frac{dQ}{dP}\right)\frac{1}{Q}=1+\frac{dQ}{dP}\cdot\frac{P}{Q}=1-\eta(P),$$

$$\frac{ER}{EQ}=\frac{dR}{dQ}\cdot\frac{Q}{R}=\frac{d(PQ)}{dQ}\cdot\frac{Q}{PQ}=\left(P+Q\frac{dP}{dQ}\right)\frac{1}{P}=1+\frac{dP}{dQ}\cdot\frac{Q}{P}=1-\frac{1}{-\dfrac{dQ}{dP}\cdot\dfrac{P}{Q}}=1-\frac{1}{\eta(P)}.$$

习题 3.6

1. 函数 $y=f(x)$ 在点 x_0 处的边际的本质就是( ).

A. 函数 $y=f(x)$ 在点 x_0 处的导数　　B. 函数 $y=f(x)$ 在点 x_0 处的增量

C. 函数 $y=f(x)$ 在点 x_0 处的函数值　　D. 函数 $y=f(x)$ 当 $x\to x_0$ 时的极限

2. 下列有关产品的需求弹性函数的说法中错误的是( ).

A. 需求弹性函数一般为单调减少函数

B. 需求弹性函数是产品的需求量对价格的弹性函数

C. 若产品的需求弹性函数小于 1,则说明需求量的变化幅度小于价格的变化幅度

D. 若产品的需求弹性函数大于 1,则说明需求量对价格缺乏弹性

3. 求下列函数的边际函数与弹性函数:

(1) $y=x^3\mathrm{e}^{-x}$;　　(2) $y=\dfrac{\mathrm{e}^{2x}}{x}$;　　(3) $y=x^3\mathrm{e}^{-5(x+4)}$;　　(4) $y=a^x$.

4. 设某种产品的总收益关于销量的函数为 $R(Q)=5Q-0.003Q^2$,求:

(1) 销量为 Q 时的边际收益;

(2) 销量 $Q=500$ 时的边际收益;

(3) 销量 $Q=1\,000$ 时收益对销量的弹性.

5. 某化工厂日产能力最高为 $1\,000\,\mathrm{kg}$,总成本 C(单位:元)是日产量 x(单位:kg)的函数 $C(x)=1\,000+3x+50\sqrt{x}$,$x\in[0,1\,000]$,求:

(1) 当日产量为 $100\,\mathrm{kg}$ 时的边际成本;

(2) 当日产量为 $100\,\mathrm{kg}$ 时的单位平均成本.

6. 设某种产品的价格 P 关于需求量 Q 的函数为 $P=P(Q)=10\mathrm{e}^{-\frac{Q}{2}}$,求:

(1) 收益函数、平均收益函数和边际收益函数;

(2) 当 $Q=2$ 时的总收益、平均收益和边际收益.

7. 某工厂每周生产产品 Q(单位:百件)时的总成本 C(单位:千元)是产量的函数 $C(Q)=100+12Q+Q^2$. 如果每百件产品的价格为 5 万元,试求出利润函数及边际利润为 0 时的产量(假设产量与销量相等).

8. 设某种产品的需求函数为 $Q(P)=80-P^2$,求 $P=5$ 时的边际需求,并解释其经济意义.

9. 设某种产品的需求函数为 $Q(P)=12-\dfrac{P}{2}$.

(1) 求需求弹性函数.

(2) 求 $P=6$ 时的需求弹性.

(3) 当 $P=6$ 时,价格上涨 1%,需求量 Q 是增加还是减少? 变化百分之几?

(4) 讨论价格变化时,需求量变化的情况.

10. 设某种产品的供给函数为 $S=4+5P$,求供给弹性函数及 $P=2$ 时的供给弹性.

11. 一企业生产某种产品,年需求量 Q 是价格 P 的线性函数 $Q=a-bP$,其中 $a,b>0$,求:

(1) 需求弹性函数;

(2) 需求弹性等于 1 时的价格.

第 3 章思考题

1. 导数的定义是什么? 几何意义又是什么?
2. 函数在一点处连续、可导与可微的关系是怎样的?
3. 函数在什么情况下需要讨论左、右导数?
4. 函数的四则运算的求导公式是怎样的?
5. 复合函数的求导法则是怎样的?
6. 函数的高阶导数有哪些计算方法? 常用的高阶导数计算公式有哪些?
7. 隐函数的求导方法是怎样的?
8. 哪些函数适合用对数求导法求导? 具体做法是怎样的?
9. 如何求由参数方程所确定的函数的一阶、二阶导数?
10. 微分的定义是什么? 几何意义又是什么?
11. 微分的计算公式是什么?
12. 边际和弹性的定义是什么?

总习题 三

(A)

1. 填空题.

(1) 已知 $f'(2)=2$,则 $\lim\limits_{\Delta x \to 0}\dfrac{f(2-\Delta x)-f(2)}{\Delta x}=$ _____.

(2) 设函数 $f(x)$ 在点 x_0 处可导,则 $\lim\limits_{\Delta x \to 0}\dfrac{f^2(x_0+\Delta x)-f^2(x_0)}{\Delta x}=$ _____.

(3) 曲线 $y=x+e^x$ 在点 $(0,1)$ 处的切线方程是 _____.

(4) 隐函数 $ye^x+\ln y=1$ 在点 $(0,1)$ 处的导数 $\dfrac{dy}{dx}=$ _____.

(5) 若某种产品的需求量 Q 为价格 P 的函数 $Q=\dfrac{100}{2^P}$,则该产品的需求弹性 $\eta(P)=$ _____.

2. 选择题.

(1) 设函数 $f(x)=\begin{cases} \dfrac{x}{1+e^{\frac{1}{x}}}, & x\neq 0, \\ 0, & x=0, \end{cases}$ 则 $f(x)$ 在点 $x=0$ 处（　　）.

A. 可导
B. 左、右导数都不存在
C. 左导数存在，而右导数不存在
D. 左、右导数都存在但不相等

(2) 两条曲线 $y=\dfrac{1}{x}$ 和 $y=ax^2+b$ 在交点 $\left(2,\dfrac{1}{2}\right)$ 处有相同的切线，则（　　）.

A. $a=\dfrac{1}{16},b=\dfrac{3}{4}$
B. $a=-\dfrac{1}{16},b=\dfrac{3}{4}$
C. $a=\dfrac{1}{16},b=\dfrac{1}{4}$
D. $a=-\dfrac{1}{16},b=\dfrac{1}{4}$

(3) 设函数 $y=e^{f(x)}$，则 $y''=$（　　）.

A. $e^{f(x)}$
B. $e^{f(x)}f''(x)$
C. $e^{f(x)}[f'(x)+f''(x)]$
D. $e^{f(x)}\{[f'(x)]^2+f''(x)\}$

(4) 若函数 $f(u)$ 可导，且 $y=f(\ln x)$，则 $dy=$（　　）.

A. $f'(\ln x)dx$
B. $f'(\ln x)d(\ln x)$
C. $[f(\ln x)]'d(\ln x)$
D. $f(\ln x)\dfrac{1}{x}dx$

(5) 设函数 $f(x)=\begin{cases} x^2, & x\geqslant 0, \\ \sin x, & x<0, \end{cases}$ 则 $f(x)$ 在点 $x=0$ 处的（　　）.

A. 导数为 0   B. 导数为 1   C. 导数为 2   D. 导数不存在

(6) 要使函数 $f(x)=\begin{cases} x^n\sin\dfrac{1}{x}, & x\neq 0, \\ 0, & x=0 \end{cases}$ 的导数 $f'(x)$ 在点 $x=0$ 处连续，那么自然数 n 至少应取（　　）.

A. 1   B. 2   C. 3   D. 4

(7) 设函数 $f(x)$ 和 $g(x)$ 都在点 $x=0$ 处连续. 若 $f(x)=\begin{cases} \dfrac{g(x)}{x}, & x\neq 0, \\ 2, & x=0, \end{cases}$ 则（　　）.

A. $\lim\limits_{x\to 0}g(x)=0$，且 $g'(0)$ 不存在
B. $\lim\limits_{x\to 0}g(x)=0$，且 $g'(0)=0$
C. $\lim\limits_{x\to 0}g(x)=0$，且 $g'(0)=1$
D. $\lim\limits_{x\to 0}g(x)=0$，且 $g'(0)=2$

(8) 设函数 $f(x)=\begin{cases} \dfrac{1-\cos x}{\sqrt{x}}, & x>0, \\ x^2 g(x), & x\leqslant 0, \end{cases}$ 其中 $g(x)$ 是有界函数，则 $f(x)$ 在点 $x=0$ 处（　　）.

A. 极限不存在
B. 极限存在但不连续
C. 连续但不可导
D. 可导

(9) 设函数 $f(x)$ 可导,$F(x)=f(x)(1+|\sin x|)$. 若 $F(x)$ 在点 $x=0$ 处也可导,则( ).

A. $f(0)=0$ B. $f'(0)=0$
C. $f(0)+f'(0)=0$ D. $f(0)-f'(0)=0$

(10) 设函数 $f(x)=3x^3+x^2|x|$,则导数 $f^{(n)}(x)$ 存在的最高阶数 $n=($).

A. 0 B. 1 C. 2 D. 3

(B)

3. 证明:函数 $f(x)=\begin{cases}\dfrac{\sqrt{1+x}-1}{\sqrt{x}}, & x>0 \\ 0, & x\leqslant 0\end{cases}$ 在点 $x=0$ 处连续,但 $f'(0)$ 不存在.

4. 设函数 $y=x(x+1)\cdots(x+n)$,求 $\dfrac{dy}{dx}\Big|_{x=0}$.

5. 设 $g'(x)$ 连续,且函数 $f(x)=(x-a)^2 g(x)$,求 $f''(a)$.

6. 求下列函数的导数 $\dfrac{dy}{dx}$:

(1) $y=\left(\dfrac{x}{1+x}\right)^x$; (2) $y=\dfrac{1}{4}\ln\dfrac{1+x}{1-x}-\dfrac{1}{2}\arctan x$;

(3) $y=\ln(e^x+\sqrt{1+e^{2x}})$; (4) $y=e^x\sqrt{1-e^{2x}}+\arcsin e^x$;

(5) $y=\sqrt{1+x^2}\arctan x-\ln(x+\sqrt{1+x^2})$;

(6) $y=[xf(x^2)]^2$,其中 f 为可导函数.

7. 求下列隐函数的导数:

(1) $y\sin x-\cos(x+y)=0$,求 $\dfrac{dy}{dx}$; (2) $e^y+xy=e$,求 $y''(0)$.

8. 求由下列参数方程所确定的函数的导数:

(1) $\begin{cases}x=t\cos t, \\ y=t\sin t,\end{cases}$ 求 $\dfrac{dy}{dx}$; (2) $\begin{cases}x=\ln\tan t, \\ y=\ln\tan\dfrac{t}{2},\end{cases}$ 求 $\dfrac{d^2 y}{dx^2}$.

9. 求下列函数的高阶导数:

(1) $y=x^2\sin 2x$,求 $y^{(50)}$; (2) $y=\dfrac{1-x}{1+x}$,求 $y^{(n)}$.

10. 求下列函数的微分 dy:

(1) $y=\arctan\sqrt{1-\ln x}$; (2) $x+y=\arctan y$;

(3) $y=x\sqrt{a^2-x^2}+a^2\arcsin\dfrac{x}{a}(a>0)$.

11. 设某种产品的成本函数和收益函数分别为 $C(x)=3+2\sqrt{x}$, $R(x)=\dfrac{5x}{x+1}$, 其中 x 为该产品的销量. 求该产品的边际成本、边际收益和边际利润.

12. 设某种产品的需求量 Q 为价格 P 的函数 $Q=150-2P^2$.

(1) 求当 $P=6$ 时的边际需求, 并解释其经济意义.

(2) 求当 $P=6$ 时的需求弹性, 并解释其经济意义.

(3) 当 $P=6$ 时, 若价格下跌 2%, 总收益是增加还是减少? 变化多少?

第4章

微分中值定理与导数的应用

第 3 章中引进了导数的概念,并讨论了导数的计算方法. 本章中,我们将应用导数来研究函数及函数曲线的某些性态,并利用这些知识解决一些实际问题. 为此,先介绍微分学中的几个中值定理,它们是导数应用的理论基础.

4.1 微分中值定理

我们先介绍罗尔(Rolle)中值定理,然后由它推出拉格朗日(Lagrange)中值定理和柯西(Cauchy)中值定理.

4.1.1 罗尔中值定理

首先观察图 4.1.1,设图中的曲线为函数 $y=f(x)(x \in [a,b])$ 的图形. 如果它是一条连续曲线,除端点外处处有不垂直于 x 轴的切线,且两个端点的纵坐标相等,即 $f(a)=f(b)$,那么可以发现在曲线的最高点 C 和最低点 D 处,曲线有水平切线. 若记点 C 的横坐标为 ξ,则有 $f'(\xi)=0$. 用数学语言把这个几何现象描述出来,就可得到下面的定理.

图 4.1.1

定理 4.1.1 (罗尔中值定理) 如果函数 $y=f(x)$ 满足:
(1) 在闭区间 $[a,b]$ 上连续,
(2) 在开区间 (a,b) 内可导,
(3) $f(a)=f(b)$,

那么在开区间 (a,b) 内至少存在一点 ξ,使得

$$f'(\xi)=0.$$

证 因为函数 $f(x)$ 在闭区间 $[a,b]$ 上连续,根据闭区间上连续函数的性质,$f(x)$ 在 $[a,b]$ 上必取得最大值 M 与最小值 m.

(1) 若 $M=m$,则在 $[a,b]$ 上 $f(x)$ 等于常数,从而 $f'(x)=0$. 此时,任取 $\xi \in (a,b)$,都有 $f'(\xi)=0$.

(2) 若 $M>m$,则由 $f(a)=f(b)$ 可知,M,m 中至少有一个不等于 $f(a)$ 及 $f(b)$. 不妨设 $M \neq$

$f(a)=f(b)$. 此时,在开区间(a,b)内至少存在一点ξ,使得$f(\xi)=M$,下面证明$f'(\xi)=0$.

由于$f(\xi)=M$是函数$f(x)$在闭区间$[a,b]$上的最大值,并且$\xi\in(a,b)$,因此总有
$$f(x)-f(\xi)\leqslant 0,$$
于是当$x<\xi$时,$\dfrac{f(x)-f(\xi)}{x-\xi}\geqslant 0$;当$x>\xi$时,$\dfrac{f(x)-f(\xi)}{x-\xi}\leqslant 0$. 又因为函数$f(x)$在点$\xi$处可导,所以$f'_-(\xi)=f'_+(\xi)=f'(\xi)$. 根据导数的定义和极限的保号性,得
$$f'(\xi)=f'_-(\xi)=\lim_{x\to\xi^-}\frac{f(x)-f(\xi)}{x-\xi}\geqslant 0,$$
$$f'(\xi)=f'_+(\xi)=\lim_{x\to\xi^+}\frac{f(x)-f(\xi)}{x-\xi}\leqslant 0.$$

因此,$f'(\xi)=0$.

通常把使得$f'(x)=0$的点称为函数$y=f(x)$的**驻点**.

下面再对罗尔中值定理做两点说明.

(1) 定理 4.1.1 中的三个条件缺一不可,否则结论不一定成立.

例如,函数
$$f(x)=|x|\quad(-1\leqslant x\leqslant 1)$$
在开区间$(-1,1)$内不存在ξ,使得$f'(\xi)=0$,这是因为$f(x)$在点$x=0$处不可导,定理 4.1.1 中的条件(2)不满足. 其他情况请读者自行举例说明. 因此,在使用罗尔中值定理时,一定要验证定理的三个条件是否都满足. 但是,函数$f(x)$不完全满足定理的三个条件,甚至三个条件中一个都不满足,定理的结论仍有可能成立. 也就是说,罗尔中值定理的条件是充分的,而不是必要的.

(2) 罗尔中值定理的结论只肯定了点ξ的存在性及其取值范围,却不能得到点ξ的确切个数和准确位置. 尽管如此,罗尔中值定理仍有着广泛的应用.

例 4.1.1 不求函数$f(x)=(x-1)(x-2)(x-3)$的导数,说明$f'(x)=0$有几个实根,并指出这些实根所在的区间.

解 由于$f(1)=f(2)=f(3)=0$,因此函数$f(x)$在闭区间$[1,2]$,$[2,3]$上均满足罗尔中值定理的三个条件,从而可得,在开区间$(1,2)$内至少存在一点ξ_1,在开区间$(2,3)$内至少存在一点ξ_2,使得
$$f'(\xi_1)=0,\quad f'(\xi_2)=0.$$
所以,方程$f'(x)=0$至少有两个实根.

又因为$f'(x)=0$是一元二次方程,最多有两个实根,所以方程$f'(x)=0$有且仅有两个实根,分别在开区间$(1,2)$,$(2,3)$内.

例 4.1.2 证明:在开区间$(0,\pi)$内至少存在一点ξ,使得$\sin\xi+\xi\cos\xi=0$.

证 构造辅助函数
$$F(x)=x\sin x,\quad x\in[0,\pi],$$
易知$F(x)$在闭区间$[0,\pi]$上连续,在开区间$(0,\pi)$内可导,$F'(x)=\sin x+x\cos x$,且$F(0)=F(\pi)=0$. 因此,函数$F(x)$在闭区间$[0,\pi]$上满足罗尔中值定理的三个条件,从而可得在开区间$(0,\pi)$内至少存在一点ξ,使得$F'(\xi)=0$,即
$$\sin\xi+\xi\cos\xi=0.$$

4.1.2 拉格朗日中值定理

如果函数 $y=f(x)$ 不满足罗尔中值定理的条件 $f(a)=f(b)$，那么由图 4.1.2 可以看到，当 $f(a) \neq f(b)$ 时，弦 AB 是斜线. 此时，如果连续曲线 $y=f(x)$ 上除端点外处处有不垂直于 x 轴的切线，则曲线上存在点 $M(\xi, f(\xi))$，使得点 M 处的切线平行于弦 AB. 由于曲线在点 M 处的切线的斜率为 $f'(\xi)$，弦 AB 的斜率为 $\dfrac{f(b)-f(a)}{b-a}$，因此

$$f'(\xi)=\frac{f(b)-f(a)}{b-a}.$$

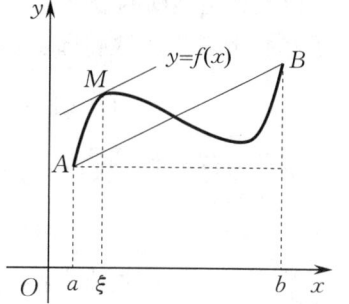

图 4.1.2

于是，可得到罗尔中值定理的一个直接推广，即拉格朗日中值定理.

定理 4.1.2（拉格朗日中值定理） 如果函数 $f(x)$ 满足：
(1) 在闭区间 $[a,b]$ 上连续，
(2) 在开区间 (a,b) 内可导，
那么在开区间 (a,b) 内至少存在一点 ξ，使得

$$f'(\xi)=\frac{f(b)-f(a)}{b-a}. \tag{4.1.1}$$

在证明该定理前，先做一下简单分析. 要证 $f'(\xi)=\dfrac{f(b)-f(a)}{b-a}$，只需证 $f'(\xi)-\dfrac{f(b)-f(a)}{b-a}=0$. 由罗尔中值定理，只要构造辅助函数 $F(x)$，使得 $F'(x)=f'(x)-\dfrac{f(b)-f(a)}{b-a}$，且 $F(x)$ 在闭区间 $[a,b]$ 上满足罗尔中值定理的三个条件即可. 于是，可设

$$F(x)=f(x)-\frac{f(b)-f(a)}{b-a}x,$$

显然 $F(x)$ 满足罗尔中值定理的条件(1)和(2)，又因为

$$F(a)=f(a)-\frac{f(b)-f(a)}{b-a}a=\frac{bf(a)-af(b)}{b-a},$$

$$F(b)=f(b)-\frac{f(b)-f(a)}{b-a}b=\frac{bf(a)-af(b)}{b-a},$$

所以 $F(x)$ 也满足罗尔中值定理的条件(3). 下面给出定理 4.1.2 的证明.

证 构造辅助函数

$$F(x)=f(x)-\frac{f(b)-f(a)}{b-a}x.$$

显然，函数 $F(x)$ 在闭区间 $[a,b]$ 上满足罗尔中值定理的三个条件，则在开区间 (a,b) 内至少存在一点 ξ，使得

$$F'(\xi)=f'(\xi)-\frac{f(b)-f(a)}{b-a}=0,$$

即
$$f'(\xi) = \frac{f(b)-f(a)}{b-a}.$$

以上利用辅助函数 $F(x)$,根据罗尔中值定理证明了拉格朗日中值定理. 由于常数的导数等于 0,因此辅助函数的选取不是唯一的. 例如,构造辅助函数
$$G(x) = f(x) - \left[f(a) + \frac{f(b)-f(a)}{b-a}(x-a)\right],$$
也可以证明拉格朗日中值定理. 并且,如果令上式中方括号内的表达式为 $g(x)$,即
$$g(x) = f(a) + \frac{f(b)-f(a)}{b-a}(x-a),$$
则函数 $y=g(x)$ 的图形刚好是图 4.1.2 中弦 AB 所在的直线,从而容易验证 $G(x)$ 满足 $G(a)=G(b)=0$.

为了应用上的方便,拉格朗日中值定理的结论可以表示为以下几种常用的形式.

(1) 将式(4.1.1)去掉分母,得
$$f(b) - f(a) = f'(\xi)(b-a) \quad (\xi \text{ 介于 } a \text{ 与 } b \text{ 之间}), \tag{4.1.2}$$
式(4.1.2)也称为**拉格朗日中值公式**,无论 $a<b$ 还是 $a>b$ 均成立.

(2) 如果令 $a=x_0, b=x_0+\Delta x$,则式(4.1.2)又可写成
$$f(x_0+\Delta x) - f(x_0) = f'(\xi)\Delta x \quad (\xi \text{ 介于 } x_0 \text{ 与 } x_0+\Delta x \text{ 之间}). \tag{4.1.3}$$

(3) 如果令 $\theta = \frac{\xi - x_0}{\Delta x}$,则 $0<\theta<1, \xi = x_0 + \theta \Delta x$,于是式(4.1.3)可写成
$$f(x_0+\Delta x) - f(x_0) = f'(x_0+\theta\Delta x)\Delta x \quad (0<\theta<1)$$
或
$$\Delta y = f'(x_0+\theta\Delta x)\Delta x \quad (0<\theta<1). \tag{4.1.4}$$

式(4.1.4)称为**有限增量公式**,它准确地表达了函数的增量 Δy 与自变量的增量 Δx 之间的关系.

拉格朗日中值定理是微分学中的一个基本定理,在理论和应用上都有很重要的价值. 它建立了函数在一个区间上的增量和函数在这个区间内某点处的导数值之间的联系,从而使我们可以用导数去研究函数在区间上的性态. 拉格朗日中值定理有时也称为微分中值定理.

由拉格朗日中值定理,可以得出以下两个重要的推论.

推论 1 如果函数 $f(x)$ 在区间 I 上的导数恒等于 0,那么 $f(x)$ 在区间 I 上是一个常数.

证 在区间 I 内任取两点 $x_1, x_2 (x_1 < x_2)$,函数 $f(x)$ 在区间 $[x_1, x_2]$ 上满足拉格朗日中值定理的两个条件,由拉格朗日中值公式得
$$f(x_2) - f(x_1) = f'(\xi)(x_2 - x_1) \quad (x_1 < \xi < x_2).$$
由条件可知,$f'(\xi) = 0$,所以 $f(x_2) - f(x_1) = 0$,即
$$f(x_1) = f(x_2).$$
又因为 x_1, x_2 是区间 I 上的任意两点,所以上式表明,函数 $f(x)$ 在区间 I 上的函数值总是相等的,也就是说函数 $f(x)$ 在区间 I 上是一个常数.

推论 2 如果函数 $f(x)$ 和 $g(x)$ 的导数在区间 I 上的每一点处都相等,即 $f'(x) \equiv g'(x)$,那么 $f(x)$ 和 $g(x)$ 在区间 I 上只相差一个常数,从而存在一个常数 C,使得 $f(x) =$

$g(x)+C$.

证 令函数 $F(x)=f(x)-g(x)$，则在区间 I 上处处有
$$F'(x)=f'(x)-g'(x)=0.$$
由推论 1 可知，$F(x)=f(x)-g(x)=C$，所以 $f(x)=g(x)+C$.

例 4.1.3 证明：
$$\frac{b-a}{b}<\ln\frac{b}{a}<\frac{b-a}{a}\quad(0<a<b).$$

证 令函数 $f(x)=\ln x$，则 $f(x)$ 在闭区间 $[a,b]$ 上连续，在开区间 (a,b) 内可导，且 $f'(x)=\dfrac{1}{x}$. 由拉格朗日中值公式，得
$$\ln b-\ln a=\ln\frac{b}{a}=\frac{b-a}{\xi}\quad(a<\xi<b).$$
由于 $\dfrac{1}{b}<\dfrac{1}{\xi}<\dfrac{1}{a}$，因此
$$\frac{b-a}{b}<\frac{b-a}{\xi}<\frac{b-a}{a},$$
即
$$\frac{b-a}{b}<\ln\frac{b}{a}<\frac{b-a}{a}.$$

例 4.1.4 证明：$\arcsin x+\arcsin\sqrt{1-x^2}=\dfrac{\pi}{2}, x\in[0,1]$.

证 当 $x=0$ 和 $x=1$ 时，均有 $\arcsin 1+\arcsin 0=\dfrac{\pi}{2}$.

当 $x\in(0,1)$ 时，设函数 $f(x)=\arcsin x+\arcsin\sqrt{1-x^2}$，则
$$f'(x)=\frac{1}{\sqrt{1-x^2}}+\frac{1}{\sqrt{1-(1-x^2)}}\cdot\frac{-x}{\sqrt{1-x^2}}=0,$$
由推论 1 可得 $f(x)=C$（常数）. 而当 $x=\dfrac{1}{2}$ 时，
$$f\left(\frac{1}{2}\right)=\arcsin\frac{1}{2}+\arcsin\frac{\sqrt{3}}{2}=\frac{\pi}{6}+\frac{\pi}{3}=\frac{\pi}{2},$$
所以当 $x\in(0,1)$ 时，
$$f(x)=\arcsin x+\arcsin\sqrt{1-x^2}=\frac{\pi}{2}.$$
综上可得
$$\arcsin x+\arcsin\sqrt{1-x^2}=\frac{\pi}{2},\quad x\in[0,1].$$

4.1.3 柯西中值定理

定理 4.1.3（柯西中值定理） 如果函数 $f(x)$ 与 $g(x)$ 满足：

(1) 在闭区间 $[a,b]$ 上连续，

(2) 在开区间(a,b)内可导,且$g'(x) \neq 0$,

那么在开区间(a,b)内至少存在一点ξ,使得

$$\frac{f(b)-f(a)}{g(b)-g(a)} = \frac{f'(\xi)}{g'(\xi)}.$$

证 显然,$g(b) \neq g(a)$,否则由罗尔中值定理可知,存在$\xi_1 \in (a,b)$,使得$g'(\xi_1)=0$,这与已知条件矛盾.

构造辅助函数

$$F(x) = f(x) - \frac{f(b)-f(a)}{g(b)-g(a)} g(x).$$

显然,函数$F(x)$在闭区间$[a,b]$上连续,在开区间(a,b)内可导,且

$$F'(x) = f'(x) - \frac{f(b)-f(a)}{g(b)-g(a)} g'(x).$$

又

$$F(a) = F(b) = \frac{f(a)g(b)-f(b)g(a)}{g(b)-g(a)},$$

所以函数$F(x)$在闭区间$[a,b]$上满足罗尔中值定理的三个条件,则在开区间(a,b)内至少存在一点ξ,使得

$$F'(\xi) = f'(\xi) - \frac{f(b)-f(a)}{g(b)-g(a)} g'(\xi) = 0,$$

即

$$\frac{f(b)-f(a)}{g(b)-g(a)} = \frac{f'(\xi)}{g'(\xi)}.$$

在柯西中值定理中,如果取$g(x)=x$,即得拉格朗日中值定理的结论,所以柯西中值定理是拉格朗日中值定理的推广.

例 4.1.5 设函数$f(x)$在闭区间$[a,b]$($a \geqslant 0$)上连续,在开区间(a,b)内可导.证明:在开区间(a,b)内至少存在一点ξ,使得

$$2\xi[f(b)-f(a)] = (b^2-a^2)f'(\xi).$$

证 构造辅助函数$g(x)=x^2$.显然,函数$g(x)$在闭区间$[a,b]$上连续,在开区间(a,b)内可导,且$g'(x)=2x \neq 0$,所以函数$f(x)$和$g(x)$在闭区间$[a,b]$上满足柯西中值定理的条件,从而可得在开区间(a,b)内至少存在一点ξ,使得

$$\frac{f(b)-f(a)}{b^2-a^2} = \frac{f'(\xi)}{2\xi},$$

即

$$2\xi[f(b)-f(a)] = (b^2-a^2)f'(\xi).$$

习 题 4.1

1. 罗尔中值定理的三个条件是结论成立的( ).
   A. 充分条件　　　B. 必要条件　　　C. 充要条件　　　D. 无关条件
2. 下列函数中,在指定区间上满足罗尔中值定理条件的是( ).
   A. $f(x) = x, x \in [0,1]$　　　　　　B. $f(x) = |x|, x \in [-1,1]$

C. $f(x) = x(1-x), x \in [0,1]$ D. $f(x) = \ln x^2, x \in [-1,1]$

3. 下列函数在给定区间上是否满足罗尔中值定理的所有条件？如果满足，求出对应的值 ξ：

(1) $f(x) = \dfrac{1}{1+x^2}, [-2, 2]$;   (2) $f(x) = x\sqrt{3-x}, [0, 3]$.

4. 下列函数在给定区间上是否满足拉格朗日中值定理的所有条件？如果满足，求出对应的值 ξ：

(1) $f(x) = \ln x, [1, 2]$;   (2) $f(x) = x^3 + 2x, [0, 1]$.

5. 函数 $f(x) = x^3$ 及 $g(x) = x^2 + 1$ 在闭区间 $[1, 2]$ 上是否满足柯西中值定理的所有条件？如果满足，求出对应的值 ξ.

6. 设函数 $f(x)$ 在闭区间 $[0, a]$ 上连续，在开区间 $(0, a)$ 内可导，且 $f(a) = 0$，证明：至少存在一点 $\xi \in (0, a)$，使得 $f(\xi) + \xi f'(\xi) = 0$.

7. 设函数 $f(x)$ 在闭区间 $[a, b]$ 上取正值且可导，证明：必存在一点 $\xi \in (a, b)$，使得
$$\ln \frac{f(b)}{f(a)} = \frac{f'(\xi)}{f(\xi)}(b - a).$$

8. 如果方程 $a_0 x^3 + a_1 x^2 + a_2 x = 0$ 有正根 x_0，证明：方程 $3a_0 x^2 + 2a_1 x + a_2 = 0$ 至少有一个小于 x_0 的正根.

9. 利用函数 $f(x) = x^m (1-x)^n (m, n$ 为正整数$)$ 证明：在开区间 $(0, 1)$ 内至少存在一点 ξ，使得
$$\frac{\xi}{1-\xi} = \frac{m}{n}.$$

10. 利用拉格朗日中值定理证明下列不等式：

(1) $3a^2(b-a) < b^3 - a^3 < 3b^2(b-a) (0 < a < b)$;

(2) $\dfrac{x}{1+x} < \ln(1+x) < x (x > 0)$;

(3) $\dfrac{a}{1+a^2} < \arctan a < a (a > 0)$;

(4) $|\sin b - \sin a| \leqslant |b - a|$.

11. 证明：$\arctan x + \operatorname{arccot} x = \dfrac{\pi}{2}$.

12. 设 $0 < a < b$，函数 $f(x)$ 在闭区间 $[a, b]$ 上连续，在开区间 (a, b) 内可导，试利用柯西中值定理证明：至少存在一点 $\xi \in (a, b)$，使得 $f(b) - f(a) = \xi f'(\xi) \ln \dfrac{b}{a}$.

4.2 洛必达法则

在第 2 章中我们已经知道，当 $x \to x_0$（或 $x \to \infty$）时，如果两个函数 $f(x)$ 与 $g(x)$ 都趋于 0 或都趋于无穷大，那么极限 $\lim\limits_{\substack{x \to x_0 \\ (\text{或} x \to \infty)}} \dfrac{f(x)}{g(x)}$ 可能存在，也可能不存在. 通常把这种极限称为未定式，并用 $\dfrac{0}{0}$ 或 $\dfrac{\infty}{\infty}$ 来表示. 本节将介绍求未定式极限的一种有效方法——洛必达（L'Hospital）法则.

4.2.1 $\dfrac{0}{0}$ 与 $\dfrac{\infty}{\infty}$ 型未定式的极限

定理 4.2.1（洛必达法则一） 如果函数 $f(x)$ 与 $g(x)$ 在点 x_0 的某个去心邻域内有定

义,且满足下列条件:

(1) $\lim\limits_{x \to x_0} f(x) = 0, \lim\limits_{x \to x_0} g(x) = 0,$

(2) $f'(x)$ 与 $g'(x)$ 都存在,且 $g'(x) \neq 0,$

(3) $\lim\limits_{x \to x_0} \dfrac{f'(x)}{g'(x)} = A(\text{或} \infty),$

那么

$$\lim_{x \to x_0} \frac{f(x)}{g(x)} = \lim_{x \to x_0} \frac{f'(x)}{g'(x)}.$$

证 因为求极限 $\lim\limits_{x \to x_0} \dfrac{f(x)}{g(x)}$ 与函数 $f(x), g(x)$ 在点 x_0 处是否有定义无关,所以可设 $f(x_0) = 0, g(x_0) = 0$. 根据条件(1),有

$$\lim_{x \to x_0} f(x) = 0 = f(x_0), \quad \lim_{x \to x_0} g(x) = 0 = g(x_0),$$

从而函数 $f(x)$ 与 $g(x)$ 在点 x_0 处连续. 再由条件(2)得,函数 $f(x)$ 与 $g(x)$ 在点 x_0 的某个邻域内都连续. 设 $x(x \neq x_0)$ 是该邻域内的任意一点,那么函数 $f(x)$ 和 $g(x)$ 在区间 $[x, x_0]$(或 $[x_0, x]$)上满足柯西中值定理的条件,于是至少存在一点 ξ(ξ 介于 x 与 x_0 之间),使得

$$\frac{f(x)}{g(x)} = \frac{f(x) - f(x_0)}{g(x) - g(x_0)} = \frac{f'(\xi)}{g'(\xi)}.$$

对上式两边取极限,因为当 $x \to x_0$ 时,$\xi \to x_0$,所以有

$$\lim_{x \to x_0} \frac{f(x)}{g(x)} = \lim_{\xi \to x_0} \frac{f'(\xi)}{g'(\xi)}.$$

把 ξ 改成 x,得

$$\lim_{x \to x_0} \frac{f(x)}{g(x)} = \lim_{x \to x_0} \frac{f'(x)}{g'(x)}.$$

定理 4.2.1 的用处在于,当 $\dfrac{0}{0}$ 型未定式 $\lim\limits_{x \to x_0} \dfrac{f(x)}{g(x)}$ 不易直接求得时,可先考虑极限 $\lim\limits_{x \to x_0} \dfrac{f'(x)}{g'(x)}$. 当 $\lim\limits_{x \to x_0} \dfrac{f'(x)}{g'(x)}$ 存在时,$\lim\limits_{x \to x_0} \dfrac{f(x)}{g(x)}$ 也存在且等于 $\lim\limits_{x \to x_0} \dfrac{f'(x)}{g'(x)}$;当 $\lim\limits_{x \to x_0} \dfrac{f'(x)}{g'(x)}$ 为无穷大时,$\lim\limits_{x \to x_0} \dfrac{f(x)}{g(x)}$ 也为无穷大. 这种在一定条件下通过对分子、分母分别求导再求极限来确定未定式的值的方法称为洛必达法则.

例 4.2.1 求极限 $\lim\limits_{x \to 0} \dfrac{e^x - \sqrt{1+x}}{\sin x}$.

解 本例为 $\dfrac{0}{0}$ 型未定式,用洛必达法则,得

$$\lim_{x \to 0} \frac{e^x - \sqrt{1+x}}{\sin x} = \lim_{x \to 0} \frac{e^x - \dfrac{1}{2\sqrt{1+x}}}{\cos x} = \frac{1}{2}.$$

例 4.2.2 求极限 $\lim\limits_{x\to 1}(1-x)\tan\dfrac{\pi x}{2}$.

解 本例经变形后为 $\dfrac{0}{0}$ 型未定式,用洛必达法则,得

$$\lim_{x\to 1}(1-x)\tan\frac{\pi x}{2}=\lim_{x\to 1}\frac{1-x}{\cos\dfrac{\pi x}{2}}\sin\frac{\pi x}{2}=\lim_{x\to 1}\frac{-1}{-\dfrac{\pi}{2}\sin\dfrac{\pi x}{2}}=\frac{2}{\pi}.$$

使用洛必达法则时,若 $\lim\limits_{x\to x_0}\dfrac{f'(x)}{g'(x)}$ 仍属于 $\dfrac{0}{0}$ 型未定式,且这时 $f'(x)$ 和 $g'(x)$ 也满足定理 4.2.1 中的条件,则可继续使用洛必达法则.

例 4.2.3 求极限 $\lim\limits_{x\to 0}\dfrac{x-\sin x}{x^3}$.

解 $\lim\limits_{x\to 0}\dfrac{x-\sin x}{x^3}=\lim\limits_{x\to 0}\dfrac{1-\cos x}{3x^2}=\lim\limits_{x\to 0}\dfrac{\sin x}{6x}=\lim\limits_{x\to 0}\dfrac{\cos x}{6}=\dfrac{1}{6}.$

对于 $x\to\infty$ 时的 $\dfrac{0}{0}$ 型未定式,也有同样的洛必达法则.

例 4.2.4 求极限 $\lim\limits_{x\to+\infty}\dfrac{\dfrac{\pi}{2}-\arctan x}{\dfrac{1}{x}}$.

解 $\lim\limits_{x\to+\infty}\dfrac{\dfrac{\pi}{2}-\arctan x}{\dfrac{1}{x}}=\lim\limits_{x\to+\infty}\dfrac{-\dfrac{1}{1+x^2}}{-\dfrac{1}{x^2}}=\lim\limits_{x\to+\infty}\dfrac{x^2}{1+x^2}=1.$

对于 $x\to x_0$(或 $x\to\infty$) 时的 $\dfrac{\infty}{\infty}$ 型未定式,也有相应的洛必达法则.例如,当 $x\to x_0$ 时,有如下定理.

定理 4.2.2(洛必达法则二) 如果函数 $f(x)$ 与 $g(x)$ 在点 x_0 的某个去心邻域内有定义,且满足下列条件:

(1) $\lim\limits_{x\to x_0}f(x)=\infty,\lim\limits_{x\to x_0}g(x)=\infty,$

(2) $f'(x)$ 和 $g'(x)$ 都存在,且 $g'(x)\neq 0,$

(3) $\lim\limits_{x\to x_0}\dfrac{f'(x)}{g'(x)}=A$(或 ∞),

那么

$$\lim_{x\to x_0}\frac{f(x)}{g(x)}=\lim_{x\to x_0}\frac{f'(x)}{g'(x)}.$$

例 4.2.5 求极限 $\lim\limits_{x\to 0^+}\dfrac{\ln\sin x}{\ln x}$.

解 $\lim\limits_{x\to 0^+}\dfrac{\ln\sin x}{\ln x}=\lim\limits_{x\to 0^+}\dfrac{\dfrac{1}{\sin x}\cos x}{\dfrac{1}{x}}=\lim\limits_{x\to 0^+}\dfrac{x\cos x}{\sin x}=\lim\limits_{x\to 0^+}\cos x=1.$

例 4.2.6 求极限 $\lim\limits_{x\to+\infty}\dfrac{x^n}{e^x}$ (n 为正整数).

解 $\lim\limits_{x\to+\infty}\dfrac{x^n}{e^x}=\lim\limits_{x\to+\infty}\dfrac{nx^{n-1}}{e^x}=\lim\limits_{x\to+\infty}\dfrac{n(n-1)x^{n-2}}{e^x}=\cdots=\lim\limits_{x\to+\infty}\dfrac{n!}{e^x}=0.$

使用洛必达法则求未定式极限时,应注意以下几点:

(1) 每次使用洛必达法则时,必须检验所求极限是否属于 $\dfrac{0}{0}$ 型或 $\dfrac{\infty}{\infty}$ 型未定式.

(2) 在使用洛必达法则求极限时,最好与其他求极限的方法结合起来,如等价无穷小替换、重要极限等. 若有非零极限值的乘积因子,可先提出来,以便简化运算.

(3) 洛必达法则的条件是充分的而非必要的,当极限 $\lim\limits_{\substack{x\to x_0\\(\text{或}x\to\infty)}}\dfrac{f'(x)}{g'(x)}$ 不存在且不为 ∞ 时,不能断定 $\lim\limits_{\substack{x\to x_0\\(\text{或}x\to\infty)}}\dfrac{f(x)}{g(x)}$ 也不存在.

例 4.2.7 求极限 $\lim\limits_{x\to 0}\dfrac{\tan x-x}{x-\sin x}$.

解 $\lim\limits_{x\to 0}\dfrac{\tan x-x}{x-\sin x}=\lim\limits_{x\to 0}\dfrac{\sec^2 x-1}{1-\cos x}=\lim\limits_{x\to 0}\dfrac{2\sec^2 x\tan x}{\sin x}=\lim\limits_{x\to 0}2\sec^2 x=2.$

例 4.2.8 求极限 $\lim\limits_{x\to 0}\dfrac{x^2\sin\dfrac{1}{x}}{\sin x}$.

解 因为有界函数与无穷小的乘积仍为无穷小,所以 $\lim\limits_{x\to 0}x^2\sin\dfrac{1}{x}=0$,本例为 $\dfrac{0}{0}$ 型未定式. 分子、分母分别求导后,得

$$\lim\limits_{x\to 0}\dfrac{2x\sin\dfrac{1}{x}-\cos\dfrac{1}{x}}{\cos x},$$

这个极限是不存在的(且不为 ∞),所以洛必达法则失效,只能用其他方法求原极限.

$$\lim\limits_{x\to 0}\dfrac{x^2\sin\dfrac{1}{x}}{\sin x}=\lim\limits_{x\to 0}\left(\dfrac{x}{\sin x}\cdot x\sin\dfrac{1}{x}\right)=\lim\limits_{x\to 0}\dfrac{x}{\sin x}\cdot\lim\limits_{x\to 0}x\sin\dfrac{1}{x}=1\cdot 0=0.$$

4.2.2 其他类型未定式的极限

除了 $\dfrac{0}{0}$ 型与 $\dfrac{\infty}{\infty}$ 型未定式外,还有 $0\cdot\infty$,$\infty-\infty$,0^0,1^∞,∞^0 等类型的未定式,它们经过适当的变形,可转化为 $\dfrac{0}{0}$ 型或 $\dfrac{\infty}{\infty}$ 型未定式.

例 4.2.9 求极限 $\lim\limits_{x\to+\infty}x(e^{\frac{1}{x}}-1)$.

解 本例为 $0\cdot\infty$ 型未定式,可先化为 $\dfrac{0}{0}$ 型未定式,再使用洛必达法则求解.

$$\lim_{x\to+\infty} x(\mathrm{e}^{\frac{1}{x}}-1) = \lim_{x\to+\infty}\frac{\mathrm{e}^{\frac{1}{x}}-1}{\frac{1}{x}} = \lim_{x\to+\infty}\frac{\mathrm{e}^{\frac{1}{x}}\left(-\frac{1}{x^2}\right)}{-\frac{1}{x^2}} = \lim_{x\to+\infty}\mathrm{e}^{\frac{1}{x}} = 1.$$

例 4.2.10 求极限 $\lim\limits_{x\to 1}\left(\dfrac{1}{\ln x}-\dfrac{1}{x-1}\right)$.

解 本例为 $\infty-\infty$ 型未定式，可先通分化为 $\dfrac{0}{0}$ 型未定式，再使用洛必达法则求解.

$$\lim_{x\to 1}\left(\frac{1}{\ln x}-\frac{1}{x-1}\right) = \lim_{x\to 1}\frac{x-1-\ln x}{(x-1)\ln x} = \lim_{x\to 1}\frac{1-\dfrac{1}{x}}{\ln x+\dfrac{x-1}{x}} = \lim_{x\to 1}\frac{x-1}{x\ln x+x-1}$$

$$= \lim_{x\to 1}\frac{1}{\ln x+2} = \frac{1}{2}.$$

例 4.2.11 求极限 $\lim\limits_{x\to 0^+} x^x$.

解 本例为 0^0 型未定式. 因为 $x^x = \mathrm{e}^{\ln x^x} = \mathrm{e}^{x\ln x}$，所以可先求极限 $\lim\limits_{x\to 0^+} x\ln x$. 由于

$$\lim_{x\to 0^+} x\ln x = \lim_{x\to 0^+}\frac{\ln x}{\frac{1}{x}} = \lim_{x\to 0^+}\frac{\frac{1}{x}}{-\frac{1}{x^2}} = \lim_{x\to 0^+}(-x) = 0,$$

因此

$$\lim_{x\to 0^+} x^x = \lim_{x\to 0^+}\mathrm{e}^{x\ln x} = \mathrm{e}^{\lim\limits_{x\to 0^+} x\ln x} = \mathrm{e}^0 = 1.$$

例 4.2.12 求极限 $\lim\limits_{x\to\mathrm{e}}(\ln x)^{\frac{1}{1-\ln x}}$.

解 本例为 1^∞ 型未定式，令

$$y = (\ln x)^{\frac{1}{1-\ln x}},$$

对上式两边取对数，得 $\ln y = \ln(\ln x)^{\frac{1}{1-\ln x}}$，从而有

$$\lim_{x\to\mathrm{e}}\ln y = \lim_{x\to\mathrm{e}}\ln(\ln x)^{\frac{1}{1-\ln x}} = \lim_{x\to\mathrm{e}}\frac{\ln\ln x}{1-\ln x} = \lim_{x\to\mathrm{e}}\frac{\dfrac{1}{x\ln x}}{-\dfrac{1}{x}} = -\lim_{x\to\mathrm{e}}\frac{1}{\ln x} = -1.$$

所以

$$\lim_{x\to\mathrm{e}}(\ln x)^{\frac{1}{1-\ln x}} = \mathrm{e}^{-1}.$$

例 4.2.13 求极限 $\lim\limits_{x\to 0^+}\left(\dfrac{1}{\sin x}\right)^{\tan x}$.

解 本例为 ∞^0 型未定式，令

$$y = \left(\frac{1}{\sin x}\right)^{\tan x},$$

对上式两边取对数,得 $\ln y = \ln\left(\dfrac{1}{\sin x}\right)^{\tan x}$,从而有

$$\lim_{x\to 0^+}\ln y = \lim_{x\to 0^+}\ln\left(\dfrac{1}{\sin x}\right)^{\tan x} = -\lim_{x\to 0^+}(\tan x \ln\sin x) = -\lim_{x\to 0^+}\dfrac{\ln\sin x}{\cot x}$$

$$= -\lim_{x\to 0^+}\dfrac{\dfrac{\cos x}{\sin x}}{-\csc^2 x} = \lim_{x\to 0^+}(\sin x \cos x) = 0.$$

所以

$$\lim_{x\to 0^+}\left(\dfrac{1}{\sin x}\right)^{\tan x} = e^0 = 1.$$

习题 4.2

1. 极限 $\lim\limits_{x\to x_0}\dfrac{f(x)}{g(x)}$ 存在是极限 $\lim\limits_{x\to x_0}\dfrac{f'(x)}{g'(x)}$ 存在的( ).

A. 充分条件　　　　B. 必要条件　　　　C. 充要条件　　　　D. 无关条件

2. 下列函数的极限中可以直接用洛必达法则求的是( ).

A. $\lim\limits_{x\to 0}\dfrac{x^2\sin\dfrac{1}{x}}{\sin x}$ 　　　　　　　　　　B. $\lim\limits_{x\to\infty}\dfrac{x-\sin x}{2x+\cos x}$

C. $\lim\limits_{x\to+\infty}\dfrac{x}{\sqrt{1+x^2}}$ 　　　　　　　　　D. $\lim\limits_{x\to\infty}x\sin\dfrac{1}{x}$

3. 用洛必达法则求下列极限:

(1) $\lim\limits_{x\to 0}\dfrac{\tan 2x}{\sin 3x}$;

(2) $\lim\limits_{x\to 0}\dfrac{1-\cos x^2}{\sin x}$;

(3) $\lim\limits_{x\to 0}\dfrac{\ln(1+x)-x}{\cos x-1}$;

(4) $\lim\limits_{x\to 0}\dfrac{\tan x-x}{x-\sin x}$;

(5) $\lim\limits_{x\to 0}\left(\dfrac{1}{x}-\dfrac{1}{e^x-1}\right)$;

(6) $\lim\limits_{x\to 1}\left(\dfrac{x}{x-1}-\dfrac{1}{\ln x}\right)$;

(7) $\lim\limits_{x\to 0}(x+e^x)^{\frac{1}{x}}$;

(8) $\lim\limits_{x\to 0}\dfrac{\ln\cos ax}{\ln\cos bx}(b\neq 0)$;

(9) $\lim\limits_{x\to\pi}(\pi-x)\tan\dfrac{x}{2}$;

(10) $\lim\limits_{x\to 1}x^{\frac{1}{1-x}}$;

(11) $\lim\limits_{x\to+\infty}\dfrac{x^5}{e^{3x}}$;

(12) $\lim\limits_{x\to 0^+}\dfrac{\ln x}{\cot x}$;

(13) $\lim\limits_{x\to+\infty}x\left[1-x\ln\left(1+\dfrac{1}{x}\right)\right]$;

(14) $\lim\limits_{x\to\frac{\pi}{6}}\dfrac{1-2\sin x}{\cos 3x}$;

(15) $\lim\limits_{x\to+\infty}x\operatorname{arccot} x$;

(16) $\lim\limits_{x\to 0^+}\left[\dfrac{(1+x)^{\frac{1}{x}}}{e}\right]^{\frac{1}{x}}$;

(17) $\lim\limits_{x\to 0^+}x^{\sin x}$;

(18) $\lim\limits_{x\to 0^+}\left(\ln\dfrac{1}{x}\right)^x$.

4. 证明:极限 $\lim\limits_{x\to\infty}\dfrac{x+\sin x}{x-\cos x}$ 存在,但不能使用洛必达法则.

4.3　函数的单调性与极值

4.3.1　函数单调性的判别法

函数的单调性是函数的一个重要特性. 对于简单的函数,我们可以直接用定义来判定它的

单调性;对于稍复杂的函数,用定义来判定其单调性就不那么容易了.下面利用导数来对函数的单调性进行研究.

如果函数 $y=f(x)$ 在闭区间 $[a,b]$ 上单调增加(或单调减少),那么它的图形是一条沿 x 轴正向上升(或下降)的曲线,如图 4.3.1 所示.这时,曲线上各点处的切线斜率是正的(或负的),即 $f'(x)>0$ [或 $f'(x)<0$].由此可见,函数的单调性与导数的正负性有着密切的联系.反过来,能否用导数的正负性来判定函数的单调性呢?下面给出判定可导函数单调性的充分条件.

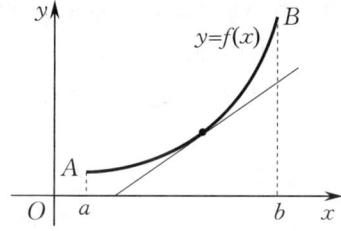
(a) 函数图形上升时切线斜率为正

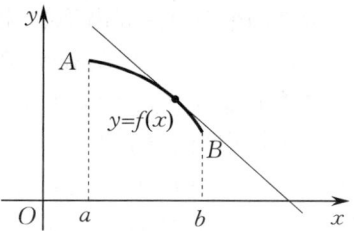
(b) 函数图形下降时切线斜率为负

图 4.3.1

定理 4.3.1 设函数 $y=f(x)$ 在闭区间 $[a,b]$ 上连续,在开区间 (a,b) 内可导.
(1) 如果在 (a,b) 内 $f'(x)>0$,那么函数 $y=f(x)$ 在 $[a,b]$ 上单调增加;
(2) 如果在 (a,b) 内 $f'(x)<0$,那么函数 $y=f(x)$ 在 $[a,b]$ 上单调减少.

证 任取 $x_1, x_2 \in [a,b]$,不妨设 $x_1 < x_2$,在闭区间 $[x_1, x_2]$ 上应用拉格朗日中值定理,得
$$f(x_2)-f(x_1)=f'(\xi)(x_2-x_1), \quad \xi \in (x_1, x_2).$$
(1) 若在 (a,b) 内 $f'(x)>0$,则 $f'(\xi)>0$.由于 $x_2-x_1>0$,因此
$$f(x_2)-f(x_1)=f'(\xi)(x_2-x_1)>0,$$
从而 $f(x_2)>f(x_1)$,即函数 $y=f(x)$ 在 $[a,b]$ 上单调增加.
(2) 若在 (a,b) 内 $f'(x)<0$,则 $f'(\xi)<0$.由于 $x_2-x_1>0$,因此
$$f(x_2)-f(x_1)=f'(\xi)(x_2-x_1)<0,$$
从而 $f(x_2)<f(x_1)$,即函数 $y=f(x)$ 在 $[a,b]$ 上单调减少.

下面再对定理 4.3.1 做两点补充说明:
(1) 定理 4.3.1 中的闭区间 $[a,b]$ 换成其他各种区间(包括无穷区间),结论仍然成立.
(2) 如果 $f'(x)$ 在开区间 (a,b) 内的有限个点处的值为 0,其余各点处均为正(或负),那么 $f(x)$ 在 $[a,b]$ 上仍然是单调增加(或单调减少) 的.

例 4.3.1 讨论函数 $y=2x-x^2$ 在闭区间 $[0,1]$ 上的单调性.

解 因为函数 $y=2x-x^2$ 在 $[0,1]$ 上连续,且当 $x \in (0,1)$ 时,$y'=2-2x>0$,所以函数 $y=2x-x^2$ 在 $[0,1]$ 上单调增加.

例 4.3.2 讨论函数 $y=\ln(1+x^2)-x$ 的单调性.

解 函数的定义域为 $(-\infty, +\infty)$.由于
$$y'=\frac{2x}{1+x^2}-1=-\frac{(x-1)^2}{1+x^2},$$
因此当 $x=1$ 时,$y'=0$;当 $x \neq 1$ 时,$y'<0$.所以,函数 $y=\ln(1+x^2)-x$ 在 $(-\infty, +\infty)$ 内单调减少.

例 4.3.3 讨论函数 $y=e^x-x-1$ 的单调性.

解 函数的定义域为 $(-\infty,+\infty)$. 由于 $y'=e^x-1$, 因此当 $x\in(-\infty,0)$ 时, $y'<0$; 当 $x\in(0,+\infty)$ 时, $y'>0$. 所以, 函数 $y=e^x-x-1$ 在 $(-\infty,0]$ 内单调减少, 在 $[0,+\infty)$ 内单调增加.

如果函数 $y=f(x)$ 在其定义域内的某个部分区间上是单调的, 则称这个部分区间为函数 $y=f(x)$ 的一个**单调区间**.

由例 4.3.3 可见, 函数 $y=e^x-x-1$ 在其定义域内并不具有单调性, 但是将定义域分成两个部分区间后, 函数在两个部分区间内是单调的. 导数等于 0 的点 $x=0$ 是其单调区间的分界点.

函数 $y=|x|$ 在 $(-\infty,0]$ 内单调减少, 在 $[0,+\infty)$ 内单调增加, 所以 $x=0$ 是其单调区间的分界点; 而 $f(x)$ 在点 $x=0$ 处不可导. 因此, 在讨论函数在定义域内的单调性时, 导数不存在的点也可能是其单调区间的分界点.

一般地, 如果函数 $y=f(x)$ 在定义域内连续, 除去有限个导数不存在的点外, 其他点处函数 $y=f(x)$ 的导数都存在且连续, 那么只要用 $f'(x)=0$ 的点及 $f'(x)$ 不存在的点来划分函数的定义域, 就能保证 $f'(x)$ 在各个部分区间内保持固定的符号, 即 $f'(x)>0$ [或 $f'(x)<0$], 由此就可确定函数 $y=f(x)$ 在每个部分区间内的单调性.

例 4.3.4 求函数 $f(x)=2x^3-9x^2+12x-3$ 的单调区间.

解 函数 $f(x)$ 在定义域 $(-\infty,+\infty)$ 内连续, 且
$$f'(x)=6x^2-18x+12=6(x-1)(x-2).$$
令 $f'(x)=0$, 得驻点 $x_1=1$ 和 $x_2=2$. 用 x_1 和 x_2 将定义域 $(-\infty,+\infty)$ 分成三个部分区间 $(-\infty,1),(1,2)$ 及 $(2,+\infty)$. 下面列表 4.3.1 讨论 $f'(x)$ 在各个部分区间内的正负, 以确定函数 $f(x)$ 的单调性.

表 4.3.1

x	$(-\infty,1)$	1	$(1,2)$	2	$(2,+\infty)$
$f'(x)$	$+$	0	$-$	0	$+$
$f(x)$	单调增加		单调减少		单调增加

所以, 函数 $f(x)$ 在区间 $(-\infty,1]$ 及 $[2,+\infty)$ 内单调增加, 在区间 $[1,2]$ 上单调减少.

例 4.3.5 求函数 $f(x)=(x-4)\sqrt[3]{x}$ 的单调区间.

解 函数 $f(x)$ 在定义域 $(-\infty,+\infty)$ 内连续, 且
$$f'(x)=(x\sqrt[3]{x}-4\sqrt[3]{x})'=\frac{4}{3}x^{\frac{1}{3}}-\frac{4}{3}x^{-\frac{2}{3}}=\frac{4x-4}{3\sqrt[3]{x^2}}.$$
令 $f'(x)=0$, 得驻点 $x_1=1$, 且当 $x_2=0$ 时, $f'(x)$ 不存在. 用 x_1,x_2 将定义域 $(-\infty,+\infty)$ 分成三个部分区间 $(-\infty,0),(0,1)$ 及 $(1,+\infty)$. 下面列表 4.3.2 讨论 $f'(x)$ 在各个部分区间内的正负, 以确定函数 $f(x)$ 的单调性.

表 4.3.2

x	$(-\infty,0)$	0	$(0,1)$	1	$(1,+\infty)$
$f'(x)$	$-$	不存在	$-$	0	$+$
$f(x)$	单调减少		单调减少		单调增加

所以, 函数 $f(x)$ 在区间 $(-\infty,1]$ 内单调减少, 在区间 $[1,+\infty)$ 内单调增加.

 证明：当 $x>0$ 时，$\ln(1+x) > x - \frac{1}{2}x^2$.

证 设函数 $f(x) = \ln(1+x) - x + \frac{1}{2}x^2$. 显然，函数 $f(x)$ 在 $[0,+\infty)$ 内连续，在 $(0,+\infty)$ 内可导，且

$$f'(x) = \frac{1}{1+x} - 1 + x = \frac{x^2}{1+x} > 0,$$

所以 $f(x)$ 在 $[0,+\infty)$ 内单调增加. 又 $f(0) = 0$，故当 $x>0$ 时，$f(x) > f(0) = 0$，由此得

$$\ln(1+x) > x - \frac{1}{2}x^2 \quad (x>0).$$

4.3.2 函数的极值

观察函数 $f(x) = 2x^3 - 9x^2 + 12x - 3$ 的图形，如图 4.3.2 所示，点 $(1,2)$ 在曲线上，且与 $x=1$ 附近曲线上其他的点相比，这个点是最高的. 也就是说，函数 $f(x)$ 在点 $x=1$ 处的函数值 $f(1) = 2$ 与点 $x=1$ 附近的函数值 $f(x)$ 相比，$f(1)$ 是最大的. 类似地，函数 $f(x)$ 在点 $x=2$ 附近的函数值 $f(x)$ 与 $f(2)$ 相比，$f(2)$ 是最小的. 为了描述这种点的性质，引进函数极值的概念.

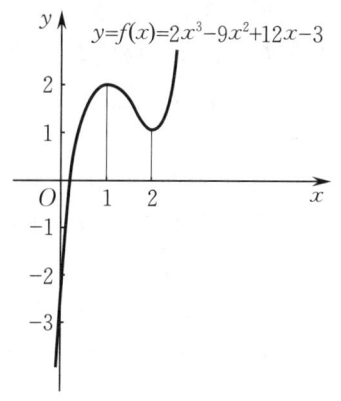

定义 4.3.1 设函数 $f(x)$ 在点 x_0 的某个邻域 $U(x_0)$ 内有定义. 若当 $x \in \mathring{U}(x_0)$ 时，恒有 $f(x) < f(x_0)$，则称 $f(x_0)$ 为函数 $f(x)$ 的一个**极大值**；若当 $x \in \mathring{U}(x_0)$ 时，恒有 $f(x) > f(x_0)$，则称 $f(x_0)$ 为函数 $f(x)$ 的一个**极小值**.

函数的极大值与极小值统称为函数的**极值**，使函数取得极值的点称为**极值点**.

图 4.3.2

由此可见，$f(1) = 2$ 是函数 $f(x) = 2x^3 - 9x^2 + 12x - 3$ 的一个极大值，$f(2) = 1$ 是该函数的一个极小值.

函数的极大值与极小值的概念是局部性的. 如果 $f(x_0)$ 是函数 $f(x)$ 的一个极大值，则在 x_0 附近的一个局部范围内，$f(x_0)$ 是函数 $f(x)$ 的一个最大值，但在 $f(x)$ 的整个定义域内，$f(x_0)$ 不一定是最大值. 关于极小值的情况也类似. 如图 4.3.3 所示，函数 $y = f(x)$ 有两个极大值 $f(x_1), f(x_3)$，有两个极小值 $f(x_2), f(x_4)$. 其中，极小值 $f(x_4)$ 比极大值 $f(x_1)$ 还大. 对于图 4.3.3 所示的整个定义域 $[a,b]$，只有一个极小值 $f(x_2)$ 是最小值，而没有一个极大值是最大值.

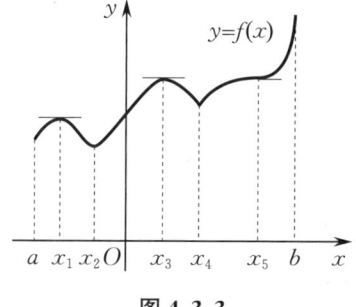

图 4.3.3

下面介绍如何求函数 $f(x)$ 的极值.

从图 4.3.3 中可以看到，在函数取得极值处，曲线的切线是水平的（当切线存在时）或者没有切线. 但是有水平切线的点不一定是极值点，如图中曲线在 $x = x_5$ 处有水平切线，但 x_5 不是函数 $f(x)$ 的极值点. 为此，下面分别来讨论极值存在的必要条件和充分条件.

定理 4.3.2（极值存在的必要条件） 如果函数 $f(x)$ 在点 x_0 处可导,且在点 x_0 处取得极值,那么 $f'(x_0)=0$.

证 不妨设 $f(x_0)$ 是函数 $f(x)$ 的极大值,那么存在点 x_0 的某个邻域 $U(x_0)$,使得当 $x \in \mathring{U}(x_0)$ 时,恒有 $f(x) < f(x_0)$,即 $f(x) - f(x_0) < 0$. 于是,当 $x < x_0$ 时, $\dfrac{f(x)-f(x_0)}{x-x_0} > 0$; 当 $x > x_0$ 时, $\dfrac{f(x)-f(x_0)}{x-x_0} < 0$. 又因为函数 $f(x)$ 在点 x_0 处可导,所以有 $f'_-(x_0) = f'_+(x_0) = f'(x_0)$. 根据导数的定义和极限的保号性,得

$$f'(x_0) = f'_-(x_0) = \lim_{x \to x_0^-} \frac{f(x)-f(x_0)}{x-x_0} \geqslant 0,$$

$$f'(x_0) = f'_+(x_0) = \lim_{x \to x_0^+} \frac{f(x)-f(x_0)}{x-x_0} \leqslant 0,$$

因此有 $f'(x_0)=0$.

定理 4.3.2 的逆命题不一定成立,也就是说,对于可导函数 $f(x)$,若 $f'(x_0)=0$, x_0 不一定是函数 $f(x)$ 的极值点. 例如,函数 $f(x)=x^3$ 在点 $x=0$ 处有 $f'(0)=0$,但 $x=0$ 不是函数 $f(x)=x^3$ 的极值点. 所以, $f'(x_0)=0$ 是可导函数 $f(x)$ 在点 x_0 处取得极值的必要条件,而不是充分条件.

由上面的讨论可知,可导函数的极值点一定是驻点,但驻点不一定是极值点.

此外,如果函数 $f(x)$ 在点 x_0 处连续,但不可导,函数 $f(x)$ 也可能在点 x_0 处取得极值. 例如,函数 $y=|x|$ 在点 $x=0$ 处不可导,但其在点 $x=0$ 处取得极小值. 因此,连续函数在导数不存在的点处也可能取得极值.

函数在定义域内的驻点和不可导点通常称为**极值可疑点**,连续函数仅在极值可疑点处可能取得极值.

怎样判定函数 $f(x)$ 在极值可疑点处是否取得极值? 如果取得极值,究竟是极大值还是极小值? 根据导数 $f'(x)$ 在极值可疑点两侧的正负(见图 4.3.4),我们不难得到下面的定理.

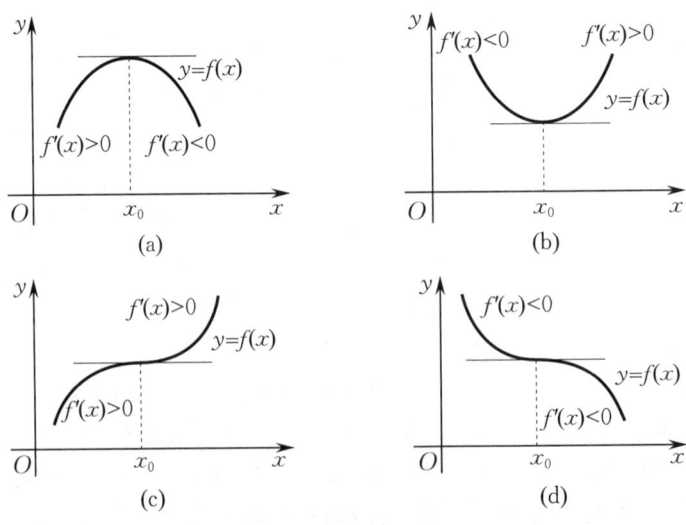

图 4.3.4

定理 4.3.3（极值的第一充分条件） 设函数 $f(x)$ 在极值可疑点 x_0 的 δ 邻域内连续，在点 x_0 的去心 δ 邻域内可导.

(1) 如果当 $x \in (x_0-\delta, x_0)$ 时，$f'(x) > 0$，当 $x \in (x_0, x_0+\delta)$ 时，$f'(x) < 0$，那么 $f(x)$ 在点 x_0 处取得极大值.

(2) 如果当 $x \in (x_0-\delta, x_0)$ 时，$f'(x) < 0$，当 $x \in (x_0, x_0+\delta)$ 时，$f'(x) > 0$，那么 $f(x)$ 在点 x_0 处取得极小值.

(3) 如果在点 x_0 的两侧，$f'(x)$ 具有相同的符号，那么 $f(x)$ 在点 x_0 处不取得极值.

由定理 4.3.2 及定理 4.3.3，求函数 $f(x)$ 的极值点和极值可按以下步骤进行：

(1) 确定函数 $f(x)$ 的定义域，求出导数 $f'(x)$；

(2) 找出函数 $f(x)$ 的极值可疑点，即找出 $f'(x) = 0$ 的点及导数不存在的点；

(3) 用极值可疑点将定义域分成若干个部分区间，并确定 $f'(x)$ 在各个部分区间内的正负；

(4) 按定理 4.3.3 确定函数 $f(x)$ 在极值可疑点处是否取得极值，是极大值还是极小值.

例 4.3.7 求函数 $f(x) = 4x^3 - x^4$ 的极值.

解 函数 $f(x) = 4x^3 - x^4$ 在定义域 $(-\infty, +\infty)$ 内连续，且
$$f'(x) = 12x^2 - 4x^3 = 4x^2(3-x).$$
令 $f'(x) = 0$，得驻点 $x_1 = 0$ 和 $x_2 = 3$. 用 $x_1 = 0$ 和 $x_2 = 3$ 将定义域分成三个部分区间，在各个部分区间内确定 $f'(x)$ 的正负，然后应用定理 4.3.3 判定 $x_1 = 0$ 和 $x_2 = 3$ 是否为极值点. 列表 4.3.3 讨论.

表 4.3.3

x	$(-\infty, 0)$	0	$(0, 3)$	3	$(3, +\infty)$
$f'(x)$	$+$	0	$+$	0	$-$
$f(x)$	单调增加	不取得极值	单调增加	取得极大值	单调减少

所以，在点 $x_1 = 0$ 处，函数 $f(x)$ 不取得极值；在点 $x_2 = 3$ 处，函数 $f(x)$ 取得极大值 $f(3) = 27$.

例 4.3.8 求函数 $f(x) = x - \dfrac{3}{2}\sqrt[3]{x^2}$ 的极值.

解 函数 $f(x) = x - \dfrac{3}{2}\sqrt[3]{x^2}$ 在定义域 $(-\infty, +\infty)$ 内连续，且
$$f'(x) = 1 - x^{-\frac{1}{3}} = \frac{\sqrt[3]{x} - 1}{\sqrt[3]{x}}.$$
函数的极值可疑点为 $x_1 = 0$（导数不存在的点）和 $x_2 = 1$（驻点）. 列表 4.3.4 讨论.

表 4.3.4

x	$(-\infty, 0)$	0	$(0, 1)$	1	$(1, +\infty)$
$f'(x)$	$+$	不存在	$-$	0	$+$
$f(x)$	单调增加	取得极大值	单调减少	取得极小值	单调增加

所以，在点 $x_1 = 0$ 处，函数 $f(x)$ 取得极大值 $f(0) = 0$；在点 $x_2 = 1$ 处，函数 $f(x)$ 取得极

小值 $f(1)=-\dfrac{1}{2}$.

当函数 $f(x)$ 在驻点处的二阶导数存在且不为 0 时，有如下判定极值的第二充分条件.

定理 4.3.4（极值的第二充分条件） 设函数 $f(x)$ 在点 x_0 处具有二阶导数，且 $f'(x_0)=0,f''(x_0)\neq 0$.

(1) 如果 $f''(x_0)<0$，那么函数 $f(x)$ 在点 x_0 处取得极大值；

(2) 如果 $f''(x_0)>0$，那么函数 $f(x)$ 在点 x_0 处取得极小值.

证 设 $f''(x_0)>0$. 因为 $f'(x_0)=0$，由导数的定义，得
$$f''(x_0)=\lim_{x\to x_0}\frac{f'(x)-f'(x_0)}{x-x_0}=\lim_{x\to x_0}\frac{f'(x)}{x-x_0}>0,$$
所以根据极限的保号性，存在点 x_0 的去心邻域 $\overset{\circ}{U}(x_0,\delta)$，使得当 $x\in \overset{\circ}{U}(x_0,\delta)$ 时，有
$$\frac{f'(x)}{x-x_0}>0.$$

因此，当 $x\in(x_0-\delta,x_0)$ 时，$f'(x)<0$；当 $x\in(x_0,x_0+\delta)$ 时，$f'(x)>0$. 由定理 4.3.3 可知，$f(x)$ 在点 x_0 处取得极小值.

类似可以证明，如果 $f''(x_0)<0$，那么函数 $f(x)$ 在点 x_0 处取得极大值.

需要注意的是，当 $f''(x_0)=0$ 时，定理 4.3.4 不能使用. 此时，函数 $f(x)$ 在点 x_0 处可能取得极大值，也可能取得极小值，还可能不取得极值，需用定理 4.3.3 判定.

例 4.3.9 求函数 $f(x)=\cos 2x+2\sin x\,(0<x<\pi)$ 的极值.

解 $f'(x)=-2\sin 2x+2\cos x=2\cos x(1-2\sin x)$,

$f''(x)=-4\cos 2x-2\sin x$.

令 $f'(x)=0$，得函数的驻点 $x_1=\dfrac{\pi}{6},x_2=\dfrac{\pi}{2},x_3=\dfrac{5\pi}{6}$. 而
$$f''\left(\frac{\pi}{6}\right)=f''\left(\frac{5\pi}{6}\right)=-3<0,\quad f''\left(\frac{\pi}{2}\right)=2>0,$$
所以由定理 4.3.4 得，$f\left(\dfrac{\pi}{6}\right)=\dfrac{3}{2}$ 和 $f\left(\dfrac{5\pi}{6}\right)=\dfrac{3}{2}$ 是函数 $f(x)$ 的极大值，$f\left(\dfrac{\pi}{2}\right)=1$ 是函数 $f(x)$ 的极小值.

例 4.3.10 求函数 $f(x)=x^5-5x^4+5x^3-1$ 的极值.

解 函数 $f(x)=x^5-5x^4+5x^3-1$ 在定义域 $(-\infty,+\infty)$ 内连续，且
$$f'(x)=5x^4-20x^3+15x^2=5x^2(x-1)(x-3),$$
$$f''(x)=20x^3-60x^2+30x=10x(2x^2-6x+3).$$

令 $f'(x)=0$，得驻点 $x_1=0,x_2=1,x_3=3$. 又因为
$$f''(1)=-10<0,\quad f''(3)=90>0,$$

所以由定理 4.3.4 得，$f(1)=0$ 是函数 $f(x)$ 的极大值，$f(3)=-28$ 是函数 $f(x)$ 的极小值.

当 $x=0$ 时，由于 $f''(0)=0$，因此无法用定理 4.3.4 判定. 注意到当 $x<0$ 和 $0<x<1$ 时，均有 $f'(x)>0$，由定理 4.3.3 可知，函数 $f(x)$ 在点 $x=0$ 处不取得极值.

习题 4.3

1. x_0 为函数 $f(x)$ 的驻点是它为极值点的（   ）.
   A. 充分条件　　　B. 必要条件　　　C. 充要条件　　　D. 无关条件

2. 函数 $f(x)=ax^2+4x$ 在点 $x=1$ 处取得极值，则 $a=($ $)$.
   A. 1　　　　　　B. 0　　　　　　C. -2　　　　　D. 2

3. 讨论下列函数的单调性：

   (1) $y=x^3-3x^2-9x+5$;　　(2) $y=2x^2-\ln x$;　　(3) $y=\dfrac{x^2+4}{x}$;

   (4) $y=x^2 e^x$;　　(5) $y=x^n e^{-x} (n>0, x\geqslant 0)$;　　(6) $y=\arctan x-x$.

4. 利用函数的单调性证明下列不等式：

   (1) 当 $x>1$ 时，$2\sqrt{x}>3-\dfrac{1}{x}$;　　(2) 当 $x>0$ 时，$1+x\ln(x+\sqrt{1+x^2})>\sqrt{1+x^2}$;

   (3) 当 $x\in\left(0,\dfrac{\pi}{2}\right)$ 时，$\tan x>x+\dfrac{x^3}{3}$;　　(4) 当 $x>a>\mathrm{e}$ 时，$a^x>x^a$.

5. 求下列函数的极值：

   (1) $y=x-\ln(1+x)$;　　(2) $y=2x^3-6x^2+1$;　　(3) $y=x+\dfrac{1}{x}$;

   (4) $y=\dfrac{\ln^2 x}{x}$;　　(5) $y=2x^3-x^4$;　　(6) $y=\arctan x-\dfrac{1}{2}\ln(1+x^2)$;

   (7) $y=x^2 e^{-x}$;　　(8) $y=2x+3\sqrt[3]{x^2}$;　　(9) $y=\dfrac{x}{1+x^2}$.

6. 设函数 $f(x)=a\ln x+bx^2+x$ 在点 $x_1=1, x_2=2$ 处都取得极值。试确定 a,b 的值，并指出函数 $f(x)$ 在点 x_1 和 x_2 处分别取得的是极大值还是极小值。

4.4　函数的最大值与最小值及其在经济学中的应用

在经济问题中，我们经常会遇到这样的问题：怎样才能使"产品最多""用料最省""成本最低""效益最高"等。这样的问题在数学中有时可归结为求某个函数（通常称为目标函数）的最大值与最小值问题。

4.4.1　函数的最大值与最小值

我们知道，闭区间 $[a,b]$ 上的连续函数 $f(x)$ 一定存在最大值和最小值。如果取得最值的点在开区间 (a,b) 的内部，那么该点一定是函数的极值可疑点。最值也可能在区间的端点处取得。因此，只要找出函数 $f(x)$ 在开区间 (a,b) 内的所有极值可疑点，再将 $f(x)$ 在这些点处的函数值和 $f(a), f(b)$ 一起比较，其中最大的就是 $f(x)$ 在 $[a,b]$ 上的最大值，最小的就是 $f(x)$ 在 $[a,b]$ 上的最小值。

例 4.4.1　求函数 $f(x)=3\sqrt[3]{x^2}-2x$ 在闭区间 $[-1,2]$ 上的最大值与最小值。

解　显然，函数 $f(x)$ 在 $[-1,2]$ 上连续，且

$$f'(x) = 2x^{-\frac{1}{3}} - 2 = \frac{2(1-\sqrt[3]{x})}{\sqrt[3]{x}}.$$

所以,函数 $f(x)$ 在 $(-1,2)$ 内的极值可疑点为 $x_1=0$(导数不存在的点)和 $x_2=1$(驻点). 计算这两个点和闭区间 $[-1,2]$ 的端点处的函数值,得

$$f(-1)=5, \quad f(0)=0, \quad f(1)=1, \quad f(2)=3\sqrt[3]{4}-4.$$

比较上述四个函数值的大小,可得函数 $f(x)$ 在 $[-1,2]$ 上的最大值为 $f(-1)=5$,最小值为 $f(0)=0$.

在求函数 $f(x)$ 的最大值与最小值时,还可能遇到如下情况:

(1) 若 $f(x)$ 是闭区间 $[a,b]$ 上的单调函数,则其最大值、最小值必在区间端点处取得.

(2) 若 $f(x)$ 在区间 I(开或闭,有限或无限)上连续,在区间 I 内有唯一的极值可疑点 x_0,则当 x_0 是极大值点时,$f(x)$ 在点 x_0 处取得最大值,如图 4.4.1(a) 所示;当 x_0 是极小值点时,$f(x)$ 在点 x_0 处取得最小值,如图 4.4.1(b) 所示. 很多求最大值或最小值的实际问题,往往都是这种情况.

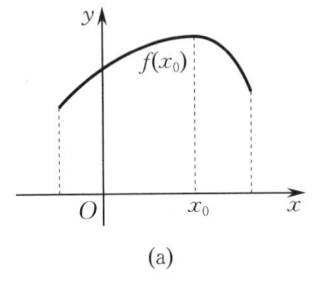
(a)

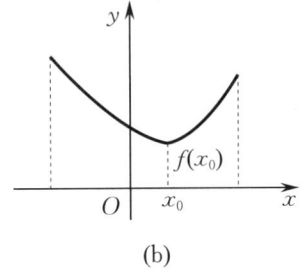
(b)

图 4.4.1

例 4.4.2 如图 4.4.2 所示,有一块边长为 1 m 的正方形铁皮,在其四角各剪去一个相同的小正方形,然后折起来制成一个无盖油盘. 问在四角剪去多大的正方形才能使油盘的容积最大?

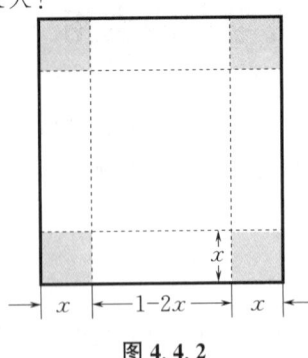

图 4.4.2

解 设剪去的小正方形的边长为 x(单位:m),则油盘的容积(单位:m^3)为

$$V(x) = x(1-2x)^2 \quad \left(0 < x < \frac{1}{2}\right).$$

下面求 $V(x) = x(1-2x)^2$ 在 $\left(0,\frac{1}{2}\right)$ 内的最大值.

$$V'(x) = 2(1-2x)(-2)x + (1-2x)^2 = (1-2x)(1-6x).$$

令 $V'(x) = 0$,得 $x_1 = \frac{1}{6}, x_2 = \frac{1}{2}$(舍去),所以 $V(x)$ 在 $\left(0,\frac{1}{2}\right)$ 内只有一个极值可疑点(驻点)$x_1 = \frac{1}{6}$. 又因为 $V''\left(\frac{1}{6}\right) = (24x-8)\Big|_{x=\frac{1}{6}} = -4 < 0$,所以函数 $V(x)$ 在点 $x_1 = \frac{1}{6}$ 处取得极大值,也就是最大值. 因此,当剪去的小正方形的边长为 $\frac{1}{6}$ m 时,所得油盘的容积最大,最大容积为 $\frac{2}{27}$ m^3.

例 4.4.3 如图 4.4.3 所示，铁路线上 AB 段的距离为 100 km，工厂在点 C 处且距点 A 有 20 km，AC 垂直于 AB。为了运输需要，要在 AB 段上选定一点 D 修筑一条通向点 C 的直线段公路。已知铁路上每千米货运的运费与公路上每千米货运的运费之比为 3:5。为了使货物从点 B 运到点 C 的运费最省，问点 D 应选在何处？

解 设 $AD = x$（单位：km），那么 $DB = 100 - x$，
$$CD = \sqrt{20^2 + x^2} = \sqrt{400 + x^2}.$$

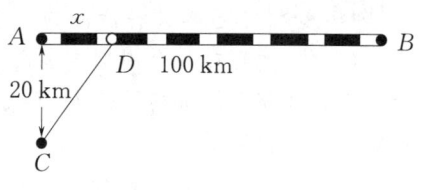

图 4.4.3

由于铁路上每千米货运的运费与公路上每千米货运的运费之比为 3:5，因此我们不妨设铁路上每千米货运的运费为 $3k$，则公路上每千米货运的运费为 $5k$（k 为某个正数，因它的值与本题的解无关，故不必定出）。设从点 B 到点 C 的总运费为 y，那么
$$y = 5k\sqrt{400 + x^2} + 3k(100 - x) \quad (0 \leqslant x \leqslant 100).$$

现在问题转化为求函数 y 在 $[0, 100]$ 上的最小值问题。求得
$$y' = k\left(\frac{5x}{\sqrt{400 + x^2}} - 3\right).$$

令 $y' = 0$，得 $x = 15$。函数 y 在 $(0, 100)$ 内只有一个极值可疑点（驻点）$x = 15$，且
$$y''\big|_{x=15} = \frac{2\,000k}{\sqrt{(400 + x^2)^3}}\bigg|_{x=15} = \frac{16k}{125} > 0,$$

所以函数 y 在点 $x = 15$ 处取得极小值，也就是最小值。因此，点 D 选在离点 A 为 15 km 处可使运费最省。

4.4.2 函数的最值在经济问题中的应用举例

1. 最大利润问题

例 4.4.4 某工厂在一个月内生产某种产品 Q 件时，成本函数为 $C(Q) = 5Q + 200$（单位：万元），收益函数为 $R(Q) = 10Q - 0.01Q^2$（单位：万元），问一个月生产多少件该产品时，所获利润最大？

解 由题设可知，利润函数为
$$L(Q) = R(Q) - C(Q) = 10Q - 0.01Q^2 - 5Q - 200 = 5Q - 0.01Q^2 - 200,$$
则 $L'(Q) = 5 - 0.02Q$。令 $L'(Q) = 0$，得唯一驻点 $Q = 250$，且
$$L''(250) = -0.02 < 0.$$

所以，当 $Q = 250$ 时，利润函数取得极大值，也就是最大值，即当一个月生产 250 件该产品时，所获利润最大，最大利润为 425 万元。

下面讨论最大利润原则。设利润函数为 $L(Q)$，则
$$L(Q) = R(Q) - C(Q),$$
$$L'(Q) = R'(Q) - C'(Q).$$

由于 $L(Q)$ 取得最大值的必要条件为 $L'(Q) = 0$，即 $R'(Q) = C'(Q)$，因此获得最大利润的必要条件是：边际收益等于边际成本。又因为 $L(Q)$ 取得最大值的充分条件为

$$L''(Q) < 0, \quad 即 \quad R''(Q) < C''(Q),$$

所以获得最大利润的充分条件是:边际收益的变化率小于边际成本的变化率.

当生产的产量使得边际收益等于边际成本,且边际收益的变化率小于边际成本的变化率时,可获得最大利润. 这一结论在经济学中称为**最大利润原则**.

例 4.4.5 已知某种产品的需求函数为 $Q = 204 - P$,其中 Q 为产量(单位:台),P 为产品单价(单位:元). 在一个周期内的总成本为 $C(Q) = Q^2 + 4Q + 1\,000$(单位:元),求使总利润最大的产量和相应的价格及最大利润.

解 由题设可知
$$R(Q) = PQ = Q(204 - Q) = 204Q - Q^2,$$
$$C(Q) = Q^2 + 4Q + 1\,000,$$

则
$$R'(Q) = 204 - 2Q, \quad C'(Q) = 2Q + 4.$$

由 $R'(Q) = C'(Q)$,得 $204 - 2Q = 2Q + 4$,解得 $Q = 50$. 又因为 $R''(Q) = -2, C''(Q) = 2$,显然 $R''(50) < C''(50)$,所以使总利润最大的产量为 50 台,此时相应的单价为 154 元,最大利润为 4 000 元.

2. 最大收益问题

例 4.4.6 设某种产品的需求函数为 $Q = 75 - P^2$,问 P 为何值时,总收益最大?

解 收益函数为 $R(P) = PQ = 75P - P^3$,则
$$R'(P) = 75 - 3P^2.$$

令 $R'(P) = 0$,得 $P = 5$. 又 $R''(5) = -30 < 0$,所以当 $P = 5$ 时总收益 $R(P)$ 最大,最大收益为 $R(5) = 250$.

3. 最小平均成本问题

例 4.4.7 设某种产品的成本函数为
$$C(Q) = 0.2Q^2 + 3Q + 500,$$
求使平均成本最小的产量和最小平均成本.

解 由题设可知
$$\overline{C}(Q) = \frac{C(Q)}{Q} = \frac{0.2Q^2 + 3Q + 500}{Q} = 0.2Q + 3 + \frac{500}{Q},$$
$$\overline{C}'(Q) = 0.2 - \frac{500}{Q^2}.$$

令 $\overline{C}'(Q) = 0$,得 $0.2 = \frac{500}{Q^2}$,解得唯一驻点 $Q = 50$. 又因为 $\overline{C}''(Q) = \frac{1\,000}{Q^3}, \overline{C}''(50) = \frac{1\,000}{50^3} > 0$,所以当 $Q = 50$ 时,平均成本 $\overline{C}(Q)$ 最小,最小平均成本为
$$\overline{C}(50) = 0.2 \times 50 + 3 + \frac{500}{50} = 23.$$

4. 经济批量问题

例 4.4.8 一商场每年销售某种商品 a 件,分 x 批采购进货. 已知每批采购费为 b 元,而

未售出商品的库存保管费为 c 元/(年·件). 设商品销售是均匀的,问分多少批进货时,才能使每年以上两种费用之和最小?

解 设每年的采购费、库存保管费、总费用(单位:元)分别为 $W_1(x), W_2(x), W(x)$. 显然,$W_1(x) = bx$,因为销售是均匀的,所以商品的平均库存数应为每批商品进货数 $\dfrac{a}{x}$ 的一半,即 $\dfrac{a}{2x}$,从而库存保管费为 $W_2(x) = \dfrac{ac}{2x}$,于是总费用为

$$W(x) = W_1(x) + W_2(x) = bx + \dfrac{ac}{2x} \quad (0 < x \leqslant a).$$

$W'(x) = b - \dfrac{ac}{2x^2}$,令 $W'(x) = 0$,解得唯一驻点 $x = \sqrt{\dfrac{ac}{2b}}$. 又因为 $W''(x) = \dfrac{ac}{x^3} > 0$,所以当 $x = \sqrt{\dfrac{ac}{2b}}$ 时,$W(x)$ 取得极小值,也就是最小值. 而批数 x 应是一个正整数,所以当 $\sqrt{\dfrac{ac}{2b}}$ 不是正整数时,x 取一个最接近于 $\sqrt{\dfrac{ac}{2b}}$ 的正整数,能使采购费与库存保管费之和最小.

习 题 4.4

1. 函数 $f(x)$ 在点 x_0 处取得极值是函数 $f(x)$ 在点 x_0 处取得最值的( ).
   A. 充分条件　　　　B. 必要条件　　　　C. 充要条件　　　　D. 无关条件

2. 函数 $f(x) = 3x^2 + ax$ 在闭区间 $[1,2]$ 上的最大值是 5,则 $a = ($).
   A. 2　　　　B. $-\dfrac{7}{2}$　　　　C. 2 或 $-\dfrac{7}{2}$　　　　D. -2

3. 求下列函数在指定区间上的最大值与最小值:
   (1) $y = x^5 - 5x^4 + 5x^3 + 1, x \in [-1,2]$;　　(2) $y = \ln(x^2+1), x \in [-1,2]$;
   (3) $y = \sqrt{x} \ln x, x \in (0, +\infty)$;　　(4) $y = \sqrt{5-4x}, x \in [-1,1]$.

4. 要做一个底为正方形,容积为 108 m³ 的长方体无盖容器,问怎样做能使得所用材料最省?

5. 将一根长为 l 的铁丝剪成两段,一段弯成圆形,另一段弯成正方形,问怎样剪能使圆形与正方形的面积之和最小?

6. 一等腰梯形内接于半径为 R 的半圆,其中梯形的一条底边为半圆的直径,求梯形面积的最大值.

7. 要做一个容积为 V 的圆柱形锅炉,已知两底面材料的单位面积价格为 a 元,侧面材料的单位面积价格为 b 元,问锅炉的直径与高的比值为多少时,造价最少?

8. 求下列经济问题中的最大值或最小值.
   (1) 假设某种商品的需求函数为 $Q = 12\,000 - 80P$(单位:件),成本函数为 $C = 25\,000 + 50Q$(单位:元),每件商品需纳税 2 元. 试求使总利润最大的商品价格和最大利润.
   (2) 设价格函数为 $P = 15\mathrm{e}^{-\frac{Q}{3}}$($Q$ 为产量),求收益最大时的产量、价格和收益.
   (3) 工厂生产某种产品,其年销量为 100 万件,分为 N 批生产,每批生产需要增加生产准备费 1000 元,而每件产品一年的库存费为 0.05 元,如果销售是均匀的,且上批售完后立即生产出下批(此时产品的库存量的平均值为产品批量的一半).问 N 为何值时,才能使生产准备费与库存费两项之和最小?
   (4) 设生产某种产品的总成本为 $C(x) = 10\,000 + 50x + x^2$($x$ 为产量),问产量为多少时,每单位产品的平均成本最小?

4.5 曲线的凹凸性与函数图形的描绘

4.5.1 曲线的凹凸性

前面我们研究了函数的单调性和极值,但还不能完全了解函数的特性及函数图形的特点.

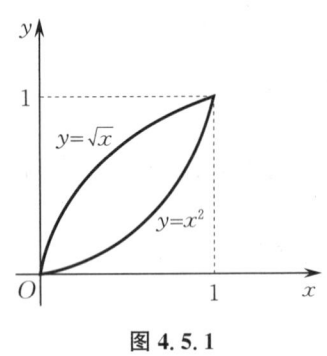

图 4.5.1

例如,函数 $y=x^2$ 与函数 $y=\sqrt{x}$ 在闭区间 $[0,1]$ 上都是单调增加的,但是它们的图形却有明显的区别.如图 4.5.1 所示,曲线 $y=x^2$ 是向上弯曲(向上凹)的,而曲线 $y=\sqrt{x}$ 是向下弯曲(向上凸) 的.因此,有必要研究曲线的凹凸性及拐点.

先从几何直观上进行分析.如图 4.5.2(a) 所示,当曲线 $y=f(x)$ 向上弯曲时,在曲线 $y=f(x)$ 上任取两点 $A(x_1, f(x_1))$ 和 $B(x_2, f(x_2))$,曲线弧 $\widehat{AB}$ 总位于弦 AB 之下,所以

$$f\left(\frac{x_1+x_2}{2}\right) < \frac{f(x_1)+f(x_2)}{2}.$$

如图 4.5.2(b) 所示,当曲线 $y=f(x)$ 向下弯曲时,在曲线 $y=f(x)$ 上任取两点 $A(x_1, f(x_1))$ 和 $B(x_2, f(x_2))$,曲线弧 $\widehat{AB}$ 总位于弦 AB 之上,所以

$$f\left(\frac{x_1+x_2}{2}\right) > \frac{f(x_1)+f(x_2)}{2}.$$

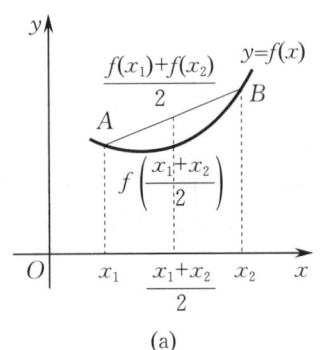
(a)

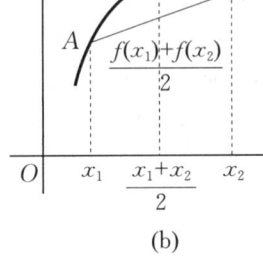
(b)

图 4.5.2

由此可以给出下面的定义.

定义 4.5.1 设函数 $y=f(x)$ 在区间 I 上连续.如果对于 I 上任意两点 x_1, x_2,恒有

$$f\left(\frac{x_1+x_2}{2}\right) < \frac{f(x_1)+f(x_2)}{2},$$

则称曲线弧 $y=f(x)$ 在区间 I 上是(向上)凹的(或凹弧),也称函数 $y=f(x)$ 在区间 I 上为**凹函数**;如果对于 I 上任意两点 x_1, x_2,恒有

$$f\left(\frac{x_1+x_2}{2}\right) > \frac{f(x_1)+f(x_2)}{2},$$

则称曲线弧 $y=f(x)$ 在区间 I 上是(向上)凸的(或凸弧),也称函数 $y=f(x)$ 在区间 I 上为**凸函数**.

如何判定曲线的凹凸性呢?从图 4.5.3(a) 和(b)可以看出,当曲线向上凹时,曲线上的切线的斜率从左到右由小变大,即 $f'(x)$ 单调增加.如果二阶导数 $f''(x)$ 存在,则必有 $f''(x)>0$. 类似地,从图 4.5.3(c) 和(d)可以看出,当曲线向上凸时,曲线上的切线的斜率从左到右由大变小,即 $f'(x)$ 单调减少.如果二阶导数 $f''(x)$ 存在,则必有 $f''(x)<0$. 由此可见,曲线的凹凸性与二阶导数的正负有着密切的联系.反之,能否用二阶导数的正负来判定曲线的凹凸性呢?下面给出判定连续曲线凹凸性的充分条件.

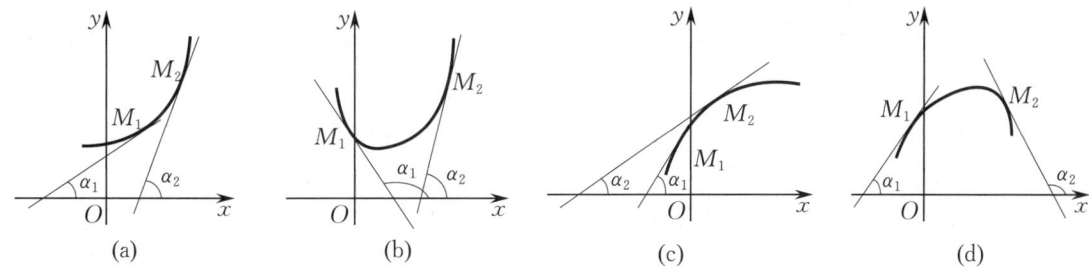

图 4.5.3

定理 4.5.1 设函数 $f(x)$ 在闭区间 $[a,b]$ 上连续,在开区间 (a,b) 内具有二阶导数.

(1) 如果在 (a,b) 内 $f''(x)>0$,那么曲线 $y=f(x)$ 在闭区间 $[a,b]$ 上是凹的;

(2) 如果在 (a,b) 内 $f''(x)<0$,那么曲线 $y=f(x)$ 在闭区间 $[a,b]$ 上是凸的.

证 设 x_1,x_2 为闭区间 $[a,b]$ 上任意两点(不妨设 $x_1<x_2$),记 $x_0=\dfrac{x_1+x_2}{2}$,则 $x_2-x_0=x_0-x_1=h$. 对函数 $f(x)$ 在闭区间 $[x_0,x_2]$,$[x_1,x_0]$ 上分别应用拉格朗日中值公式,得

$$f(x_2)-f(x_0)=f'(\xi_2)h \quad (x_0<\xi_2<x_2),$$
$$f(x_0)-f(x_1)=f'(\xi_1)h \quad (x_1<\xi_1<x_0).$$

上述两式相减,得

$$f(x_2)+f(x_1)-2f(x_0)=[f'(\xi_2)-f'(\xi_1)]h.$$

对 $f'(x)$ 在闭区间 $[\xi_1,\xi_2]$ 上再应用拉格朗日中值公式,得

$$f'(\xi_2)-f'(\xi_1)=f''(\xi)(\xi_2-\xi_1) \quad (\xi_1<\xi<\xi_2),$$

于是

$$f(x_2)+f(x_1)-2f(x_0)=f''(\xi)(\xi_2-\xi_1)h.$$

(1) 如果在 (a,b) 内 $f''(x)>0$,则 $f''(\xi)>0$. 又因为 $h>0,\xi_2-\xi_1>0$,所以有

$$f(x_2)+f(x_1)-2f(x_0)>0,$$

即

$$f\left(\dfrac{x_1+x_2}{2}\right)<\dfrac{f(x_1)+f(x_2)}{2}.$$

因此,曲线 $y=f(x)$ 在闭区间 $[a,b]$ 上是凹的.

(2) 如果在 (a,b) 内 $f''(x)<0$,则同理有

$$f\left(\dfrac{x_1+x_2}{2}\right)>\dfrac{f(x_1)+f(x_2)}{2}.$$

因此,曲线 $y=f(x)$ 在闭区间 $[a,b]$ 上是凸的.

将定理 4.5.1 中的闭区间 $[a,b]$ 换成其他各种区间(包括无穷区间),结论仍然成立.

例 4.5.1 判定曲线 $y=\ln(1+x^2)$ 在闭区间 $[0,1]$ 上的凹凸性.

解 因为
$$y'=\frac{2x}{1+x^2}, \quad y''=\frac{2(1-x^2)}{(1+x^2)^2},$$
所以当 $x\in(0,1)$ 时,$y''>0$. 因此,曲线 $y=\ln(1+x^2)$ 在闭区间 $[0,1]$ 上是凹的.

例 4.5.2 判定曲线 $y=x^3$ 的凹凸性.

解 因为 $y'=3x^2, y''=6x$,所以当 $x<0$ 时,$y''<0$;当 $x>0$ 时,$y''>0$. 因此,曲线 $y=x^3$ 在区间 $(-\infty,0]$ 内是凸的,在区间 $[0,+\infty)$ 内是凹的.

定义 4.5.2 连续曲线 $y=f(x)$ 上的凹弧与凸弧的分界点,称为该曲线的**拐点**.

如何求曲线 $y=f(x)$ 的拐点呢?类似于函数的极值点的讨论,有下面的结论.

如果点 $(x_0, f(x_0))$ 为连续曲线 $y=f(x)$ 的拐点,那么 $f''(x_0)=0$ 或 $f''(x_0)$ 不存在. 反之不一定成立,即 $f''(x_0)=0$ 或 $f''(x_0)$ 不存在,点 $(x_0, f(x_0))$ 不一定是曲线 $y=f(x)$ 的拐点.

例如,当 $x=0$ 时,$(x^4)''=12x^2\big|_{x=0}=0$,但是点 $(0,0)$ 不是曲线 $y=x^4$ 的拐点,因为当 $x\neq 0$ 时,均有 $y''>0$.

综合以上分析,我们可以按下列步骤求连续曲线 $y=f(x)$ 的凹凸区间与拐点:

(1) 确定函数 $y=f(x)$ 的定义域,求出 $f'(x), f''(x)$;

(2) 求出 $f''(x)=0$ 的点及二阶导数不存在的点;

(3) 用(2)中求得的点把定义域分成若干个部分区间,并讨论二阶导数在各部分区间内的正负;

(4) 判定曲线在各部分区间内的凹凸性,并求出拐点.

例 4.5.3 求曲线 $y=\frac{1}{2}x^4-3x^2+\frac{3}{2}$ 的凹凸区间与拐点.

解 函数 $y=\frac{1}{2}x^4-3x^2+\frac{3}{2}$ 的定义域为 $(-\infty,+\infty)$,且
$$y'=2x^3-6x, \quad y''=6x^2-6=6(x-1)(x+1).$$
令 $y''=0$,得 $x_1=-1, x_2=1$. 用 x_1, x_2 将定义域 $(-\infty,+\infty)$ 分成三个部分区间 $(-\infty,-1)$,$(-1,1)$ 及 $(1,+\infty)$. 下面列表 4.5.1 讨论函数的二阶导数 y'' 在每个部分区间内的正负,以确定曲线的凹凸性.

表 4.5.1

x	$(-\infty,-1)$	-1	$(-1,1)$	1	$(1,+\infty)$
y''	$+$	0	$-$	0	$+$
$y=\frac{1}{2}x^4-3x^2+\frac{3}{2}$	凹	拐点 $(-1,-1)$	凸	拐点 $(1,-1)$	凹

所以,该曲线在区间 $(-\infty,-1], [1,+\infty)$ 内是凹的,在区间 $[-1,1]$ 上是凸的. 点 $(-1,-1)$ 及 $(1,-1)$ 为该曲线的拐点.

例 4.5.4 求曲线 $y=(x-2)^{\frac{5}{3}}-\frac{5}{9}x^2$ 的凹凸区间与拐点.

解 函数 $y=(x-2)^{\frac{5}{3}}-\frac{5}{9}x^2$ 的定义域为 $(-\infty,+\infty)$,且

$$y'=\frac{5}{3}(x-2)^{\frac{2}{3}}-\frac{10}{9}x,$$

$$y''=\frac{10}{9}(x-2)^{-\frac{1}{3}}-\frac{10}{9}=\frac{10(1-\sqrt[3]{x-2})}{9\sqrt[3]{x-2}}.$$

令 $y''=0$,得 $x_1=3$. 当 $x_2=2$ 时,y'' 不存在. 用 x_1,x_2 将定义域 $(-\infty,+\infty)$ 分成三个部分区间 $(-\infty,2)$,$(2,3)$ 及 $(3,+\infty)$. 下面列表 4.5.2 讨论函数的二阶导数 y'' 在每个部分区间内的正负,以确定曲线的凹凸性.

表 4.5.2

x	$(-\infty,2)$	2	$(2,3)$	3	$(3,+\infty)$
y''	$-$	不存在	$+$	0	$-$
$y=(x-2)^{\frac{5}{3}}-\frac{5}{9}x^2$	凸	拐点 $\left(2,-\frac{20}{9}\right)$	凹	拐点 $(3,-4)$	凸

所以,该曲线在区间 $(-\infty,2]$,$[3,+\infty)$ 内是凸的,在区间 $[2,3]$ 上是凹的. 点 $\left(2,-\frac{20}{9}\right)$ 及 $(3,-4)$ 为该曲线的拐点.

4.5.2 曲线的渐近线

曲线的渐近线对研究曲线有重要意义. 当曲线伸向无穷远处时,一般很难把它画准确. 但如果曲线伸向无穷远处,且能渐渐靠近一条直线,那么就可以画出趋于无穷远处时这条曲线的延伸趋势.

定义 4.5.3 当曲线 C 上的动点 P 沿着曲线趋于无穷远时,点 P 与某条直线 L 的距离无限趋于 0,则称直线 L 为曲线 C 的一条**渐近线**.

渐近线有铅直渐近线、水平渐近线和斜渐近线.

1. 铅直渐近线

若 $\lim\limits_{x\to x_0^-}f(x)=\infty$ 或 $\lim\limits_{x\to x_0^+}f(x)=\infty$,则称直线 $x=x_0$ 为曲线 $y=f(x)$ 的**铅直渐近线**.

例如,$\lim\limits_{x\to 1}\frac{1}{x-1}=\infty$,所以直线 $x=1$ 是曲线 $y=\frac{1}{x-1}$ 的一条铅直渐近线;$\lim\limits_{x\to 0^+}\ln x=-\infty$,所以直线 $x=0$ 是曲线 $y=\ln x$ 的一条铅直渐近线.

2. 水平渐近线

若 $\lim\limits_{x\to-\infty}f(x)=b$ 或 $\lim\limits_{x\to+\infty}f(x)=b$,则称直线 $y=b$ 为曲线 $y=f(x)$ 的**水平渐近线**.

例如,$\lim\limits_{x\to\infty}\frac{x}{1+x^2}=0$,则直线 $y=0$ 是曲线 $y=\frac{x}{1+x^2}$ 的一条水平渐近线;$\lim\limits_{x\to+\infty}\arctan x=$

$\dfrac{\pi}{2}$，$\lim\limits_{x\to-\infty}\arctan x=-\dfrac{\pi}{2}$，则曲线 $y=\arctan x$ 有两条水平渐近线 $y=\dfrac{\pi}{2}$ 和 $y=-\dfrac{\pi}{2}$．

3. 斜渐近线

若 $\lim\limits_{x\to+\infty}[f(x)-(ax+b)]=0$ 或 $\lim\limits_{x\to-\infty}[f(x)-(ax+b)]=0\,(a\neq 0)$，则称直线 $y=ax+b$ 为曲线 $y=f(x)$ 的**斜渐近线**．

斜渐近线 $y=ax+b$ 中的常数 a,b 可分别由

$$a=\lim_{\substack{x\to+\infty\\(\text{或}x\to-\infty)}}\dfrac{f(x)}{x},\quad b=\lim_{\substack{x\to+\infty\\(\text{或}x\to-\infty)}}[f(x)-ax]$$

来确定．

例如，对于曲线 $y=\dfrac{x^2}{x+1}$，有

$$a=\lim_{x\to\infty}\dfrac{y}{x}=\lim_{x\to\infty}\dfrac{x}{x+1}=1,$$

$$b=\lim_{x\to\infty}(y-ax)=\lim_{x\to\infty}\left(\dfrac{x^2}{x+1}-x\right)=\lim_{x\to\infty}\dfrac{-x}{x+1}=-1,$$

所以直线 $y=x-1$ 是曲线 $y=\dfrac{x^2}{x+1}$ 的一条斜渐近线．

4.5.3 函数图形的描绘

函数的图形有助于直观了解函数的性质，所以研究函数图形的描绘很有必要．前面我们利用函数的一阶导数讨论了函数的单调性与极值，利用二阶导数研究了函数图形的凹凸性与拐点，此外，还建立了寻找函数图形的渐近线的方法，从而对函数的性态就可以得到比较全面的了解，由此可比较正确地描绘函数图形．

描绘函数图形的一般步骤如下：

(1) 确定函数 $f(x)$ 的定义域及函数具有的某些特性（如奇偶性、周期性等），并求出函数的一阶导数 $f'(x)$ 和二阶导数 $f''(x)$；

(2) 求出 $f'(x)=0$ 和 $f''(x)=0$ 在定义域内的所有实根，找出 $f'(x)$ 和 $f''(x)$ 在定义域内不存在的点；

(3) 用(2)中得到的所有点将定义域分成若干个部分区间，确定 $f'(x)$ 和 $f''(x)$ 在这些部分区间内的正负，并由此确定函数的单调性、极值和函数图形的凹凸性、拐点（这一步一般用列表的方式来完成）；

(4) 确定函数图形的渐近线；

(5) 算出极值点处的函数值、拐点坐标，定出函数图形上相应的点，为了把函数图形描绘得准确些，有时还需补充一些点，如与坐标轴的交点等，并结合(3)和(4)中得到的结果，连接这些点，描绘出函数 $y=f(x)$ 的图形．

例 4.5.5 描绘函数 $f(x)=x^3-x^2-x+1$ 的图形．

解 函数 $f(x)=x^3-x^2-x+1$ 的定义域为 $(-\infty,+\infty)$，且

$$y'=3x^2-2x-1=(3x+1)(x-1),$$
$$y''=2(3x-1).$$

令 $f'(x)=0$，得驻点 $x_1=1,x_2=-\dfrac{1}{3}$；令 $f''(x)=0$，得 $x_3=\dfrac{1}{3}$. 列表 4.5.3 讨论.

表 4.5.3

x	$\left(-\infty,-\dfrac{1}{3}\right)$	$-\dfrac{1}{3}$	$\left(-\dfrac{1}{3},\dfrac{1}{3}\right)$	$\dfrac{1}{3}$	$\left(\dfrac{1}{3},1\right)$	1	$(1,+\infty)$
$f'(x)$	$+$	0	$-$	$-$	$-$	0	$+$
$f''(x)$	$-$	$-$	$-$	0	$+$	$+$	$+$
$y=f(x)$	↗	极大值	↘	拐点	↘	极小值	↗

表 4.5.3 中的符号 ↗ 表示曲线单调上升且是凸的，↘ 表示曲线单调下降且是凸的，↘ 表示曲线单调下降且是凹的，↗ 表示曲线单调上升且是凹的.

曲线 $y=f(x)$ 无渐近线.

函数 $f(x)$ 在点 $x=-\dfrac{1}{3}$ 处取得极大值 $f\left(-\dfrac{1}{3}\right)=\dfrac{32}{27}$，在点 $x=1$ 处取得极小值 $f(1)=0$，拐点为 $\left(\dfrac{1}{3},\dfrac{16}{27}\right)$. 再补充曲线与 x 轴的交点 $(-1,0)$，与 y 轴的交点 $(0,1)$，以及曲线上的另一个点 $\left(\dfrac{3}{2},\dfrac{5}{8}\right)$.

综合上述结果，描绘函数 $f(x)=x^3-x^2-x+1$ 的图形，如图 4.5.4 所示.

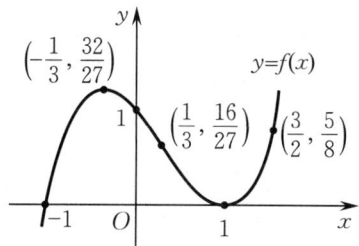

图 4.5.4

例 4.5.6 描绘函数 $\varphi(x)=\dfrac{1}{\sqrt{2\pi}}\mathrm{e}^{-\frac{x^2}{2}}$ 的图形.

解 函数的定义域为 $(-\infty,+\infty)$. 因为 $\varphi(-x)=\varphi(x)$，所以函数 $\varphi(x)$ 是偶函数，其图形关于 y 轴对称，且

$$\varphi'(x)=\dfrac{-x}{\sqrt{2\pi}}\mathrm{e}^{-\frac{x^2}{2}},\quad \varphi''(x)=\dfrac{1}{\sqrt{2\pi}}\mathrm{e}^{-\frac{x^2}{2}}(x^2-1).$$

令 $\varphi'(x)=0$，得驻点 $x_1=0$；令 $\varphi''(x)=0$，得 $x_2=-1$ 和 $x_3=1$. 列表 4.5.4 讨论.

表 4.5.4

x	$(-\infty,-1)$	-1	$(-1,0)$	0	$(0,1)$	1	$(1,+\infty)$
$\varphi'(x)$	$+$	$+$	$+$	0	$-$	$-$	$-$
$\varphi''(x)$	$+$	0	$-$	$-$	$-$	0	$+$
$y=\varphi(x)$	↗	拐点	↗	极大值	↘	拐点	↘

因为 $\lim\limits_{x\to\infty}\varphi(x)=\lim\limits_{x\to\infty}\dfrac{1}{\sqrt{2\pi}}\mathrm{e}^{-\frac{x^2}{2}}=0$，所以曲线 $y=\varphi(x)$ 有一条水平渐近线 $y=0$.

曲线与 y 轴的交点为 $B\left(0,\dfrac{1}{\sqrt{2\pi}}\right)$，曲线的两个拐点分别为 $A\left(-1,\dfrac{1}{\sqrt{2\pi\mathrm{e}}}\right)$，$C\left(1,\dfrac{1}{\sqrt{2\pi\mathrm{e}}}\right)$.

综合上述结果，描绘函数 $\varphi(x)=\dfrac{1}{\sqrt{2\pi}}\mathrm{e}^{-\frac{x^2}{2}}$ 的图形，如图 4.5.5 所示.

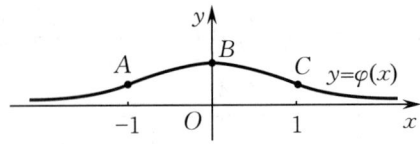

图 4.5.5

例 4.5.7 描绘函数 $f(x)=\dfrac{4(x+1)}{x^2}-2$ 的图形.

解 函数 $f(x)=\dfrac{4(x+1)}{x^2}-2$ 的定义域为 $(-\infty,0)\cup(0,+\infty)$,且

$$f'(x)=-\frac{4(x+2)}{x^3},\quad f''(x)=\frac{8(x+3)}{x^4}.$$

令 $f'(x)=0$,得驻点 $x_1=-2$;令 $f''(x)=0$,得 $x_2=-3$.列表 4.5.5 讨论.

表 4.5.5

x	$(-\infty,-3)$	-3	$(-3,-2)$	-2	$(-2,0)$	$(0,+\infty)$
$f'(x)$	$-$	$-$	$-$	0	$+$	$-$
$f''(x)$	$-$	0	$+$	$+$	$+$	$+$
$y=f(x)$	↘	拐点	↘	极小值	↗	↘

因为 $\lim\limits_{x\to 0}f(x)=+\infty$, $\lim\limits_{x\to\infty}f(x)=-2$,所以曲线 $y=f(x)$ 有铅直渐近线 $x=0$ 和水平渐近线 $y=-2$.

曲线的拐点为 $A\left(-3,-\dfrac{26}{9}\right)$,该函数在点 $x=-2$ 处取得极小值 $f(-2)=-3$,所以曲线经过点 $B(-2,-3)$.再补充曲线上的点 $C(-1,-2)$, $D(1,6)$, $E(2,1)$, $F\left(3,-\dfrac{2}{9}\right)$.

综合上述结果,描绘函数 $f(x)=\dfrac{4(x+1)}{x^2}-2$ 的图形,如图 4.5.6 所示.

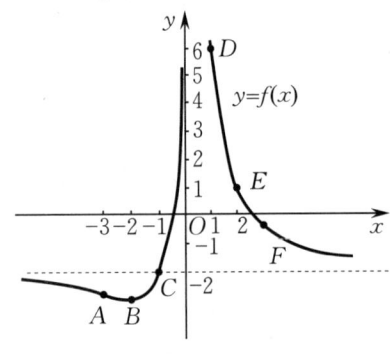

图 4.5.6

习 题 4.5

1. 函数 $f(x)$ 在点 x_0 处的二阶导数为 0 是点 $(x_0,f(x_0))$ 为曲线 $y=f(x)$ 的拐点的(   ).
   A. 充分条件   B. 必要条件   C. 充要条件   D. 无关条件

2. 曲线 $y=\dfrac{1}{x^2-1}$ 的铅直渐近线为(   ).
   A. $x=1$ B. $x=-1$ C. $x=\pm 1$ D. $y=0$

3. 求下列曲线的凹凸区间与拐点:

   (1) $y=3x^2-x^3$;   (2) $y=x^2+\dfrac{1}{x}$;   (3) $y=(x+1)^2+\mathrm{e}^x$;

   (4) $y=x\mathrm{e}^{-x}$;   (5) $y=\ln(1+x^2)$;   (6) $y=x+x^{\frac{5}{3}}$.

4. 解答下列各题:

(1) 当 a,b 为何值时,点 $(1,2)$ 为曲线 $y=ax^3+bx^2$ 的拐点?

(2) 试确定曲线 $y=ax^3+bx^2+cx+d$ 中 a,b,c,d 的值,使得在 $x=-2$ 的对应点处,曲线的切线为水平直线,点 $(1,-10)$ 为拐点,且点 $(-2,44)$ 在曲线上.

(3) 试确定曲线 $y=k(x^2-3)^2$ 中的 k 值,使得曲线在拐点处的法线通过原点 $(0,0)$.

5. 利用曲线的凹凸性证明下列不等式:

(1) $\dfrac{1}{2}(x^3+y^3) > \left(\dfrac{x+y}{2}\right)^3 (x,y>0, x\neq y)$; (2) $2e^{\frac{a+b}{2}} \leqslant e^a + e^b (a,b\in \mathbf{R})$.

6. 试确定参数 $h>0$,使 $x=\pm\sigma$ 为曲线 $y=\dfrac{h}{\sqrt{\pi}}e^{-h^2 x^2}$ 的拐点的横坐标(σ 为正常数).

7. 求下列曲线的渐近线:

(1) $y=e^{-\frac{1}{x}}$; (2) $y=\dfrac{e^x}{1+x}$; (3) $y=\dfrac{x^3}{(x-1)^2}$.

8. 设函数 $y=\dfrac{x^3+4}{x^2}$.

(1) 求函数的单调区间与极值;

(2) 求函数曲线的凹凸区间与拐点;

(3) 求函数曲线的渐近线;

(4) 画出函数的图形.

9. 画出下列函数的图形:

(1) $y=x^4-6x^2+8x$; (2) $y=x^2e^{-x}$; (3) $y=\dfrac{x}{1+x^2}$.

4.6 泰勒公式

无论是理论分析还是实际计算,我们总希望用一个结构简单且容易计算的函数来近似代替一个比较复杂的函数. 实际上,多项式是初等函数中最简单的一类函数,它具有任意阶导数,并且运算时只涉及加、减、乘. 我们自然想到用多项式来近似代替其他较复杂的函数. 那么,应该用什么样的多项式? 它的误差怎样? 下面就来讨论这些问题.

在微分的应用中已经知道,如果函数 $f(x)$ 在点 x_0 处可导,则当 $|x-x_0|$ 很小时,有
$$f(x) \approx f(x_0) + f'(x_0)(x-x_0).$$
这实际上是用一次多项式
$$P_1(x) = f(x_0) + f'(x_0)(x-x_0)$$
近似表示 $f(x)$,并且多项式 $P_1(x)$ 满足
$$P_1(x_0) = f(x_0), \quad P_1'(x_0) = f'(x_0).$$
但是,这个近似表达式有两个不足之处:其一是精度不高,当 $x\to x_0$ 时,其误差仅是比 $x-x_0$ 高阶的无穷小;其二是不能具体估计误差的大小.

为了减小误差,提高精度,设想用高次多项式(一般为 n 次多项式)
$$P_n(x) = a_0 + a_1(x-x_0) + a_2(x-x_0)^2 + \cdots + a_n(x-x_0)^n \quad (4.6.1)$$
在点 x_0 附近来近似代替 $f(x)$. 它应该满足下列条件:

$$P_n(x_0)=f(x_0), \quad P'_n(x_0)=f'(x_0), \quad P''_n(x_0)=f''(x_0), \quad \cdots, \quad P_n^{(n)}(x_0)=f^{(n)}(x_0),$$
这里假设 $f(x)$ 在点 x_0 处至少有 n 阶导数.

下面根据这些等式来确定多项式(4.6.1)的系数 $a_0,a_1,a_2,\cdots,a_n$ 的值. 为此,对式(4.6.1)求各阶导数,并令 $x=x_0$,然后分别代入以上等式,得
$$a_0=f(x_0), \quad a_1=f'(x_0), \quad 2!a_2=f''(x_0), \quad \cdots, \quad n!a_n=f^{(n)}(x_0),$$
即
$$a_0=f(x_0), \quad a_1=f'(x_0), \quad a_2=\frac{f''(x_0)}{2!}, \quad \cdots, \quad a_n=\frac{f^{(n)}(x_0)}{n!}.$$
将求得的系数 $a_0,a_1,a_2,\cdots,a_n$ 代入式(4.6.1),得
$$P_n(x)=f(x_0)+f'(x_0)(x-x_0)+\frac{f''(x_0)}{2!}(x-x_0)^2+\cdots+\frac{f^{(n)}(x_0)}{n!}(x-x_0)^n. \tag{4.6.2}$$

式(4.6.2)称为函数 $f(x)$ 在点 x_0 处关于 $x-x_0$ 的 **n 次泰勒(Taylor)多项式**.

用函数 $f(x)$ 的 n 次泰勒多项式 $P_n(x)$ 近似代替 $f(x)$,产生的误差有多大呢?误差具体的表达式是怎样的?我们有下面的定理.

定理 4.6.1(**泰勒中值定理**) 如果函数 $f(x)$ 在含有点 x_0 的某个开区间 (a,b) 内具有直到 $n+1$ 阶的导数,那么对任意的 $x\in(a,b)$,有
$$f(x)=f(x_0)+f'(x_0)(x-x_0)+\frac{f''(x_0)}{2!}(x-x_0)^2+\cdots+\frac{f^{(n)}(x_0)}{n!}(x-x_0)^n+R_n(x), \tag{4.6.3}$$

其中
$$R_n(x)=\frac{f^{(n+1)}(\xi)}{(n+1)!}(x-x_0)^{n+1} \quad (\xi \text{ 介于 } x \text{ 与 } x_0 \text{ 之间}). \tag{4.6.4}$$

证 不妨设 $x>x_0$. 因为 $R_n(x)=f(x)-P_n(x)$,所以令 $\varphi(x)=(x-x_0)^{n+1}$,则当 $x,x_0\in(a,b)$ 时,$R_n(x)$ 与 $\varphi(x)$,$R'_n(x)$ 与 $\varphi'(x)$,$R''_n(x)$ 与 $\varphi''(x)$,$\cdots$,$R_n^{(n)}(x)$ 与 $\varphi^{(n)}(x)$ 在 $[x_0,x]$ 上均满足柯西中值定理的条件,且由 $R_n(x_0)=\varphi(x_0)=0$,$R'_n(x_0)=\varphi'(x_0)=0$,$\cdots$,$R_n^{(n)}(x_0)=\varphi^{(n)}(x_0)=0$ 及 $R_n^{(n+1)}(x_0)=f^{(n+1)}(x_0)$,$\varphi^{(n+1)}(x_0)=(n+1)!$,应用 $n+1$ 次柯西中值定理,得

$$\frac{R_n(x)}{(x-x_0)^{n+1}}=\frac{R_n(x)}{\varphi(x)}=\frac{R_n(x)-R_n(x_0)}{\varphi(x)-\varphi(x_0)}=\frac{R'_n(\xi_1)}{\varphi'(\xi_1)} \quad (\xi_1 \text{ 介于 } x \text{ 与 } x_0 \text{ 之间})$$
$$=\frac{R'_n(\xi_1)-R'_n(x_0)}{\varphi'(\xi_1)-\varphi'(x_0)}=\frac{R''_n(\xi_2)}{\varphi''(\xi_2)} \quad (\xi_2 \text{ 介于 } \xi_1 \text{ 与 } x_0 \text{ 之间})$$
$$\cdots\cdots$$
$$=\frac{R_n^{(n)}(\xi_n)-R_n^{(n)}(x_0)}{\varphi^{(n)}(\xi_n)-\varphi^{(n)}(x_0)}=\frac{R_n^{(n+1)}(\xi)}{(n+1)!} \quad (\xi \text{ 介于 } \xi_n \text{ 与 } x_0 \text{ 之间})$$
$$=\frac{f^{(n+1)}(\xi)}{(n+1)!},$$
即
$$R_n(x)=\frac{f^{(n+1)}(\xi)}{(n+1)!}(x-x_0)^{n+1} \quad (\xi \text{ 介于 } x \text{ 与 } x_0 \text{ 之间}).$$

公式(4.6.3)称为函数 $f(x)$ 按 $x-x_0$ 的幂展开的带有拉格朗日型余项的 n **阶泰勒公式**，其中的 $R_n(x)=\dfrac{f^{(n+1)}(\xi)}{(n+1)!}(x-x_0)^{n+1}$ 称为**拉格朗日型余项**.

由泰勒中值定理可知,用多项式 $P_n(x)$ 近似表示函数 $f(x)$ 时,其误差为 $|R_n(x)|$. 如果对于某个固定的 n,当 $x\in(a,b)$ 时, $|f^{(n+1)}(x)|\leqslant M$,则有

$$|R_n(x)|=\left|\frac{f^{(n+1)}(\xi)}{(n+1)!}(x-x_0)^{n+1}\right|\leqslant\frac{M}{(n+1)!}|x-x_0|^{n+1}$$

及

$$\lim_{x\to x_0}\frac{R_n(x)}{(x-x_0)^n}=0.$$

由此可见,当 $x\to x_0$ 时,误差 $|R_n(x)|$ 是比 $(x-x_0)^n$ 高阶的无穷小,即

$$R_n(x)=o[(x-x_0)^n]\quad(x\to x_0).$$

称由上式给出的 $R_n(x)$ 为**佩亚诺**(Peano)**型余项**.

在式(4.6.3)中,如果取 $x_0=0$,则泰勒公式(4.6.3)化为

$$f(x)=f(0)+f'(0)x+\frac{f''(0)}{2!}x^2+\cdots+\frac{f^{(n)}(0)}{n!}x^n+R_n(x), \quad (4.6.5)$$

其中

$$R_n(x)=\frac{f^{(n+1)}(\xi)}{(n+1)!}x^{n+1}\quad(\xi\text{ 介于 }0\text{ 与 }x\text{ 之间})$$

或

$$R_n(x)=\frac{f^{(n+1)}(\theta x)}{(n+1)!}x^{n+1}\quad(0<\theta<1).$$

式(4.6.5)称为函数 $f(x)$ 的 n **阶麦克劳林**(Maclaurin)**公式**.

例 4.6.1 求函数 $y=e^x$ 的 n 阶麦克劳林公式.

解 因为 $f^{(k)}(x)=e^x(k=0,1,2,\cdots,n,n+1)$,所以 $f(0)=f'(0)=f''(0)=\cdots=f^{(n)}(0)=e^0=1$,且 $f^{(n+1)}(\theta x)=e^{\theta x}$,于是 e^x 的 n 阶麦克劳林公式为

$$e^x=1+x+\frac{x^2}{2!}+\cdots+\frac{x^n}{n!}+\frac{e^{\theta x}}{(n+1)!}x^{n+1}\quad(0<\theta<1). \quad (4.6.6)$$

例 4.6.2 求函数 $y=\sin x$ 的 $2m$ 阶麦克劳林公式.

解 因为 $f^{(n)}(x)=\sin\left(x+\dfrac{n\pi}{2}\right)$,所以 $f^{(n)}(0)=\sin\dfrac{n\pi}{2}$,即

$$f(0)=0,\quad f'(0)=1,\quad f''(0)=0,\quad f'''(0)=-1,\quad f^{(4)}(0)=0,\quad\cdots,$$

它们的值依次取四个数值 $0,1,0,-1$. 因此,函数 $y=\sin x$ 的 $2m$ 阶麦克劳林公式为

$$\sin x=x-\frac{x^3}{3!}+\frac{x^5}{5!}-\cdots+(-1)^{m-1}\frac{x^{2m-1}}{(2m-1)!}+R_{2m}(x), \quad (4.6.7)$$

其中 $R_{2m}(x)=\dfrac{\sin\left[\theta x+(2m+1)\dfrac{\pi}{2}\right]}{(2m+1)!}x^{2m+1}\,(0<\theta<1)$.

同理可得,函数 $y=\cos x$ 的 $2m+1$ 阶麦克劳林公式为

$$\cos x = 1 - \frac{x^2}{2!} + \frac{x^4}{4!} - \cdots + (-1)^m \frac{x^{2m}}{(2m)!} + R_{2m+1}(x),$$

其中 $R_{2m+1}(x) = \dfrac{\cos[\theta x + (m+1)\pi]}{(2m+2)!} x^{2m+2} \ (0 < \theta < 1)$.

泰勒公式有很多应用，下面举几个例子.

例 4.6.3 求 e 的近似值，并使其误差小于 10^{-5}.

解 将 $x = 1$ 代入 e^x 的 n 阶麦克劳林公式

$$e^x = 1 + x + \frac{x^2}{2!} + \cdots + \frac{x^n}{n!} + \frac{e^{\theta x}}{(n+1)!} x^{n+1} \quad (0 < \theta < 1),$$

得

$$e = 1 + 1 + \frac{1}{2!} + \cdots + \frac{1}{n!} + \frac{e^{\theta}}{(n+1)!} \quad (0 < \theta < 1).$$

由于 $e^{\theta} < e < 3$，因此

$$R_n(1) = \frac{e^{\theta}}{(n+1)!} < \frac{3}{(n+1)!}.$$

计算得 $\dfrac{3}{(7+1)!} > 10^{-5}$，$\dfrac{3}{(8+1)!} < 10^{-5}$，故取 $n = 8$，于是 e 的误差小于 10^{-5} 的近似值为

$$e \approx 1 + 1 + \frac{1}{2!} + \cdots + \frac{1}{8!} \approx 2.71828.$$

例 4.6.4 利用麦克劳林公式求极限 $\lim\limits_{x \to 0} \dfrac{x \cos x - \sin x}{x^3}$.

解 因为

$$\sin x = x - \frac{x^3}{3!} + o(x^3),$$

$$x \cos x = x \left[1 - \frac{x^2}{2!} + o(x^2)\right] = x - \frac{x^3}{2!} + o(x^3),$$

所以

$$x \cos x - \sin x = -\frac{1}{3} x^3 + o(x^3).$$

故

$$\lim_{x \to 0} \frac{x \cos x - \sin x}{x^3} = \lim_{x \to 0} \frac{-\frac{1}{3} x^3 + o(x^3)}{x^3} = \lim_{x \to 0} \frac{-\frac{1}{3} x^3}{x^3} + \lim_{x \to 0} \frac{o(x^3)}{x^3} = -\frac{1}{3}.$$

例 4.6.5 设函数 $f(x)$ 二阶可导，$f''(x) > 0$，且 $\lim\limits_{x \to 0} \dfrac{f(x)}{x} = 1$，证明：当 $x \neq 0$ 时，$f(x) > x$.

证 因为函数 $f(x)$ 二阶可导，所以 $f(x)$ 的一阶麦克劳林公式为

$$f(x) = f(0) + f'(0) x + \frac{f''(\xi)}{2!} x^2 \quad (\xi \text{ 介于 } 0 \text{ 与 } x \text{ 之间}).$$

由函数可导必连续得

$$\lim_{x \to 0} f(x) = f(0), \quad \lim_{x \to 0} f'(x) = f'(0),$$

又因为 $\lim\limits_{x\to 0}\dfrac{f(x)}{x}=1$,所以 $\lim\limits_{x\to 0}f(x)=0$,于是由洛必达法则得

$$\lim_{x\to 0}\frac{f(x)}{x}=\lim_{x\to 0}f'(x)=1.$$

故 $f(0)=0, f'(0)=1$,从而当 $x\neq 0$ 时,

$$f(x)=f(0)+f'(0)x+\frac{f''(\xi)}{2!}x^2=x+\frac{f''(\xi)}{2!}x^2>x.$$

习题 4.6

1. 函数 $f(x)$ 按 $x-x_0$ 的幂展开的 n 阶泰勒公式的余项是( ).

A. $R_n(x)=\dfrac{f^{(n+1)}(\xi)}{(n+1)!}(x-x_0)^{n+1}$ (ξ 介于 x 与 x_0 之间)

B. $R_n(x)=\dfrac{f^{(n)}(\xi)}{n!}(x-x_0)^n$ (ξ 介于 x 与 x_0 之间)

C. $R_n(x)=o[(x-x_0)^{n+1}]$

D. $R_n(x)=o(x^{n+1})$

2. 在函数 $f(x)$ 按 $x-x_0$ 的幂展开的 n 阶泰勒公式中,$(x-x_0)^4$ 的系数为( ).

A. $f^{(4)}(x_0)$ B. $\dfrac{f^{(4)}(x_0)}{4!}$ C. $\dfrac{f^{(4)}(x)}{4!}$ D. $f^{(4)}(x)$

3. 求函数 $f(x)=\sqrt{x}$ 按 $x-4$ 的幂展开的带有拉格朗日型余项的三阶泰勒公式.

4. 求函数 $f(x)=\ln(1+x)$ 的带有拉格朗日型余项的 n 阶麦克劳林公式.

5. 应用麦克劳林公式求 $\ln 1.2$ 的近似值,使其误差小于 10^{-4}.

6. 利用泰勒公式求极限 $\lim\limits_{x\to 0}\dfrac{\cos x-\mathrm{e}^{-\frac{x^2}{2}}}{x^2[x+\ln(1-x)]}$.

第 4 章思考题

1. 罗尔中值定理、拉格朗日中值定理、柯西中值定理的相互关系是什么?
2. 利用罗尔中值定理证明结论时如何构造辅助函数?
3. 利用洛必达法则求极限时应注意什么问题?
4. $\infty-\infty$ 型未定式的极限如何转化成可利用洛必达法则求的类型?
5. 函数的极值可疑点有哪些? 如何求函数的极值?
6. 如何利用函数的单调性证明不等式?
7. 如何计算闭区间上连续函数的最值?
8. 如何判定曲线的凹凸性? 如何求拐点?
9. 曲线的三种渐近线的求解方法分别是什么?
10. n 阶泰勒公式和 n 阶麦克劳林公式的相互关系是什么?
11. 拉格朗日型余项是什么? 拉格朗日型余项还可以写成什么形式?
12. 佩亚诺型余项是什么?

总习题四

(A)

1. 填空题.

(1) 当 $x = $ _____ 时,函数 $y = x \cdot 2^x$ 取得极小值.

(2) 曲线 $y = e^{-x^2}$ 的凸区间是 _____.

(3) 函数 $y = x + 2\cos x$ 在闭区间 $\left[0, \dfrac{\pi}{2}\right]$ 上的最大值为 _____.

(4) 曲线 $y = \dfrac{c}{1+be^{-ax}}(a,b,c>0)$ 的水平渐近线方程为 _____.

(5) 设 $\lim\limits_{x \to +\infty} f'(x) = k(k$ 为常数$)$,则 $\lim\limits_{x \to +\infty}[f(x+a) - f(x)] = $ _____.

2. 选择题.

(1) 下列函数中,在指定区间上满足罗尔中值定理条件的是( ).

A. $f(x) = x^2, [0,3]$ 　　　　　　B. $f(x) = \dfrac{1}{x}, [-1,1]$

C. $f(x) = |x|, [-1,1]$ 　　　　　　D. $f(x) = \ln(1+x^2), [-1,1]$

(2) $f'(x_0) = 0$ 是函数 $f(x)$ 在点 x_0 处取得极值的( ).

A. 必要条件 　　　　　　　　　　B. 充分条件

C. 充要条件 　　　　　　　　　　D. 既非充分也非必要条件

(3) 设在 $[0,1]$ 上 $f''(x) > 0$,则 $f'(0), f'(1), f(0) - f(1)$ 或 $f(1) - f(0)$ 的大小关系为( ).

A. $f'(1) > f'(0) > f(1) - f(0)$ 　　　B. $f(1) - f(0) > f'(1) > f'(0)$

C. $f'(1) > f(1) - f(0) > f'(0)$ 　　　D. $f'(1) > f(0) - f(1) > f'(0)$

(4) 设 $f(x), g(x)$ 是恒大于 0 的可导函数,且 $f'(x)g(x) - f(x)g'(x) < 0$,则当 $a < x < b$ 时,有( ).

A. $f(x)g(b) > f(b)g(x)$ 　　　　　B. $f(x)g(a) > f(a)g(x)$

C. $f(x)g(x) > f(b)g(b)$ 　　　　　D. $f(x)g(x) > f(a)g(a)$

(5) 使不等式 $a\ln a > b\ln b$ 恒成立的条件是( ).

A. $0 < b < a < \dfrac{1}{e}$ 　　　　　　B. $0 < a < b < \dfrac{1}{e}$

C. $\dfrac{1}{e} < a < b < 1$ 　　　　　　D. $b > a > 1$

(6) 设函数 $f(x)$ 的导数 $f'(x)$ 在点 $x = a$ 处连续,且 $\lim\limits_{x \to a} \dfrac{f'(x)}{x-a} = -1$,则( ).

A. $x = a$ 是 $f(x)$ 的极小值点

B. $x = a$ 是 $f(x)$ 的极大值点

C. $(a, f(a))$ 是曲线 $y = f(x)$ 的拐点

D. $x = a$ 不是 $f(x)$ 的极值点，$(a, f(a))$ 也不是曲线 $y = f(x)$ 的拐点

(7) 若点 $(0,1)$ 是曲线 $y = ax^3 + bx^2 + c$ 的拐点，则系数 a, b, c 的取值应满足（　　）．

A. $a = 1, b = -1, c = 1$　　　　B. $a \neq 0, b = 0, c = 1$

C. $a = 0, b \neq 0, c = 1$　　　　D. $a \neq 0, b \neq 0, c = 1$

(8) 下列极限中能使用洛必达法则求的是（　　）．

A. $\lim\limits_{x \to 0} \dfrac{x^2 \sin \dfrac{1}{x}}{\sin x}$　　　　B. $\lim\limits_{x \to +\infty} x\left(\dfrac{\pi}{2} - \arctan x\right)$

C. $\lim\limits_{x \to \infty} \dfrac{x - \sin x}{x + \sin x}$　　　　D. $\lim\limits_{x \to \infty} \dfrac{x \sin x}{1 + x^2}$

(9) 设函数 $f(x)$ 在点 x_0 处满足 $f'(x_0) = f''(x_0) = 0, f'''(x_0) > 0$，则（　　）．

A. $f'(x_0)$ 是 $f'(x)$ 的极大值　　　　B. $f(x_0)$ 是 $f(x)$ 的极大值

C. $f(x_0)$ 是 $f(x)$ 的极小值　　　　D. $(x_0, f(x_0))$ 是曲线 $y = f(x)$ 的拐点

(10) 设函数 $f(x) = \dfrac{|x-1|}{x}$，则下列结论中正确的是（　　）．

A. $x = 1$ 是 $f(x)$ 的极值点，但 $(1, 0)$ 不是曲线 $y = f(x)$ 的拐点

B. $x = 1$ 不是 $f(x)$ 的极值点，但 $(1, 0)$ 是曲线 $y = f(x)$ 的拐点

C. $x = 1$ 是 $f(x)$ 的极值点，且 $(1, 0)$ 也是曲线 $y = f(x)$ 的拐点

D. $x = 1$ 不是 $f(x)$ 的极值点，且 $(1, 0)$ 也不是曲线 $y = f(x)$ 的拐点

(B)

3. 证明：方程 $1 + x + \dfrac{x^2}{2} + \dfrac{x^3}{6} = 0$ 有且仅有一个实根．

4. 设 $\dfrac{a_0}{1} + \dfrac{a_1}{2} + \dfrac{a_2}{3} + \cdots + \dfrac{a_n}{n+1} = 0$．证明：在开区间 $(0, 1)$ 内至少存在一点 x_0，使得
$$a_0 + a_1 x_0 + a_2 x_0^2 + \cdots + a_n x_0^n = 0.$$

5. 设函数 $f(x)$ 在闭区间 $[0, a]$ 上连续，在开区间 $(0, a)$ 内可导，且 $f(0) = f(a) = 0$．证明：在开区间 $(0, a)$ 内至少存在一点 ξ，使得 $f(\xi) + f'(\xi) = 0$．

6. 设函数 $f(x)$ 在闭区间 $[0, 1]$ 上连续，在开区间 $(0, 1)$ 内二阶可导，且 $f(1) = 0$．令 $F(x) = x^2 f(x)$，证明：至少存在一点 $\xi \in (0, 1)$，使得 $F''(\xi) = 0$．

7. 设函数 $f(x)$ 在闭区间 $[0, a]$ 上连续，在开区间 $(0, a)$ 内可导，且 $f(0)f(a) < 0$，$|f'(x)| \leqslant m$（m 为常数）．证明：$|f(0)| + |f(a)| \leqslant am$．

8. 设函数 $f(x)$ 在闭区间 $[a, b]$ 上连续，在开区间 (a, b) 内可导，且 $f'(x) \neq 0$．证明：存在 $\xi, \tau \in (a, b)$，使得
$$\dfrac{f'(\xi)}{f'(\tau)} = \dfrac{e^b - e^a}{b - a} e^{-\tau}.$$

9. 讨论曲线 $y=\ln x-\dfrac{x}{e}+k$ 与 x 轴的交点的个数.

10. 证明:当 $x>-1$ 时,$e^x\geqslant 1+\ln(1+x)$.

11. 求下列极限:

(1) $\lim\limits_{x\to 0}\dfrac{e^x+e^{-x}-2}{x^2}$;

(2) $\lim\limits_{x\to +\infty}\left(\dfrac{2}{\pi}\arctan x\right)^{2x}$;

(3) $\lim\limits_{x\to \infty}\left(\dfrac{1+2^{\frac{1}{x}}+3^{\frac{1}{x}}+\cdots+100^{\frac{1}{x}}}{100}\right)^{100x}$;

(4) $\lim\limits_{x\to 0}\dfrac{\sqrt{1+\tan x}-\sqrt{1+\sin x}}{x\ln(1+x)-x^2}$.

12. 将半径为 R 的圆形铁皮剪下一个圆心角为 α 的扇形,用它做成一个漏斗形容器,问 α 为何值时,容器的容积最大?

13. 求下列经济问题的最大值或最小值.

(1) 某商场一年内要分批购进某种商品 2 400 件,每件商品的批发价为 6 元(购进),每件库存商品每年占用银行资金的利率为 10%,每批商品的采购费用为 20 元,问分几批购进才能使上述两项开支之和最小(不包括商品批发费用)?

(2) 某工厂生产某种产品,年产量为 x(单位:千件),总成本为 $C(x)=1+\dfrac{1}{2}x$(单位:万元).市场上每年最多可销售此种产品 6 千件,其销售收入(单位:万元)为

$$R(x)=\begin{cases}4x-\dfrac{1}{2}x^2, & 0\leqslant x\leqslant 6,\\ 6, & x>6.\end{cases}$$

当年产量为多大时,可获得最大利润?最大利润为多少?

第5章

不 定 积 分

前面我们介绍了函数的导数、微分及其应用,现在我们来考虑相反的问题:已知某个函数的导数,求该函数本身.这就是积分学的基本问题之一 —— 不定积分.

本章主要讲述不定积分的概念、性质及求不定积分的方法.

5.1 不定积分的概念和性质

5.1.1 原函数与不定积分的概念

定义 5.1.1 如果在某个区间 I 上,可导函数 $F(x)$ 的导数为 $f(x)$,即对任意 $x \in I$,都有
$$F'(x) = f(x) \quad \text{或} \quad dF(x) = f(x)dx,$$
那么称函数 $F(x)$ 为 $f(x)$ 在区间 I 上的一个**原函数**.

例如,因为 $(\sin x)' = \cos x$,所以 $\sin x$ 是 $\cos x$ 的一个原函数.又如,在区间 $(0, +\infty)$ 内,因为 $(2\sqrt{x})' = \dfrac{1}{\sqrt{x}}$,所以 $2\sqrt{x}$ 是 $\dfrac{1}{\sqrt{x}}$ 在区间 $(0, +\infty)$ 内的一个原函数.

对于给定的函数 $f(x)$,其满足什么条件才能保证有原函数?一般地,有下面的定理(证明在第 6 章给出).

定理 5.1.1 (原函数存在定理) 如果函数 $f(x)$ 在区间 I 上连续,那么 $f(x)$ 在区间 I 上的原函数一定存在.

对原函数再说明两点:

(1) 如果 $F(x)$ 是函数 $f(x)$ 的一个原函数,那么 $F(x) + C$ (C 为任意常数)也是 $f(x)$ 的原函数.因此,若 $f(x)$ 有一个原函数,则 $f(x)$ 就有无穷多个原函数.

(2) 如果 $F(x)$ 和 $G(x)$ 都是函数 $f(x)$ 的原函数,那么由拉格朗日中值定理的推论 2 可知,$G(x) = F(x) + C$ (C 为任意常数).

以上两点说明,如果 $F(x)$ 是函数 $f(x)$ 在区间 I 上的一个原函数,那么 $f(x)$ 的全体原函数可表示为 $F(x) + C$ (C 为任意常数).由此,我们引入下述定义.

定义 5.1.2 函数 $f(x)$ 在区间 I 上的全体原函数称为 $f(x)$ 的**不定积分**,记作

$$\int f(x)dx,$$

其中 $\int$ 称为**积分号**，$f(x)$ 称为**被积函数**，$f(x)dx$ 称为**被积表达式**，x 称为**积分变量**.

由定义 5.1.2 可知，如果 $F(x)$ 为函数 $f(x)$ 在区间 I 上的一个原函数，那么
$$\int f(x)dx = F(x) + C \quad (C \text{ 为任意常数}).$$

由此可见，求函数 $f(x)$ 的不定积分，实际上只需求出 $f(x)$ 的一个原函数，再加上一个任意常数 C（也称为**积分常数**，后不再注明）就可以了.

例 5.1.1 求不定积分 $\int x^2 dx$.

解 因为 $\left(\dfrac{x^3}{3}\right)' = x^2$，所以 $\dfrac{x^3}{3}$ 是 x^2 的一个原函数，从而 $\int x^2 dx = \dfrac{x^3}{3} + C$.

例 5.1.2 求不定积分 $\int \dfrac{1}{x} dx$.

解 当 $x > 0$ 时，因为 $(\ln x)' = \dfrac{1}{x}$，所以 $\int \dfrac{1}{x} dx = \ln x + C$；当 $x < 0$ 时，因为 $[\ln(-x)]' = \dfrac{1}{-x} \cdot (-1) = \dfrac{1}{x}$，所以 $\int \dfrac{1}{x} dx = \ln(-x) + C$. 综合可得
$$\int \dfrac{1}{x} dx = \ln|x| + C.$$

5.1.2 不定积分的几何意义

函数 $f(x)$ 的任意一个原函数 $y = F(x)$ 的图形称为 $f(x)$ 的一条**积分曲线**，这条曲线上任一点 $(x, F(x))$ 处的切线斜率等于 $f(x)$. 曲线 $y = F(x)$ 沿 y 轴方向平行移动时，可得到 $y = F(x) + C$ 中任一曲线的图形. 因此，**不定积分 $\int f(x)dx$ 在几何上表示一簇积分曲线**. 它的特点是：在横坐标相同的点 x 处，各积分曲线的切线的斜率都等于 $f(x)$，即各切线相互平行（见图 5.1.1）.

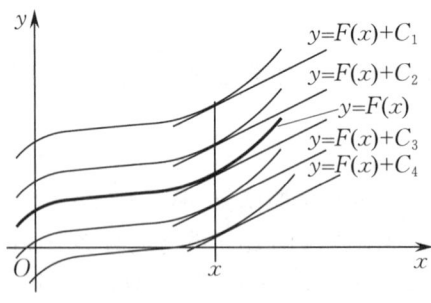

图 5.1.1

在求函数 $f(x)$ 的原函数时，有时需要求一个满足条件 $y_0 = F(x_0)$ 的原函数 $F(x)$，在几何上就是求一条通过点 (x_0, y_0) 的积分曲线. 这个条件 $y_0 = F(x_0)$ 一般称为**初始条件**，由它可以唯一地确定积分常数 C 的值.

例 5.1.3 求函数 $y = f(x) = x^2$ 通过点 $(1, 0)$ 的积分曲线.

解 因 $y = \int f(x)dx = \int x^2 dx = \dfrac{x^3}{3} + C$,代入初始条件,得 $\dfrac{1}{3} + C = 0$,故 $C = -\dfrac{1}{3}$. 因此,所求的积分曲线为 $y = \dfrac{x^3}{3} - \dfrac{1}{3}$.

5.1.3 基本积分公式

因为 $\int f(x)dx$ 是 $f(x)$ 的原函数,所以

$$\dfrac{d}{dx}\left[\int f(x)dx\right] = f(x) \quad \text{或} \quad d\left[\int f(x)dx\right] = f(x)dx.$$

又因为 $F(x)$ 是 $F'(x)$ 的一个原函数,所以

$$\int F'(x)dx = F(x) + C \quad \text{或} \quad \int dF(x) = F(x) + C.$$

由此可见,微分运算与求不定积分的运算是互逆的,先积分后微分与先微分后积分相差一个常数. 于是,很自然地想到可以从函数的导数公式得到相应函数的积分公式.

例如,因为 $\left(\dfrac{x^{\mu+1}}{\mu+1}\right)' = x^{\mu}(\mu \neq -1)$,所以 $\dfrac{x^{\mu+1}}{\mu+1}$ 是 x^{μ} 的一个原函数,从而有积分公式

$$\int x^{\mu} dx = \dfrac{x^{\mu+1}}{\mu+1} + C \quad (\mu \neq -1).$$

类似地,可以得到其他的积分公式. 下面给出一些基本积分公式.

(1) $\int k dx = kx + C$ (k 为常数);   (2) $\int x^{\mu} dx = \dfrac{x^{\mu+1}}{\mu+1} + C(\mu \neq -1)$;

(3) $\int \dfrac{1}{x} dx = \ln|x| + C$;   (4) $\int \dfrac{1}{1+x^2} dx = \arctan x + C$;

(5) $\int \dfrac{1}{\sqrt{1-x^2}} dx = \arcsin x + C$;   (6) $\int \cos x dx = \sin x + C$;

(7) $\int \sin x dx = -\cos x + C$;   (8) $\int \dfrac{1}{\cos^2 x} dx = \int \sec^2 x dx = \tan x + C$;

(9) $\int \dfrac{1}{\sin^2 x} dx = \int \csc^2 x dx = -\cot x + C$;   (10) $\int \sec x \tan x dx = \sec x + C$;

(11) $\int \csc x \cot x dx = -\csc x + C$;   (12) $\int e^x dx = e^x + C$;

(13) $\int a^x dx = \dfrac{1}{\ln a} a^x + C$ (a 是常数,$a > 0$ 且 $a \neq 1$).

以上 13 个基本积分公式是求不定积分的基础,务必熟记.

例 5.1.4 求不定积分 $\int \dfrac{1}{x^3} dx$.

解 $\int \dfrac{1}{x^3} dx = \int x^{-3} dx = \dfrac{1}{-3+1} x^{-3+1} + C = -\dfrac{1}{2x^2} + C.$

例 5.1.5 求不定积分 $\int x^2 \sqrt{x} dx$.

解 $\int x^2 \sqrt{x}\,dx = \int x^{\frac{5}{2}}\,dx = \frac{1}{\frac{5}{2}+1}x^{\frac{5}{2}+1}+C = \frac{2}{7}x^{\frac{7}{2}}+C = \frac{2}{7}x^3\sqrt{x}+C.$

例 5.1.6 求不定积分 $\int 5^x \cdot 2^{2x}\,dx.$

解 $\int 5^x \cdot 2^{2x}\,dx = \int 5^x \cdot 4^x\,dx = \int 20^x\,dx = \frac{1}{\ln 20}20^x + C.$

5.1.4 不定积分的性质

由不定积分的定义,易得不定积分的性质.

性质 1 设函数 $f(x)$ 的原函数存在,k 为非零常数,则

$$\int kf(x)\,dx = k\int f(x)\,dx.$$

性质 2 设函数 $f(x)$ 及 $g(x)$ 的原函数都存在,则

$$\int [f(x)+g(x)]\,dx = \int f(x)\,dx + \int g(x)\,dx.$$

性质 2 可以推广到有限多个函数的和的情形.

利用不定积分的性质及基本积分公式,可以求出一些简单函数的不定积分,此方法习惯上称为**直接积分法**.

例 5.1.7 求不定积分 $\int (2\cos x - e^x - 3)\,dx.$

解 $\int (2\cos x - e^x - 3)\,dx = 2\int \cos x\,dx - \int e^x\,dx - 3\int dx = 2\sin x - e^x - 3x + C.$

例 5.1.8 求不定积分 $\int x(2-\sqrt{x})\,dx.$

解 $\int x(2-\sqrt{x})\,dx = \int (2x - x^{\frac{3}{2}})\,dx = \int 2x\,dx - \int x^{\frac{3}{2}}\,dx$

$= x^2 - \frac{1}{\frac{3}{2}+1}x^{\frac{3}{2}+1} + C = x^2 - \frac{2}{5}x^2\sqrt{x} + C.$

例 5.1.9 求不定积分 $\int \frac{(x-1)^2}{x}\,dx.$

解 $\int \frac{(x-1)^2}{x}\,dx = \int \frac{x^2-2x+1}{x}\,dx = \int \left(x - 2 + \frac{1}{x}\right)dx = \int x\,dx - \int 2\,dx + \int \frac{1}{x}\,dx$

$= \frac{1}{2}x^2 - 2x + \ln|x| + C.$

例 5.1.10 求不定积分 $\int \frac{x^4}{1+x^2}\,dx.$

分析 基本积分公式中没有此类型的积分,可先把被积函数恒等变形,化为基本积分公式中已有的类型,然后再逐项积分.

解 $\int \frac{x^4}{1+x^2}\,dx = \int \frac{x^4-1+1}{1+x^2}\,dx = \int \left(x^2 - 1 + \frac{1}{1+x^2}\right)dx = \int x^2\,dx - \int dx + \int \frac{1}{1+x^2}\,dx$

$$= \frac{1}{3}x^3 - x + \arctan x + C.$$

例 5.1.11 求不定积分 $\int \frac{1}{\sin^2 x \cos^2 x} dx$.

解 $\int \frac{1}{\sin^2 x \cos^2 x} dx = \int \frac{\sin^2 x + \cos^2 x}{\sin^2 x \cos^2 x} dx = \int \frac{1}{\cos^2 x} dx + \int \frac{1}{\sin^2 x} dx = \tan x - \cot x + C.$

例 5.1.12 求不定积分 $\int \tan^2 x \, dx$.

解 $\int \tan^2 x \, dx = \int (\sec^2 x - 1) dx = \int \sec^2 x \, dx - \int dx = \tan x - x + C.$

例 5.1.13 求不定积分 $\int \sin^2 \frac{x}{2} dx$.

解 $\int \sin^2 \frac{x}{2} dx = \int \frac{1}{2}(1 - \cos x) dx = \frac{1}{2}\left(\int dx - \int \cos x \, dx\right) = \frac{1}{2}(x - \sin x) + C.$

习 题 5.1

1. 若 $f(x)$ 是 $g(x)$ 的一个原函数,则(   ).

   A. $\int f(x) dx = g(x) + C$ B. $\int g(x) dx = f(x) + C$

   C. $\int g'(x) dx = f(x) + C$ D. $\int f'(x) dx = g(x) + C$

2. 设函数 $f(x)$ 的一个原函数为 $\sin x$,则 $\int f'(x) dx = ($ $)$.

   A. $\sin x + C$ B. $-\sin x + C$ C. $\cos x + C$ D. $-\cos x + C$

3. 求下列不定积分:

   (1) $\int \frac{1}{x^3 \sqrt{x}} dx$;
   (2) $\int \frac{1}{\sqrt{2gt}} dt \, (g \text{ 为常数})$;
   (3) $\int \sqrt{x \sqrt{x \sqrt{x}}} \, dx$;

   (4) $\int \left(x^3 + 3^x - \frac{1}{2\sqrt{x}}\right) dx$;
   (5) $\int \left(\frac{2}{1+x^2} - \frac{3}{\sqrt{1-x^2}}\right) dx$;
   (6) $\int \frac{x^2}{1+x^2} dx$;

   (7) $\int \frac{1 + x + x^2}{x(1+x^2)} dx$;
   (8) $\int \frac{e^{2x} - 1}{e^x - 1} dx$;
   (9) $\int \sec x (\sec x + \tan x) dx$;

   (10) $\int \frac{\cos 2x}{\cos^2 x \sin^2 x} dx$;
   (11) $\int \frac{\cos 2x}{\cos x - \sin x} dx$;
   (12) $\int \frac{1 + \cos^2 x}{1 + \cos 2x} dx$.

4. 已知一曲线经过点 $(1,2)$,且其上任意一点 (x,y) 处的切线斜率为 $3x^2$,求该曲线的方程.

5. 已知某种产品的产量随时间的变化率是时间 t 的函数 $f(t) = at + b$ (a,b 为常数),设此产品的产量为函数 $Q(t)$,且 $Q(0) = 0$,求 $Q(t)$.

5.2 换元积分法

能利用直接积分法求出的不定积分是非常有限的. 从本节开始将介绍求不定积分的一些常用方法,利用这些方法可以求出更多的不定积分.

5.2.1 第一换元积分法(凑微分法)

例 5.2.1 求不定积分 $\int \cos 2x \, dx$.

分析 显然,该不定积分不能用直接积分法求出,但基本积分公式中有 $\int \cos x \, dx = \sin x + C$. 比较 $\int \cos x \, dx$ 和 $\int \cos 2x \, dx$,发现只是 $\cos 2x$ 中 x 的系数多了一个常数因子 2,因此如果凑上一个常数因子 2,使其成为 $\int \cos 2x \, dx = \frac{1}{2} \int \cos 2x \, d(2x)$,再令 $2x = u$,那么上述不定积分就变成 $\frac{1}{2} \int \cos u \, du$,从而就可以用公式求出这个不定积分了.

解 $\int \cos 2x \, dx = \frac{1}{2} \int \cos 2x \, d(2x) \xrightarrow{\diamondsuit 2x = u} \frac{1}{2} \int \cos u \, du = \frac{1}{2} (\sin u + C_1)$
$= \frac{1}{2} \sin 2x + C \quad \left(C = \frac{1}{2} C_1 \right).$

一般地,有下面的定理.

定理 5.2.1(第一换元积分法) 如果 $\int f(u) \, du = F(u) + C$,函数 $u = \varphi(x)$ 可导,那么
$$\int f[\varphi(x)] \varphi'(x) \, dx = \int f[\varphi(x)] \, d\varphi(x) = F[\varphi(x)] + C. \tag{5.2.1}$$

证 由于 $F'(u) = f(u)$,由复合函数的求导法则,有

$$\{F[\varphi(x)]\}' = F'(u) \varphi'(x) = f(u) \varphi'(x) = f[\varphi(x)] \varphi'(x).$$

这表示 $F[\varphi(x)]$ 是 $f[\varphi(x)] \varphi'(x)$ 的一个原函数,从而
$$\int f[\varphi(x)] \varphi'(x) \, dx = F[\varphi(x)] + C.$$

定理 5.2.1 表明,如果把基本积分公式中的积分变量 x 换成可导函数 $u = \varphi(x)$,公式仍然成立. 例如,由 $\int x^2 \, dx = \frac{1}{3} x^3 + C$ 可以得出 $\int \sin^2 x \, d(\sin x) = \frac{1}{3} \sin^3 x + C$,$\int \ln^2 x \, d(\ln x) = \frac{1}{3} \ln^3 x + C$ 等.

由定理 5.2.1 可知,如果不定积分 $\int g(x) \, dx$ 不能用直接积分法求出结果,但是 $g(x)$ 可以改写成 $f[\varphi(x)] \varphi'(x)$ 的形式,并且 $f(u)$ 的原函数容易求出,那么就可以用式(5.2.1)求不定积分 $\int g(x) \, dx$. 具体过程如下:

$\int g(x) \, dx \xrightarrow{\text{恒等变形}} \int f[\varphi(x)] \varphi'(x) \, dx \xrightarrow{\text{凑微分}} \int f[\varphi(x)] \, d\varphi(x) \xrightarrow{\diamondsuit \varphi(x) = u} \int f(u) \, du$
$\xrightarrow{\text{若 } F'(u) = f(u)} F(u) + C \xrightarrow{\text{回代 } u = \varphi(x)} F[\varphi(x)] + C.$

这一过程的关键在于设法将被积表达式 $g(x) \, dx$ 凑成 $f[\varphi(x)] \, d\varphi(x)$ 的形式,因而这种方法也称为**凑微分法**. 对该方法熟练以后,可省去中间的变换、回代过程.

例 5.2.2 求不定积分 $\int x\mathrm{e}^{x^2}\mathrm{d}x$.

解 $\int x\mathrm{e}^{x^2}\mathrm{d}x = \dfrac{1}{2}\int \mathrm{e}^{x^2}\mathrm{d}(x^2) \xrightarrow{\text{令}\,x^2=u} \dfrac{1}{2}\int \mathrm{e}^u\mathrm{d}u = \dfrac{1}{2}\mathrm{e}^u+C \xrightarrow{\text{回代}\,u=x^2} \dfrac{1}{2}\mathrm{e}^{x^2}+C.$

例 5.2.3 求不定积分 $\int \dfrac{1}{\sqrt{3x+2}}\mathrm{d}x$.

解 $\int \dfrac{1}{\sqrt{3x+2}}\mathrm{d}x = \dfrac{1}{3}\int \dfrac{1}{\sqrt{3x+2}}\mathrm{d}(3x+2) \xrightarrow{\text{令}\,3x+2=u} \dfrac{1}{3}\int \dfrac{1}{\sqrt{u}}\mathrm{d}u = \dfrac{2}{3}\sqrt{u}+C$

$\xrightarrow{\text{回代}\,u=3x+2} \dfrac{2}{3}\sqrt{3x+2}+C.$

例 5.2.4 求不定积分 $\int \dfrac{1}{x\ln x}\mathrm{d}x$.

解 $\int \dfrac{1}{x\ln x}\mathrm{d}x = \int \dfrac{1}{\ln x}\mathrm{d}(\ln x) \xrightarrow{\text{令}\,\ln x=u} \int \dfrac{1}{u}\mathrm{d}u = \ln|u|+C \xrightarrow{\text{回代}\,u=\ln x} \ln|\ln x|+C.$

例 5.2.5 求不定积分 $\int \dfrac{1}{x^2}\cos\dfrac{1}{x}\mathrm{d}x$.

解 $\int \dfrac{1}{x^2}\cos\dfrac{1}{x}\mathrm{d}x = -\int \cos\dfrac{1}{x}\mathrm{d}\left(\dfrac{1}{x}\right) = -\sin\dfrac{1}{x}+C.$

例 5.2.6 求不定积分 $\int \dfrac{\arcsin^2 x}{\sqrt{1-x^2}}\mathrm{d}x$.

解 $\int \dfrac{\arcsin^2 x}{\sqrt{1-x^2}}\mathrm{d}x = \int \arcsin^2 x\,\mathrm{d}(\arcsin x) = \dfrac{1}{3}\arcsin^3 x+C.$

例 5.2.7 求不定积分 $\int \dfrac{1}{\cos^2 x(1+2\tan x)}\mathrm{d}x$.

解 $\int \dfrac{1}{\cos^2 x(1+2\tan x)}\mathrm{d}x = \dfrac{1}{2}\int \dfrac{1}{1+2\tan x}\mathrm{d}(1+2\tan x) = \dfrac{1}{2}\ln|1+2\tan x|+C.$

例 5.2.8 求不定积分 $\int \tan x\,\mathrm{d}x$.

解 $\int \tan x\,\mathrm{d}x = \int \dfrac{\sin x}{\cos x}\mathrm{d}x = -\int \dfrac{1}{\cos x}\mathrm{d}(\cos x) = -\ln|\cos x|+C.$

类似地,可得

$$\int \cot x\,\mathrm{d}x = \ln|\sin x|+C.$$

例 5.2.9 求不定积分 $\int \dfrac{1}{a^2+x^2}\mathrm{d}x\,(a\neq 0)$.

解 $\int \dfrac{1}{a^2+x^2}\mathrm{d}x = \int \dfrac{1}{a^2}\cdot\dfrac{1}{1+\left(\dfrac{x}{a}\right)^2}\mathrm{d}x = \dfrac{1}{a}\int \dfrac{1}{1+\left(\dfrac{x}{a}\right)^2}\mathrm{d}\left(\dfrac{x}{a}\right) = \dfrac{1}{a}\arctan\dfrac{x}{a}+C.$

类似地,当 $a>0$ 时,可得

$$\int \dfrac{1}{\sqrt{a^2-x^2}}\mathrm{d}x = \arcsin\dfrac{x}{a}+C.$$

例 5.2.10 求不定积分 $\int \dfrac{1}{x^2-a^2}dx \ (a \neq 0)$.

解 $\int \dfrac{1}{x^2-a^2}dx = \dfrac{1}{2a}\int \left(\dfrac{1}{x-a}-\dfrac{1}{x+a}\right)dx = \dfrac{1}{2a}\left(\int \dfrac{1}{x-a}dx - \int \dfrac{1}{x+a}dx\right)$

$= \dfrac{1}{2a}\left[\int \dfrac{1}{x-a}d(x-a) - \int \dfrac{1}{x+a}d(x+a)\right]$

$= \dfrac{1}{2a}(\ln|x-a| - \ln|x+a|) + C$

$= \dfrac{1}{2a}\ln\left|\dfrac{x-a}{x+a}\right| + C.$

例 5.2.11 求不定积分 $\int \sec x \, dx$.

解 $\int \sec x \, dx = \int \dfrac{\cos x}{\cos^2 x}dx = -\int \dfrac{d(\sin x)}{\sin^2 x - 1} \xrightarrow{\text{利用例 5.2.10 结果}} -\dfrac{1}{2}\ln\left|\dfrac{\sin x - 1}{\sin x + 1}\right| + C$

$= -\dfrac{1}{2}\ln\left|\dfrac{1-\sin^2 x}{(1+\sin x)^2}\right| + C = \ln\left|\dfrac{1+\sin x}{\cos x}\right| + C = \ln|\sec x + \tan x| + C.$

类似地，可得

$$\int \csc x \, dx = \ln|\csc x - \cot x| + C.$$

在上面的例题中，有些函数的积分今后经常用到，我们可把它们与基本积分公式一起作为公式使用：

(14) $\int \tan x \, dx = -\ln|\cos x| + C$;   (15) $\int \cot x \, dx = \ln|\sin x| + C$;

(16) $\int \sec x \, dx = \ln|\sec x + \tan x| + C$;   (17) $\int \csc x \, dx = \ln|\csc x - \cot x| + C$;

(18) $\int \dfrac{1}{a^2+x^2}dx = \dfrac{1}{a}\arctan\dfrac{x}{a} + C$;   (19) $\int \dfrac{1}{x^2-a^2}dx = \dfrac{1}{2a}\ln\left|\dfrac{x-a}{x+a}\right| + C$;

(20) $\int \dfrac{1}{\sqrt{a^2-x^2}}dx = \arcsin\dfrac{x}{a} + C.$

例 5.2.12 求不定积分 $\int x\tan(x^2+1)dx$.

解 $\int x\tan(x^2+1)dx = \dfrac{1}{2}\int \tan(x^2+1)d(x^2+1) = -\dfrac{1}{2}\ln|\cos(x^2+1)| + C.$

当被积函数中含有三角函数时，往往要利用三角恒等式对被积函数进行变形，然后再凑微分.

例 5.2.13 求不定积分 $\int \sin^2 x \, dx$.

解 $\int \sin^2 x \, dx = \int \dfrac{1}{2}(1-\cos 2x)dx = \dfrac{1}{2}\int dx - \dfrac{1}{4}\int \cos 2x \, d(2x) = \dfrac{x}{2} - \dfrac{1}{4}\sin 2x + C.$

例 5.2.14 求不定积分 $\int \sin^2 x \cos^5 x \, dx$.

解 $\int \sin^2 x \cos^5 x \, dx = \int \sin^2 x \cos^4 x \cos x \, dx = \int \sin^2 x (1-\sin^2 x)^2 d(\sin x)$

$= \int (\sin^2 x - 2\sin^4 x + \sin^6 x)d(\sin x)$

$$=\frac{1}{3}\sin^3 x-\frac{2}{5}\sin^5 x+\frac{1}{7}\sin^7 x+C.$$

例 5.2.15 求不定积分 $\int \tan^3 x \, dx$.

解
$$\int \tan^3 x \, dx = \int \tan x \tan^2 x \, dx = \int \tan x (\sec^2 x - 1) \, dx = \int \tan x \sec^2 x \, dx - \int \tan x \, dx$$
$$= \int \tan x \, d(\tan x) + \ln|\cos x| = \frac{1}{2}\tan^2 x + \ln|\cos x| + C.$$

例 5.2.16 求不定积分 $\int \cos 3x \cos 2x \, dx$.

解
$$\int \cos 3x \cos 2x \, dx = \frac{1}{2}\int (\cos x + \cos 5x) \, dx = \frac{1}{2}\int \cos x \, dx + \frac{1}{10}\int \cos 5x \, d(5x)$$
$$= \frac{1}{2}\sin x + \frac{1}{10}\sin 5x + C.$$

例 5.2.17 求不定积分 $\int \dfrac{2x-1}{x^2+2x+2} dx$.

解 因为分母 x^2+2x+2 的导数等于 $2x+2$,所以将分子化为 $2x+2-3$,由此得
$$\int \frac{2x-1}{x^2+2x+2} dx = \int \frac{2x+2-3}{x^2+2x+2} dx = \int \frac{2x+2}{x^2+2x+2} dx - \int \frac{3}{x^2+2x+2} dx$$
$$= \int \frac{1}{x^2+2x+2} d(x^2+2x+2) - 3\int \frac{1}{(x+1)^2+1} d(x+1)$$
$$= \ln(x^2+2x+2) - 3\arctan(x+1) + C.$$

例 5.2.18 求不定积分 $\int \dfrac{2x-4}{x^2+4x+3} dx$.

解 因为分母 x^2+4x+3 可以因式分解成 $(x+3)(x+1)$,所以将分子化为 $2(x+1)-6$,可得
$$\int \frac{2x-4}{x^2+4x+3} dx = 2\int \frac{1}{x+3} dx - 6\int \frac{1}{x^2+4x+3} dx$$
$$= 2\int \frac{1}{x+3} d(x+3) - 6\int \frac{1}{(x+2)^2-1} d(x+2)$$
$$= 2\ln|x+3| - 3\ln\left|\frac{x+2-1}{x+2+1}\right| + C$$
$$= 5\ln|x+3| - 3\ln|x+1| + C.$$

通过上述例子可以看出,用第一换元积分法求不定积分时需要一定的技巧,如何恰当地选择变量代换 $u=\varphi(x)$ 并没有一般规律可循,因此要掌握此方法,除了熟悉一些典型的例子外,还要多做练习才行.

5.2.2 第二换元积分法

在第一换元积分法中,通过变量代换 $u=\varphi(x)$,将不定积分 $\int f[\varphi(x)]\varphi'(x) dx$ 化为易求的不定积分 $\int f(u) du$. 有时我们也会遇到相反的情形,即通过适当的变量代换 $x=\varphi(t)$,将不

定积分 $\int f(x)\mathrm{d}x$ 化为易求的不定积分 $\int f[\varphi(t)]\varphi'(t)\mathrm{d}t$,这种方法称为第二换元积分法.

定理 5.2.2 (第二换元积分法) 设 $x=\varphi(t)$ 是单调、可导函数,且 $\varphi'(t)\neq 0$. 若 $f[\varphi(t)]\varphi'(t)$ 的原函数存在且为 $F(t)$,则

$$\int f(x)\mathrm{d}x=\int f[\varphi(t)]\varphi'(t)\mathrm{d}t=F(t)+C=F[\varphi^{-1}(x)]+C, \quad (5.2.2)$$

其中 $t=\varphi^{-1}(x)$ 是 $x=\varphi(t)$ 的反函数.

证 由已知条件有

$$\frac{\mathrm{d}F(t)}{\mathrm{d}t}=f[\varphi(t)]\varphi'(t)=f(x)\frac{\mathrm{d}x}{\mathrm{d}t},$$

利用复合函数的求导法则及反函数的求导法则,可得出

$$\frac{\mathrm{d}}{\mathrm{d}x}\{F[\varphi^{-1}(x)]\}=\frac{\mathrm{d}F(t)}{\mathrm{d}t}\cdot\frac{\mathrm{d}t}{\mathrm{d}x}=f(x)\frac{\mathrm{d}x}{\mathrm{d}t}\cdot\frac{\mathrm{d}t}{\mathrm{d}x}=f(x).$$

这表明 $F[\varphi^{-1}(x)]$ 是 $f(x)$ 的一个原函数,因此

$$\int f(x)\mathrm{d}x=F[\varphi^{-1}(x)]+C.$$

下面举例说明第二换元积分法的应用.

1. 被积函数含有根式 $\sqrt[n]{ax+b}$

例 5.2.19 求不定积分 $\int\dfrac{x+1}{\sqrt[3]{3x+1}}\mathrm{d}x$.

解 令 $\sqrt[3]{3x+1}=t$,即 $x=\dfrac{1}{3}(t^3-1)$,则 $\mathrm{d}x=t^2\mathrm{d}t$. 于是

$$\int\frac{x+1}{\sqrt[3]{3x+1}}\mathrm{d}x=\int\frac{\frac{1}{3}(t^3-1)+1}{t}t^2\mathrm{d}t=\frac{1}{3}\int(t^4+2t)\mathrm{d}t=\frac{1}{3}\left(\frac{1}{5}t^5+t^2\right)+C$$

$$=\frac{1}{15}(3x+1)^{\frac{5}{3}}+\frac{1}{3}(3x+1)^{\frac{2}{3}}+C=\frac{1}{5}(x+2)(3x+1)^{\frac{2}{3}}+C.$$

例 5.2.20 求不定积分 $\int\dfrac{\sqrt{x}}{1+x}\mathrm{d}x$.

解 令 $x=t^2(t\geqslant 0)$,则 $\mathrm{d}x=2t\mathrm{d}t$. 于是

$$\int\frac{\sqrt{x}}{1+x}\mathrm{d}x=\int\frac{2t^2}{1+t^2}\mathrm{d}t=2\int\left(1-\frac{1}{1+t^2}\right)\mathrm{d}t$$

$$=2t-2\arctan t+C=2\sqrt{x}-2\arctan\sqrt{x}+C.$$

2. 被积函数含有根式 $\sqrt{a^2-x^2}$ 或 $\sqrt{x^2\pm a^2}$

例 5.2.21 求不定积分 $\int\sqrt{a^2-x^2}\mathrm{d}x\,(a>0)$.

分析 此问题的难点在于根式 $\sqrt{a^2-x^2}$,可利用三角代换消去根式.

解 令 $x=a\sin t\left(-\dfrac{\pi}{2}\leqslant t\leqslant\dfrac{\pi}{2}\right)$,则 $\mathrm{d}x=a\cos t\mathrm{d}t,\sqrt{a^2-x^2}=a\cos t$. 于是

$$\int \sqrt{a^2-x^2}\,dx = a^2\int \cos^2 t\,dt = \frac{a^2}{2}\int(1+\cos 2t)\,dt$$
$$= \frac{a^2}{2}\left(t+\frac{1}{2}\sin 2t\right)+C = \frac{a^2}{2}t+\frac{a^2}{2}\sin t\cos t+C.$$

由于 $x=a\sin t\left(-\frac{\pi}{2}\leqslant t\leqslant\frac{\pi}{2}\right)$，因此 $\sin t=\frac{x}{a}$，$t=\arcsin\frac{x}{a}$，$\cos t=\frac{\sqrt{a^2-x^2}}{a}$，从而

$$\int\sqrt{a^2-x^2}\,dx = \frac{a^2}{2}\arcsin\frac{x}{a}+\frac{x}{2}\sqrt{a^2-x^2}+C.$$

例 5.2.22 求不定积分 $\int\frac{1}{\sqrt{x^2+a^2}}dx\,(a>0)$.

解 令 $x=a\tan t\left(-\frac{\pi}{2}<t<\frac{\pi}{2}\right)$，则 $dx=a\sec^2 t\,dt$，$\sqrt{x^2+a^2}=a\sec t$. 于是

$$\int\frac{1}{\sqrt{x^2+a^2}}dx=\int\sec t\,dt=\ln|\sec t+\tan t|+C_1.$$

为了将 $\sec t$ 换成 x 的函数，可根据 $\tan t=\frac{x}{a}$ 作辅助三角形（见

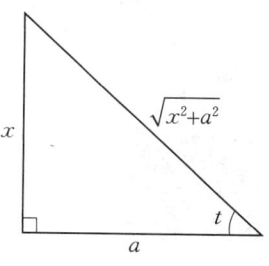

图 5.2.1

图 5.2.1），从而有 $\sec t=\frac{\sqrt{x^2+a^2}}{a}$. 于是

$$\int\frac{1}{\sqrt{x^2+a^2}}dx=\ln\left|\frac{\sqrt{x^2+a^2}}{a}+\frac{x}{a}\right|+C_1=\ln(x+\sqrt{x^2+a^2})+C \quad (C=C_1-\ln a).$$

例 5.2.23 求不定积分 $\int\frac{1}{\sqrt{x^2-a^2}}dx\,(a>0)$.

解 被积函数的定义域分为 $x>a$ 和 $x<-a$ 两个部分区间. 当 $x>a$ 时，令 $x=a\sec t$，$t\in\left(0,\frac{\pi}{2}\right)$，则 $dx=a\sec t\tan t\,dt$，$\sqrt{x^2-a^2}=a\tan t$. 于是

$$\int\frac{1}{\sqrt{x^2-a^2}}dx=\int\sec t\,dt=\ln|\sec t+\tan t|+C_1.$$

根据 $\sec t=\frac{x}{a}$ 作辅助三角形（见图 5.2.2），可得 $\tan t=\frac{\sqrt{x^2-a^2}}{a}$，因此

$$\int\frac{1}{\sqrt{x^2-a^2}}dx=\ln\left(\frac{x}{a}+\frac{\sqrt{x^2-a^2}}{a}\right)+C_1=\ln(x+\sqrt{x^2-a^2})+C \quad (C=C_1-\ln a).$$

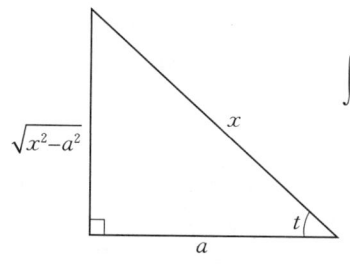

图 5.2.2

当 $x<-a$ 时，令 $x=-u$，则 $u>a$. 由上述结果，有

$$\int\frac{1}{\sqrt{x^2-a^2}}dx=-\int\frac{1}{\sqrt{u^2-a^2}}du=-\ln(u+\sqrt{u^2-a^2})+C_1$$
$$=-\ln(-x+\sqrt{x^2-a^2})+C_1$$
$$=\ln\frac{-x-\sqrt{x^2-a^2}}{a^2}+C_1$$
$$=\ln(-x-\sqrt{x^2-a^2})+C \quad (C=C_1-2\ln a).$$

综上所述,得

$$\int \frac{1}{\sqrt{x^2-a^2}}dx = \ln|x+\sqrt{x^2-a^2}|+C.$$

下面两式也可以作为公式使用.

(21) $\int \frac{1}{\sqrt{x^2+a^2}}dx = \ln(x+\sqrt{x^2+a^2})+C$;

(22) $\int \frac{1}{\sqrt{x^2-a^2}}dx = \ln|x+\sqrt{x^2-a^2}|+C.$

例 5.2.24 求不定积分 $\int \frac{1}{\sqrt{9x^2-6x+10}}dx$.

解
$$\int \frac{1}{\sqrt{9x^2-6x+10}}dx = \int \frac{1}{\sqrt{(3x-1)^2+3^2}}dx = \frac{1}{3}\int \frac{d(3x-1)}{\sqrt{(3x-1)^2+3^2}}$$
$$= \frac{1}{3}\ln[3x-1+\sqrt{(3x-1)^2+3^2}]+C$$
$$= \frac{1}{3}\ln(3x-1+\sqrt{9x^2-6x+10})+C.$$

下面再举几个用第二换元积分法来求不定积分的例子.

例 5.2.25 求不定积分 $\int \frac{1}{x(1+x^9)}dx$.

解 令 $x=\frac{1}{t}$,则 $dx=-\frac{1}{t^2}dt$. 于是

$$\int \frac{1}{x(1+x^9)}dx = \int \frac{-\frac{1}{t^2}}{\frac{1}{t}\left(1+\frac{1}{t^9}\right)}dt = -\int \frac{t^8}{1+t^9}dt = -\frac{1}{9}\int \frac{1}{1+t^9}d(1+t^9)$$
$$= -\frac{1}{9}\ln|1+t^9|+C = -\frac{1}{9}\ln\left|1+\frac{1}{x^9}\right|+C.$$

例 5.2.25 中的代换 $x=\frac{1}{t}$ 常称**倒代换**.

例 5.2.26 求不定积分 $\int \frac{1}{x}\sqrt{\frac{1+x}{x}}dx$.

解 令 $\frac{1+x}{x}=t^2(t\geqslant 0)$,则 $x=\frac{1}{t^2-1}$, $dx=\frac{-2t}{(t^2-1)^2}dt$. 于是

$$\int \frac{1}{x}\sqrt{\frac{1+x}{x}}dx = \int (t^2-1)t\,\frac{-2t}{(t^2-1)^2}dt = -2\int \frac{t^2}{t^2-1}dt = -2\int \left(1+\frac{1}{t^2-1}\right)dt$$
$$= -2\left(t+\frac{1}{2}\ln\left|\frac{t-1}{t+1}\right|\right)+C = -2\sqrt{\frac{1+x}{x}}-\ln\left|\frac{\sqrt{\frac{1+x}{x}}-1}{\sqrt{\frac{1+x}{x}}+1}\right|+C$$
$$= -2\sqrt{\frac{1+x}{x}}-\ln\left|\frac{\sqrt{1+x}-\sqrt{x}}{\sqrt{1+x}+\sqrt{x}}\right|+C.$$

[例 5.2.27] 求不定积分 $\int \dfrac{1}{\sqrt{1+e^{2x}}}dx$.

解 令 $e^{2x}=t^2-1(t>0)$，则 $x=\dfrac{1}{2}\ln(t^2-1), dx=\dfrac{t}{t^2-1}dt$. 于是

$$\int \dfrac{1}{\sqrt{1+e^{2x}}}dx = \int \dfrac{1}{t}\cdot\dfrac{t}{t^2-1}dt = \int \dfrac{1}{t^2-1}dt = \dfrac{1}{2}\ln\left|\dfrac{t-1}{t+1}\right|+C$$

$$= \dfrac{1}{2}\ln\left|\dfrac{\sqrt{1+e^{2x}}-1}{\sqrt{1+e^{2x}}+1}\right|+C = x-\ln(1+\sqrt{1+e^{2x}})+C.$$

习题 5.2

1. 设 $F(x)$ 为函数 $f(x)$ 的一个原函数，则 $\int e^{-x}f(e^{-x})dx = (\quad)$.

A. $-F(e^{-x})+C$ B. $F(e^{-x})+C$ C. $F(e^x)+C$ D. $-F(e^x)+C$

2. 若 $\int f(x)dx = x^2+C$，则 $\int xf(1-x^2)dx = (\quad)$.

A. $2(1-x^2)^2+C$
B. $-2(1-x^2)^2+C$
C. $\dfrac{1}{2}(1-x^2)^2+C$
D. $-\dfrac{1}{2}(1-x^2)^2+C$

3. 利用第一换元积分法求下列不定积分：

(1) $\int \dfrac{x}{3-2x^2}dx$；

(2) $\int \dfrac{\ln x}{x}dx$；

(3) $\int \dfrac{e^{\frac{1}{x}}}{x^2}dx$；

(4) $\int a^{\sin x}\cos x\, dx$；

(5) $\int e^x \sin e^x\, dx$；

(6) $\int \dfrac{x}{1+x^4}dx$；

(7) $\int \dfrac{e^x}{\sqrt{1-e^{2x}}}dx$；

(8) $\int \dfrac{\sin x\cos x}{\sqrt{1+\sin^2 x}}dx$；

(9) $\int \dfrac{1}{x\sqrt{1-\ln^2 x}}dx$；

(10) $\int \dfrac{\sin\sqrt{x}}{\sqrt{x}}dx$；

(11) $\int \dfrac{x\tan\sqrt{1+x^2}}{\sqrt{1+x^2}}dx$；

(12) $\int \dfrac{1}{e^x+e^{-x}}dx$；

(13) $\int \dfrac{1+\ln x}{(x\ln x)^2}dx$；

(14) $\int \dfrac{1}{4+9x^2}dx$；

(15) $\int \dfrac{x}{x^2+2x+1}dx$；

(16) $\int \dfrac{1}{\sqrt{5-2x-x^2}}dx$；

(17) $\int \cos^3 x\, dx$；

(18) $\int \tan^5 x\sec^3 x\, dx$；

(19) $\int \sin 3x\sin 5x\, dx$；

(20) $\int \tan^4 x\, dx$；

(21) $\int \dfrac{1}{1+e^x}dx$；

(22) $\int \dfrac{1-\tan x}{1+\tan x}dx$；

(23) $\int \dfrac{1}{x^2-4x+3}dx$；

(24) $\int \dfrac{x-2}{x^2+2x+5}dx$.

4. 利用第二换元积分法求下列不定积分：

(1) $\int \dfrac{1}{x\sqrt{2x+1}}dx$；

(2) $\int \dfrac{1}{\sqrt{x}+\sqrt[3]{x}}dx$；

(3) $\int \dfrac{x^2}{\sqrt{1-x^2}}dx$；

(4) $\int \dfrac{\sqrt{x^2-9}}{x}dx$；

(5) $\int \dfrac{x^3}{(\sqrt{a^2+x^2})^3}dx$；

(6) $\int \dfrac{1}{x^2\sqrt{1+x^2}}dx$；

(7) $\int \dfrac{\sqrt{1-x^2}}{x^4}dx$；

(8) $\int \dfrac{1}{(2x^2+1)\sqrt{1+x^2}}dx$；

(9) $\int \dfrac{1}{x\sqrt{25-x^2}}dx$.

5. 求下列不定积分：

(1) $\displaystyle\int \frac{(1+x)\mathrm{e}^x}{1+x\mathrm{e}^x}\mathrm{d}x$；

(2) $\displaystyle\int \frac{1}{\sqrt{x(4-x)}}\mathrm{d}x$；

(3) $\displaystyle\int (\cos x - \sin x)\cos 2x\,\mathrm{d}x$；

(4) $\displaystyle\int \cos 3x \sin 2x\,\mathrm{d}x$；

(5) $\displaystyle\int \frac{x+1}{x^2+x\ln x}\mathrm{d}x$；

(6) $\displaystyle\int \sin^2(\omega x + \varphi)\mathrm{d}x$；

(7) $\displaystyle\int \frac{\arctan\sqrt{x}}{\sqrt{x}(1+x)}\mathrm{d}x$；

(8) $\displaystyle\int \frac{x+2}{\sqrt{x^2-2x+4}}\mathrm{d}x$；

(9) $\displaystyle\int \sqrt{1+\mathrm{e}^x}\,\mathrm{d}x$。

5.3 分部积分法

在 5.2 节中我们利用复合函数的求导法则，讨论了换元积分法．下面利用两个函数乘积的求导法则，讨论另一种求不定积分的基本方法——分部积分法．

设函数 $u=u(x)$ 和 $v=v(x)$ 具有连续导数，根据函数乘积的导数公式
$$[u(x)v(x)]' = u'(x)v(x) + u(x)v'(x),$$

得
$$u(x)v'(x) = [u(x)v(x)]' - u'(x)v(x).$$

对上式两边求不定积分，可得
$$\int u(x)v'(x)\mathrm{d}x = u(x)v(x) - \int u'(x)v(x)\mathrm{d}x,$$

或写为
$$\int u(x)\mathrm{d}v(x) = u(x)v(x) - \int v(x)\mathrm{d}u(x). \tag{5.3.1}$$

式(5.3.1) 称为**分部积分公式**，常简写作
$$\int uv'\mathrm{d}x = uv - \int u'v\,\mathrm{d}x \quad \text{或} \quad \int u\,\mathrm{d}v = uv - \int v\,\mathrm{d}u.$$

一般地，遇到 $\int uv'\mathrm{d}x$ 难求而 $\int u'v\,\mathrm{d}x$ 容易求的情况，都可应用分部积分法．

例 5.3.1 求不定积分 $\displaystyle\int x\sin x\,\mathrm{d}x$．

解 被积函数 $x\sin x$ 是幂函数与三角函数的乘积，利用分部积分法，设 $u=x$，$\mathrm{d}v = \sin x\,\mathrm{d}x$，则 $\mathrm{d}u = \mathrm{d}x$，$v = -\cos x$．于是
$$\int x\sin x\,\mathrm{d}x = \int x\,\mathrm{d}(-\cos x) = -x\cos x - \left(\int -\cos x\,\mathrm{d}x\right) = -x\cos x + \sin x + C.$$

在例 5.3.1 中，若选择 $u = \sin x$，$\mathrm{d}v = x\,\mathrm{d}x$，则 $\mathrm{d}u = \cos x\,\mathrm{d}x$，$v = \frac{1}{2}x^2$，$\displaystyle\int x\sin x\,\mathrm{d}x = \int \sin x\,\mathrm{d}\left(\frac{1}{2}x^2\right) = \frac{1}{2}x^2\sin x - \int \frac{1}{2}x^2\cos x\,\mathrm{d}x$．显然，$\displaystyle\int \frac{1}{2}x^2\cos x\,\mathrm{d}x$ 比 $\displaystyle\int x\sin x\,\mathrm{d}x$ 更复杂．因此，应用分部积分法时，恰当地选取 u 和 $\mathrm{d}v$ 是关键．

例 5.3.2 求不定积分 $\displaystyle\int x\mathrm{e}^{3x}\mathrm{d}x$．

解 设 $u=x$，$\mathrm{d}v = \mathrm{e}^{3x}\mathrm{d}x$，则 $\mathrm{d}u = \mathrm{d}x$，$v = \frac{1}{3}\mathrm{e}^{3x}$．于是

$$\int x\mathrm{e}^{3x}\mathrm{d}x = \int x\mathrm{d}\left(\frac{1}{3}\mathrm{e}^{3x}\right) = \frac{1}{3}\left(x\mathrm{e}^{3x} - \int \mathrm{e}^{3x}\mathrm{d}x\right) = \frac{1}{3}x\mathrm{e}^{3x} - \frac{1}{9}\mathrm{e}^{3x} + C.$$

在分部积分法运用比较熟练了以后，就不必写出将哪一部分选作 u，哪一部分选作 $\mathrm{d}v$，只需把被积表达式 $uv'\mathrm{d}x$ 凑成 $u\mathrm{d}v$ 的形式，再用分部积分公式即可。

例 5.3.3 求不定积分 $\int x^2\cos x\mathrm{d}x$.

解
$$\int x^2\cos x\mathrm{d}x = \int x^2\mathrm{d}(\sin x) = x^2\sin x - \int \sin x\mathrm{d}(x^2) = x^2\sin x - 2\int x\sin x\mathrm{d}x$$
$$= x^2\sin x + 2\int x\mathrm{d}(\cos x) = x^2\sin x + 2\left(x\cos x - \int \cos x\mathrm{d}x\right)$$
$$= x^2\sin x + 2x\cos x - 2\sin x + C.$$

例 5.3.4 求不定积分 $\int \arcsin x\mathrm{d}x$.

解
$$\int \arcsin x\mathrm{d}x = x\arcsin x - \int x\mathrm{d}(\arcsin x) = x\arcsin x - \int \frac{x}{\sqrt{1-x^2}}\mathrm{d}x$$
$$= x\arcsin x + \frac{1}{2}\int \frac{1}{\sqrt{1-x^2}}\mathrm{d}(1-x^2) = x\arcsin x + \sqrt{1-x^2} + C.$$

例 5.3.5 求不定积分 $\int x\arctan x\mathrm{d}x$.

解
$$\int x\arctan x\mathrm{d}x = \int \arctan x\mathrm{d}\left(\frac{x^2}{2}\right) = \frac{x^2}{2}\arctan x - \int \frac{x^2}{2}\mathrm{d}(\arctan x)$$
$$= \frac{x^2}{2}\arctan x - \int \frac{x^2}{2}\cdot\frac{1}{1+x^2}\mathrm{d}x = \frac{x^2}{2}\arctan x - \frac{1}{2}\int \left(1 - \frac{1}{1+x^2}\right)\mathrm{d}x$$
$$= \frac{x^2}{2}\arctan x - \frac{1}{2}(x - \arctan x) + C = \frac{x^2+1}{2}\arctan x - \frac{x}{2} + C.$$

例 5.3.6 求不定积分 $\int \sqrt{x}\ln x\mathrm{d}x$.

解
$$\int \sqrt{x}\ln x\mathrm{d}x = \int \ln x\mathrm{d}\left(\frac{2}{3}x^{\frac{3}{2}}\right) = \frac{2}{3}x^{\frac{3}{2}}\ln x - \int \frac{2}{3}x^{\frac{3}{2}}\mathrm{d}(\ln x)$$
$$= \frac{2}{3}x^{\frac{3}{2}}\ln x - \int \frac{2}{3}x^{\frac{3}{2}}\cdot\frac{1}{x}\mathrm{d}x = \frac{2}{3}x^{\frac{3}{2}}\ln x - \frac{2}{3}\int x^{\frac{1}{2}}\mathrm{d}x$$
$$= \frac{2}{3}x^{\frac{3}{2}}\ln x - \frac{4}{9}x^{\frac{3}{2}} + C = \frac{2}{3}x\sqrt{x}\left(\ln x - \frac{2}{3}\right) + C.$$

例 5.3.7 求不定积分 $\int \mathrm{e}^x\cos x\mathrm{d}x$.

解 因为
$$\int \mathrm{e}^x\cos x\mathrm{d}x = \int \mathrm{e}^x\mathrm{d}(\sin x) = \mathrm{e}^x\sin x - \int \sin x\mathrm{d}(\mathrm{e}^x)$$
$$= \mathrm{e}^x\sin x - \int \mathrm{e}^x\sin x\mathrm{d}x$$
$$= \mathrm{e}^x\sin x + \mathrm{e}^x\cos x - \int \mathrm{e}^x\cos x\mathrm{d}x,$$

所以

$$\int e^x \cos x \, dx = \frac{1}{2} e^x (\sin x + \cos x) + C.$$

当然,分部积分法的应用不局限于上述形式,可以灵活使用.

例 5.3.8 求不定积分 $\int \sec^3 x \, dx$.

解 因为

$$\int \sec^3 x \, dx = \int \sec x \, d(\tan x) = \sec x \tan x - \int \tan x \, d(\sec x)$$

$$= \sec x \tan x - \int \sec x \tan^2 x \, dx = \sec x \tan x - \int \sec^3 x \, dx + \int \sec x \, dx$$

$$= \sec x \tan x - \int \sec^3 x \, dx + \ln|\sec x + \tan x|,$$

所以

$$\int \sec^3 x \, dx = \frac{1}{2} \sec x \tan x + \frac{1}{2} \ln|\sec x + \tan x| + C.$$

利用分部积分法也可以导出一些积分式的递推公式,进而求出不定积分.

例 5.3.9 设 $I_n = \int \frac{1}{(x^2 + a^2)^n} dx$ (n 为正整数, $a > 0$).

(1) 证明: $I_{n+1} = \frac{x}{2na^2(x^2+a^2)^n} + \frac{2n-1}{2na^2} I_n$;

(2) 求 I_2.

证 (1) $I_n = \int \frac{1}{(x^2+a^2)^n} dx = \frac{x}{(x^2+a^2)^n} - \int x \, d\left[\frac{1}{(x^2+a^2)^n}\right]$

$$= \frac{x}{(x^2+a^2)^n} + 2n \int \frac{x^2}{(x^2+a^2)^{n+1}} dx$$

$$= \frac{x}{(x^2+a^2)^n} + 2n \int \frac{1}{(x^2+a^2)^n} dx - 2na^2 \int \frac{1}{(x^2+a^2)^{n+1}} dx$$

$$= \frac{x}{(x^2+a^2)^n} + 2n I_n - 2na^2 I_{n+1},$$

于是得

$$I_{n+1} = \frac{x}{2na^2(x^2+a^2)^n} + \frac{2n-1}{2na^2} I_n.$$

(2) 因为 $I_1 = \int \frac{1}{x^2 + a^2} dx = \frac{1}{a} \arctan \frac{x}{a} + C_1$,所以

$$I_2 = \frac{x}{2a^2(x^2+a^2)} + \frac{1}{2a^2}\left(\frac{1}{a} \arctan \frac{x}{a} + C_1\right)$$

$$= \frac{x}{2a^2(x^2+a^2)} + \frac{1}{2a^3} \arctan \frac{x}{a} + C \quad \left(C = \frac{1}{2a^2} C_1\right).$$

至此,我们介绍了直接积分法、第一换元积分法、第二换元积分法和分部积分法,利用这些方法可以计算许多不定积分.但在计算有些不定积分时,须把几种方法结合起来使用.

例 5.3.10 求不定积分 $\int \sin \sqrt{x} \, dx$.

解 令 $x = t^2 (t \geq 0)$,则 $dx = 2t \, dt$. 于是

$$\int \sin\sqrt{x}\,\mathrm{d}x = 2\int t\sin t\,\mathrm{d}t = -2\int t\,\mathrm{d}(\cos t) = -2\left(t\cos t - \int \cos t\,\mathrm{d}t\right)$$
$$= -2t\cos t + 2\sin t + C = 2\sin\sqrt{x} - 2\sqrt{x}\cos\sqrt{x} + C.$$

我们知道,一切初等函数在其定义区间内都是连续的,故初等函数在其定义区间内的原函数是一定存在的. 但必须指出,虽然它们一定存在,但未必都能用初等函数来表示. 例如,

$$\int e^{-x^2}\,\mathrm{d}x, \quad \int \frac{\sin x}{x}\,\mathrm{d}x, \quad \int \frac{1}{\ln x}\,\mathrm{d}x, \quad \int \cos x^2\,\mathrm{d}x$$

等不定积分均无法用初等函数来表示.

习 题 5.3

1. 不定积分 $\int x\,\mathrm{d}f'(x) = (\quad)$.

A. $xf(x) - f(x) + C$
B. $xf'(x) - f'(x) + C$
C. $xf'(x) - f(x) + C$
D. $xf(x) - f'(x) + C$

2. 设 e^{-x} 是函数 $f(x)$ 的一个原函数,则 $\int xf(x)\,\mathrm{d}x = (\quad)$.

A. $-e^{-x}(x+1) + C$
B. $e^{-x}(x+1) + C$
C. $e^{-x}(1-x) + C$
D. $e^{-x}(x-1) + C$

3. 求下列不定积分:

(1) $\int x\cos 2x\,\mathrm{d}x$; (2) $\int xe^{-x}\,\mathrm{d}x$; (3) $\int x^2\sin x\,\mathrm{d}x$;

(4) $\int e^{-x}\cos x\,\mathrm{d}x$; (5) $\int x^2\arctan x\,\mathrm{d}x$; (6) $\int \frac{\ln^3 x}{x^2}\,\mathrm{d}x$;

(7) $\int \arcsin^2 x\,\mathrm{d}x$; (8) $\int x\tan^2 x\,\mathrm{d}x$; (9) $\int \cos\ln x\,\mathrm{d}x$;

(10) $\int \ln(x + \sqrt{1+x^2})\,\mathrm{d}x$; (11) $\int e^{\sqrt[3]{x}}\,\mathrm{d}x$; (12) $\int \sqrt{x}\sin\sqrt{x}\,\mathrm{d}x$;

(13) $\int \frac{\ln\cos x}{\cos^2 x}\,\mathrm{d}x$; (14) $\int \frac{\arcsin\sqrt{x}}{\sqrt{1-x}}\,\mathrm{d}x$; (15) $\int \frac{xe^x}{(1+x)^2}\,\mathrm{d}x$.

4. 求不定积分 $I_n = \int \sin^n x\,\mathrm{d}x\,(n\in\mathbf{N},\text{且}\,n\geqslant 2)$ 的递推公式.

5.4 有理函数的不定积分

5.3 节的最后指出,并非所有初等函数的不定积分都是初等函数. 但所有有理函数的不定积分仍然是初等函数,而且有理函数在解决实际问题中的应用非常广泛. 不仅如此,还有许多常用的函数,如某些无理函数、三角函数有理式等,都可以通过适当的变量代换化为有理函数.

5.4.1 有理函数与有理函数的不定积分

形如

$$R(x) = \frac{P_n(x)}{Q_m(x)} = \frac{a_0 x^n + a_1 x^{n-1} + \cdots + a_{n-1}x + a_n}{b_0 x^m + b_1 x^{m-1} + \cdots + b_{m-1}x + b_m}$$

的函数称为**有理函数**,其中 m 和 n 均为非负整数;$a_i(i=0,1,2,\cdots,n),b_j(j=0,1,2,\cdots,m)$ 均为常数,$a_0 \neq 0, b_0 \neq 0$,并且假设多项式 $P_n(x)$ 与 $Q_m(x)$ 无公因式. 若 $n<m$,则称它为**真分式**;若 $n \geq m$,则称它为**假分式**.

如果 $R(x)$ 是假分式,则利用多项式的除法,总可以将其化成多项式与真分式之和的形式,如
$$\frac{x^3+x+1}{x^2+1}=x+\frac{1}{x^2+1}.$$

多项式的不定积分容易求得,故只需解决真分式的不定积分即可.

一般来说,求有理真分式的不定积分,可分为以下两个步骤.

(1) 将真分式分解成部分分式之和.

根据代数学知识,可以将真分式中的分母在实数范围内分解成一次因式和二次质因式的乘积,然后将真分式分解成如下形式的一些部分分式之和:
$$\frac{A}{x-a},\quad \frac{A}{(x-a)^k},\quad \frac{Mx+N}{x^2+px+q},\quad \frac{Mx+N}{(x^2+px+q)^k},$$
其中 k 为大于 1 的正整数,$p^2-4q<0$. 要注意,

① 若真分式的分母中有因式 $(x-a)^k$,则和式中对应地含有如下 k 个部分分式之和:
$$\frac{A_1}{x-a}+\frac{A_2}{(x-a)^2}+\cdots+\frac{A_k}{(x-a)^k};$$

② 若真分式的分母中有二次质因式 $(x^2+px+q)^l$,则和式中对应地含有如下 l 个部分分式之和:
$$\frac{M_1x+N_1}{x^2+px+q}+\frac{M_2x+N_2}{(x^2+px+q)^2}+\cdots+\frac{M_lx+N_l}{(x^2+px+q)^l},$$
其中 $A_i(1 \leq i \leq k), M_j, N_j(1 \leq j \leq l)$ 为待定常数,可通过待定系数法求得.

(2) 求出各部分分式的不定积分.

部分分式的不定积分只有以下四类:

① $\int \dfrac{A}{x-a}\mathrm{d}x$;

② $\int \dfrac{A}{(x-a)^n}\mathrm{d}x(n>1 \text{ 且 } n \in \mathbf{N})$;

③ $\int \dfrac{Mx+N}{x^2+px+q}\mathrm{d}x(p^2-4q<0)$;

④ $\int \dfrac{Mx+N}{(x^2+px+q)^n}\mathrm{d}x(p^2-4q<0, n>1 \text{ 且 } n \in \mathbf{N})$.

前三类不定积分是不难求的(在 5.2 节已讨论过);至于第四类不定积分,只要对分母中的二次式 x^2+px+q 进行配方,再利用变量代换,就可化为以下形式的不定积分:
$$\int \frac{Mx+N}{(x^2+px+q)^n}\mathrm{d}x = \int \frac{Mt}{(t^2+a^2)^n}\mathrm{d}t + \int \frac{b}{(t^2+a^2)^n}\mathrm{d}t$$
$$= -\frac{M}{2(n-1)(t^2+a^2)^{n-1}} + b\int \frac{1}{(t^2+a^2)^n}\mathrm{d}t,$$
其中 $t=x+\dfrac{p}{2}, a^2=q-\dfrac{p^2}{4}, b=N-\dfrac{Mp}{2}$. 上式最后一个不定积分可由例 5.3.9 的递推公式求得.

例 5.4.1 求不定积分 $\int \dfrac{1}{x^3-2x^2+x}\mathrm{d}x$.

解 先将被积函数分解成部分分式之和. 因为 $x^3-2x^2+x=x(x-1)^2$, 所以可设
$$\frac{1}{x^3-2x^2+x}=\frac{1}{x(x-1)^2}=\frac{A}{x}+\frac{B}{(x-1)^2}+\frac{C}{x-1}.$$
上式右边通分后,得
$$1=A(x-1)^2+Bx+Cx(x-1).$$
令 $x=0$,得 $A=1$;令 $x=1$,得 $B=1$;令 $x=2$,得 $C=-1$. 因此
$$\frac{1}{x^3-2x^2+x}=\frac{1}{x}+\frac{1}{(x-1)^2}+\frac{-1}{x-1},$$
从而有
$$\int \frac{1}{x^3-2x^2+x}\mathrm{d}x=\int\frac{1}{x}\mathrm{d}x+\int\frac{1}{(x-1)^2}\mathrm{d}x-\int\frac{1}{x-1}\mathrm{d}x$$
$$=\ln|x|-\frac{1}{x-1}-\ln|x-1|+C=\ln\left|\frac{x}{x-1}\right|-\frac{1}{x-1}+C.$$

例 5.4.2 求不定积分 $\int \dfrac{2x^2+2x+3}{x^3+1}\mathrm{d}x$.

解 先将被积函数分解成部分分式之和. 因为
$$x^3+1=(x+1)(x^2-x+1),$$
所以可设
$$\frac{2x^2+2x+3}{x^3+1}=\frac{2x^2+2x+3}{(x+1)(x^2-x+1)}=\frac{A}{x+1}+\frac{Bx+C}{x^2-x+1}.$$
将上式右边通分,由两边的分子恒相等得
$$2x^2+2x+3=A(x^2-x+1)+(Bx+C)(x+1)$$
$$=(A+B)x^2+(B+C-A)x+(A+C),$$
比较两边 x 的同次幂项系数,得
$$\begin{cases}A+B=2,\\ B+C-A=2,\\ A+C=3,\end{cases}$$
解得 $A=1, B=1, C=2$,因此
$$\frac{2x^2+2x+3}{x^3+1}=\frac{1}{x+1}+\frac{x+2}{x^2-x+1},$$
从而有
$$\int\frac{2x^2+2x+3}{x^3+1}\mathrm{d}x=\int\frac{1}{x+1}\mathrm{d}x+\int\frac{x+2}{x^2-x+1}\mathrm{d}x=\ln|x+1|+\frac{1}{2}\int\frac{(2x-1)+5}{x^2-x+1}\mathrm{d}x$$
$$=\ln|x+1|+\frac{1}{2}\ln|x^2-x+1|+\frac{5}{2}\int\frac{1}{\left(x-\frac{1}{2}\right)^2+\frac{3}{4}}\mathrm{d}x$$

$$= \ln|x+1| + \frac{1}{2}\ln|x^2-x+1| + \frac{5}{\sqrt{3}}\arctan\frac{2x-1}{\sqrt{3}} + C.$$

5.4.2 三角函数有理式的不定积分

由三角函数 $\sin x, \cos x$ 及常数经过有限次的四则运算所构成的函数称为**三角函数有理式**.

如果被积函数是三角函数有理式,则可通过做万能代换 $t = \tan\frac{x}{2}$,将其化为有理函数. 常用的等式有

$$\sin x = \frac{2\tan\frac{x}{2}}{1+\tan^2\frac{x}{2}} = \frac{2t}{1+t^2}, \quad \cos x = \frac{1-\tan^2\frac{x}{2}}{1+\tan^2\frac{x}{2}} = \frac{1-t^2}{1+t^2},$$

$$\tan x = \frac{2t}{1-t^2}, \quad dx = \frac{2}{1+t^2}dt.$$

[例 5.4.3] 求不定积分 $\displaystyle\int \frac{1}{\sin x + \tan x}dx$.

解 令 $t = \tan\frac{x}{2}$,则 $\sin x = \frac{2t}{1+t^2}, \tan x = \frac{2t}{1-t^2}, dx = \frac{2}{1+t^2}dt$. 于是

$$\int \frac{1}{\sin x + \tan x}dx = \int \frac{1}{\frac{2t}{1+t^2} + \frac{2t}{1-t^2}} \cdot \frac{2}{1+t^2}dt = \frac{1}{2}\int\left(\frac{1}{t} - t\right)dt$$

$$= \frac{1}{2}\left(\ln|t| - \frac{t^2}{2}\right) + C = \frac{1}{2}\ln\left|\tan\frac{x}{2}\right| - \frac{1}{4}\tan^2\frac{x}{2} + C.$$

[例 5.4.4] 求不定积分 $\displaystyle\int \frac{1+\sin x}{\sin x(1+\cos x)}dx$.

解 令 $t = \tan\frac{x}{2}$,则 $\sin x = \frac{2t}{1+t^2}, \cos x = \frac{1-t^2}{1+t^2}, dx = \frac{2}{1+t^2}dt$. 于是

$$\int \frac{1+\sin x}{\sin x(1+\cos x)}dx = \int \frac{1+\frac{2t}{1+t^2}}{\frac{2t}{1+t^2}\left(1+\frac{1-t^2}{1+t^2}\right)} \cdot \frac{2}{1+t^2}dt = \int \frac{t^2+1+2t}{2t}dt$$

$$= \frac{t^2}{4} + \frac{1}{2}\ln|t| + t + C = \frac{1}{4}\tan^2\frac{x}{2} + \frac{1}{2}\ln\left|\tan\frac{x}{2}\right| + \tan\frac{x}{2} + C.$$

万能代换可以将三角函数有理式的不定积分化为有理函数的不定积分,但计算量往往很大,所以对于某些特殊的三角函数有理式的不定积分,可采用更简便的方法.

[例 5.4.5] 求不定积分 $\displaystyle\int \frac{1}{\sin^2 x + 9\cos^2 x}dx$.

解 $\displaystyle\int \frac{1}{\sin^2 x + 9\cos^2 x}dx = \int \frac{1}{\tan^2 x + 9} \cdot \frac{1}{\cos^2 x}dx = \int \frac{1}{\tan^2 x + 3^2}d(\tan x)$

$$= \frac{1}{3}\arctan\left(\frac{\tan x}{3}\right) + C.$$

习 题 5.4

1. 要分解为部分分式之和，应设 $\dfrac{1}{x(x+2)^2} = ($).

A. $\dfrac{A}{x} + \dfrac{B}{x+2}$ B. $\dfrac{A}{x} + \dfrac{B}{(x+2)^2}$

C. $\dfrac{A}{x} + \dfrac{B}{x+2} + \dfrac{C}{(x+2)^2}$ D. $\dfrac{A}{x} + \dfrac{B}{x+2} + \dfrac{Cx}{(x+2)^2}$

2. 将 $\dfrac{1}{x(x+1)(x^2+x+1)}$ 分解成 $\dfrac{A}{x} + \dfrac{B}{x+1} + \dfrac{Cx+D}{x^2+x+1}$，则下列选项中正确的是( ).

A. $A=1, B=D=-1, C=0$ B. $A=C=1, B=D=-1$

C. $A=D=1, B=C=-1$ D. $A=B=1, B=C=-1$

3. 求下列不定积分：

(1) $\displaystyle\int \frac{x+1}{(x-1)^3}\,\mathrm{d}x$;

(2) $\displaystyle\int \frac{2x+3}{x^3+3x-10}\,\mathrm{d}x$;

(3) $\displaystyle\int \frac{x^5+x^4-8}{x^3-x}\,\mathrm{d}x$;

(4) $\displaystyle\int \frac{x^2+1}{(x+1)^2(x-1)}\,\mathrm{d}x$;

(5) $\displaystyle\int \frac{x}{x^2+2x+2}\,\mathrm{d}x$;

(6) $\displaystyle\int \frac{1}{1+\sin x+\cos x}\,\mathrm{d}x$;

(7) $\displaystyle\int \frac{1}{3+5\cos x}\,\mathrm{d}x$;

(8) $\displaystyle\int \frac{1}{2\sin x-\cos x+1}\,\mathrm{d}x$;

(9) $\displaystyle\int \frac{\sin x}{\sin x+\cos x}\,\mathrm{d}x$.

第 5 章思考题

1. 什么是原函数？原函数与导数有什么关系？
2. 被积函数连续与原函数存在有什么关系？若原函数存在，其是否唯一？若原函数不唯一，它们之间有什么关系？
3. 什么是不定积分？不定积分的几何意义是什么？
4. 求不定积分与求导数有什么关系？
5. 不定积分有哪些运算性质？被积函数的初等变形在求不定积分的过程中起什么作用？有哪些常用的初等变形方法？
6. 求不定积分主要有哪些方法？
7. 不定积分的换元法有哪几类？它们之间有什么关系？应用中要注意什么？
8. 不定积分的分部积分法有什么作用？
9. 将有理函数分解成简单分式之和分哪几步？
10. 任何不定积分都是可计算的吗？若不可计算，能举例说明吗？
11. 常用积分公式包括哪些？有哪些积分公式之间是易混淆的？

总习题 五

(A)

1. 填空题.

(1) 设函数 $f(x) = e^{-x}$，则 $\int \dfrac{f'(\ln x)}{x} dx = $ _____ .

(2) $\int [f(x) + f'(x)] e^x dx = $ _____ .

(3) 设 $\int x f(x) dx = \ln(x + \sqrt{a^2 + x^2}) + C$，则 $\int \dfrac{1}{f(x)} dx = $ _____ .

(4) 设 $\ln^2 x$ 是函数 $f(x)$ 的一个原函数，则 $\int x f'(x) dx = $ _____ .

(5) 设 $\dfrac{\sin x}{x}$ 是函数 $f(x)$ 的一个原函数，则 $\int x^3 f'(x) dx = $ _____ .

2. 选择题.

(1) 设 $F(x)$ 是函数 $f(x)$ 的一个原函数，C 为常数，则下列函数中为 $f(x)$ 的原函数的是（　　）.

A. $F(Cx)$ B. $F(C+x)$ C. $CF(x)$ D. $F(x) + C$

(2) 设 $\int F'(x) dx = \int G'(x) dx$，则下列选项中不正确的是（　　）.

A. $F(x) = G(x)$
B. $F(x) = G(x) + C$
C. $F'(x) = G'(x)$
D. $d \int F'(x) dx = d \int G'(x) dx$

(3) 设 $f(x)$ 为可导函数，则下列选项中正确的是（　　）.

A. $\int f(x) dx = f(x)$
B. $\int f'(x) dx = f(x)$
C. $\dfrac{d}{dx} \int f(x) dx = f(x)$
D. $d \int f(x) dx = f(x)$

(4) 设 $\dfrac{\sin x}{x}$ 是函数 $f(x)$ 的一个原函数，且 $a \neq 0$，则 $\int f(ax) dx = ($　　$)$.

A. $\dfrac{\sin ax}{a^2 x} + C$ B. $\dfrac{\sin ax}{ax} + C$ C. $\dfrac{\sin ax}{x} + C$ D. $\dfrac{a \sin x}{x} + C$

(5) 若 $F'(x) = f(x)$，则下列选项中不正确的是（　　）.

A. $\int e^x f(e^x) dx = F(e^x) + C$
B. $\int \dfrac{1}{x^2} f\left(\dfrac{1}{x}\right) dx = F\left(\dfrac{1}{x}\right) + C$
C. $\int \dfrac{f(\tan x)}{\cos^2 x} dx = F(\tan x) + C$
D. $\int \dfrac{f(\ln x)}{x} dx = F(\ln x) + C$

(6) 设 $\csc^2 x$ 是函数 $f(x)$ 的一个原函数，则 $\int x f(x) dx = ($　　$)$.

A. $x\csc^2 x - \cot x + C$ B. $x\csc^2 x + \cot x + C$
C. $-x\cot x - \cot x + C$ D. $-x\cot x + \cot x + C$

(7) $\int xf''(x)\mathrm{d}x = (\quad)$.

A. $xf'(x) - \int f(x)\mathrm{d}x$ B. $xf'(x) - f'(x) + C$
C. $xf'(x) - f(x) + C$ D. $f(x) - xf'(x) + C$

(8) $\int \dfrac{f'(x)}{1+[f(x)]^2}\mathrm{d}x = (\quad)$.

A. $\ln|1+f(x)| + C$ B. $\dfrac{1}{2}\ln|1+[f(x)]^2| + C$
C. $\dfrac{1}{2}\arctan[f(x)] + C$ D. $\arctan[f(x)] + C$

3. 求下列不定积分:

(1) $\int \dfrac{x^3}{1+x^2}\mathrm{d}x$;   (2) $\int \cos^5 x\sqrt{\sin x}\,\mathrm{d}x$;   (3) $\int \dfrac{x+\arctan x}{1+x^2}\mathrm{d}x$;

(4) $\int \dfrac{1}{x\sqrt{1+x^2}}\mathrm{d}x$;   (5) $\int \dfrac{\mathrm{e}^x(1+\mathrm{e}^x)}{\sqrt{1-\mathrm{e}^{2x}}}\mathrm{d}x$;   (6) $\int \dfrac{\ln x}{x\sqrt{1+\ln x}}\mathrm{d}x$;

(7) $\int \dfrac{x+\ln^3 x}{(x\ln x)^2}\mathrm{d}x$;   (8) $\int \dfrac{\ln(\mathrm{e}^x+1)}{\mathrm{e}^x}\mathrm{d}x$;   (9) $\int \dfrac{\sin^3 x}{\cos^5 x}\mathrm{d}x$;

(10) $\int \dfrac{1}{\sin^4 x}\mathrm{d}x$;   (11) $\int \dfrac{x}{\sqrt[3]{1-3x}}\mathrm{d}x$;   (12) $\int \dfrac{1}{\mathrm{e}^x(1+\mathrm{e}^{2x})}\mathrm{d}x$.

4. 设某种商品的需求量 Q 是价格 P 的函数, 且该商品的最大需求量为 1 000(即 $P=0$ 时, $Q=1\,000$). 又已知边际需求函数为

$$Q'(P) = -1\,000\ln 2 \cdot \left(\dfrac{1}{2}\right)^P,$$

求需求量关于价格的弹性.

(B)

5. 选择题.

(1) 要通过令 $\sqrt[n]{2x+1} = t$ 将 $\int \dfrac{\sqrt[6]{2x+1}}{x+\sqrt[4]{2x+1}}\mathrm{d}x$ 化为有理函数的积分, 应取 $n = (\quad)$.

A. 4   B. 6   C. 12   D. 24

(2) 设 $f(x)$ 为单调连续函数, 且 $\int f(x)\mathrm{d}x = F(x) + C$, 则 $\int f^{-1}(x)\mathrm{d}x = (\quad)$.

A. $xf^{-1}(x) + C$ B. $xf^{-1}(x) + F(x) + C$
C. $F[f^{-1}(x)] + C$ D. $xf^{-1}(x) - F[f^{-1}(x)] + C$

6. 求下列不定积分：

(1) $\int \dfrac{x\arctan x}{\sqrt{1+x^2}}\mathrm{d}x$；

(2) $\int \dfrac{\arcsin x}{\sqrt{1+x}}\mathrm{d}x$；

(3) $\int \dfrac{x\ln(x+\sqrt{1+x^2})}{\sqrt{1+x^2}}\mathrm{d}x$；

(4) $\int \dfrac{1}{1+\sqrt{1-x^2}}\mathrm{d}x$；

(5) $\int \dfrac{x+2}{\sqrt{x^2+2x+3}}\mathrm{d}x$；

(6) $\int \dfrac{4x+3}{(x-2)^2}\mathrm{d}x$；

(7) $\int \dfrac{1}{x^4\sqrt{1+x^2}}\mathrm{d}x$；

(8) $\int \dfrac{x+2\sin x\cos x}{1+\cos 2x}\mathrm{d}x$；

(9) $\int \dfrac{\arctan \mathrm{e}^x}{\mathrm{e}^x}\mathrm{d}x$.

7. 设 $f(x)$ 的原函数 $F(x)$ 恒正，且 $F(0)=1$，$f(x) \cdot F(x)=x$，求 $f(x)$.

第6章

定 积 分

一元函数积分学包含两个基本问题:不定积分与定积分.定积分有着广泛的实际背景,在几何学、物理学、经济学等领域有着广泛的应用.本章将介绍定积分的概念与基本性质、定积分与不定积分的关系、定积分的计算、广义积分初步及定积分的简单应用等.

6.1 定积分的概念与性质

6.1.1 定积分概念产生的背景

1. 曲边梯形的面积

设 $y=f(x)$ 是闭区间 $[a,b]$ 上非负、连续的函数.由曲线 $y=f(x)$、直线 $x=a$ 和 $x=b$,以及 x 轴所围成的平面图形(见图 6.1.1)称为**曲边梯形**,其中曲线弧称为**曲边**.

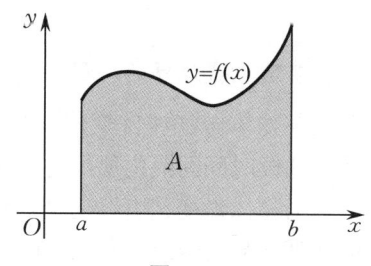

图 6.1.1

我们已经会计算三角形、矩形、圆、梯形等平面图形的面积,那么曲边梯形的面积应如何计算呢?

显然,问题的难点在曲边 $y=f(x)$ 上,如果 $f(x)$ 为常数或一次函数,那么曲边梯形便成了矩形或梯形,其面积可按矩形或梯形的面积公式求得.

由于函数 $y=f(x)$ 在 $[a,b]$ 上连续,因此当自变量 x 变化很小时,$f(x)$ 变化也很小.于是,当 x 局限于很小的小区间 $[x,x+\Delta x]$ 上时,可用以该小区间为底、该小区间上任取一点 ξ 的函数值 $f(\xi)$ 为高的小矩形的面积来近似代替以该小区间为底的小曲边梯形的面积.当把 $[a,b]$ 分割成长度都很小的 n 个小区间时,对应的 n 个小矩形面积之和就是原曲边梯形面积的近似值,且 $[a,b]$ 分割得越细,这种近似表示的精确度就越高.如果把 $[a,b]$ 无限细分下去,使每个小区间的长度都趋于 0,那么所有小矩形面积之和的极限就是所求曲边梯形的面积.

由上述分析,我们可用求极限的方法计算曲边梯形的面积,具体如下.

(1) **分割**.在区间 (a,b) 内任意插入 $n-1$ 个分点
$$a=x_0<x_1<x_2<\cdots<x_{n-1}<x_n=b,$$

把 $[a,b]$ 分成 n 个小区间 $[x_0,x_1],[x_1,x_2],\cdots,[x_{n-1},x_n]$，每个小区间的长度记作 $\Delta x_i = x_i - x_{i-1}(i=1,2,\cdots,n)$. 过每个分点作 y 轴的平行线，这些平行线将原曲边梯形分割成 n 个小曲边梯形，如图 6.1.2 所示，用 ΔA_i 表示第 i 个小曲边梯形的面积.

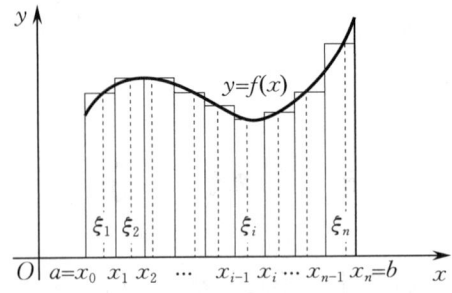

图 6.1.2

（2）**近似代替**. 在每个小区间 $[x_{i-1},x_i](i=1,2,\cdots,n)$ 上任取一点 $\xi_i(x_{i-1}\leqslant\xi_i\leqslant x_i)$，用以 $f(\xi_i)$ 为高，$[x_{i-1},x_i]$ 为底的小矩形的面积近似代替同底的小曲边梯形的面积，即
$$\Delta A_i \approx f(\xi_i)\Delta x_i \quad (i=1,2,\cdots,n).$$

（3）**求和**. 将 n 个小矩形的面积 $f(\xi_i)\Delta x_i(i=1,2,\cdots,n)$ 加起来，就得到原曲边梯形面积的近似值，即
$$A = \sum_{i=1}^{n}\Delta A_i \approx \sum_{i=1}^{n}f(\xi_i)\Delta x_i.$$

（4）**取极限**. 当所有小区间长度中的最大值 $\lambda = \max\{\Delta x_1,\Delta x_2,\cdots,\Delta x_n\}$ 趋于 0 时，和式 $\sum_{i=1}^{n}f(\xi_i)\Delta x_i$ 的极限就是所求曲边梯形的面积，即
$$A = \lim_{\lambda\to 0}\sum_{i=1}^{n}f(\xi_i)\Delta x_i.$$

2. 变速直线运动的路程

设某物体做（单向）变速直线运动. 已知速度 $v=v(t)$ 是时间间隔 $[a,b]$ 上的连续函数，求物体在这段时间间隔内所经过的路程.

因为物体做变速直线运动，所以不能用匀速直线运动公式 $s=vt$ 来计算路程. 但是物体运动的速度函数是连续变化的，在很短一段时间内，速度变化很小，近似于匀速直线运动. 因此，可把时间间隔 $[a,b]$ 进行分割，在小段时间内，用匀速直线运动代替变速直线运动，就可计算该部分路程的近似值，再求和，得到整个路程的近似值. 若对时间间隔无限细分，则所有部分路程的近似值之和的极限，就是所求变速直线运动路程的精确值. 具体如下.

（1）**分割**. 在时间间隔 (a,b) 内任意插入 $n-1$ 个分点
$$a=t_0<t_1<t_2<\cdots<t_{n-1}<t_n=b,$$
把 $[a,b]$ 分成 n 个小区间 $[t_0,t_1],[t_1,t_2],\cdots,[t_{n-1},t_n]$，每个小区间的长度记作 $\Delta t_i = t_i - t_{i-1}(i=1,2,\cdots,n)$. 设物体在第 i 个时间间隔 $[t_{i-1},t_i]$ 内所经过的路程为 Δs_i.

（2）**近似代替**. 在每个时间间隔 $[t_{i-1},t_i]$ 上任取一个时刻 τ_i，用物体在 τ_i 时刻的速度 $v(\tau_i)$ 代替物体在 $[t_{i-1},t_i]$ 上各个时刻的速度，就可得到物体在这段时间内经过路程的近似值，即
$$\Delta s_i \approx v(\tau_i)\Delta t_i \quad (i=1,2,\cdots,n).$$

(3) **求和**. 将这些近似值加起来,就得到总路程的近似值,即
$$s = \sum_{i=1}^{n} \Delta s_i \approx \sum_{i=1}^{n} v(\tau_i) \Delta t_i.$$

(4) **取极限**. 记所有小区间长度中的最大值 $\lambda = \max\{\Delta t_1, \Delta t_2, \cdots, \Delta t_n\}$,当 $\lambda \to 0$ 时,上述近似值的极限就是所求总路程的精确值,即
$$s = \lim_{\lambda \to 0} \sum_{i=1}^{n} v(\tau_i) \Delta t_i.$$

以上两例虽然实际意义不同,但解决的方法是相同的,都归结为求相同结构和式的极限. 还有许多实际问题的解决也可归结为求这类和式的极限,因此我们有必要对其进行深入的研究,这样就引出了定积分的概念.

6.1.2 定积分的定义

定义 6.1.1 设函数 $f(x)$ 在区间 $[a,b]$ 上有界. 在 (a,b) 内任意插入 $n-1$ 个分点
$$a = x_0 < x_1 < x_2 < \cdots < x_{n-1} < x_n = b,$$
把 $[a,b]$ 分成 n 个小区间
$$[x_0, x_1], \quad [x_1, x_2], \quad \cdots, \quad [x_{n-1}, x_n],$$
各个小区间的长度分别为
$$\Delta x_1 = x_1 - x_0, \quad \Delta x_2 = x_2 - x_1, \quad \cdots, \quad \Delta x_n = x_n - x_{n-1}.$$
在每个小区间 $[x_{i-1}, x_i]$ 上任取一点 $\xi_i (x_{i-1} \leqslant \xi_i \leqslant x_i)$,做函数值 $f(\xi_i)$ 与小区间长度 Δx_i 的乘积 $f(\xi_i)\Delta x_i (i=1,2,\cdots,n)$,并做和式
$$S = \sum_{i=1}^{n} f(\xi_i) \Delta x_i.$$
记 $\lambda = \max\{\Delta x_1, \Delta x_2, \cdots, \Delta x_n\}$. 如果不论区间 $[a,b]$ 怎样分,也不论小区间 $[x_{i-1}, x_i]$ 上的点 ξ_i 怎样取,只要当 $\lambda \to 0$ 时,和式 S 总趋于确定的极限值 I,则称这个极限值 I 为函数 $f(x)$ 在区间 $[a,b]$ 上的**定积分**,记作 $\int_a^b f(x) \mathrm{d}x$,即
$$\int_a^b f(x) \mathrm{d}x = I = \lim_{\lambda \to 0} \sum_{i=1}^{n} f(\xi_i) \Delta x_i,$$
其中 $f(x)$ 称为**被积函数**,$f(x)\mathrm{d}x$ 称为**被积表达式**,x 称为**积分变量**,$[a,b]$ 称为**积分区间**,a 称为**积分下限**,b 称为**积分上限**,$\sum_{i=1}^{n} f(\xi_i) \Delta x_i$ 称为 $f(x)$ 在 $[a,b]$ 上的**积分和**.

如果函数 $f(x)$ 在 $[a,b]$ 上的定积分存在,我们就说 $f(x)$ 在 $[a,b]$ 上**可积**.

由定积分的定义可知,6.1.1 小节所述曲边梯形的面积即为曲边 $y=f(x)$ 在 $[a,b]$ 上的定积分,即 $A = \int_a^b f(x) \mathrm{d}x$;变速直线运动的路程等于速度函数 $v=v(t)$ 在时间间隔 $[a,b]$ 上的定积分,即 $s = \int_a^b v(t) \mathrm{d}t$.

关于定积分,做以下两点说明.

(1) 定积分 $\int_a^b f(x) \mathrm{d}x$ 是一个数,由积分区间和被积函数唯一确定,与积分变量选用的字

母无关，即
$$\int_a^b f(x)\mathrm{d}x = \int_a^b f(t)\mathrm{d}t = \int_a^b f(u)\mathrm{d}u.$$

（2）在定积分的定义中，积分下限 a 必须小于积分上限 b．但为了以后运算的方便，认为定积分的积分下限也可以大于或等于积分上限，并规定：当 $a>b$ 时，$\int_a^b f(x)\mathrm{d}x = -\int_b^a f(x)\mathrm{d}x$；当 $a=b$ 时，$\int_a^b f(x)\mathrm{d}x = 0$．

我们不加证明地给出以下两个结论．

定理 6.1.1 在闭区间 $[a,b]$ 上的连续函数在 $[a,b]$ 上必可积．

定理 6.1.2 如果函数 $f(x)$ 在闭区间 $[a,b]$ 上有界，且只有有限个第一类间断点，则 $f(x)$ 在 $[a,b]$ 上可积．

例 6.1.1 用定积分的定义计算定积分 $\int_0^1 x^2 \mathrm{d}x$．

解 因函数 $f(x) = x^2$ 是区间 $[0,1]$ 上的连续函数，故可积．由于定积分值与区间的分割方式及 ξ_i 的取法无关，因此在利用定义求定积分时，可选用最利于求和及求极限的方式来分割区间及选

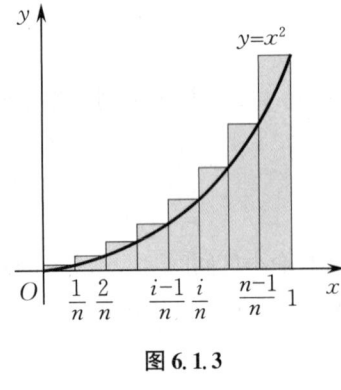

图 6.1.3

取 ξ_i．为此，把区间 $[0,1]$ 分为 n 等份，分点为 $x_i = \dfrac{i}{n}(i=1,2,\cdots,n)$，$\Delta x_i = \dfrac{1}{n}$．在每个小区间 $\left[\dfrac{i-1}{n}, \dfrac{i}{n}\right]$ 上取 $\xi_i = \dfrac{i}{n}$，如图 6.1.3 所示．于是，积分和

$$\sum_{i=1}^n f(\xi_i)\Delta x_i = \sum_{i=1}^n \left(\dfrac{i}{n}\right)^2 \dfrac{1}{n} = \dfrac{1}{n^3}\sum_{i=1}^n i^2 = \dfrac{n(n+1)(2n+1)}{6n^3}.$$

令 $n \to \infty$，即 $\lambda \to 0$，由定积分的定义得

$$\int_0^1 x^2 \mathrm{d}x = \lim_{\lambda \to 0}\sum_{i=1}^n f(\xi_i)\Delta x_i = \lim_{n\to\infty}\dfrac{n(n+1)(2n+1)}{6n^3} = \dfrac{1}{3}.$$

6.1.3 定积分的几何意义

由前面的讨论知道，如果在区间 $[a,b]$ 上函数 $f(x) \geqslant 0$，则定积分 $\int_a^b f(x)\mathrm{d}x$ 表示以 $y=f(x)$ 为曲边的曲边梯形的面积（见图 6.1.4）；如果在区间 $[a,b]$ 上函数 $f(x) \leqslant 0$，则由曲线 $y=f(x)$、直线 $x=a$ 和 $x=b$，以及 x 轴所围成的曲边梯形位于 x 轴下方，由定积分的定义易知，$\int_a^b f(x)\mathrm{d}x \leqslant 0$，此时 $\int_a^b f(x)\mathrm{d}x$ 表示曲边梯形面积的相反数（见图 6.1.5）．综合可得，函数 $y=f(x)$ 在区间 $[a,b]$ 上的定积分 $\int_a^b f(x)\mathrm{d}x$ 的几何意义是：由曲线 $y=f(x)$、直线 $x=a$ 和 $x=b$，以及 x 轴所围成的曲边梯形面积的代数和（曲边在 x 轴上方的面积取正，曲边在 x 轴下方的面积取负，见图 6.1.6）．

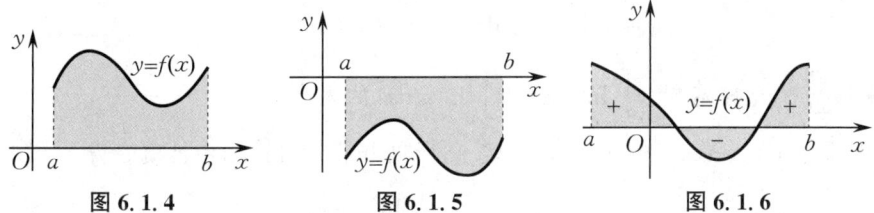

图 6.1.4　　　　　　　　图 6.1.5　　　　　　　　图 6.1.6

例 6.1.2 用定积分的几何意义计算定积分 $\int_0^1 \sqrt{1-x^2}\,dx$.

解 因被积函数 $\sqrt{1-x^2} \geqslant 0$，故 $\int_0^1 \sqrt{1-x^2}\,dx$ 在几何上表示由上半圆周 $y=\sqrt{1-x^2}$ 与直线 $x=0, x=1$ 及 x 轴所围成的区域的面积. 显然, 该区域为四分之一单位圆, 从而

$$\int_0^1 \sqrt{1-x^2}\,dx = \frac{\pi}{4}.$$

6.1.4　定积分的性质

由于定积分是一类和式的极限, 因此利用极限的运算法则, 容易推导出定积分的诸多性质. 在以下的讨论中我们假定所列出的定积分都是存在的.

性质 1 $\int_a^b [f(x) \pm g(x)]\,dx = \int_a^b f(x)\,dx \pm \int_a^b g(x)\,dx.$

证
$$\int_a^b [f(x) \pm g(x)]\,dx = \lim_{\lambda \to 0} \sum_{i=1}^n [f(\xi_i) \pm g(\xi_i)]\Delta x_i$$
$$= \lim_{\lambda \to 0} \sum_{i=1}^n f(\xi_i)\Delta x_i \pm \lim_{\lambda \to 0} \sum_{i=1}^n g(\xi_i)\Delta x_i$$
$$= \int_a^b f(x)\,dx \pm \int_a^b g(x)\,dx.$$

性质 1 可推广到有限多个函数的代数和的情况. 类似可证下面的性质 2 和性质 3.

性质 2 $\int_a^b kf(x)\,dx = k\int_a^b f(x)\,dx\ (k\ \text{为常数}).$

性质 3 $\int_a^b 1\,dx = b - a.$

性质 4 若 $a < c < b$, 则 $\int_a^b f(x)\,dx = \int_a^c f(x)\,dx + \int_c^b f(x)\,dx.$

证 因为函数 $f(x)$ 在区间 $[a,b]$ 上可积, 所以不论怎样分割 $[a,b]$, 积分和的极限总是不变的. 因此, 在分割时, 可使 c 始终为其一个分点, 从而 $f(x)$ 在 $[a,b]$ 上的积分和等于 $[a,c]$ 上的积分和加上 $[c,b]$ 上的积分和. 于是

$$\int_a^b f(x)\,dx = \lim_{\lambda \to 0} \sum_{[a,b]} f(\xi_i)\Delta x_i = \lim_{\lambda \to 0} \Big[\sum_{[a,c]} f(\xi_i)\Delta x_i + \sum_{[c,b]} f(\xi_i)\Delta x_i\Big]$$
$$= \lim_{\lambda \to 0} \sum_{[a,c]} f(\xi_i)\Delta x_i + \lim_{\lambda \to 0} \sum_{[c,b]} f(\xi_i)\Delta x_i = \int_a^c f(x)\,dx + \int_c^b f(x)\,dx.$$

性质 4 表明, 定积分对积分区间具有可加性. 事实上, 不论 a,b,c 之间的大小关系如何, 此性质都成立 (读者可自己证明).

性质 5 若在区间 $[a,b]$ 上有 $f(x) \geqslant g(x)$, 则

$$\int_a^b f(x)\mathrm{d}x \geqslant \int_a^b g(x)\mathrm{d}x.$$

例 6.1.3 比较定积分 $\int_1^e \ln x\,\mathrm{d}x$ 与 $\int_1^e \ln^2 x\,\mathrm{d}x$ 的大小.

解 因为当 $1\leqslant x\leqslant \mathrm{e}$ 时,$0\leqslant \ln x\leqslant 1$,所以 $\ln x\geqslant \ln^2 x$,由性质 5 得
$$\int_1^e \ln x\,\mathrm{d}x \geqslant \int_1^e \ln^2 x\,\mathrm{d}x.$$

推论 1 $\left|\int_a^b f(x)\mathrm{d}x\right|\leqslant \int_a^b |f(x)|\mathrm{d}x\ (a<b).$

证 因 $a<b$ 且 $-|f(x)|\leqslant f(x)\leqslant |f(x)|$,故由性质 5 得
$$-\int_a^b |f(x)|\mathrm{d}x \leqslant \int_a^b f(x)\mathrm{d}x \leqslant \int_a^b |f(x)|\mathrm{d}x,$$

从而有
$$\left|\int_a^b f(x)\mathrm{d}x\right|\leqslant \int_a^b |f(x)|\mathrm{d}x.$$

性质 6 若函数 $f(x)$ 在区间 $[a,b]$ 上的最小值与最大值分别为 m,M,则
$$m(b-a)\leqslant \int_a^b f(x)\mathrm{d}x \leqslant M(b-a).$$

证 因为 $m\leqslant f(x)\leqslant M$,所以由性质 5 得
$$\int_a^b m\,\mathrm{d}x \leqslant \int_a^b f(x)\mathrm{d}x \leqslant \int_a^b M\,\mathrm{d}x,$$

即
$$m(b-a)\leqslant \int_a^b f(x)\mathrm{d}x \leqslant M(b-a).$$

例 6.1.4 估计定积分 $\int_{-1}^3 (x^2+1)\mathrm{d}x$ 值的范围.

解 因为在区间 $[-1,3]$ 上函数 $f(x)=x^2+1$ 满足 $1\leqslant f(x)\leqslant 10$,所以由性质 6 得
$$4\leqslant \int_{-1}^3 (x^2+1)\mathrm{d}x \leqslant 40.$$

性质 7(积分中值定理) 若函数 $f(x)$ 在闭区间 $[a,b]$ 上连续,则在 $[a,b]$ 上至少存在一点 ξ,使得

$$\int_a^b f(x)\mathrm{d}x = f(\xi)(b-a)\quad (a\leqslant \xi\leqslant b).$$

证 由闭区间上连续函数的最大值和最小值定理可知,$f(x)$ 在闭区间 $[a,b]$ 上必存在最小值 m 与最大值 M,利用性质 6 得 $m\leqslant \dfrac{1}{b-a}\int_a^b f(x)\mathrm{d}x \leqslant M$. 再由闭区间上连续函数的介值定理可知,在 $[a,b]$ 上至少存在一点 ξ,使得
$$f(\xi)=\frac{1}{b-a}\int_a^b f(x)\mathrm{d}x,$$

即
$$\int_a^b f(x)\mathrm{d}x = f(\xi)(b-a).$$

积分中值定理表明,在 $[a,b]$ 上至少存在一点 ξ,使得以曲线 $y=f(x)$ 为曲边,$[a,b]$ 为底

的曲边梯形的面积等于同一底而高为 $f(\xi)$ 的矩形的面积(见图 6.1.7).

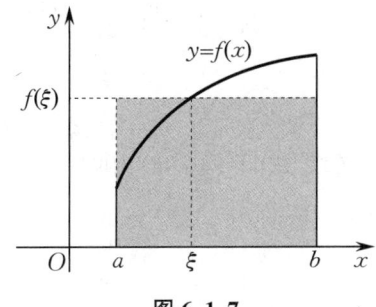

图 6.1.7

基于此, $f(\xi)=\dfrac{1}{b-a}\int_a^b f(x)\mathrm{d}x$ 可看成曲边梯形的"平均高度",通常称其为函数 $f(x)$ 在 $[a,b]$ 上的**平均值**.

例 6.1.5 设函数 $f(x)$ 在闭区间 $[a,b]$ 上连续,在开区间 (a,b) 内可导,且存在 $c\in(a,b)$,使得 $\int_a^c f(x)\mathrm{d}x=f(b)(c-a)$. 证明:在 (a,b) 内至少存在一点 ξ,使得 $f'(\xi)=0$.

证 因为函数 $f(x)$ 在 $[a,b]$ 上连续,$c\in(a,b)$,所以 $f(x)$ 在 $[a,c]$ 上也连续,由积分中值定理可知存在 $\eta\in[a,c]$,使得
$$\int_a^c f(x)\mathrm{d}x=f(\eta)(c-a).$$
又 $\int_a^c f(x)\mathrm{d}x=f(b)(c-a)$,因此 $\eta<b$ 且 $f(\eta)=f(b)$,由罗尔中值定理可知,存在 $\xi\in(\eta,b)\subset(a,b)$,使得 $f'(\xi)=0$.

习题 6.1

1. 由定积分的几何意义可知,$\int_{-R}^{R}\sqrt{R^2-x^2}\,\mathrm{d}x=(\qquad)$.

A. πR^2 B. $\dfrac{\pi R^2}{2}$ C. $\dfrac{\pi R^2}{4}$ D. 0

2. 下列不等式成立的是( ).

A. $\int_1^2 \ln x\,\mathrm{d}x \leqslant \int_1^2 \ln^2 x\,\mathrm{d}x$ B. $\int_0^1 x^2\,\mathrm{d}x \leqslant \int_0^1 x^3\,\mathrm{d}x$
C. $\int_0^1 x^2\,\mathrm{d}x \geqslant \int_0^1 x^3\,\mathrm{d}x$ D. $\int_1^2 x^2\,\mathrm{d}x \geqslant \int_1^2 x^3\,\mathrm{d}x$

3. 利用定积分的定义计算下列定积分:

(1) $\int_0^1 2x\,\mathrm{d}x$; (2) $\int_1^3 x^2\,\mathrm{d}x$; (3) $\int_0^1 \mathrm{e}^x\,\mathrm{d}x$.

4. 利用定积分的几何意义证明下列等式:

(1) $\int_0^2 (x+1)\,\mathrm{d}x=4$; (2) $\int_{-\pi}^{\pi} \sin x\,\mathrm{d}x=0$; (3) $\int_{-\frac{\pi}{2}}^{\frac{\pi}{2}} \cos x\,\mathrm{d}x=2\int_0^{\frac{\pi}{2}} \cos x\,\mathrm{d}x$.

5. 估计下列定积分值的范围:

(1) $\int_2^4 (x^2-1)\,\mathrm{d}x$; (2) $\int_{\frac{\pi}{4}}^{\frac{5\pi}{4}} (1+\sin^2 x)\,\mathrm{d}x$; (3) $\int_{-\frac{\sqrt{2}}{2}}^{\frac{\sqrt{2}}{2}} \mathrm{e}^{-x^2}\,\mathrm{d}x$.

6. 不求出定积分的值,比较下列各组积分值的大小:

(1) $\int_1^3 x\,dx$ 与 $\int_1^3 x^3\,dx$;

(2) $\int_0^{\frac{\pi}{2}} \frac{\sin x}{x}\,dx$ 与 $\int_0^{\frac{\pi}{2}} \left(\frac{\sin x}{x}\right)^2 dx$;

(3) $\int_0^1 e^x\,dx$ 与 $\int_0^1 (1+x)\,dx$.

7. 设函数 $f(x)$ 在闭区间 $[a,b]$ 上连续,在开区间 (a,b) 内可导,且 $\frac{2}{b-a}\int_a^{\frac{a+b}{2}} f(x)\,dx = f(b)$. 证明:在开区间 (a,b) 内至少存在一点 ξ,使得 $f'(\xi) = 0$.

6.2 微积分基本公式及其应用

由例 6.1.1 可知,即使被积函数简单如 x^2,利用定义来计算定积分也不容易,若将被积函数换成 x^3,$\sin x$ 等,计算则更复杂. 因此,有必要寻求其他计算定积分的方法. 我们仍然从具体问题中获得启发.

对于做变速直线运动的物体,若其速度 $v(t)[v(t) \geqslant 0]$ 为连续函数,则物体从 a 时刻到 b 时刻 $(a < b)$ 所经过的路程为

$$s = \int_a^b v(t)\,dt.$$

此外,若物体的位置函数为 $s(t)$,则物体从 a 时刻到 b 时刻所经过的路程又可以表示为

$$s = s(b) - s(a),$$

从而有

$$\int_a^b v(t)\,dt = s(b) - s(a).$$

由于 $s'(t) = v(t)$,即 $s(t)$ 是 $v(t)$ 的一个原函数,因此可得到:$v(t)$ 在 $[a,b]$ 上的定积分等于 $v(t)$ 的一个原函数 $s(t)$ 在 $[a,b]$ 上的增量 $s(b) - s(a)$.

上述讨论给我们以启示,对一般的连续函数是否也有同样的结论?答案是肯定的,即连续函数 $f(x)$ 在 $[a,b]$ 上的定积分等于它的一个原函数 $F(x)$ 在 $[a,b]$ 上的增量 $F(b) - F(a)$. 为证明此结论,先考察一类新型的函数 —— 积分上限的函数.

6.2.1 积分上限的函数及其导数

设函数 $y = f(t)$ 在区间 $[a,b]$ 上连续,x 为 $[a,b]$ 上任意一点. 由于 $f(t)$ 在 $[a,b]$ 上连续,因此在 $[a,x]$ 上也连续,从而定积分 $\int_a^x f(t)\,dt$ 存在,且对每一个 $x \in [a,b]$,定积分都有唯一确定的值与之对应. 于是,该定积分是定义在 $[a,b]$ 上的函数,记作 $\Phi(x)$,即

$$\Phi(x) = \int_a^x f(t)\,dt \quad (a \leqslant x \leqslant b),$$

称为积分上限的函数. 关于 $\Phi(x)$,有如下重要定理.

定理 6.2.1 若函数 $f(x)$ 在区间 $[a,b]$ 上连续,则积分上限的函数

$$\Phi(x) = \int_a^x f(t)\,dt$$

在 $[a,b]$ 上可导,且

$$\Phi'(x)=\frac{\mathrm{d}}{\mathrm{d}x}\left[\int_a^x f(t)\mathrm{d}t\right]=f(x). \tag{6.2.1}$$

证 任取 $x\in[a,b]$,给其一个增量 Δx,使得 $x+\Delta x\in[a,b]$,则 $\Phi(x)$ 的增量为

$$\Delta\Phi(x)=\Phi(x+\Delta x)-\Phi(x)=\int_a^{x+\Delta x}f(t)\mathrm{d}t-\int_a^x f(t)\mathrm{d}t=\int_x^{x+\Delta x}f(t)\mathrm{d}t.$$

由积分中值定理得

$$\int_x^{x+\Delta x}f(t)\mathrm{d}t=f(\xi)\Delta x \quad (\xi \text{ 介于 } x \text{ 与 } x+\Delta x \text{ 之间}),$$

于是

$$\frac{\Delta\Phi(x)}{\Delta x}=f(\xi).$$

因为当 $\Delta x\to 0$ 时,$\xi\to x$,且函数 $f(x)$ 在 $[a,b]$ 上连续,所以

$$\Phi'(x)=\lim_{\Delta x\to 0}\frac{\Delta\Phi(x)}{\Delta x}=\lim_{\xi\to x}f(\xi)=f(x).$$

由定理 6.2.1 可知,如果函数 $f(x)$ 在 $[a,b]$ 上连续,则积分上限的函数 $\Phi(x)=\int_a^x f(t)\mathrm{d}t$ 是 $f(x)$ 在 $[a,b]$ 上的一个原函数(不一定是初等函数). 这说明连续函数的原函数必定存在,从而证明了 5.1 节中的定理 5.1.1.

由式(6.2.1)可得

$$\frac{\mathrm{d}}{\mathrm{d}x}\left[\int_x^b f(t)\mathrm{d}t\right]=-f(x). \tag{6.2.2}$$

当积分上限是可导函数 $u=\varphi(x)$ 时,由复合函数的求导法则可得

$$\frac{\mathrm{d}}{\mathrm{d}x}\left[\int_a^{\varphi(x)} f(t)\mathrm{d}t\right]=f[\varphi(x)]\varphi'(x). \tag{6.2.3}$$

当积分上限、下限分别是可导函数 $u=\varphi(x)$ 与 $v=\psi(x)$ 时,可得

$$\frac{\mathrm{d}}{\mathrm{d}x}\left[\int_{\psi(x)}^{\varphi(x)} f(t)\mathrm{d}t\right]=f[\varphi(x)]\varphi'(x)-f[\psi(x)]\psi'(x). \tag{6.2.4}$$

例 6.2.1 求 $\dfrac{\mathrm{d}}{\mathrm{d}x}\left(\int_{x^2}^x \arctan t^2\mathrm{d}t\right)$.

解 $\dfrac{\mathrm{d}}{\mathrm{d}x}\left(\int_{x^2}^x \arctan t^2\mathrm{d}t\right)=\arctan x^2\cdot x'-\arctan x^4\cdot(x^2)'=\arctan x^2-2x\arctan x^4.$

例 6.2.2 求极限 $\lim\limits_{x\to 0}\dfrac{1}{\sin^3 x}\int_0^{x^3}\mathrm{e}^{2t}\mathrm{d}t$.

解 显然所求为 $\dfrac{0}{0}$ 型未定式的极限. 因 $\dfrac{\mathrm{d}}{\mathrm{d}x}\left(\int_0^{x^3}\mathrm{e}^{2t}\mathrm{d}t\right)=\mathrm{e}^{2x^3}\cdot(x^3)'=3x^2\mathrm{e}^{2x^3}$,且当 $x\to 0$ 时,$\sin x\sim x$,故

$$\lim_{x\to 0}\frac{1}{\sin^3 x}\int_0^{x^3}\mathrm{e}^{2t}\mathrm{d}t=\lim_{x\to 0}\frac{\int_0^{x^3}\mathrm{e}^{2t}\mathrm{d}t}{x^3}=\lim_{x\to 0}\frac{3x^2\mathrm{e}^{2x^3}}{3x^2}=\lim_{x\to 0}\mathrm{e}^{2x^3}=1.$$

6.2.2 微积分基本公式

从不定积分和定积分的定义看,两者没有什么联系,但定理 6.2.1 却揭示了定积分与原函

数之间的内在联系,提供了通过原函数计算定积分的途径.

定理 6.2.2 设函数 $f(x)$ 在区间 $[a,b]$ 上连续,并且 $F(x)$ 是 $f(x)$ 在 $[a,b]$ 上的一个原函数,则

$$\int_a^b f(x)\mathrm{d}x = F(b) - F(a). \qquad (6.2.5)$$

证 因为 $F(x)$ 是函数 $f(x)$ 在 $[a,b]$ 上的一个原函数,所以由定理 6.2.1 知,$\Phi(x) = \int_a^x f(t)\mathrm{d}t$ 也是 $f(x)$ 的一个原函数,且它们之间相差一个常数 C,即

$$F(x) - \Phi(x) = F(x) - \int_a^x f(t)\mathrm{d}t = C \quad (a \leqslant x \leqslant b).$$

在上式中,令 $x = a$,得 $F(a) - \Phi(a) = F(a) - 0 = C$,故 $C = F(a)$,从而

$$F(x) - \int_a^x f(t)\mathrm{d}t = F(a) \quad (a \leqslant x \leqslant b).$$

再令 $x = b$,得 $F(b) - \int_a^b f(t)\mathrm{d}t = F(a)$,即

$$\int_a^b f(t)\mathrm{d}t = F(b) - F(a).$$

为方便起见,常把式(6.2.5)中的 $F(b) - F(a)$ 记作 $[F(x)]_a^b$ 或 $F(x)\Big|_a^b$,即式(6.2.5)可简写成如下形式:

$$\int_a^b f(x)\mathrm{d}x = [F(x)]_a^b \quad \text{或} \quad \int_a^b f(x)\mathrm{d}x = F(x)\Big|_a^b.$$

式(6.2.5)称为**牛顿-莱布尼茨**(Newton-Leibniz)**公式**,也称为**微积分基本公式**.该公式是微积分学中的一个重要公式,它表明,一个连续函数在 $[a,b]$ 上的定积分等于函数的任意一个原函数在 $[a,b]$ 上的增量,这给出了一种计算定积分十分有效且简便的方法.

例 6.2.3 计算定积分 $\int_{-2}^{-1} \frac{1}{x}\mathrm{d}x$.

解 由于 $\ln|x|$ 是 $\frac{1}{x}$ 的一个原函数,因此由牛顿-莱布尼茨公式得

$$\int_{-2}^{-1} \frac{1}{x}\mathrm{d}x = [\ln|x|]_{-2}^{-1} = \ln|-1| - \ln|-2| = -\ln 2.$$

例 6.2.4 计算定积分 $\int_{-1}^{\sqrt{3}} \frac{1}{1+x^2}\mathrm{d}x$.

解 $\int_{-1}^{\sqrt{3}} \frac{1}{1+x^2}\mathrm{d}x = [\arctan x]_{-1}^{\sqrt{3}} = \arctan\sqrt{3} - \arctan(-1) = \frac{\pi}{3} - \left(-\frac{\pi}{4}\right) = \frac{7}{12}\pi.$

例 6.2.5 计算定积分 $\int_0^1 \frac{x}{3-2x^2}\mathrm{d}x$.

解 $\int_0^1 \frac{x}{3-2x^2}\mathrm{d}x = -\frac{1}{4}\int_0^1 \frac{1}{3-2x^2}\mathrm{d}(3-2x^2) = -\frac{1}{4}[\ln|3-2x^2|]_0^1$

$$= -\frac{1}{4}(\ln 1 - \ln 3) = \frac{1}{4}\ln 3.$$

例 6.2.6 计算定积分 $\int_0^\pi \sqrt{\sin x - \sin^3 x}\,dx$.

解 因为 $\sqrt{\sin x - \sin^3 x} = |\cos x|\sin^{\frac{1}{2}} x \,(0 \leqslant x \leqslant \pi)$，所以

$$\int_0^\pi \sqrt{\sin x - \sin^3 x}\,dx = \int_0^\pi |\cos x|\sin^{\frac{1}{2}} x\,dx = \int_0^{\frac{\pi}{2}} \cos x \sin^{\frac{1}{2}} x\,dx - \int_{\frac{\pi}{2}}^\pi \cos x \sin^{\frac{1}{2}} x\,dx$$

$$= \left[\frac{2}{3}\sin^{\frac{3}{2}} x\right]_0^{\frac{\pi}{2}} - \left[\frac{2}{3}\sin^{\frac{3}{2}} x\right]_{\frac{\pi}{2}}^\pi = \frac{2}{3} - \left(-\frac{2}{3}\right) = \frac{4}{3}.$$

例 6.2.7 计算在 $[-1,1]$ 上以曲线 $y = \dfrac{e^x + e^{-x}}{2}$ 为曲边的曲边梯形（见图 6.2.1）的面积.

解 由定积分的几何意义可知，所求面积为

$$A = \int_{-1}^1 \frac{e^x + e^{-x}}{2}dx = \frac{1}{2}\int_{-1}^1 e^x\,dx + \frac{1}{2}\int_{-1}^1 e^{-x}\,dx$$

$$= \frac{1}{2}[e^x]_{-1}^1 + \frac{1}{2}[-e^{-x}]_{-1}^1 = e - e^{-1}.$$

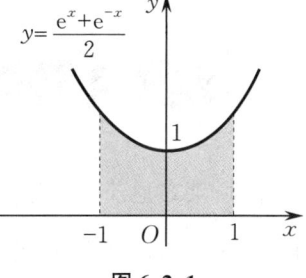

图 6.2.1

习 题 6.2

1. 设函数 $f(x) = \int_0^{x^2} \ln(t^2+1)dt$，则 $f'(x) = (\quad)$.

   A. $\dfrac{2x}{1+x^2}\ln(x^4+1)$ \qquad B. $\ln(x^4+1)$

   C. $2x\ln(x^2+1)$ \qquad D. $2x\ln(x^4+1)$

2. 下列积分中不能直接使用牛顿-莱布尼茨公式计算的是（ ）.

   A. $\int_0^1 \dfrac{1}{1+e^x}dx$ \quad B. $\int_0^{\frac{\pi}{4}} \dfrac{1}{x}dx$ \quad C. $\int_0^1 \dfrac{x}{1+x^2}dx$ \quad D. $\int_0^{\frac{\pi}{4}} \tan x\,dx$

3. 求下列导数：

   (1) $\dfrac{d}{dx}\left(\int_1^x \sqrt{2+t}\,dt\right)$；\qquad (2) $\dfrac{d}{dx}\left[\int_0^{e^x} \dfrac{\ln(t+1)}{t}dt\right]$；\qquad (3) $\dfrac{d}{dx}\left(\int_x^{x^2} t^2 e^t\,dt\right)$.

4. 求下列极限：

   (1) $\lim\limits_{x\to 0}\dfrac{\int_0^x t\ln(1+t^2)dt}{x^2}$；\qquad (2) $\lim\limits_{x\to 0}\dfrac{\left(\int_0^x e^{t^2}dt\right)^2}{\int_0^x te^{2t^2}dt}$；\qquad (3) $\lim\limits_{x\to 0}\dfrac{\int_{x^2}^0 \cos t\,dt}{1-\cos x}$.

5. 计算下列定积分：

   (1) $\int_1^3 (3x^2 - 2x)dx$；\qquad (2) $\int_1^{27} \dfrac{1}{\sqrt[3]{x}}dx$；\qquad (3) $\int_0^1 \dfrac{x}{x^2+1}dx$；

   (4) $\int_0^{\frac{\pi}{4}} \tan^2 x\,dx$；\qquad (5) $\int_0^1 \dfrac{1}{\sqrt{4-x^2}}dx$；\qquad (6) $\int_0^{\sqrt{3}a} \dfrac{1}{a^2+x^2}dx$；

   (7) $\int_0^\pi |\cos x|\,dx$；\qquad (8) $\int_{-2}^3 \max\{1, x^2\}dx$；\qquad (9) $\int_1^{e^3} \dfrac{1}{x\sqrt{1+\ln x}}dx$；

   (10) $\int_0^{\frac{\pi}{2}} e^{\cos x}\sin x\,dx$；\qquad (11) $\int_0^1 te^{\frac{t^2}{2}}dt$；\qquad (12) $\int_0^\pi \sqrt{\sin^3 x - \sin^5 x}\,dx$；

(13) $\int_0^2 f(x)\mathrm{d}x$,其中函数 $f(x) = \begin{cases} x+1, & x \leqslant 1, \\ \dfrac{1}{2}x^2, & x > 1. \end{cases}$

6. 设函数 $f(x)$ 在区间 $[a,b]$ 上连续,且 $f(x) > 0$. 令 $F(x) = \int_a^x f(t)\mathrm{d}t + \int_b^x \dfrac{1}{f(t)}\mathrm{d}t$. 证明:

(1) $F'(x) \geqslant 2$;

(2) $F(x)$ 在 (a,b) 内有且仅有一个零点.

7. 求由曲线 $y = \sin x (0 \leqslant x \leqslant \pi)$ 与 x 轴所围成的平面图形的面积.

6.3 定积分的换元积分法与分部积分法

牛顿-莱布尼茨公式告诉我们,计算定积分 $\int_a^b f(x)\mathrm{d}x$ 的简便有效方法是把它转化为求被积函数 $f(x)$ 的原函数在区间 $[a,b]$ 上的增量. 在第 5 章中,我们知道用换元积分法和分部积分法可以求出一些函数的原函数. 因此,在一定的条件下,也可以用换元积分法和分部积分法来计算定积分.

6.3.1 定积分的换元积分法

定理 6.3.1 若函数 $f(x)$ 在区间 $[a,b]$ 上连续,函数 $x = \varphi(t)$ 满足条件:

(1) $\varphi(\alpha) = a, \varphi(\beta) = b$,

(2) 函数 $x = \varphi(t)$ 在区间 $[\alpha,\beta]$(或 $[\beta,\alpha]$) 上具有连续导数,

(3) 当 t 在 $[\alpha,\beta]$(或 $[\beta,\alpha]$) 上变化时,$x = \varphi(t)$ 的值在 $[a,b]$ 上变化,

则有

$$\int_a^b f(x)\mathrm{d}x = \int_\alpha^\beta f[\varphi(t)]\varphi'(t)\mathrm{d}t. \tag{6.3.1}$$

证 由条件可知,式 (6.3.1) 两边的被积函数在其积分区间上均是连续的,故式 (6.3.1) 两边的定积分均存在,且两边的被积函数的原函数也存在.

假设 $F(x)$ 是函数 $f(x)$ 在 $[a,b]$ 上的一个原函数,由牛顿-莱布尼茨公式可得

$$\int_a^b f(x)\mathrm{d}x = F(b) - F(a).$$

记 $F[\varphi(t)] = \Phi(t)$,则 $\Phi'(t) = F'[\varphi(t)] = f[\varphi(t)]\varphi'(t)$. 这表明函数 $\Phi(t)$ 是 $f[\varphi(t)]\varphi'(t)$ 在 $[\alpha,\beta]$(或 $[\beta,\alpha]$) 上的一个原函数,故有

$$\int_\alpha^\beta f[\varphi(t)]\varphi'(t)\mathrm{d}t = \Phi(\beta) - \Phi(\alpha) = F[\varphi(\beta)] - F[\varphi(\alpha)] = F(b) - F(a),$$

从而

$$\int_a^b f(x)\mathrm{d}x = \int_\alpha^\beta f[\varphi(t)]\varphi'(t)\mathrm{d}t.$$

式 (6.3.1) 称为**定积分的换元公式**.

例 6.3.1 计算定积分 $\int_0^4 \dfrac{x+2}{\sqrt{2x+1}}\mathrm{d}x$.

解 令 $\sqrt{2x+1}=t(t>0)$，则 $x=\dfrac{t^2-1}{2}$，$\mathrm{d}x=t\,\mathrm{d}t$，且当 $x=0$ 时，$t=1$；当 $x=4$ 时，$t=3$. 于是

$$\int_0^4 \frac{x+2}{\sqrt{2x+1}}\mathrm{d}x = \int_1^3 \frac{\dfrac{t^2-1}{2}+2}{t}t\,\mathrm{d}t = \int_1^3 \left(\frac{t^2}{2}+\frac{3}{2}\right)\mathrm{d}t = \left[\frac{t^3}{6}+\frac{3}{2}t\right]_1^3 = \frac{22}{3}.$$

例 6.3.2 计算定积分 $\displaystyle\int_0^a \sqrt{a^2-x^2}\,\mathrm{d}x\,(a>0)$.

解 令 $x=a\sin t$，则 $\mathrm{d}x=a\cos t\,\mathrm{d}t$，且当 $x=0$ 时，$t=0$；当 $x=a$ 时，$t=\dfrac{\pi}{2}$. 于是

$$\int_0^a \sqrt{a^2-x^2}\,\mathrm{d}x = \int_0^{\frac{\pi}{2}} a^2\cos^2 t\,\mathrm{d}t = \frac{a^2}{2}\int_0^{\frac{\pi}{2}}(1+\cos 2t)\,\mathrm{d}t = \frac{a^2}{2}\left[t+\frac{1}{2}\sin 2t\right]_0^{\frac{\pi}{2}} = \frac{\pi}{4}a^2.$$

从以上两例可见，定积分与不定积分的换元法的不同之处在于定积分的换元法不必换回原积分变量，但在换元的同时必须变换积分上、下限.

例 6.3.3 计算定积分 $\displaystyle\int_0^{\ln 2}\sqrt{\mathrm{e}^x-1}\,\mathrm{d}x$.

解 令 $\sqrt{\mathrm{e}^x-1}=t$，则 $x=\ln(t^2+1)$，$\mathrm{d}x=\dfrac{2t}{1+t^2}\mathrm{d}t$，且当 $x=0$ 时，$t=0$；当 $x=\ln 2$ 时，$t=1$. 于是

$$\int_0^{\ln 2}\sqrt{\mathrm{e}^x-1}\,\mathrm{d}x = \int_0^1 t\frac{2t}{1+t^2}\mathrm{d}t = 2\int_0^1 \frac{t^2+1-1}{1+t^2}\mathrm{d}t = 2[t-\arctan t]_0^1 = 2-\frac{\pi}{2}.$$

定积分的换元公式(6.3.1)也可以反过来使用. 把换元公式(6.3.1)中左右两边对调，同时将 t 与 x 互换，得

$$\int_a^\beta f[\varphi(x)]\varphi'(x)\,\mathrm{d}x = \int_a^b f(t)\,\mathrm{d}t,$$

其中 $t=\varphi(x)$，且 $a=\varphi(\alpha)$，$b=\varphi(\beta)$.

例 6.3.4 计算定积分 $\displaystyle\int_0^{\frac{\pi}{2}}\sin x\cos^5 x\,\mathrm{d}x$.

解 令 $t=\cos x$，则 $\mathrm{d}t=-\sin x\,\mathrm{d}x$，且当 $x=0$ 时，$t=1$；当 $x=\dfrac{\pi}{2}$ 时，$t=0$. 于是

$$\int_0^{\frac{\pi}{2}}\sin x\cos^5 x\,\mathrm{d}x = -\int_1^0 t^5\,\mathrm{d}t = \int_0^1 t^5\,\mathrm{d}t = \left[\frac{1}{6}t^6\right]_0^1 = \frac{1}{6}.$$

例 6.3.4 也可以不引入新变量 t，利用凑微分法直接求出被积函数的原函数，此时积分上、下限也不必改变，即

$$\int_0^{\frac{\pi}{2}}\sin x\cos^5 x\,\mathrm{d}x = -\int_0^{\frac{\pi}{2}}\cos^5 x\,\mathrm{d}(\cos x) = \left[-\frac{1}{6}\cos^6 x\right]_0^{\frac{\pi}{2}} = \frac{1}{6}.$$

例 6.3.5 设函数 $f(x)$ 在区间 $[-a,a]\,(a>0)$ 上连续，证明：

(1) $\displaystyle\int_{-a}^a f(x)\,\mathrm{d}x = \int_0^a [f(-x)+f(x)]\,\mathrm{d}x$；

(2) 若 $f(x)$ 为偶函数，则 $\displaystyle\int_{-a}^a f(x)\,\mathrm{d}x = 2\int_0^a f(x)\,\mathrm{d}x$；

(3) 若 $f(x)$ 为奇函数，则 $\int_{-a}^{a} f(x)\mathrm{d}x = 0$.

证 (1) 由定积分关于区间的可加性知
$$\int_{-a}^{a} f(x)\mathrm{d}x = \int_{-a}^{0} f(x)\mathrm{d}x + \int_{0}^{a} f(x)\mathrm{d}x.$$

对积分 $\int_{-a}^{0} f(x)\mathrm{d}x$ 做变换 $x = -t$，可得
$$\int_{-a}^{0} f(x)\mathrm{d}x = \int_{a}^{0} f(-t)(-\mathrm{d}t) = \int_{0}^{a} f(-t)\mathrm{d}t = \int_{0}^{a} f(-x)\mathrm{d}x,$$

从而
$$\int_{-a}^{a} f(x)\mathrm{d}x = \int_{0}^{a} [f(-x) + f(x)]\mathrm{d}x.$$

(2) 若 $f(x)$ 为偶函数，即 $f(-x) + f(x) = 2f(x)$，则
$$\int_{-a}^{a} f(x)\mathrm{d}x = 2\int_{0}^{a} f(x)\mathrm{d}x.$$

(3) 若 $f(x)$ 为奇函数，即 $f(-x) + f(x) = 0$，则
$$\int_{-a}^{a} f(x)\mathrm{d}x = 0.$$

例 6.3.5 的结论，可用来简化计算奇、偶函数在关于原点对称的区间上的定积分.

例 6.3.6 计算定积分 $\int_{-1}^{1} (x^5 + x^2 + 2x^3 - 3)\mathrm{d}x$.

解
$$\int_{-1}^{1} (x^5 + x^2 + 2x^3 - 3)\mathrm{d}x = \int_{-1}^{1} (x^2 - 3)\mathrm{d}x + \int_{-1}^{1} (x^5 + 2x^3)\mathrm{d}x$$
$$= 2\int_{0}^{1} (x^2 - 3)\mathrm{d}x + 0 = 2\left[\frac{1}{3}x^3 - 3x\right]_{0}^{1} = -\frac{16}{3}.$$

例 6.3.7 设函数 $f(x)$ 在区间 $(-\infty, +\infty)$ 内连续，且 $f(x)$ 是以 T 为周期的周期函数，证明：对于任意的实数 a，有
$$\int_{a}^{a+T} f(x)\mathrm{d}x = \int_{0}^{T} f(x)\mathrm{d}x.$$

证 因为 $f(x)$ 是以 T 为周期的周期函数，所以 $f(x+T) = f(x)$. 由积分区间的可加性有
$$\int_{a}^{a+T} f(x)\mathrm{d}x = \int_{a}^{0} f(x)\mathrm{d}x + \int_{0}^{T} f(x)\mathrm{d}x + \int_{T}^{a+T} f(x)\mathrm{d}x.$$

对 $\int_{T}^{a+T} f(x)\mathrm{d}x$ 利用换元公式，令 $x = t + T$，则 $\mathrm{d}x = \mathrm{d}t$，且当 $x = T$ 时，$t = 0$；当 $x = a + T$ 时，$t = a$. 于是
$$\int_{T}^{a+T} f(x)\mathrm{d}x = \int_{0}^{a} f(t+T)\mathrm{d}t = \int_{0}^{a} f(t)\mathrm{d}t = \int_{0}^{a} f(x)\mathrm{d}x,$$

从而
$$\int_{a}^{a+T} f(x)\mathrm{d}x = \int_{a}^{0} f(x)\mathrm{d}x + \int_{0}^{T} f(x)\mathrm{d}x + \int_{0}^{a} f(x)\mathrm{d}x = \int_{0}^{T} f(x)\mathrm{d}x.$$

例 6.3.8 设函数 $f(x)$ 在区间 $[0,1]$ 上连续，证明：

(1) $\int_{0}^{\frac{\pi}{2}} f(\sin x)\mathrm{d}x = \int_{0}^{\frac{\pi}{2}} f(\cos x)\mathrm{d}x$；

(2) $\int_0^\pi xf(\sin x)\mathrm{d}x = \dfrac{\pi}{2}\int_0^\pi f(\sin x)\mathrm{d}x$,并由此计算定积分 $\int_0^\pi \dfrac{x\sin x}{1+\cos^2 x}\mathrm{d}x$.

证 (1) 令 $x = \dfrac{\pi}{2} - t$,则 $\mathrm{d}x = -\mathrm{d}t$,且当 $x = 0$ 时,$t = \dfrac{\pi}{2}$;当 $x = \dfrac{\pi}{2}$ 时,$t = 0$. 于是

$$\int_0^{\frac{\pi}{2}} f(\sin x)\mathrm{d}x = \int_{\frac{\pi}{2}}^0 f\left[\sin\left(\dfrac{\pi}{2}-t\right)\right](-\mathrm{d}t) = \int_0^{\frac{\pi}{2}} f(\cos t)\mathrm{d}t = \int_0^{\frac{\pi}{2}} f(\cos x)\mathrm{d}x.$$

(2) 令 $x = \pi - t$,则 $\mathrm{d}x = -\mathrm{d}t$,且当 $x = 0$ 时,$t = \pi$;当 $x = \pi$ 时,$t = 0$. 于是

$$\int_0^\pi xf(\sin x)\mathrm{d}x = \int_\pi^0 (\pi-t)f[\sin(\pi-t)](-\mathrm{d}t) = \int_0^\pi (\pi-t)f(\sin t)\mathrm{d}t$$
$$= \pi\int_0^\pi f(\sin t)\mathrm{d}t - \int_0^\pi tf(\sin t)\mathrm{d}t = \pi\int_0^\pi f(\sin x)\mathrm{d}x - \int_0^\pi xf(\sin x)\mathrm{d}x,$$

从而

$$\int_0^\pi xf(\sin x)\mathrm{d}x = \dfrac{\pi}{2}\int_0^\pi f(\sin x)\mathrm{d}x.$$

利用上述结果,得

$$\int_0^\pi \dfrac{x\sin x}{1+\cos^2 x}\mathrm{d}x = \dfrac{\pi}{2}\int_0^\pi \dfrac{\sin x}{1+\cos^2 x}\mathrm{d}x = -\dfrac{\pi}{2}\int_0^\pi \dfrac{1}{1+\cos^2 x}\mathrm{d}(\cos x)$$
$$= -\dfrac{\pi}{2}[\arctan\cos x]_0^\pi = \dfrac{\pi^2}{4}.$$

6.3.2 定积分的分部积分法

设函数 $u(x)$ 与 $v(x)$ 在区间 $[a,b]$ 上具有连续导数,则有
$$[u(x)v(x)]' = u'(x)v(x) + u(x)v'(x).$$

对上式两边在区间 $[a,b]$ 上求定积分,得

$$\int_a^b [u(x)v(x)]'\mathrm{d}x = \int_a^b u'(x)v(x)\mathrm{d}x + \int_a^b u(x)v'(x)\mathrm{d}x,$$

即

$$[u(x)v(x)]_a^b = \int_a^b u'(x)v(x)\mathrm{d}x + \int_a^b u(x)v'(x)\mathrm{d}x,$$

从而

$$\int_a^b u(x)v'(x)\mathrm{d}x = [u(x)v(x)]_a^b - \int_a^b u'(x)v(x)\mathrm{d}x \tag{6.3.2}$$

或

$$\int_a^b u(x)v'(x)\mathrm{d}x = [u(x)v(x)]_a^b - \int_a^b v(x)\mathrm{d}u(x). \tag{6.3.3}$$

这就是**定积分的分部积分公式**.

例 6.3.9 计算定积分 $\int_0^{\frac{\pi}{2}} x\cos 2x\,\mathrm{d}x$.

解
$$\int_0^{\frac{\pi}{2}} x\cos 2x\,\mathrm{d}x = \int_0^{\frac{\pi}{2}} x\,\mathrm{d}\left(\dfrac{\sin 2x}{2}\right) = \left[\dfrac{x\sin 2x}{2}\right]_0^{\frac{\pi}{2}} - \dfrac{1}{2}\int_0^{\frac{\pi}{2}} \sin 2x\,\mathrm{d}x$$
$$= \dfrac{1}{4}[\cos 2x]_0^{\frac{\pi}{2}} = -\dfrac{1}{2}.$$

例 6.3.10 计算定积分 $\int_0^1 \arctan x \, dx$.

解 $\int_0^1 \arctan x \, dx = [x \arctan x]_0^1 - \int_0^1 x \, d(\arctan x) = \dfrac{\pi}{4} - \int_0^1 \dfrac{x}{1+x^2} dx$

$= \dfrac{\pi}{4} - \dfrac{1}{2} \int_0^1 \dfrac{1}{1+x^2} d(1+x^2) = \dfrac{\pi}{4} - \left[\dfrac{1}{2} \ln|1+x^2|\right]_0^1 = \dfrac{\pi}{4} - \dfrac{1}{2}\ln 2.$

例 6.3.11 计算定积分 $\int_0^{\frac{\pi}{2}} e^{2x} \sin x \, dx$.

解 因为

$\int_0^{\frac{\pi}{2}} e^{2x} \sin x \, dx = \int_0^{\frac{\pi}{2}} \sin x \, d\left(\dfrac{e^{2x}}{2}\right) = \left[\dfrac{1}{2} e^{2x} \sin x\right]_0^{\frac{\pi}{2}} - \dfrac{1}{2} \int_0^{\frac{\pi}{2}} e^{2x} \cos x \, dx$

$= \dfrac{e^\pi}{2} - \dfrac{1}{2} \int_0^{\frac{\pi}{2}} \cos x \, d\left(\dfrac{e^{2x}}{2}\right) = \dfrac{e^\pi}{2} - \dfrac{1}{2} \left(\left[\dfrac{1}{2} e^{2x} \cos x\right]_0^{\frac{\pi}{2}} + \dfrac{1}{2} \int_0^{\frac{\pi}{2}} e^{2x} \sin x \, dx\right)$

$= \dfrac{e^\pi}{2} + \dfrac{1}{4} - \dfrac{1}{4} \int_0^{\frac{\pi}{2}} e^{2x} \sin x \, dx,$

所以

$$\int_0^{\frac{\pi}{2}} e^{2x} \sin x \, dx = \dfrac{1}{5}(2e^\pi + 1).$$

例 6.3.12 计算定积分 $\int_0^1 e^{\sqrt{x}} dx$.

解 令 $t = \sqrt{x}$,则 $x = t^2, dx = 2t \, dt$,且当 $x=0$ 时,$t=0$;当 $x=1$ 时,$t=1$. 于是
$\int_0^1 e^{\sqrt{x}} dx = 2\int_0^1 t e^t \, dt = 2\int_0^1 t \, d(e^t) = 2\left([t e^t]_0^1 - \int_0^1 e^t \, dt\right) = 2(e - [e^t]_0^1) = 2.$

从例 6.3.12 可以看出,计算有些定积分时需要同时使用换元积分法和分部积分法两种方法.

例 6.3.13 计算定积分 $I_n = \int_0^{\frac{\pi}{2}} \sin^n x \, dx$,其中 n 为自然数.

解 显然,$I_0 = \dfrac{\pi}{2}, I_1 = 1$. 当 $n > 1$ 时,有

$I_n = \int_0^{\frac{\pi}{2}} \sin^n x \, dx = -\int_0^{\frac{\pi}{2}} \sin^{n-1} x \, d(\cos x)$

$= [-\cos x \sin^{n-1} x]_0^{\frac{\pi}{2}} + \int_0^{\frac{\pi}{2}} \cos^2 x \cdot (n-1) \sin^{n-2} x \, dx$

$= (n-1) \int_0^{\frac{\pi}{2}} \sin^{n-2} x \cdot (1 - \sin^2 x) dx$

$= (n-1) \left(\int_0^{\frac{\pi}{2}} \sin^{n-2} x \, dx - \int_0^{\frac{\pi}{2}} \sin^n x \, dx\right)$

$= (n-1)(I_{n-2} - I_n),$

移项整理后得到

$$I_n = \dfrac{n-1}{n} I_{n-2}.$$

利用这个递推公式,考虑到 n 的奇偶性,递推过程可以至 I_1 或 I_0 为止. 又由例 6.3.8 知,$\int_0^{\frac{\pi}{2}} \sin^n x \, dx$ 与 $\int_0^{\frac{\pi}{2}} \cos^n x \, dx$ 相等,于是得到

$$I_n = \int_0^{\frac{\pi}{2}} \sin^n x \, dx = \int_0^{\frac{\pi}{2}} \cos^n x \, dx = \begin{cases} \dfrac{n-1}{n} \cdot \dfrac{n-3}{n-2} \cdot \cdots \cdot \dfrac{3}{4} \cdot \dfrac{1}{2} \cdot \dfrac{\pi}{2}, & n \text{ 为偶数}, \\ \dfrac{n-1}{n} \cdot \dfrac{n-3}{n-2} \cdot \cdots \cdot \dfrac{4}{5} \cdot \dfrac{2}{3} \cdot 1, & n \text{ 为奇数}. \end{cases}$$

此结果也称为瓦利斯(Wallis) 公式.

利用瓦利斯公式,可直接计算一些定积分的值. 例如,

$$\int_0^{\frac{\pi}{2}} \sin^5 x \, dx = \frac{4}{5} \cdot \frac{2}{3} \cdot 1 = \frac{8}{15}, \quad \int_0^{\frac{\pi}{2}} \cos^6 x \, dx = \frac{5}{6} \cdot \frac{3}{4} \cdot \frac{1}{2} \cdot \frac{\pi}{2} = \frac{5\pi}{32}.$$

习 题 6.3

1. 定积分 $\int_{-1}^1 (2x^3 \cos^3 x + |x|) dx = ($).

    A. 1   B. -1 C. 0   D. 2

2. 定积分 $\int_0^{\pi} t \cos t \, dt = ($).

    A. 1   B. -2 C. 0   D. π

3. 用定积分的换元积分法计算下列定积分:

(1) $\int_0^4 \dfrac{\sqrt{x}}{1+\sqrt{x}} dx$;   (2) $\int_0^1 \dfrac{1}{\sqrt{(1+x^2)^3}} dx$;   (3) $\int_{\frac{\sqrt{2}}{2}}^1 \dfrac{\sqrt{1-x^2}}{x^2} dx$;

(4) $\int_1^2 \dfrac{\sqrt{x^2-1}}{x} dx$;   (5) $\int_0^2 x^2 \sqrt{4-x^2} \, dx$;   (6) $\int_{\ln 2}^{2\ln 2} \dfrac{1}{\sqrt{e^x - 1}} dx$.

4. 计算下列定积分:

(1) $\int_0^1 x e^{-x} dx$;   (2) $\int_1^4 \dfrac{\ln x}{\sqrt{x}} dx$;   (3) $\int_0^{\frac{\pi}{2}} e^{2x} \cos x \, dx$;

(4) $\int_{\frac{1}{e}}^{e} |\ln x| \, dx$;   (5) $\int_0^1 x \arctan x \, dx$;   (6) $\int_0^3 e^{2\sqrt{x+1}} dx$;

(7) $\int_0^{\frac{1}{2}} \arcsin x \, dx$;   (8) $\int_0^{2\pi} x \cos^2 x \, dx$;   (9) $\int_0^{\frac{\pi}{2}} x^2 \sin x \, dx$.

5. 利用函数的奇偶性或周期性计算下列定积分:

(1) $\int_{-\frac{\pi}{4}}^{\frac{\pi}{4}} x^2 \tan x \, dx$;   (2) $\int_{-\frac{\pi}{2}}^{\frac{\pi}{2}} 4 \cos^4 \theta \, d\theta$;   (3) $\int_{-2}^2 (x-3) \sqrt{4-x^2} \, dx$;

(4) $\int_{-2}^3 x \sqrt{|x|} \, dx$;   (5) $\int_0^{2\pi} |\cos 2x| \, dx$;   (6) $\int_0^{2\pi} \sin^5 x \, dx$.

6. 设 $a > 0$,证明: $\int_0^a f(x) dx = \int_0^a f(a-x) dx$,并由此计算定积分 $\int_0^{\frac{\pi}{4}} \dfrac{1 - \sin 2x}{1 + \sin 2x} dx$.

7. 设 $f(x)$ 是以 π 为周期的连续函数,证明:

$$\int_0^{2\pi} (\sin x + x) f(x) dx = \int_0^{\pi} (2x + \pi) f(x) dx.$$

8. 设连续函数 $f(x)$ 满足 $\int_0^x f(x-t) dt = e^{-2x} - 1$,计算定积分 $\int_0^1 f(x) dx$.

6.4 广义积分与Γ函数

前面讨论的定积分都是有界函数及有限区间上的定积分,但是在理论研究和实际应用中,常常会遇到积分区间是无穷区间,或被积函数是无界函数的积分,此类积分称为广义积分或反常积分.

6.4.1 无穷限的广义积分

定义 6.4.1 设函数 $f(x)$ 在区间 $[a,+\infty)$ 内连续,任取 $b>a$,则极限 $\lim\limits_{b\to+\infty}\int_a^b f(x)\mathrm{d}x$ 称为函数 $f(x)$ 在无穷区间 $[a,+\infty)$ 内的**广义积分**,记作 $\int_a^{+\infty} f(x)\mathrm{d}x$,即

$$\int_a^{+\infty} f(x)\mathrm{d}x = \lim_{b\to+\infty}\int_a^b f(x)\mathrm{d}x.$$

如果上式右边的极限存在,则称广义积分 $\int_a^{+\infty} f(x)\mathrm{d}x$ **收敛**;否则,称广义积分 $\int_a^{+\infty} f(x)\mathrm{d}x$ **发散**.

类似地,可以定义函数 $f(x)$ 在无穷区间 $(-\infty,b]$ 内的广义积分为

$$\int_{-\infty}^b f(x)\mathrm{d}x = \lim_{a\to-\infty}\int_a^b f(x)\mathrm{d}x.$$

同样,广义积分 $\int_{-\infty}^b f(x)\mathrm{d}x$ 也有收敛与发散的概念.

对于函数 $f(x)$ 在无穷区间 $(-\infty,+\infty)$ 内的广义积分,可以定义为

$$\int_{-\infty}^{+\infty} f(x)\mathrm{d}x = \int_{-\infty}^c f(x)\mathrm{d}x + \int_c^{+\infty} f(x)\mathrm{d}x,$$

其中 c 为任意给定的实数.

当广义积分 $\int_{-\infty}^c f(x)\mathrm{d}x$ 与 $\int_c^{+\infty} f(x)\mathrm{d}x$ 都收敛时,称广义积分 $\int_{-\infty}^{+\infty} f(x)\mathrm{d}x$ 收敛,否则称之发散.

上述广义积分统称为**无穷限的广义积分**.

例 6.4.1 计算广义积分 $\int_0^{+\infty} x\mathrm{e}^{-x^2}\mathrm{d}x$.

解 $\int_0^{+\infty} x\mathrm{e}^{-x^2}\mathrm{d}x = \lim\limits_{b\to+\infty}\int_0^b x\mathrm{e}^{-x^2}\mathrm{d}x = \lim\limits_{b\to+\infty}\left[-\frac{1}{2}\int_0^b \mathrm{e}^{-x^2}\mathrm{d}(-x^2)\right]$

$= -\frac{1}{2}\lim\limits_{b\to+\infty}[\mathrm{e}^{-x^2}]_0^b = -\frac{1}{2}\lim\limits_{b\to+\infty}(\mathrm{e}^{-b^2}-1) = \frac{1}{2}.$

有时为了书写方便,在计算过程中可省略极限记号. 例如,在 $[a,+\infty)$ 内,若 $F'(x)=f(x)$,则可记

$$\int_a^{+\infty} f(x)\mathrm{d}x = [F(x)]_a^{+\infty} = F(+\infty) - F(a),$$

其中 $F(+\infty)$ 应理解为 $\lim\limits_{x\to+\infty}F(x)$. 另外两种无穷限的广义积分也可用类似的简便写法.

例 6.4.2 计算广义积分 $\int_{-\infty}^{0}\mathrm{e}^{2x}\mathrm{d}x$.

解 $\int_{-\infty}^{0}\mathrm{e}^{2x}\mathrm{d}x=\dfrac{1}{2}\left[\mathrm{e}^{2x}\right]_{-\infty}^{0}=\dfrac{1}{2}$.

例 6.4.3 讨论广义积分 $\int_{1}^{+\infty}\dfrac{1}{x^p}\mathrm{d}x(p\in\mathbf{R})$ 的敛散性.

解 当 $p\neq 1$ 时,

$$\int_{1}^{+\infty}\frac{1}{x^p}\mathrm{d}x=\left[\frac{x^{-p+1}}{-p+1}\right]_{1}^{+\infty}=\frac{1}{p-1}+\lim_{x\to+\infty}\frac{x^{1-p}}{1-p}=\begin{cases}\dfrac{1}{p-1},&p>1,\\+\infty,&p<1;\end{cases}$$

当 $p=1$ 时,

$$\int_{1}^{+\infty}\frac{1}{x}\mathrm{d}x=[\ln x]_{1}^{+\infty}=\lim_{x\to+\infty}\ln x=+\infty.$$

因此,广义积分 $\int_{1}^{+\infty}\dfrac{1}{x^p}\mathrm{d}x$ 当 $p>1$ 时收敛于 $\dfrac{1}{p-1}$,当 $p\leqslant 1$ 时发散.

例 6.4.4 计算广义积分 $\int_{-\infty}^{+\infty}\dfrac{1}{1+x^2}\mathrm{d}x$.

解 $\int_{-\infty}^{+\infty}\dfrac{1}{1+x^2}\mathrm{d}x=[\arctan x]_{-\infty}^{+\infty}=\dfrac{\pi}{2}-\left(-\dfrac{\pi}{2}\right)=\pi$.

6.4.2 无界函数的广义积分

我们知道,可积函数必有界. 对于无界函数,可以像无穷限的广义积分一样,用极限的方法建立其广义积分.

若 $x=c$ 为函数 $f(x)$ 的无穷间断点,则称 $x=c$ 为 $f(x)$ 的**瑕点**. 积分区间有瑕点的积分称为**无界函数的广义积分**,也称为**瑕积分**.

定义 6.4.2 设函数 $f(x)$ 在区间 $(a,b]$ 内连续,$x=a$ 为 $f(x)$ 的**瑕点**,即 $\lim\limits_{x\to a^+}f(x)=\infty$. 称极限 $\lim\limits_{\varepsilon\to 0^+}\int_{a+\varepsilon}^{b}f(x)\mathrm{d}x$ 为函数 $f(x)$ 在区间 $(a,b]$ 内的**瑕积分**,仍记作 $\int_{a}^{b}f(x)\mathrm{d}x$,即

$$\int_{a}^{b}f(x)\mathrm{d}x=\lim_{\varepsilon\to 0^+}\int_{a+\varepsilon}^{b}f(x)\mathrm{d}x.$$

如果上式右边的极限存在,则称**瑕积分** $\int_{a}^{b}f(x)\mathrm{d}x$ **收敛**;否则,称**瑕积分** $\int_{a}^{b}f(x)\mathrm{d}x$ **发散**.

类似地,若函数 $f(x)$ 在区间 $[a,b)$ 内连续,$x=b$ 为 $f(x)$ 的**瑕点**,即 $\lim\limits_{x\to b^-}f(x)=\infty$,则可定义函数 $f(x)$ 在区间 $[a,b)$ 内的瑕积分为

$$\int_{a}^{b}f(x)\mathrm{d}x=\lim_{\varepsilon\to 0^+}\int_{a}^{b-\varepsilon}f(x)\mathrm{d}x.$$

同样,函数 $f(x)$ 在区间 $[a,b)$ 内的瑕积分 $\int_{a}^{b}f(x)\mathrm{d}x$ 也有收敛与发散的概念.

若函数 $f(x)$ 在区间 $[a,b]$ 上除点 $c(a<c<b)$ 外均连续,且 $x=c$ 为 $f(x)$ 的瑕点,则 $f(x)$ 在 $[a,b]$ 上的瑕积分定义为

$$\int_a^b f(x)\mathrm{d}x = \int_a^c f(x)\mathrm{d}x + \int_c^b f(x)\mathrm{d}x = \lim_{\varepsilon \to 0^+}\int_a^{c-\varepsilon} f(x)\mathrm{d}x + \lim_{\delta \to 0^+}\int_{c+\delta}^b f(x)\mathrm{d}x.$$

如果瑕积分 $\int_a^c f(x)\mathrm{d}x$ 与 $\int_c^b f(x)\mathrm{d}x$ 都收敛,则称瑕积分 $\int_a^b f(x)\mathrm{d}x$ 收敛,否则称瑕积分 $\int_a^b f(x)\mathrm{d}x$ 发散.

例 6.4.5 计算瑕积分 $\int_0^a \dfrac{1}{\sqrt{a^2-x^2}}\mathrm{d}x\,(a>0)$.

解 由于 $\lim\limits_{x \to a^-}\dfrac{1}{\sqrt{a^2-x^2}}=+\infty$,因此 $x=a$ 是瑕点. 于是

$$\int_0^a \frac{1}{\sqrt{a^2-x^2}}\mathrm{d}x = \lim_{\varepsilon \to 0^+}\int_0^{a-\varepsilon}\frac{1}{\sqrt{a^2-x^2}}\mathrm{d}x = \lim_{\varepsilon \to 0^+}\left[\arcsin\frac{x}{a}\right]_0^{a-\varepsilon}$$
$$= \lim_{\varepsilon \to 0^+}\left(\arcsin\frac{a-\varepsilon}{a}-0\right)=\arcsin 1 = \frac{\pi}{2}.$$

同样,在计算瑕积分时,为了书写方便,有时也可省略极限记号. 例如,若在 $[a,b)$ 内 $F'(x)=f(x)$,则可记

$$\int_a^b f(x)\mathrm{d}x = [F(x)]_a^{b^-} = F(b^-) - F(a),$$

其中 $F(b^-)$ 应理解为 $\lim\limits_{x \to b^-}F(x)$. 另外两种瑕积分也可用类似的简便写法.

例 6.4.6 计算瑕积分 $\int_0^1 \ln x\,\mathrm{d}x$.

解 显然,$x=0$ 是被积函数的瑕点,从而

$$\int_0^1 \ln x\,\mathrm{d}x = [x\ln x - x]_{0^+}^1 = -1 - \lim_{x \to 0^+}(x\ln x - x) = -1.$$

例 6.4.7 讨论瑕积分 $\int_{-1}^1 \dfrac{1}{x^2}\mathrm{d}x$ 的敛散性.

解 因为 $\lim\limits_{x \to 0}\dfrac{1}{x^2}=+\infty$,所以 $x=0$ 是瑕点. 由于

$$\int_{-1}^0 \frac{1}{x^2}\mathrm{d}x = \left[-\frac{1}{x}\right]_{-1}^{0^-} = \lim_{x \to 0^-}\left(-\frac{1}{x}\right) - 1 = +\infty,$$

因此 $\int_{-1}^0 \dfrac{1}{x^2}\mathrm{d}x$ 发散,从而 $\int_{-1}^1 \dfrac{1}{x^2}\mathrm{d}x$ 发散.

关于瑕积分,做以下两点说明.

(1) 若例 6.4.7 中忽视 $x=0$ 是瑕点,将积分当作普通定积分来处理,则会得到错误的结果:
$$\int_{-1}^1 \frac{1}{x^2}\mathrm{d}x = \left[-\frac{1}{x}\right]_{-1}^1 = -1 - 1 = -2.$$

(2) 设有广义积分 $\int_a^b f(x)\mathrm{d}x$,其中 $f(x)$ 在开区间 (a,b) 内连续,a 可以是 $-\infty$,b 可以是 $+\infty$,a,b 也可以是 $f(x)$ 的瑕点. 对这样的广义积分,在换元函数单调的情况下,可像定积分一样做换元.

例 6.4.8 计算广义积分 $\int_0^{+\infty} \dfrac{1}{(x^2+1)^{\frac{3}{2}}} dx$.

解 令 $x = \tan t \left(-\dfrac{\pi}{2} < t < \dfrac{\pi}{2} \right)$，则 $dx = \sec^2 t \, dt$，且当 $x=0$ 时，$t=0$；当 $x \to +\infty$ 时，$t \to \dfrac{\pi}{2}$. 于是

$$\int_0^{+\infty} \dfrac{1}{(x^2+1)^{\frac{3}{2}}} dx = \int_0^{\frac{\pi}{2}} \dfrac{\sec^2 t}{\sec^3 t} dt = \int_0^{\frac{\pi}{2}} \cos t \, dt = [\sin t]_0^{\frac{\pi}{2}} = 1.$$

6.4.3 Γ 函数

在后续课程"概率论与数理统计"中，常常用到一个积分区间无限且含有参变量的积分.

定义 6.4.3 积分 $\Gamma(s) = \int_0^{+\infty} x^{s-1} e^{-x} dx \, (s > 0)$ 是参变量 s 的函数，称为 **Γ 函数**.

可以证明，Γ 函数是一个收敛的广义积分，它具有如下重要性质.

(1) $\Gamma(s+1) = s\Gamma(s) \, (s > 0)$；
(2) $\Gamma(n+1) = n! \, (n \in \mathbf{Z}_+)$.

证 (1) $\Gamma(s+1) = \int_0^{+\infty} x^s e^{-x} dx = [-x^s e^{-x}]_0^{+\infty} + s\int_0^{+\infty} x^{s-1} e^{-x} dx$

$= s \int_0^{+\infty} x^{s-1} e^{-x} dx = s \Gamma(s)$.

(2) 由于 $\Gamma(1) = \int_0^{+\infty} e^{-x} dx = [-e^{-x}]_0^{+\infty} = 1$，因此对正整数 n，有

$\Gamma(n+1) = n\Gamma(n) = n(n-1)\Gamma(n-1) = \cdots = n(n-1)(n-2) \cdots 2 \cdot 1 \cdot \Gamma(1) = n!$.

例 6.4.9 计算下列各题：

(1) $\dfrac{\Gamma(5)}{2\Gamma(3)}$；
(2) $\dfrac{\Gamma\left(\dfrac{5}{2}\right)}{\Gamma\left(\dfrac{1}{2}\right)}$.

解 (1) $\dfrac{\Gamma(5)}{2\Gamma(3)} = \dfrac{4!}{2 \times 2!} = 6$.

(2) 因为 $\Gamma\left(\dfrac{5}{2}\right) = \Gamma\left(\dfrac{3}{2} + 1\right) = \dfrac{3}{2}\Gamma\left(\dfrac{3}{2}\right) = \dfrac{3}{2} \times \dfrac{1}{2}\Gamma\left(\dfrac{1}{2}\right)$，所以 $\dfrac{\Gamma\left(\dfrac{5}{2}\right)}{\Gamma\left(\dfrac{1}{2}\right)} = \dfrac{3}{4}$.

例 6.4.10 计算下列广义积分：

(1) $\int_0^{+\infty} x^3 e^{-x} dx$；
(2) $\int_0^{+\infty} x^{-\frac{1}{2}} e^{-x} dx$.

解 (1) $\int_0^{+\infty} x^3 e^{-x} dx = \Gamma(4) = 3! = 6$.

(2) 令 $x = t^2 (t \geqslant 0)$，则 $dx = 2t \, dt$. 于是

$$\int_0^{+\infty} x^{-\frac{1}{2}} e^{-x} dx = 2\int_0^{+\infty} e^{-t^2} dt = 2 \times \dfrac{\sqrt{\pi}}{2} = \sqrt{\pi}.$$

在例 6.4.10 中我们用到了 $\int_0^{+\infty} e^{-t^2} dt = \frac{\sqrt{\pi}}{2}$（将在第 8 章计算得到），该结果在概率论中经常用到.

习题 6.4

1. 下列广义积分中收敛的是（　　）.

A. $\int_1^{+\infty} \frac{1}{x} dx$　　B. $\int_1^{+\infty} \frac{1}{\sqrt{x}} dx$　　C. $\int_4^{+\infty} \frac{1}{x \ln x} dx$　　D. $\int_1^{+\infty} \frac{1}{\sqrt{x^3}} dx$

2. 下列瑕积分中收敛的是（　　）.

A. $\int_0^1 \frac{1}{x} dx$　　B. $\int_0^1 \frac{1}{x^2} dx$　　C. $\int_0^1 \frac{1}{\sqrt[3]{x}} dx$　　D. $\int_0^1 \frac{\ln x}{x} dx$

3. 计算下列广义积分的值或判断其敛散性：

(1) $\int_1^{+\infty} \frac{1}{x^3} dx$；　　(2) $\int_0^{+\infty} x e^{-x} dx$；　　(3) $\int_e^{+\infty} \frac{1}{x \ln x} dx$；

(4) $\int_{-\infty}^{+\infty} \frac{1}{x^2 + 4x + 5} dx$；　　(5) $\int_1^2 \frac{x}{\sqrt{x-1}} dx$；　　(6) $\int_1^e \frac{1}{x \sqrt{1 - \ln^2 x}} dx$；

(7) $\int_0^2 \frac{1}{(1-x)^2} dx$；　　(8) $\int_1^2 \frac{1}{x \sqrt{x-1}} dx$.

*4. 计算下列各题：

(1) $\frac{\Gamma(7)}{2\Gamma(4)\Gamma(3)}$；

(2) $\frac{\Gamma(3)\Gamma\left(\frac{3}{2}\right)}{\Gamma\left(\frac{9}{2}\right)}$.

*5. 用 Γ 函数表示下列积分，并计算其值 $\left[\text{已知 } \Gamma\left(\frac{1}{2}\right) = \sqrt{\pi}\right]$：

(1) $\int_0^{+\infty} x^m e^{-x} dx$（$m$ 为自然数）；　　(2) $\int_0^{+\infty} \sqrt{x} e^{-x} dx$；　　(3) $\int_0^{+\infty} x^5 e^{-x^2} dx$.

6.5 定积分的应用

定积分是由实际问题抽象出来的一个数学概念，利用它自然能解决一些实际问题. 本节我们利用定积分知识分析和解决几何、经济中的一些问题.

6.5.1 定积分的元素法

用定积分解决实际问题的常用方法是元素法（也称微元法）. 在 6.1 节中讨论了曲边梯形的面积及变速直线运动的路程，通过这两个问题的讨论和计算，可以得出以下结论.

如果某一实际问题中的所求量 U 符合下列条件：

(1) U 是一个与变量 x 的变化区间 $[a, b]$ 有关的量，

(2) U 对于区间 $[a, b]$ 具有可加性，也就是说，如果把区间 $[a, b]$ 分成若干个部分区间，则 U 相应地分成若干个部分量，而 U 等于所有部分量之和，

(3) 部分量 ΔU_i 的近似值可以表示为 $f(\xi_i) \Delta x_i$，其中 $f(x)$ 是 $[a, b]$ 上

的可积函数，ξ_i 是部分区间 $[x_{i-1},x_i]$ 上任意一点，$\Delta x_i = x_i - x_{i-1}$，且 ΔU_i 与 $f(\xi_i)\Delta x_i$ 的差是一个比 Δx_i 高阶的无穷小（$\Delta x_i \to 0$），那么这个量 U 就可用定积分来表示. 这时，我们可以通过以下四个步骤将 U 表示成一个定积分.

（1）**分割**. 用任意一组分点
$$a = x_0 < x_1 < x_2 < \cdots < x_{n-1} < x_n = b,$$
将区间 $[a,b]$ 分成 n 个小区间 $[x_{i-1},x_i]$（$i=1,2,\cdots,n$），所求量 U 也相应地分成 n 个部分量 ΔU_i，即
$$U = \sum_{i=1}^{n} \Delta U_i.$$

（2）**近似代替**. 用 $f(\xi_i)\Delta x_i$ 近似代替 ΔU_i（$i=1,2,\cdots,n$），即
$$\Delta U_i \approx f(\xi_i)\Delta x_i \quad (x_{i-1} \leqslant \xi_i \leqslant x_i).$$

（3）**求和**. 将 n 个部分量 ΔU_i 的近似值加起来，就得到 U 的近似值，即
$$U = \sum_{i=1}^{n} \Delta U_i \approx \sum_{i=1}^{n} f(\xi_i)\Delta x_i.$$

（4）**取极限**. 当 $\lambda = \max\{\Delta x_1, \Delta x_2, \cdots, \Delta x_n\}$ 趋于 0 时，上述和式的极限就是所求量 U 的值，即
$$U = \lim_{\lambda \to 0} \sum_{i=1}^{n} f(\xi_i)\Delta x_i = \int_a^b f(x)dx.$$

在这四个步骤中，关键是第二步，只要能确定 ΔU_i 的近似值 $f(\xi_i)\Delta x_i$，所求量 U 的定积分表达式中的被积表达式就确定了，再通过求和、取极限就可得到 U 的定积分表达式.

综合以上讨论，用定积分表达所求量 U 的步骤如下：

（1）根据实际问题的具体情况选择一个变量（如 x）为积分变量，并确定它的变化区间 $[a,b]$.

（2）设想把区间 $[a,b]$ 分成 n 个小区间，取其中任意一个小区间并记作 $[x,x+dx]$，求出相应于这个小区间的部分量 ΔU 的近似值. 如果 ΔU 能近似表示为 $[a,b]$ 上的一个连续函数 $f(x)$ 在点 x 处的值 $f(x)$ 与 dx 的乘积，就把 $f(x)dx$ 称为所求量 U 的元素，并记作 dU，即
$$dU = f(x)dx.$$

（3）以所求量 U 的元素 $f(x)dx$ 为被积表达式在区间 $[a,b]$ 上做定积分，得
$$U = \int_a^b f(x)dx,$$
这就是所求量 U 的积分表达式.

这个方法称为定积分的**元素法**. 下面我们就利用元素法来解决几何、经济中的一些问题.

6.5.2 平面图形的面积

前面已经知道，由连续曲线 $y=f(x)$ [$f(x) \geqslant 0$]、直线 $x=a$ 和 $x=b$（$a<b$），以及 x 轴所围成的曲边梯形的面积 A（见图 6.5.1）可用定积分表示，即

$$A = \int_a^b f(x)dx. \tag{6.5.1}$$

利用定积分还可以计算一些比较复杂的平面图形的面积.

设函数 $f_1(x), f_2(x)$ 在区间 $[a,b]$ 上连续，且 $f_1(x) \leqslant f_2(x)$. 下面利用元素法求由曲线 $y =$

$f_1(x), y=f_2(x)$ 及直线 $x=a, x=b(a<b)$ 所围成的平面图形的面积 A(见图 6.5.2).

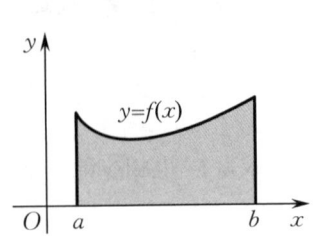

图 6.5.1

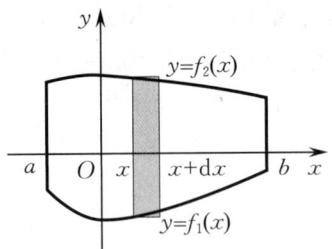

图 6.5.2

以 x 为积分变量，$x\in[a,b]$，在区间 $[a,b]$ 上任取小区间 $[x,x+\mathrm{d}x]$，则相应于该小区间上的面积 ΔA 近似等于高为 $f_2(x)-f_1(x)$、底为 $\mathrm{d}x$ 的小矩形面积，即面积元素为 $\mathrm{d}A=[f_2(x)-f_1(x)]\mathrm{d}x$，于是所求面积为

$$A=\int_a^b[f_2(x)-f_1(x)]\mathrm{d}x.$$

一般地，由连续曲线 $y=f_1(x), y=f_2(x)$ 及直线 $x=a, x=b(a<b)$ 所围成的平面图形的面积为

$$A=\int_a^b|f_2(x)-f_1(x)|\mathrm{d}x. \tag{6.5.2}$$

类似地，当平面图形由连续曲线 $x=g_1(y), x=g_2(y)[g_1(y)\leqslant g_2(y)]$ 及直线 $y=c, y=d(c<d)$ 所围成时（见图 6.5.3），则可在区间 $[c,d]$ 上任取小区间 $[y,y+\mathrm{d}y]$，得面积元素 $\mathrm{d}A=[g_2(y)-g_1(y)]\mathrm{d}y$，从而所求面积为

$$A=\int_c^d[g_2(y)-g_1(y)]\mathrm{d}y.$$

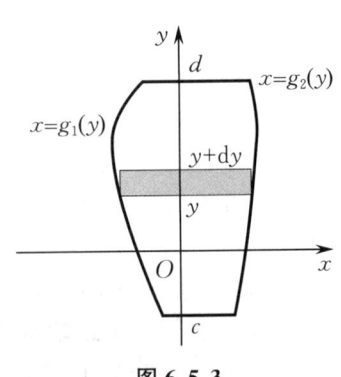

图 6.5.3

一般地，由连续曲线 $x=g_1(y), x=g_2(y)$ 及直线 $y=c, y=d(c<d)$ 所围成的平面图形的面积为

$$A=\int_c^d|g_2(y)-g_1(y)|\mathrm{d}y. \tag{6.5.3}$$

例 6.5.1 计算由椭圆 $\dfrac{x^2}{a^2}+\dfrac{y^2}{b^2}=1$ 所围成的平面图形（见图 6.5.4）的面积.

解 因为该椭圆关于两坐标轴都对称，所以由椭圆所围成平面图形的面积 A 等于该椭圆在第一象限部分与两坐标轴所围成平面图形面积 A_1 的 4 倍. 取 x 为积分变量，其变化区间为 $[0,a]$，于是所求面积为

$$A=4A_1=4\int_0^a\frac{b}{a}\sqrt{a^2-x^2}\,\mathrm{d}x=\pi ab.$$

例 6.5.2 计算由曲线 $y=x^2, x=y^2$ 所围成的平面图形的面积.

解 解方程组 $\begin{cases} y=x^2 \\ y^2=x \end{cases}$，得交点为 $(0,0), (1,1)$，画出平面图形（见图 6.5.5）. 取 x 为积分变量，其变化区间为 $[0,1]$，于是由式(6.5.2)得所求面积为

$$A=\int_0^1|\sqrt{x}-x^2|\mathrm{d}x=\left[\frac{2}{3}x^{\frac{3}{2}}-\frac{1}{3}x^3\right]_0^1=\frac{1}{3}.$$

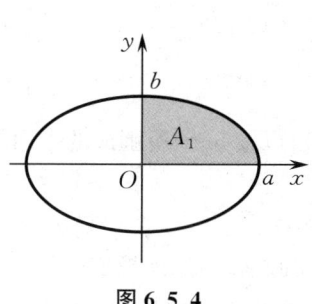

图 6.5.4

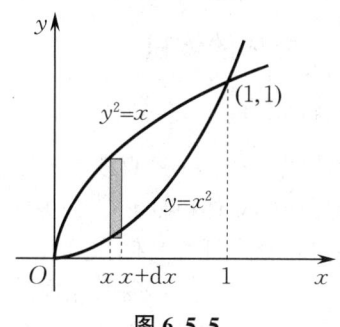

图 6.5.5

例 6.5.3 计算由曲线 $y=\sin x$, $y=\cos x$ 及直线 $x=0$, $x=\dfrac{\pi}{2}$ 所围成的平面图形的面积.

解 画出平面图形(见图 6.5.6),易知曲线 $y=\sin x$ 与 $y=\cos x$ 交点的横坐标为 $x=\dfrac{\pi}{4}$. 取 x 为积分变量,其变化区间为 $\left[0,\dfrac{\pi}{2}\right]$,于是由式(6.5.2)得所求面积为

$$A=\int_0^{\frac{\pi}{2}}|\sin x-\cos x|\,\mathrm{d}x=\int_0^{\frac{\pi}{4}}(\cos x-\sin x)\,\mathrm{d}x+\int_{\frac{\pi}{4}}^{\frac{\pi}{2}}(\sin x-\cos x)\,\mathrm{d}x$$

$$=[\sin x+\cos x]_0^{\frac{\pi}{4}}+[-\cos x-\sin x]_{\frac{\pi}{4}}^{\frac{\pi}{2}}=2(\sqrt{2}-1).$$

例 6.5.4 计算由曲线 $y^2=2x+1$ 与直线 $y=x-1$ 所围成的平面图形的面积.

解 解方程组 $\begin{cases} y^2=2x+1, \\ y=x-1, \end{cases}$ 得交点为 $(0,-1)$, $(4,3)$, 画出平面图形(见图 6.5.7). 从图中易得,取 y 为积分变量较为方便, y 的变化区间为 $[-1,3]$. 将曲线与直线的方程分别改写为 $x=g(y)$ 的形式,即 $x=\dfrac{1}{2}(y^2-1)$ 和 $x=y+1$,于是由式(6.5.3)得所求面积为

$$A=\int_{-1}^{3}\left|y+1-\dfrac{1}{2}(y^2-1)\right|\mathrm{d}y=\left[\dfrac{1}{2}y^2-\dfrac{1}{6}y^3+\dfrac{3}{2}y\right]_{-1}^{3}=\dfrac{16}{3}.$$

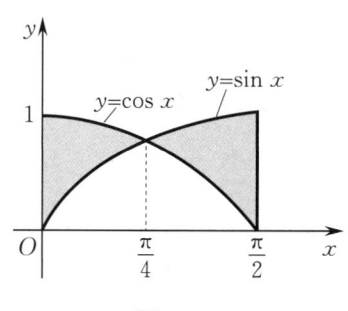

图 6.5.6

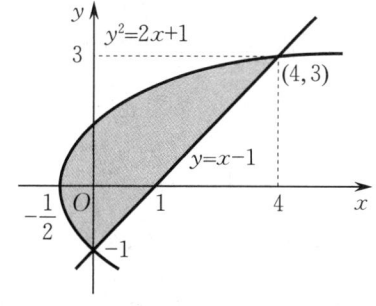

图 6.5.7

在例 6.5.4 中若取 x 为积分变量,则须分成两部分计算,较为复杂.因此,合理地选择积分变量,可使计算简便.

6.5.3 立体的体积

1. 旋转体的体积

由连续曲线 $y=f(x)$、直线 $x=a$ 和 $x=b(a<b)$，以及 x 轴所围成的平面图形绕 x 轴旋转一周所形成的立体(见图 6.5.8)称为**旋转体**.

下面用定积分来计算其体积. 取 x 为积分变量，其变化区间为 $[a,b]$. 在 $[a,b]$ 上任取小区间 $[x,x+\mathrm{d}x]$，相应的窄曲边梯形绕 x 轴旋转一周所形成的薄片的体积近似等于以 $f(x)$ 为底半径、$\mathrm{d}x$ 为高的圆柱体的体积，即 $\Delta V \approx \pi [f(x)]^2 \mathrm{d}x$，从而体积元素 $\mathrm{d}V=\pi[f(x)]^2\mathrm{d}x$，于是所求体积为

$$V_x = \int_a^b \pi [f(x)]^2 \mathrm{d}x. \tag{6.5.4}$$

类似地，由连续曲线 $x=\varphi(y)$ 与直线 $y=c,y=d(c<d)$ 及 y 轴所围成的曲边梯形绕 y 轴旋转一周所形成的立体(见图 6.5.9) 的体积为

$$V_y = \int_c^d \pi [\varphi(y)]^2 \mathrm{d}y. \tag{6.5.5}$$

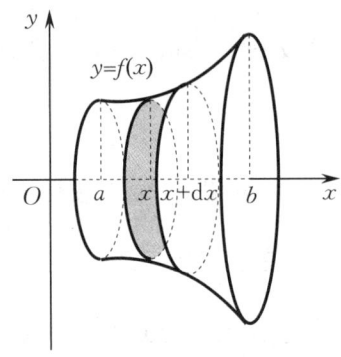

图 6.5.8

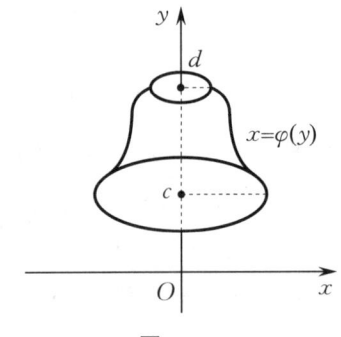

图 6.5.9

例 6.5.5 计算由椭圆 $\dfrac{x^2}{a^2}+\dfrac{y^2}{b^2}=1$ 所围成的平面图形分别绕 x 轴、y 轴旋转一周所形成的旋转体的体积.

解 所求椭圆绕 x 轴旋转一周所形成的旋转体可看作由上半椭圆 $y=\dfrac{b}{a}\sqrt{a^2-x^2}$ 及 x 轴所围成的平面图形绕 x 轴旋转一周所形成的立体，于是由式(6.5.4) 得

$$V_x = \int_{-a}^a \pi \left(\frac{b}{a}\sqrt{a^2-x^2}\right)^2 \mathrm{d}x = \frac{2b^2\pi}{a^2}\int_0^a (a^2-x^2)\mathrm{d}x = \frac{4}{3}\pi a b^2.$$

类似地，所求椭圆绕 y 轴旋转一周所形成的旋转体可看作由右半椭圆 $x=\dfrac{a}{b}\sqrt{b^2-y^2}$ 及 y 轴所围成的平面图形绕 y 轴旋转一周所形成的立体，于是由式(6.5.5) 得

$$V_y = \int_{-b}^b \pi \left(\frac{a}{b}\sqrt{b^2-y^2}\right)^2 \mathrm{d}y = \frac{2a^2\pi}{b^2}\int_0^b (b^2-y^2)\mathrm{d}y = \frac{4}{3}\pi a^2 b.$$

例 6.5.6 计算由曲线 $y=\dfrac{3}{x}$ 与直线 $x+y=4$ 所围成的平面图形(见图 6.5.10)绕 x

轴旋转一周所形成的旋转体的体积.

解 该旋转体的体积可看作由直线 $x+y=4, x=1, x=3$ 及 x 轴所围成的平面图形与曲线 $y=\dfrac{3}{x}$ 和直线 $x=1, x=3$ 及 x 轴所围成的平面图形分别绕 x 轴旋转一周所形成的立体的体积之差,因此

$$V_x = \pi \int_1^3 (4-x)^2 dx - \pi \int_1^3 \dfrac{9}{x^2} dx$$
$$= \pi \left[-\dfrac{1}{3}(4-x)^3 \right]_1^3 + \pi \left[\dfrac{9}{x} \right]_1^3$$
$$= \dfrac{26}{3}\pi - 6\pi = \dfrac{8}{3}\pi.$$

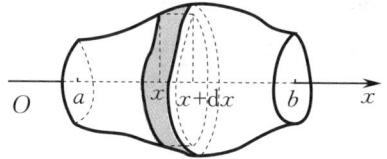

图 6.5.10

2. 平行截面面积为已知的立体的体积

图 6.5.11 所示的立体不是旋转体,若能知道该立体垂直于一定轴的各个截面的面积,则可利用定积分来计算该立体的体积.

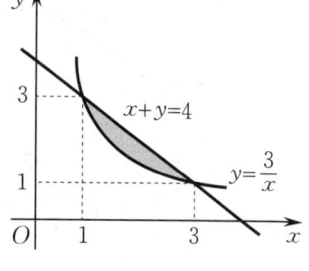

图 6.5.11

设定轴为 x 轴,且该立体位于两平面 $x=a, x=b$ 之间,过点 $x(a \leqslant x \leqslant b)$ 且垂直于 x 轴的平面截该立体的截面面积为 $A(x)$. 取 x 为积分变量,它的变化区间为 $[a,b]$,在 $[a,b]$ 上任取一小区间 $[x, x+dx]$,对应于该小区间的小立体的体积近似等于底面积为 $A(x)$、高为 dx 的柱体的体积,即体积元素 $dV = A(x)dx$,于是该立体的体积为

$$V = \int_a^b A(x) dx. \tag{6.5.6}$$

例 6.5.7 一平面经过半径为 R 的圆柱体的底圆中心,并与底面交角为 $30°$(见图 6.5.12).计算该平面截圆柱所得立体的体积.

解 **方法一** 如图 6.5.12 所示,取平面与圆柱体底面的交线为 x 轴,底面上过圆心且垂直于 x 轴的直线为 y 轴,建立坐标系.那么,底圆的方程为 $x^2+y^2=R^2$,立体中过 x 轴上的点 x 且垂直于 x 轴的截面是一个直角三角形,它的两条直角边的长度分别为 $\sqrt{R^2-x^2}$ 及 $\sqrt{R^2-x^2} \tan 30° = \dfrac{\sqrt{3}}{3}\sqrt{R^2-x^2}$. 于是,截面面积为 $A(x) = \dfrac{\sqrt{3}}{6}(R^2-x^2)$,从而得所求立体的体积为

$$V = \int_{-R}^{R} \dfrac{\sqrt{3}}{6}(R^2-x^2) dx = \dfrac{\sqrt{3}}{3}\left[R^2 x - \dfrac{1}{3}x^3 \right]_0^R = \dfrac{2\sqrt{3}}{9}R^3.$$

方法二 如图 6.5.13 所示,取坐标系同方法一.立体过 y 轴上的点 y 且垂于 y 轴的截面是一个矩形,高为 $y \tan 30° = \dfrac{\sqrt{3}}{3} y$,底为 $2\sqrt{R^2-y^2}$,于是截面面积为 $A(y) = \dfrac{2\sqrt{3}}{3} y\sqrt{R^2-y^2}$,从而得所求立体的体积为

$$V = \int_0^R \frac{2\sqrt{3}}{3} y \sqrt{R^2 - y^2} \, dy = -\frac{\sqrt{3}}{3} \int_0^R \sqrt{R^2 - y^2} \, d(R^2 - y^2)$$

$$= -\frac{2\sqrt{3}}{9} \left[(R^2 - y^2)^{\frac{3}{2}} \right]_0^R = \frac{2\sqrt{3}}{9} R^3.$$

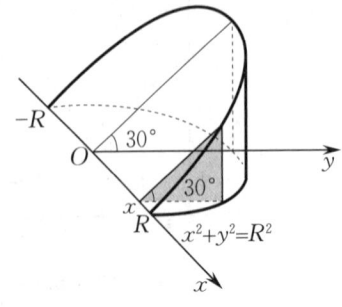

图 6.5.12

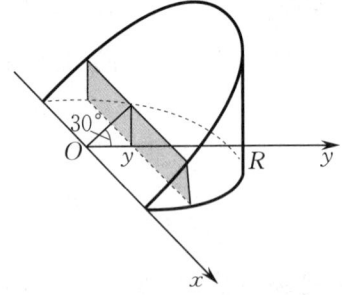

图 6.5.13

6.5.4 简单的经济问题

前面已经知道,边际函数是相应经济函数的导数,于是当边际函数已知时,就可以通过积分来求相应的经济函数及其有关的数值.

设经济函数 $f(x)$ 的边际函数为 $f'(x)$,则有

$$\int_0^x f'(t) dt = f(x) - f(0),$$

从而

$$f(x) = f(0) + \int_0^x f'(t) dt.$$

例 6.5.8 已知生产某种产品 x 件时,边际收益函数为 $R'(x) = 100 - \frac{x}{20}$(单位:元/件),试求生产 x 件该产品时的总收益 $R(x)$,并求生产 1 000 件该产品时的总收益.

解 显然,$R(0) = 0$,所以生产 x 件该产品时的总收益(单位:元)为

$$R(x) = \int_0^x \left(100 - \frac{t}{20}\right) dt = \left[100t - \frac{t^2}{40}\right]_0^x = 100x - \frac{x^2}{40},$$

生产 1 000 件该产品时的总收益为

$$R(1\ 000) = 100 \times 1\ 000 - \frac{1\ 000^2}{40} = 75\ 000(\text{元}).$$

例 6.5.9 设每天生产某种产品 x 单位时的固定成本为 50 元,边际成本函数为 $C'(x) = 0.2x + 4$(单位:元/单位),求成本函数 $C(x)$. 如果这种产品的售价为 18 元/单位,且假设所生产的产品可全部售出,求利润函数 $L(x)$,以及每天生产多少单位才能获得最大利润.

解 因为 $C(0) = 50$,所以成本函数(单位:元)为

$$C(x) = \int_0^x (0.2t + 4) dt + C(0) = \left[0.1t^2 + 4t\right]_0^x + 50 = 0.1x^2 + 4x + 50,$$

从而利润函数(单位:元)为

$$L(x) = 18x - (0.1x^2 + 4x + 50) = -0.1x^2 + 14x - 50.$$

因为 $L'(x) = -0.2x + 14$，令 $L'(x) = 0$，得 $x = 70$，又 $L''(70) = -0.2 < 0$，所以每天生产 70 单位可获得最大利润，且最大利润为

$$L_{\max} = L(70) = -0.1 \times 70^2 + 14 \times 70 - 50 = 440(元).$$

例 6.5.10 设某批商品今年第一季度的日保管费用 y（单位：元）是保管时长 x（单位：天）的函数（总保管费用关于保管时长的变化率）$y = -\frac{1}{360}x^2 + \frac{5}{12}x + 20$. 求该季度前 10 天的日平均保管费用 C_1（单位：元）和该季度最后 10 天的日平均保管费用 C_2（单位：元）（该季度按 90 天计算），并求出比值 $C_2 : C_1$.

解 把保管费用函数在指定的时间段内积分就得到该时间段上的保管费用，再除以该时间段的天数即可得到日平均保管费用. 因此，该季度前 10 天的日平均保管费用为

$$C_1 = \frac{1}{10}\int_0^{10}\left(-\frac{1}{360}x^2 + \frac{5}{12}x + 20\right)dx = \frac{1}{10}\left[-\frac{1}{3\times 360}x^3 + \frac{5}{2\times 12}x^2 + 20x\right]_0^{10} = 21.99(元),$$

最后 10 天的日平均保管费用为

$$C_2 = \frac{1}{10}\int_{80}^{90}\left(-\frac{1}{360}x^2 + \frac{5}{12}x + 20\right)dx = \frac{1}{10}\left[-\frac{1}{3\times 360}x^3 + \frac{5}{2\times 12}x^2 + 20x\right]_{80}^{90} = 35.32(元),$$

$C_2 : C_1 = 35.32 : 21.99 \approx 1.61$，即最后 10 天的日平均保管费用约为前 10 天日平均保管费用的 1.61 倍.

从例 6.5.10 可以发现，保管周期越长，日平均保管费用越高. 正因为如此，现代管理方式主张通过减少库存量和库存周期以节约成本，有些公司甚至提出零库存的管理目标.

习 题 6.5

1. 曲线 $y = x^3$ 与直线 $y = 2x$ 所围成的平面图形的面积为（　　）.
   A. 1　　　　　B. 2　　　　　C. $\sqrt{2}$　　　　　D. $2\sqrt{2}$

2. 由曲线 $y = x^2 + 1$ 与直线 $y = 0, x = 1, x = 0$ 所围成的平面图形绕 x 轴旋转一周所形成的旋转体的体积为（　　）.
   A. $\frac{28}{15}\pi$　　　　B. $\frac{13}{15}\pi$　　　　C. $\frac{8}{5}\pi$　　　　D. $\frac{7}{3}\pi$

3. 计算由下列曲线所围成的平面图形的面积：
   (1) 曲线 $y = x^2$ 与直线 $y = 2x + 3$；
   (2) 曲线 $y = x^2, y = 2x^2$ 与直线 $y = 1$；
   (3) 曲线 $xy = 1$ 与直线 $y = x, y = 2$；
   (4) 曲线 $y = \frac{1}{2}x^2$ 与 $x^2 + y^2 = 8$（两部分都要计算）；
   (5) 曲线 $y = x^2$ 与直线 $y = x, y = 2x$；
   (6) 曲线 $y^2 = x + 2$ 与直线 $x - y = 0$；
   (7) 曲线 $y = \sin x$ 与直线 $y = 2\pi - x, x = 0$；
   (8) 曲线 $y = \frac{1}{2}x^2, y = \frac{1}{1+x^2}$ 与直线 $x = -\sqrt{3}, x = \sqrt{3}$.

4. 计算由下列曲线所围成的平面图形绕指定轴旋转一周所形成的旋转体的体积：
   (1) 曲线 $y = 2x - x^2$ 与直线 $y = x$，绕 x 轴；

(2) 曲线 $y = x^2, x = y^2$, 绕 y 轴；

(3) 曲线 $y = x^3$ 与直线 $y = 0, x = 2$, 分别绕 x 轴、y 轴；

(4) 曲线 $y = \frac{1}{10}x^2, y = \frac{1}{10}x^2 + 1$ 与直线 $y = 10$, 绕 y 轴；

(5) 曲线 $xy = 5$ 与直线 $x + y = 6$, 绕 x 轴；

(6) 曲线 $(x-2)^2 + y^2 = 1$, 绕 y 轴；

(7) 曲线 $y = \ln x$ 与直线 $x = e, x = e^2, y = 0$, 分别绕 x 轴、y 轴.

5. 用平行截面面积为已知的立体体积公式计算以半径是 R 的圆为底,以平行于底且长度等于该圆直径的线段为顶,高为 h 的正劈锥体(见图 6.5.14)的体积.

6. 用平行截面面积为已知的立体体积公式和旋转体的体积公式两种方法证明:图 6.5.15 中球缺的体积为 $V = \pi H^2 \left(R - \dfrac{H}{3}\right)$.

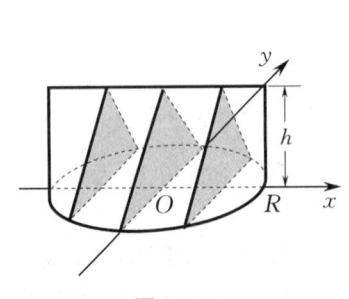

图 6.5.14

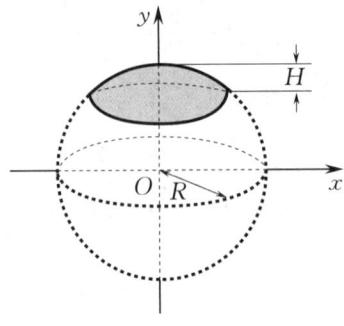

图 6.5.15

7. 已知某种产品总产量的变化率是时间 t(单位:年) 的函数 $f(t) = 2t + 5 (t \geqslant 0)$, 问第一个五年和第二个五年的总产量分别为多少?

8. 已知一企业生产某种产品的日产量为 x 单位时, 边际成本函数为 $C'(x) = 0.8x + 5$(单位:元/单位), 固定成本为 500 元, 售价为每单位 45 元, 假设产品当日可全部售出.

(1) 求成本函数.

(2) 日产量为多少时可获得最大利润,最大利润是多少?

(3) 在最大利润的日产量基础上多生产 10 单位,总利润将减少多少?

第 6 章思考题

1. 什么是定积分? 定积分的本质是什么? 其几何意义是什么?
2. 定积分有哪些性质?
3. 函数的连续性与可积性之间存在什么关系?
4. 什么是积分上限函数? 其导数有什么性质?
5. 牛顿-莱布尼茨公式有什么重要意义? 它为什么被称为微积分基本公式?
6. 定积分与不定积分的换元积分法有什么关联? 定积分的换元积分法有什么优点? 定积分的换元积分法在使用时要注意什么?
7. 定积分的分部积分法在使用时要注意什么?
8. 运用元素法将所求量表达成定积分主要有哪几步?

9. 定积分在几何上有哪些应用？
10. 广义积分与定积分有什么关系？广义积分有哪些类型？
11. 牛顿-莱布尼茨公式对广义积分的计算仍适用吗？广义积分的计算有哪些需要注意的地方？

总习题六

(A)

1. 填空题.

(1) 设 $f(x)$ 为连续函数,且 $F(x) = \int_{x^2}^{e^{3x}} f(t) dt$,则 $F'(x) =$ _____.

(2) 极限 $\lim\limits_{x \to 0^+} \dfrac{\int_0^{x^2} \sqrt{t} \sin 3t \, dt}{x^5} =$ _____.

(3) $\int_0^{\frac{\pi}{2}} \dfrac{\sin x}{\sin x + \cos x} dx =$ _____.

(4) 设函数 $f(x) = \dfrac{1}{1+x^2} + x^3 \int_0^1 f(x) dx$,则 $\int_0^1 f(x) dx =$ _____.

(5) 定积分 $\int_{-1}^1 \dfrac{2x^2 + x\cos x}{1 + \sqrt{1-x^2}} dx =$ _____.

2. 选择题.

(1) 下列各式中不正确的是(　　).

A. $\int_a^b f(x) dx = \int_a^b f(u) du$　　　　B. $\int_a^b f(x) dx + \int_b^a f(x) dx = 0$

C. $\int_{-a}^0 f(x) dx = \int_0^a f(x) dx$　　　　D. $\int_0^a f(x) dx + \int_a^0 f(t) dt = 0$

(2) 函数 $f(x)$ 在区间 $[a,b]$ 上连续是 $\int_a^b f(x) dx$ 存在的(　　).

A. 必要条件　　　　　　　　　　　　B. 充分条件

C. 充要条件　　　　　　　　　　　　D. 既非充分也非必要条件

(3) 设 $\Phi(x) = \int_{x^2}^{10} \sin t^2 dt$,则 $\Phi'(x) = ($ 　　).

A. $-2x \sin x^4$　　B. $2x \sin x^2$　　C. $-2x \sin x^2$　　D. $2x \sin x^4$

(4) 设函数 $f(x)$ 连续,且 $I = t \int_{\frac{s}{t}}^{s} f(tx) dx$,其中 $t > 0, s > 0$,则 I 的值(　　).

A. 依赖于 s, t, x　　B. 仅依赖于 s 和 t　　C. 仅依赖于 t 和 x　　D. 仅依赖于 s

(5) 定积分 $\int_{-\frac{\pi}{4}}^{\frac{\pi}{4}} \cos^6 2x \, dx = (\quad)$.

A. $\dfrac{5}{8}$ B. $\dfrac{5}{16}\pi$ C. $\dfrac{5}{16}$ D. $\dfrac{5}{32}\pi$

(6) 由圆周 $x^2+y^2=8$ 与抛物线 $y^2=2x$ 所围成的位于右半平面的平面图形的面积 $S=(\quad)$.

A. $\int_0^2 \sqrt{2x}\, dx + \int_2^{\sqrt{8}} \sqrt{8-x^2}\, dx$ B. $\int_0^{\sqrt{8}} (\sqrt{8-x^2} - \sqrt{2x})\, dx$

C. $2\left(\int_0^2 \sqrt{2x}\, dx + \int_2^{\sqrt{8}} \sqrt{8-x^2}\, dx\right)$ D. $2\int_0^{\sqrt{8}} (\sqrt{8-x^2} - \sqrt{2x})\, dx$

(7) 下列广义积分中发散的是($\quad$).

A. $\int_0^{+\infty} e^{-x}\, dx$ B. $\int_2^{+\infty} \dfrac{1}{x\ln^2 x}\, dx$ C. $\int_{-1}^{1} \dfrac{1}{\sin x}\, dx$ D. $\int_{-1}^{1} \dfrac{1}{\sqrt{1-x^2}}\, dx$

(8) 已知 $f(0)=1, f(2)=3, f'(2)=5$，则 $\int_0^2 x f''(x)\, dx = (\quad)$.

A. 12 B. 8 C. 7 D. 6

(9) 设 $M = \int_{-\frac{\pi}{2}}^{\frac{\pi}{2}} \dfrac{\sin x}{1+x^2}\cos^4 x\, dx$, $N = \int_{-\frac{\pi}{2}}^{\frac{\pi}{2}} (\sin^3 x + \cos^4 x)\, dx$, $P = \int_{-\frac{\pi}{2}}^{\frac{\pi}{2}} (x^2\sin^3 x - \cos^4 x)\, dx$，则有($\quad$).

A. $N<P<M$ B. $M<P<N$ C. $N<M<P$ D. $P<M<N$

(10) 设函数 $f(x)$ 在区间 $[0,4]$ 上连续，则 $\int_0^2 x^3 f(x^2)\, dx = (\quad)$.

A. $\int_0^4 f(x)\, dx$ B. $\dfrac{1}{2}\int_0^4 x f(x)\, dx$ C. $\dfrac{1}{2}\int_0^2 x f(x)\, dx$ D. $\int_0^2 x f(x)\, dx$

3. 计算下列定积分：

(1) $\int_5^8 \dfrac{x+2}{x\sqrt{x-4}}\, dx$; (2) $\int_0^{\frac{\pi}{2}} \cos^6 x \sin 2x\, dx$; (3) $\int_0^{\frac{1}{2}} x^2 e^{2x}\, dx$;

(4) $\int_0^1 \dfrac{1}{x+\sqrt{1-x^2}}\, dx$; (5) $\int_0^{2\pi} \sqrt{1-\sin 2x}\, dx$; (6) $\int_0^1 \ln(1+x^2)\, dx$.

4. 计算下列广义积分：

(1) $\int_3^{+\infty} \dfrac{1}{x(x-2)}\, dx$; (2) $\int_0^2 \dfrac{1}{\sqrt{|x-1|}}\, dx$; (3) $\int_0^{+\infty} \dfrac{1}{\sqrt{x}} e^{-\sqrt{x}}\, dx$.

5. 设函数 $f(x)$ 在闭区间 $[a,b]$ 上连续，在开区间 (a,b) 内可导，且 $f'(x)<0$. 证明：函数 $F(x) = \dfrac{1}{x-a}\int_a^x f(t)\, dt$ 在 (a,b) 内单调减少.

6. 设连续函数 $f(x)$ 满足 $f(1)=2$，且 $\int_0^x t f(2x-t)\, dt = x^2$，计算定积分 $\int_1^2 f(x)\, dx$.

7. 设函数 $f(x) = \int_1^{x^2} \dfrac{\sin t}{t}\, dt$，计算定积分 $\int_0^1 x f(x)\, dx$.

8. 某种产品的边际成本 $C'=1$(单位:万元/百台),边际收益为生产量的函数 $R'=R'(x)=5-x$(单位:万元/百台),问:

(1) 生产量等于多少时,总利润最大?

(2) 总利润最大时,若再多生产 1 百台,总利润将减少多少?

(B)

9. 选择题.

(1) 设连续函数 $f(x)$ 满足 $f(a)=1$,且当 $x\in[a,b]$ 时,$f'(x)>0$,$f''(x)>0$. 记 $I=f(a)(b-a)$,$J=f(b)(b-a)$,$K=\dfrac{f(a)+f(b)}{2}(b-a)$,$H=\int_a^b f(x)\mathrm{d}x$,则( ).

A. $I<H<K<J$ \qquad B. $I<J<K<H$

C. $I<K<H<J$ \qquad D. $I<H<J<K$

(2) 设 $f(x)$ 为连续函数,则 $\dfrac{\mathrm{d}}{\mathrm{d}x}\int_0^{2x}tf(t^2+x^2)\mathrm{d}t=($).

A. $2xf(5x^2)$ \qquad B. $2xf(5x^2)-f(x^2)$

C. $5xf(5x^2)-xf(x^2)$ \qquad D. $f(x^2)$

10. 用定积分的定义求下列极限:

(1) $\lim\limits_{n\to\infty}\left(\dfrac{n}{n^2+1^2}+\dfrac{n}{n^2+2^2}+\cdots+\dfrac{n}{n^2+n^2}\right)$;

(2) $\lim\limits_{n\to\infty}\left(\dfrac{1}{\sqrt{n^2+n}}+\dfrac{1}{\sqrt{n^2+2n}}+\cdots+\dfrac{1}{\sqrt{n^2+n^2}}\right)$.

11. 计算下列定积分:

(1) $\int_0^3\sqrt{\dfrac{x}{1+x}}\mathrm{d}x$; \qquad (2) $\int_0^1 x\arctan\sqrt{x}\,\mathrm{d}x$; \qquad (3) $\int_0^{\frac{\pi}{2}}\dfrac{x+\sin x}{1+\cos x}\mathrm{d}x$;

(4) $\int_{-2}^{-\sqrt{2}}\dfrac{1}{x\sqrt{x^2-1}}\mathrm{d}x$; \qquad (5) $\int_1^e \sin\left(\dfrac{\pi}{2}\ln x\right)\mathrm{d}x$; \qquad (6) $\int_{-\frac{\pi}{2}}^{\frac{\pi}{2}}\dfrac{\mathrm{e}^x\sin^4 x}{1+\mathrm{e}^x}\mathrm{d}x$.

12. 设 $f(x)$ 为连续函数,证明 $\int_0^\pi xf(\sin x)\mathrm{d}x=\pi\int_0^{\frac{\pi}{2}}f(\sin x)\mathrm{d}x$,并由此计算

$$I_n=\int_0^\pi\dfrac{x\sin^{2n}x}{\sin^{2n}x+\cos^{2n}x}\mathrm{d}x \quad (n\text{ 为正整数}).$$

13. 由连续曲线 $y=f(x)[f(x)\geqslant 0]$ 与直线 $x=a$,$x=b$($0\leqslant a<b$) 和 $y=0$ 所围成的平面图形绕 y 轴旋转一周得到一个旋转体,试用元素法证明:该旋转体的体积为

$$V=2\pi\int_a^b xf(x)\mathrm{d}x.$$

14. 设直线 $y=ax$($0<a<1$) 与抛物线 $y=x^2$ 所围成的平面图形的面积为 S_1,它们与直线 $x=1$ 所围成的平面图形的面积为 S_2,试确定 a 的值,使得 S_1+S_2 最小,并求出该最小值.

第7章

多元函数微分学

前面我们讨论了一元函数的微积分,但在许多实际问题中,往往涉及多个因素之间的关系,反映到数学上就表现为一个变量依赖于多个变量的情形,从而产生了多元函数的概念.因此,我们有必要研究多元函数的微积分问题.

本章将讨论多元函数的微分方法及其应用,主要讨论二元函数,但所得到的概念、性质和结论都可以自然地推广到一般的多元函数中.在研究多元函数之前,我们先介绍一些空间解析几何的知识.

7.1 空间解析几何简介

7.1.1 空间直角坐标系

利用代数的方法研究空间图形,首先要建立空间的点与有序数组之间的联系.依照平面解析几何的方法,可以通过建立空间直角坐标系来实现空间的点与有序数组之间的联系.

在空间中任取一定点 O,过点 O 作三条两两互相垂直的有向数轴,依次记作 x 轴、y 轴和 z 轴,统称为**坐标轴**,并在各轴上规定一个共同的长度单位.将 x 轴和 y 轴置于水平面上,z 轴取铅直方向.它们的正向符合右手法则,即以右手握住 z 轴,当四个手指从 x 轴的正向旋转 $90°$ 到 y 轴的正向时,竖起的大拇指的指向为 z 轴的正向(见图 7.1.1).这样就建立了一个空间直角坐标系,称为 $Oxyz$ **直角坐标系**,点 O 称为该坐标系的**原点**.

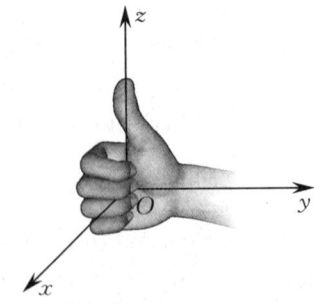

图 7.1.1

三条坐标轴中的每两条坐标轴都可以确定一个平面,称为**坐标平面**. x 轴和 y 轴所在的平

面称为 xOy 平面.类似地,还有 yOz 平面和 zOx 平面.这三个坐标平面把空间分成八个部分,每个部分叫作一个卦限.在 xOy 平面上方且在 yOz 平面前方、zOx 平面右方的卦限称为第 Ⅰ 卦限,第 Ⅰ,Ⅱ,Ⅲ,Ⅳ 卦限均在 xOy 平面上方且按逆时针方向排定.在 xOy 平面下方与第 Ⅰ,Ⅱ,Ⅲ,Ⅳ 卦限相对应的部分依次为第 Ⅴ,Ⅵ,Ⅶ,Ⅷ 卦限(见图 7.1.2).

设 M 是空间中的一点,过点 M 作三个平面分别垂直于 x 轴、y 轴和 z 轴,并与这三条坐标轴分别交于点 P,Q,R.这三点在 x 轴、y 轴和 z 轴上的坐标分别为 x,y 和 z,这样,空间中的一点 M 就唯一确定了一个有序数组 (x,y,z).反过来,给定一个有序数组 (x,y,z),则可分别在 x 轴、y 轴和 z 轴上取坐标为 x,y,z 的点 P,Q,R,再过这三点各作平面分别垂直于 x 轴、y 轴和 z 轴,这三个平面的交点 M 就是由有序数组 (x,y,z) 唯一确定的点(见图 7.1.3).这样,空间中的点 M 与有序数组 (x,y,z) 之间就建立了一一对应的关系,我们将 (x,y,z) 称为点 M 的**坐标**,将 x,y,z 依次称为点 M 的**横坐标**、**纵坐标**和**竖坐标**,并把点 M 记作 $M(x,y,z)$.

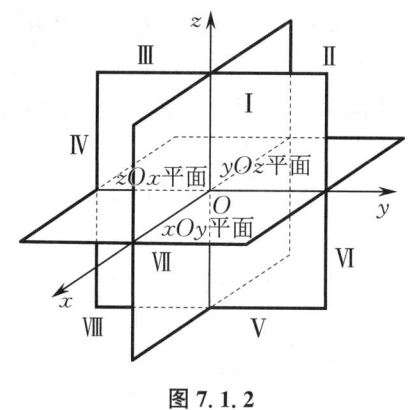

图 7.1.2

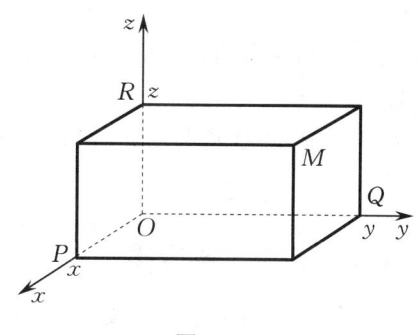

图 7.1.3

7.1.2 空间中两点间的距离

设 $M_1(x_1,y_1,z_1)$ 和 $M_2(x_2,y_2,z_2)$ 是空间中的两点,过点 M_1 和 M_2 各作三个平面分别垂直于 x 轴、y 轴和 z 轴,这六个平面围成一个以 M_1M_2 为对角线的长方体(见图 7.1.4),各棱的长度分别为

$$|x_2-x_1|, \quad |y_2-y_1|, \quad |z_2-z_1|.$$

根据勾股定理,对角线 M_1M_2 的长度,即空间中两点 M_1,M_2 之间的距离为

$$d=|M_1M_2|=\sqrt{(x_2-x_1)^2+(y_2-y_1)^2+(z_2-z_1)^2}.$$

特别地,点 $M(x,y,z)$ 与原点 $O(0,0,0)$ 的距离为

$$d=|OM|=\sqrt{x^2+y^2+z^2}.$$

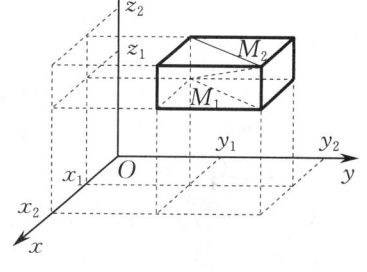

图 7.1.4

例 7.1.1 在 x 轴上求一点,使得该点与点 $A(-3,1,4)$ 和 $B(2,-1,5)$ 的距离相等.

解 因为所求的点在 x 轴上,所以可设该点为 $M(x,0,0)$.由题意得 $|MA|=|MB|$,即

$$\sqrt{(x+3)^2+(0-1)^2+(0-4)^2}=\sqrt{(x-2)^2+(0+1)^2+(0-5)^2},$$

解得 $x=\dfrac{2}{5}$,故所求点为 $M\left(\dfrac{2}{5},0,0\right)$.

7.1.3 n 维空间

设 n 是给定的一个正整数,n 元有序数组 $(x_1,x_2,\cdots,x_n)$ 的全体构成的集合称为 n 维空间,记作 $\mathbf{R}^n$,即
$$\mathbf{R}^n=\{(x_1,x_2,\cdots,x_n)\mid x_i\in\mathbf{R},i=1,2,\cdots,n\}.$$
当 $n=2$ 时,二维空间 $\mathbf{R}^2$ 一般表示为
$$\mathbf{R}^2=\{(x,y)\mid x,y\in\mathbf{R}\}.$$
在平面直角坐标系中,平面上的点与二元有序数组 (x,y) 一一对应,所以常用 $\mathbf{R}^2$ 表示平面上的所有点.

类似地,当 $n=3$ 时,三维空间 $\mathbf{R}^3$ 一般表示为
$$\mathbf{R}^3=\{(x,y,z)\mid x,y,z\in\mathbf{R}\}.$$
在空间直角坐标系中,空间中的点与三元有序数组 (x,y,z) 一一对应,所以常用 $\mathbf{R}^3$ 表示空间中的所有点.

某个 n 元有序数组 $(x_1,x_2,\cdots,x_n)$ 也称为 n 维空间 $\mathbf{R}^n$ 中的一个点,数 x_i 称为该点的第 i 个坐标.

n 维空间 $\mathbf{R}^n$ 中任意两点 $P(x_1,x_2,\cdots,x_n)$ 与 $Q(y_1,y_2,\cdots,y_n)$ 之间的距离为
$$|PQ|=\sqrt{(y_1-x_1)^2+(y_2-x_2)^2+\cdots+(y_n-x_n)^2}.$$

7.1.4 曲面及其方程

与平面解析几何中建立曲线与方程的对应关系一样,我们也可以建立空间中曲面与方程的对应关系.

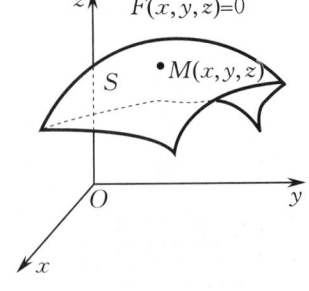

图 7.1.5

定义 7.1.1 如果曲面 S 上任意点的坐标都满足方程 $F(x,y,z)=0$,而不在曲面 S 上的点的坐标都不满足方程 $F(x,y,z)=0$,则称方程 $F(x,y,z)=0$ 为**曲面 S 的方程**,并称曲面 S 为**方程 $F(x,y,z)=0$ 的图形**(见图 7.1.5).

在研究曲面的过程中,有时需要根据曲面上的点所满足的条件去建立方程,有时则先给出曲面 S 的方程,再讨论它的图形.

例 7.1.2 求半径为 R、球心为点 $M_0(x_0,y_0,z_0)$ 的球面方程.

解 设 $M(x,y,z)$ 是球面上的任意点,则有 $|M_0M|=R$. 由距离公式得
$$\sqrt{(x-x_0)^2+(y-y_0)^2+(z-z_0)^2}=R,$$
两边平方后得所求的球面方程为
$$(x-x_0)^2+(y-y_0)^2+(z-z_0)^2=R^2,$$
其图形如图 7.1.6 所示.

特别地,当球心在原点 $(0,0,0)$ 时,半径为 R 的球面方程为
$$x^2+y^2+z^2=R^2.$$

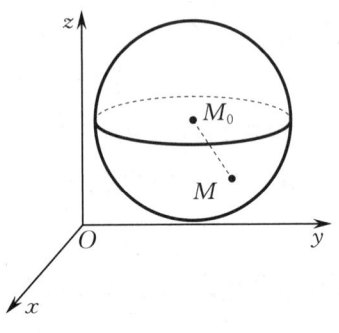

图 7.1.6

例 7.1.3 一动点 $M(x,y,z)$ 与两定点 $M_1(-1,0,1)$ 和 $M_2(0,1,-2)$ 的距离相等,求此动点 M 的轨迹方程.

解 依题意有 $|MM_1|=|MM_2|$,得
$$\sqrt{(x+1)^2+(y-0)^2+(z-1)^2}=\sqrt{(x-0)^2+(y-1)^2+(z+2)^2},$$
化简后得点 M 的轨迹方程为
$$2x+2y-6z-3=0.$$
这个三元一次方程的图形是垂直且平分线段 M_1M_2 的平面. 可以证明,空间中任意一个平面的方程均为三元一次方程
$$Ax+By+Cz+D=0,$$
其中 A,B,C,D 均为常数,且 A,B,C 不全为 0.

例 7.1.4 方程 $x^2+y^2+z^2+2x-6z=0$ 表示怎样的曲面?

解 配方后,可将方程变形为
$$(x+1)^2+y^2+(z-3)^2=10.$$
可以看出,方程的图形是一个球心在点 $M(-1,0,3)$、半径为 $\sqrt{10}$ 的球面.

空间中常见的曲面还有柱面和二次曲面等,下面分别介绍它们的方程及图形.

直线 L 沿定曲线 C 平行移动所形成的曲面称为**柱面**(见图 7.1.7),定曲线 C 称为柱面的**准线**,动直线 L 称为柱面的**母线**.

一般地,一个仅含 x 和 y 而不含 z 的方程 $F(x,y)=0$ 在空间中的图形是一个母线平行于 z 轴的柱面,柱面的准线是一条位于 xOy 平面上的曲线,方程为
$$\begin{cases} F(x,y)=0, \\ z=0. \end{cases}$$

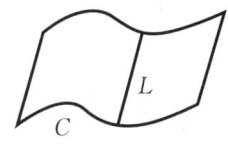

图 7.1.7

例如,$x^2+y^2=R^2$ 在空间中的图形是一个母线平行于 z 轴,准线方程为
$$\begin{cases} x^2+y^2=R^2, \\ z=0 \end{cases}$$
的柱面,称为**圆柱面**(见图 7.1.8). 又如,方程
$$x^2=2z$$
表示一个准线是 zOx 平面上的抛物线 $x^2=2z$,母线平行于 y 轴的柱面,称为**抛物柱面**(见图 7.1.9).

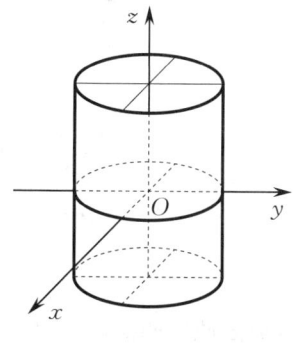

图 7.1.8

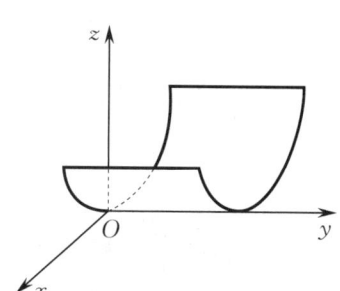

图 7.1.9

三元二次方程所表示的曲面称为**二次曲面**. 用坐标平面及平行于坐标平面的平面与二次曲面相截, 其交线称为**截痕**. 我们可以考察截痕的形状, 从而了解二次曲面的形状, 这样的方法称为**截痕法**. 下面研究几种常见的二次曲面.

由方程
$$\frac{x^2}{a^2}+\frac{y^2}{b^2}+\frac{z^2}{c^2}=1 \quad (a,b,c>0)$$
所表示的曲面称为**椭球面**. 由上述方程可知
$$\frac{x^2}{a^2}\leqslant 1,\quad \frac{y^2}{b^2}\leqslant 1,\quad \frac{z^2}{c^2}\leqslant 1,$$
即 $|x|\leqslant a, |y|\leqslant b, |z|\leqslant c$, 这说明椭球面包含在由平面 $x=\pm a, y=\pm b, z=\pm c$ 所围成的长方体内.

如果用 xOy 平面去截椭球面, 则截痕方程为
$$\begin{cases}\frac{x^2}{a^2}+\frac{y^2}{b^2}=1,\\ z=0,\end{cases}$$
这是一个在 xOy 平面上的椭圆. 同样, 用 yOz 平面、zOx 平面去截椭球面, 所得截痕也均为椭圆. 用平行于坐标平面的平面 $x=k, y=h, z=l(|k|\leqslant a, |h|\leqslant b, |l|\leqslant c)$ 去截椭球面, 所得截痕也均为椭圆.

综上分析, 可得椭球面的图形如图 7.1.10 所示.

抛物面分为椭圆抛物面与双曲抛物面两种.

由方程
$$\frac{x^2}{a^2}+\frac{y^2}{b^2}=z \quad (a,b>0)$$
所表示的曲面称为**椭圆抛物面**. 用平面 $z=h$ 去截该曲面, 当 $h>0$ 时, 截痕为椭圆
$$\begin{cases}\frac{x^2}{a^2}+\frac{y^2}{b^2}=h,\\ z=h;\end{cases}$$
当 $h=0$(xOy 平面)时, 截痕为原点; 当 $h<0$ 时, 截痕不存在. 用平面 $y=k$ 去截该曲面, 截痕为抛物线
$$\begin{cases}x^2=a^2\left(z-\frac{k^2}{b^2}\right),\\ y=k.\end{cases}$$

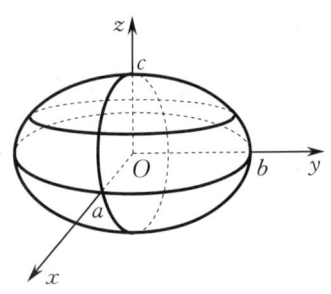

图 7.1.10

同样, 用平面 $x=l$ 去截该曲面, 截痕也为抛物线.

综上分析, 可得椭圆抛物面的图形如图 7.1.11 所示.

由方程
$$\frac{x^2}{a^2}-\frac{y^2}{b^2}=z \quad (a,b>0)$$
所表示的曲面称为**双曲抛物面**, 又称为**马鞍面**. 用平面 $z=h$ 去截该曲面, 当 $h=0$ 时, 截痕是

图 7.1.11

xOy 平面上的两条相交于原点的直线

$$\frac{x}{a} \pm \frac{y}{b} = 0 \quad (z=0);$$

当 $h>0$ 时,截痕是双曲线,其实轴平行于 x 轴;当 $h<0$ 时,截痕也是双曲线,其实轴平行于 y 轴. 用平面 $x=k$ 去截该曲面,截痕方程为

$$\begin{cases} \dfrac{y^2}{b^2} = \dfrac{k^2}{a^2} - z, \\ x = k, \end{cases}$$

这是平面 $x=k$ 上的抛物线,其开口向下. 而用平面 $y=l$ 去截该曲面,截痕为平面 $y=l$ 上的抛物线,其开口向上.

综上分析,可得双曲抛物面的图形如图 7.1.12 所示.

双曲面有单叶双曲面和双叶双曲面两种.

由方程

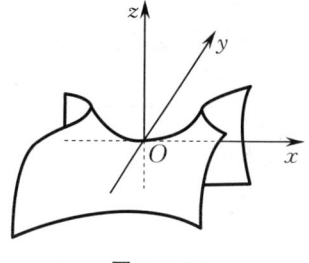

图 7.1.12

$$\frac{x^2}{a^2} + \frac{y^2}{b^2} - \frac{z^2}{c^2} = 1 \quad (a,b,c>0)$$

所表示的曲面称为**单叶双曲面**,而由方程

$$\frac{x^2}{a^2} + \frac{y^2}{b^2} - \frac{z^2}{c^2} = -1 \quad (a,b,c>0)$$

所表示的曲面称为**双叶双曲面**. 我们同样可以采用截痕法分析得出单叶双曲面和双叶双曲面的图形,单叶双曲面的图形如图 7.1.13(a) 所示,双叶双曲面的图形如图 7.1.13(b) 所示.

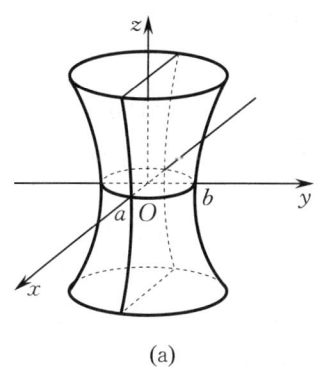

图 7.1.13

习 题 7.1

1. 点 $M(-3,-4,5)$ 到 z 轴的距离为( ).
A. 3　　　　　　B. 4　　　　　　C. 5　　　　　　D. $5\sqrt{2}$

2. 以点 $(1,-2,2)$ 为球心,且过原点的球面方程为( ).
A. $(x-1)^2 + (y+2)^2 + (z-2)^2 = 9$
B. $(x+1)^2 + (y-2)^2 + (z+2)^2 = 9$
C. $(x-1)^2 + (y+2)^2 + (z-2)^2 = 3$
D. $(x+1)^2 + (y-2)^2 + (z+2)^2 = 3$

3. 指出下列点的位置:

(1) $(1,0,0)$; (2) $(0,-7,1)$; (3) $(2,3,1)$;

(4) $(-1,0,-2)$; (5) $(-1,-2,-4)$; (6) $(3,-5,6)$.

4. 指出下列平面的位置:

(1) $x=0$; (2) $x+y=0$; (3) $x+y+z=1$;

(4) $3x+2z=1$.

5. 指出下列方程在平面解析几何与空间解析几何中分别表示什么几何图形:

(1) $x+3y=1$; (2) $x^2+y^2=1$; (3) $1+x^2=2y$.

6. 在 z 轴上求与两点 $A(-4,1,7)$ 和 $B(3,5,-2)$ 等距离的点.

7. 求到原点和点 $(2,3,4)$ 的距离的平方之比为 $2:1$ 的点的轨迹方程, 并指出它表示什么曲面.

7.2 多元函数的基本概念

我们知道, 圆锥的侧面积 S 依赖于底圆半径 r 和高 h, 它们之间满足

$$S = \pi r \sqrt{r^2 + h^2} \quad (r>0, h>0);$$

长方体的体积 V 依赖于长 x、宽 y 和高 z, 它们之间满足

$$V = xyz \quad (x>0, y>0, z>0).$$

上述两例中, 变量 S 是变量 r,h 的二元函数, 变量 V 是变量 x,y,z 的三元函数. 二元及二元以上的函数统称为**多元函数**.

7.2.1 平面点集

在讨论一元函数时, 经常用到实数轴上点的邻域和区间, 在讨论二元函数时需要用到平面上的邻域和区域. 我们把 $\mathbf{R}^2$ 中的点集称为**平面点集**.

下面介绍平面点集的一些基本概念.

设 $P_0(x_0,y_0) \in \mathbf{R}^2$, δ 为一正数. 把 $\mathbf{R}^2$ 中与点 P_0 的距离小于 δ 的点 $P(x,y)$ 组成的平面点集称为点 P_0 的 δ **邻域**, 记作 $U(P_0,\delta)$, 即

$$U(P_0,\delta) = \{(x,y) \mid \sqrt{(x-x_0)^2+(y-y_0)^2} < \delta\}.$$

邻域 $U(P_0,\delta)$ 中去掉点 P_0 后所剩的部分, 称为点 P_0 的**去心 δ 邻域**, 记作 $\mathring{U}(P_0,\delta)$. 当不需要强调邻域的半径时, 可用 $U(P_0)$ 和 $\mathring{U}(P_0)$ 分别表示点 P_0 的某个邻域和某个去心邻域.

我们可以利用邻域来描述点和点集之间的关系. 设 P 为平面上任意一点, E 是一个平面点集, 则点 P 与平面点集 E 有以下三种关系:

(1) 若存在 $\delta>0$, 使得 $U(P,\delta) \subset E$, 则称 P 为 E 的**内点**.

(2) 若存在 $\delta>0$, 使得 $U(P,\delta)$ 内不含有 E 的任何点, 则称 P 为 E 的**外点**.

(3) 若在点 P 的任意邻域内, 既含有属于 E 的点, 又含有不属于 E 的点, 则称 P 为 E 的**边界点**. E 的所有边界点的集合称为 E 的边界.

平面点集 E 的内点必定属于 E, E 的外点必不属于 E, 而 E 的边界点可能属于 E, 也可能不属于 E.

例如, 对于平面点集 $E = \{(x,y) \mid 1 \leqslant x^2+y^2 < 9\}$, 满足 $1 < x^2+y^2 < 9$ 的点都是 E

的内点;满足 $x^2+y^2=1$ 的点都是 E 的边界点,它们都属于 E;满足 $x^2+y^2=9$ 的点也都是 E 的边界点,但它们都不属于 E. E 的边界是圆周 $x^2+y^2=1$ 和 $x^2+y^2=9$(见图 7.2.1).

如果对于任意给定的 $\delta>0$,点 P 的去心邻域 $\overset{\circ}{U}(P,\delta)$ 内总有 E 中的点,则称 P 为 E 的**聚点**. 由聚点的定义可知,E 的聚点 P 可以属于 E,也可以不属于 E.

由点集的特征,可以得到下述一些重要的平面点集.

若 E 的每一点都是它的内点,则称 E 为**开集**.

设 E 为一开集. 对于 E 内任意两点 P_1 和 P_2,若在 E 内总存在一条连接 P_1 和 P_2 的折线,则称 E 为**区域**(或**开区域**). 区域与区域的边界所构成的集合,称为**闭区域**.

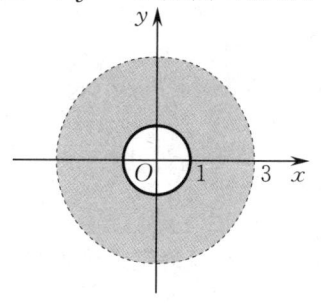

图 7.2.1

如果存在常数 $k>0$,使得 $E\subset U(O,k)$,则称 E 为**有界区域**;否则,称 E 为**无界区域**,这里 $U(O,k)$ 表示以原点 $O(0,0)$ 为中心、k 为半径的邻域.

例如,$\{(x,y)\mid x+y>0\}$ 和 $\{(x,y)\mid 1<x^2+y^2<9\}$ 均是 $\mathbf{R}^2$ 中的开区域;$\{(x,y)\mid x+y\geqslant 0\}$ 和 $\{(x,y)\mid 1\leqslant x^2+y^2\leqslant 9\}$ 均是 $\mathbf{R}^2$ 中的闭区域,而且 $\{(x,y)\mid x+y\geqslant 0\}$ 是无界闭区域,$\{(x,y)\mid 1<x^2+y^2<9\}$ 是有界开区域.

7.2.2 二元函数的概念

1. 二元函数的定义

定义 7.2.1 设 x,y,z 是三个变量. 如果当变量 x,y 在它们的变化范围 D 中任意取定一对值时,变量 z 按照某一对应法则 f 都有唯一确定的数值与它对应,则称对应法则 f 为定义在 D 上的**二元函数**,或称变量 z 是变量 x,y 的**二元函数**,记作
$$z=f(x,y),$$
其中 x,y 称为**自变量**,z 称为**因变量**,D 称为**定义域**,一般记作 $D(f)$.

如同用 x 轴上的点表示实数 x 一样,可用 xOy 平面上的点 $P(x,y)$ 表示变量 x,y 的一对取值 (x,y),所以二元函数 $z=f(x,y)$ 也可看成定义在 xOy 平面上一个非空点集 D 上的函数,有时也记作 $z=f(P)(P\in D)$.

与一元函数一样,定义域和对应法则是确定二元函数的两个要素. 对于二元函数的定义域,如果该函数的自变量具有某种实际意义,那么应该根据它的实际意义来确定其取值范围. 对于单纯由解析式表示的函数,使得解析式有意义的自变量的取值范围就是该函数的定义域. 一般地,二元函数的定义域是平面上由一条或几条曲线所围成的平面区域.

例 7.2.1 圆锥的侧面积 S 是底圆半径 r 和高 h 的二元函数,具体的解析式为
$$S=\pi r\sqrt{r^2+h^2},$$
该二元函数的定义域应为 $\{(r,h)\mid r>0,h>0\}$.

例 7.2.2 求函数 $z=\dfrac{\sqrt{x^2+y^2-4}}{\sqrt{x-\sqrt{y}}}$ 的定义域,并作出其定义域的示意图.

解 要使该函数有意义,必须满足

$$\begin{cases} x^2+y^2-4 \geqslant 0, \\ x-\sqrt{y} > 0, \\ y \geqslant 0, \end{cases}$$

即

$$\begin{cases} x^2+y^2 \geqslant 4, \\ x > \sqrt{y}, \\ y \geqslant 0. \end{cases}$$

因此,该函数的定义域为 $D=\{(x,y)\,|\,x^2+y^2 \geqslant 4, x>\sqrt{y}, y \geqslant 0\}$,其图形如图7.2.2所示.

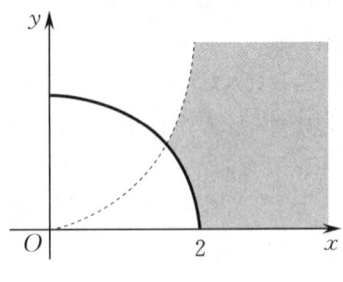

图 7.2.2

2. 二元函数的图形

设二元函数 $z=f(x,y)$ 的定义域为 $D \subset \mathbf{R}^2$. 对于区域 D 中的任意一点 $P(x,y)$,必有唯一的函数值 $z=f(x,y)$ 与之对应,这样三元有序数组 (x,y,z) 就确定了空间中的一点 $M(x,y,z)$,所有这些点的集合就是函数 $z=f(x,y)$ 的图形. 二元函数的图形通常是空间中的一个曲面(见图 7.2.3).

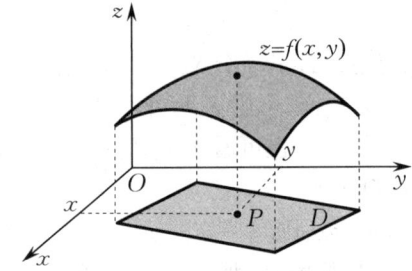

图 7.2.3

例如,二元函数 $z=ax+by+c$ 的图形是空间中的一个平面,而二元函数 $z=\sqrt{1-x^2-y^2}$ 的图形是以原点为中心、半径为1的上半球面,它的定义域是 xOy 平面上以原点为中心的单位圆.

7.2.3 二元函数的极限与连续

1. 二元函数的极限

与一元函数的极限概念类似,二元函数的极限也反映了函数值随自变量的变化而变化的趋势.

定义 7.2.2 设 D 是一个平面区域，$P_0(x_0,y_0)$ 是 D 的一个聚点，函数 $f(x,y)$ 在 $D\cap \mathring{U}(P_0,\delta)(\delta>0)$ 内有定义，A 为常数. 如果当点 $P(x,y)$ 无限趋于点 $P_0(x_0,y_0)$ 时，$f(x,y)$ 无限趋于常数 A，则称 A 为函数 $f(x,y)$ 当 $(x,y)\to(x_0,y_0)$（或 $P\to P_0$）时的**极限**，记作

$$\lim_{P\to P_0}f(P)=A, \quad \lim_{(x,y)\to(x_0,y_0)}f(x,y)=A$$

或

$$f(P)\to A(P\to P_0), \quad f(x,y)\to A[(x,y)\to(x_0,y_0)].$$

一般将二元函数的极限叫作**二重极限**. 这里应当注意，按照二重极限的定义，当动点 $P(x,y)$ 以任何方式趋于定点 $P_0(x_0,y_0)$ 时，$f(x,y)$ 必须都以常数 A 为极限，才有

$$\lim_{(x,y)\to(x_0,y_0)}f(x,y)=A.$$

如果当点 $P(x,y)$ 仅以某种方式趋于点 $P_0(x_0,y_0)$ 时，$f(x,y)$ 趋于常数 A，则不能断定 $f(x,y)$ 存在极限. 反之，如果当点 $P(x,y)$ 以不同方式趋于点 $P_0(x_0,y_0)$ 时，$f(x,y)$ 趋于不同的常数，便能断定 $f(x,y)$ 的极限不存在.

例 7.2.3 判断下列函数的极限是否存在，若存在，求出其值：

(1) $\lim\limits_{(x,y)\to(0,0)}\dfrac{2xy}{x^2+y^2}$；   (2) $\lim\limits_{(x,y)\to(0,0)}\dfrac{xy^2}{x^2+y^2}$；

(3) $\lim\limits_{(x,y)\to(0,2)}\dfrac{\sin(xy^2)}{x}$.

解 (1) 当点 (x,y) 沿直线 $y=kx$（k 为任意实数）趋于点 $(0,0)$ 时，有

$$\lim_{\substack{(x,y)\to(0,0)\\y=kx}}\frac{2xy}{x^2+y^2}=\lim_{x\to 0}\frac{2kx^2}{x^2+k^2x^2}=\frac{2k}{1+k^2}.$$

显然，极限值随 k 的取值不同而不同，故 $\lim\limits_{(x,y)\to(0,0)}\dfrac{2xy}{x^2+y^2}$ 不存在.

(2) 当 $(x,y)\to(0,0)$ 时，由 $x^2+y^2\geqslant 2|xy|$，$x^2+y^2\neq 0$ 可知，$\left|\dfrac{xy}{x^2+y^2}\right|\leqslant\dfrac{1}{2}$. 又 y 是当 $(x,y)\to(0,0)$ 时的无穷小，而有界变量和无穷小的乘积仍是无穷小，所以

$$\lim_{(x,y)\to(0,0)}\frac{xy^2}{x^2+y^2}=0.$$

(3) 当 $(x,y)\to(0,2)$ 时，有 $xy^2\to 0$，因此 $\lim\limits_{(x,y)\to(0,2)}\dfrac{\sin(xy^2)}{xy^2}=1$，从而

$$\lim_{(x,y)\to(0,2)}\frac{\sin(xy^2)}{x}=\lim_{(x,y)\to(0,2)}\frac{\sin(xy^2)}{xy^2}\cdot y^2=\lim_{(x,y)\to(0,2)}y^2=4.$$

2. 二元函数的连续性

与一元函数相同，仍可用函数的极限值等于函数值来定义二元函数的连续性.

定义 7.2.3 设二元函数 $z=f(x,y)$ 的定义域为 D，$P_0(x_0,y_0)$ 为 D 的聚点，且 $P_0\in D$. 如果

$$\lim_{(x,y)\to(x_0,y_0)}f(x,y)=f(x_0,y_0),$$

则称函数 $z=f(x,y)$ 在点 $P_0(x_0,y_0)$ 处**连续**；否则，称 $z=f(x,y)$ 在点 $P_0(x_0,y_0)$ 处**间断**

或**不连续**.

如果函数 $f(x,y)$ 在某个区域 D 上的每一点处都连续,则称函数 $f(x,y)$ 在 D 上**连续**,或称 $f(x,y)$ 是 D 上的**连续函数**.

例如,由例 7.2.3 可以知道,函数 $f(x,y)=\begin{cases}\dfrac{xy^2}{x^2+y^2}, & x^2+y^2\neq 0,\\ 0, & x^2+y^2=0\end{cases}$ 在点 $(0,0)$ 处连续;而函数 $f(x,y)=\begin{cases}\dfrac{2xy}{x^2+y^2}, & x^2+y^2\neq 0,\\ 0, & x^2+y^2=0\end{cases}$ 在点 $(0,0)$ 处不连续. 对于函数 $f(x,y)=\dfrac{1}{x^2+y^2-1}$,满足 $x^2+y^2=1$ 的每一点都是它的间断点,习惯上称 $x^2+y^2=1$ 为函数 $f(x,y)=\dfrac{1}{x^2+y^2-1}$ 的间断线.

与一元函数相同,二元连续函数的和、差、积、商(分母不为 0)仍是连续函数,二元连续函数的复合函数也是连续函数.

一元连续函数在闭区间上的性质,也可推广至二元函数.

性质 1(**有界性定理**) 如果函数 $f(x,y)$ 在有界闭区域 D 上连续,则 $f(x,y)$ 在 D 上有界,即存在常数 $M>0$,使得
$$|f(x,y)|\leqslant M,\quad (x,y)\in D.$$

性质 2(**最大值和最小值定理**) 如果函数 $f(x,y)$ 在有界闭区域 D 上连续,则 $f(x,y)$ 在 D 上必有最大值和最小值,即存在 $(x_1,y_1),(x_2,y_2)\in D$,使得对任何的 $(x,y)\in D$,都有
$$f(x_1,y_1)\leqslant f(x,y)\leqslant f(x_2,y_2).$$

性质 3(**介值定理**) 如果函数 $f(x,y)$ 在有界闭区域 D 上连续,则 $f(x,y)$ 必取得介于最大值 M 和最小值 m 之间的任何值,即对任何的 $c\in[m,M]$,至少存在一点 $(x_0,y_0)\in D$,使得
$$f(x_0,y_0)=c.$$

7.2.4 n 元函数的概念

定义 7.2.4 设 D 是 $\mathbf{R}^n$ 中的一个非空点集,f 为一对应法则. 若对于 D 中每一个点 $P(x_1,x_2,\cdots,x_n)\in D$,都能由 f 唯一确定一个实数 y,则称对应法则 f 为定义在 D 上的 n **元函数**,记作
$$y=f(x_1,x_2,\cdots,x_n),\quad (x_1,x_2,\cdots,x_n)\in D,$$
其中 $x_1,x_2,\cdots,x_n$ 称为**自变量**,y 称为**因变量**,D 称为**定义域**,一般记作 $D(f)$. 集合 $\{f(x_1,x_2,\cdots,x_n)\mid(x_1,x_2,\cdots,x_n)\in D\}$ 称为函数 f 的**值域**,记作 $Z(f)$. 称 $\mathbf{R}^{n+1}$ 中的点集
$$\{(x_1,x_2,\cdots,x_n,y)\mid y=f(x_1,x_2,\cdots,x_n),(x_1,x_2,\cdots,x_n)\in D\}$$
为函数 $y=f(x_1,x_2,\cdots,x_n)$ 在 D 上的**图形**.

三元函数一般记作
$$u=f(x,y,z),$$

其中 x,y,z 称为自变量,u 称为因变量. 例如,
$$u=\sqrt{1-x^2-y^2-z^2}$$
就是一个三元函数,其定义域为 $D=\{(x,y,z)\mid x^2+y^2+z^2\leqslant 1\}$.

前面关于二元函数的相关讨论都可以相应地推广到 $n(n\geqslant 3)$ 元函数上去.

习 题 7.2

1. 下列点中,一定属于平面点集 E 的是( ).
   A. E 的边界点 B. E 的内点 C. E 的外点 D. E 的聚点

2. 二元函数 $f(x,y)=\dfrac{1}{\sqrt{1-x^2-y^2}}$ 的定义域为( ).
   A. $\{(x,y)\mid x^2+y^2<1\}$ B. $\{(x,y)\mid x^2+y^2\leqslant 1\}$
   C. $\{(x,y)\mid x^2+y^2>1\}$ D. $\{(x,y)\mid x^2+y^2\geqslant 1\}$

3. 求下列函数的表达式:
   (1) $f(x,y)=x^2-y^2$,求 $f\left(x+y,\dfrac{y}{x}\right)$;
   (2) $f(x+y,x-y)=2(x^2+y^2)e^{x^2-y^2}$,求 $f(x,y)$.

4. 求下列函数的定义域,并画出定义域的示意图:
   (1) $z=\sqrt{4x^2+y^2-1}$; (2) $z=\sqrt{x-\sqrt{y}}$;
   (3) $z=\ln(xy)$; (4) $z=\sqrt{\ln\dfrac{4}{x^2+y^2}}+\arcsin\dfrac{1}{x^2+y^2}$.

5. 证明下列极限不存在:
   (1) $\lim\limits_{(x,y)\to(0,0)}\dfrac{x^2y}{x^3-y^3}$; (2) $\lim\limits_{(x,y)\to(0,0)}(1+xy)^{\frac{1}{x+y}}$.

6. 求下列极限:
   (1) $\lim\limits_{(x,y)\to(0,0)}\dfrac{2xy}{\sqrt{xy+1}-1}$; (2) $\lim\limits_{(x,y)\to(0,3)}\dfrac{\sin(xy)}{x}$;
   (3) $\lim\limits_{(x,y)\to(1,0)}\dfrac{\ln(x+e^y)}{\sqrt{x^2+y^2}}$; (4) $\lim\limits_{(x,y)\to(0,0)}\left(x\sin\dfrac{1}{y}+y\cos\dfrac{1}{x}\right)$.

7. 函数 $z=\dfrac{y^2+x}{y^2-x}$ 在何处间断?

7.3 偏 导 数

7.3.1 偏导数的定义

在一元函数微分学中,我们通过研究函数的变化率问题引出了导数的概念. 同样,多元函数也需要研究类似的变化率问题,但因多元函数的自变量不止一个,故函数关系就显得更为复杂. 为此,我们先仅考虑函数对于某一个自变量的变化率,也就是说在一个自变量发生变化,而其余自变量都保持不变的情形下,考虑函数关于该自变量的变化率.

定义 7.3.1 设函数 $z=f(x,y)$ 在点 (x_0,y_0) 的某个邻域内有定义,当 y 固定在 y_0,而 x 在 x_0 处取得增量 Δx 时,函数相应的增量为 $\Delta_x z=f(x_0+\Delta x,y_0)-f(x_0,y_0)$(称为函数对 x 的**偏增量**). 如果极限

$$\lim_{\Delta x \to 0}\frac{\Delta_x z}{\Delta x}=\lim_{\Delta x \to 0}\frac{f(x_0+\Delta x,y_0)-f(x_0,y_0)}{\Delta x} \tag{7.3.1}$$

存在,则称此极限值为函数 $z=f(x,y)$ 在点 (x_0,y_0) 处**对 x 的偏导数**,记作

$$\left.\frac{\partial z}{\partial x}\right|_{(x_0,y_0)}, \quad \left.\frac{\partial f}{\partial x}\right|_{(x_0,y_0)}, \quad z'_x(x_0,y_0) \quad \text{或} \quad f'_x(x_0,y_0).$$

类似地,如果极限

$$\lim_{\Delta y \to 0}\frac{\Delta_y z}{\Delta y}=\lim_{\Delta y \to 0}\frac{f(x_0,y_0+\Delta y)-f(x_0,y_0)}{\Delta y} \tag{7.3.2}$$

存在,则称此极限值为函数 $z=f(x,y)$ 在点 (x_0,y_0) 处**对 y 的偏导数**[$\Delta_y z=f(x_0,y_0+\Delta y)-f(x_0,y_0)$ 称为函数对 y 的偏增量],记作

$$\left.\frac{\partial z}{\partial y}\right|_{(x_0,y_0)}, \quad \left.\frac{\partial f}{\partial y}\right|_{(x_0,y_0)}, \quad z'_y(x_0,y_0) \quad \text{或} \quad f'_y(x_0,y_0).$$

当函数 $z=f(x,y)$ 在点 (x_0,y_0) 处对 x 和对 y 的偏导数都存在时,则称 $z=f(x,y)$ 在点 (x_0,y_0) 处**可偏导**.

如果函数 $z=f(x,y)$ 在某个区域 D 内每一点 (x,y) 处都可偏导,则称 $z=f(x,y)$ 在区域 D 内可偏导. 此时,$z=f(x,y)$ 对 x(或 y)的偏导数仍然是 x,y 的二元函数,称它们为 $z=f(x,y)$ 的**偏导函数**,记作 $\frac{\partial z}{\partial x}\left(\frac{\partial z}{\partial y}\right),\frac{\partial f}{\partial x}\left(\frac{\partial f}{\partial y}\right),z'_x(z'_y)$ 或 $f'_x(x,y)[f'_y(x,y)]$. 习惯上偏导函数也简称为**偏导数**.

对于二元以上的多元函数,可用同样的方法去定义它们的偏导数.

从偏导数的定义可以看出,求多元函数对某个自变量的偏导数时,实际上只需将其他自变量看作常数,再按照一元函数的求导法求导即可.

例 7.3.1 求函数 $z=x^5+2xy+y^3$ 在点 $(1,2)$ 处的偏导数.

解 将 y 看作常数,对 x 求导得

$$\frac{\partial z}{\partial x}=5x^4+2y.$$

将 x 看作常数,对 y 求导得

$$\frac{\partial z}{\partial y}=2x+3y^2.$$

于是

$$\left.\frac{\partial z}{\partial x}\right|_{(1,2)}=9, \quad \left.\frac{\partial z}{\partial y}\right|_{(1,2)}=14.$$

例 7.3.2 求函数 $z=x^y+\ln(xy)(x,y>0)$ 的偏导数.

解 易得

$$\frac{\partial z}{\partial x}=yx^{y-1}+\frac{y}{xy}=yx^{y-1}+\frac{1}{x},$$

$$\frac{\partial z}{\partial y}=x^y\ln x+\frac{x}{xy}=x^y\ln x+\frac{1}{y}.$$

例7.3.3 求函数 $u = xyz\mathrm{e}^{xyz}$ 的偏导数.

解 易得

$$\frac{\partial u}{\partial x} = yz(\mathrm{e}^{xyz} + xyz\mathrm{e}^{xyz}) = (1 + xyz)yz\mathrm{e}^{xyz},$$

$$\frac{\partial u}{\partial y} = (1 + xyz)xz\mathrm{e}^{xyz}, \quad \frac{\partial u}{\partial z} = (1 + xyz)xy\mathrm{e}^{xyz}.$$

例7.3.4 设函数 $f(x,y) = \begin{cases} 0, & xy = 0, \\ 1, & xy \neq 0, \end{cases}$ 求偏导数 $f'_x(0,0), f'_y(0,0)$.

解 由偏导数的定义,得

$$f'_x(0,0) = \lim_{\Delta x \to 0} \frac{f(0 + \Delta x, 0) - f(0,0)}{\Delta x} = 0,$$

$$f'_y(0,0) = \lim_{\Delta y \to 0} \frac{f(0, 0 + \Delta y) - f(0,0)}{\Delta y} = 0.$$

关于多元函数的偏导数,做以下几点说明:

(1) 一元函数的导数 $\dfrac{\mathrm{d}y}{\mathrm{d}x}$ 可理解为函数的微分 $\mathrm{d}y$ 与自变量的微分 $\mathrm{d}x$ 的商,但偏导数的记号 $\dfrac{\partial z}{\partial x}$ 是一个整体,单独的 ∂z 与 ∂x 无任何意义;

(2) 对多元函数中分段函数的偏导数要用偏导数的定义来求(与一元函数类似),如例7.3.4;

(3) 多元函数的可偏导与可导(可微)不等价,两者不可混淆,有关这一点将在7.4节中详述.

7.3.2 偏导数的几何意义及函数的连续性与可偏导性的关系

一元函数 $y = f(x)$ 在点 x_0 处的导数 $f'(x_0)$ 的几何意义是曲线 $y = f(x)$ 在点 $(x_0, f(x_0))$ 处的切线的斜率;二元函数 $z = f(x,y)$ 在点 (x_0, y_0) 处的偏导数的几何意义也有类似情形.

设 $M_0(x_0, y_0, f(x_0, y_0))$ 是曲面 $z = f(x,y)$ 上的一点,过点 M_0 作平面 $y = y_0$,此平面与曲面 $z = f(x,y)$ 的交线是平面 $y = y_0$ 上的一条曲线

$$\begin{cases} z = f(x,y), \\ y = y_0. \end{cases}$$

由于 $f'_x(x_0, y_0)$ 为一元函数 $z = f(x, y_0)$ 在点 x_0 处的导数,因此由一元函数导数的几何意义可知二元函数 $z = f(x,y)$ 在点 (x_0, y_0) 处的偏导数的几何意义如下: $f'_x(x_0, y_0)$ 表示曲线 $\begin{cases} z = f(x,y), \\ y = y_0 \end{cases}$ 在点 M_0 处的切线 T_x 对 x 轴正向的斜率; $f'_y(x_0, y_0)$ 表示曲线 $\begin{cases} z = f(x,y), \\ x = x_0 \end{cases}$ 在点 M_0 处的切线 T_y 对 y 轴正向的斜率 (见图7.3.1).

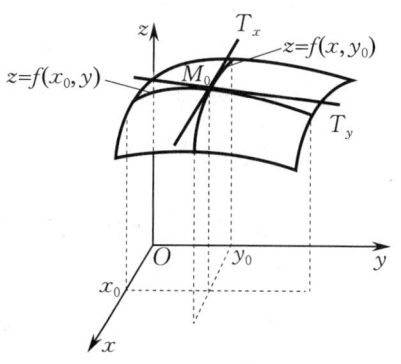

图 7.3.1

在学习一元函数微积分时,我们已经知道函数 $y=f(x)$ 在点 x_0 处可导与连续的关系:可导必连续,连续不一定可导. 但对于多元函数,它在某点的偏导数存在并不能保证它在该点处连续. 从几何上看(见图 7.3.1),偏导数 $f'_x(x_0,y_0)$ 存在只能保证当 $(x,y_0) \to (x_0,y_0)$ 时,$f(x,y_0) \to f(x_0,y_0)$,而无法保证当 (x,y) 以任意方式趋于点 (x_0,y_0) 时,$f(x,y) \to f(x_0,y_0)$.

例 7.3.5 讨论函数

$$f(x,y)=\begin{cases} \dfrac{2xy}{x^2+y^2}, & x^2+y^2 \neq 0, \\ 0, & x^2+y^2 = 0 \end{cases}$$

在点 $(0,0)$ 处的可偏导性和连续性.

解 由偏导数的定义可知

$$f'_x(0,0)=\lim_{\Delta x \to 0}\frac{f(0+\Delta x,0)-f(0,0)}{\Delta x}=\lim_{\Delta x \to 0}\frac{0-0}{\Delta x}=0,$$

$$f'_y(0,0)=\lim_{\Delta y \to 0}\frac{f(0,0+\Delta y)-f(0,0)}{\Delta y}=\lim_{\Delta y \to 0}\frac{0-0}{\Delta y}=0,$$

可见函数 $f(x,y)$ 在点 $(0,0)$ 处的两个偏导数都存在且都为 0. 而在例 7.2.3 的(1)中已得知极限 $\lim\limits_{(x,y)\to(0,0)} f(x,y)$ 不存在,因此 $f(x,y)$ 在点 $(0,0)$ 处不连续.

例 7.3.5 表明,二元函数 $f(x,y)$ 在点 (x_0,y_0) 处的偏导数存在并不能得出 $f(x,y)$ 在点 (x_0,y_0) 处连续. 这是多元函数与一元函数的区别之一.

例 7.3.6 讨论函数 $f(x,y)=\sqrt{x^2+y^2}$ 在点 $(0,0)$ 处的可偏导性和连续性.

解 显然

$$\lim_{(x,y)\to(0,0)} f(x,y)=\lim_{(x,y)\to(0,0)}\sqrt{x^2+y^2}=0=f(0,0),$$

因此函数 $f(x,y)$ 在点 $(0,0)$ 处连续. 固定 $y=0$,当 $x \to 0$,即 $(x,0) \to (0,0)$ 时,因为

$$\frac{f(x,0)-f(0,0)}{x}=\frac{|x|}{x}$$

的极限不存在,所以 $f'_x(0,0)$ 不存在. 同理可得,$f'_y(0,0)$ 也不存在.

例 7.3.6 说明,二元函数 $f(x,y)$ 在点 (x_0,y_0) 处连续,也不能确定它在该点处的偏导数存在,这是多元函数与一元函数的相似之处.

7.3.3 高阶偏导数

设函数 $z=f(x,y)$ 在平面区域 D 内处处存在偏导数 $f'_x(x,y)$ 和 $f'_y(x,y)$. 若这两个偏导数仍存在偏导数,则称它们的偏导数为函数 $z=f(x,y)$ 的**二阶偏导数**. 按照对自变量求导次序的不同可有四种二阶偏导数. 函数 $z=f(x,y)$ 关于 x 的二阶偏导数 $\dfrac{\partial}{\partial x}\left(\dfrac{\partial z}{\partial x}\right)$ 记作 $\dfrac{\partial^2 z}{\partial x^2}$,$\dfrac{\partial^2 f}{\partial x^2}$,$f''_{xx}(x,y)$ 或 z''_{xx}. 类似地,可定义其他三种偏导数:

$$\frac{\partial}{\partial y}\left(\frac{\partial z}{\partial x}\right)=\frac{\partial^2 z}{\partial x \partial y}=\frac{\partial^2 f}{\partial x \partial y}=f''_{xy}(x,y)=z''_{xy},$$

$$\frac{\partial}{\partial x}\left(\frac{\partial z}{\partial y}\right)=\frac{\partial^2 z}{\partial y \partial x}=\frac{\partial^2 f}{\partial y \partial x}=f''_{yx}(x,y)=z''_{yx},$$

$$\frac{\partial}{\partial y}\left(\frac{\partial z}{\partial y}\right)=\frac{\partial^2 z}{\partial y^2}=\frac{\partial^2 f}{\partial y^2}=f''_{yy}(x,y)=z''_{yy},$$

其中偏导数 $f''_{xy}(x,y), f''_{yx}(x,y)$ 称为函数 $z=f(x,y)$ 的**二阶混合偏导数**.

类似地,可定义多元函数的二阶及二阶以上的偏导数. 习惯上把二阶及二阶以上的偏导数统称为**高阶偏导数**.

例 7.3.7 求函数 $z=2x^3 y-2x^2 y^3+\cos x$ 的二阶偏导数.

解 因

$$\frac{\partial z}{\partial x}=6x^2 y-4xy^3-\sin x, \quad \frac{\partial z}{\partial y}=2x^3-6x^2 y^2,$$

故可得

$$\frac{\partial^2 z}{\partial x^2}=12xy-4y^3-\cos x, \quad \frac{\partial^2 z}{\partial x \partial y}=6x^2-12xy^2,$$

$$\frac{\partial^2 z}{\partial y \partial x}=6x^2-12xy^2, \quad \frac{\partial^2 z}{\partial y^2}=-12x^2 y.$$

从例 7.3.7 中我们发现,两个二阶混合偏导数是相等的,即有 $\dfrac{\partial^2 z}{\partial x \partial y}=\dfrac{\partial^2 z}{\partial y \partial x}$,这是偶然现象吗? 下面的定理很好地回答了这一问题(在此不加证明地给出二阶混合偏导数相等的充分条件).

定理 7.3.1 如果函数 $z=f(x,y)$ 的两个二阶混合偏导数 $f''_{xy}(x,y)$ 及 $f''_{yx}(x,y)$ 在区域 D 内连续,那么在 D 内必有

$$f''_{xy}(x,y)=f''_{yx}(x,y).$$

7.3.4 偏导数在经济分析中的应用

在一元函数导数的应用中,阐述了边际和弹性两个概念,它们分别表示经济函数在一点的变化率和相对变化率,这两个概念也可以推广到多元函数中去,并有着更加丰富的经济含义.

1. 边际分析

多元函数的偏导数在经济上表示边际经济量,边际经济量的经济意义是:当其中一个经济量变化一单位时(其他经济量保持不变),总经济量的变化量. 在经济分析中,不同经济函数的边际函数被赋予不同的称法. 例如,设某工厂生产 A,B 两种产品,当 A,B 产品的产量分别是 x 和 y 单位时,成本函数为 $C=f(x,y)$,此时称偏导数 $\dfrac{\partial C}{\partial x}$ 为关于 A 产品的边际成本,它是指当 B 产品的产量固定时,总成本 C 关于 x 的变化率,其经济意义是:当 B 产品的产量保持在 y 单位不变,A 产品的产量在 x 的基础上再产生一单位的变化时,总成本会改变 $\dfrac{\partial C}{\partial x}$ 单位.

例 7.3.8 某工厂生产甲、乙两种产品,当两种产品的产量分别为 x,y(单位:kg)时,总成本为 $C(x,y)=3x^2+2xy+5y^2+10$(单位:元). 求当 $x=8,y=8$ 时,两种产品的边际成本.

解 易得

$$\frac{\partial C}{\partial x}\bigg|_{(8,8)}=(6x+2y)\bigg|_{(8,8)}=64,$$

$$\left.\frac{\partial C}{\partial y}\right|_{(8,8)} = (2x+10y)\Big|_{(8,8)} = 96.$$

此结果表明,当乙产品产量为 8 kg 且保持不变而甲产品产量为 8 kg 时,甲产品产量再增加 1 kg,则总成本增加 64 元;当甲产品产量为 8 kg 且保持不变而乙产品产量为 8 kg 时,乙产品产量再增加 1 kg,则总成本增加 96 元.

2. 弹性分析

定义 7.3.2 设函数 $z=f(x,y)$ 在点 (x,y) 处的偏导数存在,称 $z=f(x,y)$ 对 x 的相对增量

$$\frac{\Delta_x z}{z} = \frac{f(x+\Delta x,y)-f(x,y)}{f(x,y)}$$

与自变量 x 的相对增量 $\frac{\Delta x}{x}$ 之比 $\dfrac{\frac{\Delta_x z}{z}}{\frac{\Delta x}{x}}$ 为 $z=f(x,y)$ 在 x 与 $x+\Delta x$ **两点间的弹性**. 当 $\Delta x \to 0$ 时,称

$$\frac{\frac{\Delta_x z}{z}}{\frac{\Delta x}{x}}$$

的极限为函数 $z=f(x,y)$ 在点 (x,y) 处对 x 的**弹性**,记作 η_x,即

$$\eta_x = \lim_{\Delta x \to 0} \frac{\frac{\Delta_x z}{z}}{\frac{\Delta x}{x}} = \frac{\partial z}{\partial x} \cdot \frac{x}{z}.$$

η_x 表示在点 (x,y) 处,当 y 不变而 x 改变 1% 时,函数 $z=f(x,y)$ 改变 η_x%.

类似地,可定义函数 $z=f(x,y)$ 在点 (x,y) 处对 y 的弹性

$$\eta_y = \lim_{\Delta y \to 0} \frac{\frac{\Delta_y z}{z}}{\frac{\Delta y}{y}} = \frac{\partial z}{\partial y} \cdot \frac{y}{z}.$$

多元函数的弹性也称为**偏弹性**,下面介绍需求函数的偏弹性.

一种商品的需求量 Q 不仅与该商品的价格、消费者的收入等有关,有时还与另一种商品的价格有关,因此商品的需求量 Q 应是一个多元函数. 现假设某种商品的需求函数为

$$Q = a - bP_1 + cP_2 + dY,$$

其中 Q 为该商品的需求量,P_1 为该商品的价格,P_2 为另一种相关商品的价格,Y 为消费者的收入,a,b,c,d 均为常数. 需求量 Q 对收入 Y 的偏弹性(称为**需求的收入偏弹性**)为

$$\eta_Y = \frac{\partial Q}{\partial Y} \cdot \frac{Y}{Q} = \frac{dY}{Q}.$$

此式表明当其他变量保持不变时,收入变化 1% 将引起该商品的需求量变化 $\dfrac{dY}{Q}$%.

需求量 Q 对价格 P_1 的偏弹性为

$$\eta_{P_1} = \frac{\partial Q}{\partial P_1} \cdot \frac{P_1}{Q} = -\frac{bP_1}{Q},$$

称为**需求的直接价格偏弹性**. 需求量 Q 对价格 P_2 的偏弹性为

$$\eta_{P_2} = \frac{\partial Q}{\partial P_2} \cdot \frac{P_2}{Q} = \frac{cP_2}{Q},$$

称为**需求的交叉价格偏弹性**,它表示当其他变量保持不变时,商品的需求量对另一种相关商品价格的变化所做出的反应. 不同的交叉价格偏弹性,能反映两种商品间的相关性.

当 $\eta_{P_2} > 0$ 时,两种商品为互相可替代(竞争)的商品. 这时,增加 P_2 将引起需求量 Q 的增加. 例如,夏天的西瓜和冷饮就是互相可替代的商品,当西瓜的价格和消费者的收入不变时,冷饮价格的上涨将引起西瓜需求量的增加.

当 $\eta_{P_2} < 0$ 时,两种商品是互相补充的商品. 这时,增加 P_2 将引起需求量 Q 的减少. 例如,燃油汽车和汽油就是互相补充的商品. 当汽车的价格和消费者收入不变时,汽油价格的上涨将导致开车费用的增加,从而引起汽车需求量的减少.

当 $\eta_{P_2} = 0$ 时,可认为两种商品是相互独立的商品.

例 7.3.9 设某种商品的需求量 Q 是该商品价格 P_1 和另一种相关商品价格 P_2 及消费者的收入 y 的函数 $Q = \frac{1}{300} P_1^{-\frac{3}{8}} P_2^{-\frac{3}{5}} y^{\frac{5}{3}}$,求需求的直接价格偏弹性、交叉价格偏弹性及收入偏弹性.

解 由偏弹性的定义可得

$$\eta_{P_1} = \frac{\partial Q}{\partial P_1} \cdot \frac{P_1}{Q} = -\frac{3}{8}, \quad \eta_{P_2} = \frac{\partial Q}{\partial P_2} \cdot \frac{P_2}{Q} = -\frac{3}{5}, \quad \eta_y = \frac{\partial Q}{\partial y} \cdot \frac{y}{Q} = \frac{5}{3}.$$

习题 7.3

1. 二元函数 $z = f(x,y) = x^2 \cos y$,则 $\left.\dfrac{\partial z}{\partial x}\right|_{(1,0)} =$ (   ).

A. 0   B. 1   C. -2 D. 2

2. 二元函数 $f(x,y) = \begin{cases} \dfrac{xy}{x^2+y^2}, & x^2+y^2 \neq 0, \\ 0, & x^2+y^2 = 0 \end{cases}$ 在点 $(0,0)$ 处 (   ).

A. 极限存在   B. 连续   C. 可偏导   D. 以上结论均不成立

3. 求下列函数的偏导数:

(1) $z = e^{\sin x} \cos y$;

(2) $z = e^{xy} \sin(x+3y)$;

(3) $z = \ln \tan(xy)$;

(4) $z = \arctan \dfrac{x+y}{x-y}$;

(5) $u = \sqrt{x^2+y^2+2z}$;

(6) $u = x^{\frac{2y}{z}}$.

4. 设二元函数 $z = \sqrt{|xy|}$,求 $\left.\dfrac{\partial z}{\partial x}\right|_{(0,0)}$.

5. 设二元函数 $z = \ln(\sqrt[3]{x}+\sqrt[3]{y})$,证明: $x\dfrac{\partial z}{\partial x} + y\dfrac{\partial z}{\partial y} = \dfrac{1}{3}$.

6. 求下列函数的二阶偏导数:

(1) $z = x\ln(xy)$;

(2) $z = x^{2y}$;

(3) $z = \arctan\dfrac{y}{x}$.

7. 已知甲商品的需求函数为 $Q = 100 - P_1 + 0.75P_2 - 0.25P_3 + 0.0075Y$. 当甲商品的价格 $P_1 = 10$、乙商品的价格 $P_2 = 20$、丙商品的价格 $P_3 = 40$ 及消费者的收入 $Y = 10\,000$ 时,求需求函数对乙、丙两种商品的交叉价格偏弹性.

7.4 全微分

7.4.1 全微分的定义

在定义二元函数 $z = f(x,y)$ 的偏导数时,已经有了偏增量的概念,即把

$$\Delta_x z = f(x+\Delta x, y) - f(x,y), \quad \Delta_y z = f(x, y+\Delta y) - f(x,y)$$

分别称为函数 $z = f(x,y)$ 在点 (x,y) 处关于 x 和关于 y 的偏增量,而当自变量 x,y 在点 (x,y) 处都有增量 $\Delta x, \Delta y$ 时,称

$$\Delta z = f(x+\Delta x, y+\Delta y) - f(x,y)$$

为函数 $z = f(x,y)$ 在点 (x,y) 处的**全增量**.

一般来说,Δz 的计算往往比较复杂. 仿照一元函数的情形,我们希望用自变量的增量 Δx 与 Δy 的线性函数来近似代替函数的全增量,就有了以下全微分的概念.

定义 7.4.1 设函数 $z = f(x,y)$ 在点 (x,y) 的某个邻域内有定义. 如果函数 $z = f(x,y)$ 在点 (x,y) 处的全增量 Δz 满足

$$\Delta z = f(x+\Delta x, y+\Delta y) - f(x,y) = A\Delta x + B\Delta y + o(\rho), \quad (7.4.1)$$

其中 A, B 不依赖于 $\Delta x, \Delta y$ 而仅与 x, y 有关,$\rho = \sqrt{(\Delta x)^2 + (\Delta y)^2}$,则称函数 $z = f(x,y)$ 在点 (x,y) 处**可微分**,并把 $A\Delta x + B\Delta y$ 称为函数 $z = f(x,y)$ 在点 (x,y) 处的**全微分**,记作

$$\mathrm{d}z = A\Delta x + B\Delta y.$$

与一元函数类似,自变量的增量 $\Delta x, \Delta y$ 也常写成 $\mathrm{d}x, \mathrm{d}y$,并分别称为自变量 x 和 y 的微分. 于是,函数 $z = f(x,y)$ 的全微分可写为

$$\mathrm{d}z = A\mathrm{d}x + B\mathrm{d}y.$$

当函数 $z = f(x,y)$ 在区域 D 内每一点处都可微分时,称 $z = f(x,y)$ 在区域 D 内可微分.

7.4.2 函数可微分的条件

定理 7.4.1 (可微分的必要条件) 如果二元函数 $z = f(x,y)$ 在点 (x,y) 处可微分,则

(1) $z = f(x,y)$ 在点 (x,y) 处连续;

(2) $z = f(x,y)$ 在点 (x,y) 处可偏导,且有

$$A = f'_x(x,y), \quad B = f'_y(x,y).$$

证 因函数 $z = f(x,y)$ 在点 (x,y) 处可微分,故有

$$\Delta z = f(x+\Delta x, y+\Delta y) - f(x,y) = A\Delta x + B\Delta y + o(\rho).$$

(1) 在上式中令 $(\Delta x, \Delta y) \to (0,0)$,得
$$\lim_{(\Delta x,\Delta y)\to(0,0)} \Delta z = 0, \quad 即 \quad \lim_{(\Delta x,\Delta y)\to(0,0)} f(x+\Delta x, y+\Delta y) = f(x,y),$$
所以函数 $z=f(x,y)$ 在点 (x,y) 处连续.

(2) 在 $\Delta z = A\Delta x + B\Delta y + o(\rho)$ 中令 $\Delta y = 0$,此时 $\rho = |\Delta x|$,则有
$$\Delta_x z = f(x+\Delta x, y) - f(x,y) = A\Delta x + o(|\Delta x|),$$
于是
$$\lim_{\Delta x \to 0} \frac{\Delta_x z}{\Delta x} = \lim_{\Delta x \to 0} \frac{f(x+\Delta x, y) - f(x,y)}{\Delta x} = A.$$

同理(令 $\Delta x = 0$)可得
$$\lim_{\Delta y \to 0} \frac{\Delta_y z}{\Delta y} = \lim_{\Delta y \to 0} \frac{f(x, y+\Delta y) - f(x,y)}{\Delta y} = B.$$

因此,函数 $z=f(x,y)$ 在点 (x,y) 处可偏导,且有
$$A = f'_x(x,y), \quad B = f'_y(x,y).$$

从以上讨论可知,如果函数 $z=f(x,y)$ 在点 (x,y) 处可微分,则有
$$\mathrm{d}z = \frac{\partial z}{\partial x}\mathrm{d}x + \frac{\partial z}{\partial y}\mathrm{d}y. \tag{7.4.2}$$

这就是**全微分的计算公式**. 式(7.4.2)右边的两项 $\frac{\partial z}{\partial x}\mathrm{d}x, \frac{\partial z}{\partial y}\mathrm{d}y$ 分别称为函数 $z=f(x,y)$ 在点 (x,y) 处对 x 及对 y 的**偏微分**,因此二元函数的全微分等于它的两个偏微分之和.

通常,我们把二元函数的全微分等于它的两个偏微分之和称为二元函数的微分符合叠加原理.

二元函数在一点处的连续与可微分的关系和一元函数一样,连续是可微分的必要条件.由7.3 节中的例 7.3.6 可知,函数
$$f(x,y) = \sqrt{x^2+y^2}$$
在点 $(0,0)$ 处连续,但两个偏导数不存在,所以由定理 7.4.1 可知,该函数在点 $(0,0)$ 处不可微分.

二元函数在一点处的可偏导与可微分的关系和一元函数不同,可偏导不再是可微分的充要条件. 也就是说,当二元函数 $z=f(x,y)$ 在点 (x_0,y_0) 处的两个偏导数都存在时,该函数在点 (x_0,y_0) 处的全微分不一定存在. 例如,函数
$$f(x,y) = \begin{cases} \dfrac{xy}{\sqrt{x^2+y^2}}, & x^2+y^2 \neq 0, \\ 0, & x^2+y^2 = 0 \end{cases}$$
在点 $(0,0)$ 处连续且可偏导,并有 $f'_x(0,0) = f'_y(0,0) = 0$,但该函数在点 $(0,0)$ 处不可微分.

我们可以用反证法证明这一点. 假设函数 $z=f(x,y)$ 在点 $(0,0)$ 处可微分,那么由可微分的定义及定理 7.4.1,有
$$\Delta z = f(0+\Delta x, 0+\Delta y) - f(0,0) = [f'_x(0,0)\Delta x + f'_y(0,0)\Delta y] + o(\rho),$$
即
$$\frac{\Delta x \Delta y}{\sqrt{(\Delta x)^2+(\Delta y)^2}} = o(\rho),$$

其中 $\rho = \sqrt{(\Delta x)^2 + (\Delta y)^2}$. 但当 $\Delta x \to 0, \Delta y = \Delta x$ 时,

$$\lim_{\rho \to 0} \frac{\dfrac{\Delta x \Delta y}{\sqrt{(\Delta x)^2 + (\Delta y)^2}}}{\rho} = \lim_{\rho \to 0} \frac{\Delta x \Delta y}{(\Delta x)^2 + (\Delta y)^2} = \lim_{\substack{\Delta x \to 0 \\ \Delta y = \Delta x}} \frac{\Delta x \Delta x}{(\Delta x)^2 + (\Delta x)^2} = \frac{1}{2} \neq 0,$$

这与当 $\rho \to 0$ 时,$\dfrac{\Delta x \Delta y}{\sqrt{(\Delta x)^2 + (\Delta y)^2}} = o(\rho)$ 相矛盾,所以假设不成立,即该函数在点 $(0,0)$ 处不可微分.

由定理 7.4.1 和这个例子可知,对于二元函数,偏导数存在是可微分的必要条件而不是充分条件. 但如果二元函数的两个偏导数连续,就能得到该函数是可微分的. 下面不加证明地给出函数可微分的充分条件.

定理 7.4.2(可微分的充分条件) 如果函数 $z = f(x,y)$ 的两个偏导数 $\dfrac{\partial z}{\partial x}$ 和 $\dfrac{\partial z}{\partial y}$ 在点 (x,y) 处连续,则函数 $z = f(x,y)$ 在该点处可微分.

综合定理 7.4.1 和定理 7.4.2 及以上讨论,我们可得二元函数的可微分、偏导数存在及连续之间的关系如下.

偏导数存在且连续 $\implies$ 可微分 $\begin{array}{c} \nearrow \text{连续} \\ \searrow \text{偏导数存在} \end{array}$

一般情况下上述关系是不可逆的.

以上关于二元函数全微分的定义、可微分的必要条件和充分条件、叠加原理等都可以类似地推广到三元及三元以上的多元函数.

例如,如果三元函数 $u = f(x,y,z)$ 在点 (x,y,z) 处可微分,那么它的全微分就等于三个偏微分之和,即

$$du = \frac{\partial u}{\partial x} dx + \frac{\partial u}{\partial y} dy + \frac{\partial u}{\partial z} dz.$$

例 7.4.1 求函数 $z = e^{xy}$ 在点 $(1,2)$ 处的全微分.

解 易得 $\dfrac{\partial z}{\partial x} = y e^{xy}, \dfrac{\partial z}{\partial y} = x e^{xy}$,则 $\dfrac{\partial z}{\partial x}\bigg|_{(1,2)} = 2e^2, \dfrac{\partial z}{\partial y}\bigg|_{(1,2)} = e^2$,所以

$$dz = 2e^2 dx + e^2 dy.$$

例 7.4.2 求函数 $u = x + \sin \dfrac{y}{2} + e^{yz}$ 的全微分.

解 因为

$$\frac{\partial u}{\partial x} = 1, \quad \frac{\partial u}{\partial y} = \frac{1}{2} \cos \frac{y}{2} + z e^{yz}, \quad \frac{\partial u}{\partial z} = y e^{yz},$$

所以

$$du = dx + \left(\frac{1}{2}\cos\frac{y}{2} + z e^{yz}\right) dy + y e^{yz} dz.$$

7.4.3 全微分在近似计算中的应用

在实际问题中,常常要计算一些复杂的多元函数在某点处当自变量发生微小变化时函数值的变化情况.由二元函数的全微分的定义及全微分存在的充分条件,我们可以得到以下结论.

当二元函数 $z=f(x,y)$ 在点 (x,y) 处的两个偏导数 $f'_x(x,y), f'_y(x,y)$ 连续,并且 $|\Delta x|, |\Delta y|$ 都较小时,有下列近似计算公式:
$$\Delta z \approx \mathrm{d}z = f'_x(x,y)\Delta x + f'_y(x,y)\Delta y.$$

上式也可写成
$$f(x+\Delta x, y+\Delta y) \approx f(x,y) + f'_x(x,y)\Delta x + f'_y(x,y)\Delta y. \qquad (7.4.3)$$

例 7.4.3 计算 $(1.03)^{2.01}$ 的近似值.

解 设函数 $f(x,y)=x^y$.显然,要计算的值就是函数 $f(x,y)$ 在 $x=1.03, y=2.01$ 时的函数值 $f(1.03, 2.01)$,故可取 $x=1, y=2, \Delta x=0.03, \Delta y=0.01$.由于
$$f(1,2)=1, \quad f'_x(x,y)=yx^{y-1}, \quad f'_y(x,y)=x^y\ln x,$$
因此
$$f'_x(1,2)=2, \quad f'_y(1,2)=0.$$
利用式(7.4.3)可得
$$(1.03)^{2.01} \approx 1 + 2\times 0.03 + 0\times 0.01 = 1.06.$$

例 7.4.4 要做一个无盖的圆柱形容器,其内径为 4 m,深为 4 m,厚为 0.01 m,求所需材料的体积.

解 因为底圆半径为 r、高为 h 的圆柱体体积为 $V=\pi r^2 h$,所以所需材料的体积就是二元函数 $V=\pi r^2 h$ 在点 $(2,4)$ 处,当 $\Delta r=0.01, \Delta h=0.01$ 时,函数的增量 ΔV.用全微分近似代替,得
$$\Delta V \approx \mathrm{d}V = 2\pi rh\Delta r + \pi r^2 \Delta h.$$
将 $r=2, h=4, \Delta r=\Delta h=0.01$ 代入上式,得
$$\Delta V \approx 2\pi\times 2\times 4\times 0.01 + \pi\times 2^2\times 0.01 = 0.2\pi \approx 0.6283,$$
所以所需材料的体积约为 $0.6283\ \mathrm{m}^3$.

习题 7.4

1. 二元函数 $f(x,y)=x^2 y$ 在点 $(2,1)$ 处的全微分为( ).
   A. 8　　　B. $4\mathrm{d}x+4\mathrm{d}y$　　　C. 5　　　D. $4\mathrm{d}x+\mathrm{d}y$

2. 二元函数 $z=f(x,y)$ 在点 (x,y) 处可微分的充分条件是( ).
   A. 函数 $z=f(x,y)$ 在点 (x,y) 处连续
   B. 函数 $z=f(x,y)$ 在点 (x,y) 处的两个偏导数 $\dfrac{\partial z}{\partial x}, \dfrac{\partial z}{\partial y}$ 存在
   C. 函数 $z=f(x,y)$ 的两个偏导数 $\dfrac{\partial z}{\partial x}, \dfrac{\partial z}{\partial y}$ 在点 (x,y) 处连续
   D. 函数 $z=f(x,y)$ 在点 (x,y) 处连续且两个偏导数 $\dfrac{\partial z}{\partial x}, \dfrac{\partial z}{\partial y}$ 存在

3. 求下列函数的全微分:

(1) $z = e^{x^2+y^3}$;   (2) $z = \dfrac{x+y}{x-y}$;   (3) $u = y^{xz}$.

4. 求函数 $z = \ln(4+x^2+y^2)$ 当 $x=2, y=1$ 时的全微分.

5. 求函数 $z = e^{xy}$ 当 $x=1, y=1, \Delta x = 0.15, \Delta y = 0.1$ 时的全增量 Δz 和全微分 dz.

6. 计算下列数的近似值:

(1) $(1.02)^{4.05}$;   (2) $\sqrt{(1.02)^3 + (1.97)^3}$.

7. 设有一无盖圆柱形容器,容器的壁与底的厚度均为 $0.1\,\text{cm}$,深为 $20\,\text{cm}$,内径为 $8\,\text{cm}$,求容器外壳体积的近似值.

7.5 复合函数与隐函数的微分法

7.5.1 复合函数的微分法

在一元函数微分学中,复合函数的求导法则起着重要的作用,现在我们把它推广到多元复合函数上去. 简便起见,先讨论多元函数与一元函数复合的情形,然后再将其推广到其他形式的复合函数.

定理 7.5.1 如果函数 $u = \varphi(t)$ 及 $v = \psi(t)$ 都在点 t 处可导,函数 $z = f(u, v)$ 在对应点 (u, v) 处有连续偏导数,那么复合函数 $z = f[\varphi(t), \psi(t)]$ (复合关系见图 7.5.1) 在点 t 处可导,且有

$$\frac{dz}{dt} = \frac{\partial z}{\partial u} \cdot \frac{du}{dt} + \frac{\partial z}{\partial v} \cdot \frac{dv}{dt}. \tag{7.5.1}$$

图 7.5.1

证 设 t 取得增量 Δt,这时 $u = \varphi(t), v = \psi(t)$ 的对应增量分别为 $\Delta u, \Delta v$,函数 $z = f[\varphi(t), \psi(t)]$ 相应有增量 Δz. 因函数 $z = f(u, v)$ 在点 (u, v) 处有连续偏导数,故 $z = f(u, v)$ 在点 (u, v) 处可微分,从而

$$\Delta z = \frac{\partial z}{\partial u} \Delta u + \frac{\partial z}{\partial v} \Delta v + o(\rho),$$

其中 $\rho = \sqrt{(\Delta u)^2 + (\Delta v)^2}$. 上式两边同时除以 Δt,得

$$\frac{\Delta z}{\Delta t} = \frac{\partial z}{\partial u} \cdot \frac{\Delta u}{\Delta t} + \frac{\partial z}{\partial v} \cdot \frac{\Delta v}{\Delta t} + \frac{o(\rho)}{\Delta t}.$$

由于 $u = \varphi(t), v = \psi(t)$ 在点 t 处可导,因此当 $\Delta t \to 0$ 时,$\Delta u \to 0, \Delta v \to 0$ 从而 $\rho \to 0$,且有

$$\frac{\Delta u}{\Delta t} \to \frac{du}{dt}, \quad \frac{\Delta v}{\Delta t} \to \frac{dv}{dt}.$$

又因为

$$\lim_{\Delta t \to 0} \left| \frac{o(\rho)}{\Delta t} \right| = \lim_{\Delta t \to 0} \left| \frac{o(\rho)}{\rho} \cdot \frac{\rho}{\Delta t} \right| = \lim_{\Delta t \to 0} \left| \frac{o(\rho)}{\rho} \right| \sqrt{\left(\frac{\Delta u}{\Delta t}\right)^2 + \left(\frac{\Delta v}{\Delta t}\right)^2} = 0,$$

所以

$$\lim_{\Delta t \to 0} \frac{\Delta z}{\Delta t} = \frac{dz}{dt} = \frac{\partial z}{\partial u} \cdot \frac{du}{dt} + \frac{\partial z}{\partial v} \cdot \frac{dv}{dt}.$$

这就证明了复合函数 $z=f[\varphi(t),\psi(t)]$ 在点 t 处可导,且式(7.5.1)成立.

式(7.5.1)中的导数称为**全导数**.定理 7.5.1 对其他形式的复合函数仍然成立,我们直接加以推广可得以下的结论.

定理 7.5.2 如果函数 $u=\varphi(x,y),v=\psi(x,y)$ 都在点 (x,y) 处具有对 x 及对 y 的偏导数,函数 $z=f(u,v)$ 在对应点 (u,v) 处有连续偏导数,那么复合函数 $z=f[\varphi(x,y),\psi(x,y)]$(复合关系见图 7.5.2)在点 (x,y) 处的两个偏导数存在,且有

$$\begin{cases}\dfrac{\partial z}{\partial x}=\dfrac{\partial z}{\partial u}\cdot\dfrac{\partial u}{\partial x}+\dfrac{\partial z}{\partial v}\cdot\dfrac{\partial v}{\partial x},\\ \dfrac{\partial z}{\partial y}=\dfrac{\partial z}{\partial u}\cdot\dfrac{\partial u}{\partial y}+\dfrac{\partial z}{\partial v}\cdot\dfrac{\partial v}{\partial y}.\end{cases} \quad (7.5.2)$$

事实上,在求 $\dfrac{\partial z}{\partial x}$ 时只需将 y 看作常量,因此中间变量 u 及 v 仍可看作一元函数,这样问题就成为定理 7.5.1 的情形.由于函数 $u=\varphi(x,y),v=\psi(x,y)$ 及复合函数 $z=f[\varphi(x,y),\psi(x,y)]$ 均是 x,y 的二元函数,因此应把式(7.5.1)中的 d 改为 ∂,再把 t 换成 x,这样便可由式(7.5.1)得到式(7.5.2)中的第一个等式,类似地可得式(7.5.2)中的第二个等式.式(7.5.2)称为求复合函数偏导数的**链式法则**.

对于情况更复杂的复合函数,也有类似的结果.例如,设函数 $u=\varphi(x,y),v=\psi(x,y)$ 及 $w=\omega(x,y)$ 都在点 (x,y) 处具有对 x 及对 y 的偏导数,而函数 $z=f(u,v,w)$ 在对应点 (u,v,w) 处有连续偏导数,则复合函数

$$z=f[\varphi(x,y),\psi(x,y),\omega(x,y)]$$

(复合关系见图 7.5.3)在点 (x,y) 处的两个偏导数都存在,且

$$\begin{cases}\dfrac{\partial z}{\partial x}=\dfrac{\partial z}{\partial u}\cdot\dfrac{\partial u}{\partial x}+\dfrac{\partial z}{\partial v}\cdot\dfrac{\partial v}{\partial x}+\dfrac{\partial z}{\partial w}\cdot\dfrac{\partial w}{\partial x},\\ \dfrac{\partial z}{\partial y}=\dfrac{\partial z}{\partial u}\cdot\dfrac{\partial u}{\partial y}+\dfrac{\partial z}{\partial v}\cdot\dfrac{\partial v}{\partial y}+\dfrac{\partial z}{\partial w}\cdot\dfrac{\partial w}{\partial y}.\end{cases} \quad (7.5.3)$$

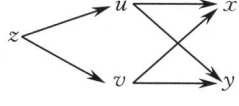

图 7.5.2　　　　　　图 7.5.3

例 7.5.1 设函数 $z=\mathrm{e}^{2u-3v},u=t^2,v=\sin t$,求 $\dfrac{\mathrm{d}z}{\mathrm{d}t}$.

解 因为

$$\dfrac{\partial z}{\partial u}=2\mathrm{e}^{2u-3v},\quad \dfrac{\partial z}{\partial v}=-3\mathrm{e}^{2u-3v},\quad \dfrac{\mathrm{d}u}{\mathrm{d}t}=2t,\quad \dfrac{\mathrm{d}v}{\mathrm{d}t}=\cos t,$$

所以

$$\dfrac{\mathrm{d}z}{\mathrm{d}t}=\dfrac{\partial z}{\partial u}\cdot\dfrac{\mathrm{d}u}{\mathrm{d}t}+\dfrac{\partial z}{\partial v}\cdot\dfrac{\mathrm{d}v}{\mathrm{d}t}=\mathrm{e}^{2u-3v}(4t-3\cos t)=\mathrm{e}^{2t^2-3\sin t}(4t-3\cos t).$$

例 7.5.2 设函数 $z=u^v,u=x^2+y,v=xy$,求 $\dfrac{\partial z}{\partial x}$ 和 $\dfrac{\partial z}{\partial y}$.

解 由式(7.5.2)得

$$\frac{\partial z}{\partial x} = \frac{\partial z}{\partial u} \cdot \frac{\partial u}{\partial x} + \frac{\partial z}{\partial v} \cdot \frac{\partial v}{\partial x} = vu^{v-1} 2x + u^v y \ln u$$

$$= 2x^2 y(x^2+y)^{xy-1} + y(x^2+y)^{xy} \ln(x^2+y),$$

$$\frac{\partial z}{\partial y} = \frac{\partial z}{\partial u} \cdot \frac{\partial u}{\partial y} + \frac{\partial z}{\partial v} \cdot \frac{\partial v}{\partial y} = vu^{v-1} + u^v x \ln u$$

$$= xy(x^2+y)^{xy-1} + x(x^2+y)^{xy} \ln(x^2+y).$$

例 7.5.1 也可以将函数变为 $z = e^{2t^2 - 3\sin t}$ 而直接求导,例 7.5.2 也可将函数变为 $z = (x^2+y)^{xy}$ 而直接求偏导数得到. 但是,当其中的某一些复合关系未知时就无能为力了,而应用链式法则(只要函数有连续偏导数)则可以很好地解决任意复合函数的偏导数、高阶偏导数.

例 7.5.3 设函数 $z = f(x\sin y, e^{xy})$,其中 f 具有连续偏导数,求 $\dfrac{\partial z}{\partial x}$ 和 $\dfrac{\partial z}{\partial y}$.

解 设 $u = x\sin y, v = e^{xy}$,则

$$\frac{\partial z}{\partial x} = \frac{\partial z}{\partial u} \cdot \frac{\partial u}{\partial x} + \frac{\partial z}{\partial v} \cdot \frac{\partial v}{\partial x} = \sin y f'_u + y e^{xy} f'_v,$$

$$\frac{\partial z}{\partial y} = \frac{\partial z}{\partial u} \cdot \frac{\partial u}{\partial y} + \frac{\partial z}{\partial v} \cdot \frac{\partial v}{\partial y} = x\cos y f'_u + x e^{xy} f'_v.$$

例 7.5.4 设函数 $z = f\left(xy, \dfrac{y}{x}\right)$,其中 f 具有二阶连续偏导数,求 $\dfrac{\partial^2 z}{\partial x^2}$ 和 $\dfrac{\partial^2 z}{\partial x \partial y}$.

解 设 $u = xy, v = \dfrac{y}{x}$,由链式法则可得

$$\frac{\partial z}{\partial x} = yf'_u - \frac{y}{x^2} f'_v.$$

注意到 $f'_u = f'_u(u,v), f'_v = f'_v(u,v)$(它们依然是二元复合函数),再次由链式法则得

$$\frac{\partial^2 z}{\partial x^2} = y\left(yf''_{uu} - \frac{y}{x^2} f''_{uv}\right) + \frac{2y}{x^3} f'_v - \frac{y}{x^2}\left(yf''_{vu} - \frac{y}{x^2} f''_{vv}\right).$$

因为 f 具有二阶连续偏导数,所以 $f''_{uv} = f''_{vu}$,从而

$$\frac{\partial^2 z}{\partial x^2} = \frac{2y}{x^3} f'_v + y^2 f''_{uu} - \frac{2y^2}{x^2} f''_{uv} + \frac{y^2}{x^4} f''_{vv}.$$

同理可得

$$\frac{\partial^2 z}{\partial x \partial y} = f'_u + y\left(xf''_{uu} + \frac{1}{x} f''_{uv}\right) - \frac{1}{x^2} f'_v - \frac{y}{x^2}\left(xf''_{vu} + \frac{1}{x} f''_{vv}\right)$$

$$= f'_u - \frac{1}{x^2} f'_v + xy f''_{uu} - \frac{y}{x^3} f''_{vv}.$$

简便起见,引入下列记号:

$$f'_1 = f'_u, \quad f'_2 = f'_v, \quad f''_{11} = f''_{uu}, \quad f''_{12} = f''_{uv}, \quad f''_{22} = f''_{vv}.$$

这里,下标 1 表示对第一个变量 u 求偏导数,下标 2 表示对第二个变量 v 求偏导数. 应用记号,例 7.5.4 的结果可以表示为

$$\frac{\partial^2 z}{\partial x^2} = \frac{2y}{x^3} f'_2 + y^2 f''_{11} - \frac{2y^2}{x^2} f''_{12} + \frac{y^2}{x^4} f''_{22}, \quad \frac{\partial^2 z}{\partial x \partial y} = f'_1 - \frac{1}{x^2} f'_2 + xy f''_{11} - \frac{y}{x^3} f''_{22}.$$

设函数 $z = f(u,v)$ 具有连续偏导数,当 u 和 v 是自变量时,其全微分为

$$dz = \frac{\partial z}{\partial u}du + \frac{\partial z}{\partial v}dv.$$

如果 u,v 又是 x,y 的函数 $u=\varphi(x,y), v=\psi(x,y)$，且这两个函数也具有连续偏导数，那么复合函数

$$z = f[\varphi(x,y), \psi(x,y)]$$

的全微分为

$$dz = \frac{\partial z}{\partial x}dx + \frac{\partial z}{\partial y}dy,$$

其中 $\frac{\partial z}{\partial x}$ 及 $\frac{\partial z}{\partial y}$ 由式(7.5.2)给出. 因此,有

$$dz = \frac{\partial z}{\partial x}dx + \frac{\partial z}{\partial y}dy = \left(\frac{\partial z}{\partial u} \cdot \frac{\partial u}{\partial x} + \frac{\partial z}{\partial v} \cdot \frac{\partial v}{\partial x}\right)dx + \left(\frac{\partial z}{\partial u} \cdot \frac{\partial u}{\partial y} + \frac{\partial z}{\partial v} \cdot \frac{\partial v}{\partial y}\right)dy$$

$$= \frac{\partial z}{\partial u}\left(\frac{\partial u}{\partial x}dx + \frac{\partial u}{\partial y}dy\right) + \frac{\partial z}{\partial v}\left(\frac{\partial v}{\partial x}dx + \frac{\partial v}{\partial y}dy\right) = \frac{\partial z}{\partial u}du + \frac{\partial z}{\partial v}dv,$$

其中 $du = \frac{\partial u}{\partial x}dx + \frac{\partial u}{\partial y}dy, dv = \frac{\partial v}{\partial x}dx + \frac{\partial v}{\partial y}dy$. 由此可知，无论 u,v 是自变量还是中间变量，函数 $z=f(u,v)$ 的全微分都可写成相同的形式，这一性质称为**全微分形式不变性**.

例 7.5.5 利用全微分形式不变性求函数 $z=e^{xy}\sin(x+y)$ 的全微分 dz 及偏导数 $\frac{\partial z}{\partial x}, \frac{\partial z}{\partial y}$.

解 设 $u=xy, v=x+y$，则 $z=e^u\sin v$. 由全微分形式不变性得

$$dz = d(e^u\sin v) = e^u\sin v\, du + e^u\cos v\, dv$$

$$= e^{xy}\sin(x+y)d(xy) + e^{xy}\cos(x+y)d(x+y)$$

$$= e^{xy}\sin(x+y)(ydx + xdy) + e^{xy}\cos(x+y)(dx + dy)$$

$$= e^{xy}[y\sin(x+y) + \cos(x+y)]dx + e^{xy}[x\sin(x+y) + \cos(x+y)]dy,$$

与 $dz = \frac{\partial z}{\partial x}dx + \frac{\partial z}{\partial y}dy$ 比较,得

$$\frac{\partial z}{\partial x} = e^{xy}[y\sin(x+y) + \cos(x+y)], \quad \frac{\partial z}{\partial y} = e^{xy}[x\sin(x+y) + \cos(x+y)].$$

7.5.2 隐函数的微分法

在一元函数微分学中，已经定义了隐函数的概念，并且给出了由方程

$$F(x,y) = 0$$

所确定的隐函数 $y=f(x)$ 的求导方法. 现在利用复合函数的求导法则再深入讨论这一问题，并给出隐函数存在定理及隐函数的求导公式.

定理 7.5.3 （隐函数存在定理） 设函数 $F(x,y)$ 在点 $P_0(x_0,y_0)$ 的某个邻域内具有连续偏导数，且

$$F(x_0, y_0) = 0, \quad F'_y(x_0, y_0) \neq 0,$$

则方程 $F(x,y)=0$ 在点 (x_0,y_0) 的某个邻域内能唯一地确定一个具有连续导数的函数 $y=f(x)$，它满足条件 $y_0=f(x_0)$，并有

$$\frac{dy}{dx} = -\frac{F'_x}{F'_y}. \qquad (7.5.4)$$

式(7.5.4)就是隐函数的求导公式.

定理7.5.3的严格证明从略,仅推导式(7.5.4).

将方程$F(x,y)=0$所确定的函数$y=f(x)$代入方程中,便得到恒等式
$$F[x, f(x)] \equiv 0.$$
方程两边分别对x求导数,由复合函数的求导法则得
$$\frac{\partial F}{\partial x} + \frac{\partial F}{\partial y} \cdot \frac{dy}{dx} = 0.$$
由于F'_y连续,且$F'_y(x_0, y_0) \neq 0$,因此存在点(x_0, y_0)的某个邻域,使得在这个邻域内$F'_y \neq 0$,于是可得
$$\frac{dy}{dx} = -\frac{F'_x}{F'_y}.$$
若函数$F(x,y)$的二阶偏导数都存在,则对上式两边求导,可得隐函数的二阶导数:
$$\frac{d^2 y}{dx^2} = \frac{\partial}{\partial x}\left(-\frac{F'_x}{F'_y}\right) + \frac{\partial}{\partial y}\left(-\frac{F'_x}{F'_y}\right) \cdot \frac{dy}{dx}$$
$$= -\frac{F''_{xx} F'_y - F'_x F''_{yx}}{(F'_y)^2} - \frac{F''_{xy} F'_y - F'_x F''_{yy}}{(F'_y)^2} \cdot \left(-\frac{F'_x}{F'_y}\right)$$
$$= -\frac{F''_{xx}(F'_y)^2 - F'_x F'_y F''_{yx} - F'_x F'_y F''_{xy} + (F'_x)^2 F''_{yy}}{(F'_y)^3}.$$
若函数$F(x,y)$有二阶连续偏导数,则
$$\frac{d^2 y}{dx^2} = -\frac{F''_{xx}(F'_y)^2 - 2F'_x F'_y F''_{yx} + (F'_x)^2 F''_{yy}}{(F'_y)^3}.$$

隐函数存在定理同样可以推广到多元函数的情形.

设函数$F(x,y,z)$在点$P_0(x_0, y_0, z_0)$的某个邻域内具有连续偏导数,且
$$F(x_0, y_0, z_0) = 0, \quad F'_z(x_0, y_0, z_0) \neq 0,$$
则方程$F(x,y,z)=0$在点(x_0, y_0, z_0)的某个邻域内能唯一地确定一个具有连续偏导数的函数$z = f(x,y)$,它满足条件$z_0 = f(x_0, y_0)$,并有
$$\frac{\partial z}{\partial x} = -\frac{F'_x}{F'_z}, \quad \frac{\partial z}{\partial y} = -\frac{F'_y}{F'_z}. \qquad (7.5.5)$$

证明从略,仅推导式(7.5.5).

因为
$$F[x, y, f(x,y)] \equiv 0,$$
上式两边分别对x和y求偏导,可得
$$F'_x + F'_z \frac{\partial z}{\partial x} = 0, \quad F'_y + F'_z \frac{\partial z}{\partial y} = 0.$$
由F'_z的连续性及$F'_z(x_0, y_0, z_0) \neq 0$可知,存在点$(x_0, y_0, z_0)$的某个邻域,使得在这个邻域内$F'_z \neq 0$,从而

$$\frac{\partial z}{\partial x} = -\frac{F'_x}{F'_z}, \quad \frac{\partial z}{\partial y} = -\frac{F'_y}{F'_z}.$$

例 7.5.6 设 $z = f(x,y)$ 是由方程 $\cos z = 2xyz$ 所确定的隐函数，求 $\dfrac{\partial z}{\partial x}$ 和 $\dfrac{\partial z}{\partial y}$。

解 设函数 $F(x,y,z) = \cos z - 2xyz$，则
$$F'_x = -2yz, \quad F'_y = -2xz, \quad F'_z = -(\sin z + 2xy),$$
从而
$$\frac{\partial z}{\partial x} = -\frac{F'_x}{F'_z} = -\frac{2yz}{\sin z + 2xy}, \quad \frac{\partial z}{\partial y} = -\frac{F'_y}{F'_z} = -\frac{2xz}{\sin z + 2xy}.$$

例 7.5.7 设 $z = f(x,y)$ 是由方程 $2xyz + 4 - z^2 = 0$ 所确定的隐函数，求 $\dfrac{\partial^2 z}{\partial x \partial y}$。

解 设函数 $F(x,y,z) = 2xyz + 4 - z^2$，则
$$F'_x = 2yz, \quad F'_y = 2xz, \quad F'_z = 2xy - 2z,$$
从而
$$\frac{\partial z}{\partial x} = -\frac{F'_x}{F'_z} = \frac{yz}{z - xy}, \quad \frac{\partial z}{\partial y} = -\frac{F'_y}{F'_z} = \frac{xz}{z - xy}.$$
于是
$$\frac{\partial^2 z}{\partial x \partial y} = \frac{\partial}{\partial y}\left(\frac{yz}{z - xy}\right) = \frac{(z - xy)\left(z + y\dfrac{\partial z}{\partial y}\right) - yz\left(\dfrac{\partial z}{\partial y} - x\right)}{(z - xy)^2}$$
$$= \frac{z(z^2 - xyz - x^2 y^2)}{(z - xy)^3}.$$

习 题 7.5

1. 设函数 $z = xy, y = \sin x$，则 $\dfrac{\mathrm{d}z}{\mathrm{d}x} = (\quad)$。

A. $\sin x + x\cos x$ B. $x\cos x$ C. $x\sin x$ D. $-x\cos x$

2. 设 $z = z(x,y)$ 是由方程 $\mathrm{e}^z - xyz = 0$ 所确定的隐函数，则 $\dfrac{\partial z}{\partial x} = (\quad)$。

A. $\dfrac{yz}{xy - \mathrm{e}^z}$ B. $\dfrac{yz}{\mathrm{e}^z - xy}$ C. $\dfrac{xz}{xy - \mathrm{e}^z}$ D. $\dfrac{xz}{yz - \mathrm{e}^z}$

3. 求下列复合函数的导数或偏导数：

(1) $z = \mathrm{e}^{x+y}, x = \tan t, y = \cot t$，求 $\dfrac{\mathrm{d}z}{\mathrm{d}t}$；

(2) $z = \dfrac{y}{x}, x = \mathrm{e}^t, y = 1 - \mathrm{e}^{2t}$，求 $\dfrac{\mathrm{d}z}{\mathrm{d}t}$；

(3) $z = \arctan(xy), y = \sin x$，求 $\dfrac{\mathrm{d}z}{\mathrm{d}x}$；

(4) $z = u^2 \ln v, u = \dfrac{y}{x}, v = x^2 + y^2$，求 $\dfrac{\partial z}{\partial x}$ 和 $\dfrac{\partial z}{\partial y}$；

(5) $z=(2x+y)^{x+2y}$,求 $\dfrac{\partial z}{\partial x}$ 和 $\dfrac{\partial z}{\partial y}$.

4. 求下列函数的偏导数(其中 f 具有连续偏导数):

(1) $z=f(x^2-y^2,\mathrm{e}^{xy})$;

(2) $z=f\left(x,\dfrac{x}{y}\right)$;

(3) $z=f(\sin y,\mathrm{e}^{x+y})$;

(4) $u=f(xyz,yz,z)$.

5. 设函数 $z=f(xy)+g\left(\dfrac{x}{y}\right)$,其中 f,g 可导,求 $\dfrac{\partial z}{\partial x}$ 和 $\dfrac{\partial z}{\partial y}$.

6. 设函数 $z=f(\sqrt{x^2+y^2})$,其中 f 可导,求 $\dfrac{\partial z}{\partial x}$ 和 $\dfrac{\partial z}{\partial y}$.

7. 设函数 $z=\dfrac{y}{f(x^2-y^2)}$,其中 f 可导,证明:$\dfrac{1}{x}\cdot\dfrac{\partial z}{\partial x}+\dfrac{1}{y}\cdot\dfrac{\partial z}{\partial y}=\dfrac{z}{y^2}$.

8. 设函数 $z=\dfrac{1}{x}f(xy)+yg(x+y)$,其中 f,g 具有二阶连续导数,求 $\dfrac{\partial^2 z}{\partial x\partial y}$.

9. 求由下列方程所确定的隐函数 $y=f(x)$ 的导数 $\dfrac{\mathrm{d}y}{\mathrm{d}x}$:

(1) $xy-\ln y=\mathrm{e}$;

(2) $\sin y+\mathrm{e}^x-xy^2=0$.

10. 求由下列方程所确定的二元隐函数 $z=f(x,y)$ 的偏导数 $\dfrac{\partial z}{\partial x}$ 和 $\dfrac{\partial z}{\partial y}$:

(1) $z^3-3xyz=a^3$;

(2) $\sin(x+2y-3z)=x+2y-3z$.

11. 设函数 $z=f(x,y)$ 由方程 $\dfrac{x}{z}=\ln\dfrac{z}{y}$ 所确定,求 $\dfrac{\partial^2 z}{\partial x\partial y}$.

12. 设函数 $z=f(x,y)$ 由方程 $xyz=\ln(yz)-2$ 所确定,求 $f''_{xy}(0,1)$.

7.6 多元函数的极值问题

在许多实际问题中,我们经常会遇到求多元函数的最大值与最小值等问题. 与一元函数类似,多元函数的最值也与其极值有着密切的联系. 本节以二元函数为例,讨论多元函数的极值问题. 所得到的结论,大部分可以推广到三元及三元以上的多元函数中去.

7.6.1 多元函数的极值

1. 极值

定义 7.6.1 设函数 $z=f(x,y)$ 在点 $P_0(x_0,y_0)$ 的某个邻域 $U(P_0)$ 内有定义. 如果对于任意的 $(x,y)\in\mathring{U}(P_0)$,都有
$$f(x,y)<f(x_0,y_0),$$
那么称 $f(x_0,y_0)$ 为函数 $z=f(x,y)$ 的一个**极大值**;如果对于任意的 $(x,y)\in\mathring{U}(P_0)$,都有
$$f(x,y)>f(x_0,y_0),$$

那么称 $f(x_0,y_0)$ 为函数 $z=f(x,y)$ 的一个**极小值**. 极大值与极小值统称为**极值**, 点 (x_0,y_0) 称为函数 $z=f(x,y)$ 的**极大值点**（或**极小值点**）. 极大值点与极小值点统称为**极值点**.

对于某些简单的函数, 可以直接判断它是否有极值, 是极大值还是极小值. 例如, 从图 7.6.1 观察可知, 函数 $z=\sqrt{x^2+y^2}$ 在点 $(0,0)$ 处取得极小值 $z(0,0)=0$. 又如, 函数 $z=xy$ 在点 $(0,0)$ 处既不取得极大值也不取得极小值, 因为函数在点 $(0,0)$ 处的函数值为 0, 而在点 $(0,0)$ 的任一邻域内, 总有使得函数值为正值的点, 也有使得函数值为负值的点.

对于无法直接判断的极值问题, 可以借鉴一元函数的处理方法. 我们已经知道, 可导的一元函数 $y=f(x)$ 在点 x_0 处取得极值的必要条件是 $f'(x_0)=0$, 对于二元函数, 也有类似的结论.

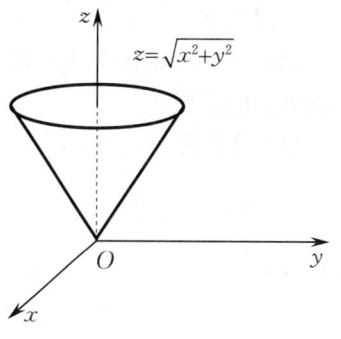

图 7.6.1

定理 7.6.1（极值存在的必要条件） 设函数 $z=f(x,y)$ 在点 (x_0,y_0) 处具有偏导数, 且在点 (x_0,y_0) 处取得极值, 则有
$$f'_x(x_0,y_0)=0, \quad f'_y(x_0,y_0)=0.$$

证 不妨设函数 $z=f(x,y)$ 在点 (x_0,y_0) 处取得极小值, 则由极小值的定义知, 在点 (x_0,y_0) 的某个去心邻域内的点 (x,y) 都满足不等式
$$f(x,y)>f(x_0,y_0).$$
特别地, 在该邻域内取 $y=y_0$, 而 $x\neq x_0$ 的点, 也有不等式
$$f(x,y_0)>f(x_0,y_0)$$
成立. 此式表明一元函数 $z=f(x,y_0)$ 在 $x=x_0$ 处取得极小值, 从而必有函数 $z=f(x,y_0)$ 在 $x=x_0$ 处的导数为 0, 即
$$f'_x(x_0,y_0)=0.$$
类似地, 可证
$$f'_y(x_0,y_0)=0.$$

可使 $f'_x(x_0,y_0)=0$ 和 $f'_y(x_0,y_0)=0$ 同时成立的点 (x_0,y_0) 称为函数 $z=f(x,y)$ 的**驻点**. 从定理 7.6.1 可知, 对可偏导的函数 $z=f(x,y)$ 来说, 极值点必为驻点. 反之, 函数的驻点是可能的极值点, 但不一定是极值点. 例如, 点 $(0,0)$ 是函数 $z=xy$ 的驻点, 但函数在该点处并不取得极值.

另外, 函数 $z=f(x,y)$ 的偏导数不存在的点也有可能是它的极值点. 例如, 函数 $z=\sqrt{x^2+y^2}$ 在点 $(0,0)$ 处取得极小值, 但它在点 $(0,0)$ 处的两个偏导数都不存在.

下面给出判别二元函数 $z=f(x,y)$ 的驻点是否为极值点的充分条件.

定理 7.6.2（极值存在的充分条件） 设函数 $z=f(x,y)$ 在点 (x_0,y_0) 的某个邻域内具有二阶连续偏导数, 且 $f'_x(x_0,y_0)=0$ 及 $f'_y(x_0,y_0)=0$ [即 (x_0,y_0) 是函数 $z=f(x,y)$ 的驻点]. 记
$$A=f''_{xx}(x_0,y_0), \quad B=f''_{xy}(x_0,y_0), \quad C=f''_{yy}(x_0,y_0),$$
则 $z=f(x,y)$ 在点 (x_0,y_0) 处是否取得极值的条件如下：

(1) 当 $B^2-AC<0$ 时取得极值, 且当 $A<0$ 时取得极大值, 当 $A>0$ 时取得极小值;

(2) 当 $B^2-AC>0$ 时不取得极值;

(3) 当 $B^2-AC=0$ 时可能取得极值,也可能不取得极值,需另做讨论.

证明从略.

利用上面的定理 7.6.1 和定理 7.6.2,对于具有二阶连续偏导数的函数 $z=f(x,y)$,有如下求极值的步骤:

(1) 求函数 $z=f(x,y)$ 的两个一阶偏导数 $f'_x(x,y)$ 及 $f'_y(x,y)$,解方程组

$$\begin{cases} f'_x(x,y)=0, \\ f'_y(x,y)=0, \end{cases}$$

求出驻点;

(2) 对于每一个驻点 (x_0,y_0),求出相应的二阶偏导数的值 A,B 和 C;

(3) 确定 B^2-AC 的符号,按定理 7.6.2 的结论判定 $f(x_0,y_0)$ 是否是极值,是极大值还是极小值.

例 7.6.1 求函数 $f(x,y)=x^3-y^3+3x^2+3y^2-9x+10$ 的极值.

解 易得 $f'_x(x,y)=3x^2+6x-9$,$f'_y(x,y)=-3y^2+6y$. 令

$$\begin{cases} f'_x(x,y)=3x^2+6x-9=0, \\ f'_y(x,y)=-3y^2+6y=0, \end{cases}$$

解方程组得四个驻点分别为 $(1,0),(1,2),(-3,0),(-3,2)$.

再求二阶偏导数,得

$$A=f''_{xx}(x,y)=6x+6, \quad B=f''_{xy}(x,y)=0, \quad C=f''_{yy}(x,y)=-6y+6.$$

在点 $(1,0)$ 处,因为 $B^2-AC=-72<0$ 且 $A=12>0$,所以该函数在点 $(1,0)$ 处取得极小值 $f(1,0)=5$;在点 $(1,2)$ 处,因为 $B^2-AC=72>0$,所以该函数在点 $(1,2)$ 处不取得极值;在点 $(-3,0)$ 处,因为 $B^2-AC=72>0$,所以该函数在点 $(-3,0)$ 处不取得极值;在点 $(-3,2)$ 处,因为 $B^2-AC=-72<0$ 且 $A=-12<0$,所以该函数在点 $(-3,2)$ 处取得极大值 $f(-3,2)=41$.

2. 最大值和最小值

如果二元函数 $z=f(x,y)$ 在有界闭区域 D 上连续,那么 $z=f(x,y)$ 在 D 上必取得最大值和最小值. 函数取得最大值或最小值的点可能在 D 的内部,也可能在 D 的边界上. 如果函数 $z=f(x,y)$ 在 D 的内部的点 (x_0,y_0) 处取得最大值或最小值,则易知 (x_0,y_0) 必是该函数的极值点. 基于上述讨论,求函数 $z=f(x,y)$ 在有界闭区域 D 上的最大值和最小值可采用如下方法:

(1) 求出 $f(x,y)$ 在 D 内的可能极值点,并求出其函数值;

(2) 求出 $f(x,y)$ 在 D 的边界上的最大值和最小值(往往会比较复杂);

(3) 比较上述函数值的大小,其中最大的就是 $f(x,y)$ 在 D 上的最大值,最小的就是 $f(x,y)$ 在 D 上的最小值.

例 7.6.2 求函数 $f(x,y)=3x^2+3y^2-2x^3$ 在区域 $D=\{(x,y)\mid x^2+y^2\leqslant 2\}$ 上的最大值和最小值.

解 由方程组

$$\begin{cases} f'_x(x,y) = 6x - 6x^2 = 0, \\ f'_y(x,y) = 6y = 0, \end{cases}$$

解得 D 内的驻点为 $(0,0)$ 与 $(1,0)$,且 $f(0,0)=0, f(1,0)=1$. 下面考虑函数 $f(x,y)$ 在 D 的边界 $x^2+y^2=2$ 上的情况,这时 $f(x,y)$ 化为一元函数

$$h(x) = 6 - 2x^3, \quad x \in [-\sqrt{2}, \sqrt{2}].$$

函数 $h(x)$ 在 $[-\sqrt{2}, \sqrt{2}]$ 上单调减少,所以 $h(x)$ 在 $[-\sqrt{2}, \sqrt{2}]$ 上的最大值为 $h(-\sqrt{2}) = 6 + 4\sqrt{2}$,最小值为 $h(\sqrt{2}) = 6 - 4\sqrt{2}$.

将函数 $f(x,y)$ 在 D 内驻点处的函数值与边界上的最大值、最小值进行比较,得 $f(x,y)$ 在 D 上的最小值为 $f(0,0)=0$,最大值为 $f(-\sqrt{2}, 0) = 6 + 4\sqrt{2}$.

求函数 $f(x,y)$ 在区域 D 上的最大值和最小值往往比较复杂,对于实际问题,如果从问题本身能判定 $f(x,y)$ 的最大值(或最小值)一定在 D 的内部取得,且 $f(x,y)$ 在 D 内只有一个驻点,那么该驻点处的函数值就是 $f(x,y)$ 在 D 上的最大值(或最小值).

例 7.6.3 某工厂在生产中使用甲、乙两种原料,已知使用 x 单位甲原料、y 单位乙原料可生产 P 单位产品,且满足

$$P(x,y) = 10xy + 20.2x + 30.3y - 10x^2 - 5y^2 \quad (x \geqslant 0, y \geqslant 0).$$

若甲、乙两种原料每单位的价格分别为 20 元和 30 元,产品的单位售价为 100 元,产品的固定成本为 1 000 元,求该工厂的最大利润.

解 设 L(单位:元) 为该工厂的利润,则有

$$L(x,y) = 100 P(x,y) - (20x + 30y + 1\,000)$$
$$= 1\,000xy + 2\,000x + 3\,000y - 1\,000x^2 - 500y^2 - 1\,000.$$

易得 $L'_x(x,y) = 1\,000y - 2\,000x + 2\,000, L'_y(x,y) = 1\,000x - 1\,000y + 3\,000$. 令

$$\begin{cases} L'_x(x,y) = 1\,000y - 2\,000x + 2\,000 = 0, \\ L'_y(x,y) = 1\,000x - 1\,000y + 3\,000 = 0, \end{cases}$$

解方程组可得唯一驻点 $(5,8)$. 根据问题的实际意义可知,L 必可取得最大值. 因此,$L(x,y)$ 在点 $(5,8)$ 处取得最大值 $L(5,8) = 16\,000$,即该工厂的最大利润为 16 000 元.

7.6.2 条件极值与拉格朗日乘数法

前面讨论的极值问题,对于函数的自变量,除了限制在函数的定义域内之外,并无其他的要求,我们称这类极值问题为**无条件极值**问题.

在实际问题中,经常会遇到对函数的自变量还有附加约束条件的情况,这类带有约束条件的极值问题称为**条件极值**问题.

例如,求体积为固定值 V 而表面积最小的长方体的长、宽和高. 设长方体的长、宽和高分别为 x, y, z,表面积为 S,则此问题即为求三元函数

$$S = 2(xy + yz + zx)$$

在约束条件 $V = xyz$ 下的最小值.

求解条件极值问题一般有两种方法.

(1) 将条件极值转化为无条件极值来处理. 如上例,可从约束条件 $V = xyz$ 得到 $z = \dfrac{V}{xy}$,代

入目标函数 S，可得

$$S = 2\left[xy + V\left(\frac{1}{x} + \frac{1}{y}\right)\right].$$

再求 $S(x,y)$ 在定义域 $x>0, y>0$ 内的最大值，这便是一个无条件极值问题.

在很多情形下，把条件极值转化为无条件极值并不是一件容易的事. 下面介绍求解条件极值问题的另一种方法.

(2) 拉格朗日乘数法. 先讨论二元函数 $z=f(x,y)$ 在约束条件

$$\varphi(x,y)=0 \tag{7.6.1}$$

下的极值.

如果函数 $z=f(x,y)$ 在点 (x_0,y_0) 处取得条件极值，则应满足

$$\varphi(x_0,y_0)=0. \tag{7.6.2}$$

假定在点 (x_0,y_0) 的某个邻域内，函数 $z=f(x,y)$ 与 $\varphi(x,y)$ 均有连续偏导数，且 $\varphi'_y(x_0,y_0)\neq 0$，由定理 7.5.3 可知，方程(7.6.1)确定了一个具有连续导数的函数 $y=\psi(x)$，将其代入函数 $z=f(x,y)$，得一元函数

$$z=f[x,\psi(x)].$$

由此可知，函数 $z=f(x,y)$ 在点 (x_0,y_0) 处取得条件极值，等同于函数 $z=f[x,\psi(x)]$ 在点 $x=x_0$ 处取得无条件极值. 由一元可导函数取得极值的必要条件知

$$\left.\frac{\mathrm{d}z}{\mathrm{d}x}\right|_{x=x_0} = f'_x(x_0,y_0) + f'_y(x_0,y_0)\psi'(x_0) = 0.$$

对方程(7.6.1)利用隐函数的求导公式得

$$\psi'(x_0) = -\frac{\varphi'_x(x_0,y_0)}{\varphi'_y(x_0,y_0)},$$

从而可得

$$f'_x(x_0,y_0) - f'_y(x_0,y_0)\frac{\varphi'_x(x_0,y_0)}{\varphi'_y(x_0,y_0)} = 0. \tag{7.6.3}$$

式(7.6.2)、式(7.6.3)为在约束条件 $\varphi(x,y)=0$ 下，函数 $z=f(x,y)$ 在点 (x_0,y_0) 处取得极值的必要条件.

设 $\dfrac{f'_y(x_0,y_0)}{\varphi'_y(x_0,y_0)} = -\lambda$，上述必要条件可统一为

$$\begin{cases} f'_x(x_0,y_0) + \lambda\varphi'_x(x_0,y_0) = 0, \\ f'_y(x_0,y_0) + \lambda\varphi'_y(x_0,y_0) = 0, \\ \varphi(x_0,y_0) = 0. \end{cases} \tag{7.6.4}$$

式(7.6.4)中的前两式可以理解为辅助函数

$$L(x,y) = f(x,y) + \lambda\varphi(x,y)$$

关于 x 和关于 y 的偏导数在点 (x_0,y_0) 处的值等于 0，即

$$L'_x(x_0,y_0) = 0, \quad L'_y(x_0,y_0) = 0.$$

式(7.6.4)中的第三式也可以理解为 $L(x,y)$ 关于 λ 的偏导数在点 (x_0,y_0) 处的值等于 0. 函数 $L(x,y)$ 称为**拉格朗日函数**，参数 λ 称为**拉格朗日乘数**.

综上，我们给出求函数 $z=f(x,y)$ 在约束条件 $\varphi(x,y)=0$ 下的极值的**拉格朗日乘数法**，

具体如下.

(1) 构造拉格朗日函数
$$L(x,y) = f(x,y) + \lambda \varphi(x,y),$$
其中 λ 为参数.

(2) 对 $L(x,y)$ 求关于 x, y 和 λ 的偏导数,并令其等于0,得到方程组
$$\begin{cases} L'_x(x,y) = f'_x(x,y) + \lambda \varphi'_x(x,y) = 0, \\ L'_y(x,y) = f'_y(x,y) + \lambda \varphi'_y(x,y) = 0, \\ \varphi(x,y) = 0. \end{cases}$$
解此方程组,得 x, y 和 λ 的值,其中的 (x,y) 就是函数 $z = f(x,y)$ 在约束条件 $\varphi(x,y) = 0$ 下的可能极值点.

(3) 判别 (x,y) 是否是极值点(一般可由具体问题的性质进行判别).

这一方法可推广到自变量多于两个及约束条件多于一个的情形.

例如,求函数 $u = f(x,y,z)$ 在约束条件 $\varphi(x,y,z) = 0$ 下的极值问题,可设拉格朗日函数为
$$L(x,y,z) = f(x,y,z) + \lambda \varphi(x,y,z),$$
其中 λ 为参数. 对 $L(x,y,z)$ 求关于 x, y, z 和 λ 的偏导数,并令其等于0,得到方程组
$$\begin{cases} f'_x(x,y,z) + \lambda \varphi'_x(x,y,z) = 0, \\ f'_y(x,y,z) + \lambda \varphi'_y(x,y,z) = 0, \\ f'_z(x,y,z) + \lambda \varphi'_z(x,y,z) = 0, \\ \varphi(x,y,z) = 0. \end{cases}$$
解方程组,得 x, y, z 和 λ 的值,其中的 (x,y,z) 就是函数 $u = f(x,y,z)$ 在约束条件 $\varphi(x,y,z) = 0$ 下的可能极值点. 再由实际问题的性质可得所求极值.

例 7.6.4 某工厂通过纸媒和新媒体两种媒体做广告. 由以前的统计可知,销售收入 R (单位:万元)与纸媒广告费 x (单位:万元)、新媒体广告费 y (单位:万元)之间的关系式为
$$R(x,y) = 15 + 14x + 32y - 8xy - 2x^2 - 10y^2.$$
如果计划的广告费为1.5万元,求最佳的广告投放策略.

解 求广告费为1.5万元时的最佳广告投放策略,即为在 $x + y = 1.5$ 的条件下求 $R(x,y)$ 的最大值问题. 设拉格朗日函数为
$$L(x,y) = 15 + 14x + 32y - 8xy - 2x^2 - 10y^2 + \lambda(x + y - 1.5) \quad (x \geq 0, y \geq 0).$$
令
$$\begin{cases} L'_x = 14 - 8y - 4x + \lambda = 0, \\ L'_y = 32 - 8x - 20y + \lambda = 0, \\ x + y - 1.5 = 0, \end{cases}$$
解方程组得唯一的可能极值点 $(0, 1.5)$.

由问题本身可知最大值一定存在,所以当新媒体广告费 $y = 1.5$ 万元时,销售收入可达到最大值 $R(0, 1.5) = 40.5$ 万元,即只做新媒体广告为最佳的广告投放策略.

例 7.6.5 某公司有两种产品,市场每年的需求量分别为1 200件和2 000件. 如果分批生产,其每批的生产准备费分别为150元和40元,每年每件产品的库存费均为0.15元. 设两种

产品每批的总生产能力为 1 000 件,试确定两种产品每批生产的数量,使得生产准备费和库存费之和最少.

解 设两种产品每批生产的数量分别为 x 和 y(单位:件). 在均匀售出的情况下平均库存量为每批数量的一半,一年的库存费(单位:元)为

$$C_1 = 0.15 \times \frac{x+y}{2} = 0.075(x+y).$$

一年的批次分别为 $\frac{1\,200}{x}$ 和 $\frac{2\,000}{y}$,则一年的总生产准备费(单位:元)为

$$C_2 = 150 \times \frac{1\,200}{x} + 40 \times \frac{2\,000}{y} = 20\,000\left(\frac{9}{x} + \frac{4}{y}\right),$$

于是总费用(单位:元)为

$$C = C_1 + C_2 = 0.075(x+y) + 20\,000\left(\frac{9}{x} + \frac{4}{y}\right).$$

因两种产品每批的总生产能力为 1 000 件,故须加约束条件

$$x + y = 1\,000.$$

设拉格朗日函数为

$$L(x,y) = 0.075(x+y) + 20\,000\left(\frac{9}{x} + \frac{4}{y}\right) + \lambda(x+y-1\,000) \quad (x \geqslant 0, y \geqslant 0).$$

令

$$\begin{cases} L'_x = 0.075 - \dfrac{180\,000}{x^2} + \lambda = 0, \\ L'_y = 0.075 - \dfrac{80\,000}{y^2} + \lambda = 0, \\ x + y - 1\,000 = 0, \end{cases}$$

解方程组得 $x = 600, y = 400$,这是唯一的可能极值点. 由实际问题可知,存在总费用的最小值,故当两种产品每批生产的数量分别为 600 件和 400 件时总费用最少.

例 7.6.6 求表面积为 36 m² 的长方体的最大体积.

解 设长方体的长、宽和高分别为 x, y 和 z(单位:m),则此问题为在条件

$$2(xy + yz + xz) = 36$$

下求函数

$$V = xyz \quad (x > 0, y > 0, z > 0)$$

的最大值.

设拉格朗日函数为

$$L(x,y,z) = xyz + \lambda[2(xy+yz+xz) - 36].$$

对其求 x, y, z 和 λ 的偏导数,并令其等于 0,得

$$\begin{cases} yz + 2\lambda(y+z) = 0, \\ xz + 2\lambda(x+z) = 0, \\ xy + 2\lambda(x+y) = 0, \\ 2(xy+yz+xz) - 36 = 0. \end{cases} \quad (7.6.5)$$

因 x, y, z 都为正数,故由式(7.6.5)得

$$\frac{y}{x} = \frac{y+z}{x+z}, \quad \frac{z}{y} = \frac{x+z}{x+y},$$

由此得到

$$x = y = z.$$

将其代入 $2(xy+yz+xz)=36$，可得

$$x = y = z = \sqrt{6},$$

这是唯一的可能极值点. 由实际问题可知，存在最大体积，故在表面积为 36 m² 的长方体中，当长、宽和高相等（均为 $\sqrt{6}$ m）时体积最大，且最大体积为 $6\sqrt{6}$ m³.

习题 7.6

1. 下列说法中正确的是( ).
   A. 驻点一定是极值点 B. 极值点一定是驻点
   C. 最大值点一定是极大值点 D. 极值点不一定是驻点

2. 已知函数 $f(x,y)$ 在点 $(0,0)$ 的某个邻域内连续，且 $\lim\limits_{(x,y)\to(0,0)} \dfrac{f(x,y)-xy}{(x^2+y^2)^2}=1$，下列说法中正确的是( ).
   A. $(0,0)$ 是函数 $f(x,y)$ 的极大值点 B. $(0,0)$ 是函数 $f(x,y)$ 的极小值点
   C. $(0,0)$ 不是函数 $f(x,y)$ 的极值点 D. 无法判断极值情况

3. 求下列函数的极值，并判别它是极大值还是极小值：
   (1) $f(x,y) = x^3 + y^3 - 3xy$；
   (2) $f(x,y) = 4(x-y) - x^2 - y^2$；
   (3) $f(x,y) = e^{2x}(x+y^2+2y)$；
   (4) $f(x,y) = \dfrac{8}{x} + \dfrac{x}{y} + y (x>0, y>0)$.

4. 求函数 $f(x,y) = x^2 - y^2$ 在有界闭区域 $D = \{(x,y) \mid x^2 + 4y^2 \leqslant 4\}$ 上的最大值和最小值.

5. 某工厂生产 A 与 B 两种产品，单价分别为 10 元和 9 元，已知生产 x 件 A 产品和 y 件 B 产品的总费用（单位:元）为
$$400 + 2x + 3y + 0.01(3x^2 + xy + 3y^2),$$
求取得最大利润时两种产品的产量.

6. 求椭圆 $\dfrac{x^2}{a^2} + \dfrac{y^2}{b^2} = 1$ 的内接矩形的最大面积.

7. 求斜边长为 l 的直角三角形的最大周长.

8. 在半径为 3 的半球内内接一长方体，问长方体各边长为多少时，其体积最大?

9. 要造一个容积为定值 4 000 的长方体无盖水池，应如何选择水池的尺寸，才可使它的表面积最小?

10. 某厂家生产的一种产品同时在两个市场销售，售价分别为 P_1 和 P_2，销量分别为 Q_1 和 Q_2，需求函数分别为 $Q_1 = 24 - 0.2P_1, Q_2 = 30 - 0.5P_2$，成本函数为 $C = 34 + 40(Q_1 + Q_2)$. 问厂家如何确定两个市场的售价，能使其获得的总利润最大? 最大利润为多少?

11. 设某公司生产甲、乙两种产品，产量分别为 x 和 y（单位:千件），利润（单位:万元）为
$$L(x,y) = 6x - x^2 + 16y - 4y^2 - 2.$$

已知生产这两种产品时,每千件产品均需消耗某种原料 2 000 kg.现有该原料 12 000 kg,问两种产品各生产多少千件时,总利润最大？最大利润为多少？

第 7 章思考题

1. 空间直角坐标系把三维空间分成几个卦限？
2. 判断二次曲面形状的主要方法是什么？
3. 二元函数的极限与一元函数的极限有哪些区别？
4. 说明二元函数极限不存在的方法有哪些？列举任意两种.
5. 二元函数的偏导数求法与一元函数的导数求法之间的共性是什么？
6. 二元函数的连续、偏导数存在、可微分和偏导数连续之间的逻辑关系是什么？
7. 多元复合函数微分法的链式法则是什么？
8. 求隐函数的偏导数的两种方法之间的区别和联系分别是什么？
9. 多元函数极值存在的必要条件是什么？多元函数极值存在的充分条件是什么？
10. 多元函数的条件极值的计算方法有几种？分别是什么？

总习题七

(A)

1. 填空题.

(1) 函数 $z = \dfrac{\sqrt{4x - y^2}}{\ln(1 - x^2 - y^2)}$ 的定义域为 _____.

(2) $\lim\limits_{(x,y) \to (0,0)} \dfrac{\ln(1 - x^2 - y^2)}{\arcsin(x^2 + y^2)} =$ _____.

(3) 函数 $f(x,y)$ 在点 (x,y) 处连续是 $f(x,y)$ 在该点处可微分的 _____ 条件;函数 $f(x,y)$ 在点 (x,y) 处可微分是 $f(x,y)$ 在该点处连续的 _____ 条件.

(4) 函数 $z = f(x,y)$ 在点 (x,y) 处的偏导数 $\dfrac{\partial z}{\partial x}$ 和 $\dfrac{\partial z}{\partial y}$ 存在是 $z = f(x,y)$ 在该点处可微分的 _____ 条件;函数 $z = f(x,y)$ 在点 (x,y) 处可微分是 $z = f(x,y)$ 在该点处的偏导数 $\dfrac{\partial z}{\partial x}$ 和 $\dfrac{\partial z}{\partial y}$ 存在的 _____ 条件.

(5) 函数 $z = f(x,y)$ 在点 (x,y) 处的偏导数 $\dfrac{\partial z}{\partial x}$ 和 $\dfrac{\partial z}{\partial y}$ 存在且连续是 $z = f(x,y)$ 在该点处可微分的 _____ 条件.

(6) 函数 $z = f(x,y)$ 的两个二阶混合偏导数 $\dfrac{\partial^2 z}{\partial x \partial y}$ 和 $\dfrac{\partial^2 z}{\partial y \partial x}$ 在区域 D 上连续是这两个二阶混合偏导数在 D 内相等的 _____ 条件.

(7) 设函数 $f(x,y) = e^{-x}\sin\dfrac{x}{y}$，则 $f''_{xy}\left(2,\dfrac{1}{\pi}\right) =$ _____.

(8) 函数 $z = x^2 + y^2$ 在条件 $x + y = 1$ 下的极值是 _____.

(9) 若函数 $f(x,y) = 2x^2 + 2ax + xy^2 - 2y$ 在点 $(1,1)$ 处取得极值，则 $a =$ _____.

(10) 设函数 $z = f(x,y)$ 由方程 $x^2 + y^2 + z^2 + 2x - 2y - 4z - 19 = 0$ 所确定，则 $z = f(x,y)$ 的最大值和最小值分别为 _____.

2. 选择题.

(1) 点 $(1,-1,1)$ 在曲面（　　）上.

A. $z = \dfrac{x^2 + y^2}{3}$ B. $z = x^2 - y^2$ C. $x^2 + y^2 = 2$ D. $z = \ln(x^2 + y^2)$

(2) 一般地，在空间直角坐标系中，不完全三元方程（其中 x,y,z 不同时出现）表示一个柱面，下列曲面中不是柱面的是（　　）.

A. $\sqrt{x^2 + z^2} = -x^3$ B. $z = -(x^2 + z^2)^{\frac{3}{2}}$

C. $y = (x^2 + z^2)^{\frac{3}{2}}$ D. $\sqrt{x^2 + z^2} = x^3$

(3) 若球面 $x^2 + y^2 + z^2 + Ax + By + Cz + D = 0$ 与三个坐标平面都相切，则其方程中的系数满足关系式（　　）.

A. $A^2 + B^2 + C^2 = 6D$ B. $A^2 + B^2 + C^2 = 6C$

C. $A^2 + B^2 + D^2 = 6A$ D. $A^2 + C^2 + D^2 = 6B$

(4) $\lim\limits_{(x,y) \to (0,0)} \dfrac{3xy - x^2}{x^2 + y^2}$ 的极限为（　　）.

A. $\dfrac{3}{2}$ B. 0 C. $\dfrac{6}{5}$ D. 不存在

(5) $\lim\limits_{(x,y) \to (0,0)} (x^2 + y^2)^{x^2 y^2} = $（　　）.

A. -1 B. 0 C. 1 D. e

(6) 已知函数 $f(x+y, x-y) = x^2 - y^2$，则 $\dfrac{\partial f}{\partial x} + \dfrac{\partial f}{\partial y} = $（　　）.

A. $2x - 2y$ B. $2x + 2y$ C. $x + y$ D. $x - y$

(7) 设 $x = x(y,z), y = y(x,z), z = z(x,y)$ 都是由方程 $F(x,y,z) = 0$ 所确定的隐函数，则下列等式中不正确的是（　　）.

A. $\dfrac{\partial x}{\partial y} \cdot \dfrac{\partial y}{\partial x} = 1$ B. $\dfrac{\partial x}{\partial z} \cdot \dfrac{\partial z}{\partial x} = 1$

C. $\dfrac{\partial x}{\partial y} \cdot \dfrac{\partial y}{\partial z} \cdot \dfrac{\partial z}{\partial x} = 1$ D. $\dfrac{\partial x}{\partial y} \cdot \dfrac{\partial y}{\partial z} \cdot \dfrac{\partial z}{\partial x} = -1$

(8) 设函数 $f(x,y) = x^3 - 4x^2 + 2xy - y^2$，则下列说法中不正确的是（　　）.

A. 点 $(2,2)$ 是函数 $f(x,y)$ 的驻点，但不是极值点

B. 点 $(0,0)$ 是函数 $f(x,y)$ 的驻点，且为极值点

C. 点 $(2,2)$ 是函数 $f(x,y)$ 的极大值点

D. 点 $(0,0)$ 是函数 $f(x,y)$ 的极大值点

(B)

3. 证明：当 $(x,y) \to (0,0)$ 时，$f(x,y) = \dfrac{(xy)^4}{(x^2+y^4)^3}$ 的极限不存在.

4. 证明：函数 $f(x,y) = \begin{cases} \dfrac{x^2+y^2}{|x|+|y|}, & x^2+y^2 \neq 0, \\ 0, & x^2+y^2 = 0 \end{cases}$ 在点 $(0,0)$ 处连续.

5. 设函数 $f(x,y) = \begin{cases} \dfrac{xy^2}{x^2+y^2}, & x^2+y^2 \neq 0, \\ 0, & x^2+y^2 = 0, \end{cases}$ 求 $f'_x(x,y)$ 和 $f'_y(x,y)$.

6. 已知函数 $z = f(x,y)$，且 $\dfrac{\partial^2 f}{\partial y^2} = 2$，$f(x,0) = 1$，$f'_y(x,0) = x$，求 $f(x,y)$.

7. 已知函数 $z = z(u)$，且 $u = \varphi(u) + \displaystyle\int_y^x p(t)\,dt$，其中 $z(u)$ 可微，$\varphi'(u)$ 连续，$\varphi'(u) \neq 1$，$p(t)$ 连续，试求 $p(y)\dfrac{\partial z}{\partial x} + p(x)\dfrac{\partial z}{\partial y}$.

8. 设函数 $u = \displaystyle\int_{xz}^{yz} e^{t^2}\,dt$，求 $\dfrac{\partial u}{\partial x}$，$\dfrac{\partial u}{\partial y}$ 和 $\dfrac{\partial u}{\partial z}$.

9. 设函数 $z = f(u,x,y)$，$u = xe^y$，其中 f 具有偏导数，求 $\dfrac{\partial z}{\partial x}$ 和 $\dfrac{\partial z}{\partial y}$.

10. 已知 $(axy^3 - y^2\cos x)\,dx + (1 + by\sin x + 3x^2y^2)\,dy$ 为某个函数 $f(x,y)$ 的全微分，试求 a,b 的值.

11. 若 $f(u)$ 是关于 u 的可微函数，而二元函数 $z = z(x,y)$ 由方程 $x^2 + y^2 + z^2 = yf\left(\dfrac{z}{y}\right)$ 所确定，且 $f'\left(\dfrac{z}{y}\right) \neq 2z$，证明：

$$(x^2 - y^2 - z^2)\dfrac{\partial z}{\partial x} + 2xy\dfrac{\partial z}{\partial y} = 2xz.$$

12. 设 $y = f(x)$ 是由方程 $\ln\sqrt{x^2+y^2} = \arctan\dfrac{y}{x}$ 所确定的隐函数，求 $\dfrac{d^2y}{dx^2}$.

13. 设函数 $z = \sqrt{x^2-y^2}\tan\dfrac{z}{\sqrt{x^2-y^2}}$，求 $\dfrac{\partial^2 z}{\partial x^2}$.

14. 设函数 $z = f(2x-y) + g(x,xy)$，其中 f 具有二阶导数，g 具有二阶连续偏导数，求 $\dfrac{\partial^2 z}{\partial x \partial y}$.

15. 求函数 $f(x,y) = x^2 - 2xy + 2y$ 在矩形区域 $D = \{(x,y) \mid 0 \leqslant x \leqslant 3, 0 \leqslant y \leqslant 2\}$ 上的最大值和最小值.

16. 证明:函数 $f(x,y)=e^x\cos x - ye^y$ 有无穷多个极大值,但无极小值.

17. 试求半径为 r 的圆的外切三角形中面积的最小值.

18. 在曲线 $y^2=4x$ 上求一点,使其到点 $(2,8)$ 的距离最小.

19. 试求内接于半径为 R 的圆的三角形中面积的最大值.

20. 为销售产品做两种形式的广告宣传,当宣传费分别为 x,y(单位:万元)时,总收益(单位:万元)是 $u=\dfrac{200x}{5+x}+\dfrac{100y}{10+y}$. 已知销售产品得到的利润是总收益的 $\dfrac{1}{5}$ 减去广告费,现要使用广告费 25 万元,应如何分配,可使得广告产生的利润最大? 最大利润是多少?

21. 设函数 $z=f\left(xy,\dfrac{x}{y}\right)+g\left(\dfrac{y}{x}\right)$,其中 f,g 可微,求 $\dfrac{\partial z}{\partial x}$ 和 $\dfrac{\partial z}{\partial y}$.

22. 设 $z=f(x,y)$ 是由方程 $z=e^{2x-3z}+2y$ 所确定的隐函数,求 $3\dfrac{\partial z}{\partial x}+\dfrac{\partial z}{\partial y}$.

第8章

二 重 积 分

在本章中,我们将把一元函数定积分的概念及其基本性质推广到二元函数中,这样就得到二元函数的二重积分.二重积分与定积分虽然形式不同,但其数学思想是一样的,都是一种"和式的极限".不同的是,定积分的被积函数是一元函数,积分范围是一个区间;二重积分的被积函数是二元函数,积分范围是平面上的一个区域.

8.1 二重积分的概念与性质

8.1.1 二重积分的概念

为了便于直观理解,我们通过一个几何问题引入二重积分的概念.

1. 曲顶柱体的体积

设 D 是 xOy 平面上的有界闭区域,$f(x,y)$ 是定义在 D 上的非负连续函数. 我们把以 D 为底,以曲面 $z=f(x,y)$ 为顶,以 D 的边界曲线为准线而母线平行于 z 轴的柱面为侧面的空间立体称为**曲顶柱体**(见图 8.1.1). 如何计算该曲顶柱体的体积?

我们知道,对于平顶柱体,因其高是不变的,故它的体积计算公式可表示为

$$体积 = 高 \times 底面积.$$

但对于曲顶柱体,当点 (x,y) 在闭区域 D 上变动时,其高 $f(x,y)$ 是个变量,这与我们在 6.1 节中计算曲边梯形的面积时所遇到的问题是类似的,因此可仿照计算曲边梯形面积的方法来计算曲顶柱体的体积.

首先,用一组任意曲线网将闭区域 D 分割成 n 个小闭区域 $\Delta\sigma_1, \Delta\sigma_2, \cdots, \Delta\sigma_n$,并用 $\Delta\sigma_i (i=1,2,\cdots,n)$ 同时表示第 i 个小闭区域的面积(见图 8.1.2),小闭区域 $\Delta\sigma_i$ 内任意两点间距离的最大值称为小闭区域 $\Delta\sigma_i$ 的直径,记作 $d_i (i=1,2,\cdots,n)$. 然后,以每个小闭区域 $\Delta\sigma_i$ 的边界曲线为准线作母线平行于 z 轴的柱面,这些柱面把整个曲顶柱体分割成了 n 个小曲顶柱体. 这 n 个小曲顶柱体的体积之和就是原曲顶柱体的体积.

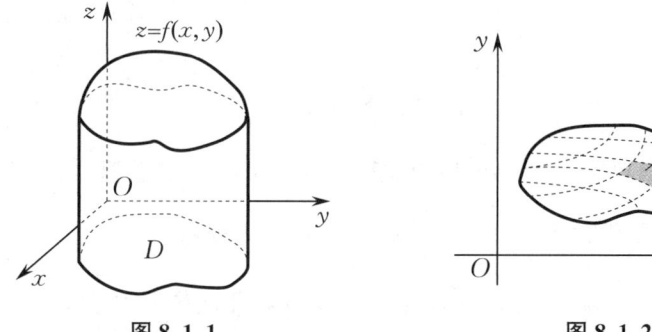

图 8.1.1   图 8.1.2

当对闭区域 D 的分割越来越细(小闭区域 $\Delta\sigma_i$ 的直径越来越小)时,可将小曲顶柱体近似看作平顶柱体,则在第 i 个小闭区域 $\Delta\sigma_i$ 内任取一点 (ξ_i,η_i),函数值 $f(\xi_i,\eta_i)$ 可近似为第 i 个小平顶柱体的高. 于是,第 i 个小曲顶柱体的体积 ΔV_i 可以近似表示为(见图 8.1.3)
$$\Delta V_i \approx f(\xi_i,\eta_i)\Delta\sigma_i, \quad i=1,2,\cdots,n.$$
对这 n 个小曲顶柱体体积的近似值求和便得曲顶柱体体积 V 的近似值为
$$V \approx \sum_{i=1}^{n} f(\xi_i,\eta_i)\Delta\sigma_i.$$
当 D 的分割越来越细时,上述近似值会越来越接近曲顶柱体的体积 V. 为此,记 d 为 n 个小闭区域的直径的最大值,即
$$d=\max\{d_1,d_2,\cdots,d_n\}.$$
当 $d\to 0$ 时,$\sum_{i=1}^{n} f(\xi_i,\eta_i)\Delta\sigma_i$ 的极限值表示了曲顶柱体的体积 V 的精确值,即

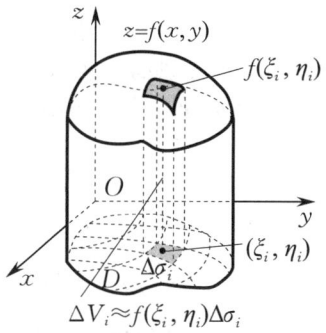

图 8.1.3

$$V=\lim_{d\to 0}\sum_{i=1}^{n} f(\xi_i,\eta_i)\Delta\sigma_i.$$

把上述计算曲顶柱体体积的过程概括起来就是:分割、近似代替、求和、取极限,从而得到精确值. 还有许多实际问题都可以化为求上述形式的和式的极限,数学上把其抽象概括,就得到了二重积分的概念.

2. 二重积分的定义

定义 8.1.1 设 $f(x,y)$ 是有界闭区域 D 上的有界函数. 将闭区域 D 任意分割成 n 个小闭区域 $\Delta\sigma_1,\Delta\sigma_2,\cdots,\Delta\sigma_n$,其中 $\Delta\sigma_i(i=1,2,\cdots,n)$ 既表示第 i 个小闭区域,又表示它的面积. 在每个 $\Delta\sigma_i$ 上任取一点 (ξ_i,η_i),做乘积
$$f(\xi_i,\eta_i)\Delta\sigma_i,$$
并做和
$$\sum_{i=1}^{n} f(\xi_i,\eta_i)\Delta\sigma_i.$$
如果当各小闭区域的直径中的最大值 d 趋于 0 时,上述和式的极限存在,且与闭区域 D 的分法及点 (ξ_i,η_i) 的取法无关,则称该极限值为函数 $f(x,y)$ 在闭区域 D 上的**二重积分**,记作

$\iint\limits_{D} f(x,y)\mathrm{d}\sigma$,即

$$\iint\limits_{D} f(x,y)\mathrm{d}\sigma = \lim_{d\to 0}\sum_{i=1}^{n} f(\xi_i,\eta_i)\Delta\sigma_i,$$

其中 $f(x,y)$ 称为**被积函数**,$f(x,y)\mathrm{d}\sigma$ 称为**被积表达式**,D 称为**积分区域**,x 与 y 称为**积分变量**,$\mathrm{d}\sigma$ 称为**面积元素**(或**面积微元**),$\sum_{i=1}^{n} f(\xi_i,\eta_i)\Delta\sigma_i$ 称为**积分和**.

如果二重积分 $\iint\limits_{D} f(x,y)\mathrm{d}\sigma$ 存在,则称函数 $f(x,y)$ 在闭区域上 D 是**可积**的.

由于在二重积分的定义中,对闭区域 D 的分割是任意的,因此如果在直角坐标系中用平行于坐标轴的直线网来分割闭区域 D,则除了含边界点的一些小闭区域外,其余小闭区域都为矩形区域.若设矩形小闭区域 $\Delta\sigma_i$ 的边长为 Δx_i 和 Δy_i,则有 $\Delta\sigma_i = \Delta x_i \Delta y_i$.因此,在直角坐标系中,面积元素也常记作 $\mathrm{d}\sigma = \mathrm{d}x\mathrm{d}y$,此时二重积分可记作

$$\iint\limits_{D} f(x,y)\mathrm{d}\sigma = \iint\limits_{D} f(x,y)\mathrm{d}x\mathrm{d}y.$$

可以证明,如果函数 $f(x,y)$ 在闭区域 D 上连续,则 $f(x,y)$ 在 D 上是可积的.在以后的讨论中,我们总假定被积函数 $f(x,y)$ 在闭区域 D 上是连续的.

根据二重积分的定义,曲顶柱体的体积即为 $V = \iint\limits_{D} f(x,y)\mathrm{d}\sigma$.因此,二重积分的几何意义叙述如下.

(1) 当 $f(x,y) \geqslant 0$ 时,二重积分 $\iint\limits_{D} f(x,y)\mathrm{d}\sigma$ 表示以闭区域 D 为底、曲面 $z = f(x,y)$ 为顶的曲顶柱体的体积.

(2) 当 $f(x,y) < 0$ 时,因曲顶柱体位于 xOy 平面的下方,故二重积分的值是负的,则其绝对值表示曲顶柱体的体积.

(3) 如果函数 $f(x,y)$ 在闭区域 D 上的函数值在部分区域上是正的,在其余部分区域上是负的,则 $f(x,y)$ 在闭区域 D 上的二重积分等于这些部分区域上各曲顶柱体体积的代数和.

8.1.2 二重积分的性质

从定积分与二重积分的定义可以看出,二重积分与定积分有着相类似的性质,其证明过程也相类似.因此,关于二重积分的性质不加证明地叙述如下,并假设性质中所涉及的二重积分都存在.

【**性质 1**】 设 α,β 为常数,则

$$\iint\limits_{D}[\alpha f(x,y)+\beta g(x,y)]\mathrm{d}\sigma = \alpha\iint\limits_{D} f(x,y)\mathrm{d}\sigma + \beta\iint\limits_{D} g(x,y)\mathrm{d}\sigma.$$

性质 1 可推广到有限多个函数的和的情形.

【**性质 2**】 如果函数 $f(x,y)$ 在有界闭区域 D 上可积,D 被连续曲线分割成两个小闭区域 D_1 和 D_2,即 $D = D_1 \cup D_2$,D_1 和 D_2 无公共内点,那么 $f(x,y)$ 在小闭区域 D_1 和 D_2 上可积,且

$$\iint\limits_{D} f(x,y)\mathrm{d}\sigma = \iint\limits_{D_1} f(x,y)\mathrm{d}\sigma + \iint\limits_{D_2} f(x,y)\mathrm{d}\sigma.$$

性质 2 说明二重积分对积分区域具有可加性. 该性质可推广到有界闭区域 D 被有限条连续曲线分割成有限个小闭区域的情形.

性质 3 如果在有界闭区域 D 上，$f(x,y)=1$，σ 为 D 的面积，那么有
$$\iint\limits_{D} f(x,y)\mathrm{d}\sigma = \iint\limits_{D} \mathrm{d}\sigma = \sigma.$$

性质 4 如果在有界闭区域 D 上，$f(x,y) \leqslant g(x,y)$，那么有
$$\iint\limits_{D} f(x,y)\mathrm{d}\sigma \leqslant \iint\limits_{D} g(x,y)\mathrm{d}\sigma.$$

特别地，因
$$-|f(x,y)| \leqslant f(x,y) \leqslant |f(x,y)|,$$
故
$$\left| \iint\limits_{D} f(x,y)\mathrm{d}\sigma \right| \leqslant \iint\limits_{D} |f(x,y)|\mathrm{d}\sigma.$$

性质 5 设 M 和 m 分别是函数 $f(x,y)$ 在有界闭区域 D 上的最大值和最小值，σ 是 D 的面积，则有
$$m\sigma \leqslant \iint\limits_{D} f(x,y)\mathrm{d}\sigma \leqslant M\sigma.$$

性质 4 可用于比较两个二重积分的大小，性质 5 常用于估计二重积分的取值范围.

例 8.1.1 估计二重积分 $I = \iint\limits_{D} \dfrac{1}{\sqrt{x^2+y^2+2xy+4}} \mathrm{d}\sigma$ 的取值范围，其中 D 为矩形区域 $\{(x,y) \mid 0 \leqslant x \leqslant 2, 0 \leqslant y \leqslant 2\}$.

解 被积函数 $\dfrac{1}{\sqrt{x^2+y^2+2xy+4}} = \dfrac{1}{\sqrt{(x+y)^2+4}}$，易得其在闭区域 D 上的最大值为 $\dfrac{1}{2}$，最小值为 $\dfrac{1}{2\sqrt{5}}$，且 D 的面积为 4. 由性质 5，得
$$\dfrac{1}{2\sqrt{5}} \times 4 \leqslant I \leqslant \dfrac{1}{2} \times 4, \quad \text{即} \quad \dfrac{2\sqrt{5}}{5} \leqslant I \leqslant 2.$$

性质 6（二重积分的中值定理） 设函数 $f(x,y)$ 在有界闭区域 D 上连续，σ 是 D 的面积，则在 D 上至少存在一点 (ξ,η)，使得
$$\iint\limits_{D} f(x,y)\mathrm{d}\sigma = f(\xi,\eta)\sigma.$$

证 由于函数 $f(x,y)$ 在有界闭区域 D 上连续，因此 $f(x,y)$ 在 D 上必取得最大值 M 和最小值 m，由性质 5 可得
$$m\sigma \leqslant \iint\limits_{D} f(x,y)\mathrm{d}\sigma \leqslant M\sigma.$$
显然，$\sigma \neq 0$，上式各同时除以 σ，得
$$m \leqslant \dfrac{1}{\sigma} \iint\limits_{D} f(x,y)\mathrm{d}\sigma \leqslant M.$$
此不等式表明，数值 $\dfrac{1}{\sigma} \iint\limits_{D} f(x,y)\mathrm{d}\sigma$ 介于函数 $f(x,y)$ 在有界闭区域 D 上的最大值和最小值之

间. 根据闭区域上连续函数的介值定理,在 D 上至少存在一点 (ξ,η),使得

$$f(\xi,\eta) = \frac{1}{\sigma}\iint\limits_{D} f(x,y)\mathrm{d}\sigma,$$

即

$$\iint\limits_{D} f(x,y)\mathrm{d}\sigma = f(\xi,\eta)\sigma.$$

习 题 8.1

1. 已知闭区域 $D = \{(x,y)\mid x^2 + y^2 \leqslant a^2\}$,二重积分 $\iint\limits_{D}\mathrm{d}\sigma = 4\pi$,则 $a = (\quad)$.

A. 1 　　　　　B. 2 　　　　　C. 3 　　　　　D. 4

2. 已知闭区域 $D = \{(x,y)\mid x^2 + y^2 \leqslant 1\}$,利用二重积分的几何意义可得 $\iint\limits_{D} y\mathrm{d}\sigma = (\quad)$.

A. 0 　　　　　B. 1 　　　　　C. π 　　　　　D. $-\pi$

3. 根据二重积分的性质,比较下列二重积分的大小:

(1) $\iint\limits_{D}\sin(x+y)\mathrm{d}\sigma$ 与 $\iint\limits_{D}\mathrm{e}^{x+y}\mathrm{d}\sigma$,其中闭区域 $D = \{(x,y)\mid 0 \leqslant x \leqslant 1, 0 \leqslant y \leqslant 1\}$;

(2) $\iint\limits_{D}(x+y)^2\mathrm{d}\sigma$ 与 $\iint\limits_{D}(x+y)^3\mathrm{d}\sigma$,其中 D 是由 x 轴、y 轴及直线 $x+y=1$ 所围成的闭区域;

(3) $\iint\limits_{D}\ln(x+y)\mathrm{d}\sigma$ 与 $\iint\limits_{D}[\ln(x+y)]^2\mathrm{d}\sigma$,其中 D 是三个顶点分别是 $(1,0),(1,1),(2,0)$ 的三角形闭区域.

4. 根据二重积分的性质,估计下列二重积分的取值范围:

(1) $I = \iint\limits_{D}xy(x+y)\mathrm{d}\sigma$,其中闭区域 $D = \{(x,y)\mid 0 \leqslant x \leqslant 1, 0 \leqslant y \leqslant 1\}$;

(2) $I = \iint\limits_{D}\ln(1+x^2+y^2)\mathrm{d}\sigma$,其中闭区域 $D = \{(x,y)\mid x^2+y^2 \leqslant 1\}$.

8.2 二重积分的计算

二重积分是用和式的极限定义的,利用二重积分的定义直接计算二重积分,对少数特殊的被积函数和积分区域是可行的,但对一般的被积函数和积分区域通常不可行. 计算二重积分的主要方法是将二重积分化为两次定积分来计算,称为**累次积分法**(或**二次积分法**).

8.2.1 在直角坐标系下计算二重积分

我们将从讨论曲顶柱体体积的计算入手来讨论二重积分 $\iint\limits_{D} f(x,y)\mathrm{d}\sigma$ 的计算问题 —— 如何化二重积分为两次定积分来计算. 简便起见,在以下的讨论中假定 $f(x,y) \geqslant 0$.

若积分区域 D 可表示为

$$D = \{(x,y)\mid \varphi_1(x) \leqslant y \leqslant \varphi_2(x), a \leqslant x \leqslant b\},$$

即由直线 $x=a, x=b$ 及曲线 $y=\varphi_1(x), y=\varphi_2(x)$ 所围成(见图 8.2.1),则称 D 为 X -型区

域,其中函数 $y=\varphi_1(x),y=\varphi_2(x)$ 在区间 $[a,b]$ 上连续. X-型区域的特点是,任何平行于 y 轴且穿过 D 内部的直线与 D 的边界的交点不多于两个.

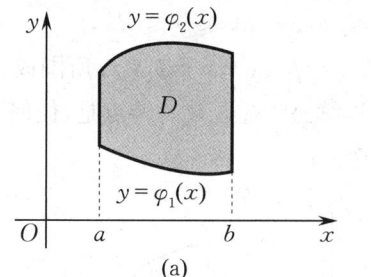
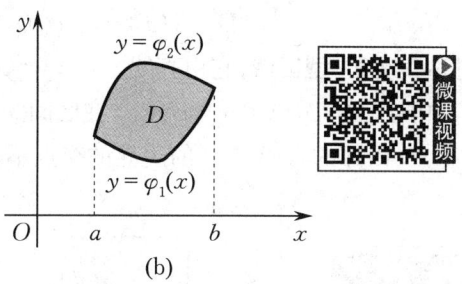

图 8.2.1

因为二重积分 $\iint_D f(x,y)\mathrm{d}\sigma$ 的值等于以有界闭区域 D 为底、曲面 $z=f(x,y)$ 为顶的曲顶柱体的体积(见图 8.2.2),所以可以利用 6.5.3 小节中计算平行截面面积为已知的立体的体积的方法来计算该曲顶柱体的体积.

图 8.2.2 表明,整个曲顶柱体可理解为由一组平行平面组成,只需计算出平行截面的面积 $S(x_0)$,就可得到曲顶柱体的体积. 在区间 $[a,b]$ 上取定一点 x_0,作平行于 yOz 平面的平面 $x=x_0$,该平面截曲顶柱体所得的截面是一个以区间 $[\varphi_1(x_0),\varphi_2(x_0)]$ 为底、曲线 $z=f(x_0,y)$ 为曲边的曲边梯形(图 8.2.2 中的阴影部分),因此该截面的面积为

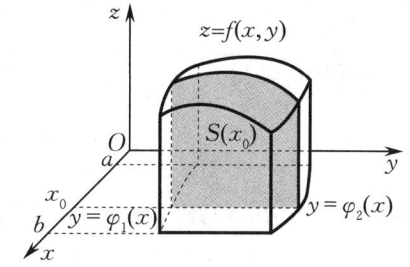

图 8.2.2

$$S(x_0)=\int_{\varphi_1(x_0)}^{\varphi_2(x_0)}f(x_0,y)\mathrm{d}y.$$

一般地,过区间 $[a,b]$ 上任意一点 x 且平行于 yOz 平面的平面截曲顶柱体所得的截面面积为
$$S(x)=\int_{\varphi_1(x)}^{\varphi_2(x)}f(x,y)\mathrm{d}y.$$

于是,应用计算平行截面面积为已知的立体体积的方法,可得曲顶柱体的体积为
$$V=\int_a^b S(x)\mathrm{d}x=\int_a^b\left[\int_{\varphi_1(x)}^{\varphi_2(x)}f(x,y)\mathrm{d}y\right]\mathrm{d}x.$$

此值也就是所求二重积分的值,从而有下面二重积分的计算公式

$$\iint_D f(x,y)\mathrm{d}\sigma=\int_a^b\left[\int_{\varphi_1(x)}^{\varphi_2(x)}f(x,y)\mathrm{d}y\right]\mathrm{d}x. \tag{8.2.1}$$

式(8.2.1)右边的积分叫作先对 y、后对 x 的**二次积分**. 也就是说,先把 x 看作常数,把 $f(x,y)$ 看作 y 的一元函数,并对 y 计算从 $\varphi_1(x)$ 到 $\varphi_2(x)$ 的定积分,然后把计算的结果(实际仍是 x 的函数)再对 x 计算在区间 $[a,b]$ 上的定积分. 这个先对 y、后对 x 的二次积分习惯上常记作 $\int_a^b\mathrm{d}x\int_{\varphi_1(x)}^{\varphi_2(x)}f(x,y)\mathrm{d}y$. 因此,式(8.2.1)也常写成

$$\iint_D f(x,y)\mathrm{d}\sigma=\int_a^b\mathrm{d}x\int_{\varphi_1(x)}^{\varphi_2(x)}f(x,y)\mathrm{d}y, \tag{8.2.2}$$

这就是把二重积分化为先对 y、后对 x 的二次积分的公式.

在上述讨论中,我们假定了 $f(x,y) \geqslant 0$. 实际上,式(8.2.1) 的成立并不受此条件的限制.

类似地,若积分区域 D 可表示为
$$D = \{(x,y) \mid \psi_1(y) \leqslant x \leqslant \psi_2(y), c \leqslant y \leqslant d\},$$
则称 D 为 **Y-型区域**,它由直线 $y=c, y=d$ 及曲线 $x=\psi_1(y), x=\psi_2(y)$ 所围成(见图 8.2.3),其中函数 $x=\psi_1(y), x=\psi_2(y)$ 在区间 $[c,d]$ 上连续. Y-型区域的特点是,任何平行于 x 轴且穿过 D 内部的直线与 D 的边界的交点不多于两个.

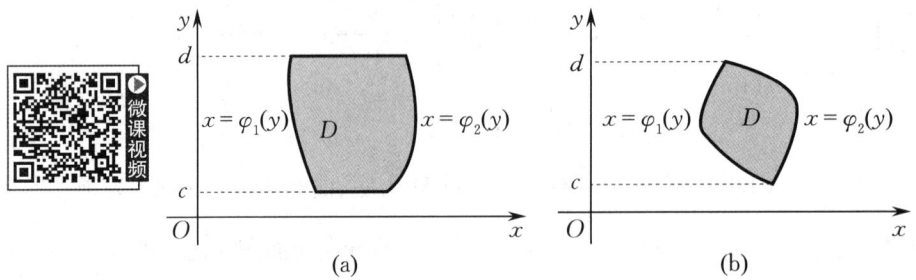

图 8.2.3

类似地,可得
$$\iint_D f(x,y)\,\mathrm{d}\sigma = \int_c^d \left[\int_{\psi_1(y)}^{\psi_2(y)} f(x,y)\,\mathrm{d}x\right]\mathrm{d}y, \tag{8.2.3}$$

式(8.2.3) 右边的积分叫作先对 x、后对 y 的二次积分. 这个积分习惯上记作 $\int_c^d \mathrm{d}y \int_{\psi_1(y)}^{\psi_2(y)} f(x,y)\,\mathrm{d}x$. 因此,式(8.2.3) 也常写成
$$\iint_D f(x,y)\,\mathrm{d}\sigma = \int_c^d \mathrm{d}y \int_{\psi_1(y)}^{\psi_2(y)} f(x,y)\,\mathrm{d}x, \tag{8.2.4}$$

这就是把二重积分化为先对 x、后对 y 的二次积分的公式.

如果积分区域 D 既可看成 X-型区域,也可看成 Y-型区域[见图 8.2.4(a)],则 D 上的二重积分可利用式(8.2.2) 或式(8.2.4) 计算. 如果积分区域 D 既不是 X-型区域,也不是 Y-型区域[见图 8.2.4(b)],则可把 D 用平行于 x 轴或 y 轴的直线分割成几个小闭区域,使得每个小闭区域成为 X-型区域或 Y-型区域,计算在每个小闭区域上的二重积分后再利用二重积分的可加性,就可以得到整个积分区域 D 上的二重积分.

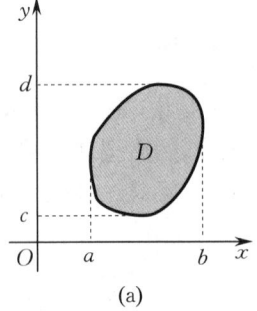
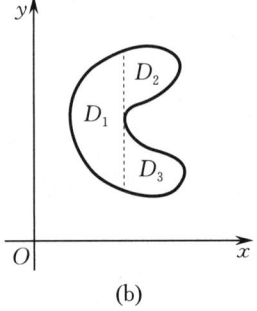

图 8.2.4

将二重积分化为二次积分计算时,确定其每一个定积分的上、下限是关键,须先画出积分

区域 D 的图形，判断区域的类型以确定二次积分的积分次序，再用下述方法找出两个定积分相应的积分上、下限．

如图 8.2.5 所示，设积分区域 $D=\{(x,y)\mid \varphi_1(x)\leqslant y\leqslant \varphi_2(x), a\leqslant x\leqslant b\}$ 是 X-型区域（Y-型区域类似可得），先确定 x 的变化范围 $[a,b]$，再在 $[a,b]$ 内任取一个值 x，在 x 轴上点 x 处作平行于 y 轴的直线，该直线与积分区域 D 的边界相交于两点，这两点的纵坐标分别为 $y=\varphi_1(x), y=\varphi_2(x)$．如此，就确定了二次积分对 x 积分的上、下限为 b,a，对 y 积分的上、下限为 $\varphi_2(x),\varphi_1(x)$．

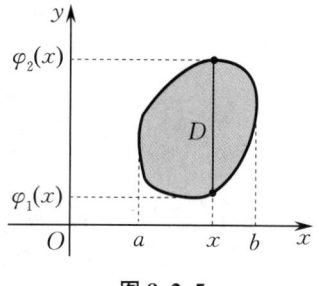

图 8.2.5

例 8.2.1 计算二重积分 $\iint\limits_{D} e^{x+y} dx dy$，其中 D 是由直线 $x=0, x=1, y=1, y=2$ 所围成的闭区域．

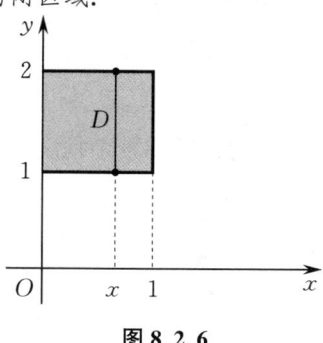

图 8.2.6

解 画出积分区域 D（见图 8.2.6），它既可看成 X-型区域，也可看成 Y-型区域．因此，D 可表示为 $D=\{(x,y)\mid 1\leqslant y\leqslant 2, 0\leqslant x\leqslant 1\}$，于是

$$\iint\limits_{D} e^{x+y} dx dy = \iint\limits_{D} e^x \cdot e^y dx dy$$
$$= \int_0^1 e^x dx \int_1^2 e^y dy$$
$$= e(e-1)^2.$$

例 8.2.2 计算二重积分 $\iint\limits_{D} \dfrac{1}{\sqrt{1-y^2}} dx dy$，其中 D 是由直线 $y=x, x=1$ 及 x 轴所围成的闭区域．

解 画出积分区域 D（见图 8.2.7），它既可看成 X-型区域，也可看成 Y-型区域．

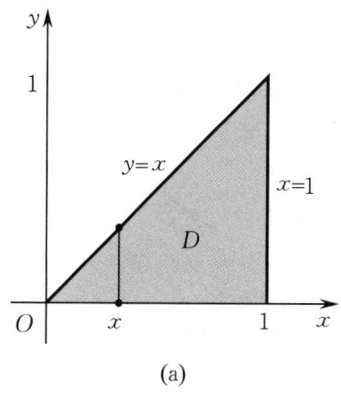
(a)

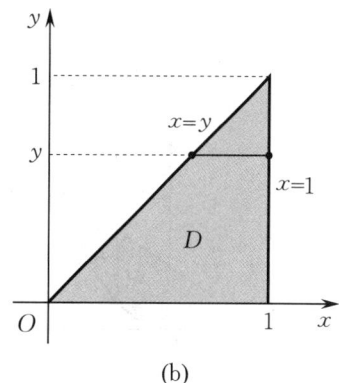
(b)

图 8.2.7

若将 D 看成 X-型区域 [见图 8.2.7(a)]，则 D 可表示为
$$D=\{(x,y)\mid 0\leqslant y\leqslant x, 0\leqslant x\leqslant 1\},$$
于是

$$\iint_D \frac{1}{\sqrt{1-y^2}} dx\, dy = \int_0^1 dx \int_0^x \frac{1}{\sqrt{1-y^2}} dy = \int_0^1 [\arcsin y]_0^x dx$$
$$= \int_0^1 \arcsin x\, dx = [x \arcsin x]_0^1 - \int_0^1 x \frac{1}{\sqrt{1-x^2}} dx$$
$$= \frac{\pi}{2} - 1.$$

若将 D 看成 Y-型区域[见图 8.2.7(b)]，则 D 可表示为
$$D = \{(x,y) \mid y \leqslant x \leqslant 1, 0 \leqslant y \leqslant 1\},$$
于是
$$\iint_D \frac{1}{\sqrt{1-y^2}} dx\, dy = \int_0^1 dy \int_y^1 \frac{1}{\sqrt{1-y^2}} dx = \int_0^1 \left[\frac{1}{\sqrt{1-y^2}} \cdot x\right]_y^1 dy$$
$$= \int_0^1 \frac{1-y}{\sqrt{1-y^2}} dy = [\arcsin y + \sqrt{1-y^2}]_0^1$$
$$= \frac{\pi}{2} - 1.$$

从上述计算过程可以看出，先对 x、后对 y 积分与先对 y、后对 x 积分计算的繁杂程度是不一样的，因此选择适当的二次积分的积分次序对计算的简便性是很重要的.

例 8.2.3 计算二重积分 $\iint_D xy\, dx\, dy$，其中 D 是由抛物线 $y = x^2$ 与直线 $y = x + 2$ 所围成的闭区域.

解 画出积分区域 D，求出 D 的边界曲线的交点，分别为 $(-1,1)$ 和 $(2,4)$.

若将 D 看成 X-型区域[见图 8.2.8(a)]，则 D 可表示为
$$D = \{(x,y) \mid x^2 \leqslant y \leqslant x+2, -1 \leqslant x \leqslant 2\},$$
于是
$$\iint_D xy\, dx\, dy = \int_{-1}^2 dx \int_{x^2}^{x+2} xy\, dy = \int_{-1}^2 \left[x \frac{y^2}{2}\right]_{x^2}^{x+2} dx$$
$$= \frac{1}{2} \int_{-1}^2 [x(x+2)^2 - x^5] dx = \frac{45}{8}.$$

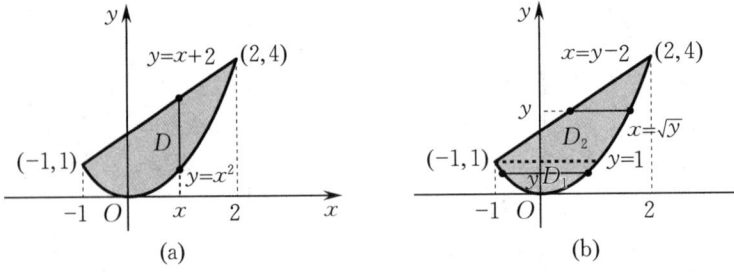

图 8.2.8

若将 D 看成 Y-型区域，则由于在区间 $[0,1]$ 和 $[1,4]$ 上积分区域 D 的边界曲线（左半边）是两条不同的曲线（一条为直线，另一条为抛物线），因此要用直线 $y = 1$ 把 D 分成 D_1 和 D_2 两个部分[见图 8.2.8(b)]，其中

$$D_1 = \{(x,y) \mid -\sqrt{y} \leqslant x \leqslant \sqrt{y}, 0 \leqslant y \leqslant 1\},$$
$$D_2 = \{(x,y) \mid y-2 \leqslant x \leqslant \sqrt{y}, 1 \leqslant y \leqslant 4\},$$

于是

$$\iint_D xy\,\mathrm{d}x\,\mathrm{d}y = \int_0^1 \mathrm{d}y \int_{-\sqrt{y}}^{\sqrt{y}} xy\,\mathrm{d}x + \int_1^4 \mathrm{d}y \int_{y-2}^{\sqrt{y}} xy\,\mathrm{d}x = \frac{45}{8}.$$

例 8.2.3 中将 D 看成 Y-型区域时，须计算两个二次积分，比较麻烦．因而对于不同的积分区域 D，需要选择合适的二次积分的积分次序．但要注意的是，除了考虑积分区域 D 的形状外，还要考虑被积函数 $f(x,y)$ 的特性．

例 8.2.4 计算二重积分 $\iint_D \mathrm{e}^{-y^2}\,\mathrm{d}x\,\mathrm{d}y$，其中 D 是由直线 $y=x$，$y=1$ 及 y 轴所围成的闭区域．

解 画出积分区域 D，若将 D 看成 X-型区域[见图 8.2.9(a)]，则 D 可表示为
$$D = \{(x,y) \mid x \leqslant y \leqslant 1, 0 \leqslant x \leqslant 1\},$$
于是
$$\iint_D \mathrm{e}^{-y^2}\,\mathrm{d}x\,\mathrm{d}y = \int_0^1 \mathrm{d}x \int_x^1 \mathrm{e}^{-y^2}\,\mathrm{d}y.$$

由于函数 e^{-y^2} 没有初等函数形式的原函数，因此计算无法继续进行．

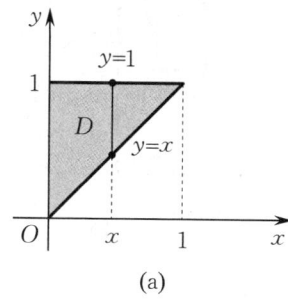
(a)

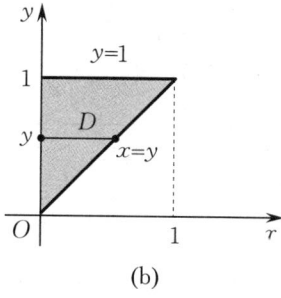
(b)

图 8.2.9

若将 D 看成 Y-型区域[见图 8.2.9(b)]，则 D 可表示为
$$D = \{(x,y) \mid 0 \leqslant x \leqslant y, 0 \leqslant y \leqslant 1\},$$
于是
$$\iint_D \mathrm{e}^{-y^2}\,\mathrm{d}x\,\mathrm{d}y = \int_0^1 \mathrm{d}y \int_0^y \mathrm{e}^{-y^2}\,\mathrm{d}x = \int_0^1 y\mathrm{e}^{-y^2}\,\mathrm{d}y = \frac{1}{2}(1-\mathrm{e}^{-1}).$$

例 8.2.5 交换二次积分 $\int_0^1 \mathrm{d}x \int_{x^2}^1 f(x,y)\,\mathrm{d}y$ 的积分次序．

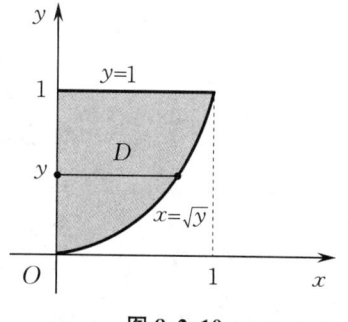

解 由所给的二次积分可知，与它对应的二重积分的积分区域为
$$D = \{(x,y) \mid x^2 \leqslant y \leqslant 1, 0 \leqslant x \leqslant 1\},$$
即 D 是由曲线 $y=x^2$ 与直线 $y=1$ 及 y 轴所围成的闭区域．要交换二次积分的积分次序，须将 D 看成 Y-型区域（见图 8.2.10），于是 D 可表示为

图 8.2.10

$$D = \{(x,y) \mid 0 \leqslant x \leqslant \sqrt{y}, 0 \leqslant y \leqslant 1\},$$

从而

$$\int_0^1 dx \int_{x^2}^1 f(x,y) dy = \int_0^1 dy \int_0^{\sqrt{y}} f(x,y) dx.$$

例 8.2.6 求两个圆柱面 $x^2 + y^2 = a^2, x^2 + z^2 = a^2 (a > 0)$ 所围成的立体的体积.

解 由所求立体的对称性,该立体的体积 V 是立体位于第 I 卦限部分的立体体积 V_1 的 8 倍[见图 8.2.11(a)]. 该立体在第 I 卦限部分可看成一个曲顶柱体,它的顶为柱面 $z = \sqrt{a^2 - x^2}$,底为闭区域

$$D = \{(x,y) \mid 0 \leqslant y \leqslant \sqrt{a^2 - x^2}, 0 \leqslant x \leqslant a\}$$

[见图 8.2.11(b)],于是

$$V = 8V_1 = 8 \iint_D \sqrt{a^2 - x^2} \, dx \, dy = 8 \int_0^a dx \int_0^{\sqrt{a^2-x^2}} \sqrt{a^2 - x^2} \, dy$$

$$= 8 \int_0^a (a^2 - x^2) dx = \frac{16}{3} a^3.$$

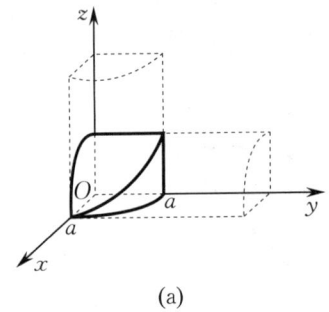
(a)

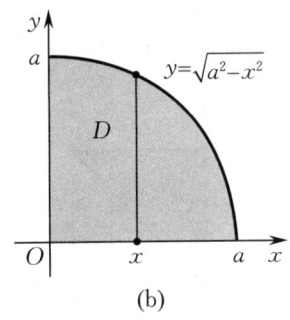
(b)

图 8.2.11

8.2.2 在极坐标系下计算二重积分

极坐标系是一种被广泛利用的坐标系. 在某些二重积分问题中,其被积函数、积分区域的边界曲线用极坐标表示会比较简单,因此利用极坐标系来计算这些二重积分通常也会较为简便.

先介绍极坐标系、极坐标与直角坐标的关系等方面的相关知识.

在平面上选定一点 O,从点 O 出发引出一条射线 Ox,并在射线上规定一个单位长度,这就构成了极坐标系(见图 8.2.12),其中 O 称为**极点**,射线 Ox 称为**极轴**.

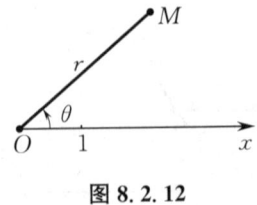

图 8.2.12

如图 8.2.12 所示,对平面上的一点 M,线段 OM 的长度称为点 M 的**极径**,记作 r(或 ρ). 显然,$r \geqslant 0$. 以极轴为始边逆时针旋转到以线段 OM 为终边的角称为点 M 的**极角**,记作 θ. 如此,平面上任意一点 M 就可以用它对应的极径 r 和极角 θ 来唯一确定,称有序数对 (r, θ) 为点 M 的**极坐标**.

如果将直角坐标系中的原点 O 和 x 轴的正半轴选为极坐标系中的极点和极轴(见

图 8.2.13),则在直角坐标系中的点 $M(x,y)$ 与在极坐标系中的点 $M(r,\theta)$ 有以下关系:

$$\begin{cases} x = r\cos\theta, \\ y = r\sin\theta \end{cases} \quad 或 \quad \begin{cases} r^2 = x^2 + y^2, \\ \theta = \arctan\dfrac{y}{x}. \end{cases}$$

在二重积分的定义中,若函数 $f(x,y)$ 在有界闭区域 D 上可积,则二重积分 $\iint\limits_D f(x,y)d\sigma$ 的值与 D 的分割是无关的. 因此,在直角坐标系中,可利用平行于 x 轴和平行于 y 轴的两组直线来分割 D,从而面积元素 $d\sigma = dxdy$,得 $\iint\limits_D f(x,y)d\sigma = \iint\limits_D f(x,y)dxdy$.

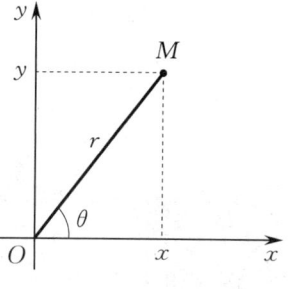

图 8.2.13

在极坐标系中的面积元素 $d\sigma$ 如何表示呢? 设有界闭区域 D 的边界与过极点的射线的交点不多于两个,平面上任意一点的极坐标是 (r,θ),则 r 取不同的常数表示一组圆心在极点的同心圆,θ 取不同的常数表示一组从极点出发的射线. 我们用上述同心圆和射线将闭区域 D 分

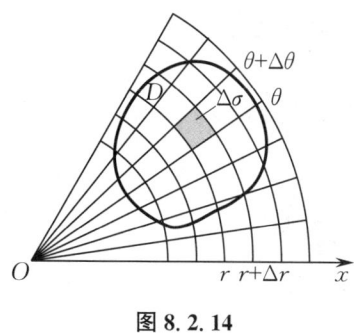

图 8.2.14

成多个小闭区域(见图 8.2.14). 除边界区域外,其中任意一个小闭区域 $\Delta\sigma$ 是由极角为 θ 和 $\theta+\Delta\theta$ 的两条射线与圆心在原点、半径为 r 和 $r+\Delta r$ 的两条圆弧所围成的,则 $\Delta\sigma$ 的面积可利用扇形面积的计算公式($\Delta\sigma$ 很小时),即

$$\begin{aligned} \Delta\sigma &= \frac{1}{2}(r+\Delta r)^2 \Delta\theta - \frac{1}{2}r^2\Delta\theta \\ &= r\Delta r\Delta\theta + \frac{1}{2}(\Delta r)^2\Delta\theta \\ &\approx r\Delta r\Delta\theta. \end{aligned}$$

由元素法知,在**极坐标系下的面积元素**为

$$d\sigma = rdrd\theta.$$

再利用直角坐标与极坐标的转换关系,可得

$$\iint\limits_D f(x,y)dxdy = \iint\limits_D f(r\cos\theta,r\sin\theta)rdrd\theta.$$

这就是二重积分的变量从直角坐标转换为极坐标的变换公式.

当然,在极坐标系下计算二重积分时,还需把有界闭区域 D 在直角坐标系中的表示转换为在极坐标系中的表示.

通过上面的分析可知,当有界闭区域 D 是圆、圆环或它们的一部分时,D 的边界曲线方程用极坐标表示较为简单,而且当被积函数为 $\varphi(x^2+y^2)$,$\varphi\left(\dfrac{y}{x}\right)$ 等形式时,将其转换成极坐标系中的函数也会比较简便,此时在极坐标系下计算二重积分就会较为简单.

在极坐标系下计算二重积分时,仍然需要将其化为二次积分来计算,通常是按先 r 后 θ 的顺序进行(也比较方便),按极点与积分区域 D 的位置可分为以下三种情况.

(1) 极点 O 在积分区域 D 之外,且 D 由射线 $\theta=\alpha$,$\theta=\beta$ 和连续曲线 $r=r_1(\theta)$,$r=r_2(\theta)$ 所围成(见图 8.2.15),这时 D 可表示为

$$D = \{(r,\theta) \mid r_1(\theta) \leqslant r \leqslant r_2(\theta), \alpha \leqslant \theta \leqslant \beta\},$$

于是

$$\iint_D f(r\cos\theta, r\sin\theta) r \mathrm{d}r \mathrm{d}\theta = \int_\alpha^\beta \mathrm{d}\theta \int_{r_1(\theta)}^{r_2(\theta)} f(r\cos\theta, r\sin\theta) r \mathrm{d}r.$$

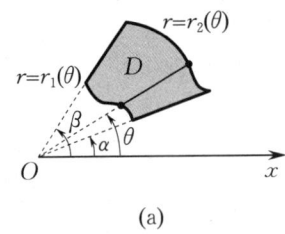
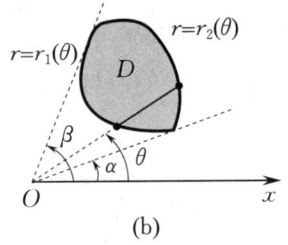

图 8.2.15

(2) 极点 O 在积分区域 D 的边界上,且 D 由射线 $\theta = \alpha$, $\theta = \beta$ 和连续曲线 $r = r(\theta)$ 所围成 (见图 8.2.16),这时 D 可表示为

$$D = \{(r,\theta) \mid 0 \leqslant r \leqslant r(\theta), \alpha \leqslant \theta \leqslant \beta\},$$

于是

$$\iint_D f(r\cos\theta, r\sin\theta) r \mathrm{d}r \mathrm{d}\theta = \int_\alpha^\beta \mathrm{d}\theta \int_0^{r(\theta)} f(r\cos\theta, r\sin\theta) r \mathrm{d}r.$$

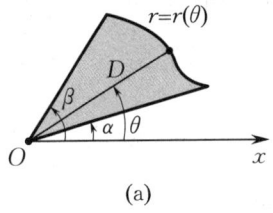
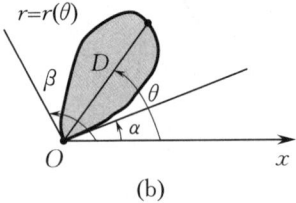

图 8.2.16

(3) 极点 O 在积分区域 D 的内部,且 D 的边界曲线为连续闭曲线 $r = r(\theta)$ (见图 8.2.17),这时 D 可表示为

$$D = \{(r,\theta) \mid 0 \leqslant r \leqslant r(\theta), 0 \leqslant \theta \leqslant 2\pi\},$$

于是

$$\iint_D f(r\cos\theta, r\sin\theta) r \mathrm{d}r \mathrm{d}\theta = \int_0^{2\pi} \mathrm{d}\theta \int_0^{r(\theta)} f(r\cos\theta, r\sin\theta) r \mathrm{d}r.$$

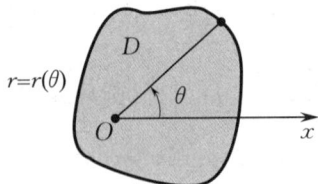

图 8.2.17

例 8.2.7 计算二重积分 $\iint_D \dfrac{1}{1+x^2+y^2} \mathrm{d}x \mathrm{d}y$,其中 D 是由圆 $x^2 + y^2 = a^2 (a > 0)$ 所围成的闭区域.

解 由于积分区域 D 是圆,被积函数的形式为 $\varphi(x^2+y^2)$,因此选择在极坐标系下计算. 区域 D(见图 8.2.18)用极坐标可表示为
$$D=\{(r,\theta)\mid 0\leqslant r\leqslant a,0\leqslant\theta\leqslant 2\pi\},$$
于是

$$\iint_D \frac{1}{1+x^2+y^2}\mathrm{d}x\mathrm{d}y=\int_0^{2\pi}\mathrm{d}\theta\int_0^a\frac{1}{1+r^2}r\mathrm{d}r$$
$$=2\pi\left[\frac{1}{2}\ln(1+r^2)\right]_0^a$$
$$=\pi\ln(1+a^2).$$

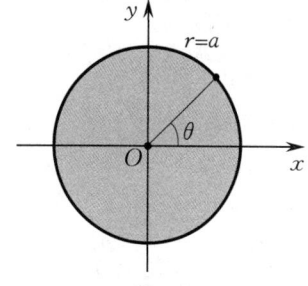

图 8.2.18

例 8.2.8 计算二重积分 $\iint_D \sin\sqrt{x^2+y^2}\,\mathrm{d}x\mathrm{d}y$,其中 D 是由圆 $x^2+y^2=\pi^2$ 和 $x^2+y^2=4\pi^2$ 所围成的闭区域.

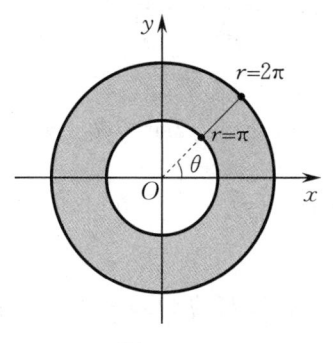

图 8.2.19

解 积分区域 D 是由两个圆所围成的圆环,被积函数的形式为 $\varphi(x^2+y^2)$,因此选择在极坐标系下计算. 区域 D(见图 8.2.19)用极坐标可表示为
$$D=\{(r,\theta)\mid \pi\leqslant r\leqslant 2\pi,0\leqslant\theta\leqslant 2\pi\},$$
于是
$$\iint_D \sin\sqrt{x^2+y^2}\,\mathrm{d}x\mathrm{d}y=\int_0^{2\pi}\mathrm{d}\theta\int_\pi^{2\pi}r\sin r\,\mathrm{d}r$$
$$=2\pi[\sin r-r\cos r]_\pi^{2\pi}$$
$$=-6\pi^2.$$

例 8.2.9 计算二重积分 $\iint_D \sqrt{x^2+y^2}\,\mathrm{d}x\mathrm{d}y$,其中 D 是第一象限中同时满足 $x^2+y^2\leqslant 1$ 和 $x^2+(y-1)^2\leqslant 1$ 的点所组成的闭区域.

解 由积分区域及被积函数的特征可选择在极坐标系下计算,积分区域 D 如图 8.2.20 所示,两圆在第一象限的交点 P 的坐标满足
$$\begin{cases}x^2+y^2=1,\\ x^2+(y-1)^2=1,\end{cases}$$
解得 $P\left(\frac{\sqrt{3}}{2},\frac{1}{2}\right)$. 转换后点 P 的极坐标为 $\left(1,\frac{\pi}{6}\right)$,于是极径 $OP\left(\theta=\frac{\pi}{6}\right)$ 可将积分区域 D 分成 D_1 和 D_2 两部分,它们用极坐标可分别表示为
$$D_1=\left\{(r,\theta)\,\middle|\, 0\leqslant r\leqslant 2\sin\theta,0\leqslant\theta\leqslant\frac{\pi}{6}\right\},$$
$$D_2=\left\{(r,\theta)\,\middle|\, 0\leqslant r\leqslant 1,\frac{\pi}{6}\leqslant\theta\leqslant\frac{\pi}{2}\right\},$$
从而

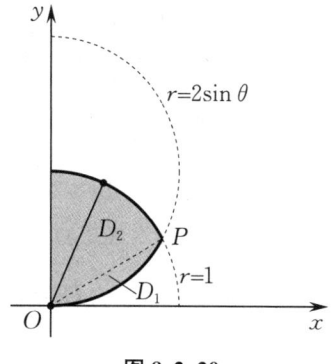

图 8.2.20

$$\iint\limits_D \sqrt{x^2+y^2}\,\mathrm{d}x\,\mathrm{d}y = \iint\limits_{D_1} r^2\,\mathrm{d}r\,\mathrm{d}\theta + \iint\limits_{D_2} r^2\,\mathrm{d}r\,\mathrm{d}\theta = \int_0^{\frac{\pi}{6}}\mathrm{d}\theta\int_0^{2\sin\theta} r^2\,\mathrm{d}r + \int_{\frac{\pi}{6}}^{\frac{\pi}{2}}\mathrm{d}\theta\int_0^1 r^2\,\mathrm{d}r$$

$$= \frac{1}{3}\int_0^{\frac{\pi}{6}}[r^3]_0^{2\sin\theta}\,\mathrm{d}\theta + \frac{\pi}{9} = \frac{8}{3}\int_0^{\frac{\pi}{6}}\sin^3\theta\,\mathrm{d}\theta + \frac{\pi}{9}$$

$$= \frac{\pi+16-9\sqrt{3}}{9}.$$

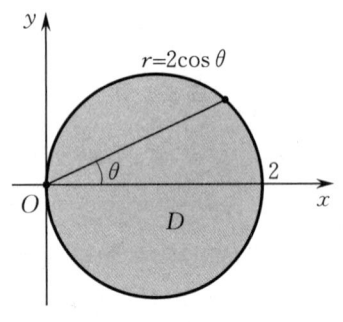

图 8.2.21

例 8.2.10 计算二重积分 $\iint\limits_D \dfrac{y^2}{x^2}\,\mathrm{d}x\,\mathrm{d}y$，其中 D 是由曲线 $x^2+y^2=2x$ 所围成的平面区域.

解 积分区域 D 如图 8.2.21 所示，其边界曲线的极坐标方程为 $r=2\cos\theta$. 于是，积分区域 D 可表示为

$$D = \left\{(r,\theta)\,\Big|\,0\leqslant r\leqslant 2\cos\theta,\,-\frac{\pi}{2}\leqslant\theta\leqslant\frac{\pi}{2}\right\},$$

从而

$$\iint\limits_D \frac{y^2}{x^2}\,\mathrm{d}x\,\mathrm{d}y = \int_{-\frac{\pi}{2}}^{\frac{\pi}{2}}\mathrm{d}\theta\int_0^{2\cos\theta}\frac{\sin^2\theta}{\cos^2\theta}r\,\mathrm{d}r = \int_{-\frac{\pi}{2}}^{\frac{\pi}{2}} 2\sin^2\theta\,\mathrm{d}\theta = \pi.$$

例 8.2.11 计算圆柱面 $x^2+y^2=2ax$ $(a>0)$ 含在球面 $x^2+y^2+z^2=4a^2$ 内的那部分立体的体积.

解 由对称性，图 8.2.22 所示为所求立体的 $\dfrac{1}{4}$ 部分，此部分底区域 D 为 xOy 平面中的半圆 $x^2+y^2=2ax\,(y>0)$，顶为球面 $z=\sqrt{4a^2-x^2-y^2}$，故所求立体的体积为

$$V = 4\iint\limits_D \sqrt{4a^2-x^2-y^2}\,\mathrm{d}x\,\mathrm{d}y.$$

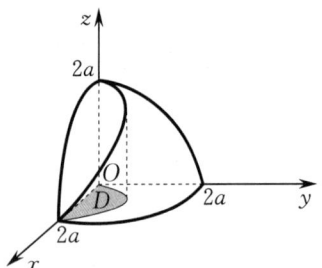

图 8.2.22

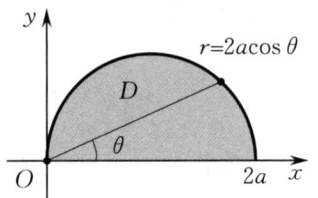

图 8.2.23

由于区域 D（见图 8.2.23）用极坐标可表示为

$$D = \left\{(r,\theta)\,\Big|\,0\leqslant r\leqslant 2a\cos\theta,\,0\leqslant\theta\leqslant\frac{\pi}{2}\right\},$$

因此

$$V = 4\int_0^{\frac{\pi}{2}}\mathrm{d}\theta\int_0^{2a\cos\theta}\sqrt{4a^2-r^2}\,r\,\mathrm{d}r$$

$$= \frac{32a^3}{3}\int_0^{\frac{\pi}{2}}(1-\sin^3\theta)\,\mathrm{d}\theta$$

$$= \frac{16a^3}{3}\left(\pi - \frac{4}{3}\right).$$

8.2.3 广义二重积分

与一元函数类似,二重积分也可以推广到无界区域,即广义二重积分,它在概率论与数理统计等领域有着广泛的应用.

一般地,先计算在有界闭区域上的二重积分,再令该有界闭区域趋于原无界区域,若极限存在,则称此广义二重积分收敛,否则称其发散.

例 8.2.12 已知广义二重积分 $I = \iint_D \frac{1}{(1+x^2+y^2)^\alpha} d\sigma$ 收敛,求其值,其中 $\alpha > 1$,区域 D 为整个 xOy 平面.

解 因为所求广义二重积分收敛,所以可以考虑被积函数在圆域 $D_R = \{(x,y) \mid x^2 + y^2 \leqslant R^2\}$ 上的二重积分,记作 $I(R)$,即

$$I(R) = \iint_{D_R} \frac{1}{(1+x^2+y^2)^\alpha} d\sigma.$$

又被积函数的形式为 $\varphi(x^2+y^2)$,且 D_R 是圆域(见图 8.2.24),所以 D_R 可用极坐标表示为

$$D_R = \{(r,\theta) \mid 0 \leqslant r \leqslant R, 0 \leqslant \theta \leqslant 2\pi\},$$

从而

$$I(R) = \int_0^{2\pi} d\theta \int_0^R \frac{r}{(1+r^2)^\alpha} dr$$
$$= \frac{\pi}{1-\alpha}\left[\frac{1}{(1+R^2)^{\alpha-1}} - 1\right].$$

因 $\alpha > 1$,故

$$\lim_{R \to +\infty} I(R) = \frac{\pi}{\alpha - 1},$$

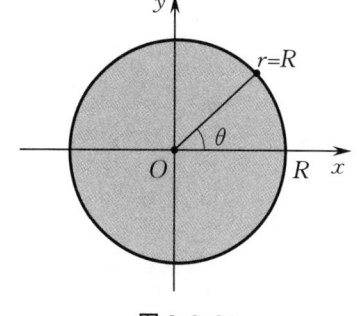

图 8.2.24

从而 $I = \frac{\pi}{\alpha - 1}$.

如果 $\alpha < 1$,因

$$\lim_{R \to +\infty} I(R) = \infty,$$

故此时原广义二重积分发散.

例 8.2.13 利用广义二重积分计算泊松(Poisson)积分 $I = \int_{-\infty}^{+\infty} e^{-x^2} dx$.

解 因为 e^{-x^2} 的原函数不是初等函数,所以该积分无法直接计算. 由于积分值与积分变量的记号无关,因此有

$$I = \int_{-\infty}^{+\infty} e^{-x^2} dx = \int_{-\infty}^{+\infty} e^{-y^2} dy,$$

从而

$$I^2 = \left(\int_{-\infty}^{+\infty} e^{-x^2} dx\right)\left(\int_{-\infty}^{+\infty} e^{-y^2} dy\right) = \int_{-\infty}^{+\infty} dx \int_{-\infty}^{+\infty} e^{-x^2} e^{-y^2} dy$$

$$= \iint_D e^{-(x^2+y^2)} dx dy,$$

其中积分区域 D 是整个 xOy 平面. 因为上述广义二重积分收敛，与例 8.2.12 类似，取 $D_R = \{(x,y) \mid x^2 + y^2 \leqslant R^2, R > 0\}$，有

$$I^2 = \lim_{D_R \to D} \iint_{D_R} e^{-(x^2+y^2)} dx dy = \lim_{R \to +\infty} \int_0^{2\pi} d\theta \int_0^R e^{-r^2} r dr$$

$$= \pi \lim_{R \to +\infty} (1 - e^{-R^2}) = \pi,$$

所以

$$I = \int_{-\infty}^{+\infty} e^{-x^2} dx = \sqrt{\pi}.$$

习 题 8.2

1. 已知积分区域 $D = \{(x,y) \mid 0 \leqslant x \leqslant 1, 0 \leqslant y \leqslant 1\}$，则二重积分 $\iint_D xy d\sigma = ($ $)$.

A. $\dfrac{1}{2}$ B. $\dfrac{1}{6}$ C. $\dfrac{1}{12}$ D. $\dfrac{1}{4}$

2. 已知 D 是由圆周 $r = 2\sin\theta$ 所围成的闭区域，则二重积分 $\iint_D d\sigma = ($ $)$.

A. $\dfrac{\pi}{4}$ B. π C. 4π D. π^2

3. 计算下列二重积分：

(1) $\iint_D (x^2 + y^2) d\sigma$，其中 D 是矩形闭区域 $\{(x,y) \mid |x| \leqslant 1, |y| \leqslant 1\}$；

(2) $\iint_D xy d\sigma$，其中 D 是由直线 $x = 1, y = x, y = 2$ 所围成的闭区域；

(3) $\iint_D (3x + 2y) d\sigma$，其中 D 是由 x 轴、y 轴及直线 $x + y = 2$ 所围成的闭区域；

(4) $\iint_D \sqrt{xy - x^2} d\sigma$，其中 D 是由直线 $y = x, y = 2x$ 及 $x = 1$ 所围成的闭区域；

(5) $\iint_D \dfrac{y}{x} d\sigma$，其中 D 是由直线 $y = x, y = 2x$ 及 $x = 1, x = 2$ 所围成的闭区域；

(6) $\iint_D \dfrac{\sin y}{y} d\sigma$，其中 D 是由直线 $y = x$ 与抛物线 $y^2 = x$ 所围成的闭区域；

(7) $\iint_D x^2 e^{-y^2} d\sigma$，其中 D 是以 $(0,0), (1,1), (0,1)$ 为顶点的三角形闭区域.

4. 交换下列二次积分的积分次序：

(1) $\int_2^4 dy \int_y^4 f(x,y) dx$；   (2) $\int_0^1 dy \int_y^{\sqrt{y}} f(x,y) dx$；

(3) $\int_{-1}^1 dx \int_{-\sqrt{1-x^2}}^{1-x^2} f(x,y) dy$；   (4) $\int_1^e dx \int_0^{\ln x} f(x,y) dy$；

(5) $\int_0^1 dx \int_{-\sqrt{x}}^{\sqrt{x}} f(x,y) dy + \int_1^4 dx \int_{x-2}^{\sqrt{x}} f(x,y) dy$；

(6) $\int_0^1 dy \int_0^{\sqrt[3]{y}} f(x,y) dx + \int_1^2 dy \int_0^{2-y} f(x,y) dx$.

5. 利用极坐标计算下列二重积分：

(1) $\iint\limits_{D} y \mathrm{d}x\mathrm{d}y$，其中闭区域 $D = \{(x,y) \mid x^2 + y^2 \leqslant a^2, x \geqslant 0, y \geqslant 0\}$；

(2) $\iint\limits_{D} \sqrt{R^2 - x^2 - y^2}\,\mathrm{d}x\mathrm{d}y$，其中闭区域 $D = \{(x,y) \mid x^2 + y^2 \leqslant Rx, R > 0\}$；

(3) $\iint\limits_{D} \arctan\dfrac{y}{x}\mathrm{d}x\mathrm{d}y$，其中 D 是由圆 $x^2 + y^2 = 1$，$x^2 + y^2 = 4$ 与直线 $y = x$，$y = 0$ 所围成的在第一象限内的闭区域.

6. 通过化下列二次积分为极坐标形式的二次积分来计算积分值：

(1) $\int_0^1 \mathrm{d}x \int_0^x (x^2 + y^2)\mathrm{d}y$；

(2) $\int_0^1 \mathrm{d}y \int_0^{\sqrt{1-y^2}} (x^2 + y^2)\mathrm{d}x$.

7. 选用适当的坐标系计算下列二重积分：

(1) $\iint\limits_{D} (x^2 + y^2)\mathrm{d}\sigma$，其中 D 是由直线 $y = x$，$y = x + 1$，$y = 1$，$y = 3$ 所围成的闭区域；

(2) $\iint\limits_{D} (x + y)\mathrm{d}\sigma$，其中闭区域 $D = \{(x,y) \mid x^2 + y^2 - 4x \leqslant 0\}$.

8. 利用二重积分计算下列曲线所围成的闭区域的面积：

(1) $x^2 + y^2 = 1$，$y = \sqrt{2}x^2$（x 轴上方部分）；

(2) $y^2 = 2x + 1$，$y^2 = -2x + 1$.

9. 利用二重积分计算由下列曲面所围成的立体的体积：

(1) $x + 2y + 3z = 1$，$x = 0$，$y = 0$，$z = 0$；

(2) $z = x^2 + y^2$，$y = 1$，$z = 0$，$y = x^2$.

10. 已知下列广义二重积分收敛，求其值：

(1) $\iint\limits_{D} \mathrm{e}^{-(x+y)} \mathrm{d}x\mathrm{d}y$，其中 $D = \{(x,y) \mid 0 \leqslant x \leqslant y\}$；

(2) $\iint\limits_{D} \dfrac{1}{(x^2 + y^2)^2}\mathrm{d}x\mathrm{d}y$，其中 $D = \{(x,y) \mid x^2 + y^2 \geqslant 1\}$.

第 8 章思考题

1. 二重积分的几何意义是什么？
2. 定积分与二重积分的区别和联系分别是什么？
3. 二重积分有哪些计算方法？
4. 二重积分的计算方法的选择原则是什么？
5. 利用直角坐标系计算二重积分时，积分区域的类型有哪两种？
6. 利用直角坐标系计算二重积分时，若积分区域是 X-型区域，则二次积分应先算哪个变量的定积分？
7. 利用极坐标系计算二重积分时的面积元素是什么？
8. 二重积分的极坐标计算法一般适用于什么样的二重积分？

总习题八

(A)

1. 填空题.

(1) 设 D 是 xOy 平面上的有界闭区域,函数 $f(x,y)$ 在 D 上连续且不变号. 若二重积分 $\iint\limits_D f(x,y)\mathrm{d}x\mathrm{d}y = 0$,则在 D 上 $f(x,y) =$ _____.

(2) 二次积分 $\int_0^2 \mathrm{d}x \int_x^2 \mathrm{e}^{-y^2} \mathrm{d}y =$ _____.

(3) 设积分区域 $D = \{(x,y) \mid |x| + |y| \leqslant 1\}$,则二重积分 $\iint\limits_D (|x| + |y|)\mathrm{d}x\mathrm{d}y =$ _____.

(4) 设积分区域 $D = \{(x,y) \mid x^2 + y^2 \leqslant R^2\}$,则 $\iint\limits_D x^2 \mathrm{d}x\mathrm{d}y =$ _____.

(5) 已知 $\int_0^1 f(x)\mathrm{d}x = \int_0^1 x f(x)\mathrm{d}x$,积分区域 $D = \{(x,y) \mid x+y \leqslant 1, x \geqslant 0, y \geqslant 0\}$,则 $\iint\limits_D f(x)\mathrm{d}x\mathrm{d}y =$ _____.

2. 选择题.

(1) 设函数 $f(x,y)$ 连续,且 $f(x,y) = xy + \iint\limits_D f(x,y)\mathrm{d}x\mathrm{d}y$,其中 D 是由直线 $y=0$, $x=1$ 与曲线 $y=x^2$ 所围成的闭区域,则 $f(x,y) = ($).

A. xy B. $2xy$ C. $xy + \dfrac{1}{8}$ D. $xy + 1$

(2) 若二次积分 $I = \int_{-\sqrt{2}}^{\sqrt{2}} \mathrm{d}x \int_{x^2}^{4-x^2} f(x,y)\mathrm{d}y$,其中 $f(x,y)$ 为连续函数,则 $I = ($).

A. $\int_0^4 \mathrm{d}y \int_{-\sqrt{4-y}}^{\sqrt{4-y}} f(x,y)\mathrm{d}x$

B. $2\int_0^{\sqrt{2}} \mathrm{d}x \int_{x^2}^{4-x^2} f(x,y)\mathrm{d}y$

C. $\int_0^2 \mathrm{d}y \int_{-\sqrt{y}}^{\sqrt{y}} f(x,y)\mathrm{d}x + \int_2^4 \mathrm{d}y \int_{-\sqrt{4-y}}^{\sqrt{4-y}} f(x,y)\mathrm{d}x$

D. $\int_0^{\arctan\sqrt{2}} \mathrm{d}\theta \int_0^{\frac{\sin\theta}{\cos\theta}} f(r\cos\theta, r\sin\theta) r \mathrm{d}r$

(3) 二次积分 $\int_0^{\frac{\pi}{2}} \mathrm{d}\theta \int_0^{2\cos\theta} f(r\cos\theta, r\sin\theta) r \mathrm{d}r$ 可写成( ).

A. $\int_0^1 \mathrm{d}y \int_0^{1+\sqrt{1-y^2}} f(x,y)\mathrm{d}x$ B. $\int_0^2 \mathrm{d}x \int_0^{\sqrt{2x-x^2}} f(x,y)\mathrm{d}y$

C. $\int_0^1 dy \int_0^{1-\sqrt{1-y^2}} f(x,y)dx$ D. $\int_0^2 dy \int_0^{\sqrt{2y-y^2}} f(x,y)dx$

(4) 设 D 是由直线 $y=kx(k>0), y=0, x=1$ 所围成的闭区域,且 $\iint\limits_{D} xy^2 d\sigma = \frac{1}{15}$,则 $k=$ ( ).

A. 1   B. $\sqrt[3]{\frac{4}{5}}$ C. $\sqrt[3]{\frac{1}{15}}$ D. $\sqrt[3]{\frac{2}{15}}$

(5) 极坐标系下的二次积分 $\int_{\frac{\pi}{4}}^{\frac{\pi}{2}} d\theta \int_0^{2\sin\theta} rf(r\cos\theta, r\sin\theta)dr$ 化为直角坐标系下的二次积分为( ).

A. $\int_0^1 dx \int_0^{\sqrt{1-x^2}} f(x,y)dy$

B. $\int_0^1 dx \int_{1-\sqrt{1-x^2}}^{x} f(x,y)dy$

C. $\int_0^1 dy \int_0^{y} f(x,y)dx + \int_1^2 dy \int_0^{\sqrt{2y-y^2}} f(x,y)dx$

D. $\int_0^1 dy \int_y^{\sqrt{2y-y^2}} f(x,y)dx$

(B)

3. 交换下列二次积分的积分次序:

(1) $\int_{-1}^1 dx \int_0^{\sqrt{1-x^2}} f(x,y)dy$;

(2) $\int_0^1 dx \int_{1-x^2}^1 f(x,y)dy + \int_1^2 dx \int_{x-1}^1 f(x,y)dy$;

(3) $\int_0^1 dy \int_{\sqrt{y}}^{1+\sqrt{1-y^2}} f(x,y)dx$;

(4) $\int_{-1}^0 dx \int_0^{1+x} f(x,y)dy + \int_0^1 dx \int_0^{1-x} f(x,y)dy$.

4. 计算下列二重积分:

(1) $\iint\limits_{D} y e^{xy} d\sigma$,其中 D 是由直线 $y=\ln 2, y=\ln 3$ 及 $x=2, x=4$ 所围成的闭区域;

(2) $\iint\limits_{D} \sin\frac{x}{y} d\sigma$,其中 D 是由曲线 $y=\sqrt{x}$ 与直线 $y=x$ 所围成的闭区域;

(3) $\iint\limits_{D} \frac{\ln y}{x} d\sigma$,其中 D 是由直线 $y=1, y=x$ 及 $x=2$ 所围成的闭区域;

(4) $\iint\limits_{D} |y-x^2| d\sigma$,其中闭区域 $D=\{(x,y)\mid -1\leqslant x\leqslant 1, 0\leqslant y\leqslant 1\}$;

(5) $\iint\limits_{D} |\sin(x-y)| d\sigma$,其中闭区域 $D = \{(x,y) \mid 0 \leqslant x \leqslant y \leqslant 2\pi\}$;

(6) $\iint\limits_{D} y d\sigma$,其中闭区域 $D = \{(x,y) \mid x^2 + y^2 \leqslant a^2 (a>0), x \geqslant 0, y \geqslant 0\}$;

(7) $\iint\limits_{D} \sqrt{\dfrac{1-x^2-y^2}{1+x^2+y^2}} d\sigma$,其中闭区域 $D = \{(x,y) \mid x^2 + y^2 \leqslant 1, x \geqslant 0\}$;

(8) $\iint\limits_{D} \sqrt{x^2+y^2} d\sigma$,其中 D 是由直线 $y=x$ 与曲线 $y=x^4 (x \geqslant 0)$ 所围成的闭区域.

5. 计算由四个平面 $x=0, y=0, x=1, y=1$ 所围成的柱体被平面 $z=0$ 及 $2x+3y+z=6$ 所截得的立体的体积.

6. 设函数 $f(x,y)$ 连续,求极限 $\lim\limits_{\rho \to 0^+} \dfrac{1}{\rho^2} \iint\limits_{D} f(x,y) dx dy$,其中闭区域 $D = \{(x,y) \mid \sqrt{x^2+y^2} \leqslant \rho\}$.

7. 设函数 $f(x)$ 在 $[a,b]$ 上连续,试利用二重积分证明:
$$\left[\int_a^b f(x) dx\right]^2 \leqslant (b-a) \int_a^b f^2(x) dx.$$

8. 设函数 $f(x)$ 在 $[0,a]$ 上连续,证明:$2\int_0^a f(x) dx \int_x^a f(y) dy = \left[\int_0^a f(x) dx\right]^2$.

9. 设函数 $f(x)$ 连续,闭区域 $D = \left\{(x,y) \mid |x| \leqslant \dfrac{A}{2}, |y| \leqslant \dfrac{A}{2}\right\}$,证明:
$$\iint\limits_{D} f(x-y) d\sigma = \int_{-A}^{A} f(t)(A-|t|) dt.$$

10. 设函数 $f(x)$ 在 $[0,1]$ 上连续,D 是以 $O(0,0), A(0,1), B(1,0)$ 为顶点的三角形闭区域,证明:
$$\iint\limits_{D} f(1-y) f(x) dx dy = \dfrac{1}{2} \left[\int_0^1 f(x) dx\right]^2.$$

11. 计算二重积分 $\iint\limits_{D} (x^2 + 2\sin x + 3y + 4) dx dy$,其中闭区域 $D = \{(x,y) \mid x^2 + y^2 \leqslant a^2\}$.

12. 计算二重积分 $\iint\limits_{D} f(x,y) d\sigma$,其中函数 $f(x,y) = \begin{cases} x^2 y, & 1 \leqslant x \leqslant 2, 0 \leqslant y \leqslant x, \\ 0, & \text{其他}, \end{cases}$ 闭区域 $D = \{(x,y) \mid x^2 + y^2 \geqslant 2x\}$.

13. 计算二重积分 $\iint\limits_{D} \min\{x,y\} e^{-(x^2+y^2)} dx dy$,其中 D 是整个 xOy 平面.

14. 计算二重积分 $\iint\limits_{D} f''_{xy}(x,y) dx dy$,其中闭区域 $D = \{(x,y) \mid 0 \leqslant x \leqslant 1, 0 \leqslant y \leqslant 1\}$,且 $f''_{xy}(x,y)$ 在 D 上连续.

15. 设 $f(x)$ 为连续函数,$F(t) = \int_1^t dy \int_y^t f(x) dx$,求 $F'(2)$.

16. 计算二重积分 $\iint\limits_{D} y[1+x e^{\frac{1}{2}(x^2+y^2)}]dxdy$,其中 D 是由直线 $y=x$,$y=-1$,$x=1$ 所围成的闭区域.

17. 计算二重积分 $\iint\limits_{D} e^{-(x^2+y^2-\pi)}\sin(x^2+y^2)dxdy$,其中闭区域 $D=\{(x,y)\mid x^2+y^2\leqslant\pi\}$.

18. 计算二重积分 $\iint\limits_{D}(\sqrt{x^2+y^2}+y)d\sigma$,其中 D 是由圆 $x^2+y^2=4$ 和 $(x+1)^2+y^2=1$ 所围成的闭区域[圆 $(x+1)^2+y^2=1$ 外的部分].

第9章

无穷级数

无穷级数是高等数学的一个重要组成部分,它是表示函数、研究函数的性质及计算函数值的强有力的工具.本章先讨论常数项级数的相关内容,然后讨论函数项级数,最后讨论幂级数及如何将函数展开成幂级数.

9.1 常数项级数的概念与性质

在一些实际问题中,经常需要计算无穷多个数的和.例如,某集团公司计划今年筹备设立永久性教育奖,从明年开始每年发奖金一次,奖金额为 A(单位:万元).如果银行规定年利率为 r,每年结息一次,那么基金的最低金额 P 应是以下无穷多个数的和:

$$\frac{A}{1+r}, \quad \frac{A}{(1+r)^2}, \quad \frac{A}{(1+r)^3}, \quad \cdots, \quad \frac{A}{(1+r)^n}, \quad \cdots.$$

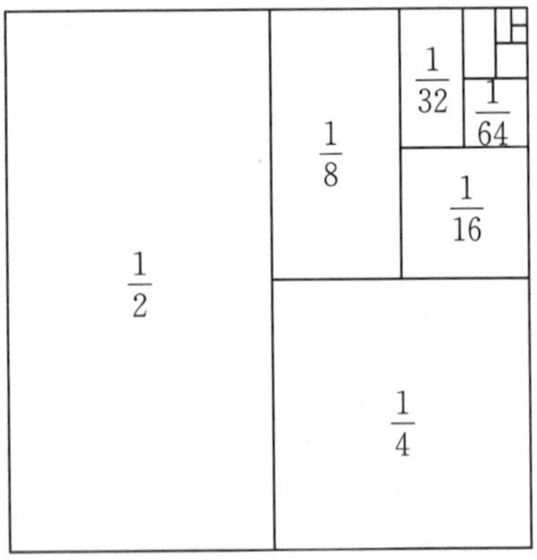

对无穷多个数的求和这一问题困惑了数学家长达几个世纪.有的无穷多个数的和是一个确定的值,如

$$\frac{1}{2}+\frac{1}{4}+\frac{1}{8}+\cdots=1,$$

这一结果可通过图 9.1.1 中的单位正方形被无数次平分后所得的面积得出.而有的无穷多个数的和是无穷大,如

$$1+\frac{1}{2}+\frac{1}{3}+\cdots=\infty,$$

这一结果我们在后续会证明.类似这样无穷多个数的求和问题有许多方面可以研究,如这样的和存在吗?若存在,是多少? 等等.

图 9.1.1

9.1.1 常数项级数的概念

定义 9.1.1 若给定一个数列 $u_1, u_2, \cdots, u_n, \cdots$,则由该数列构成的表达式

$$u_1+u_2+\cdots+u_n+\cdots \tag{9.1.1}$$

称为**常数项无穷级数**,简称**(无穷)级数**,记作 $\sum\limits_{n=1}^{\infty} u_n$,即 $\sum\limits_{n=1}^{\infty} u_n = u_1+u_2+\cdots+u_n+\cdots$,其中第

n 项 u_n 叫作级数的**一般项**(或**通项**).

例如，$\frac{1}{2}+\frac{1}{4}+\frac{1}{8}+\cdots+\frac{1}{2^n}+\cdots$ 和 $1+\frac{1}{2}+\frac{1}{3}+\cdots+\frac{1}{n}+\cdots$ 是两个级数，可分别简记作 $\sum_{n=1}^{\infty}\frac{1}{2^n}$ 和 $\sum_{n=1}^{\infty}\frac{1}{n}$.

定义 9.1.1 仅仅是级数的一个形式化的定义，它并未明确无穷多个数相加的意义. 无穷多个数的相加并不能简单地认为是一项又一项累加起来，因为这一累加过程是无法完成的. 但是因为 $\sum_{n=1}^{\infty}u_n=\lim_{n\to\infty}\sum_{k=1}^{n}u_k$，所以我们可以利用 $\sum_{k=1}^{n}u_k$ (有限) 来研究级数 $\sum_{n=1}^{\infty}u_n$ (无限). 为此，引入部分和的概念.

把级数 $\sum_{n=1}^{\infty}u_n$ 的前 n 项之和

$$u_1+u_2+\cdots+u_n \tag{9.1.2}$$

称为该级数的**前 n 项部分和**，记作 s_n，即 $s_n=u_1+u_2+\cdots+u_n$. 当 n 依次取 $1,2,3,\cdots$ 时，它们构成一个新的数列 $\{s_n\}$：

$$s_1=u_1,$$
$$s_2=u_1+u_2,$$
$$s_3=u_1+u_2+u_3,$$
$$\cdots\cdots$$
$$s_n=u_1+u_2+\cdots+u_n,$$
$$\cdots\cdots$$

称此数列为级数 $\sum_{n=1}^{\infty}u_n$ 的**前 n 项部分和数列**.

根据前 n 项部分和数列是否有极限，可以给出级数收敛与发散的概念.

定义 9.1.2 当 n 无限增大时，如果级数 $\sum_{n=1}^{\infty}u_n$ 的前 n 项部分和数列 $\{s_n\}$ 有极限 s，即

$$\lim_{n\to\infty}s_n=s,$$

则称级数 $\sum_{n=1}^{\infty}u_n$ **收敛**，这时极限 s 称为级数 $\sum_{n=1}^{\infty}u_n$ 的**和**，并记作

$$s=u_1+u_2+\cdots+u_n+\cdots.$$

如果级数 $\sum_{n=1}^{\infty}u_n$ 的前 n 项部分和数列 $\{s_n\}$ 没有极限，则称级数 $\sum_{n=1}^{\infty}u_n$ **发散**.

由定义 9.1.2 可知，级数 $\sum_{n=1}^{\infty}u_n$ 与它的前 n 项部分和数列 $\{s_n\}$ 同时收敛或同时发散，且当级数 $\sum_{n=1}^{\infty}u_n$ 收敛时，有 $\sum_{n=1}^{\infty}u_n=\lim_{n\to\infty}s_n=s$. 因此，收敛的级数有和 s，发散的级数没有"和".

若级数 $\sum_{n=1}^{\infty}u_n$ 收敛于 s，则其前 n 项部分和 s_n 是级数 $\sum_{n=1}^{\infty}u_n$ 的和 s 的近似值，它们的差

$$r_n=s-s_n=u_{n+1}+u_{n+2}+\cdots+u_{n+k}+\cdots$$

称为级数 $\sum_{n=1}^{\infty}u_n$ 的**余项**. 显然，$\lim_{n\to\infty}r_n=0$，r_n 是用 s_n 近似代替 s 所产生的误差.

例 9.1.1 讨论级数 $\sum_{n=1}^{\infty}(\sqrt{n+1}-\sqrt{n})$ 的敛散性.

解 因为该级数的前 n 项部分和

$$s_n = \sum_{k=1}^{n}(\sqrt{k+1}-\sqrt{k})$$
$$= (\sqrt{2}-\sqrt{1})+(\sqrt{3}-\sqrt{2})+\cdots+(\sqrt{n+1}-\sqrt{n})$$
$$= \sqrt{n+1}-1,$$

所以

$$\lim_{n\to\infty} s_n = \lim_{n\to\infty}(\sqrt{n+1}-1) = \infty,$$

从而级数 $\sum_{n=1}^{\infty}(\sqrt{n+1}-\sqrt{n})$ 发散.

例 9.1.2 讨论级数 $\sum_{n=1}^{\infty}\dfrac{1}{n(n+1)}$ 的敛散性.

解 因为该级数的前 n 项部分和

$$s_n = \sum_{k=1}^{n}\dfrac{1}{k(k+1)} = \dfrac{1}{1\times 2}+\dfrac{1}{2\times 3}+\cdots+\dfrac{1}{n(n+1)}$$
$$= \left(\dfrac{1}{1}-\dfrac{1}{2}\right)+\left(\dfrac{1}{2}-\dfrac{1}{3}\right)+\cdots+\left(\dfrac{1}{n}-\dfrac{1}{n+1}\right)$$
$$= 1-\dfrac{1}{n+1},$$

所以

$$\lim_{n\to\infty} s_n = \lim_{n\to\infty}\left(1-\dfrac{1}{n+1}\right) = 1,$$

从而级数 $\sum_{n=1}^{\infty}\dfrac{1}{n(n+1)}$ 收敛,且其和为 1.

例 9.1.3 讨论**等比级数**(又称**几何级数**)

$$\sum_{n=1}^{\infty} aq^{n-1} = a+aq+aq^2+\cdots+aq^{n-1}+\cdots \quad (a\neq 0)$$

的敛散性.

解 鉴于对不同的 q 值结论不同,分情况讨论如下.

① 当 $|q|=1$ 时,若 $q=1$,则该等比级数的前 n 项部分和

$$s_n = \sum_{k=1}^{n} a\cdot 1^{n-1} = a+a+\cdots+a = na;$$

若 $q=-1$,则该等比级数的前 n 项部分和

$$s_n = a-a+a-a+\cdots+(-1)^{n-2}a+(-1)^{n-1}a = \begin{cases} 0, & n\text{ 为偶数}, \\ a, & n\text{ 为奇数}. \end{cases}$$

显然,当 $q=1$ 或 $q=-1$ 时,$\lim_{n\to\infty} s_n$ 都不存在,因此当 $|q|=1$ 时,该等比级数发散.

② 当 $|q|\neq 1$ 时,该等比级数的前 n 项部分和

$$s_n = a+aq+aq^2+\cdots+aq^{n-1} = \dfrac{a(1-q^n)}{1-q}.$$

若 $|q|<1$，则由 $\lim\limits_{n\to\infty}q^n=0$ 可得 $\lim\limits_{n\to\infty}s_n=\dfrac{a}{1-q}$，即该等比级数收敛，且其和为 $\dfrac{a}{1-q}$；若 $|q|>1$，则由 $\lim\limits_{n\to\infty}q^n=\infty$ 可得 $\lim\limits_{n\to\infty}s_n=\infty$，即该等比级数发散.

综上可知，当 $|q|<1$ 时，级数 $\sum\limits_{n=1}^{\infty}aq^{n-1}$ 收敛，且其和为 $\dfrac{a}{1-q}$；当 $|q|\geqslant 1$ 时，级数 $\sum\limits_{n=1}^{\infty}aq^{n-1}$ 发散.

例 9.1.4 证明：调和级数 $\sum\limits_{n=1}^{\infty}\dfrac{1}{n}$ 发散.

证 容易证明，当 $x>0$ 时，$x>\ln(1+x)$. 由此可知，当 $n>1$ 时，
$$\frac{1}{n}>\ln\left(1+\frac{1}{n}\right)=\ln(n+1)-\ln n.$$
因此，该级数的前 n 项部分和 s_n 满足
$$s_n=1+\frac{1}{2}+\cdots+\frac{1}{n}>(\ln 2-\ln 1)+(\ln 3-\ln 2)+\cdots+[\ln(n+1)-\ln n]$$
$$=\ln(n+1).$$
当 $n\to\infty$ 时，$\ln(n+1)\to\infty$，所以调和级数的部分和数列 $\{s_n\}$ 的极限 $\lim\limits_{n\to\infty}s_n$ 不存在，于是该级数发散.

调和级数是一个发散级数，而且从上面的讨论可以看到，当 $n\to\infty$ 时，s_n 是一个正无穷大. 但是，有个很有趣的现象，由于当 n 越来越大时，调和级数的通项变得越来越小，因此它的和增大得非常缓慢. 有几个数据可以更好地帮助我们理解这个级数：该级数的前 1 000 项部分和约为 7.485，前 10^6 项部分和约为 14.357，前 10^9 项部分和约为 21，前 10^{12} 项部分和约为 28. 要使得这个级数的前 n 项部分和超过 100，必须至少把 10^{43} 项加起来.

9.1.2 无穷级数的基本性质

性质 1 设 k 是非零常数，则级数 $\sum\limits_{n=1}^{\infty}u_n$ 与 $\sum\limits_{n=1}^{\infty}ku_n$ 同时收敛或同时发散，且当 $\sum\limits_{n=1}^{\infty}u_n$ 收敛时，有
$$\sum_{n=1}^{\infty}ku_n=k\sum_{n=1}^{\infty}u_n,$$
即级数的每一项同乘以一个不为 0 的常数后，它的敛散性不变.

证 设级数 $\sum\limits_{n=1}^{\infty}u_n$ 与 $\sum\limits_{n=1}^{\infty}ku_n$ 的前 n 项部分和分别为 s_n 与 σ_n，则
$$\sigma_n=ku_1+ku_2+\cdots+ku_n=k(u_1+u_2+\cdots+u_n)=ks_n,$$
从而 $\lim\limits_{n\to\infty}\sigma_n=\lim\limits_{n\to\infty}ks_n=k\lim\limits_{n\to\infty}s_n$，即 $\lim\limits_{n\to\infty}\sigma_n$ 与 $\lim\limits_{n\to\infty}s_n$ 同时存在或同时不存在，也就是级数 $\sum\limits_{n=1}^{\infty}u_n$ 与 $\sum\limits_{n=1}^{\infty}ku_n$ 同时收敛或同时发散.

当级数 $\sum\limits_{n=1}^{\infty}u_n$ 收敛时，因 $\lim\limits_{n\to\infty}\sigma_n=\lim\limits_{n\to\infty}ks_n=k\lim\limits_{n\to\infty}s_n$，故 $\sum\limits_{n=1}^{\infty}ku_n=k\sum\limits_{n=1}^{\infty}u_n$.

性质 2 设级数 $\sum\limits_{n=1}^{\infty}u_n$ 与 $\sum\limits_{n=1}^{\infty}v_n$ 分别收敛于 u 与 v，则级数 $\sum\limits_{n=1}^{\infty}(u_n\pm v_n)$ 也收敛，且收敛于 $u\pm v$.

证 设级数 $\sum\limits_{n=1}^{\infty}u_n$ 与 $\sum\limits_{n=1}^{\infty}v_n$ 的前 n 项部分和分别为 s_n 与 σ_n，则级数 $\sum\limits_{n=1}^{\infty}(u_n\pm v_n)$ 的前 n 项部分和为

$$z_n=(u_1\pm v_1)+(u_2\pm v_2)+\cdots+(u_n\pm v_n)=(u_1+u_2+\cdots+u_n)\pm(v_1+v_2+\cdots+v_n)$$
$$=s_n\pm\sigma_n,$$

从而

$$\lim_{n\to\infty}z_n=\lim_{n\to\infty}(s_n\pm\sigma_n)=\lim_{n\to\infty}s_n\pm\lim_{n\to\infty}\sigma_n=u\pm v,$$

即级数 $\sum\limits_{n=1}^{\infty}(u_n\pm v_n)$ 也收敛，且收敛于 $u\pm v$.

由性质 2，容易得到以下几个结论.

(1) 若级数 $\sum\limits_{n=1}^{\infty}u_n$ 与 $\sum\limits_{n=1}^{\infty}v_n$ 都收敛，则

$$\sum_{n=1}^{\infty}(u_n\pm v_n)=\sum_{n=1}^{\infty}u_n\pm\sum_{n=1}^{\infty}v_n \quad (\sum \text{分配律}),$$

$$\sum_{n=1}^{\infty}u_n\pm\sum_{n=1}^{\infty}v_n=\sum_{n=1}^{\infty}(u_n\pm v_n) \quad (\sum \text{的一种结合律}).$$

(2) 若级数 $\sum\limits_{n=1}^{\infty}u_n$ 收敛，而级数 $\sum\limits_{n=1}^{\infty}v_n$ 发散，则级数 $\sum\limits_{n=1}^{\infty}(u_n\pm v_n)$ 发散.

可利用反证法证明结论(2). 假设级数 $\sum\limits_{n=1}^{\infty}(u_n\pm v_n)$ 收敛，且级数 $\sum\limits_{n=1}^{\infty}u_n$ 也收敛，则由性质 2 可得 $\sum\limits_{n=1}^{\infty}[(u_n\pm v_n)-u_n]$ 也收敛，即级数 $\pm\sum\limits_{n=1}^{\infty}v_n$ 收敛，从而级数 $\sum\limits_{n=1}^{\infty}v_n$ 收敛，这与已知相矛盾. 因此，级数 $\sum\limits_{n=1}^{\infty}(u_n\pm v_n)$ 发散.

值得注意的是，如果级数 $\sum\limits_{n=1}^{\infty}u_n$ 与 $\sum\limits_{n=1}^{\infty}v_n$ 都发散，那么级数 $\sum\limits_{n=1}^{\infty}(u_n\pm v_n)$ 可能发散，也可能收敛. 例如，取 $u_n=1, v_n=-1$，则级数 $\sum\limits_{n=1}^{\infty}1$ 与级数 $\sum\limits_{n=1}^{\infty}(-1)$ 都发散，但级数 $\sum\limits_{n=1}^{\infty}[1+(-1)]$ 是收敛的，而级数 $\sum\limits_{n=1}^{\infty}[1-(-1)]$ 是发散的.

例 9.1.5 讨论级数 $\sum\limits_{n=1}^{\infty}\left[\dfrac{1}{n(n+1)}+\dfrac{5}{2^n}\right]$ 的敛散性，若收敛，求其和.

解 由例 9.1.2 可知，级数 $\sum\limits_{n=1}^{\infty}\dfrac{1}{n(n+1)}$ 收敛，且其和为 1. 又因为级数 $\sum\limits_{n=1}^{\infty}\dfrac{5}{2^n}=5\sum\limits_{n=1}^{\infty}\dfrac{1}{2^n}$，其中 $\sum\limits_{n=1}^{\infty}\dfrac{1}{2^n}$ 是公比为 $\dfrac{1}{2}$ 的等比级数，也收敛，且其和为 1，所以由级数的性质可知级数 $\sum\limits_{n=1}^{\infty}\left[\dfrac{1}{n(n+1)}+\dfrac{5}{2^n}\right]$ 收敛，且

$$\sum_{n=1}^{\infty}\left[\frac{1}{n(n+1)}+\frac{5}{2^n}\right]=\sum_{n=1}^{\infty}\frac{1}{n(n+1)}+5\sum_{n=1}^{\infty}\frac{1}{2^n}=1+5\times 1=6,$$

即其和为 6.

性质 3 在一个级数的前面去掉有限项、加上有限项或改变有限项，不会影响该级数的敛散性，但在收敛时，其和一般会改变.

证 设级数 $\sum_{n=1}^{\infty}u_n=u_1+u_2+\cdots+u_k+u_{k+1}+u_{k+2}+\cdots+u_{k+n}+\cdots$，它的前 n 项部分和数列记作 $\{s_n\}$，即 $s_n=u_1+u_2+\cdots+u_n$. 级数 $\sum_{n=1}^{\infty}u_n$ 中去掉前 k 项得到新级数

$$\sum_{n=1}^{\infty}u_{n+k}=u_{k+1}+u_{k+2}+\cdots+u_{k+n}+\cdots,$$

那么该新级数的前 n 项部分和为

$$\sigma_n=u_{k+1}+u_{k+2}+\cdots+u_{k+n}=s_{k+n}-s_k,$$

其中 s_{k+n} 是原级数 $\sum_{n=1}^{\infty}u_n$ 的前 $k+n$ 项部分和，s_k 是原级数 $\sum_{n=1}^{\infty}u_n$ 的前 k 项部分和(它是一个常数). 因为 s_k 是常数，所以当 $n\to\infty$ 时，数列 $\{\sigma_n\}$ 与 $\{s_{k+n}\}$ 有相同的敛散性，从而级数 $\sum_{n=1}^{\infty}u_n$ 前面去掉有限项得到的新级数 $\sum_{n=1}^{\infty}u_{n+k}$ 与原级数有相同的敛散性，且当级数 $\sum_{n=1}^{\infty}u_n$ 收敛时，新级数的和满足 $\sigma=s-s_k$，其中 $\sigma=\lim_{n\to\infty}\sigma_n$，$s=\lim_{n\to\infty}s_n$，$s_k=\sum_{i=1}^{k}u_i$.

类似可以证明，在级数的前面加上有限项、改变有限项也不会改变该级数的敛散性.

性质 4 收敛级数任意添加括号后所得到的新级数仍收敛，且其和不变.

证 设级数

$$\sum_{n=1}^{\infty}u_n=u_1+u_2+\cdots+u_n+\cdots$$

收敛于 s，它的前 n 项部分和记作 s_n. 级数 $\sum_{n=1}^{\infty}u_n$ 任意加括号后所成的新级数为

$$(u_1+u_2+\cdots+u_{n_1})+(u_{n_1+1}+u_{n_1+2}+\cdots+u_{n_2})+\cdots$$
$$+(u_{n_{k-1}+1}+u_{n_{k-1}+2}+\cdots+u_{n_k})+\cdots=\sum_{k=1}^{\infty}v_k,$$

其中 $v_1=u_1+u_2+\cdots+u_{n_1}$，$v_2=u_{n_1+1}+u_{n_1+2}+\cdots+u_{n_2}$，$\cdots$，$v_k=u_{n_{k-1}+1}+u_{n_{k-1}+2}+\cdots+u_{n_k}$. 用 z_k 表示这一新级数 $\sum_{k=1}^{\infty}v_k$ 的前 k 项部分和，而实际它是原级数 $\sum_{n=1}^{\infty}u_n$ 的前 n_k 项部分和 s_{n_k} ($k\leqslant n_k$). 显然，当 $k\to\infty$ 时，有 $n_k\to\infty$，从而

$$\lim_{k\to\infty}z_k=\lim_{k\to\infty}s_{n_k}=s,$$

即新级数 $\sum_{k=1}^{\infty}v_k$ 收敛，且其和仍为 s.

级数任意加括号与去括号后所得到的新级数的敛散性比较复杂，下面给出几个结论.

(1) 如果级数按某一方法加括号后所得到的新级数是发散的,则原级数也一定发散(性质4的逆否命题).

(2) 级数加括号后所得到的新级数收敛,原级数不一定收敛.

例如,级数
$$(1-1)+(1-1)+\cdots$$
收敛于0,但去括号后所得到的新级数
$$1-1+1-1+\cdots+(-1)^{n-1}+(-1)^n+\cdots$$
是发散的.

这一事实也可以反过来表述,即收敛级数去括号后所得到的新级数不一定收敛.

性质5(级数收敛的必要条件) 若级数 $\sum\limits_{n=1}^{\infty} u_n$ 收敛,则 $\lim\limits_{n\to\infty} u_n = 0$.

证 因为级数 $\sum\limits_{n=1}^{\infty} u_n$ 收敛,所以它的前 n 项部分和数列 $\{s_n\}$ 有极限. 设 $\lim\limits_{n\to\infty} s_n = s$,又因为前 n 项部分和 s_n 与通项 u_n 有关系式

$$u_n = s_n - s_{n-1},$$

所以
$$\lim_{n\to\infty} u_n = \lim_{n\to\infty}(s_n - s_{n-1}) = \lim_{n\to\infty} s_n - \lim_{n\to\infty} s_{n-1} = s - s = 0.$$

注意,性质5的逆命题不成立. 也就是说,当 $\lim\limits_{n\to\infty} u_n = 0$ 时,级数 $\sum\limits_{n=1}^{\infty} u_n$ 不一定收敛. 例如,调和级数 $\sum\limits_{n=1}^{\infty} \dfrac{1}{n}$ 满足 $\lim\limits_{n\to\infty} \dfrac{1}{n} = 0$,但它是发散的. 所以,$\lim\limits_{n\to\infty} u_n = 0$ 是级数 $\sum\limits_{n=1}^{\infty} u_n$ 收敛的必要条件,而不是充分条件.

由性质5还可得如下结论.

如果 $\lim\limits_{n\to\infty} u_n \neq 0$,那么级数 $\sum\limits_{n=1}^{\infty} u_n$ 一定发散.

例如,对于级数 $\sum\limits_{n=1}^{\infty} \dfrac{n}{n+1}$,由于通项的极限 $\lim\limits_{n\to\infty} u_n = \lim\limits_{n\to\infty} \dfrac{n}{n+1} = 1 \neq 0$,因此该级数一定发散.

习 题 9.1

1. 若级数 $\sum\limits_{n=1}^{\infty} u_n$ 与 $\sum\limits_{n=1}^{\infty} v_n$ 满足( ),则可以确定级数 $\sum\limits_{n=1}^{\infty} (2u_n - 5v_n)$ 收敛.

A. 级数 $\sum\limits_{n=1}^{\infty} u_n$ 与 $\sum\limits_{n=1}^{\infty} v_n$ 都收敛　　　　B. 级数 $\sum\limits_{n=1}^{\infty} u_n$ 收敛,级数 $\sum\limits_{n=1}^{\infty} v_n$ 发散

C. 级数 $\sum\limits_{n=1}^{\infty} u_n$ 发散,级数 $\sum\limits_{n=1}^{\infty} v_n$ 收敛　　　　D. 级数 $\sum\limits_{n=1}^{\infty} u_n$ 与 $\sum\limits_{n=1}^{\infty} v_n$ 都发散

2. 级数 $\sum\limits_{n=1}^{\infty} \dfrac{1}{(2n-1)(2n+1)}$ 收敛于( ).

A. 1　　　　B. 2　　　　C. $\dfrac{1}{2}$　　　　D. $\dfrac{1}{4}$

3. 写出下列级数的通项：

(1) $\dfrac{1}{3}+\dfrac{1}{\sqrt{3}}+\dfrac{1}{\sqrt[3]{3}}+\cdots$；

(2) $\dfrac{1}{2^2}\ln 2+\dfrac{1}{3^2}\ln 3+\dfrac{1}{4^2}\ln 4+\cdots$；

(3) $\dfrac{3}{2}+\dfrac{2}{3}+\dfrac{5}{4}+\dfrac{4}{5}+\dfrac{7}{6}+\dfrac{6}{7}+\cdots$．

4. 写出下列级数的前五项：

(1) $\sum\limits_{n=0}^{\infty}\dfrac{1+n}{1+n^2}$；
(2) $\sum\limits_{n=1}^{\infty}\dfrac{n^n}{n!}$；
(3) $\sum\limits_{n=0}^{\infty}\sin\dfrac{n\pi}{4}$．

5. 已知级数 $\sum\limits_{n=1}^{\infty}u_n$ 的前 n 项部分和 $s_n=\dfrac{2n}{n+1}$，求 u_2,u_n．

6. 利用级数的定义或性质判别下列级数的敛散性：

(1) $\sum\limits_{n=1}^{\infty}(\sqrt{n-1}-\sqrt{n})$；
(2) $\sum\limits_{n=1}^{\infty}\dfrac{1}{(3n-1)(3n+2)}$；
(3) $\sum\limits_{n=1}^{\infty}\cos\dfrac{\pi}{2n}$；

(4) $\sum\limits_{n=1}^{\infty}\dfrac{\ln^n 3}{3^n}$；
(5) $\sum\limits_{n=1}^{\infty}\dfrac{n}{100n-7}$；
(6) $\sum\limits_{n=1}^{\infty}\dfrac{1}{\sqrt[n]{0.001}}$；

(7) $\sum\limits_{n=1}^{\infty}\ln\left(1+\dfrac{1}{n}\right)$；
(8) $\sum\limits_{n=1}^{\infty}\left(\dfrac{3}{2^n}-\dfrac{4}{5^n}\right)$；
(9) $\sum\limits_{n=1}^{\infty}\left[\dfrac{1}{3n}+\left(\dfrac{1}{2}\right)^n\right]$．

7. 讨论级数 $\sum\limits_{n=1}^{\infty}(\sqrt{n+2}-2\sqrt{n+1}+\sqrt{n})$ 的敛散性，若收敛，求其和．

9.2 正项级数的审敛法

一般情况下，利用级数的定义或性质来判别级数的敛散性是很困难的，那么是否有更简单易行的判别方法呢？由于许多级数的敛散性可较好地归结为正项级数的敛散性问题，因此正项级数的敛散性判别就显得十分重要．

定义 9.2.1 若级数 $\sum\limits_{n=1}^{\infty}u_n$ 中的每一项都是非负的，即 $u_n\geqslant 0(n=1,2,\cdots)$，则称级数 $\sum\limits_{n=1}^{\infty}u_n$ 为**正项级数**．

由正项级数的特性很容易得到下面的结论．

定理 9.2.1 正项级数 $\sum\limits_{n=1}^{\infty}u_n$ 收敛的充要条件是：它的前 n 项部分和数列 $\{s_n\}$ 有界．

证 充分性．级数 $\sum\limits_{n=1}^{\infty}u_n$ 的前 n 项部分和数列 $\{s_n\}$ 满足

$$s_n=s_{n-1}+u_n\quad(n=2,3,\cdots).$$

显然，$\{s_n\}$ 是单调增加的，又 $\{s_n\}$ 有界，则由数列的单调有界准则可得数列 $\{s_n\}$ 是收敛的，即级数 $\sum\limits_{n=1}^{\infty}u_n$ 收敛．

必要性．若正项级数 $\sum\limits_{n=1}^{\infty}u_n$ 是一个收敛级数（设其收敛于常数 s），又其前 n 项部分和数列 $\{s_n\}$ 是单调增加的，则可得 $0\leqslant s_n\leqslant s$，即数列 $\{s_n\}$ 有界．

借助正项级数收敛的充要条件,可以建立一系列具有较强实用性及操作性的正项级数的审敛法.

定理 9.2.2 (比较审敛法) 设 $\sum_{n=1}^{\infty} u_n$ 与 $\sum_{n=1}^{\infty} v_n$ 都是正项级数,且满足
$$u_n \leqslant v_n \quad (n=1,2,\cdots). \tag{9.2.1}$$

(1) 若级数 $\sum_{n=1}^{\infty} v_n$ 收敛,则级数 $\sum_{n=1}^{\infty} u_n$ 收敛;

(2) 若级数 $\sum_{n=1}^{\infty} u_n$ 发散,则级数 $\sum_{n=1}^{\infty} v_n$ 发散.

证 (1) 设级数 $\sum_{n=1}^{\infty} u_n$ 的前 n 项部分和为 s_n,级数 $\sum_{n=1}^{\infty} v_n$ 收敛于 σ. 因为 $u_n \leqslant v_n (n=1,2,\cdots)$,所以
$$s_n = u_1 + u_2 + \cdots + u_n \leqslant v_1 + v_2 + \cdots + v_n \leqslant \sigma,$$
即级数 $\sum_{n=1}^{\infty} u_n$ 的前 n 项部分和数列 $\{s_n\}$ 有界,由定理 9.2.1 得级数 $\sum_{n=1}^{\infty} u_n$ 收敛.

(2) 用反证法. 设级数 $\sum_{n=1}^{\infty} v_n$ 收敛,因为 $u_n \leqslant v_n (n=1,2,\cdots)$,所以由(1)可得级数 $\sum_{n=1}^{\infty} u_n$ 收敛,与已知级数 $\sum_{n=1}^{\infty} u_n$ 发散矛盾. 故级数 $\sum_{n=1}^{\infty} v_n$ 发散.

由于级数的每一项同乘以一个非零常数,以及去掉级数的有限项均不改变级数的敛散性,因此比较审敛法又可表述如下.

推论 1 设 $\sum_{n=1}^{\infty} u_n$ 与 $\sum_{n=1}^{\infty} v_n$ 都是正项级数,N 为正整数,c 为正数,且
$$u_n \leqslant cv_n \quad (n=N, N+1, \cdots). \tag{9.2.2}$$

(1) 若级数 $\sum_{n=1}^{\infty} v_n$ 收敛,则级数 $\sum_{n=1}^{\infty} u_n$ 收敛;

(2) 若级数 $\sum_{n=1}^{\infty} u_n$ 发散,则级数 $\sum_{n=1}^{\infty} v_n$ 发散.

例 9.2.1 讨论 p-级数 $\sum_{n=1}^{\infty} \frac{1}{n^p} (p>0)$ 的敛散性.

解 ① 当 $0 < p \leqslant 1$ 时,因 $\frac{1}{n} \leqslant \frac{1}{n^p}$,且调和级数 $\sum_{n=1}^{\infty} \frac{1}{n}$ 发散,故由定理 9.2.2 可得级数 $\sum_{n=1}^{\infty} \frac{1}{n^p}$ 发散.

② 当 $p > 1$ 时,对于满足 $n-1 < x \leqslant n$ 的 $x(n \geqslant 2)$,都有
$$(n-1)^p \leqslant x^p \leqslant n^p,$$
即
$$\frac{1}{x^p} \geqslant \frac{1}{n^p},$$
由此得

$$\int_{n-1}^{n} \frac{1}{x^p} \mathrm{d}x \geqslant \int_{n-1}^{n} \frac{1}{n^p} \mathrm{d}x = \frac{1}{n^p}.$$

所以，p-级数的前 n 项部分和为

$$s_n = 1 + \frac{1}{2^p} + \frac{1}{3^p} + \cdots + \frac{1}{n^p} \leqslant 1 + \int_1^2 \frac{1}{x^p} \mathrm{d}x + \int_2^3 \frac{1}{x^p} \mathrm{d}x + \cdots + \int_{n-1}^{n} \frac{1}{x^p} \mathrm{d}x$$

$$= 1 + \int_1^n \frac{1}{x^p} \mathrm{d}x = 1 + \frac{1}{p-1}\left(1 - \frac{1}{n^{p-1}}\right) < 1 + \frac{1}{p-1}.$$

这说明 p-级数的前 n 项部分和数列 $\{s_n\}$ 有界，由定理 9.2.1 可得 p-级数 $\sum_{n=1}^{\infty} \frac{1}{n^p}$ 收敛.

综上所述，p-级数 $\sum_{n=1}^{\infty} \frac{1}{n^p}$ 当 $p > 1$ 时收敛，当 $p \leqslant 1$ 时发散.

p-级数是一个很重要的级数，在解题中往往会充当比较审敛法的比较对象，其他的比较对象还有等比级数等.

例 9.2.2 判别下列级数的敛散性：

(1) $\sum_{n=1}^{\infty} \frac{1}{3^n + 1}$;

(2) $\sum_{n=2}^{\infty} \frac{1}{\sqrt{n(\sqrt{n} - 1)}}$;

(3) $\sum_{n=1}^{\infty} \frac{5}{3^n + n}$;

(4) $\sum_{n=1}^{\infty} \left(\frac{n}{4n+1}\right)^n$.

解 (1) 因为 $\frac{1}{3^n + 1} < \frac{1}{3^n}$ $(n = 1, 2, \cdots)$，又级数 $\sum_{n=1}^{\infty} \frac{1}{3^n}$ 收敛，所以由定理 9.2.2 可得级数 $\sum_{n=1}^{\infty} \frac{1}{3^n + 1}$ 收敛.

(2) 因为 $\frac{1}{\sqrt{n(\sqrt{n} - 1)}} > \frac{1}{n^{\frac{3}{4}}}$ $(n = 2, 3, \cdots)$，又级数 $\sum_{n=2}^{\infty} \frac{1}{n^{\frac{3}{4}}}$ 是 $p = \frac{3}{4}$ 的 p-级数，是发散的，所以由定理 9.2.2 可得级数 $\sum_{n=2}^{\infty} \frac{1}{\sqrt{n(\sqrt{n} - 1)}}$ 发散.

(3) 因为 $\frac{5}{3^n + n} < 5 \cdot \frac{1}{3^n}$ $(n = 1, 2, \cdots)$，又级数 $\sum_{n=1}^{\infty} \frac{1}{3^n}$ 收敛，所以由推论 1 可得级数 $\sum_{n=1}^{\infty} \frac{5}{3^n + n}$ 收敛.

(4) 因为 $\left(\frac{n}{4n+1}\right)^n < \left(\frac{1}{4}\right)^n$ $(n = 1, 2, \cdots)$，又级数 $\sum_{n=1}^{\infty} \frac{1}{4^n}$ 收敛，所以由定理 9.2.2 可得级数 $\sum_{n=1}^{\infty} \left(\frac{n}{4n+1}\right)^n$ 收敛.

利用比较审敛法判别级数的敛散性，必须将该级数的通项与一已知敛散性的级数（如 p-级数、等比级数）的通项比较大小，这样的比较有时会较困难. 为了方便使用，下面以推论的形式给出比较审敛法的极限形式.

推论 2（比较审敛法的极限形式） 设 $\sum_{n=1}^{\infty} u_n$ 与 $\sum_{n=1}^{\infty} v_n$ 都是正项级数. 如果两级数的通项

u_n 与 v_n 满足

$$\lim_{n\to\infty}\frac{u_n}{v_n}=l, \tag{9.2.3}$$

那么

(1) 当 $0<l<+\infty$ 时，级数 $\sum_{n=1}^{\infty}u_n$ 与 $\sum_{n=1}^{\infty}v_n$ 有相同的敛散性，即同时收敛或同时发散；

(2) 当 $l=0$ 时，若级数 $\sum_{n=1}^{\infty}v_n$ 收敛，则级数 $\sum_{n=1}^{\infty}u_n$ 也收敛；

(3) 当 $l=+\infty$ 时，若级数 $\sum_{n=1}^{\infty}v_n$ 发散，则级数 $\sum_{n=1}^{\infty}u_n$ 也发散.

证 (1) 因为 $\lim_{n\to\infty}\frac{u_n}{v_n}=l$，由极限的定义可知，取正数 $\varepsilon=\frac{l}{2}$，存在正整数 N，使得当 $n>N$ 时，有

$$\left|\frac{u_n}{v_n}-l\right|<\frac{l}{2}, \quad 即 \quad \frac{l}{2}v_n<u_n<\frac{3l}{2}v_n,$$

所以由推论 1 可知，级数 $\sum_{n=1}^{\infty}u_n$ 与 $\sum_{n=1}^{\infty}v_n$ 同时收敛或同时发散.

同理可证明(2),(3) 两种情形.

例 9.2.3 判别下列级数的敛散性：

(1) $\sum_{n=1}^{\infty}n\sin\frac{1}{n^2}$; (2) $\sum_{n=1}^{\infty}\frac{\sqrt{n}}{n^2+1}$; (3) $\sum_{n=1}^{\infty}\frac{3^n}{5^n-2^n}$.

解 (1) 因为 $\lim_{n\to\infty}\dfrac{n\sin\frac{1}{n^2}}{\frac{1}{n}}=1$，且级数 $\sum_{n=1}^{\infty}\frac{1}{n}$ 发散，所以由推论 2 得级数 $\sum_{n=1}^{\infty}n\sin\frac{1}{n^2}$ 发散.

(2) 因为 $\lim_{n\to\infty}\dfrac{\frac{\sqrt{n}}{n^2+1}}{\frac{1}{n^{\frac{3}{2}}}}=1$，且级数 $\sum_{n=1}^{\infty}\frac{1}{n^{\frac{3}{2}}}$ 收敛，所以由推论 2 得级数 $\sum_{n=1}^{\infty}\frac{\sqrt{n}}{n^2+1}$ 收敛.

(3) 因为 $\lim_{n\to\infty}\dfrac{\frac{3^n}{5^n-2^n}}{\left(\frac{3}{5}\right)^n}=1$，且级数 $\sum_{n=1}^{\infty}\left(\frac{3}{5}\right)^n$ 收敛，所以由推论 2 得级数 $\sum_{n=1}^{\infty}\frac{3^n}{5^n-2^n}$ 收敛.

例 9.2.4 讨论级数 $\sum_{n=1}^{\infty}\frac{1}{1+a^n}(a>0)$ 的敛散性.

解 ① 当 $a>1$ 时，级数 $\sum_{n=1}^{\infty}\frac{1}{1+a^n}$ 的通项 $\frac{1}{1+a^n}<\frac{1}{a^n}$，而 $\sum_{n=1}^{\infty}\frac{1}{a^n}$ 是一个公比为 $\frac{1}{a}<1$ 的等比级数，是收敛的，因此级数 $\sum_{n=1}^{\infty}\frac{1}{1+a^n}$ 收敛.

② 当 $a=1$ 时，级数 $\sum_{n=1}^{\infty}\frac{1}{1+a^n}$ 的通项 $\frac{1}{1+a^n}=\frac{1}{2}\neq 0$，由级数收敛的必要条件可知级

$\sum\limits_{n=1}^{\infty}\dfrac{1}{1+a^n}$ 发散.

③ 当 $0<a<1$ 时，级数 $\sum\limits_{n=1}^{\infty}\dfrac{1}{1+a^n}$ 的通项 $\dfrac{1}{1+a^n}>\dfrac{1}{2}$，而级数 $\sum\limits_{n=1}^{\infty}\dfrac{1}{2}$ 发散，因此级数 $\sum\limits_{n=1}^{\infty}\dfrac{1}{1+a^n}$ 发散.

例 9.2.5 设 $a_n\leqslant b_n\leqslant c_n(n=1,2,\cdots)$，且级数 $\sum\limits_{n=1}^{\infty}a_n$ 与 $\sum\limits_{n=1}^{\infty}c_n$ 都收敛，证明：级数 $\sum\limits_{n=1}^{\infty}b_n$ 收敛.

证 因为 $a_n\leqslant b_n\leqslant c_n(n=1,2,\cdots)$，所以 $0\leqslant b_n-a_n\leqslant c_n-a_n$. 又级数 $\sum\limits_{n=1}^{\infty}a_n$ 与 $\sum\limits_{n=1}^{\infty}c_n$ 都收敛，由级数收敛的性质可知正项级数 $\sum\limits_{n=1}^{\infty}(c_n-a_n)$ 也收敛，再由定理 9.2.2 可得级数 $\sum\limits_{n=1}^{\infty}(b_n-a_n)$ 收敛，而

$$\sum_{n=1}^{\infty}b_n=\sum_{n=1}^{\infty}[(b_n-a_n)+a_n],$$

因此级数 $\sum\limits_{n=1}^{\infty}b_n$ 收敛.

定理 9.2.2 及其推论给出的判别方法都需要找一个已知敛散性的级数，这使得判别级数敛散性的问题变得比较困难. 而级数 $\sum\limits_{n=1}^{\infty}u_n$ 的敛散性显然是由通项 u_n 的大小确定的，能否利用通项 u_n 直接来判别级数的敛散性呢？下面的定理给出了这个问题的答案.

定理 9.2.3 [比值审敛法或达朗贝尔(d'Alembert)判定法] 设正项级数 $\sum\limits_{n=1}^{\infty}u_n$ 满足

$$\lim_{n\to\infty}\dfrac{u_{n+1}}{u_n}=\rho, \tag{9.2.4}$$

则

(1) 当 $\rho<1$ 时，级数 $\sum\limits_{n=1}^{\infty}u_n$ 收敛；

(2) 当 $\rho>1$(或 $\rho=+\infty$) 时，级数 $\sum\limits_{n=1}^{\infty}u_n$ 发散.

证 因为 $\lim\limits_{n\to\infty}\dfrac{u_{n+1}}{u_n}=\rho$，所以由极限的定义可知，对于任意给定的正数 ε，存在正整数 N，使得当 $n>N$ 时，有 $\left|\dfrac{u_{n+1}}{u_n}-\rho\right|<\varepsilon$，即

$$\rho-\varepsilon<\dfrac{u_{n+1}}{u_n}<\rho+\varepsilon.$$

(1) 当 $\rho<1$ 时，取一个适当小的正数 $\varepsilon=\dfrac{1}{2}(1-\rho)$，记 $r=\rho+\varepsilon=\dfrac{1}{2}(1+\rho)<1$，则当

$n > N$ 时,有 $\frac{u_{n+1}}{u_n} < \rho + \varepsilon = r$,即 $u_{n+1} < r u_n$,从而

$$u_{N+2} < r u_{N+1},$$
$$u_{N+3} < r u_{N+2} < r^2 u_{N+1},$$
$$\cdots\cdots$$
$$u_{N+m} < r u_{N+m-1} < \cdots < r^{m-1} u_{N+1},$$
$$\cdots\cdots$$

因正项级数 $\sum_{m=1}^{\infty} r^{m-1} u_{N+1}$(公比 $r < 1$)收敛,故由定理 9.2.2 可得级数 $\sum_{m=1}^{\infty} u_{N+m} = \sum_{n=N+1}^{\infty} u_n$ 收敛,再由收敛级数的性质知级数 $\sum_{n=1}^{\infty} u_n$ 收敛.

(2) 当 $\rho > 1$ 时,取一个适当小的正数 $\varepsilon = \frac{1}{2}(\rho - 1)$,使得 $\rho - \varepsilon = \frac{1}{2}(1 + \rho) > 1$,则当 $n > N$ 时,有 $\frac{u_{n+1}}{u_n} > \rho - \varepsilon > 1$,即 $u_{n+1} > u_n$,故级数 $\sum_{n=1}^{\infty} u_n$ 的通项 $u_n \to 0 (n \to \infty)$ 不成立.由级数收敛的必要条件可知级数 $\sum_{n=1}^{\infty} u_n$ 发散.

值得注意的是,当 $\rho = 1$ 时,级数 $\sum_{n=1}^{\infty} u_n$ 的敛散性无法用比值审敛法判别.例如,调和级数 $\sum_{n=1}^{\infty} \frac{1}{n}$ 是发散的,有 $\rho = \lim_{n \to \infty} \frac{u_{n+1}}{u_n} = 1$;$p$-级数 $\sum_{n=1}^{\infty} \frac{1}{n^2}$ 是收敛的,也有 $\rho = \lim_{n \to \infty} \frac{u_{n+1}}{u_n} = 1$.

例 9.2.6 判别下列级数的敛散性:

(1) $\sum_{n=1}^{\infty} \frac{1}{n!}$; (2) $\sum_{n=1}^{\infty} \frac{n^n}{n!}$;

(3) $\sum_{n=1}^{\infty} \frac{1}{n(2n+1)}$; (4) $\sum_{n=1}^{\infty} \frac{n \cos^2 n}{2^n}$.

解 (1) 因为 $u_n = \frac{1}{n!}$,所以

$$\rho = \lim_{n \to \infty} \frac{u_{n+1}}{u_n} = \lim_{n \to \infty} \frac{\frac{1}{(n+1)!}}{\frac{1}{n!}} = \lim_{n \to \infty} \frac{1}{n+1} = 0 < 1,$$

由定理 9.2.3 可知级数 $\sum_{n=1}^{\infty} \frac{1}{n!}$ 收敛.

(2) 因为 $u_n = \frac{n^n}{n!}$,所以

$$\rho = \lim_{n \to \infty} \frac{u_{n+1}}{u_n} = \lim_{n \to \infty} \frac{n!}{(n+1)!} \cdot \frac{(n+1)^{n+1}}{n^n} = \lim_{n \to \infty} \left(1 + \frac{1}{n}\right)^n = e > 1,$$

由定理 9.2.3 可知级数 $\sum_{n=1}^{\infty} \frac{n^n}{n!}$ 发散.

(3) 因为 $u_n = \dfrac{1}{n(2n+1)}$，所以

$$\rho = \lim_{n\to\infty} \frac{u_{n+1}}{u_n} = \lim_{n\to\infty} \frac{n(2n+1)}{(n+1)(2n+3)} = 1,$$

无法用比值审敛法判别该级数的敛散性．但因为 $\dfrac{1}{n(2n+1)} \leqslant \dfrac{1}{2} \cdot \dfrac{1}{n^2}$，而级数 $\sum\limits_{n=1}^{\infty} \dfrac{1}{n^2}$ 收敛，所以由推论 1 可知级数 $\sum\limits_{n=1}^{\infty} \dfrac{1}{n(2n+1)}$ 收敛．

(4) 因为当 $n \to \infty$ 时 $\cos n$ 的极限不存在，所以不能直接用比值审敛法．注意到

$$0 \leqslant \frac{n\cos^2 n}{2^n} \leqslant \frac{n}{2^n},$$

对级数 $\sum\limits_{n=1}^{\infty} \dfrac{n}{2^n}$ 可以用定理 9.2.3，有

$$\rho = \lim_{n\to\infty} \frac{u_{n+1}}{u_n} = \lim_{n\to\infty} \frac{n+1}{2^{n+1}} \cdot \frac{2^n}{n} = \frac{1}{2} < 1,$$

即级数 $\sum\limits_{n=1}^{\infty} \dfrac{n}{2^n}$ 收敛，再由定理 9.2.2 可知级数 $\sum\limits_{n=1}^{\infty} \dfrac{n\cos^2 n}{2^n}$ 收敛．

定理 9.2.4（**根值审敛法或柯西判定法**） 设正项级数 $\sum\limits_{n=1}^{\infty} u_n$ 满足

$$\lim_{n\to\infty} \sqrt[n]{u_n} = \rho, \tag{9.2.5}$$

则

(1) 当 $\rho < 1$ 时，级数 $\sum\limits_{n=1}^{\infty} u_n$ 收敛；

(2) 当 $\rho > 1$（或 $\rho = +\infty$）时，级数 $\sum\limits_{n=1}^{\infty} u_n$ 发散．

定理 9.2.4 的证明从略，证明思路与定理 9.2.3 的证明思路相同，读者可自行完成．

同样值得注意的是，当 $\rho = 1$ 时，级数 $\sum\limits_{n=1}^{\infty} u_n$ 的敛散性无法用根值审敛法判别．例如，级数 $\sum\limits_{n=1}^{\infty} \dfrac{1}{n}$ 是发散的，有 $\rho = \lim\limits_{n\to\infty} \sqrt[n]{u_n} = 1$；级数 $\sum\limits_{n=1}^{\infty} \dfrac{1}{n^2}$ 是收敛的，有 $\rho = \lim\limits_{n\to\infty} \sqrt[n]{u_n} = 1$．

例 9.2.7 判别下列级数的敛散性：

(1) $\sum\limits_{n=1}^{\infty} \left(\dfrac{a}{n}\right)^n (a > 0)$； (2) $\sum\limits_{n=1}^{\infty} \dfrac{n^2}{\left(2 + \dfrac{1}{n}\right)^n}$．

解 (1) 因为 $u_n = \left(\dfrac{a}{n}\right)^n$，所以

$$\rho = \lim_{n\to\infty} \sqrt[n]{u_n} = \lim_{n\to\infty} \frac{a}{n} = 0 < 1,$$

由定理 9.2.4 可知级数 $\sum\limits_{n=1}^{\infty} \left(\dfrac{a}{n}\right)^n$ 收敛．

(2) 因为 $u_n = \dfrac{n^2}{\left(2+\dfrac{1}{n}\right)^n}$, 所以

$$\rho = \lim_{n\to\infty} \sqrt[n]{u_n} = \lim_{n\to\infty} \sqrt[n]{\dfrac{n^2}{\left(2+\dfrac{1}{n}\right)^n}} = \lim_{n\to\infty} \dfrac{\sqrt[n]{n^2}}{2+\dfrac{1}{n}} = \dfrac{1}{2} < 1,$$

由定理 9.2.4 可知级数 $\sum\limits_{n=1}^{\infty} \dfrac{n^2}{\left(2+\dfrac{1}{n}\right)^n}$ 收敛.

对于比值审敛法与根值审敛法失效的情形($\rho=1$), 其级数的敛散性应选择其他方法加以判定, 通常可用构造更精细的级数来比较判别, 如例 9.2.6(3).

习题 9.2

1. 若级数 $\sum\limits_{n=1}^{\infty} u_n$ 与 $\sum\limits_{n=1}^{\infty} v_n$ 的通项满足 $u_n \leqslant v_n$, 则下列说法中正确的是(　　).

A. 级数 $\sum\limits_{n=1}^{\infty} u_n$ 收敛, 则级数 $\sum\limits_{n=1}^{\infty} v_n$ 也收敛　　B. 级数 $\sum\limits_{n=1}^{\infty} u_n$ 发散, 则级数 $\sum\limits_{n=1}^{\infty} v_n$ 也发散

C. 级数 $\sum\limits_{n=1}^{\infty} v_n$ 收敛, 则级数 $\sum\limits_{n=1}^{\infty} u_n$ 也收敛　　D. 无法判别

2. 正项级数 $\sum\limits_{n=1}^{\infty} u_n$ 的前 n 项部分和数列 $\{s_n\}$ 有界是级数 $\sum\limits_{n=1}^{\infty} u_n$ 收敛的(　　).

A. 充分条件　　B. 必要条件

C. 充要条件　　D. 既非充分也非必要条件

3. 利用比较审敛法或其极限形式判别下列正项级数的敛散性:

(1) $\sum\limits_{n=1}^{\infty} \dfrac{1}{\sqrt{n}}$;　　(2) $\sum\limits_{n=2}^{\infty} \dfrac{1}{\ln^n n}$;　　(3) $\sum\limits_{n=1}^{\infty} \dfrac{1}{\sqrt{n^4+5}}$;

(4) $\sum\limits_{n=1}^{\infty} \dfrac{n}{(2n-1)(n+2)}$;　　(5) $\sum\limits_{n=1}^{\infty} 3^n \sin\dfrac{\pi}{5^n}$;　　(6) $\sum\limits_{n=1}^{\infty} \dfrac{\sqrt{n}}{n^2+6}$;

(7) $\sum\limits_{n=1}^{\infty} \dfrac{1}{\sqrt[n]{n+1}}$;　　(8) $\sum\limits_{n=1}^{\infty} \dfrac{1}{\sqrt{n}\sqrt{n+1}}$;　　(9) $\sum\limits_{n=2}^{\infty} \dfrac{1}{\sqrt{n}} \ln\dfrac{n+1}{n}$.

4. 利用比值审敛法判别下列级数的敛散性:

(1) $\dfrac{5}{1\times 2} + \dfrac{5^2}{2\times 2^2} + \cdots + \dfrac{5^n}{n\times 2^n} + \cdots$;

(2) $\sum\limits_{n=1}^{\infty} \dfrac{n^2}{2^n}$;　　(3) $\sum\limits_{n=1}^{\infty} \dfrac{2^n n!}{n^n}$;　　(4) $\sum\limits_{n=1}^{\infty} n\tan\dfrac{\pi}{3^{n+1}}$;

(5) $\sum\limits_{n=1}^{\infty} \dfrac{(n+1)^3}{n!}$;　　(6) $\sum\limits_{n=1}^{\infty} \dfrac{(n!)^2}{4^{n^2}}$;　　(7) $\sum\limits_{n=1}^{\infty} 3^n \ln\left(1+\dfrac{1}{2^n}\right)$.

*5. 利用根值审敛法判别下列级数的敛散性:

(1) $\sum\limits_{n=1}^{\infty} \left(\dfrac{n}{2n+1}\right)^n$;　　(2) $\sum\limits_{n=1}^{\infty} \dfrac{1}{\ln^n(n+1)}$;　　(3) $\sum\limits_{n=1}^{\infty} \left(\dfrac{n}{3n-1}\right)^{2n-1}$;

(4) $\sum\limits_{n=1}^{\infty} \left(\dfrac{b}{a_n}\right)^n$, 其中 $a_n \to a (n\to\infty)$ 且 $a\neq b, a_n, a, b$ 均为正数.

6.判别下列级数的敛散性：

(1) $\dfrac{3}{4}+2\left(\dfrac{3}{4}\right)^2+\cdots+n\left(\dfrac{3}{4}\right)^n+\cdots$；

(2) $\dfrac{1^4}{1!}+\dfrac{2^4}{2!}+\cdots+\dfrac{n^4}{n!}+\cdots$；

(3) $2+\dfrac{2}{3}+\dfrac{2}{3\times 5}+\cdots+\dfrac{2}{3\times 5\times\cdots\times(2n-1)}+\cdots$；

(4) $\sum\limits_{n=1}^{\infty}2^n\sin\dfrac{\pi}{3^n}$；

(5) $\sqrt{2}+\sqrt{\dfrac{3}{2}}+\cdots+\sqrt{\dfrac{n+1}{n}}+\cdots$；

(6) $\sum\limits_{n=1}^{\infty}\dfrac{3^n n!}{n^n}$；

(7) $\dfrac{1}{a+b}+\dfrac{1}{2a+b}+\cdots+\dfrac{1}{na+b}+\cdots(a>0,b>0)$；

(8) $\sum\limits_{n=1}^{\infty}\dfrac{n+1}{n(n+2)}$.

7.设正项级数 $\sum\limits_{n=1}^{\infty}u_n$ 收敛,证明：级数 $\sum\limits_{n=1}^{\infty}u_n^2$ 与 $\sum\limits_{n=1}^{\infty}\dfrac{u_n}{1+u_n}$ 均收敛.

9.3 任意项级数及其审敛法

9.3.1 交错级数的敛散性

定义 9.3.1 级数中的各项是正、负交错的,即具有如下形式：

$$\sum_{n=1}^{\infty}(-1)^{n-1}u_n \quad \text{或} \quad \sum_{n=1}^{\infty}(-1)^n u_n \tag{9.3.1}$$

的级数称为**交错级数**,其中 $u_n\geqslant 0(n=1,2,\cdots)$.

因两种表示形式只差一个负号,它们的敛散性完全相同,故一般情形下只讨论级数 $\sum\limits_{n=1}^{\infty}(-1)^{n-1}u_n$ 这一种形式.

定理 9.3.1（**交错级数审敛法或莱布尼茨定理**） 如果交错级数 $\sum\limits_{n=1}^{\infty}(-1)^{n-1}u_n$ 满足条件：

(1) $u_n\geqslant u_{n+1}(n=1,2,\cdots)$,

(2) $\lim\limits_{n\to\infty}u_n=0$,

则交错级数 $\sum\limits_{n=1}^{\infty}(-1)^{n-1}u_n$ 收敛,且其和 $s\leqslant u_1$,其余项 r_n 的绝对值 $|r_n|\leqslant u_{n+1}$.

证 先证 $\lim\limits_{n\to\infty}s_{2n}$ 存在.

级数 $\sum\limits_{n=1}^{\infty}(-1)^{n-1}u_n$ 的前 $2n$ 项部分和 s_{2n} 可写成下列两种形式：

$$s_{2n}=(u_1-u_2)+(u_3-u_4)+\cdots+(u_{2n-1}-u_{2n}), \tag{9.3.2}$$

$$s_{2n}=u_1-(u_2-u_3)-\cdots-(u_{2n-2}-u_{2n-1})-u_{2n}. \tag{9.3.3}$$

由条件(1) $u_n\geqslant u_{n+1}$,即 $u_n-u_{n+1}\geqslant 0$,以及式(9.3.2)可知数列 $\{s_{2n}\}$ 是非负且单调增加的,由式(9.3.3)可知 $s_{2n}\leqslant u_1$,即数列 $\{s_{2n}\}$ 有界.因此,由单调有界准则可知,当 n 无限增大时,$\{s_{2n}\}$ 必有极限,不妨设为 s.显然,$s\leqslant u_1$,即

$$\lim_{n\to\infty}s_{2n}=s\leqslant u_1.$$

再证 $\lim\limits_{n\to\infty}s_{2n+1}=s$.

由 $s_{2n+1} = u_{2n+1} + s_{2n}$ 及条件(2) $\lim\limits_{n\to\infty} u_n = 0$ 可知,
$$\lim_{n\to\infty} s_{2n+1} = \lim_{n\to\infty}(s_{2n} + u_{2n+1}) = \lim_{n\to\infty} s_{2n} + \lim_{n\to\infty} u_{2n+1} = s + 0 = s.$$

这表明前 $2n$ 项部分和数列 $\{s_{2n}\}$ 与前 $2n+1$ 项部分和数列 $\{s_{2n+1}\}$ 都趋于同一极限 s,故级数的前 n 项部分和数列 $\{s_n\}$ 当 $n \to \infty$ 时的极限存在且仍为 s,并有 $s \leqslant u_1$.

最后证 $|r_n| \leqslant u_{n+1}$.

易得级数 $\sum\limits_{n=1}^{\infty}(-1)^{n-1} u_n$ 的余项的绝对值

$$|r_n| = u_{n+1} - u_{n+2} + u_{n+3} - u_{n+4} + \cdots.$$

这表明其右边表达式也是一个交错级数,且也满足定理的两个条件,故 $|r_n|$ 应小于或等于它的首项,即 $|r_n| \leqslant u_{n+1}$.

例 9.3.1 判别级数 $\sum\limits_{n=1}^{\infty}(-1)^{n-1}\dfrac{1}{n}$ 的敛散性.

解 级数 $\sum\limits_{n=1}^{\infty}(-1)^{n-1}\dfrac{1}{n}$ 的 $u_n = \dfrac{1}{n}$,且
$$u_n = \frac{1}{n} > \frac{1}{n+1} = u_{n+1}, \quad \lim_{n\to\infty} u_n = \lim_{n\to\infty} \frac{1}{n} = 0,$$

由定理 9.3.1 可知,交错级数 $\sum\limits_{n=1}^{\infty}(-1)^{n-1}\dfrac{1}{n}$ 收敛,且其和 $s \leqslant 1$.

例 9.3.2 判别级数 $\sum\limits_{n=1}^{\infty}(-1)^{n-1}\dfrac{\ln n}{n}$ 的敛散性.

解 级数 $\sum\limits_{n=1}^{\infty}(-1)^{n-1}\dfrac{\ln n}{n}$ 的 $u_n = \dfrac{\ln n}{n}$,为确定 $u_n = \dfrac{\ln n}{n}$ 的单调性,令函数 $f(x) = \dfrac{\ln x}{x}$,则 $f'(x) = \dfrac{1 - \ln x}{x^2}$. 当 $x > \mathrm{e}$ 时,$f'(x) < 0$,故当 $n \geqslant 3$ 时,数列 $\{u_n\}$ 单调减少. 利用洛必达法则可得

$$\lim_{n\to\infty} u_n = \lim_{n\to\infty} \frac{\ln n}{n} = \lim_{x\to\infty} \frac{\ln x}{x} = \lim_{x\to\infty} \frac{1}{x} = 0.$$

因此,由定理 9.3.1 可知,级数 $\sum\limits_{n=3}^{\infty}(-1)^{n-1}\dfrac{\ln n}{n}$ 收敛,从而级数 $\sum\limits_{n=1}^{\infty}(-1)^{n-1}\dfrac{\ln n}{n}$ 收敛.

9.3.2 任意项级数的绝对收敛与条件收敛

定义 9.3.2 如果级数 $\sum\limits_{n=1}^{\infty} u_n$ 中的每一项 $u_n (n = 1, 2, \cdots)$ 均为任意实数,则称该级数为**任意项级数**.

对于任意项级数 $\sum\limits_{n=1}^{\infty} u_n$,可以构造一个正项级数 $\sum\limits_{n=1}^{\infty} |u_n|$,通过正项级数 $\sum\limits_{n=1}^{\infty} |u_n|$ 的敛散性来判别级数 $\sum\limits_{n=1}^{\infty} u_n$ 的敛散性.

定理 9.3.2 如果级数 $\sum\limits_{n=1}^{\infty} |u_n|$ 收敛,则级数 $\sum\limits_{n=1}^{\infty} u_n$ 也收敛.

证 因为
$$0 \leqslant u_n + |u_n| \leqslant 2|u_n|,$$
且级数 $\sum_{n=1}^{\infty} |u_n|$ 收敛,所以由定理 9.2.2 可知,级数 $\sum_{n=1}^{\infty} (u_n + |u_n|)$ 收敛. 又
$$\sum_{n=1}^{\infty} u_n = \sum_{n=1}^{\infty} [(u_n + |u_n|) - |u_n|],$$
所以由级数的性质可知级数 $\sum_{n=1}^{\infty} u_n$ 收敛.

定义 9.3.3 (1) 如果级数 $\sum_{n=1}^{\infty} |u_n|$ 收敛,则称级数 $\sum_{n=1}^{\infty} u_n$ **绝对收敛**.

(2) 如果级数 $\sum_{n=1}^{\infty} |u_n|$ 发散,而级数 $\sum_{n=1}^{\infty} u_n$ 收敛,则称级数 $\sum_{n=1}^{\infty} u_n$ **条件收敛**.

例 9.3.3 判别下列级数的敛散性,若收敛,是绝对收敛还是条件收敛:

(1) $\sum_{n=1}^{\infty} \dfrac{\sin n\alpha}{n^2}$; (2) $\sum_{n=1}^{\infty} (-1)^{n-1} \dfrac{1}{n}$;

(3) $\sum_{n=1}^{\infty} (-1)^{n-1} \dfrac{n^2+5}{n^2+1}$.

解 (1) 对级数的通项取绝对值,得
$$\left| \frac{\sin n\alpha}{n^2} \right| \leqslant \frac{1}{n^2},$$
而级数 $\sum_{n=1}^{\infty} \dfrac{1}{n^2}$ 收敛,由定理 9.2.2 可知级数 $\sum_{n=1}^{\infty} \left| \dfrac{\sin n\alpha}{n^2} \right|$ 收敛,从而级数 $\sum_{n=1}^{\infty} \dfrac{\sin n\alpha}{n^2}$ 绝对收敛.

(2) 因为级数 $\sum_{n=1}^{\infty} \left| (-1)^{n-1} \dfrac{1}{n} \right| = \sum_{n=1}^{\infty} \dfrac{1}{n}$ 是调和级数,是发散的,又由例 9.3.1 可知级数 $\sum_{n=1}^{\infty} (-1)^{n-1} \dfrac{1}{n}$ 收敛,所以级数 $\sum_{n=1}^{\infty} (-1)^{n-1} \dfrac{1}{n}$ 条件收敛.

(3) 对级数的通项取绝对值,得
$$\left| (-1)^{n-1} \frac{n^2+5}{n^2+1} \right| = \frac{n^2+5}{n^2+1} \geqslant 1,$$
又级数 $\sum_{n=1}^{\infty} 1$ 发散,由定理 9.2.2 可知级数 $\sum_{n=1}^{\infty} \left| (-1)^{n-1} \dfrac{n^2+5}{n^2+1} \right|$ 发散. 此外,因为
$$\lim_{n \to \infty} (-1)^{n-1} \frac{n^2+5}{n^2+1} \neq 0,$$
所以由级数收敛的必要条件可知级数 $\sum_{n=1}^{\infty} (-1)^{n-1} \dfrac{n^2+5}{n^2+1}$ 发散.

定理 9.3.3 如果任意项级数 $\sum_{n=1}^{\infty} u_n$ 满足
$$\lim_{n \to \infty} \left| \frac{u_{n+1}}{u_n} \right| = \rho \quad \text{或} \quad \lim_{n \to \infty} \sqrt[n]{|u_n|} = \rho, \tag{9.3.4}$$
则

(1) 当 $\rho < 1$ 时,级数 $\sum_{n=1}^{\infty} u_n$ 绝对收敛;

(2) 当 $\rho > 1$(或 $\rho = +\infty$) 时,级数 $\sum_{n=1}^{\infty} u_n$ 发散.

证 (1) 当 $\rho < 1$ 时,由定理 9.2.3 可知,级数 $\sum_{n=1}^{\infty} |u_n|$ 收敛,所以级数 $\sum_{n=1}^{\infty} u_n$ 绝对收敛.

(2) 当 $\rho > 1$(或 $\rho = +\infty$) 时,正项级数 $\sum_{n=1}^{\infty} |u_n|$ 的通项 $|u_n|$ 从某一项起单调增加,所以 $\lim_{n \to \infty} |u_n| \neq 0$,即得 $\lim_{n \to \infty} u_n \neq 0$,从而级数 $\sum_{n=1}^{\infty} u_n$ 发散.

例 9.3.4 判别级数 $\sum_{n=1}^{\infty} (-1)^n n x^{2n}$ 的敛散性.

解 因为

$$\lim_{n \to \infty} \left| \frac{u_{n+1}}{u_n} \right| = \lim_{n \to \infty} \left| \frac{(-1)^{n+1}(n+1)x^{2(n+1)}}{(-1)^n n x^{2n}} \right| = x^2,$$

所以由定理 9.3.3 可知,当 $x^2 < 1$,即 $-1 < x < 1$ 时,级数 $\sum_{n=1}^{\infty} (-1)^n n x^{2n}$ 绝对收敛;当 $x^2 > 1$,即 $x < -1$ 或 $x > 1$ 时,级数 $\sum_{n=1}^{\infty} (-1)^n n x^{2n}$ 发散. 当 $x^2 = 1$ 时,因 $\lim_{n \to \infty} u_n = \lim_{n \to \infty} (-1)^n n \neq 0$,故级数 $\sum_{n=1}^{\infty} (-1)^n n x^{2n}$ 发散.

在 9.1~9.3 节中,我们较系统地讨论了常数项级数的敛散性的判别方法,读者在运用这些方法时可按如下顺序进行.

(1) 考虑级数的通项是否趋于 0,若不趋于 0,则可知级数发散;若趋于 0,则再使用其他方法判别.

(2) 看级数是否为正项级数,若它是正项级数,则可利用比较审敛法或比较审敛法的极限形式、比值审敛法等判别其敛散性(选择合适的审敛法很重要). 若它不是正项级数,则可先对级数的通项加绝对值,再利用正项级数的审敛法判定,若收敛,则原级数为绝对收敛;若发散,则可利用级数收敛的定义、性质或交错级数审敛法等方法判定级数是条件收敛还是发散.

习题 9.3

1. 对任意项级数 $\sum_{n=1}^{\infty} u_n$,下列说法中正确的是( ).

A. 若级数 $\sum_{n=1}^{\infty} u_n$ 条件收敛,则级数 $\sum_{n=1}^{\infty} u_n$ 绝对收敛

B. 若级数 $\sum_{n=1}^{\infty} u_n$ 条件收敛,则级数 $\sum_{n=1}^{\infty} u_n$ 发散

C. 若级数 $\sum_{n=1}^{\infty} u_n$ 绝对收敛,则级数 $\sum_{n=1}^{\infty} |u_n|$ 发散

D. 若级数 $\sum_{n=1}^{\infty} u_n$ 绝对收敛,则级数 $\sum_{n=1}^{\infty} u_n$ 收敛

2. 若交错级数 $\sum\limits_{n=1}^{\infty}(-1)^{n-1}u_n$ 收敛,则下列说法中正确的是( ).

A. $\lim\limits_{n\to\infty}u_n=0$ B. $\lim\limits_{n\to\infty}u_n\neq 0$ C. u_n 单调减少 D. u_n 单调增加

3. 若级数 $\sum\limits_{n=1}^{\infty}u_n$ 收敛,则级数 $\sum\limits_{n=1}^{\infty}u_n^2$ ( ).

A. 绝对收敛 B. 条件收敛 C. 发散 D. 可能收敛,也可能发散

4. 判别下列级数的敛散性,若收敛,是绝对收敛还是条件收敛:

(1) $1-\dfrac{1}{\sqrt{2}}+\dfrac{1}{\sqrt{3}}-\dfrac{1}{\sqrt{4}}+\cdots$;   (2) $\sum\limits_{n=1}^{\infty}(-1)^{n-1}\dfrac{n}{3^{n-1}}$;

(3) $\dfrac{1}{3}\times\dfrac{1}{2}-\dfrac{1}{3}\times\dfrac{1}{2^2}+\dfrac{1}{3}\times\dfrac{1}{2^3}-\dfrac{1}{3}\times\dfrac{1}{2^4}+$;

(4) $\dfrac{1}{\ln 2}-\dfrac{1}{\ln 3}+\dfrac{1}{\ln 4}-\dfrac{1}{\ln 5}+\cdots$;   (5) $\sum\limits_{n=1}^{\infty}(-1)^{n+1}\dfrac{2^{n^2}}{n!}$;

(6) $\sum\limits_{n=1}^{\infty}\dfrac{(-1)^{n-1}}{\ln\sqrt{n^2+2}}$;   (7) $\sum\limits_{n=1}^{\infty}\dfrac{1}{n^2}\sin\dfrac{\alpha}{n}$ (α 为任意常数);

(8) $\sum\limits_{n=1}^{\infty}(-1)^{n-1}\left(1-\cos\dfrac{a}{n}\right)^2$ (a 为任意常数).

5. 设 a 为任意常数,判别级数 $\sum\limits_{n=1}^{\infty}\dfrac{a^n}{1+a^{2n}}$ 的敛散性,若收敛,是绝对收敛还是条件收敛.

9.4 幂 级 数

前面三节讨论了常数项级数的敛散性,本节将主要讨论一类特殊的函数项级数 —— 幂级数.幂级数在函数表示、函数逼近及数值计算等方面有着广泛的应用.下面先简单介绍函数项级数的几个基本概念,然后讨论幂级数的敛散性及运算性质.

9.4.1 函数项级数的概念

定义 9.4.1 设有一个定义在区间 I 上的函数列 $u_1(x),u_2(x),\cdots,u_n(x),\cdots$,由该函数列构成的表达式

$$u_1(x)+u_2(x)+\cdots+u_n(x)+\cdots=\sum_{n=1}^{\infty}u_n(x) \qquad (9.4.1)$$

称为区间 I 上的**函数项级数**. 而

$$s_n(x)=u_1(x)+u_2(x)+\cdots+u_n(x) \qquad (9.4.2)$$

称为函数项级数 $\sum\limits_{n=1}^{\infty}u_n(x)$ 的**前 n 项部分和**.

对于一个确定的值 $x_0\in I$,若常数项级数

$$u_1(x_0)+u_2(x_0)+\cdots+u_n(x_0)+\cdots=\sum_{n=1}^{\infty}u_n(x_0) \qquad (9.4.3)$$

收敛,则称函数项级数 $\sum\limits_{n=1}^{\infty}u_n(x)$ 在点 x_0 处收敛,x_0 称为函数项级数 $\sum\limits_{n=1}^{\infty}u_n(x)$ 的**收敛点**;若

常数项级数 $\sum_{n=1}^{\infty} u_n(x_0)$ 发散,则称函数项级数 $\sum_{n=1}^{\infty} u_n(x)$ 在点 x_0 处发散,x_0 称为函数项级数 $\sum_{n=1}^{\infty} u_n(x)$ 的**发散点**.函数项级数 $\sum_{n=1}^{\infty} u_n(x)$ 的全体收敛点的集合称为它的**收敛域**,函数项级数 $\sum_{n=1}^{\infty} u_n(x)$ 的全体发散点的集合称为它的**发散域**.

设函数项级数 $\sum_{n=1}^{\infty} u_n(x)$ 的收敛域为 D,则对 D 内任意一点 x,级数 $\sum_{n=1}^{\infty} u_n(x)$ 收敛,其收敛的和自然依赖于 x,即其收敛的和是 x 的函数 $s(x)$,称 $s(x)$ 为函数项级数 $\sum_{n=1}^{\infty} u_n(x)$ 的**和函数**,并有 $s(x) = u_1(x) + u_2(x) + \cdots + u_n(x) + \cdots, x \in D$. $s(x)$ 的定义域就是函数项级数 $\sum_{n=1}^{\infty} u_n(x)$ 的收敛域 D.

与常数项级数类似,函数项级数 $\sum_{n=1}^{\infty} u_n(x)$ 的前 n 项部分和 $s_n(x)$ 与其和函数 $s(x)$ 在收敛域 D 上,有

$$\lim_{n \to \infty} s_n(x) = s(x). \tag{9.4.4}$$

$r_n(x) = s(x) - s_n(x)$ 称为函数项级数 $\sum_{n=1}^{\infty} u_n(x)$ 的**余项**.对收敛域上的任意一点 x,有 $\lim_{n \to \infty} r_n(x) = 0$.

从以上定义可知,函数项级数在某个区域上的敛散性是指在该区域上的每一点处的敛散性,其实质还是常数项级数的敛散性.因此,我们仍可用常数项级数的审敛法来判别函数项级数的敛散性.

例 9.4.1 求函数项级数 $\sum_{n=0}^{\infty} x^n = 1 + x + x^2 + \cdots + x^n + \cdots$ 的发散域、收敛域及和函数.

解 因为这是一个以 x 为公比的等比级数,所以由例 9.1.3 的结论可知,当 $|x| \geqslant 1$ 时,级数 $\sum_{n=0}^{\infty} x^n$ 发散;当 $|x| < 1$ 时,级数 $\sum_{n=0}^{\infty} x^n$ 收敛.因此,函数项级数 $\sum_{n=0}^{\infty} x^n$ 的发散域为 $(-\infty, -1] \cup [1, +\infty)$,收敛域为 $(-1, 1)$,且在收敛域内的和函数 $s(x)$ 为 $\dfrac{1}{1-x}$,即

$$s(x) = \sum_{n=0}^{\infty} x^n = 1 + x + x^2 + \cdots + x^n + \cdots = \frac{1}{1-x}, \quad x \in (-1, 1). \tag{9.4.5}$$

此结果可作为公式使用.

9.4.2 幂级数及其收敛域

定义 9.4.2 形如

$$\sum_{n=0}^{\infty} a_n (x - x_0)^n = a_0 + a_1(x - x_0) + a_2(x - x_0)^2 + \cdots + a_n(x - x_0)^n + \cdots \tag{9.4.6}$$

的函数项级数称为 $x - x_0$ 的**幂级数**,简称**幂级数**,其中常数 $a_0, a_1, a_2, \cdots, a_n, \cdots$ 称为**幂级数的**

系数.

当 $x_0=0$ 时,幂级数具有如下最简形式:

$$\sum a_n x^n = a_0 + a_1 x + a_2 x^2 + \cdots + a_n x^n + \cdots. \tag{9.4.7}$$

这样的函数项级数称为 x **的幂级数**. 不难发现,如果做变换 $t=x-x_0$,则幂级数(9.4.6)可转化为幂级数(9.4.7)的形式,所以我们在以后着重讨论形如(9.4.7)的幂级数.

例 9.4.2 求下列幂级数的收敛域:

(1) $\sum\limits_{n=0}^{\infty} \dfrac{x^n}{n!}$;   (2) $\sum\limits_{n=0}^{\infty} n! x^n$;   (3) $\sum\limits_{n=1}^{\infty} \dfrac{n}{3^n} x^n$.

解 (1) 因为

$$\lim_{n\to\infty}\left|\frac{u_{n+1}(x)}{u_n(x)}\right| = \lim_{n\to\infty}\frac{|x|^{n+1}}{(n+1)!}\cdot\frac{n!}{|x|^n} = \lim_{n\to\infty}\frac{|x|}{n+1} = 0 < 1,$$

所以由定理 9.3.3 可知,对于任一 $x\in(-\infty,+\infty)$,幂级数 $\sum\limits_{n=0}^{\infty}\dfrac{x^n}{n!}$ 都绝对收敛,因此其收敛域为 $(-\infty,+\infty)$.

(2) 因为

$$\lim_{n\to\infty}\left|\frac{u_{n+1}(x)}{u_n(x)}\right| = \lim_{n\to\infty}\frac{(n+1)!|x|^{n+1}}{n!|x|^n} = \lim_{n\to\infty}(n+1)|x|,$$

所以当 $x\neq 0$ 时, $\lim\limits_{n\to\infty}\left|\dfrac{u_{n+1}(x)}{u_n(x)}\right|=\infty$,由定理 9.3.3 可知,幂级数 $\sum\limits_{n=0}^{\infty} n! x^n$ 发散;当 $x=0$ 时,幂级数显然收敛. 因此,幂级数 $\sum\limits_{n=0}^{\infty} n! x^n$ 的收敛域为 $\{0\}$.

(3) 因为

$$\lim_{n\to\infty}\left|\frac{u_{n+1}(x)}{u_n(x)}\right| = \lim_{n\to\infty}\frac{(n+1)|x|^{n+1}}{3^{n+1}}\cdot\frac{3^n}{n|x|^n} = \frac{|x|}{3},$$

所以由定理 9.3.3 可知,当 $\dfrac{|x|}{3}<1$,即 $-3<x<3$ 时,幂级数 $\sum\limits_{n=1}^{\infty}\dfrac{n}{3^n}x^n$ 绝对收敛;当 $\dfrac{|x|}{3}>1$,即 $x<-3$ 或 $x>3$ 时,幂级数 $\sum\limits_{n=1}^{\infty}\dfrac{n}{3^n}x^n$ 发散. 当 $x=3$ 时,幂级数成为 $\sum\limits_{n=1}^{\infty} n$,是发散的;当 $x=-3$ 时,幂级数成为 $\sum\limits_{n=1}^{\infty}(-1)^n n$,也是发散的. 因此,幂级数 $\sum\limits_{n=1}^{\infty}\dfrac{n}{3^n}x^n$ 的收敛域为 $(-3,3)$.

为了进一步讨论幂级数 $\sum\limits_{n=0}^{\infty} a_n x^n$ 的收敛域,我们介绍下面的定理.

定理 9.4.1 [阿贝尔(Abel)定理] (1) 如果幂级数 $\sum\limits_{n=0}^{\infty} a_n x^n$ 在点 $x_1(x_1\neq 0)$ 处收敛,则对于满足不等式 $|x|<|x_1|$ 的一切 x,幂级数 $\sum\limits_{n=0}^{\infty} a_n x^n$ 绝对收敛;

(2) 如果幂级数 $\sum\limits_{n=0}^{\infty} a_n x^n$ 在点 $x_2(x_2\neq 0)$ 处发散,则对于满足不等式

$|x|>|x_2|$ 的一切 x ,幂级数 $\sum\limits_{n=0}^{\infty}a_n x^n$ 发散.

证 (1) 因级数 $\sum\limits_{n=0}^{\infty}a_n x_1^n$ 收敛,故由级数收敛的必要条件知 $\lim\limits_{n\to\infty}a_n x_1^n=0$. 因此,存在一个正数 M,使得

$$|a_n x_1^n|\leqslant M \quad (n=0,1,2,\cdots),$$

于是幂级数 $\sum\limits_{n=0}^{\infty}a_n x^n$ 的通项的绝对值

$$|a_n x^n|=\left|a_n x_1^n\cdot\frac{x^n}{x_1^n}\right|=|a_n x_1^n|\cdot\left|\frac{x^n}{x_1^n}\right|\leqslant M\left|\frac{x}{x_1}\right|^n.$$

因为当 $|x|<|x_1|$,即 $\left|\frac{x}{x_1}\right|<1$ 时,等比级数 $\sum\limits_{n=0}^{\infty}M\left|\frac{x}{x_1}\right|^n$ 收敛,所以由定理 9.2.2 可知级数 $\sum\limits_{n=0}^{\infty}|a_n x^n|$ 收敛,即幂级数 $\sum\limits_{n=0}^{\infty}a_n x^n$ 绝对收敛.

(2) 用反证法证明.

假设有一点 x_0 满足 $|x_0|>|x_2|$,使得级数 $\sum\limits_{n=0}^{\infty}a_n x_0^n$ 收敛,则根据(1)的结论可知,级数 $\sum\limits_{n=0}^{\infty}a_n x_2^n$ 应收敛,这与幂级数 $\sum\limits_{n=0}^{\infty}a_n x^n$ 在点 x_2 处发散相矛盾,故(2)成立.

阿贝尔定理表明,如果幂级数 $\sum\limits_{n=0}^{\infty}a_n x^n$ 在点 $x_1(x_1\neq 0)$ 处收敛,则对于任意 $x\in(-|x_1|,|x_1|)$,幂级数 $\sum\limits_{n=0}^{\infty}a_n x^n$ 都绝对收敛;如果幂级数 $\sum\limits_{n=0}^{\infty}a_n x^n$ 在点 $x_2(x_2\neq 0)$ 处发散,则对于闭区间 $[-|x_2|,|x_2|]$ 外的任意点 x,幂级数 $\sum\limits_{n=0}^{\infty}a_n x^n$ 都发散.

根据定理 9.4.1,再结合例 9.4.2 可以得到以下结论.

幂级数 $\sum\limits_{n=0}^{\infty}a_n x^n$ 的敛散性必为下列三种情形之一:

(1) 幂级数仅在点 $x=0$ 处收敛.

(2) 幂级数在 $(-\infty,+\infty)$ 内处处绝对收敛.

(3) 存在确定的正数 R,当 $|x|<R$ 时,幂级数绝对收敛;当 $|x|>R$ 时,幂级数发散.

对于情形(3),我们再做一些分析说明:当幂级数 $\sum\limits_{n=0}^{\infty}a_n x^n$ 不是仅在点 $x=0$ 处收敛,也不是在整个数轴上收敛时,可以按如下方式来寻找幂级数的收敛域与发散域:首先从原点出发,沿数轴向右搜寻,最初只遇到收敛点,然后就只遇到发散点,设这两部分的分界点为 P,而 P 可能是收敛点,也可能是发散点.再从原点出发,沿数轴向左搜寻,也可找到另一个分界点 P'. 由定理 9.4.1 可以证明,这两个分界点关于原点对称(见图 9.4.1). 记 $|OP|=R$,可得当 $|x|<R$ 时,幂级数绝对收敛;当 $|x|>R$ 时,幂级数发散.

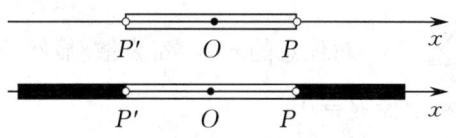

图 9.4.1

我们把情形(3)中的正数 R 称为幂级数的**收敛半径**,把 $(-R,R)$ 称为幂级数的**收敛区间**. 在区间端点 $x=\pm R$ 处,幂级数的敛散性须另行讨论,幂级数 $\sum\limits_{n=0}^{\infty}a_n x^n$ 的收敛域可能为 $(-R,R),[-R,R),(-R,R]$ 或 $[-R,R]$.

为了统一,当幂级数只在点 $x=0$ 处收敛时,规定收敛半径 $R=0$,收敛域为单点集 $\{0\}$;当幂级数在 $(-\infty,+\infty)$ 内处处绝对收敛时,规定收敛半径 $R=+\infty$,收敛域为 $(-\infty,+\infty)$.

从上述讨论可知,要确定幂级数的收敛域,须先求出幂级数的收敛半径,再讨论收敛区间端点处幂级数的敛散性.

下面给出幂级数的收敛半径的求法.

定理 9.4.2 设幂级数 $\sum\limits_{n=0}^{\infty}a_n x^n$ 的系数 $a_n \neq 0 (n=0,1,2,\cdots)$,且

$$\lim_{n\to\infty}\left|\frac{a_{n+1}}{a_n}\right|=\rho, \tag{9.4.8}$$

则

(1) 当 $\rho \neq 0$ 时,该幂级数的收敛半径 $R=\dfrac{1}{\rho}$;

(2) 当 $\rho = 0$ 时,该幂级数的收敛半径 $R=+\infty$;

(3) 当 $\rho = +\infty$ 时,该幂级数的收敛半径 $R=0$.

证 对幂级数 $\sum\limits_{n=0}^{\infty}a_n x^n$ 的各项取绝对值,所成的级数为正项级数,并有

$$\lim_{n\to\infty}\left|\frac{a_{n+1}x^{n+1}}{a_n x^n}\right|=\lim_{n\to\infty}\left|\frac{a_{n+1}}{a_n}\right|\cdot|x|=\rho|x|.$$

(1) 当 $\rho \neq 0$ 时,由定理 9.3.3 可知,当 $\rho|x|<1$,即 $|x|<\dfrac{1}{\rho}$ 时,幂级数 $\sum\limits_{n=0}^{\infty}a_n x^n$ 绝对收敛;当 $\rho|x|>1$,即 $|x|>\dfrac{1}{\rho}$ 时,幂级数 $\sum\limits_{n=0}^{\infty}a_n x^n$ 发散,所以幂级数的收敛半径 $R=\dfrac{1}{\rho}$.

(2) 当 $\rho = 0$ 时,对于任意的 x,都有

$$\lim_{n\to\infty}\left|\frac{a_{n+1}x^{n+1}}{a_n x^n}\right|=\rho|x|=0<1,$$

由定理 9.3.3 可知,幂级数 $\sum\limits_{n=0}^{\infty}a_n x^n$ 对任意的 x 都绝对收敛,所以幂级数的收敛域为 $(-\infty,+\infty)$,收敛半径 $R=+\infty$.

(3) 如果 $\rho = +\infty$,则对于任意的 $x \neq 0$,均有

$$\lim_{n\to\infty}\left|\frac{a_{n+1}x^{n+1}}{a_n x^n}\right|=\rho|x|=+\infty,$$

由定理9.3.3可知,幂级数 $\sum\limits_{n=0}^{\infty} a_n x^n$ 对任意的 $x \neq 0$ 都发散. 显然,幂级数 $\sum\limits_{n=0}^{\infty} a_n x^n$ 在点 $x=0$ 处是收敛的,所以幂级数的收敛半径 $R=0$.

例9.4.3 求下列幂级数的收敛半径、收敛区间及收敛域:

(1) $\sum\limits_{n=1}^{\infty} (-1)^{n-1} \dfrac{x^n}{n}$; (2) $\sum\limits_{n=1}^{\infty} \dfrac{2n-1}{2^n} x^{2n-2}$;

(3) $\sum\limits_{n=1}^{\infty} (-1)^n \dfrac{2^n}{\sqrt{n}} \left(x - \dfrac{1}{2}\right)^n$.

解 (1) 因 $a_n = (-1)^{n-1} \dfrac{1}{n}$,故

$$\rho = \lim_{n \to \infty} \left| \dfrac{a_{n+1}}{a_n} \right| = \lim_{n \to \infty} \dfrac{n}{n+1} = 1,$$

从而收敛半径 $R = \dfrac{1}{\rho} = 1$.

当 $x = -1$ 时,幂级数成为 $\sum\limits_{n=1}^{\infty} \dfrac{-1}{n}$,是发散的;当 $x = 1$ 时,幂级数成为 $\sum\limits_{n=1}^{\infty} \dfrac{(-1)^{n-1}}{n}$,是收敛的. 所以,幂级数 $\sum\limits_{n=1}^{\infty} (-1)^{n-1} \dfrac{x^n}{n}$ 的收敛区间为 $(-1, 1)$,收敛域为 $(-1, 1]$.

(2) 此幂级数缺少奇次项,不能直接用定理9.4.2的公式求收敛半径,下面用定理9.3.3来求收敛半径. 因 $u_n = \dfrac{2n-1}{2^n} x^{2n-2}$,故

$$\lim_{n \to \infty} \left| \dfrac{u_{n+1}(x)}{u_n(x)} \right| = \lim_{n \to \infty} \dfrac{2n+1}{4n-2} x^2 = \dfrac{1}{2} x^2.$$

由定理9.3.3可知,当 $\dfrac{1}{2} x^2 < 1$,即 $|x| < \sqrt{2}$ 时,该幂级数收敛;当 $\dfrac{1}{2} x^2 > 1$,即 $|x| > \sqrt{2}$ 时,该幂级数发散.

对于左右端点 $x = \pm \sqrt{2}$,此时幂级数成为 $\sum\limits_{n=1}^{\infty} \dfrac{2n-1}{2}$,显然它是发散的,故收敛半径 $R = \sqrt{2}$,收敛区间和收敛域均为 $(-\sqrt{2}, \sqrt{2})$.

(3) 因 $u_n = (-1)^n \dfrac{2^n}{\sqrt{n}} \left(x - \dfrac{1}{2}\right)^n$,故

$$\lim_{n \to \infty} \left| \dfrac{u_{n+1}(x)}{u_n(x)} \right| = \lim_{n \to \infty} \dfrac{2\sqrt{n}}{\sqrt{n+1}} \left| x - \dfrac{1}{2} \right| = 2 \left| x - \dfrac{1}{2} \right|.$$

由定理9.3.3可知,当 $2 \left| x - \dfrac{1}{2} \right| < 1$,即 $0 < x < 1$ 时,该幂级数收敛;当 $2 \left| x - \dfrac{1}{2} \right| > 1$,即 $x < 0$ 或 $x > 1$ 时,该幂级数发散.

对于左端点 $x = 0$,此时幂级数成为 $\sum\limits_{n=1}^{\infty} \dfrac{1}{\sqrt{n}}$,是发散的;对于右端点 $x = 1$,此时幂级数成为 $\sum\limits_{n=1}^{\infty} (-1)^n \dfrac{1}{\sqrt{n}}$,是收敛的. 所以,幂级数的收敛半径 $R = \dfrac{1}{2}$,收敛区间为 $(0, 1)$,收敛域为 $(0, 1]$.

对于 $\sum_{n=0}^{\infty} a_n(x-x_0)^n$ 这类幂级数,如果 $\lim_{n\to\infty}\left|\frac{a_{n+1}}{a_n}\right|=\rho$,则该幂级数的收敛半径还是 $R=\frac{1}{\rho}$,但该幂级数的收敛区间是以点 x_0 为中心的对称区间 (x_0-R,x_0+R).

例 9.4.4 求函数项级数 $\sum_{n=1}^{\infty} n2^{2n}(1-x)^n x^n$ 的收敛域.

解 此问题可用例 9.4.3 的方法求解,现介绍另一种方法——变量代换法.

令 $t=(1-x)x$,则原函数项级数变成了幂级数 $\sum_{n=1}^{\infty} n2^{2n}t^n$,其中 $a_n=n2^{2n}$,从而

$$\rho=\lim_{n\to\infty}\left|\frac{(n+1)2^{2(n+1)}}{n2^{2n}}\right|=\lim_{n\to\infty}\frac{4(n+1)}{n}=4,$$

故幂级数 $\sum_{n=1}^{\infty} n2^{2n}t^n$ 的收敛半径 $R_t=\frac{1}{4}$.

当 $t=-\frac{1}{4}$ 时,幂级数 $\sum_{n=1}^{\infty} n2^{2n}t^n$ 成为 $\sum_{n=1}^{\infty} n2^{2n}\left(-\frac{1}{4}\right)^n=\sum_{n=1}^{\infty}(-1)^n n$,是发散的;当 $t=\frac{1}{4}$ 时,幂级数 $\sum_{n=1}^{\infty} n2^{2n}t^n$ 成为 $\sum_{n=1}^{\infty} n2^{2n}\frac{1}{4^n}=\sum_{n=1}^{\infty} n$,也是发散的.

因此,幂级数 $\sum_{n=1}^{\infty} n2^{2n}t^n$ 的收敛域为 $\left(-\frac{1}{4},\frac{1}{4}\right)$,即 $-\frac{1}{4}<t<\frac{1}{4}$. 将 $t=(1-x)x$ 代入得 $-\frac{1}{4}<(1-x)x<\frac{1}{4}$,解不等式得函数项级数 $\sum_{n=1}^{\infty} n2^{2n}(1-x)^n x^n$ 的收敛域为 $\left(\frac{1-\sqrt{2}}{2},\frac{1}{2}\right)\cup\left(\frac{1}{2},\frac{1+\sqrt{2}}{2}\right)$.

9.4.3 幂级数的性质

下面不加证明地给出幂级数的一些运算性质及分析性质.

性质 1 设幂级数 $\sum_{n=0}^{\infty} a_n x^n$ 与 $\sum_{n=0}^{\infty} b_n x^n$ 的收敛区间分别为 $(-R_1,R_1)$ 与 $(-R_2,R_2)$,记 $R=\min\{R_1,R_2\}$,则当 $|x|<R$ 时,

(1) (**加法和减法运算**) $\sum_{n=0}^{\infty} a_n x^n \pm \sum_{n=0}^{\infty} b_n x^n = \sum_{n=0}^{\infty}(a_n\pm b_n)x^n$;

(2) (**乘法运算**) $\left(\sum_{n=0}^{\infty} a_n x^n\right)\cdot\left(\sum_{n=0}^{\infty} b_n x^n\right)=\sum_{n=0}^{\infty} c_n x^n$,其中 $c_n=a_0 b_n+a_1 b_{n-1}+a_2 b_{n-2}+\cdots+a_n b_0=\sum_{k=0}^{n} a_k b_{n-k}$.

例 9.4.5 求幂级数 $\sum_{n=1}^{\infty}\left[\frac{(-1)^{n-1}}{n}+\frac{1}{4^n}\right]x^n$ 的收敛区间.

解 对于幂级数 $\sum_{n=1}^{\infty}\frac{(-1)^{n-1}}{n}x^n$,由例 9.4.3 知,其收敛区间为 $(-1,1)$. 对于幂级数 $\sum_{n=1}^{\infty}\frac{x^n}{4^n}$,因

$$\rho = \lim_{n \to \infty} \left| \frac{a_{n+1}}{a_n} \right| = \lim_{n \to \infty} \frac{4^n}{4^{n+1}} = \frac{1}{4},$$

故幂级数 $\sum_{n=1}^{\infty} \frac{x^n}{4^n}$ 的收敛半径 $R=4$，收敛区间为 $(-4,4)$. 根据性质1可知，幂级数 $\sum_{n=1}^{\infty} \left[\frac{(-1)^{n-1}}{n} + \frac{1}{4^n} \right] x^n$ 的收敛区间为 $(-1,1)$.

性质2 设幂级数 $\sum_{n=0}^{\infty} a_n x^n$ 的收敛半径为 R，和函数为 $s(x)$，收敛域为 I，则有

(1)（**连续性**）幂级数 $\sum_{n=0}^{\infty} a_n x^n$ 的和函数 $s(x)$ 在收敛域 I 上连续；

(2)（**可导性**）幂级数 $\sum_{n=0}^{\infty} a_n x^n$ 的和函数 $s(x)$ 在收敛区间 $(-R,R)$ 内可导，且有

$$s'(x) = \left(\sum_{n=0}^{\infty} a_n x^n \right)' = \sum_{n=0}^{\infty} (a_n x^n)' = \sum_{n=1}^{\infty} n a_n x^{n-1}, \quad x \in (-R,R);$$

(3)（**可积性**）幂级数 $\sum_{n=0}^{\infty} a_n x^n$ 的和函数 $s(x)$ 在收敛区间 $(-R,R)$ 内可积，且有

$$\int_0^x s(t) \, dt = \int_0^x \left(\sum_{n=0}^{\infty} a_n t^n \right) dt = \sum_{n=0}^{\infty} \int_0^x a_n t^n \, dt = \sum_{n=0}^{\infty} \frac{a_n}{n+1} x^{n+1}, \quad x \in (-R,R).$$

特别需要注意的是，利用幂级数的可导性与可积性所得的新级数的收敛区间不变，收敛域可能会改变. 例如，幂级数 $\sum_{n=1}^{\infty} \frac{(-1)^n}{n} x^n$ 的收敛域为 $(-1,1]$，而幂级数 $\sum_{n=1}^{\infty} (-1)^n x^{n-1}$ 的收敛域为 $(-1,1)$.

上述性质1和性质2常用于求幂级数的和函数及常数项级数的和.

例9.4.6 求幂级数 $\sum_{n=1}^{\infty} (-1)^{n-1} \frac{x^n}{n}$ 的和函数及常数项级数 $\sum_{n=1}^{\infty} (-1)^{n-1} \frac{1}{n}$ 的和.

解 由例9.4.3知，幂级数 $\sum_{n=1}^{\infty} (-1)^{n-1} \frac{x^n}{n}$ 的收敛域为 $(-1,1]$. 设其和函数为 $s(x)$，则有

$$s(x) = \sum_{n=1}^{\infty} (-1)^{n-1} \frac{x^n}{n} = x - \frac{x^2}{2} + \frac{x^3}{3} - \frac{x^4}{4} + \cdots + (-1)^{n-1} \frac{x^n}{n} + \cdots, \quad x \in (-1,1].$$

由性质2，上式两边逐项求导，得

$$s'(x) = \left[\sum_{n=1}^{\infty} (-1)^{n-1} \frac{x^n}{n} \right]' = \sum_{n=1}^{\infty} \left[(-1)^{n-1} \frac{x^n}{n} \right]' = \sum_{n=1}^{\infty} (-1)^{n-1} x^{n-1}$$

$$= 1 - x + x^2 - \cdots + (-1)^{n-1} x^{n-1} + \cdots$$

$$= \frac{1}{1-(-x)} = \frac{1}{1+x}, \quad x \in (-1,1).$$

为求和函数 $s(x)$，对上式从 0 到 x 积分，得

$$s(x) - s(0) = \int_0^x s'(x) \, dx = \int_0^x \frac{1}{1+x} \, dx = \ln(1+x).$$

因为 $s(0) = 0$，且由性质2可知幂级数的和函数 $s(x)$ 在收敛域 $(-1,1]$ 上连续，所以有

$$s(1) = \lim_{x \to 1^-} s(x) = \lim_{x \to 1^-} \ln(1+x) = \ln 2.$$

因此，幂级数 $\sum_{n=1}^{\infty}(-1)^{n-1}\dfrac{x^n}{n}$ 的和函数为 $\ln(1+x)$，收敛域为 $(-1,1]$.

显然，当 $x=1$ 时，幂级数 $\sum_{n=1}^{\infty}(-1)^{n-1}\dfrac{x^n}{n}$ 就是常数项级数 $\sum_{n=1}^{\infty}(-1)^{n-1}\dfrac{1}{n}$，是收敛的，且收敛于 $s(1)=\ln 2$，所以常数项级数 $\sum_{n=1}^{\infty}(-1)^{n-1}\dfrac{1}{n}$ 的和为 $\ln 2$.

例 9.4.7 求幂级数 $\sum_{n=1}^{\infty}nx^n$ 的和函数，并求常数项级数 $\sum_{n=1}^{\infty}\dfrac{n}{2^n}$ 的和.

解 易知幂级数的收敛域为 $(-1,1)$. 设其和函数为 $s(x)$，因为
$$\sum_{n=1}^{\infty}nx^n=x\sum_{n=1}^{\infty}nx^{n-1},$$
所以可先求幂级数 $\sum_{n=1}^{\infty}nx^{n-1}$ 的和函数 $s_1(x)$. 易知幂级数 $\sum_{n=1}^{\infty}nx^{n-1}$ 的收敛域也为 $(-1,1)$，由性质2可得
$$s_1(x)=\sum_{n=1}^{\infty}nx^{n-1}=\sum_{n=1}^{\infty}(x^n)'=\left(\sum_{n=1}^{\infty}x^n\right)'=\left(\dfrac{x}{1-x}\right)'=\dfrac{1}{(1-x)^2},\quad x\in(-1,1).$$
因此，原幂级数的和函数 $s(x)=xs_1(x)=\dfrac{x}{(1-x)^2}$，即 $\sum_{n=1}^{\infty}nx^n=\dfrac{x}{(1-x)^2}, x\in(-1,1)$.

令 $x=\dfrac{1}{2}$，可得常数项级数 $\sum_{n=1}^{\infty}\dfrac{n}{2^n}=s\left(\dfrac{1}{2}\right)=2$.

习 题 9.4

1. 若幂级数 $\sum_{n=1}^{\infty}a_nx^n$ 的收敛区间为 $(-8,8)$，则幂级数 $\sum_{n=2}^{\infty}\dfrac{a_n}{n(n-1)}x^n$ 的收敛区间为（　　）.

A. $(-8,8)$　　　　B. $(-4,4)$　　　　C. $(-1,1)$　　　　D. $(-\infty,+\infty)$

2. 设数列 $\{a_n\}$ 单调减少，且 $\lim_{n\to\infty}a_n=0$. 又数列 $s_n=\sum_{k=1}^{n}a_k$ 无界，则幂级数 $\sum_{n=1}^{\infty}a_n(x-1)^n$ 的收敛域为（　　）.

A. $(0,2)$　　　　B. $(0,2]$　　　　C. $[0,2)$　　　　D. $[0,2]$

3. 求下列幂级数的收敛半径、收敛区间及收敛域：

(1) $\sum_{n=1}^{\infty}\dfrac{x^n}{2^n\cdot n}$；　　　　　(2) $\sum_{n=1}^{\infty}\dfrac{4^n+(-5)^n}{n}x^n$；　　　(3) $\sum_{n=1}^{\infty}\dfrac{n^k}{n!}x^n$（$k$ 为常数）；

(4) $\sum_{n=1}^{\infty}\dfrac{(n!)^2}{(2n)!}x^n$；　　　(5) $\sum_{n=1}^{\infty}\dfrac{\lambda^n}{n^2+1}x^n$（$\lambda$ 为常数）；　(6) $\sum_{n=1}^{\infty}\dfrac{(-1)^{n-1}}{4^n\sqrt{n}}(x-3)^n$；

(7) $\sum_{n=1}^{\infty}\dfrac{1}{3^n(2n+1)}(x+3)^n$；　(8) $\sum_{n=1}^{\infty}\dfrac{(-1)^{n-1}}{3n-2}(x-2)^{2n+1}$；　(9) $\sum_{n=1}^{\infty}\dfrac{x^{2n}}{3^n(n+1)}$.

4. 已知幂级数 $\sum_{n=0}^{\infty}a_n(x-2)^n$ 在点 $x=0$ 收敛，在点 $x=4$ 处发散，求幂级数 $\sum_{n=0}^{\infty}a_nx^n$ 的收敛半径及收敛域.

5. 求下列幂级数的和函数：

(1) $\sum_{n=1}^{\infty}\dfrac{1}{2n-1}x^{2n-1}$；　　　　(2) $\sum_{n=1}^{\infty}\dfrac{2n}{3^n}x^{2n-1}$.

6. 利用幂级数的和函数求下列常数项级数的和：

(1) $\sum_{n=1}^{\infty} \frac{(-1)^{n-1}}{2n-1}$；

(2) $\sum_{n=0}^{\infty} \frac{n+1}{2^n}$；

(3) $\sum_{n=1}^{\infty} \frac{(-1)^{n-1}}{n(2n-1)3^n}$.

9.5 函数展开成幂级数

前面讨论了幂级数的收敛域和幂级数的性质，以及利用幂级数的性质求和函数的问题. 实际应用中也常会遇到相反的问题，即给定的函数 $f(x)$ 能否在某个区间内用幂级数表示，若能表示，应如何表示？这就是函数的幂级数展开问题，该问题无论在理论上还是在实际应用中都具有重要的价值.

9.5.1 泰勒级数

在第 4 章中我们讨论过函数 $f(x)$ 的 n 阶泰勒公式，即如果函数 $f(x)$ 在含有点 x_0 的某个开区间 (a,b) 内具有直到 $n+1$ 阶的导数，那么对于任一 $x \in (a,b)$，有
$$f(x) = P_n(x) + R_n(x),$$
其中
$$P_n(x) = f(x_0) + f'(x_0)(x-x_0) + \frac{f''(x_0)}{2!}(x-x_0)^2 + \cdots + \frac{f^{(n)}(x_0)}{n!}(x-x_0)^n$$
$$= \sum_{k=0}^{n} \frac{f^{(k)}(x_0)}{k!}(x-x_0)^k$$

称为函数 $f(x)$ 在点 x_0 处关于 $x-x_0$ 的 n 次泰勒多项式，$R_n(x) = \frac{f^{(n+1)}(\xi)}{(n+1)!}(x-x_0)^{n+1}$ (ξ 介于 x 与 x_0 之间) 称为拉格朗日型余项.

如果函数 $f(x)$ 有任意阶导数，即 $P_n(x) = \sum_{k=0}^{n} \frac{f^{(k)}(x_0)}{k!}(x-x_0)^k$ 中的 n 可无限增大，那么这个多项式就成了一个关于 $x-x_0$ 的幂级数.

定义 9.5.1 如果函数 $f(x)$ 在包含点 x_0 的区间 (a,b) 内具有任意阶导数，则称幂级数
$$\sum_{n=0}^{\infty} \frac{f^{(n)}(x_0)}{n!}(x-x_0)^n = f(x_0) + f'(x_0)(x-x_0) + \frac{f''(x_0)}{2!}(x-x_0)^2 + \cdots$$
$$+ \frac{f^{(n)}(x_0)}{n!}(x-x_0)^n + \cdots \qquad (9.5.1)$$

为函数 $f(x)$ 在点 x_0 处的**泰勒级数**.

令 $x_0 = 0$，得幂级数
$$\sum_{n=0}^{\infty} \frac{f^{(n)}(0)}{n!}x^n = f(0) + f'(0)x + \frac{f''(0)}{2!}x^2 + \cdots + \frac{f^{(n)}(0)}{n!}x^n + \cdots, \qquad (9.5.2)$$

称为函数 $f(x)$ **的麦克劳林级数**.

例 9.5.1 求函数 $f(x) = e^x$ 的麦克劳林级数.

解 因为 $f^{(n)}(x) = (e^x)^{(n)} = e^x (n = 0, 1, 2, \cdots)$，所以 $f^{(n)}(0) = 1$. 把 e^x 在点 $x = 0$ 处的各阶导数值代入式(9.5.2)，得函数 $f(x) = e^x$ 的麦克劳林级数为

$$1 + x + \frac{x^2}{2!} + \cdots + \frac{x^n}{n!} + \cdots = \sum_{n=0}^{\infty} \frac{x^n}{n!}.$$

例 9.5.2 求函数 $f(x) = \frac{1}{x}$ 在点 $x = 1$ 处的泰勒级数.

解 因为 $f^{(n)}(x) = \left(\frac{1}{x}\right)^{(n)} = (-1)^n \frac{n!}{x^{n+1}} (n = 0, 1, 2, \cdots)$，所以 $f^{(n)}(1) = (-1)^n n!$. 把 $\frac{1}{x}$ 在点 $x = 1$ 处的各阶导数值代入式(9.5.1)，得函数 $f(x) = \frac{1}{x}$ 在点 $x = 1$ 处的泰勒级数为

$$1 - (x-1) + (x-1)^2 - \cdots + (-1)^n (x-1)^n + \cdots = \sum_{n=0}^{\infty} (-1)^n (x-1)^n.$$

由函数 $f(x)$ 的泰勒级数 $\sum_{n=0}^{\infty} \frac{f^{(n)}(x_0)}{n!} (x - x_0)^n$ 的概念及上述两个例子我们可以发现，只要函数 $f(x)$ 在包含点 x_0 的区间 (a, b) 内具有任意阶导数，就可以从形式上写出 $f(x)$ 在点 x_0 处的泰勒级数 $\sum_{n=0}^{\infty} \frac{f^{(n)}(x_0)}{n!} (x - x_0)^n$. 但该泰勒级数在 (a, b) 内是否收敛？如果收敛，是否收敛于 $f(x)$？利用第 4 章的泰勒公式可回答这两个问题.

如果用 $s_{n+1}(x)$ 表示函数 $f(x)$ 在点 x_0 处的泰勒级数 $\sum_{n=0}^{\infty} \frac{f^{(n)}(x_0)}{n!} (x - x_0)^n$ 的前 $n+1$ 项部分和，则 $s_{n+1}(x)$ 就是 $f(x)$ 的 n 阶泰勒公式中的泰勒多项式 $P_n(x)$，从而

$$f(x) = s_{n+1}(x) + R_n(x),$$

其中 $R_n(x)$ 为 $f(x)$ 的 n 阶泰勒公式中的余项. 由此可知，在包含点 x_0 的区间 (a, b) 内，如果

$$\lim_{n \to \infty} R_n(x) = 0,$$

则有 $\lim_{n \to \infty} s_{n+1}(x) = \lim_{n \to \infty} [f(x) - R_n(x)] = f(x) - \lim_{n \to \infty} R_n(x) = f(x)$. 也就是说，当 $n \to \infty$ 时，如果函数 $f(x)$ 的 n 阶泰勒公式中的余项趋于 0，则 $f(x)$ 在点 x_0 处的泰勒级数 $\sum_{n=0}^{\infty} \frac{f^{(n)}(x_0)}{n!} (x - x_0)^n$ 收敛且收敛于 $f(x)$，即和函数为 $f(x)$.

反之亦然. 因此，函数 $f(x)$ 在点 x_0 处的泰勒级数 $\sum_{n=0}^{\infty} \frac{f^{(n)}(x_0)}{n!} (x - x_0)^n$ 收敛，且其和函数为 $f(x)$ 的充要条件是：当 $n \to \infty$ 时函数 $f(x)$ 的泰勒公式的余项 $R_n(x)$ 的极限为 0，即

$$\lim_{n \to \infty} R_n(x) = 0.$$

如果函数 $f(x)$ 的泰勒级数 $\sum_{n=0}^{\infty} \frac{f^{(n)}(x_0)}{n!} (x - x_0)^n$ 收敛，且其和函数为 $f(x)$，即

$$f(x) = \sum_{n=0}^{\infty} \frac{f^{(n)}(x_0)}{n!} (x - x_0)^n = f(x_0) + f'(x_0)(x - x_0) + \frac{f''(x_0)}{2!} (x - x_0)^2 + \cdots$$
$$+ \frac{f^{(n)}(x_0)}{n!} (x - x_0)^n + \cdots, \tag{9.5.3}$$

则称函数 $f(x)$ **在点 x_0 处可展开成泰勒级数**，并称式(9.5.3)为函数 $f(x)$ 在点 x_0 处的**泰勒展开式**.

特别地,当 $x_0=0$ 时,如果

$$f(x)=\sum_{n=0}^{\infty}\frac{f^{(n)}(0)}{n!}x^n=f(0)+f'(0)x+\frac{f''(0)}{2!}x^2+\cdots+\frac{f^{(n)}(0)}{n!}x^n+\cdots, \quad (9.5.4)$$

则称函数 $f(x)$ 在点 $x=0$ 处可展开成麦克劳林级数,并称式(9.5.4)为函数 $f(x)$ 的**麦克劳林展开式**.

定理 9.5.1 如果函数 $f(x)$ 在包含点 $x=0$ 的区间 (a,b) 内可展开成 x 的幂级数,那么这种展开式是唯一的,且它一定是 $f(x)$ 的麦克劳林展开式.

证 设函数 $f(x)$ 在包含点 $x=0$ 的区间 (a,b) 内可展开成 x 的幂级数,即

$$f(x)=a_0+a_1x+a_2x^2+\cdots+a_nx^n+\cdots$$

对一切 $x\in(a,b)$ 都成立,其中 $a_n(n=0,1,2,\cdots)$ 是常数.那么根据幂级数的性质,有

$$f'(x)=a_1+2a_2x+3a_3x^2+\cdots+na_nx^{n-1}+\cdots,$$
$$f''(x)=2!a_2+3\times 2a_3x+\cdots+n(n-1)a_nx^{n-2}+\cdots,$$
$$f'''(x)=3!a_3+\cdots+n(n-1)(n-2)a_nx^{n-3}+\cdots,$$
$$\cdots\cdots$$
$$f^{(n)}(x)=n!a_n+(n+1)\cdot n\cdot(n-1)\cdot\cdots\cdot 2a_{n+1}x+\cdots,$$
$$\cdots\cdots$$

把 $x=0$ 代入以上各式,得

$$f(0)=a_0, \quad f'(0)=a_1, \quad f''(0)=2!a_2, \quad \cdots, \quad f^{(n)}(0)=n!a_n, \quad \cdots,$$

即

$$a_0=f(0), \quad a_1=f'(0), \quad a_2=\frac{f''(0)}{2!}, \quad \cdots, \quad a_n=\frac{f^{(n)}(0)}{n!}, \quad \cdots.$$

所以,函数 $f(x)$ 关于 x 的幂级数展开式为

$$f(x)=f(0)+f'(0)x+\frac{f''(0)}{2!}x^2+\cdots+\frac{f^{(n)}(0)}{n!}x^n+\cdots.$$

同理可证,如果函数 $f(x)$ 在包含点 x_0 的区间 (a,b) 内可展开成 $x-x_0$ 的幂级数,那么这种展开式是唯一的,且一定是 $f(x)$ 在点 x_0 处的泰勒展开式.

9.5.2 函数展开成幂级数的方法

1. 直接展开法

从 9.5.1 小节的讨论可知,将函数 $f(x)$ 展开成 x 的幂级数可按以下步骤进行:

(1) 计算 $f^{(n)}(0)(n=0,1,2,\cdots)$,若函数 $f(x)$ 的某阶导数不存在,则不能展开.

(2) 写出对应的幂级数 $f(0)+f'(0)x+\frac{f''(0)}{2!}x^2+\cdots+\frac{f^{(n)}(0)}{n!}x^n+\cdots$,并求其收敛区间 $(-R,R)$.

(3) 验证当 $x\in(-R,R)$ 时,函数 $f(x)$ 的拉格朗日型余项

$$R_n(x)=\frac{f^{(n+1)}(\theta x)}{(n+1)!}x^{n+1} \quad (0<\theta<1)$$

当 $n\to\infty$ 时是否趋于 0. 若 $\lim\limits_{n\to\infty}R_n(x)=0$,则(2)中写出的幂级数就是函数 $f(x)$ 关于 x 的幂

级数展开式;若$\lim\limits_{n\to\infty}R_n(x)\neq 0$,则函数$f(x)$无法展开成$x$的幂级数.

用上述步骤将函数展开成幂级数的方法称为**直接展开法**.

下面先讨论几个基本初等函数的麦克劳林级数.

例 9.5.3 将函数 $f(x)=e^x$ 展开成 x 的幂级数.

解 由例 9.5.1 可知该函数的麦克劳林级数为

$$1+x+\frac{x^2}{2!}+\cdots+\frac{x^n}{n!}+\cdots.$$

又因

$$\rho=\lim_{n\to\infty}\left|\frac{a_{n+1}}{a_n}\right|=\lim_{n\to\infty}\left|\frac{\frac{1}{(n+1)!}}{\frac{1}{n!}}\right|=\lim_{n\to\infty}\frac{1}{n+1}=0,$$

故收敛半径 $R=+\infty$,收敛区间为 $(-\infty,+\infty)$.

对于任意的 $x\in(-\infty,+\infty)$,e^x 的麦克劳林展开式的余项 $R_n(x)$ 满足

$$|R_n(x)|=\left|\frac{e^{\theta x}}{(n+1)!}x^{n+1}\right|\leqslant e^{|x|}\frac{|x^{n+1}|}{(n+1)!}\quad(0<\theta<1),$$

其中 $e^{|x|}$ 是与 n 无关的有限数. 待证 $\lim\limits_{n\to\infty}\frac{|x^{n+1}|}{(n+1)!}=0$. 考虑到如果级数 $\sum\limits_{n=1}^{\infty}\frac{|x^{n+1}|}{(n+1)!}$ 收敛,则一定有 $\lim\limits_{n\to\infty}\frac{|x^{n+1}|}{(n+1)!}=0$,故只需说明级数 $\sum\limits_{n=1}^{\infty}\frac{|x^{n+1}|}{(n+1)!}$ 收敛. 因为

$$\lim_{n\to\infty}\left|\frac{u_{n+1}(x)}{u_n(x)}\right|=\lim_{n\to\infty}\frac{|x^{n+2}|}{(n+2)!}\cdot\frac{(n+1)!}{|x^{n+1}|}=\lim_{n\to\infty}\frac{|x|}{n+2}=0<1,$$

所以级数 $\sum\limits_{n=1}^{\infty}\frac{|x^{n+1}|}{(n+1)!}$ 收敛,从而 $\lim\limits_{n\to\infty}\frac{|x^{n+1}|}{(n+1)!}=0$,即 $\lim\limits_{n\to\infty}R_n(x)=0$. 因此,$e^x$ 关于 x 的幂级数展开式为

$$e^x=\sum_{n=0}^{\infty}\frac{x^n}{n!}=1+x+\frac{x^2}{2!}+\cdots+\frac{x^n}{n!}+\cdots,\quad x\in(-\infty,+\infty). \tag{9.5.5}$$

例 9.5.4 将函数 $f(x)=\sin x$ 展开成 x 的幂级数.

解 因为 $f^{(n)}(x)=\sin\left(x+\frac{n\pi}{2}\right)(n=0,1,2,\cdots)$,所以

$$f^{(n)}(0)=\sin\frac{n\pi}{2}=\begin{cases}0,&n=0,2,4,\cdots,\\(-1)^{\frac{n-1}{2}},&n=1,3,5,\cdots,\end{cases}$$

即 $f^{(n)}(0)(n=0,1,2,\cdots)$ 按顺序循环地取 $0,1,0,-1$. 因此,$\sin x$ 的麦克劳林级数为

$$x-\frac{x^3}{3!}+\frac{x^5}{5!}-\cdots+(-1)^{n-1}\frac{x^{2n-1}}{(2n-1)!}+\cdots,$$

且易求得其收敛半径 $R=+\infty$.

对于任意的 $x\in(-\infty,+\infty)$,$\sin x$ 的麦克劳林展开式的余项 $R_n(x)$ 满足

$$|R_n(x)|=\left|\frac{\sin\left[\theta x+\frac{(n+1)\pi}{2}\right]}{(n+1)!}x^{n+1}\right|\leqslant\frac{|x^{n+1}|}{(n+1)!}\quad(0<\theta<1).$$

与例 9.5.3 类似，因为级数 $\sum\limits_{n=1}^{\infty}\dfrac{|x^{n+1}|}{(n+1)!}$ 收敛，所以 $\lim\limits_{n\to\infty}\dfrac{|x^{n+1}|}{(n+1)!}=0$，从而 $\lim\limits_{n\to\infty}R_n(x)=0$. 因此，$\sin x$ 关于 x 的幂级数展开式为

$$\sin x = x - \dfrac{x^3}{3!} + \dfrac{x^5}{5!} - \cdots + (-1)^{n-1}\dfrac{x^{2n-1}}{(2n-1)!} + \cdots, \quad x\in(-\infty,+\infty). \quad (9.5.6)$$

例 9.5.5 将函数 $f(x)=(1+x)^\alpha$（α 为任意实数）展开成 x 的幂级数.

解 因为函数 $f(x)=(1+x)^\alpha$ 的各阶导数分别为

$$f'(x)=\alpha(1+x)^{\alpha-1},$$
$$f''(x)=\alpha(\alpha-1)(1+x)^{\alpha-2},$$
$$\cdots\cdots$$
$$f^{(n)}(x)=\alpha(\alpha-1)\cdots(\alpha-n+1)(1+x)^{\alpha-n},$$
$$\cdots\cdots$$

所以 $f(0)=1, f'(0)=\alpha, f''(0)=\alpha(\alpha-1),\cdots,f^{(n)}(0)=\alpha(\alpha-1)\cdots(\alpha-n+1),\cdots$，从而得到 $f(x)=(1+x)^\alpha$ 的麦克劳林级数为

$$1+\alpha x+\dfrac{\alpha(\alpha-1)}{2!}x^2+\cdots+\dfrac{\alpha(\alpha-1)\cdots(\alpha-n+1)}{n!}x^n+\cdots,$$

且易得其收敛半径 $R=1$. 可以证明，当 $|x|<1$ 时，函数的麦克劳林展开式的余项 $R_n(x)$ 满足 $\lim\limits_{n\to\infty}R_n(x)=0$. 因此，$(1+x)^\alpha$ 关于 x 的幂级数展开式为

$$(1+x)^\alpha = 1+\alpha x+\dfrac{\alpha(\alpha-1)}{2!}x^2+\cdots+\dfrac{\alpha(\alpha-1)\cdots(\alpha-n+1)}{n!}x^n+\cdots, \quad x\in(-1,1). \tag{9.5.7}$$

在区间端点 $x=\pm 1$ 处，展开式是否成立要看实数 α 的取值. 例如，当 $\alpha=\dfrac{1}{2}$ 时，

$$\sqrt{1+x} = 1+\dfrac{1}{2}x-\dfrac{1}{2\times 4}x^2+\cdots+(-1)^{n-1}\dfrac{1\times 3\times\cdots\times(2n-3)}{2\times 4\times\cdots\times(2n)}x^n+\cdots, \quad x\in[-1,1].$$

当 $\alpha=-\dfrac{1}{2}$ 时，

$$\dfrac{1}{\sqrt{1+x}} = 1-\dfrac{1}{2}x+\dfrac{1\times 3}{2\times 4}x^2-\cdots+(-1)^n\dfrac{1\times 3\times\cdots\times(2n-1)}{2\times 4\times\cdots\times(2n)}x^n+\cdots, \quad x\in(-1,1].$$

当 $\alpha=-1$ 时，

$$\dfrac{1}{1+x} = 1-x+x^2-\cdots+(-1)^n x^n+\cdots, \quad x\in(-1,1).$$

上述展开式(9.5.7)又称为**二项展开式**，特别地，当 α 是正整数时，展开式为 x 的 α 次多项式，就是初等代数中的二项式定理.

从例 9.5.3～例 9.5.5 可以看到，在计算函数的幂级数展开式时并不容易，一是求函数的高阶导数 $f^{(n)}(0)$ 计算量比较大，二是讨论当 $n\to\infty$ 时麦克劳林展开式的余项是否趋于 0 比较麻烦.

2. 间接展开法

利用一些已知函数的幂级数展开式，通过幂级数的运算性质（主要指加减运算）或分析性质（指可导性和可积性），以及变量代换等方法，可以将函数展开成幂级数，这种求函数幂级数

展开式的方法称为**间接展开法**.

例 9.5.6 将函数 $\cos x$ 展开成 x 的幂级数.

解 由例 9.5.4 可知,函数 $\sin x$ 关于 x 的幂级数展开式为

$$\sin x = x - \frac{x^3}{3!} + \frac{x^5}{5!} - \cdots + (-1)^{n-1}\frac{x^{2n-1}}{(2n-1)!} + \cdots, \quad x \in (-\infty, +\infty).$$

利用幂级数的可导性,上式两边逐项求导,得函数 $\cos x$ 关于 x 的幂级数展开式为

$$\cos x = 1 - \frac{x^2}{2!} + \frac{x^4}{4!} - \cdots + (-1)^{n-1}\frac{x^{2n-2}}{(2n-2)!} + \cdots, \quad x \in (-\infty, +\infty). \quad (9.5.8)$$

例 9.5.7 将函数 $\ln(1+x)$ 展开成 x 的幂级数.

解 利用式(9.4.5)可得

$$\frac{1}{1+x} = \frac{1}{1-(-x)} = 1 - x + x^2 - \cdots + (-1)^n x^n + \cdots, \quad x \in (-1, 1).$$

又因为 $[\ln(1+x)]' = \frac{1}{1+x}$,所以由幂级数的可积性,上式两边从 0 到 x 逐项积分,得

$$\ln(1+x) = \int_0^x \frac{1}{1+x} dx = \int_0^x 1 dx - \int_0^x x dx + \int_0^x x^2 dx - \cdots + \int_0^x (-1)^n x^n dx + \cdots$$

$$= x - \frac{x^2}{2} + \frac{x^3}{3} - \cdots + (-1)^n \frac{x^{n+1}}{n+1} + \cdots, \quad x \in (-1, 1).$$

又在点 $x=1$ 处,幂级数 $\sum_{n=0}^{\infty}(-1)^n \frac{x^{n+1}}{n+1}$ 收敛,在点 $x=-1$ 处,幂级数 $\sum_{n=0}^{\infty}(-1)^n \frac{x^{n+1}}{n+1}$ 发散. 因此,函数 $\ln(1+x)$ 关于 x 的幂级数展开式为

$$\ln(1+x) = x - \frac{x^2}{2} + \frac{x^3}{3} - \cdots + (-1)^n \frac{x^{n+1}}{n+1} + \cdots, \quad x \in (-1, 1]. \quad (9.5.9)$$

从上面两例可以看到,间接展开法优于直接展开法,它不仅避免了求高阶导数及讨论余项是否趋于 0 的问题,而且还可以直接得到幂级数的收敛半径.

例 9.5.8 将函数 4^{1+x} 展开成 x 的幂级数.

解 因为 $4^{1+x} = 4 \cdot 4^x = 4e^{x\ln 4}$,所以利用式(9.5.5)可得

$$4^{1+x} = 4 \times \left[1 + x\ln 4 + \frac{(x\ln 4)^2}{2!} + \cdots + \frac{(x\ln 4)^n}{n!} + \cdots\right]$$

$$= 4 + 8\ln 2 \cdot x + \frac{2^4(\ln 2)^2}{2!}x^2 + \cdots + \frac{2^{n+2}(\ln 2)^n}{n!}x^n + \cdots, \quad x \in (-\infty, +\infty).$$

例 9.5.9 将函数 $f(x) = \arctan x$ 展开成 x 的幂级数.

解 因为 $(\arctan x)' = \frac{1}{1+x^2}$,而由式(9.4.5)可知,$\frac{1}{1+x^2}$ 的幂级数展开式为

$$\frac{1}{1+x^2} = 1 + (-x^2) + (-x^2)^2 + \cdots + (-x^2)^n + \cdots, \quad x \in (-1, 1),$$

上式两边从 0 到 x 逐项积分,得

$$\arctan x = \int_0^x \frac{1}{1+x^2} dx = x - \frac{1}{3}x^3 + \frac{1}{5}x^5 - \cdots + (-1)^n \frac{x^{2n+1}}{2n+1} + \cdots, \quad x \in (-1, 1).$$

又当 $x=\pm 1$ 时,级数 $\sum_{n=0}^{\infty}(-1)^n \dfrac{x^{2n+1}}{2n+1}$ 是收敛的,所以 $\arctan x$ 关于 x 的幂级数展开式为

$$\arctan x = x - \frac{1}{3}x^3 + \frac{1}{5}x^5 - \cdots + (-1)^n \frac{x^{2n+1}}{2n+1} + \cdots, \quad x \in [-1,1]. \quad (9.5.10)$$

在掌握利用间接展开法求函数 $f(x)$ 关于 x 的幂级数展开式后,要将 $f(x)$ 展开成 $x-x_0$ 的幂级数,可做变换 $x-x_0=t$,则 $f(x)=f(t+x_0)$,将函数 $f(t+x_0)$ 展开成关于 t 的幂级数 $\sum_{n=0}^{\infty} a_n t^n, -R<t<R$,从而 $f(x)$ 关于 $x-x_0$ 的幂级数为 $\sum_{n=0}^{\infty} a_n (x-x_0)^n, x_0-R<x<x_0+R$.

例 9.5.10 将函数 $f(x)=\dfrac{1}{x^2+4x+3}$ 展开成 $x-1$ 的幂级数,并求 $f^{(n)}(1)$.

解 方法一 因所求的幂级数具有 $\sum_{n=0}^{\infty} a_n (x-1)^n$ 的形式,故需将函数 $f(x)=\dfrac{1}{x^2+4x+3}$ 变形为关于 $x-1$ 的函数,有

$$f(x) = \frac{1}{x^2+4x+3} = \frac{1}{2}\left(\frac{1}{1+x} - \frac{1}{3+x}\right)$$

$$= \frac{1}{2}\left(\frac{1}{2}\cdot\frac{1}{1+\frac{x-1}{2}} - \frac{1}{4}\cdot\frac{1}{1+\frac{x-1}{4}}\right) = \frac{1}{4}\cdot\frac{1}{1+\frac{x-1}{2}} - \frac{1}{8}\cdot\frac{1}{1+\frac{x-1}{4}}.$$

因为

$$\frac{1}{1+\frac{x-1}{2}} = \sum_{n=0}^{\infty}(-1)^n \frac{(x-1)^n}{2^n}, \quad x \in (-1,3),$$

$$\frac{1}{1+\frac{x-1}{4}} = \sum_{n=0}^{\infty}(-1)^n \frac{(x-1)^n}{4^n}, \quad x \in (-3,5),$$

所以利用幂级数的性质,函数 $f(x)=\dfrac{1}{x^2+4x+3}$ 关于 $x-1$ 的幂级数展开式为

$$\frac{1}{x^2+4x+3} = \frac{1}{4}\sum_{n=0}^{\infty}(-1)^n \frac{(x-1)^n}{2^n} - \frac{1}{8}\sum_{n=0}^{\infty}(-1)^n \frac{(x-1)^n}{4^n}$$

$$= \sum_{n=0}^{\infty}(-1)^n \left(\frac{1}{2^{n+2}} - \frac{1}{2^{2n+3}}\right)(x-1)^n, \quad x \in (-1,3).$$

方法二 做变换 $t=x-1$,则 $x=t+1$,由此得

$$f(x) = \frac{1}{(x+3)(x+1)} = \frac{1}{(t+4)(t+2)} = \frac{1}{2(t+2)} - \frac{1}{2(t+4)} = \frac{1}{4\left(1+\frac{t}{2}\right)} - \frac{1}{8\left(1+\frac{t}{4}\right)}.$$

又

$$\frac{1}{4\left(1+\frac{t}{2}\right)} = \frac{1}{4}\sum_{n=0}^{\infty}(-1)^n \left(\frac{t}{2}\right)^n \quad \left(-1 < \frac{t}{2} < 1\right),$$

$$\frac{1}{8\left(1+\frac{t}{4}\right)} = \frac{1}{8}\sum_{n=0}^{\infty}(-1)^n\left(\frac{t}{4}\right)^n \quad \left(-1<\frac{t}{4}<1\right),$$

将 $t=x-1$ 回代上两式,即得函数 $f(x)=\dfrac{1}{x^2+4x+3}$ 关于 $x-1$ 的幂级数展开式为

$$f(x) = \frac{1}{4}\sum_{n=0}^{\infty}(-1)^n\left(\frac{t}{2}\right)^n - \frac{1}{8}\sum_{n=0}^{\infty}(-1)^n\left(\frac{t}{4}\right)^n$$

$$= \sum_{n=0}^{\infty}(-1)^n\left(\frac{1}{2^{n+2}} - \frac{1}{2^{2n+3}}\right)(x-1)^n, \quad x \in (-1,3).$$

根据泰勒展开式的系数公式及唯一性,得

$$\frac{f^{(n)}(1)}{n!} = (-1)^n\left(\frac{1}{2^{n+2}} - \frac{1}{2^{2n+3}}\right),$$

所以

$$f^{(n)}(1) = (-1)^n n!\left(\frac{1}{2^{n+2}} - \frac{1}{2^{2n+3}}\right).$$

为了能更好地灵活利用间接展开法,需要熟记下列常用函数的幂级数展开式.

(1) $e^x = \sum\limits_{n=0}^{\infty}\dfrac{x^n}{n!} = 1+x+\dfrac{x^2}{2!}+\cdots+\dfrac{x^n}{n!}+\cdots, x \in (-\infty,+\infty).$

(2) $\sin x = \sum\limits_{n=1}^{\infty}(-1)^{n-1}\dfrac{x^{2n-1}}{(2n-1)!} = x-\dfrac{x^3}{3!}+\dfrac{x^5}{5!}-\cdots+(-1)^{n-1}\dfrac{x^{2n-1}}{(2n-1)!}+\cdots,$
$$x \in (-\infty,+\infty).$$

(3) $\cos x = \sum\limits_{n=1}^{\infty}(-1)^{n-1}\dfrac{x^{2n-2}}{(2n-2)!} = 1-\dfrac{x^2}{2!}+\dfrac{x^4}{4!}-\cdots+(-1)^{n-1}\dfrac{x^{2n-2}}{(2n-2)!}+\cdots,$
$$x \in (-\infty,+\infty).$$

(4) $\ln(1+x) = \sum\limits_{n=1}^{\infty}(-1)^{n-1}\dfrac{x^n}{n} = x-\dfrac{x^2}{2}+\dfrac{x^3}{3}-\cdots+(-1)^{n-1}\dfrac{x^n}{n}+\cdots, x \in (-1,1].$

(5) $\dfrac{1}{1+x} = \sum\limits_{n=0}^{\infty}(-1)^n x^n = 1-x+x^2-\cdots+(-1)^n x^n+\cdots, x \in (-1,1).$

(6) $\dfrac{1}{1-x} = \sum\limits_{n=0}^{\infty}x^n = 1+x+x^2+\cdots+x^n+\cdots, x \in (-1,1).$

(7) $(1+x)^\alpha = 1+\alpha x+\dfrac{\alpha(\alpha-1)}{2!}x^2+\cdots+\dfrac{\alpha(\alpha-1)\cdots(\alpha-n+1)}{n!}x^n+\cdots, x \in (-1,1).$

习题 9.5

1. 函数 $\dfrac{1}{2+x}$ 展开成 x 的幂级数为( ).

A. $\sum\limits_{n=0}^{\infty}(-1)^n(1+x)^n, x \in (0,2)$ B. $\sum\limits_{n=1}^{\infty}(-1)^n(1+x)^n, x \in (0,2)$

C. $\sum_{n=1}^{\infty}(-1)^n \dfrac{x^n}{2^{n+1}}, x\in(-2,2)$ D. $\sum_{n=0}^{\infty}(-1)^n \dfrac{x^n}{2^{n+1}}, x\in(-2,2)$

2. 已知 $e=1+\dfrac{1}{1!}+\dfrac{1}{2!}+\cdots+\dfrac{1}{n!}+\cdots$，则 $1+\dfrac{3}{1!}+\dfrac{3^2}{2!}+\cdots+\dfrac{3^n}{n!}+\cdots=(\quad)$.

A. $3e$ B. $e+3$ C. e^3 D. $\dfrac{e}{3}$

3. 将下列函数展开成 x 的幂级数，并求其收敛区间：

(1) e^{2x+3}；   (2) $\ln(a+x)(a>0)$；   (3) $\cos^2 x$；

(4) $(1+x)\ln(1+x)$；   (5) $\dfrac{1}{x^2-4x-5}$；   (6) $\dfrac{1}{\sqrt{1-x^2}}$；

(7) $\ln\dfrac{1+x}{1-x}$；   (8) $\dfrac{x}{1+x-2x^2}$；   (9) $\dfrac{1}{(2-x)^2}$.

4. 将函数 $f(x)=\lg x$ 展开成 $x-1$ 的幂级数，并求其收敛区间.

5. 将函数 $f(x)=\dfrac{1}{x^2}$ 展开成 $x+1$ 的幂级数.

6. 将函数 $f(x)=\dfrac{1}{x^2+3x+2}$ 展开成 $x+4$ 的幂级数.

7. 利用幂级数展开式求极限 $\lim\limits_{x\to 0}\dfrac{\cos x-e^{-\frac{x^2}{2}}}{x^4}$ 及积分 $\int e^{x^2}dx$.

9.6 函数的幂级数展开式的应用

9.6.1 函数值的近似计算

1. 根式的计算

例 9.6.1 计算 $\sqrt{2}$ 的近似值（精确到小数点后四位）.

分析 求根式的近似值，需要选取一个函数的幂级数展开式，这里可选

$$(1+x)^\alpha=1+\alpha x+\dfrac{\alpha(\alpha-1)}{2!}x^2+\cdots+\dfrac{\alpha(\alpha-1)\cdots(\alpha-n+1)}{n!}x^n+\cdots,\quad x\in(-1,1),$$

但不可以取 $x=1,\alpha=\dfrac{1}{2}$ 来计算，因为该级数在点 $x=1$ 处不收敛. 由观察可知，上式中的 $|x|$ 越小，计算效果越好，因此做如下变化：

$$\sqrt{2}=\dfrac{1.4}{\sqrt{\dfrac{1.96}{2}}}=\dfrac{1.4}{\sqrt{1-\dfrac{0.04}{2}}}=1.4\times\left(1-\dfrac{1}{50}\right)^{-\frac{1}{2}},$$

即取 $x=-\dfrac{1}{50},\alpha=-\dfrac{1}{2}$.

解 利用 $(1+x)^\alpha$ 的幂级数展开式，有

$$\left(1-\frac{1}{50}\right)^{-\frac{1}{2}} = 1 + \sum_{n=1}^{\infty} \frac{\left(-\frac{1}{2}\right) \times \left(-\frac{1}{2}-1\right) \times \cdots \times \left(-\frac{1}{2}-n+1\right)}{n!} \times \left(-\frac{1}{50}\right)^n$$

$$= 1 + \sum_{n=1}^{\infty} \frac{1 \times (1+2\times 1) \times \cdots \times [1+2\times(n-1)]}{2^n \times n!} \times \left(\frac{1}{50}\right)^n$$

$$= 1 + \sum_{n=1}^{\infty} \frac{(2n-1)!!}{(2n)!!} \times \left(\frac{1}{50}\right)^n,$$

所以

$$\sqrt{2} = 1.4 \times \left(1-\frac{1}{50}\right)^{-\frac{1}{2}} = 1.4 \times \left(1 + \frac{1}{2} \times \frac{1}{50} + \frac{3}{8} \times \frac{1}{50^2} + \frac{5}{16} \times \frac{1}{50^3} + \cdots\right),$$

其误差为

$$|r_{n+1}| = 1.4 \times \sum_{k=n+1}^{\infty} \frac{(2k-1)!!}{(2k)!!} \left(\frac{1}{50}\right)^k < 1.4 \times \left(\frac{1}{50^{n+1}} + \frac{1}{50^{n+2}} + \cdots\right)$$

$$= 1.4 \times \frac{1}{50^{n+1}} \times \left(1 + \frac{1}{50} + \frac{1}{50^2} + \cdots\right) = 1.4 \times \frac{1}{50^{n+1}} \times \frac{1}{1-\frac{1}{50}}$$

$$= \frac{1.4}{50^n \times 49}.$$

计算可得 $\frac{1.4}{50 \times 49} = \frac{1.4}{2\,450} > 10^{-4}$,$\frac{1.4}{50^2 \times 49} = \frac{1.4}{122\,500} < 10^{-4}$,因此取前三项计算即可满足精确到小数点后四位的误差要求,此时

$$\sqrt{2} \approx 1.4 \times \left(1 + \frac{1}{2} \times \frac{1}{50} + \frac{3}{8} \times \frac{1}{50^2}\right) \approx 1.414\,2.$$

注 ① $\sqrt{2}$ 的表达式也可选其他的形式,如

$$\sqrt{2} = 1.4 \times \sqrt{\frac{2}{1.96}} = 1.4 \times \sqrt{1 + \frac{0.\overline{04}}{1.96}} = 1.4 \times \left(1 + \frac{1}{49}\right)^{\frac{1}{2}};$$

② 对误差的估计也可用其他的方式.

2. 对数的计算

例 9.6.2 计算 $\ln 2$ 的近似值(精确到小数点后四位).

解 可利用幂级数展开式

$$\ln(1+x) = \sum_{n=1}^{\infty} (-1)^{n-1} \frac{x^n}{n} = x - \frac{x^2}{2} + \frac{x^3}{3} - \cdots + (-1)^{n-1} \frac{x^n}{n} + \cdots, \quad x \in (-1,1].$$

取 $x=1$,即得

$$\ln 2 = 1 - \frac{1}{2} + \frac{1}{3} - \cdots + (-1)^{n-1} \frac{1}{n} + \cdots,$$

其误差为

$$|r_n| = \left|(-1)^n \frac{1}{n+1} + (-1)^{n+1} \frac{1}{n+2} + \cdots \right| = \frac{1}{n+1} - \frac{1}{n+2} + \cdots < \frac{1}{n+1}.$$

要精确到小数点后四位,需要的项数 n 应满足 $\frac{1}{n+1} < 10^{-4}$,即 $n > 10^4 - 1 = 9\,999$,所以

n 应取到 10 000 项. 这个计算量太大, 必须用收敛较快的级数来代替该级数.

在上述 $\ln(1+x)$ 的幂级数展开式中用 $-x$ 替代 x, 得

$$\ln(1-x) = -x - \frac{x^2}{2} - \frac{x^3}{3} - \cdots - \frac{x^n}{n} - \cdots, \quad x \in [-1, 1),$$

$\ln(1+x) - \ln(1-x)$, 得到不含有偶次幂的幂级数展开式:

$$\ln\frac{1+x}{1-x} = 2\left(x + \frac{x^3}{3} + \frac{x^5}{5} + \cdots + \frac{x^{2n-1}}{2n-1} + \cdots\right), \quad x \in (-1, 1).$$

取 $\frac{1+x}{1-x} = 2$, 即 $x = \frac{1}{3}$, 代入上述幂级数展开式, 得

$$\ln 2 = 2 \times \left[\frac{1}{3} + \frac{1}{3} \times \left(\frac{1}{3}\right)^3 + \frac{1}{5} \times \left(\frac{1}{3}\right)^5 + \cdots\right],$$

其误差为

$$|r_{2n+1}| = 2 \times \left|\frac{1}{2n+1} \times \frac{1}{3^{2n+1}} + \frac{1}{2n+3} \times \frac{1}{3^{2n+3}} + \cdots\right| < 2 \times \frac{1}{2n+1} \times \frac{1}{3^{2n+1}} \left|1 + \frac{1}{3^2} + \frac{1}{3^4} + \cdots\right|$$

$$= \frac{1}{4(2n+1) \times 3^{2n-1}}.$$

计算可得

$$|r_7| < \frac{1}{4 \times 7 \times 3^5} = \frac{1}{6\,804} > 10^{-4},$$

$$|r_9| < \frac{1}{4 \times 9 \times 3^7} = \frac{1}{78\,732} < 10^{-4},$$

因此取前四项计算即可满足精确到小数点后四位的误差要求, 此时

$$\ln 2 \approx 2 \times \left[\frac{1}{3} + \frac{1}{3} \times \left(\frac{1}{3}\right)^3 + \frac{1}{5} \times \left(\frac{1}{3}\right)^5 + \frac{1}{7} \times \left(\frac{1}{3}\right)^7\right] \approx 0.693\,1.$$

显然, 此计算方法大大提高了计算的速度, 这种处理手段常称为**幂级数收敛的加速技术**.

3. 积分的计算

例 9.6.3 计算定积分 $\int_0^1 \frac{\sin x}{x} dx$ 的近似值, 精确到小数点后四位.

解 函数 $f(x) = \frac{\sin x}{x}$ 在点 $x = 0$ 处没定义, 也就不连续, 但因 $\lim\limits_{x \to 0} \frac{\sin x}{x} = 1$, 故若定义 $f(0) = 1$, 则 $f(x)$ 在 $[0, 1]$ 上连续, 从而 $\int_0^1 \frac{\sin x}{x} dx$ 存在.

因

$$\sin x = x - \frac{x^3}{3!} + \frac{x^5}{5!} - \cdots + (-1)^{n-1} \frac{x^{2n-1}}{(2n-1)!} + \cdots, \quad x \in (-\infty, +\infty),$$

故等式两边同时除以 x 可得 $\frac{\sin x}{x}$ 的幂级数展开式为

$$\frac{\sin x}{x} = 1 - \frac{x^2}{3!} + \frac{x^4}{5!} - \cdots + (-1)^{n-1} \frac{x^{2n-2}}{(2n-1)!} + \cdots, \quad x \in (-\infty, +\infty).$$

由幂级数的可积性, 在区间 $[0, 1]$ 上逐项积分, 得

$$\int_0^1 \frac{\sin x}{x} dx = 1 - \frac{1}{3 \times 3!} + \frac{1}{5 \times 5!} - \cdots + (-1)^{n-1} \frac{1}{(2n-1) \times (2n-1)!} + \cdots.$$

通过计算可知，取前三项即可作为定积分的近似值，其误差

$$|r_3| \leqslant \frac{1}{7 \times 7!} = \frac{1}{35\,280} < 10^{-4},$$

于是

$$\int_0^1 \frac{\sin x}{x} dx \approx 1 - \frac{1}{3 \times 3!} + \frac{1}{5 \times 5!} \approx 0.946\,1.$$

9.6.2 欧拉公式

对复数项级数

$$\sum_{n=1}^\infty (a_n + \mathrm{i} b_n) = (a_1 + \mathrm{i} b_1) + (a_2 + \mathrm{i} b_2) + \cdots + (a_n + \mathrm{i} b_n) + \cdots,$$

如果其实部组成的实数项级数 $\sum_{n=1}^\infty a_n$ 及虚部组成的实数项级数 $\sum_{n=1}^\infty b_n$ 分别收敛于 a 和 b，则称复数项级数 $\sum_{n=1}^\infty (a_n + \mathrm{i} b_n)$ 收敛，且其和为 $a + \mathrm{i} b$.

当 x 为实数时，已有 e^x 的幂级数展开式：

$$\mathrm{e}^x = \sum_{n=0}^\infty \frac{x^n}{n!} = 1 + x + \frac{x^2}{2!} + \cdots + \frac{x^n}{n!} + \cdots, \quad x \in (-\infty, +\infty).$$

现将上式中的实数 x 换成复数 $z\,(z = x + \mathrm{i} y)$，所得的级数

$$1 + z + \frac{z^2}{2!} + \cdots + \frac{z^n}{n!} + \cdots$$

是一个复数项级数. 可以证明，其在整个复平面上是绝对收敛的，并将其定义为复变量 z 的指数函数，记作 e^z，即

$$\mathrm{e}^z = 1 + z + \frac{z^2}{2!} + \cdots + \frac{z^n}{n!} + \cdots. \tag{9.6.1}$$

取 $z = \mathrm{i} x$，代入式 (9.6.1) 得

$$\begin{aligned}
\mathrm{e}^{\mathrm{i} x} &= 1 + \mathrm{i} x + \frac{(\mathrm{i} x)^2}{2!} + \cdots + \frac{(\mathrm{i} x)^n}{n!} + \cdots \\
&= 1 + \mathrm{i} x - \frac{x^2}{2!} - \mathrm{i} \frac{x^3}{3!} + \frac{x^4}{4!} + \mathrm{i} \frac{x^5}{5!} - \cdots + (-1)^n \frac{x^{2n}}{(2n)!} + (-1)^n \mathrm{i} \frac{x^{2n+1}}{(2n+1)!} + \cdots \\
&= \left[1 - \frac{x^2}{2!} + \frac{x^4}{4!} - \cdots + (-1)^n \frac{x^{2n}}{(2n)!} + \cdots \right] \\
&\quad + \mathrm{i} \left[x - \frac{x^3}{3!} + \frac{x^5}{5!} - \cdots + (-1)^n \frac{x^{2n+1}}{(2n+1)!} + \cdots \right] \\
&= \cos x + \mathrm{i} \sin x.
\end{aligned}$$

这就得到了**欧拉 (Euler) 公式**：

$$\mathrm{e}^{\mathrm{i} x} = \cos x + \mathrm{i} \sin x, \tag{9.6.2}$$

它也可表示为

$$\mathrm{e}^{\alpha + \mathrm{i} \beta} = \mathrm{e}^\alpha (\cos \beta + \mathrm{i} \sin \beta). \tag{9.6.3}$$

在式(9.6.2)中把 x 换为 $-x$,有
$$\mathrm{e}^{-\mathrm{i}x}=\cos x-\mathrm{i}\sin x. \tag{9.6.4}$$
式(9.6.2)与式(9.6.4)联立,可得
$$\begin{cases}\cos x=\dfrac{\mathrm{e}^{\mathrm{i}x}+\mathrm{e}^{-\mathrm{i}x}}{2},\\ \sin x=\dfrac{\mathrm{e}^{\mathrm{i}x}-\mathrm{e}^{-\mathrm{i}x}}{2\mathrm{i}}.\end{cases} \tag{9.6.5}$$
式(9.6.3)及式(9.6.5)也称为欧拉公式.欧拉公式揭示了三角函数与复变量指数函数间的联系.

在式(9.6.2)中,令 $x=\pi$,则有
$$\mathrm{e}^{\mathrm{i}\pi}+1=0.$$
这个公式被认为是数学领域中最完美的公式之一,因为形式如此简单的公式,把算术基本常数 0 和 1、几何基本常数 π、基本复常数 i 及自然常数 e 都联系在了一起.

习题 9.6

1. 利用幂级数展开式求下列数的近似值(精确到小数点后四位):

(1) $\sqrt{3}$;   (2) $\ln 3$;   (3) $\sqrt[3]{28}$;   (4) $\cos 3°$.

2. 利用被积函数的幂级数展开式计算下列定积分的近似值(精确到小数点后四位):

(1) $\int_0^1 \mathrm{e}^{x^2}\mathrm{d}x$;   (2) $\int_0^{\frac{1}{2}}\dfrac{\arctan x}{x}\mathrm{d}x$.

第 9 章思考题

1. 无穷级数是一个数吗?为什么?
2. 级数按某种方式加括号后收敛,那么原级数也一定收敛吗?为什么?
3. 正项级数敛散性的判别主要有哪几种方法?
4. 比值审敛法的 $\lim\limits_{n\to\infty}\dfrac{u_{n+1}}{u_n}=\rho<1$ 与 $\dfrac{u_{n+1}}{u_n}<1$ 有什么区别?
5. 比值审敛法与比较审敛法相比有何缺点和优点?
6. 什么是交错级数?判别交错级数的敛散性有哪些方法?
7. 什么是绝对收敛?什么是条件收敛?
8. 幂级数的收敛域、发散域有何特点?幂级数的收敛半径、收敛区间、收敛域之间有何关系?如何求收敛域?
9. 将函数展开成幂级数有哪些方法?分别有什么特点?
10. 函数展开成幂级数的间接展开法中包括哪些常用手段?间接展开法的常用函数有哪些?展开式是什么?收敛域是什么?
11. 什么是欧拉公式?它有哪些表达形式?

总习题九

(A)

1. 填空题.

(1) 级数 $\sum_{n=1}^{\infty} \dfrac{1}{(2n-1)(2n+1)}$ 的和为 _____.

(2) 若级数 $\sum_{n=1}^{\infty} (-1)^n \dfrac{1}{n^{p-1}}$ 条件收敛,则 p 的取值范围为 _____.

(3) 若级数 $\sum_{n=0}^{\infty} a_n (x-1)^{n+1}$ 的收敛区间为 $(-2,4)$,则级数 $\sum_{n=0}^{\infty} n a_n (x+1)^n$ 的收敛区间为 _____.

(4) 若 $\dfrac{1}{3+x} = \sum_{n=0}^{\infty} a_n (x-1)^n$,$|x-1|<4$,则 $a_n =$ _____.

(5) 级数 $\sum_{n=0}^{\infty} (-1)^n \dfrac{n}{(2n+1)!}$ 的和为 _____.

2. 选择题.

(1) $\lim\limits_{n\to\infty} u_n = 0$ 是级数 $\sum_{n=0}^{\infty} u_n$ 收敛的( ).

A. 充分条件　　　　B. 必要条件　　　　C. 充要条件　　　　D. 无关条件

(2) 正项级数 $\sum_{n=0}^{\infty} u_n$ 收敛的充要条件是( ).

A. $\lim\limits_{n\to\infty} u_n = 0$ 　　　　　　　　　B. 级数 $\sum_{n=0}^{\infty} u_n$ 的部分和数列有界

C. $\lim\limits_{n\to\infty} u_n = 0$ 且 $u_{n+1} \leqslant u_n, n=1,2,\cdots$ 　　D. $\lim\limits_{n\to\infty} \dfrac{u_{n+1}}{u_n} = \rho < 1$

(3) 若正项级数 $\sum_{n=1}^{\infty} u_n$ 收敛,则级数 $\sum_{n=1}^{\infty} (-1)^n \left(1+\dfrac{1}{n}\right)^n u_n$ ( ).

A. 条件收敛　　　B. 发散　　　　C. 绝对收敛　　　　D. 敛散性无法判别

(4) 如果级数 $\sum_{n=1}^{\infty} (u_{2n} + u_{2n+1})$ 是收敛的,则下列说法中正确的是( ).

A. 级数 $\sum_{n=1}^{\infty} u_n$ 收敛 　　　　　　　　B. 级数 $\sum_{n=1}^{\infty} u_n$ 不一定收敛

C. $\lim\limits_{n\to\infty} u_n = 0$ 　　　　　　　　　D. $\sum_{n=1}^{\infty} u_n$ 发散

(5) 若级数 $\sum_{n=1}^{\infty} a_n (x-2)^n$ 在点 $x=-2$ 处收敛,则此级数在点 $x=5$ 处( ).

A. 条件收敛　　　　B. 发散　　　　　　C. 敛散性无法判别　　D. 绝对收敛

(6) 当 a_n, b_n 满足( )时,可由级数 $\sum\limits_{n=1}^{\infty} a_n$ 发散推出级数 $\sum\limits_{n=1}^{\infty} b_n$ 发散.

A. $a_n \leqslant |b_n|$　　　　B. $a_n \leqslant b_n$　　　　C. $|a_n| \leqslant b_n$　　　　D. $|a_n| \leqslant |b_n|$

(7) 下列级数中条件收敛的是( ).

A. $\sum\limits_{n=1}^{\infty}(-1)^n \dfrac{n}{n+1}$　　B. $\sum\limits_{n=1}^{\infty}(-1)^n \dfrac{1}{2^n}$　　C. $\sum\limits_{n=1}^{\infty}(-1)^n \dfrac{1}{n^2}$　　D. $\sum\limits_{n=1}^{\infty}(-1)^n \dfrac{1}{\sqrt{n}}$

(8) 若正项级数 $\sum\limits_{n=1}^{\infty} u_n$ 收敛,则( ).

A. 级数 $\sum\limits_{n=1}^{\infty} u_n^2$ 发散　　　　　　B. 级数 $\sum\limits_{n=1}^{\infty} \dfrac{\sqrt{u_n}}{n}$ 收敛

C. 级数 $\sum\limits_{n=1}^{\infty} \dfrac{u_n}{u_n+1}$ 发散　　　　D. 级数 $\sum\limits_{n=1}^{\infty} \dfrac{u_n}{\sqrt{n}}$ 发散

(9) 幂级数 $\sum\limits_{n=0}^{\infty} \dfrac{3n+1}{n!} x^{3n}$ 的和函数为( ).

A. $x e^{3x}$　　　　B. $e^{x^3}(2+3x^3)$　　C. $3x^2 e^{x^3}$　　D. $e^{x^3}(1+3x^3)$

(10) 若级数 $\sum\limits_{n=1}^{\infty} a_n$ 收敛,且 $\lim\limits_{n \to \infty} b_n = 1$,则级数 $\sum\limits_{n=1}^{\infty} a_n b_n$ ( ).

A. 绝对收敛　　　B. 发散　　　　　　C. 条件收敛　　　　D. 敛散性无法判别

3. 若正项级数 $\sum\limits_{n=1}^{\infty} a_n$ 收敛,证明:级数 $\sum\limits_{n=1}^{\infty} a_n^4$ 也收敛.

4. 若级数 $\sum\limits_{n=1}^{\infty} u_n^2$ 与 $\sum\limits_{n=1}^{\infty} v_n^2$ 都收敛,证明:级数 $\sum\limits_{n=1}^{\infty} |u_n v_n|$ 与 $\sum\limits_{n=1}^{\infty} (u_n + v_n)^2$ 都收敛.

5. 判别下列正项级数的敛散性:

(1) $\sum\limits_{n=1}^{\infty} \dfrac{2+n}{n^2+3}$;　　(2) $\sum\limits_{n=1}^{\infty} \dfrac{n^{n+1}}{(n+5)^{n+2}}$;　　(3) $\sum\limits_{n=1}^{\infty} \dfrac{1 \times 3 \times \cdots \times (2n-1)}{3^n \times n!}$;

(4) $\sum\limits_{n=1}^{\infty} \dfrac{n}{2^n + \ln n}$;　　(5) $\sum\limits_{n=1}^{\infty} \left(\dfrac{3n}{2n+1}\right)^n$;　　(6) $\sum\limits_{n=1}^{\infty} \left[\dfrac{1}{n} - \ln\left(1+\dfrac{1}{n}\right)\right]$.

6. 讨论下列级数的敛散性,并指出是绝对收敛还是条件收敛:

(1) $\sum\limits_{n=1}^{\infty} (-1)^n (\sqrt{n+1} - \sqrt{n})$;　　(2) $\sum\limits_{n=1}^{\infty} \dfrac{n \sin na}{4^n}$;

(3) $\sum\limits_{n=1}^{\infty} (-1)^n \dfrac{n^2 - n + 1}{2^n}$;　　(4) $\sum\limits_{n=1}^{\infty} (-1)^{n-1} \sin \dfrac{1}{n^a} (a > 0)$;

(5) $\sum\limits_{n=1}^{\infty} (-1)^n \ln\left(1 + \dfrac{1}{\sqrt{n}}\right)$.

(B)

7. 选择题.

(1) $\lim\limits_{n\to\infty}\dfrac{(n!)^2}{(2n)!}=(\quad)$.

A. 1　　　　　　　B. 4　　　　　　　C. $\dfrac{1}{4}$　　　　　　　D. 0

(2) 已知 $\dfrac{\pi^2}{6}=\dfrac{1}{1^2}+\dfrac{1}{2^2}+\cdots+\dfrac{1}{n^2}+\cdots$，则 $\dfrac{1}{1^2}+\dfrac{1}{3^2}+\dfrac{1}{5^2}+\cdots+\dfrac{1}{(2n-1)^2}+\cdots,\dfrac{1}{2^2}+\dfrac{1}{4^2}+\cdots+\dfrac{1}{(2n)^2}+\cdots$ 分别为( ).

A. $\dfrac{\pi^2}{3},\dfrac{\pi^2}{6}$　　　　B. $\dfrac{\pi^2}{6},\dfrac{\pi^2}{12}$　　　　C. $\dfrac{\pi^2}{8},\dfrac{\pi^2}{24}$　　　　D. $\dfrac{\pi^2}{12},\dfrac{\pi^2}{24}$

8. 若级数 $\sum\limits_{n=1}^{\infty}(u_{2n-1}+u_{2n})$ 收敛，且 $\lim\limits_{n\to\infty}u_n=0$，证明：级数 $\sum\limits_{n=1}^{\infty}u_n$ 也收敛.

9. 已知 $u_n=\int_0^{\pi}x\cos nx\,dx$（$n$ 为正整数），证明：级数 $\sum\limits_{n=1}^{\infty}u_n$ 绝对收敛.

10. 已知 $u_n=\int_0^{\frac{\pi}{4}}\tan^n x\,dx$.

(1) 求级数 $\sum\limits_{n=1}^{\infty}\dfrac{1}{n}(u_n+u_{n+2})$ 的和；

(2) 证明：对任意的常数 $\lambda>0$，级数 $\sum\limits_{n=1}^{\infty}\dfrac{u_n}{n^{\lambda}}$ 收敛.

11. 求下列幂级数的和函数及收敛区间：

(1) $\sum\limits_{n=1}^{\infty}\dfrac{(x-2)^{n+1}}{n!}$；　　　　　(2) $\sum\limits_{n=1}^{\infty}(2^{n+1}-1)x^n$；

(3) $\sum\limits_{n=1}^{\infty}(-1)^{n+1}\dfrac{2n+1}{n}x^{2n}$.

12. 将下列函数在指定点处展开成幂级数：

(1) $\dfrac{1+x}{(1-x)^2}$（在点 $x=0$ 处展开）；　　(2) $\ln(3-2x-x^2)$（在点 $x=0$ 处展开）；

(3) $\sin^2 x\left(\text{在点 }x=\dfrac{\pi}{2}\text{ 处展开}\right)$.

13. 求极限 $\lim\limits_{n\to\infty}\dfrac{n^n}{(n!)^2}$.

14. 求常数项级数 $\sum\limits_{n=2}^{\infty}\dfrac{1}{(n^2-1)2^n}$ 的和.

第10章

常微分方程与差分方程

在实际问题中,我们通常以函数关系的形式建立变量之间的客观联系,但直接得到所研究的变量之间的函数关系却很难,反而建立这些变量本身与它们的导数或微分之间的关系更为容易.利用这种关系可以得到一个关于未知函数的导数或微分的方程,称为微分方程.通过求解这样的微分方程同样可以建立所研究的变量之间的函数关系,这样的过程称为解微分方程.许多实际问题都可以在一定的条件下抽象为微分方程,如人口的增长问题、经济的增长问题等,这时的微分方程习惯上称为所研究问题的**数学模型**,如人口模型、经济增长模型等.因此,微分方程是数学联系实际并应用于实际的重要途径和桥梁,是数学及其他学科进行科学研究的强有力的工具.本章主要介绍微分方程的一些基本概念,几种常用的一阶、二阶微分方程的求解方法,线性微分方程的解的理论及求解方法.

此外,在经济管理和许多实际问题中,已知的数据大多数是按等时间间隔周期统计的,因此相关变量的取值是离散变化的.如何寻求它们之间的关系及变化规律呢?差分方程是研究这样的离散型数学问题的有力工具,本章的最后将介绍差分方程的一些基本概念及常用的求解方法.

10.1 常微分方程的基本概念

先看两个例子.

例 10.1.1 一曲线通过点 $(1,4)$,且曲线上任意一点处切线的斜率等于该点的横坐标的 2 倍再加 1,求该曲线的方程.

解 设所求曲线的方程为 $y=y(x)$.按题意,函数 $y=y(x)$ 应满足关系式
$$y'=2x+1, \tag{10.1.1}$$
可看到此关系式中含有未知函数的导数.为求得未知函数 $y=y(x)$,对式(10.1.1)两边积分,得
$$y=x^2+x+C,$$
其中 C 为任意常数.因为所求曲线通过点 $(1,4)$,所以未知函数 $y=y(x)$ 还需满足以下条件:
$$y(1)=4. \tag{10.1.2}$$
把条件(10.1.2)代入关系式 $y=x^2+x+C$,得 $C=2$.因此,所求曲线的方程为

$$y = x^2 + x + 2.$$

例 10.1.2 一质量为 m 的物体以初速度 $v_0(v_0 \geqslant 0)$ 从离地面为 h 的空中垂直下落. 设物体在下落过程中只受重力的影响, 求物体在下落过程中到地面的距离 s 和时间 t 的关系.

解 选取如图 10.1.1 所示坐标系. 设在 t 时刻物体到地面的距离为 $s(t)$, 根据牛顿第二定律, 未知函数 $s = s(t)$ 应满足关系式 $m\dfrac{d^2 s}{dt^2} = -mg$, 即

$$\frac{d^2 s}{dt^2} = -g, \tag{10.1.3}$$

其中负号表示重力加速度的方向与选取的坐标系的正向相反. 这是一个含有未知函数的导数的关系式.

对式(10.1.3)两边积分, 得

$$\frac{ds}{dt} = -gt + C_1,$$

上式两边再积分一次, 得

$$s = -\frac{1}{2}gt^2 + C_1 t + C_2,$$

其中 C_1, C_2 为任意常数(后不再标明).

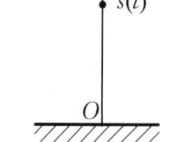

图 10.1.1

依据题意, 未知函数 $s = s(t)$ 还应满足下列条件:

$$\begin{cases} s \big|_{t=0} = h, \\ \dfrac{ds}{dt} \bigg|_{t=0} = -v_0. \end{cases} \tag{10.1.4}$$

把条件(10.1.4)分别代入 $\dfrac{ds}{dt} = -gt + C_1$ 和 $s = -\dfrac{1}{2}gt^2 + C_1 t + C_2$, 计算得 $C_1 = -v_0, C_2 = h$. 所以, 物体在下落过程中到地面的距离 s 和时间 t 的关系为

$$s = -\frac{1}{2}gt^2 - v_0 t + h.$$

下面介绍有关微分方程的基本概念.

定义 10.1.1 含有自变量、未知函数及未知函数的导数(或微分)的方程称为**微分方程**. 如果微分方程中的未知函数是一元函数, 则称这样的微分方程为**常微分方程**.

本章只讨论常微分方程, 简便起见, 简称微分方程或方程.

要注意的是, 微分方程中必须含有未知函数的导数(或微分).

在微分方程中出现的未知函数的导数的最高阶数称为**微分方程的阶**. 例如, 方程(10.1.1)是一阶微分方程, 方程(10.1.3)是二阶微分方程, 方程 $y''' = 7x + 2(y')^7 + 10$ 是三阶微分方程.

一阶微分方程常表示为 $F(x, y, y') = 0$ 或 $y' = f(x, y)$.

二阶及二阶以上的微分方程统称为**高阶微分方程**. 一般地, n 阶微分方程常表示为

$$F(x, y, y', \cdots, y^{(n)}) = 0 \quad \text{或} \quad y^{(n)} = f(x, y, y', \cdots, y^{(n-1)}).$$

如果将函数 $y = y(x)$ 代入微分方程后能使得微分方程成为恒等式, 则称此函数为微分方程的**解**. 例如, 函数 $y = x^2 + x + C$ 及 $y = x^2 + x + 2$ 都是微分方程 $y' = 2x + 1$ 的解.

微分方程的解通常有两种形式. 如果解中包含任意常数, 且相互独立的任意常数的个数与

微分方程的阶数相同,则称这样的解为微分方程的**通解**. 不含任意常数的解称为微分方程的**特解**. 例如,函数 $y=x^2+x+C$ 是微分方程 $y'=2x+1$ 的通解,函数 $y=x^2+x+2$ 是微分方程 $y'=2x+1$ 的特解. 显然,通解中的任意常数一旦被确定,通解就成了特解. 例 10.1.1 中的条件(10.1.2)和例 10.1.2 中的条件(10.1.4)都是用来确定通解中任意常数的条件. 这样的条件称为**初始条件**.

如果由 $\Phi(x,y)=0$ 所确定的隐函数是微分方程 $F(x,y,y')=0$ 的解,则称 $\Phi(x,y)=0$ 为微分方程的**隐式解**. 例如, $\Phi(x,y)=x^2+y^2-1=0$ 就是一阶微分方程 $\dfrac{\mathrm{d}y}{\mathrm{d}x}=-\dfrac{x}{y}$ 的隐式解.

通常,一阶微分方程 $F(x,y,y')=0$ 的初始条件为 $y(x_0)=y_0$ 或 $y\big|_{x=x_0}=y_0$,其中 x_0, y_0 为给定的值;二阶微分方程 $F(x,y,y',y'')=0$ 的初始条件为

$$\begin{cases} y(x_0)=y_0, \\ y'(x_0)=y_1, \end{cases} \text{或} \begin{cases} y\big|_{x=x_0}=y_0, \\ y'\big|_{x=x_0}=y_1, \end{cases}$$

其中 x_0,y_0,y_1 为给定的值.

求微分方程满足初始条件的特解问题,称为**初值问题**.

微分方程的解的图形是一条曲线,通常称为微分方程的**积分曲线**. 微分方程的通解的图形是一族积分曲线,特解是这一族积分曲线中的某一条积分曲线. 微分方程的初值问题的几何意义就是求微分方程满足初始条件的那条积分曲线.

例 10.1.3 验证:函数 $y=C_1\cos x+C_2\sin x+\mathrm{e}^x$ 是微分方程 $y''+y=2\mathrm{e}^x$ 的通解,并求满足初始条件 $y\big|_{x=0}=0, y'\big|_{x=0}=2$ 的特解.

解 因为 $y'=C_2\cos x-C_1\sin x+\mathrm{e}^x, y''=-C_1\cos x-C_2\sin x+\mathrm{e}^x$,将 y'' 与 y 代入微分方程 $y''+y=2\mathrm{e}^x$ 得

左边 $=-C_1\cos x-C_2\sin x+\mathrm{e}^x+C_1\cos x+C_2\sin x+\mathrm{e}^x=2\mathrm{e}^x=$ 右边,

所以函数 $y=C_1\cos x+C_2\sin x+\mathrm{e}^x$ 是微分方程 $y''+y=2\mathrm{e}^x$ 的解. 又因为解中含有两个相互独立的任意常数,与微分方程的阶数相同,所以函数 $y=C_1\cos x+C_2\sin x+\mathrm{e}^x$ 是微分方程的通解.

将初始条件 $y\big|_{x=0}=0, y'\big|_{x=0}=2$ 代入 y' 与 y 的表达式,得

$$\begin{cases} C_1\cos 0+C_2\sin 0+\mathrm{e}^0=0, \\ C_2\cos 0-C_1\sin 0+\mathrm{e}^0=2, \end{cases}$$

解得 $C_1=-1, C_2=1$,故所求特解为 $y=-\cos x+\sin x+\mathrm{e}^x$.

习题 10.1

1. 函数 $y=C\mathrm{e}^x$ 是微分方程 $y''-y=0$ 的（　　）.

A. 通解 　　　　　　　　　　B. 特解

C. 解,但既不是通解也不是特解 D. 以上说法都不正确

2. 微分方程 $y'' - 5(y')^7 + 10y = x$ 的阶是(　　).
A. 1　　　　　　　　B. 2　　　　　　　　C. 7　　　　　　　　D. 9

3. 确定下列微分方程的阶:

(1) $\dfrac{\mathrm{d}y}{\mathrm{d}x} = 20xy + 7y^3$;　　　　　　(2) $(y'')^3 = 5xyy' + 3(y')^3$;

(3) $6y''' = -3x\sqrt{y} - 11xy'$.

4. 验证下列函数是相应微分方程的解,并指出是特解还是通解:

(1) $xy' = 2y, y = 3x^2$;　　　　　　(2) $(x-2y)y' = 2x-y, x^2 - xy + y^2 = C$;

(3) $y'' + 4y = 0, y = C_1 \sin 2x + C_2 \cos 2x$;　(4) $y'' - 2y' + y = 0, y = (Cx+5)\mathrm{e}^x$.

5. 确定下列函数中的未知参数,使其满足所给的初始条件:

(1) $x^2 - xy + y^2 = C, y\big|_{x=0} = 3$;　　　　(2) $y = (C_1 + C_2 x)\mathrm{e}^{2x}, y\big|_{x=0} = 0, y'\big|_{x=0} = 1$;

(3) $y = C_2 \sin(x - C_1), y\big|_{x=\pi} = 1, y'\big|_{x=\pi} = 0$.

10.2　一阶微分方程

一阶微分方程是微分方程中最基本的一类方程,其一般形式为
$$F(x, y, y') = 0,$$
也常表示为 $y' = f(x,y)$ 或 $P(x,y)\mathrm{d}x + Q(x,y)\mathrm{d}y = 0$. 可解的一阶微分方程类型较多,这里只介绍最常用的几种一阶微分方程及其解法.

10.2.1　可分离变量的微分方程

形如
$$\dfrac{\mathrm{d}y}{\mathrm{d}x} = f(x)g(y) \tag{10.2.1}$$

的一阶微分方程称为**可分离变量的微分方程**,其中 $f(x)$ 与 $g(y)$ 分别是关于 x 与关于 y 的连续函数. 求解可分离变量的微分方程,只需把微分方程中的两个变量分离在等式的两边,即一边只含变量 y 及 $\mathrm{d}y$,另一边只含变量 x 及 $\mathrm{d}x$,然后两边积分,就可求得微分方程的解. 这种解法称为**分离变量法**.

例如,对于微分方程(10.2.1),当 $g(y) \neq 0$ 时,分离变量,得
$$\dfrac{1}{g(y)}\mathrm{d}y = f(x)\mathrm{d}x.$$

两边积分,得
$$\int \dfrac{1}{g(y)}\mathrm{d}y = \int f(x)\mathrm{d}x.$$

记 $G(y)$ 与 $F(x)$ 分别是 $\dfrac{1}{g(y)}$ 与 $f(x)$ 的一个原函数,那么微分方程(10.2.1)的通解为
$$G(y) = F(x) + C.$$

需要注意的是，当 $y=y_0$ 时，如果 $g(y_0)=0$，那么 $y=y_0$ 是微分方程的一个特解．当此特解不包含在通解中时应单独指出．

例 10.2.1 求微分方程 $\dfrac{dy}{dx}=2xy$ 的通解．

解 当 $y=0$ 时，显然 $y=0$ 是微分方程的一个特解；当 $y\neq 0$ 时，分离变量，得
$$\frac{1}{y}dy=2x\,dx.$$
两边积分，得
$$\int\frac{1}{y}dy=\int 2x\,dx,$$
即
$$\ln|y|=x^2+C_1,$$
化简得
$$y=\pm e^{C_1}e^{x^2}.$$
因为 $\pm e^{C_1}$ 是任意非零常数，且 $y=0$ 也是微分方程的解，所以微分方程的通解为
$$y=Ce^{x^2}.$$

在求微分方程的过程中常常会出现积分时必须加绝对值符号，在通解化简过程中又将其去掉的情形．简便起见，可把 $\ln|y|$ 直接写成 $\ln y$，但要记住最后的结果中，任意常数 C 可正可负．

例 10.2.2 求微分方程 $4x\,dx-3y\,dy=3x^2y\,dy+xy^2\,dx$ 的通解．

解 微分方程整理得 $3y(1+x^2)dy=-x(y^2-4)dx$．

当 $y^2-4\neq 0$ 时，分离变量，得
$$\frac{3y}{y^2-4}dy=-\frac{x}{1+x^2}dx.$$
两边积分，得
$$\int\frac{3y}{y^2-4}dy=-\int\frac{x}{1+x^2}dx,$$
即
$$3\ln(y^2-4)=-\ln(1+x^2)+\ln C,$$
化简得（上式中把任意常数写成 $\ln C$ 是为了便于化简）
$$(y^2-4)^3=\frac{C}{1+x^2}.$$
当 $y^2-4=0$ 时，得 $y=\pm 2$，显然也是微分方程的解，但它们是上述通解中 $C=0$ 时对应的两个特解．因此，微分方程的通解为
$$(y^2-4)^3=\frac{C}{1+x^2}.$$

例 10.2.3 设一曲线经过点 $(2,3)$，它在两坐标轴间的任意切线段被切点所平分，求该曲线的方程．

解 设所求的曲线方程为 $y=y(x)$，则曲线上任意点 (x,y) 处的切线方程为

$$\frac{Y-y}{X-x}=y'.$$

由已知,当 $Y=0$ 时,$X=2x$,代入上式即得所求曲线应满足的微分方程

$$\frac{\mathrm{d}y}{\mathrm{d}x}=-\frac{y}{x}.$$

此方程为可分离变量的微分方程,易求得通解为 $xy=C$. 又因 $y\big|_{x=2}=3$,故 $C=6$,从而得所求的曲线方程为 $xy=6$.

10.2.2 齐次方程

形如

$$\frac{\mathrm{d}y}{\mathrm{d}x}=g\left(\frac{y}{x}\right) \tag{10.2.2}$$

的一阶微分方程称为**齐次方程**,其中 $g(u)$ 是 u 的连续函数.

齐次方程可利用变量代换求解. 令 $u=\dfrac{y}{x}$,则 $y=ux$,$\dfrac{\mathrm{d}y}{\mathrm{d}x}=u+x\dfrac{\mathrm{d}u}{\mathrm{d}x}$,代入方程(10.2.2),得

$$u+x\frac{\mathrm{d}u}{\mathrm{d}x}=g(u),\quad 即\quad x\frac{\mathrm{d}u}{\mathrm{d}x}=g(u)-u.$$

具体求解分下列两种情形.

(1) 当 $g(u)-u\neq 0$ 时,分离变量,得

$$\frac{1}{g(u)-u}\mathrm{d}u=\frac{1}{x}\mathrm{d}x.$$

两边积分,得

$$\int\frac{1}{g(u)-u}\mathrm{d}u=\int\frac{1}{x}\mathrm{d}x.$$

记 $G(u)$ 为 $\dfrac{1}{g(u)-u}$ 的一个原函数,再把 $u=\dfrac{y}{x}$ 回代,则可得方程(10.2.2)的通解为

$$Cx=\mathrm{e}^{G\left(\frac{y}{x}\right)}.$$

(2) 当 $g(u)-u=0$,即 $g\left(\dfrac{y}{x}\right)=\dfrac{y}{x}$ 时,原微分方程为 $\dfrac{\mathrm{d}y}{\mathrm{d}x}=\dfrac{y}{x}$,其解为 $y=Cx$,其中 C 是满足 $g(C)=C$ 的常数. 直接验证可知此解不包含在通解中.

例 10.2.4 求微分方程 $y^2+x^2\dfrac{\mathrm{d}y}{\mathrm{d}x}=xy\dfrac{\mathrm{d}y}{\mathrm{d}x}$ 的通解.

解 原微分方程可变为

$$\frac{\mathrm{d}y}{\mathrm{d}x}=\frac{y^2}{xy-x^2}=\frac{\left(\dfrac{y}{x}\right)^2}{\dfrac{y}{x}-1},$$

显然这是齐次方程. 令 $u=\dfrac{y}{x}$,则 $y=ux$,$\dfrac{\mathrm{d}y}{\mathrm{d}x}=u+x\dfrac{\mathrm{d}u}{\mathrm{d}x}$,于是原微分方程化为

$$u+x\frac{\mathrm{d}u}{\mathrm{d}x}=\frac{u^2}{u-1},\quad 即\quad x\frac{\mathrm{d}u}{\mathrm{d}x}=\frac{u}{u-1}.$$

当 $u \neq 0$ 时,分离变量,得

$$\left(1-\frac{1}{u}\right)\mathrm{d}u = \frac{1}{x}\mathrm{d}x.$$

两边积分,得

$$u - \ln u = \ln x + \ln C.$$

将 $u = \dfrac{y}{x}$ 代入上式,并化简得 $Cy = \mathrm{e}^{\frac{y}{x}}$.

当 $u = 0$,即 $y = 0$ 时,显然 $y = 0$ 是原微分方程的解,但不包含在通解中.

所以,原微分方程的通解为 $Cy = \mathrm{e}^{\frac{y}{x}}$.

齐次方程的求解过程实质上是通过变量代换,将齐次方程转化为可分离变量的微分方程,然后求出微分方程的解. 在求解一般的微分方程时也常会用到变量代换. 如何选择适当的变量代换,往往要根据所考虑的微分方程的特点而定.

例 10.2.5 求微分方程 $\dfrac{\mathrm{d}y}{\mathrm{d}x} = x^2 + y^2 + 2xy$ 的通解.

解 做变量代换 $u = x + y$,则 $\dfrac{\mathrm{d}y}{\mathrm{d}x} = \dfrac{\mathrm{d}u}{\mathrm{d}x} - 1$,将它们代入原微分方程并化简,得

$$\frac{1}{u^2 + 1}\mathrm{d}u = \mathrm{d}x.$$

两边积分,得

$$\arctan u = x + C.$$

将 $u = x + y$ 回代,得原微分方程的通解为

$$x + y = \tan(x + C).$$

10.2.3 一阶线性微分方程

形如

$$\frac{\mathrm{d}y}{\mathrm{d}x} + P(x)y = Q(x) \tag{10.2.3}$$

的一阶微分方程称为**一阶线性微分方程**,其中 $P(x)$ 与 $Q(x)$ 是 x 的连续函数. 当 $Q(x) \equiv 0$ 时,方程 (10.2.3) 成为

$$\frac{\mathrm{d}y}{\mathrm{d}x} + P(x)y = 0, \tag{10.2.4}$$

称为**一阶齐次线性微分方程**. 当 $Q(x) \not\equiv 0$ 时,方程 (10.2.3) 称为**一阶非齐次线性微分方程**.

为求一阶非齐次线性微分方程 (10.2.3) 的通解,先求它所对应的一阶齐次线性微分方程 (10.2.4) 的通解. 这是一个可分离变量的微分方程,分离变量,得

$$\frac{1}{y}\mathrm{d}y = -P(x)\mathrm{d}x.$$

两边积分,得

$$\ln y = -\int P(x)\mathrm{d}x + \ln C_1.$$

化简得方程 (10.2.4) 的通解为 $y = C\mathrm{e}^{-\int P(x)\mathrm{d}x}$ $(C = \pm C_1)$.

在求一阶非齐次线性微分方程(10.2.3)的通解之前,先来分析一下通解的形式.

把方程(10.2.3)改写成

$$\frac{1}{y}\mathrm{d}y = -P(x)\mathrm{d}x + \frac{Q(x)}{y}\mathrm{d}x. \tag{10.2.5}$$

由于 y 是 x 的函数,因此可令 $\frac{Q(x)}{y} = \varphi(x)$,$\int \varphi(x)\mathrm{d}x = \Phi(x) + C_1$. 对方程(10.2.5)两边积分,得

$$\ln y = \Phi(x) + C_1 - \int P(x)\mathrm{d}x,\quad 即 \quad y = \pm \mathrm{e}^{\Phi(x)+C_1}\mathrm{e}^{-\int P(x)\mathrm{d}x}.$$

记 $u(x) = \pm \mathrm{e}^{\Phi(x)+C_1}$,得

$$y = u(x)\mathrm{e}^{-\int P(x)\mathrm{d}x}. \tag{10.2.6}$$

这就是一阶非齐次线性微分方程(10.2.3)的通解的形式. 对照一阶齐次线性微分方程(10.2.4)的通解,容易看出,只需将方程(10.2.4)的通解 $y = C\mathrm{e}^{-\int P(x)\mathrm{d}x}$ 中的常数 C 换成 x 的函数 $u(x)$,就可得到方程(10.2.3)的通解. 为了确定函数 $u(x)$,将 $y = u(x)\mathrm{e}^{-\int P(x)\mathrm{d}x}$ 及其导数

$$y' = u'(x)\mathrm{e}^{-\int P(x)\mathrm{d}x} - u(x)P(x)\mathrm{e}^{-\int P(x)\mathrm{d}x}$$

代入方程(10.2.3),得

$$u'(x)\mathrm{e}^{-\int P(x)\mathrm{d}x} - u(x)P(x)\mathrm{e}^{-\int P(x)\mathrm{d}x} + P(x)u(x)\mathrm{e}^{-\int P(x)\mathrm{d}x} = Q(x).$$

化简得

$$u'(x) = Q(x)\mathrm{e}^{\int P(x)\mathrm{d}x}.$$

两边积分,得

$$u(x) = \int Q(x)\mathrm{e}^{\int P(x)\mathrm{d}x}\mathrm{d}x + C.$$

把上式代入式(10.2.6),可得一阶非齐次线性微分方程(10.2.3)的通解为

$$y = \mathrm{e}^{-\int P(x)\mathrm{d}x}\left[\int Q(x)\mathrm{e}^{\int P(x)\mathrm{d}x}\mathrm{d}x + C\right], \tag{10.2.7}$$

即

$$y = C\mathrm{e}^{-\int P(x)\mathrm{d}x} + \mathrm{e}^{-\int P(x)\mathrm{d}x}\int Q(x)\mathrm{e}^{\int P(x)\mathrm{d}x}\mathrm{d}x. \tag{10.2.8}$$

式(10.2.7)中的不定积分 $\int P(x)\mathrm{d}x$ 和 $\int Q(x)\mathrm{e}^{\int P(x)\mathrm{d}x}\mathrm{d}x$ 分别表示 $P(x)$ 和 $Q(x)\mathrm{e}^{\int P(x)\mathrm{d}x}$ 的一个原函数.

将一阶齐次线性微分方程的通解中的任意常数 C 变为待定函数 $u(x)$,然后求出对应的一阶非齐次线性微分方程的通解的方法,称为**常数变易法**.

在求解一阶非齐次线性微分方程(10.2.3)时,式(10.2.7)及式(10.2.8)可当作公式使用,也可按照常数变易法直接求解. 式(10.2.8)的右边含有两项,第一项 $C\mathrm{e}^{-\int P(x)\mathrm{d}x}$ 是对应一阶齐次线性微分方程的通解;第二项 $\mathrm{e}^{-\int P(x)\mathrm{d}x}\int Q(x)\mathrm{e}^{\int P(x)\mathrm{d}x}\mathrm{d}x$ 是对应一阶非齐次线性微分方程的一个特解. 因此,一阶非齐次线性微分方程的通解结构为:对应的一阶齐次线性微分方程的

通解与一阶非齐次线性微分方程的特解之和.

例 10.2.6 求微分方程 $\dfrac{dy}{dx}-\dfrac{2y}{x+1}=(x+1)^{\frac{5}{2}}$ 的通解.

解 方法一 这是一个一阶非齐次线性微分方程,用常数变易法求解.

先求对应的一阶齐次线性微分方程 $\dfrac{dy}{dx}-\dfrac{2y}{x+1}=0$ 的解. 分离变量,得

$$\frac{1}{y}dy=\frac{2}{x+1}dx.$$

两边积分,得

$$\ln y=2\ln(x+1)+\ln C_1,$$

即

$$y=C(x+1)^2 \quad (C=\pm C_1).$$

利用常数变易法,设原微分方程的通解为 $y=u(x)(x+1)^2$,求导,得

$$y'=u'(x)(x+1)^2+2u(x)(x+1).$$

将 y,y' 代入原微分方程,化简得

$$u'(x)=(x+1)^{\frac{1}{2}}.$$

两边积分,得

$$u(x)=\frac{2}{3}(x+1)^{\frac{3}{2}}+C.$$

所以,原微分方程的通解为

$$y=C(x+1)^2+\frac{2}{3}(x+1)^{\frac{7}{2}}.$$

方法二 直接利用公式(10.2.8)求解,其中 $P(x)=-\dfrac{2}{x+1}, Q(x)=(x+1)^{\frac{5}{2}}$,得通解为

$$y=Ce^{\int\frac{2}{x+1}dx}+e^{\int\frac{2}{x+1}dx}\int(x+1)^{\frac{5}{2}}e^{-\int\frac{2}{x+1}dx}dx=C(x+1)^2+(x+1)^2\int(x+1)^{\frac{1}{2}}dx$$

$$=C(x+1)^2+\frac{2}{3}(x+1)^{\frac{7}{2}}.$$

例 10.2.7 求微分方程 $y\,dx-(2x-y^2)dy=0$ 的通解.

解 将原微分方程改写为

$$\frac{dx}{dy}=\frac{2x-y^2}{y}, \quad 即 \quad \frac{dx}{dy}-\frac{2}{y}x=-y.$$

这个方程可看成一个 x 是未知函数,y 是自变量的一阶非齐次线性微分方程,其中 $P(y)=-\dfrac{2}{y}, Q(y)=-y$. 将 $P(y)$ 与 $Q(y)$ 代入公式(10.2.8)(注意交换式中的 x,y),得原微分方程的通解为

$$x=Ce^{\int\frac{2}{y}dy}+e^{\int\frac{2}{y}dy}\int(-y)e^{-\int\frac{2}{y}dy}dy=Cy^2-y^2\int y^{-1}dy$$

$$=Cy^2-y^2\ln|y|.$$

*10.2.4 伯努利方程

形如

$$\frac{dy}{dx}=P(x)y+Q(x)y^n \quad (n\neq 0,1) \tag{10.2.9}$$

的微分方程称为**伯努利**(Bernoulli)**方程**,其中 $P(x)$ 与 $Q(x)$ 是 x 的连续函数.

伯努利方程是一类非线性微分方程,但通过合适的变量代换就可以把它转化为线性微分方程.

当 $y=0$ 时,显然 $y=0$ 是原微分方程的解.当 $y\neq 0$ 时,在方程(10.2.9)的两边乘以 y^{-n},可得

$$y^{-n}\frac{dy}{dx}-P(x)y^{1-n}=Q(x) \quad \text{或} \quad \frac{1}{1-n}(y^{1-n})'-P(x)y^{1-n}=Q(x).$$

令 $z=y^{1-n}$,则 $\frac{dz}{dx}=(1-n)y^{-n}\frac{dy}{dx}$,将其代入上式并整理即得一阶非齐次线性微分方程

$$\frac{dz}{dx}+(n-1)P(x)z=(1-n)Q(x).$$

再由公式(10.2.7)可得方程(10.2.9)的通解为

$$y^{1-n}=e^{-\int(n-1)P(x)dx}\left[\int(1-n)Q(x)e^{\int(n-1)P(x)dx}dx+C\right].$$

例 10.2.8 求微分方程 $\frac{dy}{dx}=6\frac{y}{x}-xy^2$ 的通解.

解 将原微分方程变形为 $\frac{dy}{dx}-\frac{6}{x}y=-xy^2$,这是 $n=2$ 的伯努利方程.显然,$y=0$ 是原微分方程的解.当 $y\neq 0$ 时,方程两边乘以 y^{-2},并令 $z=y^{-1}$,则 $\frac{dz}{dx}=-y^{-2}\frac{dy}{dx}$,原微分方程化为

$$\frac{dz}{dx}+\frac{6}{x}z=x.$$

这是一个一阶线性微分方程,由公式(10.2.7)得

$$z=\frac{C}{x^6}+\frac{x^2}{8}.$$

将 $z=y^{-1}$ 回代,得原微分方程的通解为 $\frac{x^6}{y}-\frac{x^8}{8}=C$.

10.2.5 一阶微分方程在经济学中的应用实例

例 10.2.9 (**新产品推广模型**) 设某种产品的销量 $x(t)$ 是时间 t 的可导函数.已知该产品的销量对时间的增长速率 $\frac{dx}{dt}$ 与销量 $x(t)$ 及销量接近饱和水平的程度 $N-x(t)$ 之积成正比(N 为饱和水平,比例常数 $k>0$),且当 $t=0$ 时,$x=\frac{1}{4}N$.求:

(1) 销量 $x(t)$;

(2) 销量 $x(t)$ 增长最快的时刻 T.

解 (1) 由已知条件可建立如下微分方程：
$$\frac{\mathrm{d}x}{\mathrm{d}t}=kx(N-x), \quad k>0.$$

此方程为可分离变量的微分方程，分离变量，得
$$\frac{1}{x(N-x)}\mathrm{d}x=k\mathrm{d}t.$$

两边积分，得
$$\frac{x}{N-x}=Ce^{Nkt},$$

解得销量 $x(t)=\dfrac{NC}{C+e^{-Nkt}}$. 结合初始条件 $x(0)=\dfrac{1}{4}N$，可得
$$x(t)=\frac{N}{1+3e^{-Nkt}}.$$

(2) 对 $x(t)$ 求一阶及二阶导数，得
$$\frac{\mathrm{d}x}{\mathrm{d}t}=\frac{3N^2ke^{-Nkt}}{(1+3e^{-Nkt})^2}, \quad \frac{\mathrm{d}^2x}{\mathrm{d}t^2}=\frac{-3N^3k^2e^{-Nkt}(1-3e^{-Nkt})}{(1+3e^{-Nkt})^3}.$$

令 $\dfrac{\mathrm{d}^2x}{\mathrm{d}t^2}=0$，得 $t_0=\dfrac{\ln 3}{Nk}$. 当 $t<t_0$ 时，$\dfrac{\mathrm{d}^2x}{\mathrm{d}t^2}>0$；当 $t>t_0$ 时，$\dfrac{\mathrm{d}^2x}{\mathrm{d}t^2}<0$. 因此，当 $T=\dfrac{\ln 3}{Nk}$ 时，$x(t)$ 增长最快.

习惯上，把
$$\frac{\mathrm{d}x}{\mathrm{d}t}=kx(N-x), \quad k>0$$

称为**逻辑斯谛方程**，该方程的积分曲线 $x(t)=\dfrac{N}{1+Be^{-Nkt}}$ 称为**逻辑斯谛曲线**，其中 $B=\dfrac{1}{C}$. 在经济学、生物学等领域中常遇到这样的变化规律.

例 10.2.10（人才分配模型） 假设每年的大学毕业生（含硕士、博士研究生）中都有一定比例的人员去充实教师队伍，其余的从事科技管理方面的工作. 设 t 年时教师人数为 $x_1(t)$，科技管理人员人数为 $x_2(t)$，一名教师每年平均培养 α 个大学毕业生，每年退休、死亡或调出人员的比例为 $\delta(0<\delta<1)$，每年大学毕业生中从事教师职业的比率为 $\beta(0<\beta<1)$. 根据已知条件可建立如下微分方程：

$$\frac{\mathrm{d}x_1}{\mathrm{d}t}=\alpha\beta x_1-\delta x_1, \tag{10.2.10}$$

$$\frac{\mathrm{d}x_2}{\mathrm{d}t}=\alpha(1-\beta)x_1-\delta x_2. \tag{10.2.11}$$

方程(10.2.10)是一阶齐次线性微分方程，易解得其通解为 $x_1=C_1 e^{(\alpha\beta-\delta)t}$.

设 $x_1(0)=m$，则 $C_1=m$，得方程(10.2.10)的特解为 $x_1=me^{(\alpha\beta-\delta)t}$. 将上式代入方程(10.2.11)，得

$$\frac{\mathrm{d}x_2}{\mathrm{d}t}+\delta x_2=\alpha(1-\beta)me^{(\alpha\beta-\delta)t}.$$

这是一阶线性微分方程，可求得其通解为

$$x_2 = C_2 e^{-\delta t} + \frac{1-\beta}{\beta} m e^{(\alpha\beta-\delta)t}.$$

设 $x_2(0) = n$，则 $C_2 = n - \frac{1-\beta}{\beta} m$，从而方程(10.2.11)的特解为

$$x_2 = \left(n - \frac{1-\beta}{\beta} m\right) e^{-\delta t} + \frac{1-\beta}{\beta} m e^{(\alpha\beta-\delta)t}.$$

若取 $\beta = 1$，即大学毕业生全部充实教师队伍，则当 $t \to +\infty$ 时，$x_1(t) \to +\infty$ 而 $x_2(t) \to 0$，这表明教师队伍将迅速增加，但科技管理队伍将不断萎缩，必然会影响经济的发展.

若取 $\beta \to 0$，即大学毕业生很少充实教师队伍，则当 $t \to +\infty$ 时，$x_1(t) \to 0$ 且 $x_2(t) \to 0$，这表明若不保证足够大比例的大学毕业生充实教师队伍，必将影响人才的培养，最终会导致两支队伍全面萎缩. 因此，选择好比例 β 是十分重要的.

习 题 10.2

1. 下列微分方程中为齐次方程的是( ).

A. $\dfrac{dy}{dx} = 1 + \ln y - \ln x$ B. $\dfrac{dy}{dx} = 1 + \ln y + \ln x$

C. $\dfrac{dy}{dx} = 1 + y + \ln x$ D. $\dfrac{dy}{dx} = y + y^3 \ln x$

2. 若一阶非齐次线性微分方程 $\dfrac{dy}{dx} + P(x)y = Q(x)$ 有解 $y_1 = -3e^x + x^2$，$y_2 = 5e^x + x^2$，则此微分方程的通解为( ).

A. Cx^2 B. Ce^x C. $e^x + Cx^2$ D. $Ce^x + x^2$

3. 求下列微分方程的通解：

(1) $y(1+x^2)dy - x(1+y^2)dx = 0$;   (2) $\dfrac{dy}{dx} = \dfrac{1+y^2}{xy(1+x^2)}$;

(3) $\sqrt{1+x^2}\, dy - \sqrt{1-y^2}\, dx = 0$;   (4) $(e^{x+y} - e^x)dx + (e^{x+y} + e^y)dy = 0$;

(5) $\dfrac{dy}{dx} = \dfrac{x+3y}{x-y}$;   (6) $2x\, dy - (\sqrt{x^2+4y^2} + 2y)dx = 0$;

(7) $\left(x + y\cos\dfrac{y}{x}\right)dx - x\cos\dfrac{y}{x}\, dy = 0$;   (8) $\dfrac{dy}{dx} = \dfrac{y}{x}(1 + \ln y - \ln x)$;

(9) $\dfrac{dy}{dx} + y\cos x = e^{-\sin x}$;   (10) $x\dfrac{dy}{dx} - y = (x-1)e^x$;

(11) $\dfrac{dy}{dx} = \dfrac{1}{x - y^2}$;   (12) $y\, dx + (1+y)x\, dy = e^y\, dy$;

(13) $\dfrac{dy}{dx} + y\tan x = \sin 2x$;   (14) $(xy^5 - x^2 y^2)dy + (x^2 - y^6)dx = 0$.

4. 求下列微分方程满足所给初始条件的特解：

(1) $x\, dx + 4y\, dy = 0$, $y\big|_{x=4} = 2$;   (2) $\cos y\, dx + (1 + e^{-x})\sin y\, dy = 0$, $y\big|_{x=0} = \dfrac{\pi}{4}$;

(3) $(y^2 - 3x^2)dy + 2xy\, dx = 0$, $y\big|_{x=0} = 1$;

(4) $(1 + 2e^{\frac{x}{y}})dx + 2e^{\frac{x}{y}}\left(1 - \dfrac{x}{y}\right)dy = 0$, $y\big|_{x=0} = 1$;

(5) $x\dfrac{dy}{dx}+y=x\ln x, y\big|_{x=1}=-\dfrac{1}{9}$;   (6) $(1+x\sin y)\dfrac{dy}{dx}-\cos y=0, y\big|_{x=0}=0$.

5. 已知一曲线过原点且在任意点 (x,y) 处的切线的斜率都为 $2x+y$, 求该曲线的方程.

6. 某林区现有木材储量 1×10^5 m³, 假设在每一瞬间木材储量的变化率与当时的木材储量成正比, 若 10 年内该林区能有木材储量 2×10^5 m³, 试确定木材储量 m 与时间 t 的关系式.

7. 某种商品的需求量 Q 对价格 P 的弹性为 $P\ln 3$, 已知该商品的最大需求量为 $1\,200$ (即当 $P=0$ 时, $Q=1\,200$), 求需求量 Q 对价格 P 的函数关系.

8. 设函数 $f(x)$ 可微, 且满足方程 $\int_0^x [2f(t)-1]\,dt=f(x)-1$, 求 $f(x)$.

10.3 可降阶的二阶微分方程

对于二阶微分方程

$$y''=f(x,y,y') \quad \text{或} \quad F(x,y,y',y'')=0,$$

在某些情形下可通过适当的变量代换, 把二阶微分方程转化为一阶微分方程. 习惯上, 把具有这样性质的微分方程称为**可降阶的微分方程**, 其对应的求解方法称为**降阶法**.

下面介绍三种容易用降阶法求解的二阶微分方程.

10.3.1 $y''=f(x)$ 型微分方程

微分方程

$$y''=f(x) \tag{10.3.1}$$

的特点是右边仅含自变量 x, 求解时只要将微分方程 $y''=f(x)$ 理解为 $(y')'=f(x)$, 则微分方程就降阶为未知函数 y' 的一阶微分方程. 两边积分, 得

$$y'=\int f(x)\,dx+C_1.$$

两边再积分, 即可得到微分方程的通解为

$$y=\int\left[\int f(x)\,dx\right]dx+C_1 x+C_2.$$

此方法显然可以推广到同类型的 n 阶微分方程的情形.

例 10.3.1 求微分方程 $y''=x\sin x+12$ 的通解.

解 对给定的微分方程两边积分, 得

$$y'=-x\cos x+\sin x+12x+C_1.$$

两边再积分, 得到微分方程的通解为

$$y=-x\sin x-2\cos x+6x^2+C_1 x+C_2.$$

例 10.3.2 求微分方程 $y''=e^{2x}-\cos x$ 满足初始条件 $y(0)=0, y'(0)=1$ 的特解.

解 对给定的微分方程两边积分, 得

$$y'=\dfrac{e^{2x}}{2}-\sin x+C_1.$$

由初始条件 $y'(0)=1$，得 $C_1=\dfrac{1}{2}$. 两边再积分，得

$$y=\dfrac{\mathrm{e}^{2x}}{4}+\cos x+\dfrac{x}{2}+C_2.$$

由初始条件 $y(0)=0$，得 $C_2=-\dfrac{5}{4}$. 因此，微分方程满足初始条件的特解为

$$y=\dfrac{\mathrm{e}^{2x}}{4}+\cos x+\dfrac{x}{2}-\dfrac{5}{4}.$$

10.3.2 $y''=f(x,y')$ 型微分方程

微分方程

$$y''=f(x,y') \tag{10.3.2}$$

的特点是右边不显含未知函数 y，求解方法如下.

设 $y'=p$，则 $y''=p'$，代入原微分方程得到以 $p(x)$ 为未知函数的一阶微分方程

$$p'=f(x,p).$$

设此微分方程的通解为 $p=\varphi(x,C_1)$，则原微分方程成为一个新的一阶微分方程

$$\dfrac{\mathrm{d}y}{\mathrm{d}x}=\varphi(x,C_1).$$

两边积分，得原微分方程的通解为

$$y=\int \varphi(x,C_1)\mathrm{d}x+C_2.$$

例 10.3.3 求微分方程 $(1-x^2)y''-xy'=2$ 的通解.

解 显然，此微分方程不显含未知函数 y，即为 $y''=f(x,y')$ 型微分方程. 设 $y'=p$，则 $y''=p'$，代入原微分方程并整理得

$$p'+\dfrac{x}{x^2-1}p=\dfrac{2}{1-x^2}.$$

这是未知函数为 p 的一阶非齐次线性微分方程，由公式(10.2.7)得

$$y'=p=\mathrm{e}^{\int \frac{x}{1-x^2}\mathrm{d}x}\left(\int \dfrac{2}{1-x^2}\mathrm{e}^{-\int \frac{x}{1-x^2}\mathrm{d}x}\mathrm{d}x+C_1\right)=\dfrac{C_1}{\sqrt{1-x^2}}+\dfrac{2\arcsin x}{\sqrt{1-x^2}}.$$

两边积分，得原微分方程的通解为

$$y=\arcsin^2 x+C_1\arcsin x+C_2.$$

例 10.3.4 求微分方程 $y''=\dfrac{1}{x}y'+x\mathrm{e}^x$ 满足初始条件 $y(1)=2, y'(1)=\mathrm{e}$ 的特解.

解 显然，此微分方程不显含未知函数 y，即为 $y''=f(x,y')$ 型微分方程. 设 $y'=p$，则 $y''=p'$，代入原微分方程并整理得

$$p'-\dfrac{1}{x}p=x\mathrm{e}^x.$$

这是未知函数为 p 的一阶非齐次线性微分方程，易解得

$$p=y'=x(\mathrm{e}^x+C_1).$$

由 $y'(1)=\mathrm{e}$ 得 $C_1=0$，所以 $y'=x\mathrm{e}^x$. 两边积分，得

$$y = (x-1)e^x + C_2.$$

由 $y(1) = 2$ 得 $C_2 = 2$，故原微分方程满足初始条件的特解为 $y = (x-1)e^x + 2$.

10.3.3 $y'' = f(y, y')$ 型微分方程

微分方程
$$y'' = f(y, y') \qquad (10.3.3)$$

的特点是右边不显含自变量 x，求解方法如下.

设 $y' = p$，利用复合函数的求导法则，得
$$y'' = \frac{dy'}{dx} = \frac{dp}{dx} = \frac{dp}{dy} \cdot \frac{dy}{dx} = p\frac{dp}{dy},$$

则方程(10.3.3)成为
$$p\frac{dp}{dy} = f(y, p).$$

这是一个关于 y, p 的一阶微分方程，不妨设其通解为 $p = \varphi(y, C_1)$，即
$$y' = \varphi(y, C_1).$$

此方程是一个可分离变量的微分方程，分离变量并两边积分得原微分方程的通解为
$$\int \frac{1}{\varphi(y, C_1)} dy = x + C_2.$$

例 10.3.5 求微分方程 $yy'' - (y')^2 = 0$ 的通解.

解 显然，此微分方程不显含自变量 x，是 $y'' = f(y, y')$ 型微分方程. 设 $y' = p$，则 $y'' = p\frac{dp}{dy}$，代入原微分方程并整理得

$$p\left(y\frac{dp}{dy} - p\right) = 0.$$

① 当 $py \neq 0$ 时，方程两边同时除以 py 并分离变量，得
$$\frac{dp}{p} = \frac{dy}{y}.$$

两边积分，得
$$\ln p = \ln y + \ln C_1,$$

化简得
$$p = C_1 y, \quad 即 \quad y' = C_1 y.$$

再分离变量并两边积分，可得原微分方程的通解为
$$y = C_2 e^{C_1 x}.$$

② 当 $py = 0$，即 $p = 0$ 或 $y = 0$ 时，$y = C$ 是原微分方程的解（又称平凡解），它已包括在①的通解中（只需取 $C_1 = 0$）.

习 题 10.3

1. 二阶微分方程 $y'' = 5y + y' - 11$ 的类型是（　　）.
   A. $y'' = f(y, y')$ 　B. $y'' = f(x, y')$ 　C. $y'' = f(x)$ 　D. 以上都不是

2. 微分方程 $y''' = 6x + e^{-x}$ 的通解为(　　).

A. $y = x^4 + e^{-x} + C_1 x^2 + C_2 x + C_3$　　　　B. $y = \dfrac{x^4}{4} + e^{-x} + C_1 x^2 + C_2 x + C_3$

C. $y = \dfrac{x^4}{4} - e^{-x} + C_1 x^2 + C_2 x + C_3$　　　　D. $y = x^4 - e^{-x} + C_1 x^2 + C_2 x + C_3$

3. 求下列微分方程的通解：

(1) $y'' = x + \cos x$；　　(2) $y'' = x e^{2x}$；　　(3) $y'' = 2 + 2(y')^2$；

(4) $y'' = y' + 2x$；　　(5) $x y'' + y' = 0$；　　(6) $y^3 y'' - 1 = 0$；

(7) $y'' = \dfrac{1}{\sqrt{y}}$；　　(8) $y'' = (y')^3 + y'$.

4. 求下列微分方程满足所给初始条件的特解：

(1) $(1 + x^2) y'' = 2x y'$, $y\big|_{x=0} = 1$, $y'\big|_{x=0} = 3$；

(2) $y'' = 3\sqrt{y}$, $y\big|_{x=0} = 1$, $y'\big|_{x=0} = 2$；

(3) $y^3 y'' - 1 = 0$, $y\big|_{x=1} = 1$, $y'\big|_{x=1} = 0$.

5. 求 $y'' = x$ 的经过点 $M(0,1)$ 且在此点处与直线 $y = \dfrac{x}{2} + 1$ 相切的积分曲线.

10.4　二阶线性微分方程解的结构

在实际应用中,我们经常遇到的一类高阶微分方程是二阶线性微分方程,一般可写成

$$y'' + P(x) y' + Q(x) y = f(x), \quad (10.4.1)$$

其中 $P(x), Q(x), f(x)$ 都是 x 的函数.

当方程(10.4.1)右边的函数 $f(x) \equiv 0$ 时,称该方程为**二阶齐次线性微分方程**,即

$$y'' + P(x) y' + Q(x) y = 0; \quad (10.4.2)$$

当方程(10.4.1)右边的函数 $f(x) \not\equiv 0$ 时,称该方程为**二阶非齐次线性微分方程**.

本节主要讨论二阶线性微分方程解的一些性质,这些性质可以推广到 n 阶线性微分方程

$$y^{(n)} + P_1(x) y^{(n-1)} + \cdots + P_{n-1}(x) y' + P_n(x) y = f(x).$$

定理 10.4.1　设 $y_1(x)$ 与 $y_2(x)$ 是方程(10.4.2)的两个解,则

$$y = C_1 y_1(x) + C_2 y_2(x) \quad (10.4.3)$$

也是方程(10.4.2)的解.(请读者自行证明)

定理 10.4.1 表明,二阶齐次线性微分方程的解满足叠加原理,即两个解按式(10.4.3)的形式叠加起来仍然是该微分方程的解.需要注意的是,虽然 $y_1(x)$ 与 $y_2(x)$ 是方程(10.4.2)的两个特解, C_1 和 C_2 是两个任意常数,但函数 $C_1 y_1(x) + C_2 y_2(x)$ 不一定是方程(10.4.2)的通解.因为从形式上看该函数虽然有两个任意常数,但是这两个常数并不一定是相互独立的.

例如, $y_1 = e^x$, $y_2 = e^{x+1}$ 与 $y_3 = e^{-x}$ 都是微分方程 $y'' - y = 0$ 的特解,由定理 10.4.1 可知, $y = C_1 e^x + C_2 e^{x+1}$ 也是微分方程 $y'' - y = 0$ 的解,但是

$$y = C_1 e^x + C_2 e^{x+1} = (C_1 + eC_2)e^x = Ce^x,$$

其中 $C = C_1 + eC_2$,即解 $y = C_1 e^x + C_2 e^{x+1}$ 中实际上只含有一个独立常数 C,因此它不是微分方程 $y'' - y = 0$ 的通解. 而 $y = C_1 y_1 + C_2 y_3 = C_1 e^x + C_2 e^{-x}$ 就是微分方程 $y'' - y = 0$ 的通解. 比较这两组函数后容易发现,前一组解的比 $\dfrac{y_1}{y_2} = \dfrac{1}{e}$ 是常数,而后一组解的比 $\dfrac{y_1}{y_3} = e^{2x}$ 不是常数.

由此给出如下有关概念.

设 $y_1(x)$ 与 $y_2(x)$ 是定义在区间 I 上的两个函数. 如果存在两个不全为 0 的常数 k_1, k_2,使得对于任意的 $x \in I$,恒有等式

$$k_1 y_1(x) + k_2 y_2(x) = 0$$

成立,则称这两个函数在区间 I 上**线性相关**;否则,称为**线性无关**.

显然,当 $\dfrac{y_1(x)}{y_2(x)} = k$ (k 为常数) 时,函数 $y_1(x)$ 与 $y_2(x)$ 线性相关;当 $\dfrac{y_1(x)}{y_2(x)} \neq k$ (k 为常数) 时,函数 $y_1(x)$ 与 $y_2(x)$ 线性无关.

据此便有如下的关于二阶齐次线性微分方程(10.4.2)的通解的结构定理.

定理 10.4.2 设 $y_1 = y_1(x)$ 与 $y_2 = y_2(x)$ 是方程(10.4.2)的两个线性无关的特解,则

$$y = C_1 y_1(x) + C_2 y_2(x)$$

是方程(10.4.2)的通解.

例 10.4.1 验证: $y_1 = \cos x$ 与 $y_2 = \sin x$ 是微分方程 $y'' + y = 0$ 的两个特解,并求微分方程的通解.

解 因为 $y_1'' = -\cos x, y_2'' = -\sin x$,代入微分方程 $y'' + y = 0$,得

$$y_1'' + y_1 = 0 \quad \text{及} \quad y_2'' + y_2 = 0,$$

所以 $y_1 = \cos x$ 与 $y_2 = \sin x$ 是微分方程 $y'' + y = 0$ 的两个特解.

又因 $\dfrac{y_1}{y_2} = \cot x \neq k$ (k 为常数),故由定理 10.4.2 知微分方程的通解为

$$y = C_1 \cos x + C_2 \sin x.$$

下面来讨论二阶非齐次线性微分方程(10.4.1)的解的结构. 在 10.2.3 小节的讨论中已经知道,一阶非齐次线性微分方程的通解的结构为对应的一阶齐次线性微分方程的通解与一阶非齐次线性微分方程的特解之和. 那么,二阶及二阶以上的非齐次线性微分方程是否也有这样的解的结构呢?回答是肯定的.

定理 10.4.3 设 $y^*(x)$ 是方程(10.4.1)的一个特解,$Y(x)$ 是对应的方程(10.4.2)的通解,则 $y = Y(x) + y^*(x)$ 是方程(10.4.1)的通解.

证 因为 $Y(x)$ 是方程(10.4.2)的通解,所以满足

$$Y'' + P(x)Y' + Q(x)Y = 0.$$

而 $y^*(x)$ 是方程(10.4.1)的特解,即有

$$(y^*)'' + P(x)(y^*)' + Q(x)y^* = f(x).$$

两式相加并整理得

左边 $= [Y'' + P(x)Y' + Q(x)Y] + [(y^*)'' + P(x)(y^*)' + Q(x)y^*]$
$= [Y'' + (y^*)''] + P(x)[Y' + (y^*)'] + Q(x)(Y + y^*)$
$= (Y + y^*)'' + P(x)(Y + y^*)' + Q(x)(Y + y^*) = f(x) =$ 右边.

由此可知，$y = Y(x) + y^*(x)$ 是方程(10.4.1)的解. 又 $Y(x)$ 是方程(10.4.2)的通解，含有两个相互独立的任意常数，所以 $y = Y(x) + y^*(x)$ 是含有两个相互独立任意常数的解，即 $y = Y(x) + y^*(x)$ 是方程(10.4.1)的通解.

例如，方程 $y'' + y = x^2$ 是二阶非齐次线性微分方程，由例10.4.1可知，其对应的二阶齐次线性微分方程 $y'' + y = 0$ 的通解为 $Y = C_1 \cos x + C_2 \sin x$；容易验证 $y^* = x^2 - 2$ 是原微分方程的一个特解，因此

$$y = C_1 \cos x + C_2 \sin x + x^2 - 2$$

是微分方程 $y'' + y = x^2$ 的通解.

推论 1 设 $y_1(x)$ 与 $y_2(x)$ 是方程(10.4.1)的两个解，则 $y_1(x) - y_2(x)$ 是对应的方程(10.4.2)的解.（请读者自行证明）

在求解二阶非齐次线性微分方程时，有时会用到下面的两个定理.

定理 10.4.4 设二阶非齐次线性微分方程为

$$y'' + P(x)y' + Q(x)y = f_1(x) + f_2(x), \tag{10.4.4}$$

且 $y = y_1(x)$ 与 $y = y_2(x)$ 分别是微分方程

$$y'' + P(x)y' + Q(x)y = f_1(x) \quad 与 \quad y'' + P(x)y' + Q(x)y = f_2(x)$$

的特解，则 $y = y_1(x) + y_2(x)$ 是方程(10.4.4)的特解.

证 由已知，$y = y_1(x)$ 与 $y = y_2(x)$ 分别满足

$$y_1''(x) + P(x)y_1'(x) + Q(x)y_1(x) = f_1(x),$$
$$y_2''(x) + P(x)y_2'(x) + Q(x)y_2(x) = f_2(x).$$

将 $y = y_1(x) + y_2(x)$ 代入方程(10.4.4)，得

左边 $= [y_1(x) + y_2(x)]'' + P(x)[y_1(x) + y_2(x)]' + Q(x)[y_1(x) + y_2(x)]$
$= y_1''(x) + P(x)y_1'(x) + Q(x)y_1(x) + y_2''(x) + P(x)y_2'(x) + Q(x)y_2(x)$
$= f_1(x) + f_2(x) =$ 右边.

此式表明 $y = y_1(x) + y_2(x)$ 是方程(10.4.4)的一个特解.

定理10.4.4表明，欲求微分方程 $y'' + P(x)y' + Q(x)y = f_1(x) + f_2(x)$ 的特解，可先分别求微分方程

$$y'' + P(x)y' + Q(x)y = f_1(x) \quad 与 \quad y'' + P(x)y' + Q(x)y = f_2(x)$$

的特解 $y = y_1(x)$ 与 $y = y_2(x)$，然后叠加得到原微分方程的一个特解 $y = y_1(x) + y_2(x)$.

定理 10.4.5 设 $y_1(x) + i y_2(x)$ 是微分方程

$$y'' + P(x)y' + Q(x)y = f_1(x) + i f_2(x)$$

的解，其中 $P(x), Q(x), f_1(x), f_2(x)$ 均为实值函数，i 为虚数单位，则 $y_1(x)$ 与 $y_2(x)$ 分别是微分方程

$$y'' + P(x)y' + Q(x)y = f_1(x) \quad 与 \quad y'' + P(x)y' + Q(x)y = f_2(x)$$

的解.

证 由定理的假设，得

$$(y_1+\mathrm{i}y_2)''+P(x)(y_1+\mathrm{i}y_2)'+Q(x)(y_1+\mathrm{i}y_2)=f_1(x)+\mathrm{i}f_2(x),$$
即
$$[y_1''+P(x)y_1'+Q(x)y_1]+\mathrm{i}[y_2''+P(x)y_2'+Q(x)y_2]=f_1(x)+\mathrm{i}f_2(x).$$
由两个复数相等的充要条件,得
$$y_1''+P(x)y_1'+Q(x)y_1=f_1(x),\quad y_2''+P(x)y_2'+Q(x)y_2=f_2(x).$$
所以,$y_1(x)$ 与 $y_2(x)$ 分别是微分方程
$$y''+P(x)y'+Q(x)y=f_1(x) \quad 与 \quad y''+P(x)y'+Q(x)y=f_2(x)$$
的解.

习题 10.4

1. 若已知二阶微分方程 $y''+P(x)y'+Q(x)y=0$ 有解 $\mathrm{e}^x,\mathrm{e}^{-x},4\mathrm{e}^x$ 和 $7\mathrm{e}^{-x}$,则该微分方程的通解为( ).

A. $C_1\mathrm{e}^x$ B. $C_2\mathrm{e}^{-x}$ C. $C_1\mathrm{e}^x+C_2\mathrm{e}^{-x}$ D. $C_1\mathrm{e}^x+\mathrm{e}^{-x}$

2. 若已知二阶微分方程 $y''+P(x)y'+Q(x)y=x$ 有解 $x,x+\mathrm{e}^{-x}$ 和 $x+x\mathrm{e}^{-x}$,则( ).

A. $P(x)=2,Q(x)=1$ B. $P(x)=2x,Q(x)=1$
C. $P(x)=2,Q(x)=2x$ D. $P(x)=2x,Q(x)=3x$

3. 判别下列函数组在其定义区间内的线性相关性:

(1) x^2,x^3;   (2) $x^3,2x^3$;   (3) $\mathrm{e}^{2x},\mathrm{e}^{4x}$;

(4) $\mathrm{e}^{2x},3\mathrm{e}^{2x}$;   (5) $\cos 2x,\sin 2x$;   (6) $\mathrm{e}^x\cos 2x,\mathrm{e}^x\sin 2x$.

4. 验证:$y_1=\cos ax$ 与 $y_2=\sin ax$ 都是微分方程 $y''+a^2y=0$ 的解,并求该微分方程的通解.

5. 验证:$y=C_1\mathrm{e}^x+C_2\mathrm{e}^{2x}+\dfrac{1}{12}\mathrm{e}^{5x}$ 是微分方程 $y''-3y'+2y=\mathrm{e}^{5x}$ 的通解.

6. 验证:$y=C_1\cos 3x+C_2\sin 3x+\dfrac{1}{32}(4x\cos x+\sin x)$ 是微分方程 $y''+9y=x\cos x$ 的通解.

10.5 二阶常系数线性微分方程

本节讨论二阶线性微分方程的一个特殊类型,即二阶常系数线性微分方程及其解法.

形如
$$y''+py'+qy=f(x) \tag{10.5.1}$$
的方程称为**二阶常系数线性微分方程**,其中 p,q 均为常数. 当 $f(x)\not\equiv 0$ 时,称方程(10.5.1)为**二阶常系数非齐次线性微分方程**,当 $f(x)\equiv 0$ 时,称方程
$$y''+py'+qy=0 \tag{10.5.2}$$
为**二阶常系数齐次线性微分方程**.

10.5.1 二阶常系数齐次线性微分方程

由定理 10.4.2 可知,要求方程(10.5.2)的通解,只需先求出它的两个线性无关的解 $y_1(x)$ 与 $y_2(x)$,则 $y=C_1y_1(x)+C_2y_2(x)$ 就是它的通解.

从方程(10.5.2)的形式上看,其特点是 y,y' 和 y'' 各乘以一个常数后的和为 0,即 y,y' 和 y'' 之间只能相差一个常数倍. 在初等函数中符合这样特征的函数显然是指数函数 e^{rx} (r 为常数),于是假设 $y=e^{rx}$ 就是方程(10.5.2)的解,其中 r 待确定. 对 $y=e^{rx}$ 分别求一阶与二阶导数得 $y'=re^{rx}$ 与 $y''=r^2 e^{rx}$. 将 y,y' 与 y'' 代入方程(10.5.2)并整理,得

$$e^{rx}(r^2+pr+q)=0.$$

因 $e^{rx} \neq 0$,故当所求的 r 满足方程

$$r^2+pr+q=0, \qquad (10.5.3)$$

即 r 是方程(10.5.3)的根时,$y=e^{rx}$ 就是方程(10.5.2)的解. 称代数方程(10.5.3)为微分方程(10.5.2)的**特征方程**,特征方程的两个根称为**特征根**. 依据初等代数的知识可知,特征根有三种可能的情形,分别讨论如下.

(1) 特征方程有两个相异的实根 r_1,r_2.

当 $p^2-4q>0$ 时,特征方程(10.5.3)有两个相异的实根,设为 r_1 与 r_2,且 $r_{1,2}=\dfrac{-p\pm\sqrt{p^2-4q}}{2}$,则 $y_1=e^{r_1 x}$,$y_2=e^{r_2 x}$ 是方程(10.5.2)的两个特解,且 $\dfrac{y_1}{y_2}=e^{(r_1-r_2)x}$ 不是常数,即 y_1 与 y_2 线性无关. 于是,方程(10.5.2)的通解为

$$y=C_1 e^{r_1 x}+C_2 e^{r_2 x}.$$

(2) 特征方程有两个相等的实根 $r_1=r_2$.

当 $p^2-4q=0$ 时,特征根 $r=r_1=r_2=-\dfrac{p}{2}$. 此时,只能得到方程(10.5.2)的一个特解 $y_1=e^{rx}$. 为求得方程(10.5.2)的通解,还需求出方程(10.5.2)的另一个与 y_1 线性无关的特解 y_2. 不妨设 $\dfrac{y_2}{y_1}=u(x)$,即 $y_2=y_1 u(x)=u(x)e^{rx}$,其中 $u(x)$ 待定. 对 y_2 分别求一阶与二阶导数得

$$y_2'=e^{rx}[u'(x)+ru(x)], \quad y_2''=e^{rx}[u''(x)+2ru'(x)+r^2 u(x)].$$

将 y_2,y_2' 与 y_2'' 代入方程(10.5.2)并整理,得

$$e^{rx}[u''(x)+(2r+p)u'(x)+(r^2+pr+q)u(x)]=0.$$

两边同时除以 e^{rx},得

$$u''(x)+(2r+p)u'(x)+(r^2+pr+q)u(x)=0,$$

因为 $r=-\dfrac{p}{2}$ 是特征方程(10.5.3)的二重根,所以 $2r+p=0$,$r^2+pr+q=0$,于是有

$$u''(x)=0.$$

对 $u''(x)$ 二次积分,得 $u(x)=C_1 x+C_2$. 不妨取满足 $u''(x)=0$ 的一个特解 $u(x)=x$(即取 $C_1=1,C_2=0$),即得方程(10.5.2)的另一个特解为 $y_2=xe^{rx}$,从而方程(10.5.2)的通解为

$$y=C_1 e^{rx}+C_2 xe^{rx}=(C_1+C_2 x)e^{rx}.$$

(3) 特征方程有一对共轭复根 $r_1=\alpha+i\beta,r_2=\alpha-i\beta$.

当 $p^2-4q<0$ 时,特征方程(10.5.3)有一对共轭复根 $r_1=\alpha+i\beta,r_2=\alpha-i\beta$,其中 $\alpha=-\dfrac{p}{2},\beta=\dfrac{\sqrt{4q-p^2}}{2}$,此时方程(10.5.2)有两个复数特解 $y_1=e^{(\alpha+i\beta)x},y_2=e^{(\alpha-i\beta)x}$.

利用欧拉公式(9.6.3),得

$$y_1 = e^{\alpha x}(\cos\beta x + i\sin\beta x), \quad y_2 = e^{\alpha x}(\cos\beta x - i\sin\beta x).$$

再根据定理 10.4.1, 得

$$y_1^* = \frac{1}{2}(y_1 + y_2) = e^{\alpha x}\cos\beta x, \quad y_2^* = \frac{1}{2i}(y_1 - y_2) = e^{\alpha x}\sin\beta x$$

也是方程(10.5.2)的解, 且 $\dfrac{y_1^*}{y_2^*} = \dfrac{e^{\alpha x}\cos\beta x}{e^{\alpha x}\sin\beta x} = \cot\beta x \ne$ 常数, 即 y_1^* 与 y_2^* 线性无关. 因此, 方程(10.5.2)的通解为

$$y = e^{\alpha x}(C_1\cos\beta x + C_2\sin\beta x).$$

综上所述, 求二阶常系数齐次线性微分方程

$$y'' + py' + qy = 0$$

的通解的步骤如下:

(1) 写出微分方程的特征方程 $r^2 + pr + q = 0$;

(2) 求出特征方程的两个根 r_1 与 r_2;

(3) 根据特征方程的两个根的不同情形, 按表 10.5.1 写出微分方程的通解.

表 10.5.1

特征方程 $r^2+pr+q=0$ 的两个根 r_1, r_2	微分方程 $y''+py'+qy=0$ 的通解
两个相异的实根 r_1, r_2	$y = C_1 e^{r_1 x} + C_2 e^{r_2 x}$
两个相等的实根 $r_1 = r_2 = r$	$y = (C_1 + C_2 x)e^{rx}$
一对共轭复根 $r_{1,2} = \alpha \pm i\beta$	$y = e^{\alpha x}(C_1\cos\beta x + C_2\sin\beta x)$

例 10.5.1 求微分方程 $y'' - y' - 12y = 0$ 的通解.

解 所给微分方程的特征方程为

$$r^2 - r - 12 = 0,$$

解得两个不同的根为 $r_1 = 4, r_2 = -3$, 故微分方程的通解为

$$y = C_1 e^{4x} + C_2 e^{-3x}.$$

例 10.5.2 求微分方程 $y'' - 2y' + 5y = 0$ 的通解.

解 所给微分方程的特征方程为

$$r^2 - 2r + 5 = 0,$$

解得其根为 $r_{1,2} = 1 \pm 2i$, 即 $\alpha = 1, \beta = 2$, 故微分方程的通解为

$$y = e^x(C_1\cos 2x + C_2\sin 2x).$$

例 10.5.3 求微分方程 $y'' - 6y' + 9y = 0$ 满足初始条件 $y\big|_{x=0} = 1, y'\big|_{x=0} = 0$ 的特解.

解 所给微分方程的特征方程为

$$r^2 - 6r + 9 = 0,$$

解得其根为 $r_1 = r_2 = 3$, 故微分方程的通解为

$$y = (C_1 + C_2 x)e^{3x}.$$

由 $y\big|_{x=0} = 1$, 得 $C_1 = 1$, 又由 $y'\big|_{x=0} = 0$, 得 $C_2 = -3$, 故微分方程满足初始条件的特解为

$$y = (1 - 3x)e^{3x}.$$

10.5.2 二阶常系数非齐次线性微分方程

由定理 10.4.3 可知,二阶常系数非齐次线性微分方程
$$y'' + py' + qy = f(x)$$
的通解等于对应的二阶齐次线性微分方程的通解 $y = Y(x)$ 与二阶非齐次线性微分方程的特解 $y = y^*(x)$ 之和,即 $y = Y(x) + y^*(x)$. 现在只需再讨论如何求二阶常系数非齐次线性微分方程的特解即可. 二阶常系数非齐次线性微分方程的特解显然与右边的函数 $f(x)$ 有关,但是对一般的函数 $f(x)$,讨论微分方程的特解是非常困难的,在此我们只对三种常见的类型进行讨论.

1. $f(x) = e^{ux} P_m(x)$ 型

此类型的微分方程为
$$y'' + py' + qy = e^{ux} P_m(x), \tag{10.5.4}$$
其中 u 为常数,$P_m(x)$ 是一个关于 x 的 m 次多项式,即
$$P_m(x) = a_0 x^m + a_1 x^{m-1} + a_2 x^{m-2} + \cdots + a_m.$$
由于右边的函数 $f(x)$ 是指数函数 e^{ux} 与 m 次多项式 $P_m(x)$ 的乘积,而指数函数与多项式的乘积的导数仍是这一类型的函数,因此推测方程(10.5.4)的特解也应是
$$y^* = Q(x) e^{ux},$$
其中 $Q(x)$ 是一个多项式(次数及系数待定). 对 y^* 分别求一阶与二阶导数,得
$$(y^*)' = e^{ux}[Q'(x) + uQ(x)], \quad (y^*)'' = e^{ux}[Q''(x) + 2uQ'(x) + u^2 Q(x)].$$
将 $y^*, (y^*)'$ 与 $(y^*)''$ 代入方程(10.5.4),两边同时除以 e^{ux},整理得
$$Q''(x) + (2u + p) Q'(x) + (u^2 + pu + q) Q(x) = P_m(x). \tag{10.5.5}$$
根据 u 是否为方程(10.5.4)的特征方程 $r^2 + pr + q = 0$ 的特征根,可分为以下三种情形.

(1) 如果 $u^2 + pu + q \neq 0$,即 u 不是特征方程 $r^2 + pr + q = 0$ 的根,欲使等式(10.5.5)成立,$Q(x)$ 必定是一个 m 次多项式,设
$$Q(x) = Q_m(x) = b_0 x^m + b_1 x^{m-1} + b_2 x^{m-2} + \cdots + b_m. \tag{10.5.6}$$
将式(10.5.6)代入式(10.5.5),比较等式两边 x 同次幂的系数,可得到含有 $m + 1$ 个未知数 $b_0, b_1, b_2, \cdots, b_m$ 的 $m + 1$ 元线性方程组. 解此方程组可得到 $b_0, b_1, b_2, \cdots, b_m$,最后得到原微分方程的特解为
$$y^* = Q_m(x) e^{ux}. \tag{10.5.7}$$

(2) 如果 $u^2 + pu + q = 0$,且 $u + \dfrac{p}{2} \neq 0$,即 u 是特征方程 $r^2 + pr + q = 0$ 的单根,则等式(10.5.5)成为
$$Q''(x) + (2u + p) Q'(x) = P_m(x). \tag{10.5.8}$$
欲使此式成立,$Q'(x)$ 必定是一个 m 次多项式,故可设
$$Q(x) = x Q_m(x) = x(b_0 x^m + b_1 x^{m-1} + b_2 x^{m-2} + \cdots + b_m).$$
用与情形(1)相同的方法可得 $Q_m(x)$ 中的 $m + 1$ 个待定系数 $b_0, b_1, b_2, \cdots, b_m$,最后得到原微分方程的特解为
$$y^* = x Q_m(x) e^{ux}. \tag{10.5.9}$$

(3) 如果 $u^2+pu+q=0$，且 $u+\dfrac{p}{2}=0$，即 u 是特征方程 $r^2+pr+q=0$ 的二重根，则等式(10.5.5)成为

$$Q''(x)=P_m(x). \quad (10.5.10)$$

欲使此式成立，$Q''(x)$ 必定是一个 m 次多项式，故可设

$$Q(x)=x^2Q_m(x)=x^2(b_0x^m+b_1x^{m-1}+b_2x^{m-2}+\cdots+b_m).$$

用与情形(1)相同的方法可得 $Q_m(x)$ 中的 $m+1$ 个待定系数 $b_0,b_1,b_2,\cdots,b_m$，最后得到原微分方程的特解为

$$y^*=x^2Q_m(x)\mathrm{e}^{ux}.$$

综上所述，微分方程(10.5.4)具有形如

$$y^*=x^kQ_m(x)\mathrm{e}^{ux}$$

的特解，其中 $Q_m(x)$ 是一个 m 次多项式，k 的取值可由如下方法确定：

(1) 如果 u 不是特征方程 $r^2+pr+q=0$ 的根，则取 $k=0$；

(2) 如果 u 是特征方程 $r^2+pr+q=0$ 的单根，则取 $k=1$；

(3) 如果 u 是特征方程 $r^2+pr+q=0$ 的二重根，则取 $k=2$。

例 10.5.4 下列微分方程具有怎样形式的特解？

(1) $y''+4y'+3y=\mathrm{e}^{2x}$；(2) $y''+2y'-3y=x\mathrm{e}^x$；(3) $y''+2y'+y=(x^2-1)\mathrm{e}^{-x}$.

解 这三个方程都是二阶常系数非齐次线性微分方程，且右边函数是 $\mathrm{e}^{ux}P_m(x)$ 型.

(1) 因 $u=2$ 不是对应的二阶齐次线性微分方程的特征方程 $r^2+4r+3=0$ 的根，故微分方程具有形如 $y^*=b_0\mathrm{e}^{2x}$ 的特解.

(2) 因 $u=1$ 是对应的二阶齐次线性微分方程的特征方程 $r^2+2r-3=0$ 的单根，故微分方程具有形如 $y^*=x(b_0x+b_1)\mathrm{e}^x$ 的特解.

(3) 因 $u=-1$ 是对应的二阶齐次线性微分方程的特征方程 $r^2+2r+1=0$ 的二重根，故微分方程具有形如 $y^*=x^2(b_0x^2+b_1x+b_2)\mathrm{e}^{-x}$ 的特解.

例 10.5.5 求微分方程 $9y''+6y'+y=7\mathrm{e}^{2x}$ 的一个特解.

解 原微分方程对应的二阶齐次线性微分方程 $9y''+6y'+y=0$ 的特征方程为

$$9r^2+6r+1=0,$$

解得其根为 $r_1=r_2=-\dfrac{1}{3}$。因为 $u=2$ 不是特征方程的根，所以原微分方程的特解可设为

$$y^*=C\mathrm{e}^{2x}.$$

对 y^* 分别求一阶与二阶导数，得 $(y^*)'=2C\mathrm{e}^{2x}$，$(y^*)''=4C\mathrm{e}^{2x}$. 将 y^*，$(y^*)'$ 和 $(y^*)''$ 代入原微分方程，两边同时除以 e^{2x} 并化简，得

$$49C=7,$$

解得 $C=\dfrac{1}{7}$，故原微分方程的一个特解为 $y^*=\dfrac{1}{7}\mathrm{e}^{2x}$.

例 10.5.6 求微分方程 $y''-3y'+2y=x\mathrm{e}^{2x}$ 的通解.

解 先求原微分方程对应的二阶齐次线性微分方程 $y''-3y'+2y=0$ 的通解. 其特征方程为

$$r^2 - 3r + 2 = 0,$$
解得其根为 $r_1 = 1, r_2 = 2$，故对应的二阶齐次线性微分方程的通解为
$$Y = C_1 e^x + C_2 e^{2x}.$$

再求原微分方程的一个特解. 因 $u = 2$ 是特征方程的一个单根，故原微分方程的特解可设为
$$y^* = x(Ax + B)e^{2x}.$$
记 $Q(x) = x(Ax + B)$，对其求一阶与二阶导数，并代入式(10.5.5)，再化简整理，得
$$2Ax + (2A + B) = x.$$
比较等式两边 x 同次幂的系数，得
$$\begin{cases} 2A = 1, \\ 2A + B = 0, \end{cases}$$
解得 $A = \dfrac{1}{2}, B = -1$. 因此，原微分方程的一个特解为 $y^* = x\left(\dfrac{x}{2} - 1\right)e^{2x} = \left(\dfrac{x^2}{2} - x\right)e^{2x}$.

最后可得原微分方程的通解为 $y = C_1 e^x + C_2 e^{2x} + \left(\dfrac{x^2}{2} - x\right)e^{2x}$.

例 10.5.7 求微分方程 $y'' - 6y' + 9y = (2x + 3)e^{3x}$ 的通解及满足初始条件 $y\big|_{x=0} = 1$，$y'\big|_{x=0} = 4$ 的特解.

解 先求原微分方程对应的二阶齐次线性微分方程 $y'' - 6y' + 9y = 0$ 的通解. 其特征方程为
$$r^2 - 6r + 9 = 0,$$
解得其根为 $r_1 = r_2 = 3$，故对应的二阶齐次线性微分方程的通解为 $Y = (C_1 + C_2 x)e^{3x}$.

再求原微分方程的一个特解. 因 $u = 3$ 是特征方程的二重根，故原微分方程的特解可设为
$$y^* = x^2(Ax + B)e^{3x} = (Ax^3 + Bx^2)e^{3x}.$$
记 $Q(x) = Ax^3 + Bx^2$，则 $Q'(x) = 3Ax^2 + 2Bx$，$Q''(x) = 6Ax + 2B$，将 $Q(x), Q'(x), Q''(x)$ 代入式(10.5.5)，得
$$6Ax + 2B = 2x + 3.$$
比较等式两边 x 同次幂的系数，得 $A = \dfrac{1}{3}, B = \dfrac{3}{2}$. 因此，原微分方程的一个特解为
$$y^* = \left(\dfrac{x^3}{3} + \dfrac{3}{2}x^2\right)e^{3x}.$$

最后可得原微分方程的通解为 $y = (C_1 + C_2 x)e^{3x} + \left(\dfrac{x^3}{3} + \dfrac{3}{2}x^2\right)e^{3x}$.

由 $y\big|_{x=0} = 1$ 可得 $C_1 = 1$，由 $y'\big|_{x=0} = 4$ 可得 $C_2 = 1$，因此原微分方程满足初始条件的特解为 $y = \left(\dfrac{x^3}{3} + \dfrac{3}{2}x^2 + x + 1\right)e^{3x}$.

2. $f(x) = P_m(x)e^{\alpha x}\cos\beta x$ 或 $P_m(x)e^{\alpha x}\sin\beta x$ 型

对于二阶常系数非齐次线性微分方程
$$y'' + py' + qy = P_m(x)e^{\alpha x}\cos\beta x, \qquad (10.5.11)$$

$$y'' + py' + qy = P_m(x)e^{\alpha x}\sin\beta x, \tag{10.5.12}$$

其中 α,β 是实常数，$P_m(x)$ 是一个关于 x 的 m 次多项式，怎么求它们的特解呢？由欧拉公式可知，这两个微分方程的右边项 $P_m(x)e^{\alpha x}\cos\beta x$ 和 $P_m(x)e^{\alpha x}\sin\beta x$ 分别是

$$P_m(x)e^{(\alpha+i\beta)x} = P_m(x)e^{\alpha x}(\cos\beta x + i\sin\beta x) = P_m(x)e^{\alpha x}\cos\beta x + iP_m(x)e^{\alpha x}\sin\beta x$$

的实部和虚部．由定理 10.4.5 可知，若求得微分方程

$$y'' + py' + qy = P_m(x)e^{(\alpha+i\beta)x} \tag{10.5.13}$$

的一个特解 $y^* = y_1^* + iy_2^*$，则特解 y^* 的实部 y_1^* 和虚部 y_2^* 分别是方程(10.5.11)和方程(10.5.12)的特解．

求方程(10.5.13)的特解的方法类似于 $f(x) = e^{\alpha x}P_m(x)$ 型，从而有以下结论．

设有微分方程 $y'' + py' + qy = P_m(x)e^{(\alpha+i\beta)x}$，则此微分方程具有形如

$$y^* = x^k Q_m(x)e^{(\alpha+i\beta)x}$$

的特解，其中 $Q_m(x)$ 是一个 m 次多项式，k 的取值可由如下方法确定：

(1) 如果 $\alpha + i\beta$ 不是特征方程 $r^2 + pr + q = 0$ 的根，则取 $k = 0$；

(2) 如果 $\alpha + i\beta$ 是特征方程 $r^2 + pr + q = 0$ 的单根，则取 $k = 1$．

将设定的特解 $y^* = x^k Q_m(x)e^{(\alpha+i\beta)x}$ 代入原微分方程，求出 $Q_m(x)$ 中的 $m+1$ 个待定系数，就可求得方程(10.5.13)的一个特解，从中取实部或虚部，即可得到方程(10.5.11)或方程(10.5.12)的特解．

3. $f(x) = e^{\alpha x}[P_m(x)\cos\beta x + P_n(x)\sin\beta x]$ 型

对于二阶常系数非齐次线性微分方程

$$y'' + py' + qy = e^{\alpha x}[P_m(x)\cos\beta x + P_n(x)\sin\beta x], \tag{10.5.14}$$

其中 α,β 是实常数，$P_m(x)$ 与 $P_n(x)$ 分别是关于 x 的 m 次与 n 次实系数多项式，其特解可以用待定系数法直接求得．

类似地可得以下结论．

设有微分方程 $y'' + py' + qy = e^{\alpha x}[P_m(x)\cos\beta x + P_n(x)\sin\beta x]$，则此微分方程具有形如

$$y^* = x^k e^{\alpha x}[R_l^{(1)}(x)\cos\beta x + R_l^{(2)}(x)\sin\beta x]$$

的特解，其中 $R_l^{(1)}(x),R_l^{(2)}(x)$ 是一个 l 次多项式，$l = \max\{m,n\}$，k 的取值可由如下方法确定：

(1) 如果 $\alpha + i\beta$ 不是特征方程 $r^2 + pr + q = 0$ 的根，则取 $k = 0$；

(2) 如果 $\alpha + i\beta$ 是特征方程 $r^2 + pr + q = 0$ 的单根，则取 $k = 1$．

将设定的特解及其一阶与二阶导数代入原微分方程，通过比较相应的系数，就可求得两个 l 次多项式 $R_l^{(1)}(x),R_l^{(2)}(x)$，从而得出特解，但用这种方法计算量往往比较大．

对于方程(10.5.14)，只需分别求出微分方程

$$y'' + py' + qy = P_m(x)e^{\alpha x}\cos\beta x \quad \text{和} \quad y'' + py' + qy = P_n(x)e^{\alpha x}\sin\beta x$$

的特解 y_1^* 和 y_2^*，于是 $y_1^* + y_2^*$ 就是方程(10.5.14)的特解．

例 10.5.8 求微分方程 $y'' + 4y = x\cos x$ 的通解．

解 先求对应的二阶齐次线性微分方程 $y'' + 4y = 0$ 的通解．其特征方程为

$$r^2 + 4 = 0,$$

解得其根为 $r_{1,2} = \pm 2i$，故对应的二阶齐次线性微分方程的通解为 $Y = C_1\cos 2x + C_2\sin 2x$．

再求原微分方程的一个特解. 注意到方程右边项为 $x\cos x$, 是 $x\cos x + \mathrm{i}x\sin x = x\mathrm{e}^{(0+\mathrm{i})x}$ 的实部项, 为此先求微分方程 $y'' + 4y = x\mathrm{e}^{(0+\mathrm{i})x}$ 的特解 y^*. 该特解的实部就是原微分方程的特解. 因 $\alpha + \mathrm{i}\beta = \mathrm{i}$ 不是特征方程 $r^2 + 4 = 0$ 的根, 故微分方程 $y'' + 4y = x\mathrm{e}^{(0+\mathrm{i})x}$ 的一个特解可设为
$$y^* = (ax + b)\mathrm{e}^{\mathrm{i}x}.$$
记 $Q(x) = ax + b$, 则 $Q'(x) = a, Q''(x) = 0$, 将 $Q''(x), Q'(x)$ 和 $Q(x)$ 代入式 (10.5.5), 化简整理, 得
$$3ax + 3b + 2a\mathrm{i} = x.$$
比较等式两边 x 同次幂的系数, 得
$$\begin{cases} 3a = 1, \\ 3b + 2a\mathrm{i} = 0, \end{cases}$$
解得 $a = \dfrac{1}{3}, b = -\dfrac{2}{9}\mathrm{i}$. 所以, 微分方程 $y'' + 4y = x\mathrm{e}^{(0+\mathrm{i})x}$ 的特解为
$$y^* = \left(\frac{x}{3} - \frac{2}{9}\mathrm{i}\right)\mathrm{e}^{\mathrm{i}x} = \left(\frac{x}{3} - \frac{2}{9}\mathrm{i}\right)(\cos x + \mathrm{i}\sin x)$$
$$= \frac{x}{3}\cos x + \frac{2}{9}\sin x + \mathrm{i}\left(-\frac{2}{9}\cos x + \frac{x}{3}\sin x\right).$$

取 y^* 的实部, 即得原微分方程的特解为 $\tilde{y} = \dfrac{x}{3}\cos x + \dfrac{2}{9}\sin x$.

综上, 原微分方程的通解为 $y = C_1\cos 2x + C_2\sin 2x + \dfrac{x}{3}\cos x + \dfrac{2}{9}\sin x$.

例 10.5.9 求微分方程 $y'' + 4y = x\cos x + \mathrm{e}^x + 100$ 的通解.

解 先求对应的二阶齐次线性微分方程 $y'' + 4y = 0$ 的通解. 其特征方程为
$$r^2 + 4 = 0,$$
解得其根为 $r_{1,2} = \pm 2\mathrm{i}$, 故对应的二阶齐次线性微分方程的通解为 $Y = C_1\cos 2x + C_2\sin 2x$.

然后求 $y'' + 4y = x\cos x$ 的一个特解. 由例 10.5.8 可得 $y'' + 4y = x\cos x$ 的一个特解为 $y_1^* = \dfrac{x}{3}\cos x + \dfrac{2}{9}\sin x$.

再求 $y'' + 4y = \mathrm{e}^x$ 的一个特解. 因 $u = 1$ 不是特征方程 $r^2 + 4 = 0$ 的根, 故此微分方程的特解可设为 $y_2^* = a\mathrm{e}^x$. 记 $Q(x) = a$, 则 $Q'(x) = 0, Q''(x) = 0$, 将 $Q''(x), Q'(x)$ 和 $Q(x)$ 代入式 (10.5.5), 可求得 $a = \dfrac{1}{5}$, 从而 $y'' + 4y = \mathrm{e}^x$ 的一个特解为 $y_2^* = \dfrac{\mathrm{e}^x}{5}$.

方程 $y'' + 4y = 100$ 的特解可直接观察得到 $y_3^* = 25$. 因此, 原微分方程的一个特解为
$$y_1^* + y_2^* + y_3^* = \frac{x}{3}\cos x + \frac{2}{9}\sin x + \frac{\mathrm{e}^x}{5} + 25.$$

最后可得原微分方程的通解为
$$y = C_1\cos 2x + C_2\sin 2x + \frac{x}{3}\cos x + \frac{2}{9}\sin x + \frac{\mathrm{e}^x}{5} + 25.$$

习题 10.5

1. 设二阶常系数齐次线性微分方程 $y'' + ay' + by = 0$ 的通解为 $y = C_1 e^{2x} + C_2 x e^{2x}$，则（　　）.
   A. $a = 2, b = 2$　　　　　　B. $a = -2, b = 4$
   C. $a = -4, b = 4$　　　　　D. $a = -4, b = -4$

2. 设二阶常系数非齐次线性微分方程 $y'' + ay' + by = c$ 的通解为 $y = C_1 e^{2x} + C_2 e^x + 16$，则（　　）.
   A. $a = 2, b = 2, c = 32$　　　　B. $a = 2, b = 2, c = 16$
   C. $a = -3, b = 2, c = 32$　　　D. $a = -3, b = 2, c = 16$

3. 求下列微分方程的通解：
   (1) $y'' + 4y' + 3y = 0$;
   (2) $y'' - 3y' = 0$;
   (3) $y'' + 4y = 0$;
   (4) $y'' + 6y' + 13y = 0$;
   (5) $4\dfrac{d^2 x}{dt^2} - 20\dfrac{dx}{dt} + 25x = 0$;
   (6) $y'' - 4y' + 5y = 0$.

4. 求下列微分方程满足所给初始条件的特解：
   (1) $y'' - 4y' + 3y = 0, y\big|_{x=0} = 6, y'\big|_{x=0} = 10$;
   (2) $y'' + 2y' + y = 0, y\big|_{x=0} = 2, y'\big|_{x=0} = 0$;
   (3) $y'' + 4y' + 29y = 0, y\big|_{x=0} = 0, y'\big|_{x=0} = 15$;
   (4) $y'' + 25y = 0, y\big|_{x=0} = 2, y'\big|_{x=0} = 5$.

5. 求下列微分方程的通解：
   (1) $2y'' + y' - y = 2e^x$;
   (2) $2y'' + 5y' = 5x^2 - 2x - 1$;
   (3) $y'' + 3y' + 2y = x e^{-x}$;
   (4) $y'' - 6y' + 9y = (x+1)e^{3x}$;
   (5) $y'' - 2y' + 5y = e^x \sin 2x$;
   (6) $y'' - 9y = 37 e^{3x} \cos x$;
   (7) $y'' + 4y = x \sin x$;
   (8) $y'' - y = 2e^x - x^2$;
   (9) $y'' + y = e^x + \cos x$.

6. 求下列微分方程满足所给初始条件的特解：
   (1) $y'' - 3y' + 2y = 5, y\big|_{x=0} = 2, y'\big|_{x=0} = 2$;
   (2) $y'' - 4y' = 5, y\big|_{x=0} = 1, y'\big|_{x=0} = 0$.

7. 设函数 $\varphi(x)$ 连续，且满足 $\varphi(x) = e^x + \int_0^x t\varphi(t)dt - x\int_0^x \varphi(t)dt$，求 $\varphi(x)$.

10.6 差 分 方 程

到现在为止，我们所研究的微分方程的变量均属于连续变化的类型，但在经济与管理或其他实际问题中，许多数据都是以等间隔时间周期统计的. 例如，银行中的定期存款按所设定的时间等间隔计息，外贸出口额常按月统计，国民收入常按年统计，产品的产量常按月统计，等等. 这些量也是变量,通常称这类变量为**离散型变量**. 描述离散型变量之间的变化关系的数学模型称为**离散型模型**. 对离散型模型求解就可以得到离散型变量的变化规律. 差分方程是经济学和管理科学等学科中一种最常见的离散型模型.

本节将介绍差分方程的基本概念、差分方程的解的概念、差分方程的解的基本定理和一阶常系数线性差分方程的解法等. 这些内容与微分方程的基本概念、微分方程的解的概念、微分方程的解的基本定理及其解法非常类似,可类比微分方程的知识学习本节内容.

10.6.1 差分的概念与性质

设因变量 y 是自变量 t 的函数. 如果函数 $y=y(t)$ 是连续且可导的,则因变量 y 对自变量 t 的变化率可用 $\dfrac{dy}{dt}$ 来刻画. 但对于离散型变量 y,不能再用 $\dfrac{dy}{dt}$ 来刻画,而用在规定时间上的差商来刻画 y 的变化率. 如果选择 $\Delta t=1$ (往往代表一个月或一年等),则 $\Delta y=y(t+1)-y(t)$ 可以近似表示因变量 y 的变化率.

定义 10.6.1 设函数 $y=y(t)$,简记为 y_t,即 $y_t=y(t)$,自变量 t 取离散的等间隔自然数,即 $t=0,1,2,\cdots$ 时,相应的函数值 y_t 可以排列成一个序列

$$y_0, \quad y_1, \quad y_2, \quad \cdots.$$

当自变量由 t 变化到 $t+1$ 时,相应的函数值之差 $y_{t+1}-y_t$ 称为函数 $y_t=y(t)$ 在点 t 处的**一阶差分**,简称**差分**,记作 Δy_t,即

$$\Delta y_t = y_{t+1} - y_t = y(t+1) - y(t), \quad t=0,1,2,\cdots.$$

由于函数 $y_t=y(t)$ 的函数值是一个序列,按差分的定义,差分就是该序列的相邻两值之差. 当函数 $y_t=y(t)$ 的差分为正值时,表明该序列是增加的,而且差分值越大,表明序列增加得越快. 当差分为负值时,表明该序列是减少的.

例如,设某公司经营一种商品,第 t 月初的库存量 R 是时间 t 的函数 $R=R(t)$,第 t 月调进和销出该商品的数量分别是 $P(t)$ 和 $Q(t)$,则到下个月月初,即第 $t+1$ 月初的库存量 $R(t+1)$ 就是

$$R(t+1) = R(t) + P(t) - Q(t),$$

于是库存量 $R(t)$ 的差分为

$$\Delta R(t) = R(t+1) - R(t) = P(t) - Q(t).$$

例 10.6.1 已知函数 $y_t = C$ (C 为常数),求 Δy_t.

解 由差分的定义,有

$$\Delta y_t = y_{t+1} - y_t = C - C = 0,$$

可得常数的差分为 0.

例 10.6.2 已知函数 $y_t = a^t$ (a 为常数, $a>0$ 且 $a \neq 1$),求 Δy_t.

解 由差分的定义,有

$$\Delta y_t = y_{t+1} - y_t = a^{t+1} - a^t = a^t(a-1),$$

可得指数函数的差分等于该指数函数乘以一个常数.

由差分的定义,容易得到差分的四则运算法则:

(1) $\Delta(ky_t) = k\Delta y_t$ (k 为常数);

(2) $\Delta(y_t \pm z_t) = \Delta y_t \pm \Delta z_t$;

(3) $\Delta(y_t z_t) = y_{t+1} \Delta z_t + z_t \Delta y_t = y_t \Delta z_t + z_{t+1} \Delta y_t$；

(4) $\Delta\left(\dfrac{y_t}{z_t}\right) = \dfrac{z_t \Delta y_t - y_t \Delta z_t}{z_t z_{t+1}} = \dfrac{z_{t+1} \Delta y_t - y_{t+1} \Delta z_t}{z_t z_{t+1}}$.

在此仅给出(4)的证明，其余的留给读者自己证明．

证 $\Delta\left(\dfrac{y_t}{z_t}\right) = \dfrac{y_{t+1}}{z_{t+1}} - \dfrac{y_t}{z_t} = \dfrac{y_{t+1} z_t - y_t z_{t+1}}{z_{t+1} z_t} = \dfrac{(y_{t+1} - y_t)z_t - y_t(z_{t+1} - z_t)}{z_{t+1} z_t}$

$= \dfrac{z_t \Delta y_t - y_t \Delta z_t}{z_t z_{t+1}}.$

类似可证 $\Delta\left(\dfrac{y_t}{z_t}\right) = \dfrac{z_{t+1} \Delta y_t - y_{t+1} \Delta z_t}{z_t z_{t+1}}$．

由差分的定义可以定义函数的高阶差分．

定义 10.6.2 函数 $y_t = y(t)$ 在点 t 处的差分的差分称为函数在点 t 处的**二阶差分**，记作 $\Delta^2 y_t$，即

$$\Delta^2 y_t = \Delta(\Delta y_t) = \Delta y_{t+1} - \Delta y_t = (y_{t+2} - y_{t+1}) - (y_{t+1} - y_t) = y_{t+2} - 2y_{t+1} + y_t.$$

依次可以定义函数在点 t 处的二阶差分的差分为函数在点 t 处的**三阶差分**，记作 $\Delta^3 y_t$，即

$$\Delta^3 y_t = \Delta(\Delta^2 y_t) = \Delta^2 y_{t+1} - \Delta^2 y_t = \Delta y_{t+2} - 2\Delta y_{t+1} + \Delta y_t = y_{t+3} - 3y_{t+2} + 3y_{t+1} - y_t.$$

以此类推，函数 $y_t = y(t)$ 在点 t 处的 n **阶差分**定义为

$$\Delta^n y_t = \Delta(\Delta^{n-1} y_t) = \Delta^{n-1} y_{t+1} - \Delta^{n-1} y_t = \sum_{k=0}^{n} (-1)^k \dfrac{n(n-1)\cdots(n-k+1)}{k!} y_{t+n-k}.$$

上式表明，函数 $y_t = y(t)$ 在点 t 处的 n 阶差分是函数的 $n+1$ 个函数值 $y_{t+n}, y_{t+n-1}, \cdots, y_{t+1}, y_t$ 的一个线性组合．

例 10.6.3 设函数 $y_t = t^2 + 2t - 3$，求 $\Delta y_t, \Delta^2 y_t, \Delta^3 y_t$．

解 由差分的定义即得

$\Delta y_t = y_{t+1} - y_t = [(t+1)^2 + 2(t+1) - 3] - (t^2 + 2t - 3) = 2t + 3,$

$\Delta^2 y_t = \Delta(2t+3) = 2(t+1) + 3 - 2t - 3 = 2,$

$\Delta^3 y_t = \Delta(2) = 0.$

一般地，k 次多项式函数的 k 阶差分为常数，k 阶以上的差分则为 0．

例 10.6.4 设函数 $y_t = t^2 3^t$，求 Δy_t．

解 由差分的四则运算法则，得

$\Delta y_t = 3^t \Delta(t^2) + (t+1)^2 \Delta(3^t) = 3^t(2t+1) + (t+1)^2 \times 2 \times 3^t = 3^t(2t^2 + 6t + 3).$

从差分的定义可以看出，差分与微分类似，差分反映的是离散函数 y_t 的增量．

例 10.6.5 设 $y_0 = 0, y_n = 1^3 + 2^3 + \cdots + n^3 (n = 1, 2, \cdots)$，求 $\Delta y_0, \Delta^2 y_0, \Delta^3 y_0$．

解 由差分的定义，知

$\Delta y_0 = y_1 - y_0 = 1 - 0 = 1, \quad \Delta y_1 = y_2 - y_1 = 1^3 + 2^3 - 1 = 8,$

$\Delta^2 y_0 = \Delta(\Delta y_0) = \Delta y_1 - \Delta y_0 = 8 - 1 = 7,$

$\Delta^2 y_1 = \Delta(\Delta y_1) = \Delta y_2 - \Delta y_1 = (y_3 - y_2) - (y_2 - y_1) = 19,$

$\Delta^3 y_0 = \Delta(\Delta^2 y_0) = \Delta^2 y_1 - \Delta^2 y_0 = 19 - 7 = 12.$

10.6.2 差分方程的基本概念

先看一个实例.

设 A_0 是初始存款($t=0$ 时的存款),年利率为 $r(0<r<1)$. 若以复利计息,试确定第 t 年末的本利和 A_t.

在此问题中,若将时间 t(t 以年为单位)看作自变量,则本利和 A_t 是 t 的函数 $A_t=f(t)$,即问题所求. 虽然不能直接写出函数 A_t,但由常识可以得出相邻两个函数值之间的关系式为

$$A_{t+1}=A_t+rA_t, \quad t=0,1,2,\cdots. \tag{10.6.1}$$

若用函数 A_t 在点 t 处的差分 $\Delta A_t=A_{t+1}-A_t$ 来表示,则上式可变为

$$\Delta A_t=rA_t, \quad t=0,1,2,\cdots. \tag{10.6.2}$$

另外,由 $A_{t+1}=A_t+rA_t$,可算出第 t 年末的本利和为

$$A_t=(1+r)^t A_0, \quad t=0,1,2,\cdots. \tag{10.6.3}$$

式(10.6.1)和式(10.6.2)中因含有未知函数 A_t,故都是函数 A_t 的方程. 在方程(10.6.1)中含有未知函数的两个函数值 A_t 和 A_{t+1},在方程(10.6.2)中含有未知函数的差分 ΔA_t,这样的方程即为差分方程. 在方程(10.6.2)中,仅含未知函数的一阶差分;在方程(10.6.1)中,未知函数的下标最大值与最小值的差为 1,即 $(t+1)-t=1$,因此方程(10.6.1)或方程(10.6.2)称为一阶差分方程.

式(10.6.3)是 A_t 与 t 之间的函数关系式,就是所求的未知函数,它显然满足方程(10.6.1)或方程(10.6.2),故称为差分方程的解.

定义 10.6.3 含有未知函数的差分或含有自变量及几个不同点的未知函数的方程称为**差分方程**. 差分方程中实际所含差分的最高阶数或未知函数下标的最大值与最小值的差称为差分方程的**阶**.

例如,$\Delta^2 y_t - 3\Delta y_t - 3y_t - t = 0$ 是一个差分方程. 而由差分的定义,任意阶函数的差分都可以表示为函数 y_t 在不同点的函数值的线性组合,因此上述差分方程又可分别表示为 $y_{t+2} - 5y_{t+1} + y_t - t = 0$ 或 $y_t - 5y_{t-1} + y_{t-2} - t + 2 = 0$,即此方程是一个二阶差分方程.

n 阶差分方程的一般形式有以下三种:

$$F(t, y_t, \Delta y_t, \Delta^2 y_t, \cdots, \Delta^n y_t) = 0, \tag{10.6.4}$$

$$G(t, y_t, y_{t+1}, y_{t+2}, \cdots, y_{t+n}) = 0, \tag{10.6.5}$$

$$H(t, y_t, y_{t-1}, y_{t-2}, \cdots, y_{t-n}) = 0. \tag{10.6.6}$$

定义 10.6.4 若将一个函数代入差分方程可使其成为恒等式,则称该函数为差分方程的**解**. 含有相互独立的任意常数的个数等于差分方程的阶数的解,称为差分方程的**通解**. 用来确定差分方程的通解中任意常数的条件称为**初始条件**.

通解中的任意常数由初始条件确定后所得的解称为差分方程的**特解**.

例如,对于差分方程 $y_{t+1} - y_t = 2$,将 $y_t = 2t$ 代入差分方程可使其恒成立,因而 $y_t = 2t$ 是差分方程的解. 容易发现 $y_t = 2t + C$ 也是差分方程的解,且为通解. 若差分方程需满足条件 $y_0 = 2$(初始条件),则可确定 $C = 2$,此时 $y_t = 2t + 2$ 是差分方程满足初始条件 $y_0 = 2$ 的一个特解.

10.6.3 线性差分方程的解的基本定理

现在来讨论线性差分方程的解的基本定理,以二阶线性差分方程为例,n 阶线性差分方程

有类似结论.

二阶线性差分方程的一般形式为
$$y_{t+2}+a(t)y_{t+1}+b(t)y_t=f(t), \tag{10.6.7}$$
其中 $a(t),b(t)$ 和 $f(t)$ 均为 t 的已知函数,且 $b(t)\neq 0$. 若 $f(t)\not\equiv 0$,则称方程(10.6.7)为**二阶非齐次线性差分方程**;若 $f(t)\equiv 0$,即
$$y_{t+2}+a(t)y_{t+1}+b(t)y_t=0, \tag{10.6.8}$$
则称方程(10.6.8)为**二阶齐次线性差分方程**.

对于线性差分方程,易得到以下结论.

定理 10.6.1　若函数 $y_1(t),y_2(t)$ 是二阶齐次线性差分方程(10.6.8)的解,则
$$y(t)=C_1y_1(t)+C_2y_2(t)$$
也是差分方程的解.

定理 10.6.2　(齐次线性差分方程解的结构定理)　若函数 $y_1(t),y_2(t)$ 是二阶齐次线性差分方程(10.6.8)的两个线性无关的特解,则 $y_C(t)=C_1y_1(t)+C_2y_2(t)$ 是差分方程的通解.

定理 10.6.3　(非齐次线性差分方程解的结构定理)　若函数 $y^*(t)$ 是二阶非齐次差分方程(10.6.7)的一个特解,函数 $y_C(t)$ 是对应的二阶齐次线性差分方程(10.6.8)的通解,则方程(10.6.7)的通解为
$$y_t=y_C(t)+y^*(t).$$

定理 10.6.4　(解的叠加原理)　若函数 $y_1^*(t),y_2^*(t)$ 分别是二阶非齐次线性差分方程
$$y_{t+2}+a(t)y_{t+1}+b(t)y_t=f_1(t) \quad 与 \quad y_{t+2}+a(t)y_{t+1}+b(t)y_t=f_2(t)$$
的特解,则 $y_1^*(t)+y_2^*(t)$ 是差分方程
$$y_{t+2}+a(t)y_{t+1}+b(t)y_t=f_1(t)+f_2(t)$$
的特解.

10.6.4　一阶常系数线性差分方程

一阶常系数线性差分方程的一般形式为
$$y_{t+1}+ay_t=f(t), \tag{10.6.9}$$
其中常数 $a\neq 0$,$f(t)$ 为 t 的已知函数. 当 $f(t)\not\equiv 0$ 时,称方程(10.6.9)为**一阶常系数非齐次线性差分方程**;当 $f(t)\equiv 0$ 时,即
$$y_{t+1}+ay_t=0, \tag{10.6.10}$$
称方程(10.6.10)为**一阶常系数齐次线性差分方程**.

下面给出它们的解法.

1. 一阶常系数齐次线性差分方程

对于一阶常系数齐次线性差分方程(10.6.10),常用的解法有两种:**迭代法**和**特征根法**.

(1) 迭代法.

假设 y_0 已知,则由方程(10.6.10)依次可得

$$y_1 = (-a)y_0,$$
$$y_2 = (-a)y_1 = (-a)^2 y_0,$$
$$y_3 = (-a)y_2 = (-a)^3 y_0,$$
$$\cdots\cdots$$

于是可得 $y_t = (-a)^t y_0$. 若令 $y_0 = C$ 为任意常数，则方程(10.6.10)的通解为
$$y_t = C(-a)^t.$$

(2) 特征根法.

注意到方程(10.6.10)的特点是 $y_{t+1} = -ay_t$，即 y_{t+1} 是 y_t 的常数倍，而函数 $\lambda^{t+1} = \lambda\lambda^t$ 恰好满足这一特点，故不妨设方程(10.6.10)具有形如
$$y_t = \lambda^t$$
的特解，其中 λ 是非零待定常数. 将其代入方程(10.6.10)中，有
$$\lambda^{t+1} + a\lambda^t = 0,$$
即
$$\lambda^t(\lambda + a) = 0.$$
由于 $\lambda^t \neq 0$，因此 $y_t = \lambda^t$ 是方程(10.6.10)的解的充要条件为 $\lambda + a = 0$. 所以，一阶常系数齐次线性差分方程(10.6.10)的非零特解为 $y_t = (-a)^t$，从而其通解为 $y_t = C(-a)^t$.

称一次代数方程
$$\lambda + a = 0 \qquad (10.6.11)$$
为方程(10.6.10)或方程(10.6.9)的**特征方程**，称 $\lambda = -a$ 为**特征方程的根**(简称**特征根**或**特征值**).

由以上讨论可知，要求方程(10.6.10)的通解，只需先写出其特征方程，再求出特征根，即可求出其通解.

例 10.6.6 求差分方程 $y_{t+1} - 5y_t = 0$ 的通解.

解 设 $y_0 = C$，C 是任意常数，则
$$y_1 = 5C,$$
$$y_2 = 5y_1 = 5^2 C,$$
$$y_3 = 5y_2 = 5^3 C,$$
$$\cdots\cdots$$

于是可得原差分方程的通解为 $y_t = C5^t$.

例 10.6.7 求差分方程 $y_t + 3y_{t-1} = 0$ 满足初始条件 $y_0 = 5$ 的特解.

解 原差分方程可改写为 $y_{t+1} + 3y_t = 0$，其特征方程为 $\lambda + 3 = 0$，特征方程的根为 $\lambda = -3$，故原差分方程的通解为 $y_t = C(-3)^t$.

将初始条件 $y_0 = 5$ 代入通解中，得 $C = 5$，故所求特解为 $y_t = 5(-3)^t$.

2. 一阶常系数非齐次线性差分方程

由定理 10.6.3 可知，一阶常系数非齐次线性差分方程(10.6.9)的通解为差分方程的一个特解和对应的一阶齐次线性差分方程的通解之和. 因一阶齐次线性差分方程的通解可以利用上述方法求得，故只需讨论一阶非齐次线性差分方程的特解的求法即可.

(1) $f(t)$ 为一般函数.

此时，一阶非齐次线性差分方程可写作
$$y_{t+1} = (-a)y_t + f(t),$$
利用迭代法，可得
$$y_1 = (-a)y_0 + f(0),$$
$$y_2 = (-a)y_1 + f(1) = (-a)^2 y_0 + (-a)f(0) + f(1),$$
$$y_3 = (-a)y_2 + f(2) = (-a)^3 y_0 + (-a)^2 f(0) + (-a)f(1) + f(2),$$
……
$$y_t = (-a)^t y_0 + (-a)^{t-1} f(0) + (-a)^{t-2} f(1) + \cdots + (-a)f(t-2) + f(t-1).$$

上式实际就是一阶非齐次线性差分方程的通解，其中 $y_t = (-a)^t y_0$ 是对应的一阶齐次线性差分方程的通解，其余部分是一阶非齐次线性差分方程的一个特解. 令 $y_0 = C$ 为任意常数，则一阶非齐次线性差分方程的通解为

$$y_t = C(-a)^t + \sum_{k=0}^{t-1} (-a)^k f(t-k-1). \tag{10.6.12}$$

例 10.6.8 求差分方程 $y_{t+1} + y_t = 2^t$ 的通解.

解 由于 $a = 1, f(t) = 2^t$，因此由式(10.6.12)得该差分方程的特解为

$$y^*(t) = \sum_{k=0}^{t-1} (-1)^k 2^{t-k-1} = 2^{t-1} \sum_{k=0}^{t-1} \left(-\frac{1}{2}\right)^k = 2^{t-1} \cdot \frac{1 - \left(-\frac{1}{2}\right)^t}{1 + \frac{1}{2}} = \frac{2^t}{3} - \frac{(-1)^t}{3},$$

从而所求通解为

$$y_t = C_1 (-1)^t + \frac{2^t}{3} - \frac{(-1)^t}{3} = C(-1)^t + \frac{2^t}{3} \quad \left(C = C_1 - \frac{1}{3}\right).$$

当一阶非齐次线性差分方程的右边项 $f(t)$ 是某些特殊函数时，用待定系数法求其特解会比较方便.

(2) $f(t) = P_n(t)$ 型.

这里的 $P_n(t)$ 为 t 的 n 次多项式，此时一阶非齐次线性差分方程可写作

$$y_{t+1} + ay_t = P_n(t). \tag{10.6.13}$$

因 $\Delta y_t = y_{t+1} - y_t$，故上式可写成
$$\Delta y_t + (1+a)y_t = P_n(t).$$

观察这一等式我们可以发现，等式的右边是一个 n 次多项式，左边是函数的差分与函数的代数和，则 y_t 也应该是一个 n 次多项式（因为当 y_t 是 n 次多项式时，Δy_t 是 $n-1$ 次多项式），具体可分为以下两种情形.

① 若 $a \neq -1$，即 1 不是差分方程的特征方程的根，则方程(10.6.13)的解也应该是一个 n 次多项式，故可设差分方程的特解为
$$y^*(t) = Q_n(t) = b_0 t^n + b_1 t^{n-1} + \cdots + b_{n-1} t + b_n.$$
将其代入差分方程，比较等式两边的系数，可求得 $Q_n(t)$.

② 若 $a = -1$，即 1 是差分方程的特征方程的根，这时 $\Delta y_t = P_n(t)$，则方程(10.6.13)的解应该是一个 $n+1$ 次多项式，故可设差分方程的特解为

$$y^*(t) = tQ_n(t) = t(b_0 t^n + b_1 t^{n-1} + \cdots + b_{n-1}t + b_n).$$

将其代入差分方程,比较等式两边的系数,可求得 $tQ_n(t)$.

综上,可得结论:如果方程(10.6.9)中的 $f(t) = P_n(t)$,其中 $P_n(t)$ 为 t 的 n 次多项式,则差分方程具有形如

$$y^*(t) = t^k Q_n(t) = t^k(b_0 t^n + b_1 t^{n-1} + \cdots + b_{n-1}t + b_n)$$

的特解,k 的取值可由如下方法确定:

① 若 1 不是差分方程的特征方程的根,则取 $k = 0$;
② 若 1 是差分方程的特征方程的根,则取 $k = 1$.

例 10.6.9 求差分方程 $y_{t+1} - y_t = 3 + 2t$ 的通解.

解 先求对应的一阶齐次线性差分方程的通解.因其特征方程为 $\lambda - 1 = 0$,故特征根 $\lambda = 1$,其对应的一阶齐次线性差分方程的通解为 $y_C(t) = C$.

再求原差分方程的一个特解.由于 $f(t) = 3 + 2t$,1 是特征方程的根,因此可设原差分方程的特解为

$$y^*(t) = t(b_0 t + b_1).$$

将其代入原差分方程,化简整理得

$$b_0 + b_1 + 2b_0 t = 3 + 2t.$$

比较两边 t 同次幂的系数,可解得 $b_0 = 1, b_1 = 2$,故原差分方程的一个特解为 $y^*(t) = 2t + t^2$.

最后可得原差分方程的通解为 $y(t) = y_C(t) + y^*(t) = C + 2t + t^2$.

例 10.6.10 求差分方程 $y_{t+1} - 2y_t = 3t^2$ 满足初始条件 $y_0 = 4$ 的特解.

解 先求对应的一阶齐次线性差分方程的通解.因其特征方程为 $\lambda - 2 = 0$,故特征根 $\lambda = 2$,其对应的一阶齐次线性差分方程的通解为

$$y_C(t) = C 2^t.$$

再求原差分方程的一个特解.由于 $f(t) = 3t^2$,1 不是特征方程的根,因此可设原差分方程的特解为

$$y^*(t) = b_0 + b_1 t + b_2 t^2.$$

将其代入原差分方程,化简整理得

$$(-b_0 + b_1 + b_2) + (-b_1 + 2b_2)t - b_2 t^2 = 3t^2.$$

比较两边 t 同次幂的系数,可解得 $b_0 = -9, b_1 = -6, b_2 = -3$,故原差分方程的一个特解为

$$y^*(t) = -9 - 6t - 3t^2.$$

最后可得原差分方程的通解为 $y(t) = y_C(t) + y^*(t) = C 2^t - 9 - 6t - 3t^2$.

由 $y_0 = 4$,可得 $C = 13$,所以原差分方程满足初始条件的特解为 $y(t) = 13 \cdot 2^t - 9 - 6t - 3t^2$.

(3) $f(t) = b^t P_n(t)$ 型.

这里的 b 为不等于 1 的正常数,$P_n(t)$ 为 t 的 n 次多项式.对于这一类型的差分方程,我们可通过合适的变换将其化为可求类型.

令 $y_t = b^t z_t$,代入差分方程

$$y_{t+1} + ay_t = b^t P_n(t), \tag{10.6.14}$$

得

$$b^{t+1} z_{t+1} + ab^t z_t = b^t P_n(t),$$

两边同时除以 b^t，得

$$bz_{t+1} + az_t = P_n(t). \tag{10.6.15}$$

由(2)型的求解方法，可解得方程(10.6.15)的特解，并假设为 $z^*(t)$，则方程(10.6.14)的特解为 $y^*(t) = b^t z^*(t)$.

综上，可得结论：如果方程(10.6.9)中的 $f(t) = b^t P_n(t)$，其中 b 为不等于 1 的正常数，$P_n(t)$ 为 t 的 n 次多项式，则差分方程具有形如

$$y^*(t) = b^t t^k Q_n(t) = b^t t^k (b_0 t^n + b_1 t^{n-1} + \cdots + b_{n-1} t + b_n)$$

的特解，k 的取值可由如下方法确定：

① 若 b 不是差分方程的特征方程的根，则取 $k = 0$；
② 若 b 是差分方程的特征方程的根，则取 $k = 1$.

例 10.6.11 求差分方程 $y_{t+1} - y_t = 3^t(t+1) + \dfrac{1}{3}$ 的通解.

解 先求对应的一阶齐次线性差分方程的通解. 因其特征方程为 $\lambda - 1 = 0$，故特征根 $\lambda = 1$，其对应的一阶齐次线性差分方程的通解为

$$y_C(t) = C.$$

再求原差分方程的一个特解. 由定理 10.6.4 可知，求原差分方程的一个特解只需分别求得如下两个差分方程：

$$y_{t+1} - y_t = 3^t(t+1) \tag{10.6.16}$$

与

$$y_{t+1} - y_t = \frac{1}{3} \tag{10.6.17}$$

的特解即可.

对方程(10.6.16)，因特征根 $\lambda = 1$，$f(t) = 3^t(t+1)$，$b = 3$ 不是特征方程的根，故可设特解为 $y_1^*(t) = 3^t(b_0 + b_1 t)$. 代入方程(10.6.16)，得

$$3^{t+1}[b_0 + b_1(t+1)] - 3^t(b_0 + b_1 t) = 3^t(t+1).$$

上式两边同时除以 3^t，并比较等式两边 t 同次幂的系数，解得 $b_0 = -\dfrac{1}{4}$，$b_1 = \dfrac{1}{2}$，故

$$y_1^*(t) = 3^t \left(-\frac{1}{4} + \frac{t}{2} \right).$$

对方程(10.6.17)，因特征根 $\lambda = 1$，$f(t) = \dfrac{1}{3}$，1 是特征方程的根，故可设特解为 $y_2^*(t) = tc_0$. 代入方程(10.6.17)，易解得 $c_0 = \dfrac{1}{3}$，于是 $y_2^*(t) = \dfrac{t}{3}$.

所以，原差分方程的一个特解为 $y^*(t) = y_1^*(t) + y_2^*(t) = 3^t \left(-\dfrac{1}{4} + \dfrac{t}{2} \right) + \dfrac{t}{3}$.

最后可得原差分方程的通解为

$$y_t = y_C(t) + y^*(t) = C + 3^t \left(-\frac{1}{4} + \frac{t}{2} \right) + \frac{t}{3}.$$

10.6.5 差分方程在经济学中的应用

例 10.6.12（**筹措教育经费模型**） 某家庭现在起每月从收入中拿出一部分资金存入银行,用于投资子女的教育,并计划20年后开始从投资账户中每月支取1 000元,直到再过10年,子女大学毕业用完全部资金.要实现这个投资目标,每月要向银行存入多少钱？20年内共要筹措多少资金(假设银行的月利率为0.5%)？

解 设第 n 个月投资账户资金为 S_n 元,每月存入资金为 a 元.于是,20年后关于 S_n 的差分方程模型为

$$S_{n+1} = 1.005 S_n - 1\,000, \tag{10.6.18}$$

且满足 $S_{120}=0, S_0=x$.

解方程(10.6.18),易得其通解为

$$S_n = 1.005^n C - \frac{1\,000}{1-1.005} = 1.005^n C + 200\,000.$$

因为

$$S_{120} = 1.005^{120} C + 200\,000 = 0, \quad S_0 = C + 200\,000 = x,$$

所以

$$x = 200\,000 - \frac{200\,000}{1.005^{120}} \approx 90\,073.45.$$

从现在起的20年内,S_n 满足的差分方程为

$$S_{n+1} = 1.005 S_n + a, \tag{10.6.19}$$

且 $S_0=0, S_{240}=90\,073.45$.

解方程(10.6.19),易得其通解为

$$S_n = 1.005^n C - \frac{a}{1-1.005} = 1.005^n C - 200a.$$

因为

$$S_{240} = 1.005^{240} C - 200a = 90\,073.45, \quad S_0 = C - 200a = 0,$$

所以

$$a \approx 194.95.$$

这说明要达到投资目标,每月要向银行存入194.95元,20年内共要筹措资金90 073.45元.

习 题 10.6

1. 求下列函数的差分：
(1) $y_t = e^{3t}$,求 $\Delta y_t, \Delta^2 y_t$；
(2) $y_t = t^4$,求 $\Delta y_t, \Delta^2 y_t$；
(3) $y_t = \cos 2t$,求 $\Delta y_t, \Delta^2 y_t$；
(4) $y_t = \log_a t$（a 为常数,$a>0$ 且 $a \neq 1$）,求 $\Delta y_t, \Delta^2 y_t$.

2. 证明下列差分的运算法则：
(1) $\Delta(k y_t) = k \Delta y_t$（$k$ 为常数）；
(2) $\Delta(y_t \pm z_t) = \Delta y_t \pm \Delta z_t$；
(3) $\Delta(y_t z_t) = y_{t+1} \Delta z_t + z_t \Delta y_t$.

3. 已知函数 $y_t = e^t$ 是差分方程 $y_{t+1} + ay_t = 2e^t$ 的一个解,求 a 的值.

4. 给定一阶差分方程 $y_{t+1} + py_t = Aa^t$,证明:

(1) 当 $p + a \neq 0$ 时,$y_t = \dfrac{A}{p+a} a^t$ 是差分方程的解;

(2) 当 $p + a = 0$ 时,$y_t = Ata^{t-1}$ 是差分方程的解.

5. 求下列差分方程的通解或满足所给初始条件的特解:

(1) $2y_{t+1} - 5y_t = 0$;   (2) $y_t + 3y_{t-1} = 0$;

(3) $y_{t+1} - ay_t = 0 (a$ 为常数且 $a \neq 0)$;   (4) $2y_{t+1} + 5y_t = 0$,且 $y_0 = 3$;

(5) $\Delta y_t = 0$,且 $y_0 = 2$.

6. 求下列一阶差分方程的通解:

(1) $\Delta y_t - 4y_t = 3$;   (2) $y_{t+1} - 5y_t = 8t - 6$;

(3) $y_{t+1} + 4y_t = 2t^2 + t + 1$;   (4) $y_{t+1} - \dfrac{1}{2} y_t = 2^t$;

(5) $y_{t+1} + y_t = t 2^t$.

7. 求下列一阶差分方程满足所给初始条件的特解:

(1) $y_{t+1} + 4y_t = 2t^2 + t - 2$,且 $y_0 = 2$;   (2) $y_{t+1} + y_t = 2^t$,且 $y_0 = 3$;

(3) $y_{t+1} - 5y_t = t5^t, y_0 = \dfrac{7}{3}$.

8. (存款模型) 设 y_t 为第 t 年末存款总额,a 为年利率,则有关系式 $y_{t+1} = y_t + ay_t$. 若最初存款为 y_0,求第 t 年末的本利和.

9. 设某种产品在 t 时期的价格、总供给与总需求分别用 P_t, S_t 与 Q_t 表示. 对于 $t = 0, 1, 2, \cdots$,有如下关系式:

$$S_t = 2P_t + 1, \quad Q_t = -4P_{t-1} + 4, \quad S_t = Q_t.$$

(1) 证明:由关系式可推出差分方程 $P_{t+1} + 2P_t = \dfrac{3}{2}$;

(2) 若 P_0 已知,求(1)中差分方程的解.

第 10 章思考题

1. 什么是方程?什么是微分方程?两者的区别是什么?
2. 微分方程的解、通解、特解的关系是什么?
3. 一阶微分方程常用的解法是哪几种?
4. 一阶线性微分方程的解的结构有何特点?
5. 将二阶微分方程降阶为一阶微分方程的方法有哪几种?
6. 二阶线性微分方程的解的结构有何特点?
7. 二阶常系数非齐次线性微分方程的解的结构有何特点?
8. 二阶常系数齐次线性微分方程的线性相关解与线性无关解是如何区分的?
9. 用特征方程法求二阶常系数齐次线性微分方程的通解的办法是什么?
10. 二阶常系数非齐次线性微分方程的特解的形式与方程的右边项的关系是什么?
11. 差分方程与微分方程的区别是什么?它们的解法的联系与区别又是什么?

总习题十

(A)

1. 填空题.

(1) 微分方程 $dy = y dx$ 满足初始条件 $y\big|_{x=0} = 2$ 的特解是 _____.

(2) 一阶微分方程 $x^2 y' - 3xy - 2y^2 = 0$ 的通解为 _____.

(3) 二阶微分方程 $y'' = 3\sqrt{y}$ 满足初始条件 $y(0)=1, y'(0)=2$ 的特解为 _____.

(4) 若 $y_1(x), y_2(x)$ 都是微分方程 $y'' + p(x)y' + q(x)y = f(x)$ 的解,则 a, b 满足 _____ 时, $ay_1(x) + by_2(x)$ 也是微分方程的解.

(5) 已知 $y_1 = e^{-x}\cos 2x$, $y_2 = e^{-x}\sin 2x$ 是微分方程 $y'' + py' + qy = 0$ 的两个解,则 $p =$ _____, $q =$ _____.

2. 选择题.

(1) 微分方程 $y' + \dfrac{y}{x} = \dfrac{1}{x(x^2+1)}$ 的通解为( ).

A. $y = \arctan x + C$
B. $y = \dfrac{1}{x}(\arctan x + C)$

C. $y = \dfrac{1}{x}\arctan x + C$
D. $y = \arctan x + \dfrac{C}{x}$

(2) 微分方程 $y\ln x\, dx = x\ln y\, dy$ 满足初始条件 $y(1)=1$ 的特解为( ).

A. $\ln^2 x + \ln^2 y = 0$
B. $\ln^2 x + \ln^2 y = 1$

C. $\ln^2 x = \ln^2 y$
D. $\ln^2 x = \ln^2 y + 1$

(3) 设 C_1, C_2, C 是任意常数,则微分方程 $yy'' - 2(y')^2 = 0$ 的通解为( ).

A. $y = \dfrac{1}{C_1 - x}$
B. $y = \dfrac{1}{1 - C_2 x}$

C. $y = \dfrac{1}{C_1 - C_2 x}$
D. $y = \dfrac{1}{C + C_1 x + C_2 x^2}$

(4) 已知 $y = \dfrac{x}{\ln x}$ 是微分方程 $y' = \dfrac{y}{x} + \varphi\left(\dfrac{y}{x}\right)$ 的解,则 $\varphi\left(\dfrac{y}{x}\right)$ 的表示式为( ).

A. $-\dfrac{y^2}{x^2}$
B. $\dfrac{y^2}{x^2}$
C. $-\dfrac{x^2}{y^2}$
D. $\dfrac{x^2}{y^2}$

(5) 已知 $y_0(x)$ 是微分方程 $y' + P(x)y = Q(x)$ 的一个特解,则微分方程的通解可表示为( ).

A. $y = y_0 + e^{-\int P(x)dx}$
B. $y = y_0 + Ce^{-\int P(x)dx}$

C. $y = y_0 + e^{-\int P(x)dx} + C$
D. $y = y_0 + e^{\int P(x)dx}$

(6) 设 A,B 为待定常数，那么微分方程 $y''-4y=e^{2x}+10$ 的一个特解可表示为（　　）.

　　A. $y=Ae^{2x}+B$ 　　　　　　　　B. $y=Axe^{2x}+B$

　　C. $y=Ae^{2x}+Bx$ 　　　　　　　　D. $y=(Ax+B)e^{2x}$

(7) 设 A,B,a,b,c 都为待定常数，那么微分方程 $y''+y=x^2-x+10+\sin x$ 的一个特解可表示为（　　）.

　　A. $y=ax^2+bx+c+A\sin x+b\cos x$

　　B. $y=x(ax^2+bx+c+A\sin x+b\cos x)$

　　C. $y=ax^2+bx+c+Ax\sin x$

　　D. $y=ax^2+bx+c+Ax\sin x+Bx\cos x$

(8) 设 y_1,y_2,y_3 是微分方程 $y''+py'+qy=f(x)$ 的线性无关的解，C_1,C_2 是两个任意常数，则微分方程的通解为（　　）.

　　A. $y=C_1y_1+C_2y_2+y_3$ 　　　　　B. $y=C_1(y_1-y_2)+C_2(y_3-y_2)+y_3$

　　C. $y=C_1y_1+C_2y_2+y_1-y_3$ 　　　D. $y=C_1y_1+C_2y_2+y_2-y_3$

(9) 若连续函数 $f(x)$ 满足关系式 $f(x)=\int_0^{2x}f\left(\dfrac{t}{2}\right)dt+\ln 2$，则 $f(x)=$（　　）.

　　A. $e^x\ln 2$ 　　　B. $e^{2x}\ln 2$ 　　　C. $e^x+\ln 2$ 　　　D. $e^{2x}+\ln 2$

(10) 差分方程 $y_{t+1}-4y_t=2^t+t+2$ 的特解形式可表示为（　　），其中 C,a,b 为待定常数.

　　A. $y=C2^t+at+b$ 　　　　　　　　B. $y=(at+b)2^t+C$

　　C. $y=Ct2^t+at+b$ 　　　　　　　　D. $y=C2^t+at$

(B)

3. 选择题.

(1) 已知微分方程 $x^2y''+xy'-y=0$ 的一个特解为 $y=x$，则微分方程的通解为（　　）.

　　A. $y=C_1x+C_2x^2$ 　　　　　　　　B. $y=C_1x+\dfrac{C_2}{x}$

　　C. $y=C_1x+C_2e^x$ 　　　　　　　　D. $y=C_1x+C_2e^{-x}$

(2) 函数 $y=C_1e^x+C_2e^{-2x}+xe^x$ 满足的一个微分方程是（　　）.

　　A. $y''-y'-2y=3xe^x$ 　　　　　　　B. $y''-y'-2y=3e^x$

　　C. $y''+y'-2y=3xe^x$ 　　　　　　　D. $y''+y'-2y=3e^x$

4. 求下列微分方程的通解：

　　(1) $\dfrac{dy}{dx}=\dfrac{2}{x+y}$；　　　　　　　　(2) $xy'=y\ln x+y\ln y-y$；

(3) $\dfrac{dy}{dx}+xy-x^3y^3=0$; (4) $y''-y'=e^x+\sin^2 x$.

5. 求下列微分方程满足所给初始条件的特解:

(1) $(y-xy^3)dx+xdy=0, y\big|_{x=1}=1$;

(2) $y''-2y'-e^{2x}=0, y(0)=1, y'(0)=1$;

(3) $y''+4y=\sin x\cos x, y(0)=0, y'(0)=0$.

6. 设 y_1, y_2 是一阶线性微分方程 $y'+P(x)y=Q(x)$ 的两个不同的特解.

(1) 证明: $y=y_1+c(y_1-y_2)$ 是微分方程的通解.

(2) 问 $\alpha y_1+\beta y_2$ 是否为微分方程的解(α,β 是常数)？

(3) 证明: 若 y_3 是异于 y_1,y_2 的解, 则 $\dfrac{y_1-y_2}{y_1-y_3}$ 为一个常数.

7. (社会扩散模型) 社会学家有时用"社会扩散"这个短语来描述信息在人群中的传播, 此处的信息可以是一种文化时尚或一条技术创新的新闻, 甚至可以是谣言. 在一个充分大的人群中, 设持有这一信息的人数为 x, 它是处理时间 t(单位:日)的可微函数, 假定扩散的速度 $\dfrac{dx}{dt}$ 与持有这一信息的人数和没有持有这一信息的人数的乘积成正比(设比例常数为 $\dfrac{1}{250}$), N 表示人群的总人数.

(1) 试建立该模型的微分方程;

(2) 如果刚开始时只有两人持有这一信息, 总人数 $N=1\,000$, 求函数 $x(t)$;

(3) 何时一半的人群持有这一信息(此时信息传播最快)？

8. 设函数 $y(x)$ 在 $[0,+\infty)$ 内连续可微, 且 $\lim\limits_{x\to+\infty}[y'(x)+y(x)]=0$, 证明: $\lim\limits_{x\to+\infty}y(x)=0$.

9. 设函数 $f(x)$ 在 $(0,+\infty)$ 内连续, 且 $f(1)=\dfrac{5}{2}$, 对所有的 $x,t\in(0,+\infty)$, 满足条件 $\int_1^{xt}f(u)du=t\int_1^x f(u)du+x\int_1^t f(u)du$, 求 $f(x)$.

10. 设函数 $F(x)=f(x)g(x)$, 其中 $f(x),g(x)$ 在 $(-\infty,+\infty)$ 内满足 $f'(x)=g(x), g'(x)=f(x), f(0)=0, f(x)+g(x)=2e^x$. 求:

(1) $F(x)$ 所满足的微分方程;

(2) $F(x)$ 的表达式.

习题参考答案与提示

第 1 章

习题 1.1

1. D. 2. C.

3. (1) $[-3,3]$; (2) $[1,3]$; (3) $(a-\varepsilon, a+\varepsilon)$; (4) $(-\infty,-5] \cup [5,+\infty)$;

   (5) $(-\infty,-3) \cup (1,+\infty)$; (6) $(-1,1) \cup (3,5)$.

习题 1.2

1. B. 2. B.

3. (1) $[-2,2]$; (2) $[-2,-1) \cup (-1,1) \cup (1,+\infty)$; (3) $(-3,+\infty)$; (4) $(-2,3]$;

   (5) $[-1,1]$; (6) $\left[1, \frac{\pi}{2}\right) \cup \left(\frac{\pi}{2}, e\right)$.

4. (1) $y = \frac{x-1}{2}$; (2) $y = \frac{1-x}{1+x}(x \neq -1)$;

   (3) $y = e^x - 2$; (4) $y = \begin{cases} x, & x < 1, \\ \sqrt{x}, & 1 \leqslant x \leqslant 16, \\ \log_2 x, & x > 16. \end{cases}$

习题 1.3

1. D. 2. B.

3. (1) 是, $T = \pi$; (2) 不是; (3) 是, $T = \frac{\pi}{2}$.

4. (1) 当 $a > 0$ 时在 $(-\infty,+\infty)$ 内单调增加, 当 $a < 0$ 时在 $(-\infty,+\infty)$ 内单调减少;

   (2) 在 $[0,2]$ 上单调增加, 在 $[2,4]$ 上单调减少;

   (3) 在 $(-\infty,-1]$ 和 $[1,+\infty)$ 内单调增加, 在 $[-1,0)$ 和 $(0,1]$ 内单调减少.

习题 1.4

1. D. 2. A.

3. (1) $y = \sqrt{u}, u = 2 - x^2$; (2) $y = \ln u, u = \sqrt{v}, v = 1+x$;

   (3) $y = u^2, u = \sin v, v = 1+2x$; (4) $y = u^3, u = \arcsin v, v = 1-x^2$;

   (5) $y = e^u, u = v^3, v = \cos x$; (6) $y = \ln u, u = \tan v, v = \frac{x}{2}$.

4. $f[\varphi(x)] = \sin^3 2x - \sin 2x, \varphi[f(x)] = \sin 2(x^3 - x)$.

习题 1.5

1. C. 2. B. 3. $P_0 = 80, S = Q = 70$. 4. 400 套.

5. (1) 150 台; (2) 亏损 2 500 元; (3) 175 台.

总 习 题 一

(A)

1. (1) $\{2,3\}; \left\{(x,y) \left| \frac{x^2}{4} + \frac{y^2}{9} < 1 \right.\right\}$. (2) $(-3,1) \cup (1,5); (-\infty,-1] \cup [2,+\infty)$.

(3) $-1,1,4$. (4) 不是同一个函数;不是同一个函数.
(5) 偶函数;非奇非偶函数. (6) 是,$T=\pi$;不是.
(7) $y=\sin u, u=\ln v, v=x^2+1$; $y=2^u, u=v^2, v=\tan w, w=\dfrac{1}{x}$.

2. (1) $[-1,1)$; (2) $\left[-\dfrac{1}{3},1\right]$; (3) $(0,10)$; (4) $\left(\dfrac{1}{2},1\right)\cup(1,2]$.

3. (1) $y=1+\lg(x-2)$; (2) $y=\begin{cases} x, & x<1, \\ \sqrt[3]{x}, & 1\leqslant x \leqslant 8, \\ \log_3(x+1), & x>8.\end{cases}$

4. $f(x-2)=2^{x^2-4x}-x+4$. 5. $f[f(x)]=1$.

6. $f[\varphi(x)]=\begin{cases} -\ln^2 x, & x\geqslant 1, \\ -x, & 0<x<1,\end{cases}$ 定义域为$(0,+\infty)$.

(B)

7. $g[f(x)]=\begin{cases} -1, & x>0, \\ 0, & x=0, \\ 1, & x<0,\end{cases}$ $f[g(x)]=\begin{cases} e^{-1}, & |x|>1, \\ 1, & |x|=1, \\ e, & |x|<1,\end{cases}$ 图形略.

8. $f_n(x)=\dfrac{x}{\sqrt{1+nx^2}}$. 9. (1) $[-1,1]$; (2) $[a,1-a]\left(0<a\leqslant\dfrac{1}{2}\right)$.

10. $f(x)=\dfrac{ae^x-be^{\frac{1}{x}}}{a^2-b^2}$. 11. $y=45\,000\cdot\left(\dfrac{2}{3}\right)^t$.

12. (1) $P=\begin{cases} 90, & 0\leqslant x \leqslant 100, \\ 90-0.01(x-100), & 100<x\leqslant 1\,600, \\ 75, & x>1\,600;\end{cases}$

(2) $L=\begin{cases} 30x, & 0\leqslant x \leqslant 100, \\ (31-0.01x)x, & 100<x\leqslant 1\,600, \\ 15x, & x>1\,600;\end{cases}$ (3) $21\,000$ 元.

13. (1) $L=(50-x)(120+5x)-10(50-x)$ $(0\leqslant x\leqslant 50$,且取整数$)$;
    (2) 每间租金为190元时,能获得最大利润6 480元.

14. 至少销售18 000本杂志才能保本,销量达到28 000本时才能获利1 000元.

第 2 章

习题2.1

1. D. 2. A.

3. (1) 0; (2) $\dfrac{1}{2}$; (3) 1; (4) 没有极限; (5) 1; (6) 1.

*4. ~ *6. 略.

习题2.2

1. A. 2. C. 3. D.

4. (1) 0; (2) 不存在; (3) $-\dfrac{\pi}{2}$; (4) 0.

*5. 略. 6. 图形略,$\lim\limits_{x\to 0^-}f(x)=0, \lim\limits_{x\to 0^+}f(x)=2$,不存在. 7. 略.

351

8. $\lim\limits_{x \to 0} f(x)$ 不存在，$\lim\limits_{x \to 1} f(x) = 1$.

习题 2.3

1. B.   2. D.

3. (1) 无穷大；　(2) 无穷小；　(3) 无穷小；　(4) 无穷大；　(5) 无穷小；　(6) 无穷大.

*4. 略.　5. (1) 0；　(2) 0；　(3) 0；　(4) 0.

6. 无界, 不是无穷大, 原因略.　　　7. 无界, 不是无穷大, 原因略.

习题 2.4

1. D.   2. C.

3. (1) 2；　(2) $\dfrac{1}{2}$；　(3) 1；　(4) 0；　(5) ∞；　(6) $\dfrac{2^{10} \cdot 3^{20}}{5^{30}}$；

   (7) ∞；　(8) -2；　(9) 0；　(10) $3x^2$.

4. (1) $\dfrac{1}{7}$；　(2) $\dfrac{3}{2}$；　(3) 1；　(4) 1.

5. (1) $\cos 1$；　(2) $\ln 3$；　(3) $\tan \dfrac{1}{2}$；　(4) $\dfrac{\sqrt{6}}{6}$.

6. $x \to 0$ 时, 极限不存在；$x \to 1$ 时, 极限为 2.　　7. $a = 2$.

习题 2.5

1. A.   2. C.

3. (1) $\dfrac{4}{7}$；　(2) 1；　(3) 2；　(4) 1；　(5) 7；　(6) x；　(7) $-\sin x$.

4. (1) e^{-1}；　(2) e^{-1}；　(3) e^{-1}；　(4) e^{-2}；　(5) 1.

5. (1) 1；　(2) 0.　*6. 证明略, 3.　　*7. $1\,000\mathrm{e}^{-0.65}$ 元.

习题 2.6

1. D.   2. B.   3. B.   4. 略.

5. (1) $\dfrac{1}{2}$；　(2) 2；　(3) $\dfrac{1}{8}$；　(4) $\dfrac{1}{2}$；　(5) $\dfrac{4}{3}$；　(6) 2；　(7) $\dfrac{3}{2}$；　(8) $\dfrac{1}{4}$.

习题 2.7

1. A.   2. B.   3. D.

4. (1) $f(x)$ 在 $[0,2]$ 上连续, 图形略；

   (2) $f(x)$ 在 $(-\infty,-1)$, $(-1,1)$ 及 $(1,+\infty)$ 内连续, $x = \pm 1$ 为跳跃间断点, 图形略.

5. $a = 2, b = -3$.

6. (1) $x = -1$ 是可去间断点, 补充定义 $f(-1) = \dfrac{2}{7}$ 可使函数 $f(x)$ 在点 $x = -1$ 处连续, $x = 6$ 是无穷间断点；

   (2) $x = 0$ 是可去间断点, 补充定义 $f(0) = 1$ 可使函数 $f(x)$ 在点 $x = 0$ 处连续, $x = k\pi (k = \pm 1, \pm 2, \cdots)$ 是无穷间断点；

   (3) $x = 0$ 是振荡间断点.

7. (1) 1；　(2) 1；　(3) 0；　(4) 1；　(5) 1；

   (6) 1；　(7) e^2；　(8) e^5；　(9) e^3；　(10) e^2.

习题 2.8

1. D.   2. D.   3. ~ 6. 略.

总习题二

(A)

1. (1) $\varepsilon > 0, \delta > 0, 0 < |x-1| < \delta, |f(x)-3| < \varepsilon$.   (2) $\dfrac{2}{3}$.
   (3) -4.   (4) 2.   (5) 2.   (6) $\ln 2$.
2. (1) C.   (2) D.   (3) D.   (4) A.   (5) D.
   (6) B.   (7) C.   (8) B.   (9) A.   (10) C.
3. (1) $\dfrac{1}{2}$;   (2) $\dfrac{1}{8}$;   (3) 0;   (4) -8;   (5) ∞;
   (6) e^3;   (7) 4;   (8) 0;   (9) 3;   (10) $\dfrac{n(n+1)}{2}$.
4. $p=-5, q=0$.   5. (1) $a=1$;   (2) $a \neq 1$ 时, $x=0$ 是跳跃间断点.

(B)

6. 图形略, $x=1$ 和 $x=-1$ 都为跳跃间断点.
7. (1) $\dfrac{1}{2}$;   (2) 3;   (3) 1.   8. 证明略, 极限值为 a.   9. ～ 12. 略.

第 3 章

习题 3.1

1. D.   2. A.   3. 10.   4. -2.
5. (1) $f'(x_0)$;   (2) $2f'(x_0)$;   (3) $3f'(x_0)$.
6. $f'(0)$.   7. (1) ～ (4) 正确.
8. (1) $5x^4$;   (2) $\dfrac{2}{3}x^{-\frac{1}{3}}$;   (3) $-\dfrac{2}{x^3}$;   (4) $-\dfrac{1}{2}x^{-\frac{3}{2}}$;   (5) $(\ln 2 + 1)2^x \mathrm{e}^x$;   (6) $\dfrac{7}{20}x^{-\frac{13}{20}}$.
9. 略.   10. $x - \mathrm{e}y = 0$.   11. 0 或 $\dfrac{2}{3}$.
12. (1) 连续, 不可导;   (2) 连续, 可导;   (3) 不连续, 不可导;   (4) 连续, 可导.
13. 2.   14. $a=4, b=-2$.

习题 3.2

1. A.   2. D.
3. (1) $\dfrac{dy}{dx} = \dfrac{2}{\sqrt{x}} - \dfrac{1}{x^2} - 6x^2$;   (2) $\dfrac{dy}{dx} = \ln x + \dfrac{1-\ln x}{x^2} + 1$;   (3) $\dfrac{dy}{dx} = 3x^2 \ln x + x^2$;
   (4) $\dfrac{dy}{dx} = \mathrm{e}^x \sin x + \mathrm{e}^x \cos x + 10x$;   (5) $\dfrac{dy}{dx} = \tan x + x \sec^2 x - \sec x \tan x$;
   (6) $\dfrac{dy}{dx} = 12x^3 - 5\mathrm{e}^x + 2^x \ln 2$;   (7) $\dfrac{dy}{dx} = \dfrac{4x}{(1-x^2)^2}$;   (8) $\dfrac{dy}{dx} = \dfrac{2-x^2}{(1-x)^2(2-x)^2}$;
   (9) $\dfrac{dy}{dx} = -\dfrac{\sqrt{x}(x+1)}{x(1-x)^2}$.
4. (1) $-\dfrac{29}{2}$;   (2) $f'(0) = \dfrac{1}{4}, f'(1) = \dfrac{8}{5}$.
5. (1) $\dfrac{dy}{dx} = 9x^2(x^3-4)^2$;   (2) $\dfrac{dy}{dx} = 3\sin(2-3x)$;   (3) $\dfrac{dy}{dx} = \dfrac{-x}{\sqrt{a^2-x^2}}$;

(4) $\dfrac{dy}{dx} = -6x^2 e^{-2x^3}$;   (5) $\dfrac{dy}{dx} = \dfrac{2x}{2+x^2}$;   (6) $\dfrac{dy}{dx} = 2x\cos x^2$;

(7) $\dfrac{dy}{dx} = 6\tan(3x-5)\sec^2(3x-5)$;   (8) $\dfrac{dy}{dx} = \dfrac{1}{\sin x}$;

(9) $\dfrac{dy}{dx} = \dfrac{x}{\sqrt{1+x^2}}\cos\sqrt{1+x^2}$;   (10) $\dfrac{dy}{dx} = -3\sin 3x \sin(2\cos 3x)$;

(11) $\dfrac{dy}{dx} = (2x+1)\cos(x^2+x) a^{\sin(x^2+x)} \ln a$;   (12) $\dfrac{dy}{dx} = -\dfrac{\sin 2x}{2\sqrt{1+\cos^2 x}}$.

6. (1) $\dfrac{dy}{dx} = \dfrac{4}{4+x^2}\arctan\dfrac{x}{2}$;   (2) $\dfrac{dy}{dx} = \dfrac{-x}{\sqrt{2x-x^2}}$;   (3) $\dfrac{dy}{dx} = \dfrac{\arcsin x + \arccos x}{\sqrt{1-x^2}(\arccos x)^2}$;

(4) $\dfrac{dy}{dx} = \dfrac{x\ln x}{\sqrt{(x^2-1)^3}}$;   (5) $\dfrac{dy}{dx} = -\dfrac{1}{1+x^2}$;   (6) $\dfrac{dy}{dx} = \dfrac{-1}{\sqrt{2}(1+x)\sqrt{x-x^2}}$.

7. $(0,1)$.

8. (1) $\dfrac{dy}{dx} = \arcsin\dfrac{x}{3}$;   (2) $\dfrac{dy}{dx} = -2(x-1)e^{-x^2+2x}$;   (3) $\dfrac{dy}{dx} = \dfrac{x\ln(x+\sqrt{1+x^2})}{\sqrt{1+x^2}} + 1$;

(4) $\dfrac{dy}{dx} = n\sin^{n-1} x \cos(n+1)x$;   (5) $\dfrac{dy}{dx} = \dfrac{2x^4 - 3a^2 x^2 + a^4 + a^2}{\sqrt{(a^2-x^2)^3}}$;

(6) $\dfrac{dy}{dx} = -e^{-x}\arctan e^x$; (7) $\dfrac{dy}{dx} = 9x^2 \arcsin x$;   (8) $\dfrac{dy}{dx} = \ln(1+x+\sqrt{2x+x^2})$.

9. (1) $\dfrac{dy}{dx} = 2x f'(x^2)$;   (2) $\dfrac{dy}{dx} = -\dfrac{1}{x^2}\cos\dfrac{1}{x} f'\left(\sin\dfrac{1}{x}\right)$;   (3) $\dfrac{dy}{dx} = f'(x) f'[f(x)] f'\{f[f(x)]\}$.

10. (1) $\dfrac{dy}{dx} = \dfrac{\varphi(x)\varphi'(x) + \psi(x)\psi'(x)}{\sqrt{\varphi^2(x)+\psi^2(x)}}$;   (2) $\dfrac{dy}{dx} = \dfrac{\varphi'(x)\psi(x) - \varphi(x)\psi'(x)}{\varphi^2(x)+\psi^2(x)}$.

习题 3.3

1. C.   2. A.

3. (1) $y'' = \dfrac{2x-4}{(x+1)^4}$;   (2) $y'' = \dfrac{6\ln x - 5}{x^4}$;   (3) $y'' = 2\arctan x + \dfrac{2x}{1+x^2}$;

(4) $y'' = \dfrac{-2\sin\ln x}{x}$;   (5) $y'' = \dfrac{-x}{\sqrt{(x^2+1)^3}}$;   (6) $y'' = \dfrac{-(3+x^2)}{(3-x^2)^2}$;

(7) $y'' = -2e^x \sin x$;   (8) $y'' = 2\cos 2x \ln x + \dfrac{2\sin 2x}{x} - \dfrac{1}{x^2}\sin^2 x$;   (9) $y'' = \dfrac{e^x (x^2 - 2x + 2)}{x^3}$.

4. (1) $f''(1) = 26, f'''(1) = 18, f^{(4)}(1) = 0$;   (2) $f''(0) = 0, f''(1) = -\dfrac{3\sqrt{2}}{8}, f''(-1) = \dfrac{3\sqrt{2}}{8}$.

5. (1) $y^{(n)} = m(m-1)\cdots(m-n+1)(1+x)^{m-n}$;   (2) $y' = \ln x + 1, y^{(n)} = (-1)^n \dfrac{(n-2)!}{x^{n-1}} (n>1)$;

(3) $y^{(n)} = (n+x)e^x$;   (4) $y^{(n)} = (-1)^n n! [(x-2)^{-(n+1)} - (x-1)^{-(n+1)}]$;

(5) $y^{(n)} = 2^{n-1}\sin\left[2x + (n-1)\dfrac{\pi}{2}\right]$;   (6) $y^{(n)} = (-1)^{n-1}\dfrac{(n-1)!}{(x-1)^n}$.

6. (1) $y'' = \dfrac{1}{x^4} f''\left(\dfrac{1}{x}\right) + \dfrac{2}{x^3} f'\left(\dfrac{1}{x}\right)$;   (2) $y'' = e^{-f(x)}\{[f'(x)]^2 - f''(x)\}$;

(3) $y'' = \dfrac{f''(x)}{f(x)} - \left[\dfrac{f'(x)}{f(x)}\right]^2$.

7. 略.   8. $y^{(20)} = 3^{18} e^{3x}(9x^2 + 120x + 380)$.   9. $y^{(4)} = -4e^x \sin x$.

习题 3.4

1. A.   2. B.

3. (1) $\dfrac{dy}{dx} = -\dfrac{2x+y}{x+2y}$;   (2) $\dfrac{dy}{dx} = \dfrac{2}{2-\cos y}$;   (3) $\dfrac{dy}{dx} = -\dfrac{\sin(x+y)+2xy}{x^2+\sin(x+y)}$;

  (4) $\dfrac{dy}{dx} = \dfrac{1+y^2}{y^2}$;   (5) $\dfrac{dy}{dx} = \dfrac{1}{(x+y)(1-e^y)-1}$;   (6) $\dfrac{dy}{dx} = \dfrac{x+y}{x-y}$.

4. (1) $\dfrac{dy}{dx} = \dfrac{1}{2}\left(3t - \dfrac{1}{t}\right)$;   (2) $\dfrac{dy}{dx} = -4\sin t$;   (3) $\dfrac{dy}{dx} = \sec 2t + \tan 2t$;

  (4) $\dfrac{dy}{dx} = \dfrac{2t}{1-t^2}$;   (5) $\dfrac{dy}{dx} = -2$;   (6) $\dfrac{dy}{dx} = \tan t$.

5. (1) $\dfrac{d^2y}{dx^2} = -\dfrac{1}{y^3}$;   (2) $\dfrac{d^2y}{dx^2} = \dfrac{-\sin(x+y)}{[1-\cos(x+y)]^3}$;   (3) $\dfrac{d^2y}{dx^2} = \dfrac{2y(x+e^y)-y^2 e^y}{(x+e^y)^3}$.

6. (1) $\dfrac{dy}{dx} = x\sqrt{\dfrac{1-x}{1+x}}\left(\dfrac{1}{x} - \dfrac{1}{2-2x} - \dfrac{1}{2+2x}\right)$;

  (2) $\dfrac{dy}{dx} = \dfrac{x^2}{1-x^2}\sqrt{\dfrac{1+x}{1+x+x^2}}\left[\dfrac{2}{x} + \dfrac{2x}{1-x^2} + \dfrac{1}{2(1+x)} - \dfrac{1+2x}{2(1+x+x^2)}\right]$;

  (3) $\dfrac{dy}{dx} = \dfrac{n(x+\sqrt{1+x^2})^n}{\sqrt{1+x^2}}$;   (4) $\dfrac{dy}{dx} = x^x(\ln x + 1)$;

  (5) $\dfrac{dy}{dx} = \dfrac{2x^{\ln x}\ln x}{x}$;   (6) $\dfrac{dy}{dx} = x^{\tan x}\left(\sec^2 x \ln x + \dfrac{\tan x}{x}\right)$.

7. (1) -2;   (2) $-\dfrac{1}{2}$;   (3) $1,0$;   (4) $\dfrac{\sqrt{2}}{4}, 0$.

8. (1) $\dfrac{dy}{dx} = -\tan t$;   (2) 略.   9. (1) $\dfrac{d^2y}{dx^2} = \dfrac{1+t^2}{4t}$;   (2) $\dfrac{d^2y}{dx^2} = \dfrac{1}{f''(t)}$.

习题 3.5

1. C.   2. A.

3. 当 $\Delta x = 0.1$ 时,$\Delta y = 1.161, dy = 1.1$; 当 $\Delta x = 0.01$ 时,$\Delta y = 0.110\,601, dy = 0.11$.

4. 略.

5. (1) $dy\big|_{x=0} = dx, dy\big|_{x=1} = 14dx$;   (2) $dy\big|_{x=0} = dx, dy\big|_{x=\pi} = dx$;

  (3) $dy\big|_{x=0} = \dfrac{1}{a^2}dx, dy\big|_{x=a} = \dfrac{1}{2a^2}dx$;   (4) $dy\big|_{x=0.1} = -2\,100dx, dy\big|_{x=0.01} = -2\,010\,000dx$.

6. (1) $dy = \dfrac{1+x^2}{(1-x^2)^2}dx$;   (2) $dy = \dfrac{2x+\sqrt{x^3}+\sqrt{x}}{2x^2}dx$;   (3) $dy = 2x\cos x^2 e^{\sin x^2}dx$;

  (4) $dy = \dfrac{-x}{|x|\sqrt{1-x^2}}dx$;   (5) $dy = \ln x\, dx$;   (6) $dy = -\dfrac{1+y\sin(xy)}{1+x\sin(xy)}dx$.

7. (1) $dy = \dfrac{3\sin 2[\ln(1+3x)]}{1+3x}dx$;   (2) $dy = \dfrac{3\sin 2x}{1+3\sin^2 x}dx$;   (3) $dy = \dfrac{3(3x^2-2)}{2(x^3-2x+5)}e^{\frac{3}{2}\ln(x^3-2x+5)}dx$.

8. $dy = \dfrac{dx}{\sqrt{x^2+a^2}}, \dfrac{dy}{dx} = \dfrac{1}{\sqrt{x^2+a^2}}$.

9. $\dfrac{dy}{dx} = \dfrac{2}{t}, \dfrac{d^2y}{dx^2} = -\dfrac{2(1+t^2)}{t^4}$.   10. 略.

11. (1) $0.965\,1$;   (2) 1.05;   (3) $2.001\,7$;   (4) 0.01;   (5) $0.795\,4$.   12. 略.

13. 精确值为 $2.01\pi\ \text{cm}^2$, 近似值为 $2\pi\ \text{cm}^2$.

习题 3.6

1. A.   2. D.

3. (1) $\dfrac{dy}{dx} = x^2(3-x)e^{-x}, \dfrac{Ey}{Ex} = 3-x$;   (2) $\dfrac{dy}{dx} = \dfrac{(2x-1)e^{2x}}{x^2}, \dfrac{Ey}{Ex} = 2x-1$;

(3) $\dfrac{dy}{dx} = x^2(3-5x)e^{-5(x+4)}, \dfrac{Ey}{Ex} = 3-5x$;   (4) $\dfrac{dy}{dx} = a^x \ln a, \dfrac{Ey}{Ex} = x \ln a$.

4. (1) $R'(Q) = 5 - 0.006Q$;   (2) 2;   (3) $-\dfrac{1}{2}$.

5. (1) 5.5 元;   (2) 18 元.

6. (1) $R(Q) = 10Q e^{-\frac{Q}{2}}, \dfrac{R(Q)}{Q} = 10e^{-\frac{Q}{2}}, R'(Q) = 5(2-Q)e^{-\frac{Q}{2}}$;   (2) $20e^{-1}, 10e^{-1}, 0$.

7. $L(Q) = -Q^2 + 38Q - 100, 19$ 百件.

8. -10,其经济意义是:当产品的价格为 5 时,价格上涨(下跌)一单位,需求量将减少(增加)10 单位.

9. (1) $\eta(P) = \dfrac{P}{24-P}$.   (2) $\dfrac{1}{3}$.   (3) 减少,0.33%.

(4) 当 $0 < P < 12$ 时,价格 P 上涨(下跌)1%,需求量将减少(增加)η%,需求量的变动幅度小于价格的变动幅度;当 $P = 12$ 时,需求量的变动幅度与价格的变动幅度相同;当 $12 < P < 24$ 时,价格 P 上涨(下跌)1%,需求量将减少(增加)η%,需求量的变动幅度大于价格的变动幅度.

10. $\varepsilon(P) = \dfrac{5P}{4+5P}, \dfrac{5}{7}$.

11. (1) $\eta(P) = \dfrac{bP}{a-bP}$;   (2) $\dfrac{a}{2b}$.

总 习 题 三

(A)

1. (1) -2.   (2) $2f(x_0)f'(x_0)$.   (3) $2x - y + 1 = 0$.   (4) $-\dfrac{1}{2}$.   (5) $P \ln 2$.

2. (1) D.   (2) B.   (3) D.   (4) B.   (5) D.
   (6) C.   (7) D.   (8) D.   (9) A.   (10) C.

(B)

3. 略.   4. $n!$.   5. $f''(a) = 2g(a)$.

6. (1) $\dfrac{dy}{dx} = \left(\dfrac{x}{1+x}\right)^x \left(\ln \dfrac{x}{1+x} + \dfrac{1}{1+x}\right)$;   (2) $\dfrac{dy}{dx} = \dfrac{x^2}{1-x^4}$;   (3) $\dfrac{dy}{dx} = \dfrac{e^x}{\sqrt{1+e^{2x}}}$;

(4) $\dfrac{dy}{dx} = 2e^x \sqrt{1-e^{2x}}$;   (5) $\dfrac{dy}{dx} = \dfrac{x}{\sqrt{1+x^2}} \arctan x$;   (6) $\dfrac{dy}{dx} = 2xf(x^2)[f(x^2) + 2x^2 f'(x^2)]$.

7. (1) $\dfrac{dy}{dx} = \dfrac{-\sin(x+y) - y\cos x}{\sin x + \sin(x+y)}$;   (2) $\dfrac{1}{e^2}$.

8. (1) $\dfrac{dy}{dx} = \dfrac{\sin t + t \cos t}{\cos t - t \sin t}$;   (2) $\dfrac{d^2 y}{dx^2} = -\sin^2 t \cos t$.

9. (1) $y^{(50)} = -2^{50} x^2 \sin 2x + 50 \times 2^{50} x \cos 2x + 2\,450 \times 2^{48} \sin 2x$;   (2) $y^{(n)} = (-1)^n \dfrac{2n!}{(1+x)^{n+1}}$.

10. (1) $dy = -\dfrac{dx}{2x(2-\ln x)\sqrt{1-\ln x}}$;   (2) $dy = -\left(1 + \dfrac{1}{y^2}\right) dx$;   (3) $dy = 2\sqrt{a^2 - x^2}\, dx$.

11. $C'(x)=\dfrac{1}{\sqrt{x}},R'(x)=\dfrac{5}{(x+1)^2},L'(x)=R'(x)-C'(x)=\dfrac{5}{(x+1)^2}-\dfrac{1}{\sqrt{x}}.$

12. (1) -24,其经济意义是:当价格 $P=6$ 时,价格上涨(下跌)一单位,需求量将减少(增加)24 单位;

   (2) 1.85,其经济意义是:当价格 $P=6$ 时,价格上涨(下跌)1%,需求量将减少(增加)1.85%;

   (3) 增加,1.7%.

第 4 章

习题 4.1

1. A.   2. C.

3. (1) 满足,0; (2) 满足,2.   4. (1) 满足,$\dfrac{1}{\ln 2}$; (2) 满足,$\dfrac{\sqrt{3}}{3}$.

5. 满足,$\dfrac{14}{9}$.   6. $\sim$ 12. 略.

习题 4.2

1. D.   2. D.

3. (1) $\dfrac{2}{3}$;   (2) 0;   (3) 1;   (4) 2;   (5) $\dfrac{1}{2}$;

   (6) $\dfrac{1}{2}$;   (7) e^2;   (8) $\dfrac{a^2}{b^2}$;   (9) 2;   (10) e^{-1};

   (11) 0;   (12) 0;   (13) $\dfrac{1}{2}$;   (14) $\dfrac{\sqrt{3}}{3}$;   (15) 1;

   (16) $e^{-\frac{1}{2}}$;   (17) 1;   (18) 1.

4. 略.

习题 4.3

1. D.   2. C.

3. (1) 在 $(-\infty,-1]$ 及 $[3,+\infty)$ 内单调增加,在 $[-1,3]$ 上单调减少;

   (2) 在 $\left(0,\dfrac{1}{2}\right]$ 内单调减少,在 $\left[\dfrac{1}{2},+\infty\right)$ 内单调增加;

   (3) 在 $(-\infty,-2]$ 及 $[2,+\infty)$ 内单调增加,在 $[-2,0]$ 及 $(0,2]$ 内单调减少;

   (4) 在 $(-\infty,-2]$ 及 $[0,+\infty)$ 内单调增加,在 $[-2,0]$ 上单调减少;

   (5) 在 $[0,n]$ 上单调增加,在 $[n,+\infty)$ 内单调减少;

   (6) 在 $(-\infty,+\infty)$ 内单调减少.

4. 略.

5. (1) 极小值 $f(0)=0$,没有极大值;   (2) 极大值 $f(0)=1$,极小值 $f(2)=-7$;

   (3) 极大值 $f(-1)=-2$,极小值 $f(1)=2$;

   (4) 极大值 $f(e^2)=\dfrac{4}{e^2}$,极小值 $f(1)=0$;

   (5) 极大值 $f\left(\dfrac{3}{2}\right)=\dfrac{27}{16}$,没有极小值; (6) 极大值 $f(1)=\dfrac{\pi}{4}-\dfrac{1}{2}\ln 2$,没有极小值;

   (7) 极大值 $f(2)=\dfrac{4}{e^2}$,极小值 $f(0)=0$;

   (8) 极大值 $f(-1)=1$,极小值 $f(0)=0$;

   (9) 极大值 $f(1)=\dfrac{1}{2}$,极小值 $f(-1)=-\dfrac{1}{2}$.

6. $a=-\dfrac{2}{3}, b=-\dfrac{1}{6}$, 函数 $f(x)$ 在点 $x_1=1$ 处取得极小值, 在点 $x_2=2$ 处取得极大值.

习题 4.4

1. D.   2. B.

3. (1) 最小值 $f(-1)=-10$, 最大值 $f(1)=2$；   (2) 最小值 $f(0)=0$, 最大值 $f(2)=\ln 5$；

 (3) 最小值 $f(\mathrm{e}^{-2})=-\dfrac{2}{\mathrm{e}}$, 没有最大值；   (4) 最小值 $f(1)=1$, 最大值 $f(-1)=3$.

4. 底面边长为 6 m, 高为 3 m.

5. 取长为 $\dfrac{\pi l}{\pi+4}$ 的一段弯成圆形, 长为 $\dfrac{4l}{\pi+4}$ 的一段弯成正方形.

6. $\dfrac{3\sqrt{3}}{4}R^2$.   7. $\dfrac{b}{a}$.

8. (1) 价格为 101 元, 最大利润为 167 080 元；   (2) 产量为 3, 价格为 $15\mathrm{e}^{-1}$, 收益为 $45\mathrm{e}^{-1}$；

 (3) 5；   (4) 100.

习题 4.5

1. D.   2. C.

3. (1) 在 $(-\infty,1]$ 内是凹的, 在 $[1,+\infty)$ 内是凸的, 拐点为 $(1,2)$；

 (2) 在 $(-\infty,-1]$ 及 $(0,+\infty)$ 内是凹的, 在 $[-1,0)$ 内是凸的, 拐点为 $(-1,0)$；

 (3) 在 $(-\infty,+\infty)$ 内是凹的, 无拐点；

 (4) 在 $(-\infty,2]$ 内是凸的, 在 $[2,+\infty)$ 内是凹的, 拐点为 $(2,2\mathrm{e}^{-2})$；

 (5) 在 $(-\infty,-1]$ 及 $[1,+\infty)$ 内是凸的, 在 $[-1,1]$ 上是凹的, 拐点为 $(-1,\ln 2),(1,\ln 2)$；

 (6) 在 $(-\infty,0]$ 内是凸的, 在 $[0,+\infty)$ 内是凹的, 拐点为 $(0,0)$.

4. (1) $a=-1, b=3$；   (2) $a=1, b=-3, c=-24, d=16$；   (3) $k=\pm\dfrac{\sqrt{2}}{8}$.

5. 略.   6. $\dfrac{1}{\sqrt{2}\sigma}$.

7. (1) 水平渐近线 $y=1$, 铅直渐近线 $x=0$；   (2) 水平渐近线 $y=0$, 铅直渐近线 $x=-1$；

 (3) 铅直渐近线 $x=1$, 斜渐近线 $y=x+2$.

8. (1) 在 $(-\infty,0)$ 及 $[2,+\infty)$ 内单调增加, 在 $(0,2]$ 内单调减少, 极小值 $f(2)=3$, 没有极大值；

 (2) 在 $(-\infty,0)$ 及 $(0,+\infty)$ 内是凹的, 无拐点；   (3) 铅直渐近线 $x=0$, 斜渐近线 $y=x$；

 (4) 略.

9. 略.

习题 4.6

1. A.   2. B.

3. $\sqrt{x}=2+\dfrac{1}{4}(x-4)-\dfrac{1}{64}(x-4)^2+\dfrac{1}{512}(x-4)^3-\dfrac{5(x-4)^4}{128[4+\theta(x-4)]^{\frac{7}{2}}}\ (0<\theta<1)$.

4. $\ln(1+x)=x-\dfrac{x^2}{2}+\dfrac{x^3}{3}-\dfrac{x^4}{4}+\cdots+(-1)^{n-1}\dfrac{x^n}{n}+(-1)^n\dfrac{x^{n+1}}{(n+1)(1+\theta x)^{n+1}}\ (0<\theta<1)$.

5. 0.182 3.   6. $\dfrac{1}{6}$.

总 习 题 四

(A)

1. (1) $-\dfrac{1}{\ln 2}$.   (2) $\left[-\dfrac{\sqrt{2}}{2},\dfrac{\sqrt{2}}{2}\right]$.   (3) $\dfrac{\pi}{6}+\sqrt{3}$.   (4) $y=c, y=0$.   (5) ka.

2. (1) D. (2) D. (3) C. (4) A. (5) B.
(6) B. (7) B. (8) B. (9) D. (10) C.

(B)

3. ~ 8. 略.

9. 当 $k>0$ 时,有 2 个交点;当 $k=0$ 时,有 1 个交点;当 $k<0$ 时,没有交点.

10. 略. 11. (1) 1; (2) $e^{-\frac{4}{\pi}}$; (3) $100!$; (4) $-\frac{1}{2}$.

12. $\frac{2\sqrt{6}}{3}\pi$. 13. (1) 6 批; (2) 年产量为 3.5 千件,最大利润为 5.125 万元.

第 5 章

习题 5.1

1. B. 2. C.

3. (1) $-\frac{2}{5}x^{-\frac{5}{2}}+C$; (2) $\sqrt{\frac{2t}{g}}+C$; (3) $\frac{8}{15}x^{\frac{15}{8}}+C$;

(4) $\frac{1}{4}x^4+\frac{1}{\ln 3}3^x-\sqrt{x}+C$; (5) $2\arctan x - 3\arcsin x + C$; (6) $x-\arctan x + C$;

(7) $\arctan x + \ln|x| + C$; (8) $e^x + x + C$; (9) $\tan x + \sec x + C$;

(10) $-\cot x - \tan x + C$; (11) $\sin x - \cos x + C$; (12) $\frac{x}{2}+\frac{\tan x}{2}+C$.

4. $y = x^3 + 1$. 5. $Q(t) = \frac{a}{2}t^2 + bt$.

习题 5.2

1. A. 2. D.

3. (1) $-\frac{1}{4}\ln|3-2x^2|+C$; (2) $\frac{1}{2}\ln^2 x + C$; (3) $-e^{\frac{1}{x}}+C$; (4) $\frac{a^{\sin x}}{\ln a}+C$;

(5) $-\cos e^x + C$; (6) $\frac{1}{2}\arctan x^2 + C$; (7) $\arcsin e^x + C$; (8) $\sqrt{1+\sin^2 x}+C$;

(9) $\arcsin \ln x + C$; (10) $-2\cos\sqrt{x}+C$; (11) $-\ln|\cos\sqrt{1+x^2}|+C$;

(12) $\arctan e^x + C$; (13) $-\frac{1}{x\ln x}+C$; (14) $\frac{1}{6}\arctan\frac{3x}{2}+C$;

(15) $\ln|x+1|+\frac{1}{x+1}+C$; (16) $\arcsin\frac{x+1}{\sqrt{6}}+C$; (17) $\sin x - \frac{1}{3}\sin^3 x + C$;

(18) $\frac{1}{7}\sec^7 x - \frac{2}{5}\sec^5 x + \frac{1}{3}\sec^3 x + C$; (19) $\frac{1}{4}\sin 2x - \frac{1}{16}\sin 8x + C$;

(20) $\frac{1}{3}\tan^3 x - \tan x + x + C$; (21) $x - \ln(1+e^x) + C$;

(22) $\ln|\sin x + \cos x| + C$; (23) $\frac{1}{2}\ln\left|\frac{x-3}{x-1}\right|+C$;

(24) $\frac{1}{2}\ln|x^2+2x+5|-\frac{3}{2}\arctan\frac{x+1}{2}+C$.

4. (1) $2\ln|\sqrt{2x+1}-1|-\ln|x|+C$; (2) $2\sqrt{x}-3\sqrt[3]{x}+6\sqrt[6]{x}-6\ln(\sqrt[6]{x}+1)+C$;

(3) $\frac{1}{2}\arcsin x - \frac{x}{2}\sqrt{1-x^2}+C$; (4) $\sqrt{x^2-9}-3\arccos\frac{3}{|x|}+C$;

(5) $\dfrac{a^2}{\sqrt{a^2+x^2}}+\sqrt{a^2+x^2}+C$; (6) $-\dfrac{\sqrt{1+x^2}}{x}+C$;

(7) $-\dfrac{(1-x^2)^{\frac{3}{2}}}{3x^3}+C$; (8) $\arctan\dfrac{x}{\sqrt{1+x^2}}+C$;

(9) $\dfrac{1}{5}\ln\left|\dfrac{5-\sqrt{25-x^2}}{x}\right|+C$.

5. (1) $\ln|1+x\mathrm{e}^x|+C$; (2) $\arcsin\dfrac{x-2}{2}+C$; (3) $\dfrac{1}{3}(\sin x-\cos x)^3+C$;

(4) $-\dfrac{1}{10}\cos 5x+\dfrac{1}{2}\cos x+C$; (5) $\ln|x+\ln x|+C$; (6) $\dfrac{1}{2}x-\dfrac{1}{4\omega}\sin 2(\omega x+\varphi)+C$;

(7) $\arctan^2\sqrt{x}+C$; (8) $\sqrt{x^2-2x+4}+3\ln|x-1+\sqrt{x^2-2x+4}|+C$;

(9) $2\sqrt{1+\mathrm{e}^x}+2\ln|\sqrt{1+\mathrm{e}^x}-1|-x+C$.

习题 5.3

1. C.   2. B.

3. (1) $\dfrac{x}{2}\sin 2x+\dfrac{1}{4}\cos 2x+C$; (2) $-(x+1)\mathrm{e}^{-x}+C$; (3) $(2-x^2)\cos x+2x\sin x+C$;

(4) $\dfrac{1}{2}\mathrm{e}^{-x}(\sin x-\cos x)+C$; (5) $\dfrac{1}{3}x^3\arctan x-\dfrac{1}{6}x^2+\dfrac{1}{6}\ln(1+x^2)+C$;

(6) $-\dfrac{1}{x}\ln^3 x-\dfrac{3}{x}\ln^2 x-\dfrac{6}{x}\ln x-\dfrac{6}{x}+C$; (7) $x\arcsin^2 x+2\sqrt{1-x^2}\arcsin x-2x+C$;

(8) $-\dfrac{x^2}{2}+x\tan x+\ln|\cos x|+C$; (9) $\dfrac{x}{2}(\cos\ln x+\sin\ln x)+C$;

(10) $x\ln(x+\sqrt{1+x^2})-\sqrt{1+x^2}+C$; (11) $3\mathrm{e}^{\sqrt[3]{x}}(\sqrt[3]{x^2}-2\sqrt[3]{x}+2)+C$;

(12) $(4-2x)\cos\sqrt{x}+4\sqrt{x}\sin\sqrt{x}+C$; (13) $\tan x\ln\cos x+\tan x-x+C$;

(14) $-2\sqrt{1-x}\arcsin\sqrt{x}+2\sqrt{x}+C$; (15) $\dfrac{\mathrm{e}^x}{1+x}+C$.

4. $I_n=\dfrac{n-1}{n}I_{n-2}-\dfrac{1}{n}\cos x\sin^{n-1}x\,(n=2,3,\cdots)$，其中 $I_1=-\cos x+C, I_0=x+C$.

习题 5.4

1. C.   2. A.

3. (1) $-\dfrac{x}{(x-1)^2}+C$; (2) $\ln|x^2+3x-10|+C$;

(3) $\dfrac{1}{3}x^3+\dfrac{1}{2}x^2+x+8\ln|x|-3\ln|x-1|-4\ln|x+1|+C$;

(4) $\dfrac{1}{x+1}+\dfrac{1}{2}\ln|x^2-1|+C$; (5) $\dfrac{1}{2}\ln(x^2+2x+2)-\arctan(x+1)+C$;

(6) $\ln\left|1+\tan\dfrac{x}{2}\right|+C$; (7) $\dfrac{1}{4}\ln\left|\dfrac{2+\tan\frac{x}{2}}{2-\tan\frac{x}{2}}\right|+C$;

(8) $\dfrac{1}{2}\ln\left|\dfrac{\tan\frac{x}{2}}{2+\tan\frac{x}{2}}\right|+C$; (9) $\dfrac{x}{2}-\dfrac{1}{2}\ln|\sin x+\cos x|+C$.

总习题五

(A)

1. (1) $\dfrac{1}{x}+C.$ (2) $e^x f(x)+C.$ (3) $\dfrac{1}{3}(x^2+a^2)^{\frac{3}{2}}+C.$ (4) $2\ln x-\ln^2 x+C.$
   (5) $x^2\cos x-4x\sin x-6\cos x+C.$

2. (1) D.   (2) A.   (3) C.   (4) A.   (5) B.   (6) B.   (7) C.   (8) D.

3. (1) $\dfrac{1}{2}x^2-\dfrac{1}{2}\ln(1+x^2)+C;$ (2) $\dfrac{2}{3}\sin^{\frac{3}{2}}x-\dfrac{4}{7}\sin^{\frac{7}{2}}x+\dfrac{2}{11}\sin^{\frac{11}{2}}x+C;$
   (3) $\dfrac{1}{2}\ln(1+x^2)+\dfrac{1}{2}\arctan^2 x+C;$ (4) $\ln\dfrac{\sqrt{x^2+1}-1}{x}+C;$
   (5) $\arcsin e^x-\sqrt{1-e^{2x}}+C;$ (6) $\dfrac{2}{3}(1+\ln x)^{\frac{3}{2}}-2(1+\ln x)^{\frac{1}{2}}+C;$
   (7) $-\dfrac{1}{x}-\dfrac{1}{\ln x}-\dfrac{1}{x}\ln x+C;$ (8) $x-\ln(e^x+1)-e^{-x}\ln(e^x+1)+C;$
   (9) $\dfrac{1}{4}\tan^4 x+C;$ (10) $-\dfrac{1}{3}\cot^3 x-\cot x+C;$
   (11) $\dfrac{1}{15}(1-3x)^{\frac{5}{3}}-\dfrac{1}{6}(1-3x)^{\frac{2}{3}}+C;$ (12) $-e^{-x}-\arctan e^x+C.$

4. $\eta=\ln 2 \cdot P.$

(B)

5. (1) C.   (2) D.

6. (1) $\sqrt{1+x^2}\arctan x-\ln(x+\sqrt{1+x^2})+C;$ (2) $2\sqrt{1+x}\arcsin x+4\sqrt{1-x}+C;$
   (3) $\sqrt{1+x^2}\ln(x+\sqrt{1+x^2})-x+C;$ (4) $\arcsin x+\dfrac{\sqrt{1-x^2}-1}{x}+C;$
   (5) $\sqrt{x^2+2x+3}+\ln(x+1+\sqrt{x^2+2x+3})+C;$ (6) $4\ln|x-2|-\dfrac{11}{x-2}+C;$
   (7) $\dfrac{\sqrt{1+x^2}}{x}-\dfrac{\sqrt{(1+x^2)^3}}{3x^3}+C;$ (8) $\dfrac{x}{2}\tan x-\dfrac{1}{2}\ln|\cos x|+C;$
   (9) $x-\dfrac{\arctan e^x}{e^x}-\dfrac{1}{2}\ln|1+e^{2x}|+C.$

7. $f(x)=\dfrac{x}{\sqrt{1+x^2}}.$

第 6 章

习题 6.1

1. B.   2. C.

3. (1) 1;   (2) $\dfrac{26}{3};$ (3) $e-1.$ 4. 略.

5. (1) $[6,30];$ (2) $[\pi,2\pi];$ (3) $\left[\dfrac{\sqrt{2e}}{e},\sqrt{2}\right].$

6. (1) $\int_1^3 x\,dx<\int_1^3 x^3\,dx;$ (2) $\int_0^{\frac{\pi}{2}}\dfrac{\sin x}{x}\,dx>\int_0^{\frac{\pi}{2}}\left(\dfrac{\sin x}{x}\right)^2 dx;$ (3) $\int_0^1 e^x\,dx>\int_0^1(1+x)\,dx.$

7. 略.

习题 6.2

1. D.   2. B.

3. (1) $\sqrt{2+x}$;   (2) $\ln(e^x+1)$;   (3) $2x^5 e^{x^2} - x^2 e^x$.

4. (1) 0;   (2) 2;   (3) -2.

5. (1) 18;   (2) 12;   (3) $\frac{1}{2}\ln 2$;   (4) $1-\frac{\pi}{4}$;   (5) $\frac{\pi}{6}$;   (6) $\frac{\pi}{3a}$;   (7) 2;

   (8) 13;   (9) 2;   (10) $e-1$;   (11) $1-e^{-\frac{1}{2}}$;   (12) $\frac{4}{5}$;   (13) $\frac{8}{3}$.

6. 略.   7. 2.

习题 6.3

1. A.   2. B.

3. (1) $2\ln 3$;   (2) $\frac{\sqrt{2}}{2}$;   (3) $1-\frac{\pi}{4}$;   (4) $\sqrt{3}-\frac{\pi}{3}$;   (5) π;   (6) $\frac{\pi}{6}$.

4. (1) $1-2e^{-1}$;   (2) $8\ln 2 - 4$;   (3) $\frac{e^\pi - 2}{5}$;   (4) $2-\frac{2}{e}$;   (5) $\frac{\pi}{4}-\frac{1}{2}$;

   (6) $\frac{e^2}{2}(3e^2-1)$;   (7) $\frac{\pi}{12}+\frac{\sqrt{3}}{2}-1$;   (8) π^2;   (9) $\pi-2$.

5. (1) 0;   (2) $\frac{3}{2}\pi$;   (3) -6π;   (4) $\frac{2}{5}(9\sqrt{3}-4\sqrt{2})$;   (5) 4;   (6) 0.

6. 证明略, $1-\frac{\pi}{4}$.   7. 略.   8. $e^{-2}-1$.

习题 6.4

1. D.   2. C.

3. (1) $\frac{1}{2}$;   (2) 1;   (3) 发散;   (4) π;   (5) $\frac{8}{3}$;   (6) $\frac{\pi}{2}$;   (7) 发散;   (8) $\frac{\pi}{2}$.

*4. (1) 30;   (2) $\frac{16}{105}$.

*5. (1) $\Gamma(m+1) = m!$;   (2) $\Gamma\left(\frac{3}{2}\right) = \frac{\sqrt{\pi}}{2}$;   (3) $\frac{1}{2}\Gamma(3) = 1$.

习题 6.5

1. B.   2. A.

3. (1) $\frac{32}{3}$;   (2) $\frac{4-2\sqrt{2}}{3}$;   (3) $\frac{3}{2}-\ln 2$;   (4) $2\pi+\frac{4}{3}, 6\pi-\frac{4}{3}$;

   (5) $\frac{7}{6}$;   (6) $\frac{9}{2}$;   (7) $2\pi^2$;   (8) $\frac{1}{3}(\pi+3\sqrt{3}-2)$.

4. (1) $\frac{1}{5}\pi$;   (2) $\frac{3}{10}\pi$;   (3) $\frac{128}{7}\pi, \frac{64}{5}\pi$;   (4) 95π;

   (5) $\frac{64\pi}{3}$;   (6) $4\pi^2$;   (7) $(2e^2-e)\pi, \frac{1}{2}e^2(3e^2-1)\pi$.

5. $\frac{1}{2}\pi R^2 h$.   6. 略.   7. 50,100.

8. (1) $C(x) = 0.4x^2 + 5x + 500$(元);   (2) 50 单位, 500 元;   (3) 40 元.

总 习 题 六

(A)

1. (1) $3e^{3x}f(e^{3x})-2xf(x^2)$. (2) $\dfrac{6}{5}$. (3) $\dfrac{\pi}{4}$. (4) $\dfrac{\pi}{3}$. (5) $4-\pi$.

2. (1) C. (2) B. (3) A. (4) D. (5) D. (6) C. (7) C. (8) B. (9) D. (10) B.

3. (1) $2+\dfrac{\pi}{2}-2\arctan\dfrac{1}{2}$; (2) $\dfrac{1}{4}$; (3) $\dfrac{e}{8}-\dfrac{1}{4}$; (4) $\dfrac{\pi}{4}$; (5) $4\sqrt{2}$; (6) $\ln 2-2+\dfrac{\pi}{2}$.

4. (1) $\dfrac{1}{2}\ln 3$; (2) 4; (3) 2.

5. 略. 6. 2. 7. $\dfrac{1}{2}(\cos 1-1)$(提示：用分部积分法).

8. (1) 4 百台； (2) 0.5 万元.

(B)

9. (1) A. (2) C.

10. (1) $\displaystyle\int_0^1 \dfrac{1}{1+x^2}dx = \dfrac{\pi}{4}$; (2) $\displaystyle\int_0^1 \dfrac{1}{\sqrt{1+x}}dx = 2(\sqrt{2}-1)$.

11. (1) $2\sqrt{3}-\ln(2+\sqrt{3})$; (2) $\dfrac{1}{3}$; (3) $\dfrac{\pi}{2}$; (4) $-\dfrac{\pi}{12}$; (5) $\dfrac{4e+2\pi}{4+\pi^2}$; (6) $\dfrac{3\pi}{16}$.

12. 证明略, $\dfrac{\pi^2}{4}$. 13. 略. 14. $a=\dfrac{\sqrt{2}}{2}$, 最小值为 $\dfrac{2-\sqrt{2}}{6}$.

第 7 章

习题 7.1

1. C. 2. A.

3. (1) x 轴上； (2) yOz 平面上； (3) 第 Ⅰ 卦限内；
   (4) zOx 平面上； (5) 第 Ⅶ 卦限内； (6) 第 Ⅳ 卦限内.

4. (1) yOz 平面； (2) 平行于 z 轴且过 xOy 平面上的直线 $x+y=0$ 的平面；
   (3) 过点 $(1,0,0),(0,1,0),(0,0,1)$ 的平面；
   (4) 平行于 y 轴且过 zOx 平面上的直线 $3x+2z=1$ 的平面.

5. (1) 直线与平面； (2) 圆与圆柱面； (3) 抛物线与抛物柱面.

6. $\left(0,0,\dfrac{14}{9}\right)$. 7. $(x-4)^2+(y-6)^2+(z-8)^2=58$, 球面.

习题 7.2

1. B. 2. A.

3. (1) $f\left(x+y,\dfrac{y}{x}\right)=(x+y)^2-\dfrac{y^2}{x^2}$; (2) $f(x,y)=(x^2+y^2)e^{xy}$.

4. (1) $\{(x,y)\mid 4x^2+y^2\geqslant 1\}$, 图形略； (2) $\{(x,y)\mid x\geqslant\sqrt{y},y\geqslant 0\}$, 图形略；
   (3) $\{(x,y)\mid xy>0\}$, 图形略； (4) $\{(x,y)\mid 1\leqslant x^2+y^2\leqslant 4\}$, 图形略.

5. 略. 6. (1) 4； (2) 3； (3) $\ln 2$； (4) 0.

363

7. $\{(x,y) \mid y^2 = x\}$.

习题 7.3

1. D.　　2. C.

3. (1) $\dfrac{\partial z}{\partial x} = e^{\sin x}\cos x\cos y, \dfrac{\partial z}{\partial y} = -e^{\sin x}\sin y$;

　(2) $\dfrac{\partial z}{\partial x} = e^{xy}[\cos(x+3y)+y\sin(x+3y)], \dfrac{\partial z}{\partial y} = e^{xy}[3\cos(x+3y)+x\sin(x+3y)]$;

　(3) $\dfrac{\partial z}{\partial x} = \dfrac{2y}{\sin(2xy)}, \dfrac{\partial z}{\partial y} = \dfrac{2x}{\sin(2xy)}$;　(4) $\dfrac{\partial z}{\partial x} = \dfrac{-y}{x^2+y^2}, \dfrac{\partial z}{\partial y} = \dfrac{x}{x^2+y^2}$;

　(5) $\dfrac{\partial u}{\partial x} = \dfrac{x}{\sqrt{x^2+y^2+2z}}, \dfrac{\partial u}{\partial y} = \dfrac{y}{\sqrt{x^2+y^2+2z}}, \dfrac{\partial u}{\partial z} = \dfrac{1}{\sqrt{x^2+y^2+2z}}$;

　(6) $\dfrac{\partial u}{\partial x} = \dfrac{2y}{z}x^{\frac{2y}{z}-1}, \dfrac{\partial u}{\partial y} = \dfrac{2}{z}x^{\frac{2y}{z}}\ln x, \dfrac{\partial u}{\partial z} = -\dfrac{2y}{z^2}x^{\frac{2y}{z}}\ln x$.

4. 0.　　5. 略.

6. (1) $\dfrac{\partial^2 z}{\partial x^2} = \dfrac{1}{x}, \dfrac{\partial^2 z}{\partial x\partial y} = \dfrac{\partial^2 z}{\partial y\partial x} = \dfrac{1}{y}, \dfrac{\partial^2 z}{\partial y^2} = -\dfrac{x}{y^2}$;

　(2) $\dfrac{\partial^2 z}{\partial x^2} = 2y(2y-1)x^{2y-2}, \dfrac{\partial^2 z}{\partial x\partial y} = \dfrac{\partial^2 z}{\partial y\partial x} = 2x^{2y-1}(1+2y\ln x), \dfrac{\partial^2 z}{\partial y^2} = 4x^{2y}\ln^2 x$;

　(3) $\dfrac{\partial^2 z}{\partial x^2} = \dfrac{2xy}{(x^2+y^2)^2}, \dfrac{\partial^2 z}{\partial x\partial y} = \dfrac{\partial^2 z}{\partial y\partial x} = \dfrac{y^2-x^2}{(x^2+y^2)^2}, \dfrac{\partial^2 z}{\partial y^2} = -\dfrac{2xy}{(x^2+y^2)^2}$.

7. 0.088 2, −0.058 8.

习题 7.4

1. B.　　2. C.

3. (1) $dz = e^{x^2+y^3}(2x\,dx + 3y^2\,dy)$;　(2) $dz = \dfrac{2}{(x-y)^2}(x\,dy - y\,dx)$;

　(3) $du = zy^{xz}\ln y\,dx + xzy^{xz-1}\,dy + xy^{xz}\ln y\,dz$.

4. $dz = \dfrac{4}{9}dx + \dfrac{2}{9}dy$.　　　　5. $\Delta z = e(e^{0.265}-1), dz = 0.25e$.

6. (1) 1.08;　　(2) 2.95.　　　　7. 55.3 cm³.

习题 7.5

1. A.　　2. B.

3. (1) $\dfrac{dz}{dt} = e^{\tan t+\cot t}(\sec^2 t - \csc^2 t)$;　(2) $\dfrac{dz}{dt} = -(e^t + e^{-t})$;

　(3) $\dfrac{dz}{dx} = \dfrac{\sin x + x\cos x}{1+x^2\sin^2 x}$;

　(4) $\dfrac{\partial z}{\partial x} = \dfrac{2y^2}{x^3}\left[\dfrac{x^2}{x^2+y^2} - \ln(x^2+y^2)\right], \dfrac{\partial z}{\partial y} = \dfrac{2y}{x^2}\left[\dfrac{y^2}{x^2+y^2} + \ln(x^2+y^2)\right]$;

　(5) $\dfrac{\partial z}{\partial x} = (2x+y)^{x+2y}\left[\ln(2x+y) + \dfrac{2x+4y}{2x+y}\right], \dfrac{\partial z}{\partial y} = (2x+y)^{x+2y}\left[2\ln(2x+y) + \dfrac{x+2y}{2x+y}\right]$.

4. (1) $\dfrac{\partial z}{\partial x} = 2xf'_1 + ye^{xy}f'_2, \dfrac{\partial z}{\partial y} = -2yf'_1 + xe^{xy}f'_2$;

　(2) $\dfrac{\partial z}{\partial x} = f'_1 + \dfrac{1}{y}f'_2, \dfrac{\partial z}{\partial y} = -\dfrac{x}{y^2}f'_2$;

(3) $\dfrac{\partial z}{\partial x} = e^{x+y} f'_2, \dfrac{\partial z}{\partial y} = f'_1 \cos y + e^{x+y} f'_2$;

(4) $\dfrac{\partial u}{\partial x} = yz f'_1, \dfrac{\partial u}{\partial y} = xz f'_1 + z f'_2, \dfrac{\partial u}{\partial z} = xy f'_1 + y f'_2 + f'_3$.

5. $\dfrac{\partial z}{\partial x} = yf' + \dfrac{1}{y}g', \dfrac{\partial z}{\partial y} = xf' - \dfrac{x}{y^2}g'$.

6. $\dfrac{\partial z}{\partial x} = \dfrac{x}{\sqrt{x^2+y^2}} f', \dfrac{\partial z}{\partial y} = \dfrac{y}{\sqrt{x^2+y^2}} f'$.

7. 略. 8. $\dfrac{\partial^2 z}{\partial x \partial y} = yf'' + g' + yg''$.

9. (1) $\dfrac{dy}{dx} = \dfrac{y^2}{1-xy}$; (2) $\dfrac{dy}{dx} = \dfrac{y^2 - e^x}{\cos y - 2xy}$.

10. (1) $\dfrac{\partial z}{\partial x} = \dfrac{yz}{z^2 - xy}, \dfrac{\partial z}{\partial y} = \dfrac{xz}{z^2 - xy}$; (2) $\dfrac{\partial z}{\partial x} = \dfrac{1}{3}, \dfrac{\partial z}{\partial y} = \dfrac{2}{3}$.

11. $\dfrac{\partial^2 z}{\partial x \partial y} = \dfrac{xz^2}{y(x+z)^3}$. 12. $f''_{xy}(0,1) = -e^4$.

习题 7.6

1. D. 2. C.

3. (1) 极小值 $f(1,1) = -1$,没有极大值; (2) 极大值 $f(2,-2) = 8$,没有极小值;

(3) 极小值 $f\left(\dfrac{1}{2}, -1\right) = -\dfrac{e}{2}$,没有极大值; (4) 极小值 $f(4,2) = 6$,没有极大值.

4. 最大值 $f(\pm 2, 0) = 4$,最小值 $f(0, \pm 1) = -1$.

5. A 产品 120 件,B 产品 80 件.

6. $2ab$. 7. $(\sqrt{2}+1)l$.

8. 长、宽和高分别为 $2\sqrt{3}, 2\sqrt{3}, \sqrt{3}$ 时体积最大. 9. 长、宽和高分别为 $20, 20$ 和 10 时表面积最小.

10. $P_1 = 80, P_2 = 50$ 时总利润最大,最大利润 $L = 336$.

11. 甲、乙两种产品分别生产 $\dfrac{19}{5}$ 千件和 $\dfrac{11}{5}$ 千件时总利润最大,最大利润为 $\dfrac{111}{5}$ 万元.

总 习 题 七

(A)

1. (1) $\{(x,y) \mid y^2 \leqslant 4x, 0 < x^2+y^2 < 1\}$. (2) -1. (3) 必要;充分. (4) 必要;充分.

(5) 充分. (6) 充分. (7) $\left(\dfrac{\pi}{e}\right)^2$. (8) $\dfrac{1}{2}$. (9) $-\dfrac{5}{2}$. (10) $7, -3$.

2. (1) C. (2) C. (3) A. (4) D. (5) C. (6) C. (7) C. (8) C.

(B)

3. ~ 4. 略.

5. $f'_x(x,y) = \begin{cases} \dfrac{y^2(y^2-x^2)}{(x^2+y^2)^2}, & x^2+y^2 \neq 0, \\ 0, & x^2+y^2 = 0. \end{cases}$ $f'_y(x,y) = \begin{cases} \dfrac{2x^3 y}{(x^2+y^2)^2}, & x^2+y^2 \neq 0, \\ 0, & x^2+y^2 = 0. \end{cases}$

6. $f(x,y) = 1 + xy + y^2$. 7. 0.

8. $\dfrac{\partial u}{\partial x}=-z\mathrm{e}^{x^2y^2},\dfrac{\partial u}{\partial y}=z\mathrm{e}^{y^2z^2},\dfrac{\partial u}{\partial z}=y\mathrm{e}^{y^2z^2}-x\mathrm{e}^{x^2z^2}.$

9. $\dfrac{\partial z}{\partial x}=\mathrm{e}^y f_1'+f_2',\dfrac{\partial z}{\partial y}=x\mathrm{e}^y f_1'+f_3'.$ 10. $a=2,b=-2.$

11. 略. 12. $\dfrac{\mathrm{d}^2 y}{\mathrm{d}x^2}=\dfrac{2(x^2+y^2)}{(x-y)^3}.$

13. $\dfrac{\partial^2 z}{\partial x^2}=\dfrac{-y^2 z}{(x^2-y^2)^2}.$ 14. $\dfrac{\partial^2 z}{\partial x \partial y}=-2f''+g_2'+xg_{12}''+xyg_{22}''.$

15. 最小值 $f(0,0)=f(2,2)=0$, 最大值 $f(3,0)=9.$

16. 略.

17. $3\sqrt{3}r^2$(提示:将面积表示成三个内角的函数).

18. $(4,4).$ 19. $\dfrac{3\sqrt{3}}{4}R^2.$

20. $x=15$ 万元, $y=10$ 万元时利润最大, 最大利润为 15 万元.

21. $\dfrac{\partial z}{\partial x}=yf_1'+\dfrac{1}{y}f_2'-\dfrac{y}{x^2}g',\dfrac{\partial z}{\partial y}=xf_1'-\dfrac{x}{y^2}f_2'+\dfrac{1}{x}g'.$

22. 2.

第 8 章

习题 8.1

1. B.   2. A.

3. (1) $\iint\limits_D \sin(x+y)\mathrm{d}\sigma \leqslant \iint\limits_D \mathrm{e}^{x+y}\mathrm{d}\sigma;$ (2) $\iint\limits_D (x+y)^2\mathrm{d}\sigma \geqslant \iint\limits_D (x+y)^3\mathrm{d}\sigma;$

   (3) $\iint\limits_D \ln(x+y)\mathrm{d}\sigma \geqslant \iint\limits_D [\ln(x+y)]^2\mathrm{d}\sigma.$

4. (1) $0 \leqslant I \leqslant 2;$ (2) $0 \leqslant I \leqslant \pi\ln 2.$

习题 8.2

1. D.   2. B.

3. (1) $\dfrac{8}{3};$ (2) $\dfrac{9}{8};$ (3) $\dfrac{20}{3};$ (4) $\dfrac{2}{9};$

   (5) $\dfrac{9}{4};$ (6) $1-\sin 1;$ (7) $\dfrac{1}{6}\left(1-\dfrac{2}{\mathrm{e}}\right).$

4. (1) $\int_2^4 \mathrm{d}x \int_2^x f(x,y)\mathrm{d}y;$ (2) $\int_0^1 \mathrm{d}x \int_{x^2}^x f(x,y)\mathrm{d}y;$

   (3) $\int_{-1}^0 \mathrm{d}y \int_{-\sqrt{1-y^2}}^{\sqrt{1-y^2}} f(x,y)\mathrm{d}x + \int_0^1 \mathrm{d}y \int_{-\sqrt{1-y}}^{\sqrt{1-y}} f(x,y)\mathrm{d}x;$

   (4) $\int_0^1 \mathrm{d}y \int_{\mathrm{e}^y}^{\mathrm{e}} f(x,y)\mathrm{d}x;$ (5) $\int_{-1}^2 \mathrm{d}y \int_{y^2}^{y+2} f(x,y)\mathrm{d}x;$

   (6) $\int_0^1 \mathrm{d}x \int_{x^3}^{2-x} f(x,y)\mathrm{d}y.$

5. (1) $\dfrac{a^3}{3};$ (2) $\dfrac{R^3}{3}\left(\pi-\dfrac{4}{3}\right);$ (3) $\dfrac{3\pi^2}{64}.$

6. (1) $\dfrac{1}{3};$ (2) $\dfrac{\pi}{8}.$ 7. (1) 14;   (2) $8\pi.$

8. (1) $\dfrac{1}{6}+\dfrac{\pi}{4}$;　　(2) $\dfrac{4}{3}$.　　　　9. (1) $\dfrac{1}{36}$;　　(2) $\dfrac{88}{105}$.

10. (1) $\dfrac{1}{2}$;　　(2) π.

总习题八

(A)

1. (1) 0.　　(2) $\dfrac{1}{2}(1-\mathrm{e}^{-4})$.　　(3) $\dfrac{4}{3}$.　　(4) $\dfrac{\pi}{4}R^2$.　　(5) 0.

2. (1) C.　　(2) C.　　(3) B.　　(4) A.　　(5) C.

(B)

3. (1) $\displaystyle\int_0^1\mathrm{d}y\int_{-\sqrt{1-y^2}}^{\sqrt{1-y^2}}f(x,y)\mathrm{d}x$;　　(2) $\displaystyle\int_0^1\mathrm{d}y\int_{\sqrt{1-y}}^{1+y}f(x,y)\mathrm{d}x$;

　　(3) $\displaystyle\int_0^1\mathrm{d}x\int_0^{x^2}f(x,y)\mathrm{d}y+\int_1^2\mathrm{d}x\int_0^{\sqrt{2x-x^2}}f(x,y)\mathrm{d}y$;　　(4) $\displaystyle\int_0^1\mathrm{d}y\int_{y-1}^{1-y}f(x,y)\mathrm{d}x$.

4. (1) $\dfrac{55}{4}$;　　(2) $\sin 1+\dfrac{\cos 1}{2}-1$;　　(3) $3\ln 2-2$;　　(4) $\dfrac{11}{15}$;

　　(5) 4π;　　(6) $\dfrac{a^3}{3}$;　　(7) $\dfrac{\pi}{4}(\pi-2)$;　　(8) $\dfrac{\sqrt{8}-1}{9}$.

5. $\dfrac{7}{2}$.　　　　6. $f(0,0)\pi$.　　7. ～10. 略.

11. $\dfrac{\pi}{4}a^4+4\pi a^2$ (提示:利用区域的对称性).

12. $\dfrac{49}{20}$.　　　　13. $-\sqrt{\dfrac{\pi}{2}}$.

14. $f(1,1)-f(1,0)-f(0,1)+f(0,0)$.

15. $f(2)$.　　　　16. $-\dfrac{2}{3}$.

17. $\dfrac{\pi}{2}(1+\mathrm{e}^{\pi})$.　　　　18. $\dfrac{16}{9}(3\pi-2)$.

第 9 章

习题 9.1

1. A.　　2. C.

3. (1) $u_n=\dfrac{1}{3^n}$;　　(2) $u_n=\dfrac{\ln(n+1)}{(n+1)^2}$;　　(3) $u_n=\dfrac{n+1+(-1)^{n-1}}{n+1}$.

4. (1) $1+1+\dfrac{3}{5}+\dfrac{4}{10}+\dfrac{5}{17}$;　　(2) $1+2+\dfrac{3^3}{3!}+\dfrac{4^4}{4!}+\dfrac{5^5}{5!}$;　　(3) $0+\dfrac{\sqrt{2}}{2}+1+\dfrac{\sqrt{2}}{2}+0$.

5. $u_2=\dfrac{1}{3},u_n=\dfrac{2}{n(n+1)}$.

6. (1) 发散;　　(2) 收敛;　　(3) 发散;　　(4) 收敛;　　(5) 发散;
　　(6) 发散;　　(7) 收敛;　　(8) 收敛;　　(9) 发散.

7. 收敛,$1-\sqrt{2}$.

习题 9.2

1. D.   2. C.

3. (1) 发散； (2) 收敛； (3) 收敛； (4) 发散； (5) 收敛；
   (6) 收敛； (7) 发散； (8) 发散； (9) 收敛.

4. (1) 发散； (2) 收敛； (3) 收敛； (4) 收敛； (5) 收敛； (6) 发散； (7) 发散.

*5. (1) 收敛； (2) 收敛； (3) 收敛； (4) 当 $b < a$ 时收敛，当 $b > a$ 时发散.

6. (1) 收敛； (2) 收敛； (3) 收敛； (4) 收敛； (5) 发散； (6) 发散； (7) 发散； (8) 发散.

7. 略.

习题 9.3

1. D.   2. A.   3. D.

4. (1) 条件收敛； (2) 绝对收敛； (3) 绝对收敛； (4) 条件收敛； (5) 发散；
   (6) 条件收敛； (7) 绝对收敛； (8) 绝对收敛.

5. 当 $|a| = 1$ 时，发散；当 $|a| \neq 1$ 时，绝对收敛.

习题 9.4

1. A.   2. C.

3. (1) 收敛半径 $R = 2$，收敛区间为 $(-2, 2)$，收敛域为 $[-2, 2)$；

   (2) 收敛半径 $R = \dfrac{1}{5}$，收敛区间为 $\left(-\dfrac{1}{5}, \dfrac{1}{5}\right)$，收敛域为 $\left(-\dfrac{1}{5}, \dfrac{1}{5}\right]$；

   (3) 收敛半径 $R = +\infty$，收敛区间和收敛域均为 $(-\infty, +\infty)$；

   (4) 收敛半径 $R = 4$，收敛区间和收敛域均为 $(-4, 4)$；

   (5) 当 $\lambda = 0$ 时，收敛半径 $R = +\infty$，收敛区间和收敛域均为 $(-\infty, +\infty)$，当 $\lambda \neq 0$ 时，收敛半径 $R = \dfrac{1}{|\lambda|}$，
   收敛区间为 $\left(-\dfrac{1}{|\lambda|}, \dfrac{1}{|\lambda|}\right)$，收敛域为 $\left[-\dfrac{1}{|\lambda|}, \dfrac{1}{|\lambda|}\right]$；

   (6) 收敛半径 $R = 4$，收敛区间为 $(-1, 7)$，收敛域为 $(-1, 7]$；

   (7) 收敛半径 $R = 3$，收敛区间为 $(-6, 0)$，收敛域为 $[-6, 0)$；

   (8) 收敛半径 $R = 1$，收敛区间为 $(1, 3)$，收敛域为 $[1, 3)$；

   (9) 收敛半径 $R = \sqrt{3}$，收敛区间和收敛域均为 $(-\sqrt{3}, \sqrt{3})$.

4. 收敛半径 $R = 2$，收敛域为 $[-2, 2)$.

5. (1) $s(x) = \dfrac{1}{2} \ln \left| \dfrac{x+1}{x-1} \right|$，$-1 < x < 1$；

   (2) $s(x) = \dfrac{6x}{(3-x^2)^2}$，$-\sqrt{3} < x < \sqrt{3}$.

6. (1) $\dfrac{\pi}{4}$； (2) 4； (3) $\dfrac{\pi}{3\sqrt{3}} - 2\ln 2 + \ln 3$.

习题 9.5

1. D.   2. C.

3. (1) $e^3 + \dfrac{2e^3 x}{1!} + \dfrac{2^2 e^3 x^2}{2!} + \cdots + \dfrac{2^n e^3 x^n}{n!} + \cdots$，$x \in (-\infty, +\infty)$；

   (2) $\ln a + \dfrac{x}{a} - \dfrac{x^2}{2a^2} + \dfrac{x^3}{3a^3} - \cdots + (-1)^n \dfrac{x^{n+1}}{(n+1)a^{n+1}} + \cdots$，$x \in (-a, a]$；

   (3) $1 - x^2 + \dfrac{2^3 x^4}{4!} - \cdots + (-1)^{n-1} \dfrac{2^{2n-3} x^{2n-2}}{(2n-2)!} + \cdots$，$x \in (-\infty, +\infty)$；

   (4) $x + \displaystyle\sum_{n=2}^{\infty} \dfrac{(-1)^n}{n(n-1)} x^n$，$x \in (-1, 1]$；

(5) $\sum_{n=0}^{\infty}\left[\dfrac{(-1)^{n-1}}{6}-\dfrac{1}{6\times 5^{n+1}}\right]x^n, x\in(-1,1)$;

(6) $1+\sum_{n=1}^{\infty}\dfrac{1\times 3\times\cdots\times(2n-1)}{2^n n!}x^{2n}, x\in(-1,1)$;

(7) $\sum_{n=0}^{\infty}[1+(-1)^n]\dfrac{x^{n+1}}{n+1}, x\in(-1,1)$;

(8) $\sum_{n=0}^{\infty}\dfrac{1}{3}[(-1)^{n+1}2^n+1]x^n, x\in\left(-\dfrac{1}{2},\dfrac{1}{2}\right)$;

(9) $\sum_{n=1}^{\infty}\dfrac{n}{2^{n+1}}x^{n-1}, x\in(-2,2)$.

4. $\sum_{n=0}^{\infty}(-1)^n\dfrac{(x-1)^{n+1}}{(n+1)\ln 10}$,收敛区间为$(0,2)$.

5. $\sum_{n=1}^{\infty}n(x+1)^{n+1}, x\in(-2,0)$.

6. $\sum_{n=0}^{\infty}\left(\dfrac{1}{2^{n+1}}-\dfrac{1}{3^{n+1}}\right)(x+4)^n, x\in(-6,-2)$.

7. $-\dfrac{1}{12}, C+x+\dfrac{x^3}{3}+\cdots+\dfrac{x^{2n+1}}{(2n+1)n!}+\cdots$.

习题 9.6

1. (1) 1.732 1; (2) 1.098 6; (3) 3.036 5; (4) 0.999 9.
2. (1) 1.462 6; (2) 0.487 2.

总 习 题 九

(A)

1. (1) $\dfrac{1}{2}$. (2) $1<p<2$. (3) $(-4,2)$. (4) $(-1)^n\dfrac{1}{4^{n+1}}$. (5) $\dfrac{1}{2}(\cos 1-\sin 1)$.

2. (1) B. (2) B. (3) C. (4) B. (5) D. (6) C. (7) D. (8) B. (9) D. (10) D.

3. ~ 4. 略.

5. (1) 发散; (2) 发散; (3) 收敛; (4) 收敛; (5) 发散; (6) 收敛.

6. (1) 条件收敛; (2) 绝对收敛; (3) 绝对收敛;

   (4) 当 $a>1$ 时绝对收敛,当 $0<a\leqslant 1$ 时条件收敛; (5) 条件收敛.

(B)

7. (1) D. (2) C. 8. ~ 9. 略. 10. (1) 1; (2) 略.

11. (1) $s(x)=(x-2)(\mathrm{e}^{x-2}-1)$,收敛区间为$(-\infty,+\infty)$;

    (2) $s(x)=\dfrac{4x}{1-2x}-\dfrac{1}{1-x}-1$,收敛区间为$\left(-\dfrac{1}{2},\dfrac{1}{2}\right)$;

    (3) $s(x)=\ln(1+x^2)+\dfrac{2x^2}{1+x^2}$,收敛区间为$(-1,1)$.

12. (1) $1+\sum_{n=1}^{\infty}(2n+1)x^n, x\in(-1,1)$;

    (2) $\ln 3+\sum_{n=1}^{\infty}\dfrac{1}{n}\left[-1+(-1)^{n-1}\dfrac{1}{3^n}\right]x^n, x\in[-1,1)$;

(3) $\dfrac{1}{2}+\dfrac{1}{2}\sum\limits_{n=1}^{\infty}(-1)^{n-1}\dfrac{2^{2n-2}}{(2n-2)!}\left(x-\dfrac{\pi}{2}\right)^{2n-2}, x\in(-\infty,+\infty)$.

13. 0.　　　　　　　　　　14. $\dfrac{5}{8}-\dfrac{3}{4}\ln 2$.

第 10 章

习题 10.1

1. C.　　2. B.

3. (1) 1;　　(2) 2;　　(3) 3.

4. (1) 验证略,特解;　　(2) 验证略,通解;　　(3) 验证略,通解;　　(4) 验证略,解,既不是通解也不是特解.

5. (1) $C=9$;　　(2) $C_1=0, C_2=1$;　　(3) $C_1=\dfrac{\pi}{2}, C_2=1$.

习题 10.2

1. A.　　2. D.

3. (1) $1+y^2=C(1+x^2)$;　　(2) $1+y^2=\dfrac{Cx^2}{1+x^2}$;　　(3) $\arcsin y=\ln|x+\sqrt{x^2+1}|+C$;

(4) $(e^x+1)(e^y-1)=C$;　　(5) $\dfrac{2x}{x+y}+\ln|x+y|+C=0$;　　(6) $2y+\sqrt{x^2+4y^2}=Cx^2$;

(7) $\sin\dfrac{y}{x}=\ln|x|+C$;　　(8) $y=xe^{Cx}$;　　(9) $y=e^{-\sin x}(x+C)$;

(10) $y=Cx+e^x$;　　(11) $x=Ce^y+y^2+2y+2$;　　(12) $x=\dfrac{e^y}{2y}+\dfrac{Ce^{-y}}{y}$;

(13) $y=-2\cos^2 x+C\cos x$;　　(14) $y^3=Cx^3-\dfrac{3}{2}x$.

4. (1) $2y^2+\dfrac{1}{2}x^2=16$;　　(2) $(1+e^x)\sec y=2\sqrt{2}$;　　(3) $y^2-x^2=y^3$;

(4) $x+2ye^{\frac{x}{y}}=2$;　　(5) $y=\dfrac{1}{2}x\ln x-\dfrac{1}{4}x+\dfrac{5}{36x}$;　　(6) $x\cos y=y$.

5. $y=-2x-2+2e^x$.　　6. $m=1\times 10^5\times 2^{\frac{t}{10}}$ (m³).

7. $Q=1\,200\times 3^{-P}$.　　8. $f(x)=\dfrac{1}{2}e^{2x}+\dfrac{1}{2}$.

习题 10.3

1. A.　　2. C.

3. (1) $y=\dfrac{x^3}{6}-\cos x+C_1 x+C_2$;　　(2) $y=\dfrac{1}{4}xe^{2x}-\dfrac{1}{4}e^{2x}+C_1 x+C_2$;

(3) $y=-\dfrac{1}{2}\ln|\cos(2x+C_1)|+C_2$;　　(4) $y=C_1 e^x-x^2-2x+C_2$;

(5) $y=C_1\ln|x|+C_2$;　　(6) $\sqrt{C_1 y^2-1}=\pm(C_1 x+C_2)$;

(7) $x=\pm\dfrac{1}{4}\left[\dfrac{1}{3}(4\sqrt{y}+C_1)^{\frac{3}{2}}-C_1\sqrt{4\sqrt{y}+C_1}\right]+C_2$;

(8) $y=C$ 或 $y=\arcsin e^{x+C_2}+C_1$.

4. (1) $y = x^3 + 3x + 1$;　　(2) $y = \left(\frac{1}{2}x+1\right)^4$;　　(3) $y^2 = (x-1)^2 + 1$.

5. $y = \frac{x^3}{6} + \frac{x}{2} + 1$.

习题 10.4

1. C.　　2. A.

3. (1) 线性无关;　　(2) 线性相关;　　(3) 线性无关;

   (4) 线性相关;　　(5) 线性无关;　　(6) 线性无关.

4. 验证略, $y = C_1 \cos ax + C_2 \sin ax$.　　　　5. ~ 6. 略.

习题 10.5

1. C.　　2. C.

3. (1) $y = C_1 e^{-3x} + C_2 e^{-x}$;　　(2) $y = C_1 + C_2 e^{3x}$;　　(3) $y = C_1 \cos 2x + C_2 \sin 2x$;

   (4) $y = e^{-3x}(C_1 \cos 2x + C_2 \sin 2x)$;　　(5) $x = (C_1 + C_2 t) e^{\frac{5}{2}t}$;　　(6) $y = e^{2x}(C_1 \cos x + C_2 \sin x)$.

4. (1) $y = 2e^{3x} + 4e^x$;　　(2) $y = e^{-x}(2+2x)$;　　(3) $y = 3e^{-2x} \sin 5x$;　　(4) $y = 2\cos 5x + \sin 5x$.

5. (1) $y = C_1 e^{\frac{x}{2}} + C_2 e^{-x} + e^x$;　　(2) $y = C_1 + C_2 e^{-\frac{5}{2}x} + \frac{x^3}{3} - \frac{3}{5}x^2 + \frac{7}{25}x$;

   (3) $y = C_1 e^{-2x} + C_2 e^{-x} + e^{-x}\left(\frac{x^2}{2} - x\right)$;　　(4) $y = e^{3x}(C_1 x + C_2) + e^{3x}\left(\frac{x^3}{6} + \frac{x^2}{2}\right)$;

   (5) $y = e^x (C_1 \cos 2x + C_2 \sin 2x) - \frac{x}{4} e^x \cos 2x$;　　(6) $y = C_1 e^{-3x} + (6\sin x - \cos x + C_2)e^{3x}$;

   (7) $y = C_1 \cos 2x + C_2 \sin 2x - \frac{2}{9}\cos x + \frac{x}{3}\sin x$;　　(8) $y = xe^x + x^2 + 2 + C_1 e^x + C_2 e^{-x}$;

   (9) $y = C_1 \cos x + C_2 \sin x + \frac{e^x}{2} + \frac{x}{2}\sin x$.

6. (1) $y = -3e^x + \frac{5}{2}e^{2x} + \frac{5}{2}$;　　(2) $y = \frac{11}{16} + \frac{5}{16}e^{4x} - \frac{5}{4}x$.

7. $\varphi(x) = \frac{1}{2}(\cos x + \sin x + e^x)$.

习题 10.6

1. (1) $\Delta y_t = e^{3t}(e^3 - 1), \Delta^2 y_t = e^{3t}(e^3 - 1)^2$;

   (2) $\Delta y_t = 4t^3 + 6t^2 + 4t + 1, \Delta^2 y_t = 12t^2 + 24t + 14$;

   (3) $\Delta y_t = -2\sin(2t+1)\sin 1, \Delta^2 y_t = -4\sin^2 1 \sin(2t+2)$;

   (4) $\Delta y_t = \log_a \left(1 + \frac{1}{t}\right), \Delta^2 y_t = \log_a \frac{t(t+2)}{(t+1)^2}$.

2. 略.　　3. $2-e$.　　4. 略.

5. (1) $y_t = C\left(\frac{5}{2}\right)^t$;　　(2) $y_t = C(-3)^t$;　　(3) $y_t = Ca^t$;　　(4) $y_t = 3\left(-\frac{5}{2}\right)^t$;　　(5) $y_t = 2$.

6. (1) $y_t = -\frac{3}{4} + C5^t$;　　(2) $y_t = C5^t + (1-2t)$;　　(3) $y_t = \frac{t^2}{5} + \frac{t}{25} - \frac{11}{125} + C(-4)^t$;

   (4) $y_t = \frac{2}{3} \cdot 2^t + C\left(\frac{1}{2}\right)^t$;　　(5) $y_t = \left(\frac{t}{3} - \frac{2}{9}\right)2^t + C(-1)^t$.

7. (1) $y_t = \frac{t^2}{5} + \frac{t}{25} - \frac{61}{125} + \frac{311}{125}(-4)^t$;　　(2) $y_t = \frac{2^t}{3} + \frac{5}{3}(-1)^t$;　　(3) $y_t = \left(\frac{t^2}{10} - \frac{t}{10}\right)5^t + 7 \cdot 3^{t-1}$.

8. $y_t = y_0(1+a)^t$.

9. (1) 略；   (2) $P_t = \dfrac{3}{2} + \left(\dfrac{3}{2} - P_0\right)(-2)^t$.

总 习 题 十

(A)

1. (1) $y = 2e^x$.   (2) $y = Cx^2(x+y)$.   (3) $y = \left(\dfrac{x}{2}+1\right)^4$.   (4) $a+b=1$.   (5) 2,5.

2. (1) B.   (2) C.   (3) C.   (4) A.   (5) B.   (6) B.   (7) D.   (8) B.   (9) B.   (10) A.

(B)

3. (1) B.   (2) D.

4. (1) $y - 2\ln|x+y+2| = C$;   (2) $\ln(xy) = Cx$;   (3) $y^{-2} = Ce^{x^2} + x^2 + 1$;

    (4) $y = C_1 + C_2 e^x + x e^x - \dfrac{x}{2} + \dfrac{\sin 2x}{20} + \dfrac{\cos 2x}{10}$.

5. (1) $2xy^2 - x^2 y^2 = 1$;   (2) $y = \dfrac{3}{4} + \dfrac{1+2x}{4} e^{2x}$;   (3) $y = \dfrac{\sin 2x}{16} - \dfrac{x}{8}\cos 2x$.

6. (1) 略；

    (2) 当 $\alpha + \beta = 1$ 时，$\alpha y_1 + \beta y_2$ 是微分方程的解，当 $\alpha + \beta \neq 1$ 时，$\alpha y_1 + \beta y_2$ 不是微分方程的解；   (3) 略.

7. (1) $\dfrac{dx}{dt} = \dfrac{x}{250}(N-x)$;   (2) $x(t) = \dfrac{1\,000}{1+499e^{-4t}}$;   (3) 6.2 日.

8. 略.   9. $f(x) = \dfrac{5}{2}(\ln x + 1)$.

10. (1) $F'(x) + 2F(x) = 4e^{2x}$;   (2) $F(x) = e^{2x} - e^{-2x}$.

参 考 文 献

[1] 同济大学数学系. 高等数学:上册[M]. 7版. 北京:高等教育出版社,2014.
[2] 同济大学数学系. 高等数学:下册[M]. 7版. 北京:高等教育出版社,2014.
[3] 苏德矿,金蒙伟. 微积分[M]. 北京:高等教育出版社,2004.
[4] 吴传生. 经济数学:微积分[M]. 2版. 北京:高等教育出版社,2009.
[5] 李辉来,孙毅,张旭利. 微积分:上册[M]. 2版. 北京:清华大学出版社,2014.
[6] 孙毅,王国铭. 微积分:下册[M]. 2版. 北京:清华大学出版社,2014.
[7] 华东师范大学数学系. 数学分析:上册[M]. 4版. 北京:高等教育出版社,2010.
[8] 华东师范大学数学系. 数学分析:下册[M]. 4版. 北京:高等教育出版社,2010.
[9] 陈文灯,杜之韩. 微积分:上册[M]. 北京:高等教育出版社,2006.
[10] 陈文灯,杜之韩. 微积分:下册[M]. 北京:高等教育出版社,2006.
[11] 赵树嫄. 微积分[M]. 4版. 北京:中国人民大学出版社,2016.
[12] 朱来义. 微积分[M]. 2版. 北京:高等教育出版社,2004.
[13] 吴赣昌. 高等数学:理工类:高职高专版[M]. 4版. 北京:中国人民大学出版社,2017.
[14] 柴惠文. 微积分[M]. 3版. 上海:华东理工大学出版社,2013.

图书在版编目(CIP)数据

微积分/龚淑华,赵丹君,邓燕主编.--北京:
北京大学出版社,2024.7.-- ISBN 978-7-301-35237-3
Ⅰ.O172
中国国家版本馆 CIP 数据核字第 2024GR5620 号

书　　　　名	微积分 WEIJIFEN
著作责任者	龚淑华　赵丹君　邓　燕　主编
责 任 编 辑	班文静
标 准 书 号	ISBN 978-7-301-35237-3
出 版 发 行	北京大学出版社
地　　　　址	北京市海淀区成府路 205 号　100871
网　　　　址	http://www.pup.cn
新 浪 微 博	@北京大学出版社
电 子 邮 箱	zpup@pup.cn
电　　　　话	邮购部 010-62752015　发行部 010-62750672　编辑部 010-62754271
印 刷 者	湖南省众鑫印务有限公司
经 销 者	新华书店
	787 毫米×1092 毫米　16 开本　24 印张　615 千字 2024 年 7 月第 1 版　2024 年 7 月第 1 次印刷
定　　　　价	69.80 元

未经许可,不得以任何方式复制或抄袭本书之部分或全部内容。
版权所有,侵权必究
举报电话: 010-62752024　电子邮箱: fd@pup.cn
图书如有印装质量问题,请与出版部联系,电话: 010-62756370